Veröffentlichungen der
Akademie für
Technikfolgenabschätzung
in Baden-Württemberg

Springer

*Berlin
Heidelberg
New York
Barcelona
Budapest
Hongkong
London
Mailand
Paris
Santa Clara
Singapur
Tokio*

G. Linckh   H. Sprich   H. Flaig   H. Mohr

Nachhaltige Land- und Forstwirtschaft

Voraussetzungen, Möglichkeiten, Maßnahmen

Mit 43 Abbildungen und 33 Tabellen

 Springer

Dr. GÜNTHER LINCKH
Dr. HUBERT SPRICH
Dr. HOLGER FLAIG
Professor Dr. HANS MOHR

Akademie für Technikfolgenabschätzung
in Baden-Württemberg
Industriestraße 5
70565 Stuttgart

Die Gutachten zum Projekt sind veröffentlicht in:
G. Linckh, H. Sprich, H. Flaig, H. Mohr (Hrsg.):
Nachhaltige Land- und Forstwirtschaft -
Expertisen (1996) ISBN 3-540-61088-X

ISBN-13: 978-3-642-64397-2 Springer-Verlag Berlin Heidelberg New York

Die Deutsche Bibliothek - CIP-Einheitsaufnahme

Nachhaltige Land- und Forstwirtschaft: Voraussetzungen,
Möglichkeiten, Massnahmen / Günther Linckh ... - Berlin ;
Heidelberg ; New York ; Barcelona ; Budapest ; Hongkong ; London
; Mailand ; Paris ; Santa Clara ; Singapur ; Tokio : Springer, 1997
  (Veröffentlichungen der Akademie für Technikfolgenabschätzung in
Baden-Württemberg)
  ISBN-13: 978-3-642-64397-2   e-ISBN-13: 978-3-642-60417-1
  DOI: 10.1007/978-3-642-60417-1

Dieses Werk ist urheberrechtlich geschützt. Die dadurch begründeten Rechte, insbesondere die der Übersetzung, des Nachdrucks, des Vortrags, der Entnahme von Abbildungen und Tabellen, der Funksendung, der Mikroverfilmung oder der Vervielfältigung auf anderen Wegen und der Speicherung in Datenverarbeitungsanlagen, bleiben auch bei nur auszugsweiser Verwertung, vorbehalten. Eine Vervielfältigung dieses Werkes oder von Teilen dieses Werkes ist auch im Einzelfall nur in den Grenzen der gesetzlichen Bestimmungen des Urheberrechtsgesetzes der Bundesrepublik Deutschland vom 9. September 1965 in der jeweils geltenden Fassung zulässig. Sie ist grundsätzlich vergütungspflichtig. Zuwiderhandlungen unterliegen den Strafbestimmungen des Urheberrechtsgesetzes.

© Springer-Verlag Berlin Heidelberg 1997
Softcover reprint of the hardcover 1st edition 1997

Die Wiedergabe von Gebrauchsnamen, Handelsnamen, Warenbezeichnungen usw. in diesem Werk berechtigt auch ohne besondere Kennzeichnung nicht zu der Annahme, daß solche Namen im Sinne der Warenzeichen- und Markenschutz-Gesetzgebung als frei zu betrachten wären und daher von jedermann benutzt werden dürften.

Produkthaftung: Für die Angaben über Dosierungsanweisungen und Applikationsformen kann vom Verlag keine Gewähr übernommen werden. Derartige Angaben müssen vom jeweiligen Anwender im Einzelfall anhand anderer Literaturstellen auf seine Richtigkeit überprüft werden.

Einbandgestaltung: Struve und Partner, Heidelberg
Einbandabbildung: Berd Kottal, Mosbach
Satz: Reproreife Vorlagen der Autoren
SPIN 10528717 31/3137- 5 4 3 2 1 0 - Gedruckt auf säurefreiem Papier Springer-Verlag.

Vorwort

In Politik und Öffentlichkeit wird derzeit eine intensive Diskussion über nachhaltige Entwicklung geführt. Die Akademie für Technikfolgenabschätzung in Baden-Württemberg verfolgt mit ihrem Themenfeld „Bedingungen einer nachhaltigen Entwicklung" das Ziel, auf regionaler Ebene ein operationales Konzept für nachhaltige Entwicklung zu erarbeiten. Da bei allen Überlegungen zur Nachhaltigkeit der Land- und Forstwirtschaft eine zentrale Rolle zufällt, hat die Akademie diese Thematik im Projekt „Voraussetzungen einer nachhaltigen Land- und Forstwirtschaft" aufgegriffen. Mit dem interdisziplinären Projekt sollten die Voraussetzungen und Möglichkeiten für die Modifizierung und Weiterentwicklung der derzeitigen Rahmenbedingungen für Land- und Forstwirtschaft im Hinblick auf eine langfristig nachhaltige Produktion ausgelotet werden - mit Schwerpunkt Baden-Württemberg.

Den Auftakt für das umfangreiche Projekt bildete ein Konzeptions-Workshop mit 11 externen Experten, auf dem der detaillierte Projektrahmen und die Gutachter und Gutachterthemen festgelegt wurden. Darauf aufbauend wurde eine Pilotstudie veröffentlicht, die das Projektkonzept und eine Bestandsaufnahme grundlegender Rahmendaten vorstellte. Um einen umfassenden Überblick über die derzeit diskutierten Ansätze zur nachhaltigen Entwicklung in der Land- und Forstwirtschaft zu erhalten, wurden insgesamt 27 Gutachten aus unterschiedlichen Fachdisziplinen eingeholt. Die beteiligten 51 Experten stammen aus rund 20 Forschungseinrichtungen (u. a. die Universitäten Hohenheim, Freiburg, Stuttgart, München, Gießen, Bonn, Bundesforschungsanstalt für Landwirtschaft, Staatliche Lehr- und Versuchsanstalt). Die Beiträge haben im Laufe des Projektes einen mehrstufigen Evaluierungsprozeß durchlaufen; als letzte Stufe wurden die Ergebnisse intensiv auf einem Synthese-Workshop diskutiert. Alle Gutachten wurden Anfang 1996 im Springer-Verlag veröffentlicht[1].

Der vorliegende Syntheseband baut auf den Gutachten, den beiden Workshops sowie eigenen Recherchen auf und gliedert sich analog zum Expertisenband in die Themenbereiche:
- Beeinträchtigungen natürlicher Ressourcen durch die Landwirtschaft (Biotop- und Artenvielfalt, Boden, Wasser, Luft und Klima),
- wirtschaftliche Bedeutung der Land- und Forstwirtschaft einschließlich der Ansätze zu einer monetären Bewertung der positiven und negativen externen Effekte,

---

[1] Linckh, G., H. Sprich, H. Flaig und H. Mohr (Hrsg.) (1996): Nachhaltige Land- und Forstwirtschaft - Expertisen. Springer-Verlag, Berlin, Heidelberg. ISBN 3-540-61088-X. Der Umfang der Gutachten beträgt jeweils etwa 30 Seiten. Am Anfang jedes Beitrags steht eine zweiseitige Zusammenfassung.

- naturnahe Waldbewirtschaftung,
- umweltgerechte Verfahren in der Pflanzen- und Tierproduktion,
- neue technologische Entwicklungen, Biotechnologie,
- Vermarktung und neue Märkte (einschließlich nachwachsender Rohstoffe),
- Agrarstruktur und Agrarpolitik.

In diesem Band wurden die gewonnenen Ergebnisse aus der Sicht der Akademie für Technikfolgenabschätzung für eine breitere Leserschaft zusammengefaßt und bewertet mit dem Ziel, konkrete und politisch umsetzbare Empfehlungen für eine nachhaltige Land- und Forstwirtschaft zu geben. Die agrarpolitischen Maßnahmen bilden daher auch den Schwerpunkt.

Manche Formulierungen der Gutachter, insbesondere im analytischen Teil, haben wir wörtlich übernommen, sofern sie allgemeinverständlich genug erschienen. Dennoch: Die Verantwortung für den Inhalt liegt allein bei den Autoren dieses Bandes. Dies gilt insbesondere für Wertungen und die Empfehlungen für agrar- und forstpolitische Maßnahmen. Etwas ungewöhnlich mag die Kombination von ausführlicher wissenschaftlicher Studie, relativ umfangreicher Kurzfassung und anschließenden „Zusammenfassenden Empfehlungen" erscheinen. Dieses Konzept der abgestuften Informationsdosis hat sich mittlerweile bei unseren Publikationen bewährt. Eilige Leser finden in der Kurzfassung alle wesentlichen Ergebnisse noch einmal kompakt und zusammenfassend dargestellt.

Neben der Veröffentlichung in Buchform sollen die Ergebnisse - dem Auftrag der Akademie gemäß - einer breiten Öffentlichkeit vorgestellt werden. Dazu werden neben Vorträgen und Präsentationen auch Diskursveranstaltungen mit interessierten gesellschaftlichen Gruppen wie Verbänden, politischen Entscheidungsträgern, Landwirtschaftsberatern und Praktikern durchgeführt. Ziel ist es, in Zusammenarbeit mit dem etablierten Netzwerk (wissenschaftliche Institute, Verbände und Ministerien) die Schritte zu initiieren, die für die praktische Umsetzung einer nachhaltigen Entwicklung in der Land- und Forstwirtschaft erforderlich sind.

Den Gutachtern, den Teilnehmern der Workshops sowie allen, die durch ihre engagierte Mitarbeit dieses umfangreiche Projekt ermöglichten, sei an dieser Stelle herzlich gedankt, namentlich Sabine Mücke für die redaktionelle Arbeit. Ausdrücklich bedanken wir uns bei allen Gutachtern und dem Ministerium für ländlichen Raum, Ernährung, Landwirtschaft und Forsten Baden-Württemberg für die kritische Durchsicht der Kurzfassung und viele wertvolle Anregungen.

Stuttgart,   Günther Linckh
März 1997   Hubert Sprich
     Holger Flaig
     Hans Mohr

Inhalt

1 Einführung 1
1.1 Die Bedeutung von Land- und Forstwirtschaft
für eine nachhaltige Entwicklung 1
1.2 Technikfolgenabschätzung als Wegbereiter? 7

2 Makroökonomische Bedeutung von Land- und Forstwirtschaft .. 9
2.1 Wertschöpfung 9
2.2 Verkaufserlöse 12
2.3 Die monetäre Bewertung externer Effekte 14
    2.3.1 Was sind externe Effekte? 14
    2.3.2 Die monetäre Bewertung 16
    2.3.3 Nitrat im Grundwasser - ein Beispiel 19
    2.3.4 Die Erhaltung der Kulturlandschaft - ein Beispiel 20
    2.3.5 Die Bedeutung der monetären Bewertung 22

3 Forstwirtschaft 25
3.1 Die Wiege des Nachhaltigkeitsgedankens 25
3.2 Die Nutzung von Holz 27
3.3 Schutz- und Erholungsfunktionen des Waldes 30
    3.3.1 Positive Wirkungen der Forstwirtschaft 32
    3.3.2 Negative Wirkungen der Forstwirtschaft 33
    3.3.3 Neuartige Waldschäden 35
3.4 Naturnahe Waldbewirtschaftung 39
    3.4.1 Naturnaher Waldbau 39
    3.4.2 Treibhauseffekt und Waldbau 45
3.5 Wirtschaftliche Rahmenbedingungen für eine nachhaltige
Forstwirtschaft 45
    3.5.1 Wichtige Strukturdaten für Baden-Württemberg 45
    3.5.2 Waldfläche - konstant oder variabel? 47
    3.5.3 Wirtschaftliche Probleme 48
    3.5.4 Verbesserung der Vermarktung 50
    3.5.5 Erschließung neuer Märkte 51
    3.5.6 Die Honorierung ökologischer Leistungen der Forstwirtschaft 53
3.6 Forstpolitische Maßnahmen 57

4 Landwirtschaft ... 61

4.1 Die Beeinträchtigung natürlicher Ressourcen ... 61
4.1.1 Biotop- und Artenvielfalt ... 62
4.1.2 Wasser ... 66
4.1.2.1 Grundwasserbelastung durch Nitrat ... 66
4.1.2.2 Grundwasserbelastung durch Pflanzenschutzmittel ... 69
4.1.2.3 Oberflächengewässer ... 70
4.1.3 Boden ... 72
4.1.3.1 Gefügeschäden ... 72
4.1.3.2 Erosion ... 73
4.1.3.3 Schadstoffeintrag durch die Landwirtschaft ... 75
4.1.4 Luft, Atmosphäre und Klima ... 78
4.1.4.1 Ammoniak (NH_3) - Dünger aus der Luft ... 78
4.1.4.2 Treibhauswirksame Spurengase ... 82

4.2 Umweltgerechte Produktionsverfahren ... 87
4.2.1 Erhalt ökologisch wertvoller Flächen ... 88
4.2.2 Umweltgerechte Tierproduktion ... 93
4.2.2.1 Tierproduktion - anfällig für Zielkonflikte ... 93
4.2.2.2 Problem Stickstoff ... 94
4.2.2.3 Viehfütterung und Haltungsmanagement ... 94
4.2.2.4 Umgang mit Mist und Gülle ... 99
4.2.2.5 Stickstoffbilanzen in der Tierproduktion ... 102
4.2.2.6 Phosphor und Kalium ... 104
4.2.2.7 Methan - Treibhausgas und Energiequelle ... 105
4.2.2.8 Tierbestände ... 106
4.2.3 Nachhaltige Grünlandbewirtschaftung ... 109
4.2.3.1 Wirtschaftliche und ökologische Bedeutung ... 109
4.2.3.2 Maßnahmen für eine nachhaltige Bewirtschaftung ... 117
4.2.4 Umweltgerechter Pflanzenbau ... 119
4.2.5 Ökologischer Landbau ... 121
4.2.5.1 Umweltwirkungen des ökologischen Landbaus ... 121
4.2.5.2 Entwicklung und Förderung des ökologischen Anbaus ... 125
4.2.5.3 Marktentwicklung und Absatzförderung ... 129
4.2.5.4 Pflanzenbauliche Grenzen des ökologischen Anbaus ... 132
4.2.5.5 Flächendeckender ökologischer Landbau? ... 133
4.2.6 Integrierter Landbau ... 136

4.3 Neue Technologien 137
    4.3.1 Mechanisch-technische Neuerungen 138
    4.3.2 Biologisch-technische Neuerungen 144
    4.3.3 Bedeutung neuer Technologien für eine nachhaltige
          Landbewirtschaftung 152

4.4 Neue Vermarktungsstrategien und Märkte 153
    4.4.1 Neue Vermarktungsstrategien 154
          4.4.1.1 Einzelvermarktung 155
          4.4.1.2 Verbundmarketing 157
          4.4.1.3 Regionales Marketing 159
    4.4.2 Neue Märkte 161
          4.4.2.1 Übernahme von Dienstleistungen 161
          4.4.2.2 Nachwachsende Rohstoffe 163
          4.4.2.3 Energetische Nutzung 164
          4.4.2.4 Chemisch-technische Nutzung 168
    4.4.3 Förderung neuer Vermarktungsstrategien und Märkte ... 178

4.5 Agrarpolitik 179
    4.5.1 Nationale Agrarpolitik 180
    4.5.2 Europäische Agrarpolitik 183
    4.5.3 Die EU-Agrarreform 188

4.6 Agrarstrukturelle Rahmendaten 193
    4.6.1 Agrarstrukturelle Entwicklung 193
    4.6.2 Agrarstruktur und Umwelt 196
    4.6.3 Agrarstruktur in Baden-Württemberg 197
    4.6.4 Erwerbsstruktur 201
    4.6.5 Hofnachfolge 202
    4.6.6 Eigentumsstruktur 205
    4.6.7 Einkommen und soziale Lage 207
    4.6.8 Produktionsstruktur 210
    4.6.9 Vergleich der landwirtschaftlichen Struktur innerhalb der EU 215
    4.6.10 Strukturelles Leitbild 218

4.7 Agrarpolitische Maßnahmen 219
    4.7.1 Agrarpolitische Maßnahmen der Europäischen Union 219
    4.7.2 Strukturpolitische Maßnahmen 225
        4.7.2.1 Strukturentwicklung und Nachhaltigkeit 225
        4.7.2.2 Gestaltung der Gemeinschaftsaufgabe 228

4.8 Umweltpolitische Maßnahmen. 230
    4.8.1 Beratung 231
    4.8.2 Ordnungspolitische Maßnahmen 235
        4.8.2.1 Düngeverordnung (DüVO) 237
        4.8.2.2 Nutzungsbeschränkungen in Wasserschutzgebieten 240
        4.8.2.3 Schutzgebiets- und Ausgleichsverordnung (SchALVO) ... 242
        4.8.2.4 Stickstoffsteuer und -abgabe 248
    4.8.3 Förderung umweltschonender Produktionsverfahren durch
        finanzielle Anreizsysteme 250
        4.8.3.1 Agrarumweltprogramme 254
        4.8.3.2 Marktentlastungs- und Kulturlandschaftsausgleichs-
                Programm (MEKA) 255
        4.8.3.3 Ökopunkteprogramm 266
        4.8.3.4 Kommunale Umweltprogramme und lokale
                Initiativen 271

Kurzfassung 275

Zusammenfassende Empfehlungen 321

Literatur 325

Verzeichnis der Projektbeteiligten 347

Abkürzungen

a	als Maßeinheit: Jahr (*annum*)
Abb.	Abbildung
AFZ	Allgemeine Forstzeitschrift
AGÖL	Arbeitsgemeinschaft Ökologischer Landbau
AID	Auswertungs- und Informationsdienst für Ernährung, Landwirtschaft und Forsten e. V.
BMBF	Bundesministerium für Bildung, Wissenschaft, Forschung und Technologie
BMJ	Bundesministerium der Justiz
BML	Bundesministerium für Ernährung, Landwirtschaft und Forsten
BMU	Bundesministerium für Umwelt, Naturschutz und Reaktorsicherheit
BSE	bovine spongiforme Enzephalopathie
BST	bovines Somatotropin
BUND	Bund für Umwelt- und Naturschutz Deutschland e. V.
C	Kohlenstoff
Ca	Calcium
Cd	Cadmium
CH_4	Methan
CO_2	Kohlendioxid
d	als Maßeinheit: Tag(e) (*dies*)
DFWR	Deutscher Forstwirtschaftsrat
DGE	Deutsche Gesellschaft für Ernährung
DGPS	*Differential Global Positioning System*
DLG	Deutsche Landwirtschafts-Gesellschaft
dt	Dezitonne = 100 kg = 10^5 g
DüVO	Düngeverordnung
Efm	Erntefestmeter
EG	Europäische Gemeinschaft
et al.	*et alii* (lat.); „und andere", Kurzform für die Beteiligung weiterer Autoren (bei Literaturangaben im Text)
EU	Europäische Union
EWG	Europäische Wirtschaftsgemeinschaft
FAL	Bundesforschungsanstalt für Landwirtschaft
FAO	*Food and Agriculture Organisation*
FIP	Fördergemeinschaft Integrierter Pflanzenbau

fm	Festmeter; 1 m^3 feste Holzmasse ohne Hohlräume
FVA	Forstliche Versuchs- und Forschungsanstalt Baden-Württemberg
GATT	*General Agreement on Tariffs and Trade*
GPS	*Global Positioning System*
GV	Großvieheinheit; Umrechnungseinheit für Nutzvieh auf der Basis des Lebendgewichts (1 Kuh über 2 Jahre entspricht 1 GV)
h	Stunde(n) (*hora*)
ha	Hektar
ha·a	Hektar mal Jahr, als Bezugsgröße verwendet: „pro Hektar und Jahr"
HQZ	Herkunfts- und Qualitätszeichen Baden-Württemberg
Hrsg.	Herausgeber
IPCC	*Intergovernmental Panel on Climate Change*
ISO	*International Standards Organisation*
K	Kalium
Kap.	Kapitel
kt	Kilotonnen, entsprechend 1000 t oder 10^9 g
KTBL	Kuratorium für Technik und Bauwesen in der Landwirtschaft e. V.
LBV	Landesbauernverband
LF	landwirtschaftliche Nutzfläche
LfU	Landesanstalt für Umweltschutz Baden-Württemberg
LWBW	Landwirtschaftliches Wochenblatt
MBW	Marketing- und Absatzförderungsgesellschaft für Agrar- und Forstprodukte aus Baden-Württemberg GmbH
MEKA	Marktentlastungs- und Kulturlandschaftsausgleichs-Programm
Mg	Magnesium
µg	Mikrogramm = 10^{-6} g, entsprechend einem Millionstel Gramm
MJ	Mega-Joule = 10^6 Joule
MLR	Ministerium für ländlichen Raum, Ernährung, Landwirtschaft und Forsten Baden-Württemberg
MW	Megawatt = 10^6 W
N	Stickstoff
N_2	molekularer Stickstoff (Hauptbestandteil der Luft)
N_2O	Distickstoffoxid, Lachgas
NH_3	Ammoniak
NH_4^+	Ammonium
N_{min}	leicht pflanzenverfügbarer, mineralischer Stickstoff
NO	Stickstoffmonoxid
NO_3^-	Nitrat

NO_x	Stick(stoff)oxide
OECD	Organisation for Economic Co-operation and Development
PJ	Peta-Joule = 10^{15} Joule
PSM	Pflanzenschutzmittel
RGV	Rauhfutterfressende Großvieheinheit
RME	Rapsölmethylester
SchALVO	Schutzgebiets- und Ausgleichsverordnung (Baden-Württemberg)
SLA	Statistisches Landesamt Baden-Württemberg
t	Tonne(n); 1 Tonne als Gewichtseinheit entspricht 10^6 g
TA	Technikfolgenabschätzung
TM	Trockenmasse
UBA	Umweltbundesamt
VCI	Verband der Chemischen Industrie
VDP	Verband Deutscher Papierfabriken e. V.
VDZ	Verband der Deutschen Zeitschriftenverleger
VfmD	Vorratsfestmeter Derbholz; als Derbholz wird oberirdisch gewachsenes Holz von mehr als 7 cm Durchmesser bezeichnet
vgl.	vergleiche

1 Einführung

1.1 Die Bedeutung von Land- und Forstwirtschaft für eine nachhaltige Entwicklung

Bei allen Überlegungen zur Nachhaltigkeit fällt der Land- und Forstwirtschaft eine zentrale Rolle zu. Warum ist das so? An der ökonomischen Bedeutung kann es nicht liegen. Der Anteil von Land- und Forstwirtschaft an der Bruttowertschöpfung aller Sektoren betrug 1995 in Baden-Württemberg zusammen nur etwa 1 % (SLA 1996a). Der Grund liegt in der enormen Bedeutung dieser beiden Wirtschaftszweige für die natürlichen Ressourcen, insbesondere für Wasser und Boden. Derzeit werden 48 % der Bodenfläche Baden-Württembergs landwirtschaftlich genutzt, 38 % sind mit Wald bestanden (Abb. 1). Das heißt, 86 % der Landesfläche dienen als Grundlage und als Ressource für die Urproduktion von Nahrungsmitteln, von Futtermitteln und von Holz, dem wichtigsten nachwachsenden Rohstoff.

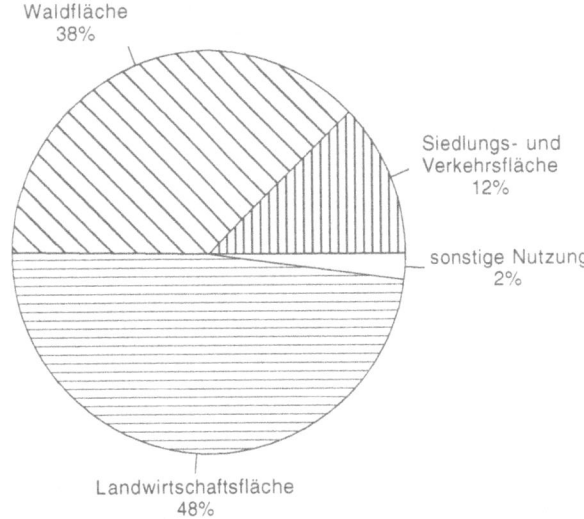

Abb. 1: Nutzung der Bodenfläche in Baden-Württemberg, Ergebnisse der Flächenerhebung 1993 (SLA 1996a).

Das Leitbild einer nachhaltigen Entwicklung (*sustainable development*) kann aus der Sicht unterschiedlicher Wissenschaftsdisziplinen und Perspektiven beschrieben werden. Je nachdem, welche Disziplin oder welches Konzept man auswählt, ergeben sich unterschiedliche Sichtweisen über Ziele und Umsetzungsstrategien einer nachhaltigen Entwicklung. Maßgeblich beeinflußt wurde die Diskussion durch die Definition der BRUNDTLAND-Kommission aus dem Jahre 1987. Dort versteht man unter Nachhaltigkeit „eine Entwicklung, die die Bedürfnisse der Gegenwart befriedigt, ohne zu riskieren, daß künftige Generationen ihre eigenen Bedürfnisse nicht befriedigen können". Das Nachhaltigkeitspostulat orientiert sich hier also an den Bedürfnissen von Menschen. An menschlichen Bedürfnissen kommt kein Konzept vorbei, das eine Umsetzung in die wirtschaftliche Praxis zum Ziel hat. Zur Formulierung einer Nachhaltigkeitsdefinition bietet sich deshalb die Perspektive der Ökonomie an (PFISTER und RENN 1996):

„Nachhaltige Entwicklung bedeutet, daß der Kapitalstock an natürlichen Ressourcen soweit erhalten bleibt, daß das Wohlfahrtsniveau zukünftiger Generationen mindestens dem Wohlfahrtsniveau der gegenwärtigen Generation entsprechen kann".

Die ökologische Komponente wird allerdings über das Postulat der Erhaltung des natürlichen Kapitalstocks durchaus zu einem Schwerpunkt dieser Definition in dem Sinne, daß nicht nur die ökonomischen, sondern auch die physischen Grundlagen, die heute zu einem bestimmten Niveau der Wohlfahrt führen, für künftige Generationen Bestand haben müssen, auch wenn wir nicht wissen, ob sie diese überhaupt benötigen oder wertschätzen (PFISTER und RENN 1996). Ohne den Erhalt der Umweltqualität für die Nachwelt werden die Möglichkeiten zur Erlangung von Wohlfahrt eingeschränkt, und damit kann es auch keine ökonomische Nachhaltigkeit geben.

Nachhaltigkeit verstehen wir als wertbezogene, normative Leitidee, die dem wissenschaftlichen und gesellschaftlichen Suchprozeß nach dem richtigen Weg in die Zukunft eine Orientierung zu geben vermag. Die Konkretisierung des Konzepts („Indikatoren") wird zwar den Naturwissenschaften überlassen (siehe PFISTER und RENN 1996), es wird aber nicht verkannt, daß sich Normativität in komplexen Gesellschaften nur über anreizkonforme Rahmenbedingungen durchsetzen läßt.

An Land- und Forstwirtschaft wird in ganz besonderer Weise deutlich, welche Anforderungen mit dem Anspruch nachhaltigen Wirtschaftens verknüpft sind. Eine langfristig zukunftsfähige Land- und Forstwirtschaft soll umweltgerecht und ressourcenschonend qualitativ hochwertige Nahrungsmittel erzeugen, nachwachsende Rohstoffe produzieren, unsere Kulturlandschaft und deren Biotop- und Artenvielfalt weitgehend erhalten und zugleich dem internationalen Wettbewerb gewachsen sein.

Im Spannungsfeld zwischen kontinuierlich steigenden Anforderungen der Gesellschaft an die Umweltverträglichkeit der Landbewirtschaftung und wachsendem ökonomischen Druck befinden sich die Land- und Forstwirte in einer schwierigen Lage. Auf der einen Seite ist das Intensitätsniveau der landwirtschaftlichen Produktion trotz der Verbesserungen der letzten Jahre vielerorts immer noch zu hoch, so daß die Umweltqualität leidet. Auf der anderen Seite gibt es besonders in standortbedingt benachteiligten Gebieten, in denen sich Landwirtschaft ökonomisch kaum mehr lohnt, bereits ein massives Nachwuchsproblem, so daß sich die Landwirtschaft vermutlich langfristig aus diesen Regionen zurückziehen wird. Wenn große Flächen in naher Zukunft nicht mehr bewirtschaftet werden, verändert sich nicht nur das Gesicht unserer gewohnten und geschätzten Kulturlandschaft. Als Folge muß man mit dem Rückgang einer Vielzahl von Tier- und Pflanzenarten rechnen und längerfristig auch mit einer Beeinträchtigung des Freizeit- und Erholungswerts der Landschaft.

Die Akademie für Technikfolgenabschätzung hat aufgrund der drängenden Probleme und wegen der eminenten Bedeutung für das Naturkapital die Land- und Forstwirtschaft in ihr Themenfeld „Bedingungen einer nachhaltigen Entwicklung in Baden-Württemberg" aufgenommen. Ziel des Projekts „Voraussetzungen einer nachhaltigen Land- und Forstwirtschaft" war es, ein operationales Konzept für eine nachhaltige Landbewirtschaftung in Baden-Württemberg zu erarbeiten, das von den gegebenen Sachverhalten ausgehend praktikable Lösungen vorschlägt. In Agrar- und Forstpolitik sind deutliche Veränderungen notwendig, die es den Betrieben ermöglichen, den vielfältigen Anforderungen gerecht zu werden und ihre Bewirtschaftung nachhaltig zu gestalten. Dogmen und radikale Lösungen sind hierbei nicht gefragt - weder sollen Land- und Forstwirtschaft dem Diktat eines absoluten Ressourcenschutzes unterworfen noch der Ressourcenschutz einer ungezügelten Produktionsintensität geopfert werden.

Wenn es darum geht, zu beurteilen, ob eine Wirtschaftsweise nachhaltig ist, gehen die Meinungen oft weit auseinander. Nach welchen Kriterien soll man sich bei Land- und Forstwirtschaft richten? Kann man den Grad an Nachhaltigkeit objektiv bestimmen? Welche Indikatoren (quantitativ meßbare Größen, die anzeigen, ob die Kriterien erfüllt sind oder ob man sich ihnen nähert) sind geeignet? Die Gefahr ist groß, daß man in der Diskussion der geeigneten Kriterien- und Indikatorkataloge steckenbleibt und auf dem Weg zur nachhaltigen Praxis nicht weiterkommt. Der Weg ist das Ziel, das gilt auch für das Projekt „Voraussetzungen einer nachhaltigen Land- und Forstwirtschaft": Alle Maßnahmen, die es uns erlauben, den Kapitalstock der Natur zu entlasten und die Umweltqualität zu erhöhen, bedeuten Schritte in die richtige Richtung (PFISTER et al. 1997).

Aus diesem Grund haben wir lediglich qualitative Zielvorgaben formuliert, die mit dem Konzept einer nachhaltigen Entwicklung kompatibel erscheinen. Der besonderen ökologischen Bedeutung der Land- und Forstwirtschaft gemäß müssen sich die Zielvorgaben für eine nachhaltige Entwicklung an den natürlichen Ressourcen (Wasser, Luft, Klima, Boden, Artenvielfalt, Biomasse) ausrichten. Hier liegt daher auch der Schwerpunkt. Nachhaltigkeit im Sinne der Akademie stellt aber die Aufgabe, ökologische, ökonomische und soziale Aspekte unter einen Hut zu bringen. Ökonomische und soziale Fragen spielen eine gewichtige Rolle, insbesondere wenn es darum geht, geeignete Maßnahmen vorzuschlagen.

Vor diesem Hintergrund wurden folgende allgemeine Zielvorgaben für eine nachhaltige Land- und Forstwirtschaft abgeleitet:

A) Ökologisch ausgerichtete Zielvorgaben für eine schonende und effiziente Nutzung der natürlichen Ressourcen:

a   Durchsetzung umweltschonender Bewirtschaftungsweisen in der Landwirtschaft.

b   Förderung einer naturnahen Waldbewirtschaftung.

c   Erzeugung gesunder und hochwertiger Nahrungs- und Futtermittel.

d   Förderung der Nutz-, Schutz- und Erholungsfunktionen der Kulturlandschaft.

e   Effiziente Nutzung der erneuerbaren Ressourcen (Wasser, Luft, Boden, Biomasse), die deren Regenerationsfähigkeit nicht überschreitet und die Stabilität der ökologischen Stoffkreisläufe nicht gefährdet.

f   Beachtung kritischer Belastungsgrenzen (*Critical Loads*).

g   Schonung der nicht erneuerbaren Ressourcen.

h   Sicherung der regionalen Wasserversorgung.

i   Weitgehender Erhalt und Förderung der Biotop- und Artenvielfalt.

B) Ökonomische und soziale Zielvorgaben, die für die Erreichung der ökologischen Zielvorgaben dienlich sein können:

j   Aufrechterhaltung einer weitgehend flächendeckenden Landbewirtschaftung.

k   Ausreichendes Einkommen für kosteneffizient und umweltschonend wirtschaftende Betriebe.

l   Erhalt und Förderung des unternehmerisch geprägten Familienbetriebs.

m   Schaffung von langfristig stabilen Rahmenbedingungen.

n   Sicherung der Nahrungsmittelversorgung durch eine umweltschonende Landbewirtschaftung innerhalb eines abgegrenzten Wirtschaftsraums (EU).

o   Sicherung der Holzversorgung innerhalb eines abgegrenzten Wirtschaftsraums (EU).

Zielkonflikte sind dabei vorprogrammiert. Die meisten Ziele können einzeln nicht angestrebt werden, ohne andere Ziele zu verletzen. Zur Aufgabe des Projekts gehörte es, Zielkonflikte herauszuarbeiten und dafür Kompromisse und Lösungsvorschläge zu finden, die sowohl ökologisch sinnvoll als auch unter den gegebenen Voraussetzungen politisch und ökonomisch durchsetzungsfähig erscheinen. Teilweise müssen auch Prioritäten für die einzelnen Ressourcen gesetzt werden. So ist Nachhaltigkeit in Bezug auf Wasser nicht unbedingt mit Nachhaltigkeit für den Arten- und Biotopschutz gleichzusetzen oder zieht eine solche nach sich.

Darüber hinaus bedarf es in einem so vielfältigen Wirtschaftszweig wie der Land- und Forstwirtschaft zur Erreichung von Nachhaltigkeit einer räumlichen

Differenzierung und einer regionalen Vorgehensweise. Die Produktion ist an den jeweiligen Standort gebunden. Die Standorte sind in ihren Voraussetzungen und Produktionsmöglichkeiten sehr unterschiedlich, so daß für die Verbesserung der Produktionsweise und die Entlastung der Ressourcen nur regional angepaßte Lösungen Erfolg versprechen.

Der regionale Ansatz ist hier nicht nur notwendig, er korrespondiert auch mit der Ausrichtung der Akademie für Technikfolgenabschätzung auf eine Region - auf Baden-Württemberg. Ein Projekt ist nur handhabbar, wenn ein definierter Rahmen vereinbart wird. Das Projekt „Voraussetzungen einer nachhaltigen Land- und Forstwirtschaft" hat eine dementsprechende Rahmensetzung: Im Blickpunkt steht das Land Baden-Württemberg. Viele Aussagen und Folgerungen gelten jedoch auch für Deutschland oder für Mitteleuropa. Agrarpolitik wird beispielsweise maßgeblich auf der Ebene der Europäischen Union gestaltet, so daß, gerade wenn es um Agrarpolitik geht, die europäische Perspektive miteinbezogen werden muß. Dennoch - der Rahmen ist begrenzt. Fragen des Weltmarktes und der Welternährung oder die Abholzung tropischer Regenwälder spielen höchstens am Rande eine Rolle. Die Probleme und Lösungsmöglichkeiten sind schon in Nordamerika andere als in Deutschland, in den Hungerregionen der Welt steht Nachhaltigkeit in einem ganz anderen Kontext.

Auch die möglichen Veränderungen der Flächennutzung (Wälder können zu Äckern, Äcker zu Bauland, Rekultivierungsflächen zu Wald werden) werden nur am Rande behandelt (siehe Kap. 3.5.2). Die Akademie wird zu diesem Thema ein eigenes Projekt durchführen.

Man kann die Frage stellen - und einige Ökonomen tun dies -, warum überhaupt soviel Aufwand um einen Wirtschaftszweig getrieben wird, der gerade mal 1 % zum Bruttoinlandsprodukt Deutschlands beiträgt. Ein Industrieland wie Deutschland könnte doch die Grundprodukte für Lebensmittel und das benötigte Holz genauso gut importieren, ohne daß die Volkswirtschaft allzusehr darunter leiden sollte. Warum lassen wir den Wald nicht einfach Wald sein, produzieren extensiv ein bißchen Nahrung und importieren den Rest, den wir zur Bedarfsdeckung brauchen?

Die Antwort aus unserer Sicht lautet: Die Produktion von Nahrungsmitteln und von Holz im Inland ist ein Beitrag zur Nachhaltigkeit, und zwar aus drei Gründen:
1. Wenn Nahrungsmittel und Holz aus anderen Regionen bzw. Ländern oder Wirtschaftsräumen vermehrt importiert werden, so bedeutet das, daß die Menschen in Deutschland (in Baden-Württemberg) auch vermehrt von fremden Ressourcen leben. Hier kommt der Begriff der „Tragekapazität" ins Spiel (MOHR 1996). Die ökologische Definition von Tragekapazität (*carrying capacity*) ist die größte Zahl von Individuen einer bestimmten Spezies, die ein definierter Raum tragen kann. Die ökonomische Definition bezieht sich auf den Menschen und berücksichtigt explizit das Konzept der Nachhaltigkeit.

Tragekapazität ist hier die Eigenschaft eines Wirtschaftsraumes, eine bestimmte Bevölkerung nachhaltig zu tragen.

Dicht besiedelte Regionen in Industrieländern, so auch Baden-Württemberg, beanspruchen zur Befriedigung der Bedürfnisse ihrer Bevölkerung zusätzliche Ressourcen und zusätzliche Landflächen in anderen Teilen der Welt, sie eignen sich Tragekapazität an. Die Aneignung von Tragekapazität ist zwar nicht *per se* nicht-nachhaltig. Handel zwischen Wirtschaftsregionen beinhaltet Import und Export von Tragekapazität und kann sowohl Nachhaltigkeit fördern als auch behindern. Beim Import von Gütern kommt es allerdings darauf an, ob ihre Erzeugung in der Produktionsregion nachhaltig erfolgt oder nicht. Es ist einfach, eine Insel der Nachhaltigkeit zu bilden, wenn alle nicht-nachhaltigen Konsequenzen der Produktion exportiert und alle nicht-nachhaltigen Produkte importiert werden (RENN 1994). Die Einführung von Fleisch oder von Holz aus ausländischer Produktion kann beispielsweise eine idyllische extensive Viehhaltung oder Waldbewirtschaftung innerhalb der Region ermöglichen. Je mehr Tragekapazität anderer Regionen in Form von Nahrungsmitteln und Holz angeeignet wird, desto höher wird die Wahrscheinlichkeit, daß dabei nicht-nachhaltige Produktionsprozesse im Spiel sind.

Es ist deshalb wahrscheinlich insgesamt nachhaltiger, wenn ein Großteil der Güter und Dienstleistungen, die innerhalb eines Wirtschaftsraumes nachgefragt werden, auch dort selbst erzeugt wird oder zumindest erzeugt werden könnte. Das ist der eigentliche Hintergrund für die Punkte „n" und „o" der ökonomischen und sozialen Zielvorgaben (s. o.). Die Versorgungssicherheit (z. B. in Krisenzeiten) ist eher ein Randaspekt und eher durch Integration von Volkswirtschaften, sektorübergreifende Sicherheitspolitik und Lagerung entsprechender Vorratsmengen zu erreichen (HENZE et al. 1996).

2. Land- und Forstwirtschaft stehen nicht isoliert im Wirtschaftsgeschehen, sondern beziehen Güter und Dienstleistungen von vorgelagerten und liefern solche an nachgelagerte Wirtschaftsbereiche, die zwar nicht völlig, aber doch in gewissem Ausmaß von regionalen Verflechtungen leben. So bezog 1988 die Ernährungswirtschaft Baden-Württembergs etwa 60 % der Vorleistungen in Form landwirtschaftlicher Erzeugnisse aus dem Lande selbst (Kap. 2.1). Bestimmte Branchen wie die Gemüsekonservenindustrie, Molkereiwirtschaft und Fleischwarenindustrie sind aus Transportgründen bzw. wegen der Produktqualität (Frische) zum großen Teil auf regionale Agrarerzeugnisse angewiesen (HENZE 1996).

Die baden-württembergische Holzwirtschaft bezog etwa die Hälfte aller forstlichen Vorleistungen aus dem Lande. Die aus baden-württembergischem Rundholz auf der ersten Stufe entstehenden Holzerzeugnisse (z. B. Bretter oder Spanplatten) haben immerhin einen Wert, der etwa dem 5-fachen des Rundholzwertes entspricht (Kap. 2.1, BECKER und LÜCKGE 1996).

Darüber hinaus erbringen Land- und Forstwirtschaft Leistungen, die zwar keinen Marktpreis haben (externe Effekte, Kap. 2.3), aber dennoch andere

Wirtschaftsbereiche beeinflussen, z. B. über die Schaffung und den Erhalt von Kulturlandschaft den Erholungs-, Freizeit- und Fremdenverkehrssektor.

3. Die heimische Land- und Forstwirtschaft hat zwar im Laufe der letzten Jahre stetig an Bedeutung hinsichtlich Arbeitsplatzangebot und Wertschöpfung verloren, hat aber immer noch eine wichtige und charakterisierende Rolle im kulturellen und sozialen Gefüge des ländlichen Raumes.

1.2 Technikfolgenabschätzung als Wegbereiter für eine nachhaltige Land- und Forstwirtschaft?

Technikfolgenabschätzung (TA) hat die Aufgabe, die Folgen neuer oder auch alter Techniken hinsichtlich Chancen und Risiken abzuschätzen. Bisherige Arbeiten zur TA lassen sich in einen forschenden, analysierenden Teil (Technikfolgenforschung) und einen bewertenden Schritt (Technikfolgenbewertung) trennen. Die Methodik ist, da es sich um eine verhältnismäßig junge Disziplin handelt, noch nicht eingefahren. Abgesehen davon erfordert die Erforschung und Bewertung unterschiedlicher Techniken ein erhebliches Maß an Flexibilität und eine fallbezogene Vorgehensweise. Das gilt insbesondere für den Bewertungsschritt. Adressaten der Ergebnisse von TA sind - je nach Konzeption der TA-Institution - zum einen politische Entscheidungsgremien, zum andern aber auch, wie bei der Akademie für Technikfolgenabschätzung in Baden-Württemberg, die gesellschaftliche Öffentlichkeit bzw. die Vertreter gesellschaftlicher Gruppen, die „die Öffentlichkeit" repräsentieren (MOHR 1997a).

Technikfolgenabschätzung soll, auf einer wissenschaftlich fundierten Analyse aufbauend, Bewertungen einer Technik vorschlagen (MOHR 1995). Diese Bewertungsvorschläge sollen im Idealfall einen intensiven politischen und gesellschaftlichen Diskurs in Gang setzen, wie mit einer neuen Technologie umzugehen ist oder wie ein Problem angemessen gelöst werden kann. Wie diese Vorschläge aussehen, ist unterschiedlich. Ein häufig beschrittener Weg ist die Bildung von Szenarien, wobei Pfade unterschiedlicher, möglicher Entwicklungen aufgezeigt werden (wenn Pfad A gewählt wird, dann ist mit Konsequenz 1 zu rechnen; wenn Pfad B...). Ein anderer Weg wäre, eine konkrete Empfehlung auszusprechen, die als Grundlage für einen politisch-gesellschaftlichen Diskurs dient. Beide Möglichkeiten wurden bereits in Projekten der Akademie erprobt. Im Rahmen des Projektes „Voraussetzungen einer nachhaltigen Land- und Forstwirtschaft" haben wir uns für den zweiten Weg entschieden, da wir die Erfahrung gemacht haben, daß gerade Entscheidungsträger statt eines Straußes von Optionen eine klare Empfehlung bevorzugen.

Um kein Mißverständnis aufkommen zu lassen: Die Bewertungen und Empfehlungen, die wir aus der wissenschaftlichen Analyse der Sachverhalte und Entwicklungen in Land- und Forstwirtschaft abgeleitet haben (siehe Kap. „Zusammenfassende Empfehlungen"), dienen als Basis für eine weiterführende Diskussion aller interessierter Gruppen. Sie sollen nicht belehren oder den politischen Entscheidungsträgern ihre Aufgabe abnehmen. Wenn sich aus der Diskussion über die Empfehlungen der Akademie agrar- und forstpolitische Schritte in Richtung Nachhaltigkeit ergeben sollten, so ist das Ziel des Projektes erreicht.

2 Die makroökonomische Bedeutung von Land- und Forstwirtschaft

2.1 Wertschöpfung

Wie in anderen hochindustrialisierten Regionen ist die Bedeutung der Land- und Forstwirtschaft für die Volkswirtschaft Baden-Württembergs gering, wenn die gängigen ökonomischen Parameter zur Beurteilung herangezogen werden. Der Bruttoproduktionswert der Landwirtschaft des Landes betrug 1992 laut sektoraler Gesamtrechnung 7,582 Mrd. DM (HENZE 1996), der kalkulierte Bruttoproduktionswert der Forstwirtschaft 0,696 Mrd. DM (BECKER und LÜCKGE 1996). Land- und Forstwirtschaft setzen bei ihrer Produktion Vorleistungen (Maschinen, Düngemittel, Beratung usw.) aus anderen Sektoren ein. Zieht man die Vorleistungen vom Bruttoproduktionswert ab, so erhält man die Bruttowertschöpfung als Maß für die eigentliche Wirtschaftsleistung des jeweiligen Sektors. Für die Land- und Forstwirtschaft Baden-Württembergs zusammen ergibt sich eine Bruttowertschöpfung (1995) von 4,745 Mrd. DM (SLA 1996a), das entspricht nur rund 1 % der gesamten Bruttowertschöpfung des Landes (Abb. 2). Auch im Bundesdurchschnitt ist die volkswirtschaftliche Bedeutung der Land- und Forstwirtschaft mit einem Anteil von 1,1 % marginal.

Bei der Betrachtung dieser Bruttowertschöpfung ist zu berücksichtigen, daß die Güterproduktion jeweils zu inländischen Marktpreisen ermittelt wurde. Ein Preisschutz (Außenhandelsschutz) mit staatlich garantierten Preisen, die über dem Weltmarktpreisniveau liegen, wie dies gegenwärtig für zahlreiche landwirtschaftliche Produkte innerhalb der EU gilt, führt jedoch zu einer erhöhten Bruttowertschöpfung. Bereinigt man die volkswirtschaftliche Gesamtrechnung um die von der OECD (Organisation for Economic Cooperation and Development) berechneten Preisstützungen, so ist die Bruttowertschöpfung der Land- und Forstwirtschaft erheblich geringer (HENZE 1996).

Andererseits ist bei der Bewertung der Bruttowertschöpfung der Land- und Forstwirtschaft, sei es zu nationalen oder internationalen Preisen, auch zu berücksichtigen, daß bei derartigen Berechnungen die mit der Produktion verbundenen, sogenannten externen Effekte (Kap. 2.3.1) nicht einbezogen werden und damit die volkswirtschaftliche Gesamtrechnung nicht vollständig ist. Beispielsweise spielt für Baden-Württemberg, eines der wichtigsten Erholungsländer der Bundesrepublik mit jährlich etwa 39 Mio. Übernachtungen (SLA 1997), die Land- und Forstwirtschaft in ihrer Funktion als „Gestalter und Erhalter" einer vielfältigen und reizvollen Kulturlandschaft eine wichtige, aber ökonomisch schwer zu bewertende Rolle. Erst die verschiedenen Landbewirtschaftungsformen machen eine

Landschaft wie den Schwarzwald, das Bodenseegebiet oder das Allgäu für den Erholungssuchenden interessant. Auf die Bedeutung einer vielfältigen Kulturlandschaft für den ästhetischen Reiz einer Landschaft weisen zahlreiche Untersuchungen hin (Infas 1993, FINK et al. 1993, SAUERLAND 1994, KÄMMERER et al. 1996). Die Ergebnisse zeigen, daß große Teile der Bevölkerung das durch Bewirtschaftung entstandene Landschaftsbild schätzen und erhalten wissen wollen. Andererseits belastet die Landwirtschaft durch die Förderung der Bodenerosion oder den Eintrag von Nährstoffen in das Grund- und Oberflächenwasser die volkswirtschaftliche Gesamtrechnung durch notwendige Maßnahmen zur Schadensminderung, wie das Ausbaggern von Flußbetten oder die Aufbereitung des Trinkwassers.

Bei Nichterfassung dieser externen Effekte wird daher die Wertschöpfung der Land- und Forstwirtschaft über- oder unterschätzt, je nachdem, ob die negativen oder positiven Effekte überwiegen (Kap. 2.3.5). Durch eine Internalisierung positiver und negativer externer Effekte kann die makroökonomische Bedeutung der Land- und Forstwirtschaft in Abhängigkeit vom Einfluß auf die Produktpreise und die produzierte Menge daher deutlich zu- oder abnehmen.

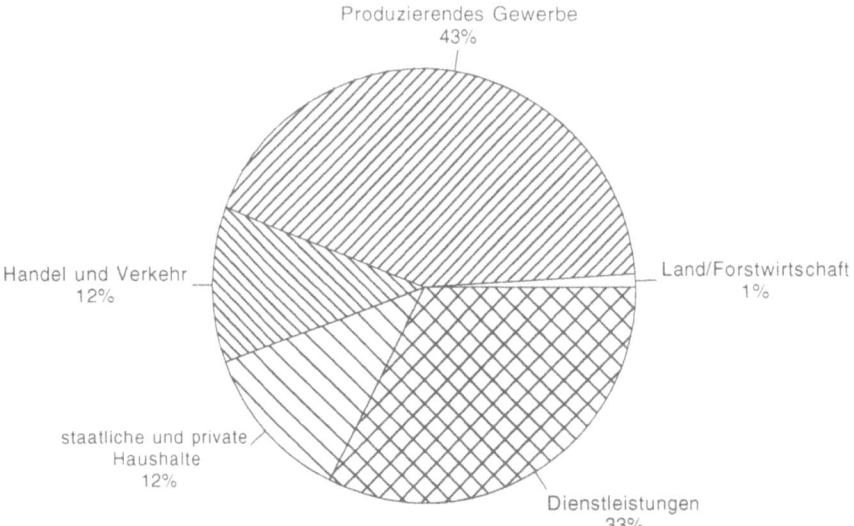

Abb. 2: Anteil der Wirtschaftsbereiche an der Bruttowertschöpfung in Baden-Württemberg 1995 in Prozent, berechnet nach jeweiligen Preisen (SLA 1996a).

In einer arbeitsteiligen Wirtschaft kann die Wertschöpfung der Land- und Forstwirtschaft nicht isoliert betrachtet werden. Land- und Forstwirtschaft setzen Vorleistungen aus anderen Sektoren ein, und sie produzieren neben Endprodukten, insbesondere für den privaten Verbrauch, selbst auch Vorleistungen (Holz,

Rohmilch, Getreide etc.) für andere Wirtschaftsbereiche. Für das Jahr 1988 liegt eine Verflechtungsmatrix der Wirtschaftssektoren Baden-Württembergs vor (HENZE 1996). So bezog 1988 die baden-württembergische Ernährungswirtschaft 61 % ihrer Vorleistungen (4,322 Mrd. DM) in Form landwirtschaftlicher Erzeugnisse aus Baden-Württemberg. Im gleichen Jahr beruhten 53 % des damaligen Bruttoproduktionswertes der baden-württembergischen Landwirtschaft auf Vorleistungen anderer Wirtschaftsbereiche. Diese Vorleistungen in Form von Landmaschinen, Pflanzenschutzmitteln, Reparaturdiensten, Beratungsleistungen etc. stammten zu 56 % und damit mehrheitlich aus Baden-Württemberg, 28 % wurden aus anderen Bundesländern und 16 % aus anderen Staaten nachgefragt (HENZE 1996). Insgesamt erwirtschaften die vor- und nachgelagerten Wirtschaftsbereiche zusammen mit der Landwirtschaft in Deutschland derzeit mehr als 7 % der gesamten volkswirtschaftlichen Wertschöpfung (BML 1996a).

Die baden-württembergische Holzwirtschaft bezog 1993 etwa die Hälfte aller forstlichen Vorleistungen aus dem Lande, die andere Hälfte aus anderen Bundesländern und dem Ausland (BECKER und LÜCKGE 1996). Zwar kann der Verbleib des von den Forstbetrieben eingeschlagenen Holzes bereits auf der ersten Absatzstufe nicht direkt abgebildet werden, dennoch läßt sich mit Hilfe von Annahmen der Umsatz nachgelagerter Wirtschaftsbereiche zumindest abschätzen. Sägewerke sowie Zellstoff- und Papierindustrie erzielten auf der Basis des baden-württembergischen Rundholzes einen Umsatz von jeweils ca. 1,4 Mrd. DM, die Holzwerkstoffindustrie von ca. 300 Mio. DM und die zwischengeschalteten Rundholztransporteure und -händler etwa 200 Mio. DM. Somit wurde 1993 auf der ersten Abnehmerstufe mit dem von der baden-württembergischen Forstwirtschaft erzeugten Rundholz ein Umsatz von knapp 3,4 Mrd. DM erzielt, womit sich der Wert des abgesetzten Holzes etwa verfünffacht hat. Etwa zwei Drittel dieses Umsatzes dürften innerhalb von Baden-Württemberg getätigt worden sein (BECKER und LÜCKGE 1996). Die Forstwirtschaft nahm ihrerseits Vorleistungen im Wert von rund 370 Mio. DM aus anderen Wirtschaftszweigen in Anspruch. Inwieweit diese Leistungen aus Baden-Württemberg stammten, läßt sich im einzelnen nicht eruieren.

Die Nachfrage von Land- und Forstwirtschaft nach Vorleistungen löst in vorgelagerten Sektoren auch Beschäftigungseffekte aus. So fragt die Land- und Forstwirtschaft z. B. regionale handwerkliche Leistungen und Dienstleistungen nach und leistet damit einen wichtigen Beitrag zur Aufrechterhaltung einer notwendigen Infrastruktur im ländlichen Raum.

Allerdings sind nur bestimmte Branchen der vor- und nachgelagerten Sektoren aus Transportgründen bzw. wegen der Produktqualität (Frische) wirklich auf regionale Agrarerzeugnisse angewiesen. Eine regionale vertikale Bindung bietet im übrigen aus ökonomischer Sicht keine Rechtfertigung dafür, die Leistungen anderer Wirtschaftsbereiche zur Wertschöpfung der Land- und Forstwirtschaft hinzuzuaddieren. Zum einen müßte dann auch bei anderen Sektoren so verfahren werden und zum anderen würden dadurch Leistungen mehrfach bewertet (HENZE 1996).

2.2 Verkaufserlöse

Die Verkaufserlöse der baden-württembergischen Landwirtschaft stiegen seit Beginn der 50er Jahre nahezu linear an und erreichten im Wirtschaftsjahr 1982/83 mit 8,36 Mrd. DM ihr Maximum (STADLER 1995). Diese günstige Produktivitäts- und Einkommensentwicklung in der Landwirtschaft wurde hauptsächlich von den Verkaufserlösen der tierischen Erzeugnisse ausgelöst und getragen. Seitdem ist eine rückläufige Entwicklung eingetreten, die zum einen auf eine Abnahme der tierischen Produktion, zum andern aber (seit 1992) auch auf die EU-Agrarreform (Kap. 4.5.3) zurückzuführen ist. Im Wirtschaftsjahr 1994/95 betrugen die Verkaufserlöse 7,1 Mrd. DM (SLA 1996a). Als Folge der EU-Agrarreform und des GATT-Übereinkommens werden sich die Produktpreise zukünftig auf einem Niveau nahe der Weltmarktpreise einpendeln. Darüber hinaus dürfte die Agrarproduktion in geringerem Umfang als in der Vergangenheit wachsen, so daß die Verkaufserlöse der baden-württembergischen Landwirtschaft zukünftig kaum mehr die Werte vor diesen Reformen erreichen werden.

Die Bedeutung dieser Entwicklung für die wirtschaftliche Situation der landwirtschaftlichen Betriebe zeigt sich, wenn der Lebenshaltungsindex[1], der seit den 50er Jahren um rund 50 % gestiegen ist, miteinbezogen wird. Werden die Verkaufserlöse der Landwirtschaft in Baden-Württemberg mit diesem Index deflationiert, so wird deutlich, daß sie sich bereits seit Mitte der 60er Jahre real nicht mehr nennenswert erhöht und ab den 80er Jahren sogar sukzessive vermindert haben (Abb. 3). Im Wirtschaftsjahr 1994/95 waren die Verkaufserlöse real um ein Drittel niedriger als Anfang der 80er Jahre.

Trotz anhaltend rückläufiger Entwicklung machten im Wirtschaftsjahr 1994/95 die tierischen Erzeugnisse mit insgesamt 3,9 Mrd. DM (55 %) den größten Anteil am Verkaufserlös der baden-württembergischen Landwirtschaft aus. Die Bedeutung der Sonderkulturen für die Landwirtschaft in Baden-Württemberg zeigt sich darin, daß Gemüse, Obst, Weintrauben und sonstige Sonderkulturen (Hopfen, Beeren etc.) 37 % der Verkaufserlöse erzielten, während Getreide, Kartoffeln, Zuckerrüben sowie Öl- und Hülsenfrüchte zusammen lediglich mit 8 % zum Verkaufserlös beitrugen (Abb. 4). Die große Bedeutung der Sonderkulturen im Lande zeigt sich auch daran, daß Baden-Württemberg mit 42 % der Wein- und 35 % der Obstmenge einen überdurchschnittlichen Anteil an der Produktionsmenge in Deutschland (1992) besitzt (HENZE 1996). Die hohe Wertschöpfung pro Hektar beim Anbau von Sonderkulturen ermöglicht, daß ein angemessenes Einkommen auch bei relativ geringer Betriebsgröße erzielt wird.

---

[1] gemessen an einem 4-Personen-Haushalt mit mittlerem Einkommen

Verkaufserlöse

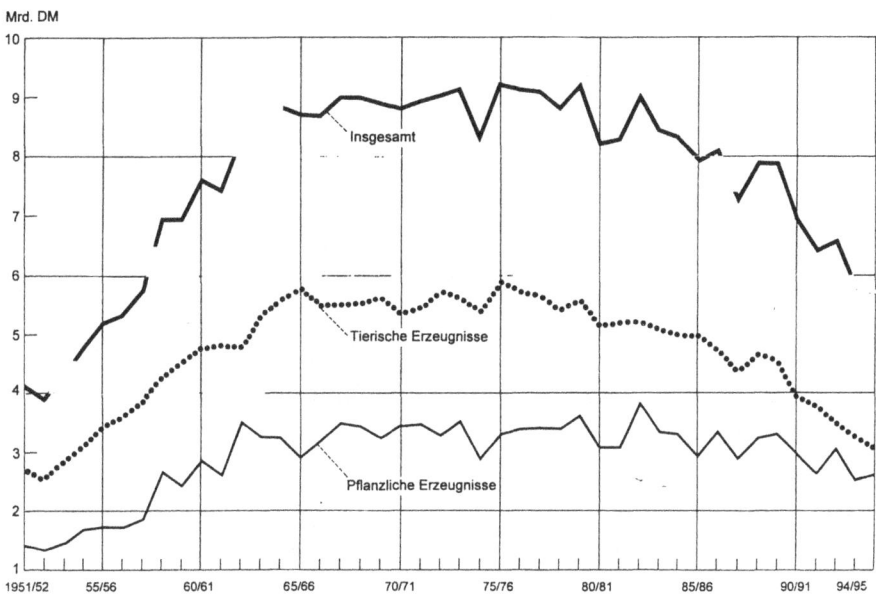

Abb. 3: Verkaufserlöse landwirtschaftlicher Erzeugnisse in Baden-Württemberg seit dem Wirtschaftsjahr 1951/52 (STADLER 1995). (Deflationiert mit dem Preisindex für die Lebenshaltung von 4-Personen-Haushalten von Angestellten und Arbeitern mit mittlerem Einkommen (1985 = 100)).

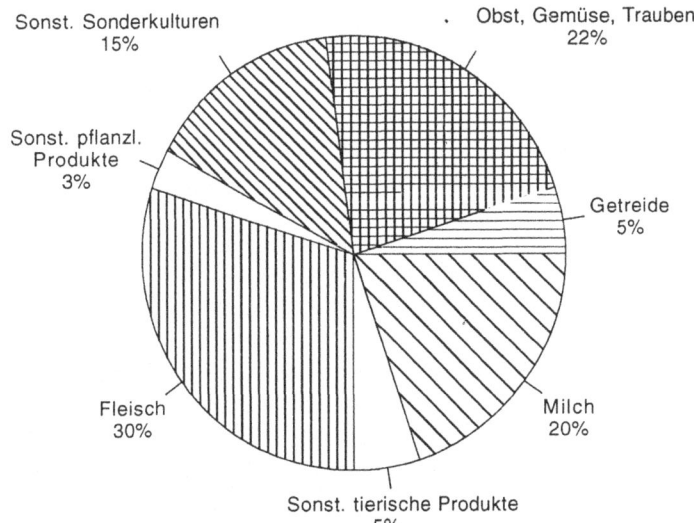

Abb. 4: Relative Anteile der Erzeugnisse am Verkaufserlös der baden-württembergischen Landwirtschaft 1994/95 (SLA 1996a).

Der in Kapitel 2.1 angegebene Bruttoproduktionswert der Forstwirtschaft in Baden-Württemberg wurde in der Kalkulation vereinfachend gleichgesetzt mit den Erlösen der Forstbetriebe (BECKER und LÜCKGE 1996). Daher kann man als Verkaufserlöse der Forstwirtschaft des Landes 696 Mio. DM annehmen. Der Verkauf von Holz macht mit knapp 90 % den überwiegenden Anteil aus, der Rest besteht vor allem aus Einnahmen aus Vermietung und Verpachtung (Kiesabbau, Jagd etc.). Der Erlös lag im Bezugsjahr 1993 allerdings sehr niedrig, da die Holzpreise infolge der Stürme im Frühjahr 1990 einen Tiefststand erreicht hatten. Die Forstbetriebe räumten ihre Sturmholzlager und schlugen daher eine unterdurchschnittliche Holzmenge ein.

2.3 Die monetäre Bewertung externer Effekte der Land- und Forstwirtschaft[2]

2.3.1 Was sind externe Effekte?

Die Begriffe „externe Effekte", „monetäre Bewertung" und „Internalisierung externer Effekte" stammen aus der Ökonomie und sind mit dem Theoriegebäude der neoklassischen Wohlfahrtsökonomie verbunden. Als externe Effekte „lassen sich die gegenseitigen Einwirkungen von Wirtschaftssubjekten, die nicht über den Markt erfaßt und bewertet werden, bezeichnen. Diese externen Effekte sind die chemischen, physikalischen und anderen Einwirkungen, die nicht in Geldgrößen, das heißt nicht monetär, bewertet sind" (nach WICKE 1991). Externe Effekte haben keinen Marktpreis, der Marktmechanismus greift hier nicht oder nur unvollständig.

Für die Entstehung externer Effekte sind unterschiedliche Ursachen möglich; eine wesentliche Ursache ist die Existenz öffentlicher Güter. Öffentliche Güter zeichnen sich im Gegensatz zu privaten Gütern dadurch aus, daß für sie private Verfügungsrechte nur unzureichend oder gar nicht definiert sind, so daß in der Regel niemand von ihrer Nutzung und Inanspruchnahme ausgeschlossen werden kann oder soll (BRANDL und OESTEN 1996). Damit können sich auch keine adäquaten Preise bilden, denn wenn die Nutzung eines Gutes nicht verwehrt werden kann, lassen sich auch keine Preisforderungen eventueller Eigentümer an die Nutzer durchsetzen (ELSASSER 1996). In einer Marktwirtschaft neoklassischer Prägung erfolgt die Bewertung aller Güter nach den individuellen Zahlungsbereitschaften der Marktteilnehmer, die im Idealfall den individuell empfundenen Knappheiten entsprechen. Je nach Knappheit bildet sich für ein Gut ein bestimmter Preis am Markt heraus. Ohne Preise als Signale werden Knappheiten durch die

---

[2] Für kritische Durchsicht und Verbesserungsvorschläge danken wir Dr. Gerhard PFISTER und Dipl.-Vw. Anja KNAUS, Bereich Technik, Gesellschaft, Umweltökonomie der Akademie für Technikfolgenabschätzung in Baden-Württemberg, Stuttgart.

Monetäre Bewertung

Wirtschaftsakteure jedoch nicht, nur unzureichend oder zu spät wahrgenommen. Natürliche Ressourcen wie Wasser und Luft oder Umweltgüter wie Landschaft sind - wenn auch als Sonderfall (CANSIER 1993) - den öffentlichen Gütern zuzurechnen. Die Nutzung der Umweltmedien ist offen für alle. Auf der einen Seite hat (in einer Welt des „reinen Marktes", ohne Staat) jeder die Möglichkeit, sich durch Emission billig der Abfallstoffe zu entledigen. Es gibt keinen Eigentümer, der dafür Preise von den Emittenten verlangen könnte. Auf der anderen Seite kann jeder in den ästhetischen Genuß einer schönen Landschaft kommen oder Freude über die Erhaltung der Artenvielfalt empfinden. Da Privateigentum an einzelnen Einheiten der Umweltmedien nicht möglich ist, kann sich auch kein Preis für Nutzungsrechte bilden (CANSIER 1993).

Man unterscheidet positive und negative externe Effekte. Im Fall negativer externer Effekte werden neben den individuellen Kosten, die im einzelwirtschaftlichen Kalkül berücksichtigt werden, zusätzliche Belastungen wirksam, die von Dritten getragen werden müssen, ohne daß hierfür eine Entschädigung eingefordert werden könnte. Es kommt zu marktlich nicht bewerteten Nutzenverlusten. Bei Vorhandensein positiver externer Effekte hingegen werden Leistungen erbracht, die nicht über den Markt entlohnt werden, so daß der einzelne in den Genuß der Leistungen kommt, ohne dafür zahlen zu müssen. Es kommt zu marktlich nicht bewerteten Nutzengewinnen.

Am konkreten Beispiel illustriert: Land- und Forstwirtschaft produzieren Waren und Dienstleistungen, die am Markt gehandelt werden. Getreide, Milch, Stammholz und Urlaub auf dem Bauernhof haben auf den jeweiligen Märkten einen bestimmten Preis. Land- und Forstwirtschaft haben aber auch Effekte, die nicht am Markt erfaßt und nicht direkt mit Geld bewertet werden. Sie beinhalten potentielle Qualitätsänderungen der Umweltgüter Boden, Wasser und Luft sowie die Beeinflussung von Biotopen, Arten und Landschaftsbildern. Ein Beispiel für einen negativen externen Effekt ist die Nitratbelastung des Grundwassers durch zu intensive Landwirtschaft. Grundwasser ist die wichtigste Ressource für die Gewinnung von Trinkwasser in Deutschland (LEHN et al. 1996). Der Gehalt an Nitrat im Trinkwasser darf den aus Gründen der Gesundheitsvorsorge festgelegten Grenzwert von 50 mg pro Liter nicht überschreiten. Je nach Belastungsgrad des Grundwassers fallen demnach höhere Kosten für die Wasseraufbereitung oder Zumischung weniger nitrathaltigen Wassers an. Diese Kosten können aber derzeit keinem einzelnen Verursacher zugerechnet werden und müssen deshalb von dritter Seite, in diesem Fall vom Wasser-Verbraucher, getragen werden (Kap. 2.3.3).
Ein Beispiel für einen positiven externen Effekt ist die Schaffung und Erhaltung der Kulturlandschaft bzw. bestimmter Teile davon durch die Landbewirtschaftung. Bei der Mehrzahl der Bevölkerung genießen Landschaften eine besondere Wertschätzung, in denen verschiedene Nutzungen miteinander kombiniert sind und die dadurch abwechslungsreich wirken. Nicht landwirtschaftlich genutzte

Flächen entwickeln sich in unseren Breiten im Laufe der Zeit zu Wald, wenn sie sich selbst (der natürlichen Sukzession) überlassen bleiben. Die Landwirtschaft erbringt hier durch das Offenhalten der Landschaft und die Erhaltung charakteristischer Landschaftsbilder nebenbei eine Leistung, die nicht über den Markt entlohnt wird. Das gilt insbesondere für Landschaften, die von Erholungssuchenden und Urlaubern besonders geschätzt werden, wie z. B. den Hochschwarzwald, das Allgäu oder Teile der Schwäbischen Alb, und deren Erhaltung auf eine spezifische Bewirtschaftung angewiesen ist.

2.3.2 Die monetäre Bewertung

Im Zentrum der wohlfahrtsökonomischen Analyse steht allgemein die Frage der effizienten Verwendung knapper Ressourcen. Die effiziente Allokation von Ressourcen läßt sich nur auf der Grundlage von Knappheitssignalen erreichen, und solche Knappheiten sollten sich in einem funktionierenden Markt in entsprechenden Preisen widerspiegeln (WEIMANN 1996). Gibt es solche Preissignale nicht, werden im Falle negativer externer Effekte aufgrund mangelnder Kostenzurechnung zuviele negative Effekte erzeugt. Im Falle positiver externer Effekte werden aufgrund mangelnder Produktionsanreize durch Zahlungen zuwenig positive Effekte erzeugt - die Allokation von Ressourcen ist in keinem Fall optimal. Volkswirtschaftlich entsteht dadurch ein Wohlfahrtsverlust.

Dieses Versagen des Marktes läßt sich - im Prinzip zumindest - durch geeignete wirtschaftspolitische Maßnahmen korrigieren, durch die die externen Effekte ins Marktgeschehen internalisiert werden. Dabei sollen die bisher in der Wirtschaftstätigkeit unzureichend berücksichtigten gesellschaftlichen bzw. volkswirtschaftlichen Kosten und Nutzen in das private bzw. betriebswirtschaftliche Entscheidungskalkül einbezogen werden. Die Eingriffe in das Entscheidungsverhalten sollten unter weitgehender Wahrung der Souveränität des einzelnen Konsumenten durch eine Korrektur der Rahmenbedingungen vorgenommen werden. Nach einem Konzept von PIGOU kann die Internalisierung über staatliche Eingriffe in den Markt erfolgen. Die Grundidee dabei ist, mit Hilfe positiver (z. B. Subventionen) oder negativer Anreize (z. B. Steuern oder Haftungsverpflichtungen) die privaten Kosten und Nutzen so zu korrigieren, daß sie den gesellschaftlichen Kosten und Nutzen entsprechen (BRANDL und OESTEN 1996).

Um die Korrektureingriffe richtig zu dosieren, benötigt man Hilfen, und die dem Marktgeschehen am meisten angemessene wäre, die externen Effekte in Geldwert zu fassen. Die monetäre Bewertung externer Effekte oder öffentlicher Güter ist somit nichts anderes als die Bewertung des Nutzens, der durch den Konsum (als weitgefaßter Begriff) solcher Güter entsteht, mit Hilfe eines einheitlichen, marktgerechten Maßstabs. Nur wenn ein einheitlicher Maßstab zur Verfügung steht, ist es möglich, die Kosten und Nutzen der Inanspruchnahme knapper Güter und Ressourcen zu bestimmen, und nur die Kenntnis dieser Kosten und Nutzen ermöglicht es, Konsum- und Produktionsentscheidung so zu treffen, daß knappe Ressourcen nicht verschwendet werden. Wann immer Entscheidungen über die Nutzung natürlicher Ressourcen getroffen werden, wird zumindest implizit auch eine Entscheidung im Hinblick auf die Abwägung verschiedener Verwertungsinteressen getroffen (WEIMANN 1996). Eine Bewertung im Sinne der Monetarisierung macht die impliziten Werturteile, die *de facto* permanent vorgenommen werden, lediglich explizit und somit einer kritischen Diskussion zugänglich.

Für die monetäre Bewertung hat die Ökonomie eine Reihe von Instrumenten entwickelt. Man unterscheidet indirekte und direkte Methoden. Indirekte Methoden leiten die Wertschätzung für ein öffentliches Gut bzw. für ein Umweltgut aus beobachtbaren Transaktionen auf dem Markt für solche privaten Güter ab, deren Verbrauch in Zusammenhang mit dem Umweltgut steht. Hier sind drei wichtige Verfahren zu nennen: die Reisekostenmethode, die Hedonistische Preisermittlung und der Vermeidungskostenansatz (WEIMANN 1996, HENZE et al. 1996).

Die Grundidee der Reisekostenmethode ist, daß die Wertschätzung eines Umweltguts (z. B. Naturpark, Freizeitpark, Waldgebiet) mindestens so hoch ist wie die Reisekosten (und Zeitkosten), die jemand aufwendet, um den Besuch durchzuführen. Reisekosten sind als Marktdaten beobachtbar, und unter bestimmten Bedingungen ist es möglich, von diesen offenbarten Zahlungsbereitschaften auf den Wert des Umweltgutes zu schließen.

Die Hedonistische Preisermittlung baut auf dem Gedanken auf, daß sich der Wert vieler Güter aus verschiedenen Komponenten zusammensetzt, die teilweise auch Aspekte öffentlicher Güter beinhalten. Einfluß auf den Wert eines Wohnhauses haben beispielsweise ganz verschiedene Dinge. Größe, Baustil und Alter des Hauses spielen ebenso eine Rolle wie die Lage, die Nachbarschaft und die Qualität der lokalen Umweltmedien. Die Hedonistische Preisermittlung versucht, aus den beobachtbaren Preisen für Wohnhäuser die Bewertungen der einzelnen Komponenten abzuleiten, den Preis also quasi in seine Bestandteile zu zerlegen. In der Praxis eignen sich dafür solche Märkte, auf denen Güter und Produktionsverfahren gehandelt werden, die eine Vielzahl verschiedener Eigenschaften auf sich vereinigen können: Häuser und Arbeitsmärkte.

Der Vermeidungskostenansatz wird häufig bei negativen externen Effekten eingesetzt. Die Zahlungsbereitschaft für ein öffentliches Gut wird daran gemessen, welche Ausgaben jemand aufwendet, um den Schaden bzw. den Nachteil abzuwehren. Der Wert der Gesundheit wird dann beispielsweise anhand der Aufwendungen zur Gesundheitsvorsorge abgeschätzt. Man kann den Ansatz auch weiter fassen. Beispielsweise können Luftverschmutzungen zu Erkrankungen führen, die sich durch den Gebrauch von Medikamenten oder allgemein Gesundheitsgütern abmildern oder beseitigen lassen. Die Einnahme des Medikamentes und die Verbesserung der Luftqualität hätten (eine klare Ursache-Wirkungs-Beziehung vorausgesetzt) denselben Effekt: die Vermeidung des Gesundheitsschadens. Die Kosten für die Gesundheitsgüter dienen als Maß dafür, welche Aufwendungen mindestens zur Verringerung der Luftverschmutzung angesetzt werden können.

Da nicht nur die Gesundheit von Luftverschmutzungen betroffen ist, können die ermittelten Kosten lediglich als Untergrenze des monetären Schadens interpretiert werden.

Direkte Methoden ermitteln die Zahlungsbereitschaft unmittelbar durch Befragungen, wobei man zwischen zwei Fragestellungen unterscheidet. „Was wären Sie bereit, maximal für eine Umweltverbesserung zu zahlen?" erfragt die Zahlungsbereitschaft (*Willingness to Pay*) für ein öffentliches Gut. „Was müßte man Ihnen mindestens als Entschädigung zahlen, damit Sie eine Umweltverschlechterung akzeptieren?" versucht, die Entschädigungsforderung (*Willingness to Accept*) zu ermitteln (KÄMMERER et al. 1996). Die Theorie postuliert, daß beide Werte gleich oder zumindest sehr ähnlich sind, in der Praxis liegt die Entschädigungsforderung in der Regel deutlich höher (HENZE et al. 1996).

Der direkte Bewertungsansatz zeichnet sich vor allem dadurch aus, daß er das einzige Konzept darstellt, mit dem Existenz- und Vermächtniswerte erfaßt werden können. Das bedeutet, daß auch Präferenzen von Personen berücksichtigt werden können, die für Umweltgüter, z. B. die Kulturlandschaft oder eine seltene Tierart, eine Zahlungsbereitschaft haben, auch wenn sie selbst nie mit ihnen in Berührung kommen oder sich einfach nur wünschen, daß sie für die nachfolgenden Generationen erhalten bleiben (KÄMMERER et al. 1996).

Der umfassendste direkte Ansatz ist die häufig angewandte *Contingent-Valuation*-Methode. Grundannahme der Methode ist, daß Menschen Präferenzen für Umweltqualitätsänderungen haben, die zwar „verborgen liegen", die sie aber bei Befragung in monetären Einheiten auszudrücken in der Lage sind. Für die Aussagekraft einer solchen Befragungsstudie ist von entscheidender Wichtigkeit, daß die befragten Personen eine möglichst realistische und klar definierte Vorstellung von dem zu bewertenden Gut und von den Konsequenzen einer Qualitätsänderung haben. Visuelle Hilfsmittel (Photographien, Filme, Landkarten) sind sehr hilfreich. Die Auswahl der schriftlich, fernmündlich oder persönlich befragten Personen muß repräsentativ sein (WEIMANN 1996). Die höchste Güte der *Contingent-Valuation*-Methode wird erreicht, wenn professionelle Interviewer die Menschen zuhause befragen. Um die Zahlungsbereitschaft zu ermitteln, gilt es nun, nach der ausführlichen Information zum Umweltgut, einen Marktmechanismus zu schaffen, über den die Nutzer des Umweltguts Veränderungen der Umweltqualität auf einem hypothetischen Markt kaufen oder verkaufen können (HENZE et al. 1996). Dabei hat es sich bewährt, den Probanden eine oder mehrere Finanzierungsarten der Umweltverbesserung zur Abstimmung vorzulegen, die ebenfalls genau beschrieben werden müssen, z. B. eine Steuererhöhung oder genau festgelegte Eintrittsgebühren (KÄMMERER et al. 1996). Den Befragten muß ausdrücklich klar gemacht werden, daß Zahlungen für öffentliche Güter das verfügbare Einkommen mindern, d. h. mit Konsumverzicht in bezug auf private Güter einhergehen.

2.3.3 Nitrat im Grundwasser - ein Beispiel für die Bewertung eines negativen externen Effekts

Wie bereits erläutert, belastet zu intensive Landwirtschaft das Grundwasser mit Nitrat. Bei zu hohen Nitratkonzentrationen eignet sich das Grundwasser nicht mehr für die Trinkwassergewinnung. Die Zahlungsbereitschaft für nitratarmes Trinkwasser kann man indirekt daran messen, welche Ausgaben jemand aufwendet, um den Schaden bzw. Nachteil abzuwehren. Die Kosten der technischen Nitratentfernung aus dem Rohwasser für die Trinkwasserbereitung werden je nach Verfahren und Nitratbelastung in der Literatur auf einen Betrag zwischen 0,20 DM und 2,30 DM je Kubikmeter Rohwasser geschätzt (O'HARA 1984, ROHMANN und SONTHEIMER 1985). Setzt man für die Entfernung von Nitrat aus dem Rohwasser 0,38 DM pro Kubikmeter an, so würden bei 80 Mio. Einwohnern und einem Pro-Kopf-Tagesverbrauch an Trinkwasser von 145 Litern die Kosten für ganz Deutschland bei 1,6 Mrd. DM pro Jahr liegen (HENZE et al. 1996). Die Nitratentfernung mittels technischer Aufbereitung ist allerdings in den Wasserwerken (noch) nicht üblich. Zu hohe Nitratkonzentrationen werden durch Verwendung weniger nitratbelasteten Wassers aus anderen Brunnen oder Quellen bzw. durch Fremdwasserbezug von anderen Wasserversorgungsunternehmen verdünnt. Gegebenenfalls werden Gewinnungsanlagen stillgelegt (Kap. 4.1.2.1). Kosten entstehen durch den eventuell notwendigen Neubau oder Ausbau von Brunnen, den Bau von Leitungen und Investitionen im Wasserwerk. Sie können sogar höher liegen als bei manchen wassertechnologischen Verfahren zur Nitratentfernung (ROHMANN und SONTHEIMER 1985).

Weiterführend kann man einen Vergleich zwischen den Kosten der (technischen) Wasseraufbereitung und den Kosten der Vermeidung des Nitrateintrags ziehen. Das neugebildete Grundwasser auf einem Hektar landwirtschaftlicher Nutzfläche (250 mm Sickerwasser pro Jahr) soll aufbereitet werden. Dabei entstehen für die Senkung der Nitratkonzentration variable Kosten von 9,50 DM pro Hektar für jede Konzentrationsminderung um ein Milligramm pro Liter; hinzu kämen fixe Kosten für die Aufbereitungsanlagen in Höhe von 950 DM pro Hektar. Die Eliminierung von Pflanzenschutzmittel-Rückständen würde noch mehr kosten (FUCHS et al. 1995). Eine flächendeckende Einhaltung der derzeitigen Trinkwasser-Grenzwerte für Nitrat und Pflanzenschutzmittel bereits im geförderten Rohwasser würde für die Landwirte einen verringerten Einsatz dieser Betriebsmittel bedeuten. Die dadurch bedingten Ertragsrückgänge hätten Einkommensdefizite von durchschnittlich etwa 300 DM pro Hektar und Jahr zur Folge (STEINER et al. 1996). Im Vergleich verursacht somit eine nachträgliche Reinigung sehr viel höhere Kosten als die Vermeidung. Daher ist für die Sicherung der Trinkwasserqualität in und außerhalb von Wasserschutzgebieten eine vorbeugende Vermeidung der Verschmutzung mit Nitrat und Pflanzenschutzmitteln aus volkswirtschaftlichen Gründen sinnvoll (FUCHS et al. 1995). Diese vorbeugende Vermeidung bzw. Verringerung des Eintrags von Nitrat und Pflanzenschutzmitteln in das

Grundwasser ließe sich beispielsweise über entsprechende Entschädigungen für die Einkommensverluste an die Landwirte erreichen. Die im Rahmen der Schutzgebiets- und Ausgleichsverordnung (SchALVO) in Baden-Württemberg gewährten Ausgleichszahlungen in Höhe von 310 DM je Hektar landwirtschaftlicher Nutzfläche entsprechen einer solchen Entschädigung (Kap. 4.8.2.3).

2.3.4 Die Erhaltung der Kulturlandschaft - ein Beispiel für die Bewertung eines positiven externen Effekts

Die Methode der Befragung (z. B. *Contingent Valuation*) wird mit diversen Spielarten auch zur monetären Bewertung positiver externer Effekte angewandt. So können die Ästhetik des Landschaftsbildes und der Erholungswert einer Landschaft als Nutzen empfunden werden, für den Menschen bereit sind, Zahlungen zu leisten. Bei verschiedenen Untersuchungen in Deutschland hat sich gezeigt, daß von der Bevölkerung Landschaften, in denen verschiedene Nutzungen (Wald, Acker, Grünland) miteinander kombiniert sind, bevorzugt werden. Die Zahlungsbereitschaft für die Pflege und Erhaltung einer solchen als schön empfundenen Kulturlandschaft ist aber vergleichsweise gering (Zusammenstellung in HENZE et al. 1996). Wenn gravierende Änderungen des existierenden Landschaftsbildes verhindert werden können, würde pro Person und Monat ein Betrag von etwa 13 DM bezahlt werden. Wurden die zu erwartenden Veränderungen des Landschaftsbildes als weniger gravierend eingeschätzt, so lag die Zahlungsbereitschaft, gemittelt über alle Befragten, lediglich in der Größenordnung von 1,50 DM pro Haushalt und Monat. Die genauere Analyse einer Befragung im Allgäu und im Kraichgau zeigte, daß ein hoher Biotopanteil, große Schläge (Feldgrößen) und ein hoher Waldanteil bevorzugt werden. Für spezifische umweltverbessernde Maßnahmen, insbesondere zum Biotop- und Artenschutz, bestand in diesem Fall eine höhere Zahlungsbereitschaft von etwa 5 DM pro Haushalt und Monat. Umfassender Arten- und Biotopschutz durch Ausweisung und Pflege von Naturschutzgebieten mit strengen Schutzkriterien würde einer anderen Untersuchung zufolge sogar mit maximal 33 DM pro Haushalt und Monat honoriert. Die mit Abstand höchste Zahlungsbereitschaft besteht bei Urlaubern für eine spezifische Freizeit- und Erholungslandschaft, wo man Beträge von mehr als 1 DM pro Person und Tag ermittelt hat.

Von der Akademie für Technikfolgenabschätzung wurde 1995 eine *Contingent-Valuation*-Studie in Auftrag gegeben, die die Wertschätzung der Bevölkerung für das öffentliche Gut „Kulturlandschaft" im städtisch geprägten Landkreis Ludwigsburg und im ländlich strukturierten Ostalbkreis über Fragebogen ermittelt hat (KÄMMERER et al. 1996). Drei farbige Photographien zeigten eine Landschaft mit zunehmender Verbuschung, eine Region mit einem ansteigenden Anteil an brachliegenden Flächen sowie eine weitgehend intakte Kulturlandschaft mit extensiver Wirtschaftsweise. Die Kernfrage war, ob und in welchem Umfang die Bevölkerung der beiden Kreise für die Pflege und den Erhalt der Kulturlandschaft zahlungsbereit ist.

Von den 907 insgesamt Befragten empfanden fast 50 % die Veränderung des Landschaftsbildes aufgrund des Brachfallens von Feldern als weniger schön. Die meisten der interviewten Personen hatten sich allerdings noch kein endgültiges Meinungsbild darüber verschafft, ob das Brachfallen von Feldern unter ökologischen Gesichtspunkten positiv oder negativ zu bewerten ist. Auf eine erste orientierende Frage äußerten 55 % ihre grundsätzliche Bereitschaft, die Leistung der Landwirte zur Erhaltung der bäuerlichen Kulturlandschaft zu honorieren. Bei konkreter Nachfrage waren nur noch rund 42 % des interviewten Personenkreises bereit, sich für den Erhalt der Kulturlandschaft finanziell zu engagieren, 18 % waren unentschlossen und 40 % lehnten eine Zahlung ab. Von den vorgeschlagenen Finanzierungsinstrumenten für die Vergütung der Landwirte fand eine feste Gebühr für einen Landschaftspflegefonds die größte Akzeptanz, an zweiter Stelle lagen freiwillige Spenden. Die durchschnittliche Zahlungsbereitschaft, gemittelt über alle befragten Haushalte, lag wie bei ähnlichen Untersuchungen (s. o.) bei etwas über 5 DM pro Haushalt und Monat. Zieht man nur den Anteil der wirklich Zahlungswilligen zur Analyse heran, so ergibt sich eine Zahlungsbereitschaft von immerhin 12 DM pro Haushalt und Monat.

Dabei haben Personen mit einer qualitativ guten Ausbildung, Selbständige und Beamte, sowie auch Haushalte mit einem überdurchschnittlichen Einkommen im Vergleich zu dem Rest der Stichprobe eine deutlich größere Bereitschaft bekundet, monetäre Beiträge zu einem Landschaftspflegefonds zu leisten. Die Zahlungsbereitschaft fällt bei den Befragten im ländlichen Raum (Ostalbkreis) deutlich geringer aus als bei den Personen im städtisch geprägten Raum (Ludwigsburg). Das mag zum einen an den vorhandenen Einkommensunterschieden zwischen beiden Regionen liegen, zum andern aber auch daran, daß das Gut „intakte Kulturlandschaft" im Kreis Ludwigsburg als knapper empfunden wird (KÄMMERER et al. 1996).

Rechnet man die Ergebnisse der repräsentativ angelegten Befragung auf ganz Deutschland mit fast 36 Mio. Haushalten hoch, so ergibt sich für das gleiche Szenario eine Zahlungsbereitschaft von jährlich ungefähr 2,2 Mrd. DM. Diese Summe entspricht der Größenordnung, die im Agrarhaushalt der Bundesregierung im Jahr 1996 für die „Gemeinschaftsaufgabe Verbesserung der Agrarstruktur und des Küstenschutzes" (Kap. 4.5.1) vorgesehen ist (2,4 Mrd. DM; BML 1996a). Bezogen auf die landwirtschaftlich genutzte Fläche würde die hochgerechnete Zahlungsbereitschaft eine Honorierung aller Landwirte in Deutschland mit etwa 125 DM pro Hektar und Jahr ermöglichen. Die Ergebnisse lassen erkennen, daß weite Teile der Bevölkerung einer intakten Kulturlandschaft durchaus einen Wert beimessen. Gleichwohl ist zu vermuten, daß die Zahlungsbereitschaft der Bürger bei weitem nicht ausreicht, ein entsprechendes Angebot an Kulturlandschaft durch die Landwirte zu finanzieren. Die Finanzierungslücke wäre deshalb aus anderen Quellen zu schließen (KÄMMERER et al. 1996).

2.3.5 Die Bedeutung der monetären Bewertung

In der agrarpolitischen Diskussion hat die Frage der monetären Bewertung und der Internalisierung externer Effekte eine wichtige Bedeutung gewonnen. Auf der einen Seite sieht die öffentliche Meinung in der Landwirtschaft oft den Umweltsünder schlechthin. Man betrachtet sie als Verursacher negativer externer Effekte bei den Ressourcen Boden, Wasser und Luft und bezichtigt sie der Verringerung der Artenvielfalt und der Beeinträchtigung des Landschaftsbildes. Auf der anderen Seite haben Land- und Forstwirtschaft das Thema für sich entdeckt. Demnach produzieren Land- und Forstwirtschaft positive externe Effekte in Form einer intakten Kulturlandschaft und eines Beitrags zur Erhaltung des ländlichen Raums, für die sie eine Entlohnung einfordern. Solche Forderungen nach einem Entgelt für nicht-marktlich abgegoltene Leistungen werden um so nachhaltiger erhoben, je weniger Einkommen über marktliche Leistungen erzielt wird (HENZE et al. 1996).

Die Erwartungen an das Instrument der monetären Bewertung sollten dabei nicht zu hoch geschraubt werden. Jede der Methoden zur monetären Bewertung externer Effekte hat ihre Schwächen und Probleme. Sie können methodischer Art sein und liegen z. B. in den Annahmen bezüglich des Umfangs der verursachungsgemäß zuzuordnenden Kosten, in strategischem Antwortverhalten bei Befragungen, Informationsfehlern oder verzerrten Stichproben (BRANDL und OESTEN 1996). So muß die angegebene Zahlungsbereitschaft nicht der realen entsprechen, die sich zeigen würde, käme es tatsächlich zu Zahlungen. Probleme können auch darin liegen, daß sich die Befragten über ihre Präferenzen beipielsweise hinsichtlich Kulturlandschaft noch gar nicht im klaren sind (WEIMANN 1996).

Darüber hinaus wird in der Diskussion leicht vergessen, daß insbesondere die Landwirtschaft sowohl positive als auch negative externe Effekte produziert und beide Externalitäten gegeneinander aufgerechnet werden müßten. Abgesehen davon, daß eine vollständige Erfassung und Bewertung aller externen Effekte illusorisch ist, ist es eine offene Frage, ob die positiven Effekte die negativen kompensieren oder ob eine Externalität (monetär) überwiegt.

Bei den negativen externen Effekten ist beispielsweise die quantitative Zuordnung zum Verursacherbereich Landwirtschaft durchaus ein Problem. Bei den positiven externen Effekten sollten keine übertriebenen Erwartungen hinsichtlich der möglichen Honorare geweckt werden. Angesichts regional sehr unterschiedlicher Anteile landwirtschaftlich genutzter Flächen ist die landwirtschaftliche Flächennutzung im Hinblick auf die Ästhetik und Erholungsfunktion aus ökonomischer Sicht nicht in allen Regionen zu honorieren, sondern nur in Regionen, in denen ihr Anteil als zu gering (knapp) empfunden wird. Selbst an Standorten mit hohen positiven Effekten bleibt die Zahlungsbereitschaft jedoch deutlich hinter bereits gewährten Flächenbeihilfen zurück. Im übrigen verändert sich das

Wunschbild der Kulturlandschaft im Zeitablauf mit dieser selbst (HENZE et al. 1996).

Bei der Forstwirtschaft kommt erschwerend hinzu, daß Wald auch ohne die Tätigkeit der Forstwirtschaft positiv bewertete Schutz- und Erholungs-„Leistungen" erbringt, so den Schutz von Wasser und Boden, den regionalen Klimaausgleich oder den Schutz vor Lärm und Immissionen (siehe Kap. 3.3). Zwar lassen sich die externen Effekte des Waldes bewerten, eine eindeutige Trennung zwischen solchen Wirkungen auf die Gesellschaft, die durch forstwirtschaftliches Handeln entstehen bzw. bereitgestellt werden, und solchen Wirkungen auf die Gesellschaft, die sich alleine durch die Existenz des Waldes an sich ergeben, ist aber nicht möglich. Für die Beschreibung und Bewertung von externen Effekten der Forstwirtschaft ist aber genau diese Trennung erforderlich (BRANDL und OESTEN 1996)[3].

Am ehesten lassen sich noch Aussagen zur Bewertung der Erholungsfunktion des Waldes machen, da die Forstwirtschaft hier über die Schaffung von Zugang zum Wald und die Bereitstellung spezifischer Erholungsangebote einen wichtigen Beitrag leisten kann. Die hierzu durchgeführten Untersuchungen belegen die hohe Wertschätzung des Waldes aus der Sicht der Erholungssuchenden (Überblick in BRANDL und OESTEN 1996). So liegt die Zahlungsbereitschaft für einen Waldbesuch in der Höhe von 2 bis 8 DM pro Person und Waldbesuch (z. B. Urlauber im Harz, BERGEN und LÖWENSTEIN 1995) bzw. von ca. 100 DM im Jahr pro Tagesbesucher (so im Pfälzerwald und in Hamburg, ELSASSER 1996). Auf Waldflächen hochgerechnet ergeben sich je nach Frequentierung aufsummierte Werte individueller Zahlungsbereitschaft, die in vielen Wäldern die Nettowertleistung der Holzerzeugung deutlich übertreffen (BRANDL und OESTEN 1996). Daher wurde bereits vorgeschlagen, die Verfügungsrechte neu zu gestalten und die Waldbesitzer in die Lage zu versetzen, die Leistungen des Waldes, insbesondere im Bereich der Walderholung, nicht mehr kostenlos zur Verfügung stellen zu müssen, sondern mit potentiellen Nachfragern ein Leistungsentgelt aushandeln zu können (Wissenschaftlicher Beirat beim BML 1994a).

Das Beispiel der Waldbesucher und auch das weiter oben erwähnte Beispiel der Nitratvermeidungskosten zeigen aber allen Schwierigkeiten zum Trotz, daß die monetäre Bewertung wertvolle Hinweise auf die Größenordnung der finanziellen

---

[3] Die Bewertung würde anders ausfallen, wenn die Waldeigentümer beliebig über den Wald verfügen könnten, z. B. einschließlich der Waldvernichtung. Dann würde Forstwirtschaft (Holzproduktion) die Existenz des Waldes (in welcher Form auch immer) und damit auch seine positiven externen Effekte in Form von Schutz- und Erholungswirkungen sichern helfen. Wald ist in Deutschland aber auf der Grundlage des Bundeswaldgesetzes und der Landeswaldgesetze mit dem Ziel forstlicher Nachhaltigkeit in besonderer Weise sozialpflichtig. Die privaten Verfügungsrechte sind durch die Gebote der Walderhaltung, der nachhaltigen, planmäßigen und ordnungsgemäßen Bewirtschaftung sowie der Gleichrangigkeit der Nutz-, Schutz- und Erholungsfunktionen eingeschränkt.

Werte bisher vom Markt nicht erfaßter Güter geben kann. Das vorhandene Zahlenmaterial macht deutlich, daß die existierenden externen Effekte Ausmaße erreicht haben, die zum Handeln Anlaß geben sollten. Mit Millionen- und Milliarden-Beträgen lassen sich die positiven und negativen externen Effekte in den Wertschätzungen der Bürger beziffern. Wenn es zutrifft, daß die fehlende Internalisierung externer Effekte zu gravierenden volkswirtschaftlichen Effizienzverlusten führt, besteht eindeutig ein Handlungsbedarf (HENZE et al. 1996). Die monetäre Bewertung kann hier eine wertvolle Entscheidungshilfe für Internalisierungsbemühungen sein - mehr sollte aber nicht erwartet werden.

Eine allgemein anerkannte monetäre Bewertung als Grundlage für eine Internalisierung der externen Effekte wird noch auf sich warten lassen. Einstweilen muß es darum gehen, die negativen externen Effekte der Land- und Forstwirtschaft zu verringern und die positiven externen Effekte zu mehren. Das Instrument der monetären Bewertung kann der Politik nicht die Entscheidung darüber abnehmen, wie dieses Ziel zu erreichen ist. Damit Land- und Forstwirtschaft in Deutschland Nahrungsmittel und Holz ressourcenschonend produzieren können und damit sie ihre anderen Aufgaben - die Produktion von Kulturlandschaft, den Erhalt auf spezifische Bewirtschaftung angewiesener ökologisch wertvoller Flächen und die charakterisierende Rolle im ländlichen Raum - erfüllen können, werden die beiden Wirtschaftszweige weiterhin auch auf öffentliche Mittel angewiesen sein. Hier kann man Wolfgang HABER nur zustimmen:
„Die Landwirtschaft und die Forstwirtschaft sind wegen ihrer grundsätzlichen ökologischen Bedeutung und ihrer unaufhebbaren biologischen Bindungen kein Wirtschaftszweig wie jeder andere ... Offiziell wird ihnen volkswirtschaftlich keine Sonderstellung zugebilligt, doch in den hohen Stützungszahlungen dennoch zum Ausdruck gebracht. Es ist ökologisch nicht richtig, land- und forstwirtschaftliche Produkte auf eine Stufe zu stellen mit industriellen Werkstücken, die in einer Fabrik am Fließband oder mit Robotern zu jeder Zeit in gewünschter Menge hergestellt werden. Eine solche Auffassung führt zwangsläufig dazu, aus Rohstoffen und Ressourcen das Äußerste herauszuholen" (HABER 1996).
Land- und Forstwirtschaft müssen allerdings für den Bezug öffentlicher Mittel auch (ökologische) Leistungen erbringen. Die Honorierung ökologischer Leistungen wäre vor diesem Hintergrund als eine Internalisierung externer Effekte, freilich unabhängig von einer detaillierten monetären Bewertung, aufzufassen. Ressourcenschonende Wirtschaftsweise und spezielle ökologische Leistungen würden belohnt, Beeinträchtigungen natürlicher Ressourcen schlügen sich in Einkommensnachteilen nieder. Die Agrarpolitik muß für ein solches Honorierungssystem allerdings zunächst geeignetere Bedingungen schaffen (siehe Kap. 4.8.3).

3 Forstwirtschaft

3.1 Die Wiege des Nachhaltigkeitsgedankens

Das Kapitel zur Forstwirtschaft ist nicht sehr umfangreich. Der Grund dafür ist, daß die Forstwirtschaft in Deutschland in Sachen Nachhaltigkeit vergleichsweise gut dasteht. Nachhaltiges Wirtschaften im Sinne der Berücksichtigung künftiger Generationen ist für die moderne Forstwirtschaft hierzulande geradezu eine Selbstverständlichkeit, wird doch die Saat, die heute gesät und gepflegt wird, erst in 40 bis 300 Jahren geerntet werden. Es war freilich nicht immer üblich, dafür zu sorgen, daß auch nachfolgende Generationen Holz in derselben Menge und Qualität zur Verfügung haben wie die gerade über die Nutzung bestimmende Generation.

Über Jahrhunderte als Idee im Ansatz - so mußte Nürnberg bereits 1294 die Reichswälder vor den Toren der Stadt per Waldordnung gegen Raubbau schützen (SCHUBERT 1986) - und formuliert zu Beginn des 18. Jahrhunderts wurde „forstliche Nachhaltigkeit" in Deutschland an der Wende vom 18. zum 19. Jahrhundert zur ethischen und rechtlichen Norm gestaltet (SCHUMACHER 1996). Man hatte erkannt, daß die ungeregelte Nutzung des Waldes sowohl hinsichtlich der Landeskultur als auch der Holzversorgung in einer Katastrophe enden würde. Es sei daran erinnert, daß der Schwarz"wald" zu jener Zeit so gut wie kahlgeschlagen war. Die excessive Holznutzung für Gewerbe, Bau und Energie (insbesondere sind zu nennen Bergbau und Erzverhüttung, Glasherstellung, Salzsiederei, Ziegeleien, Pottaschegewinnung und Schiffsbau) hatte allmählich in eine ernste Rohstoff- und Energiekrise geführt. Die Nutzung des Waldes als Weide für das Vieh und als Streulieferant hatte durch den übermäßigen Entzug von Nährstoffen maßgeblich zur Erschöpfung des Waldes und seiner Leistungen beigetragen.

Aus der Holznot geboren und zur ethischen Grundverpflichtung weiterentwickelt, ist die Nachhaltigkeit die bedeutendste „Erfindung" der deutschen Forstwirtschaft. Ursprünglich war der Begriff auf die Nachhaltigkeit der Holznutzung bezogen. Im Laufe der Geschichte haben die Schwerpunkte gewechselt. Die Nutzung des Waldes als Lebensgrundlage für Ernährung, für Energie und Holzversorgung und als abbaubares Kapitalgut stand Jahrhunderte im Vordergrund und gilt heute noch weltweit. Die Bedeutung der Wälder als Ressource für Boden, Wasser, Klima und Luft, als landschaftsprägendes Element, als Biotop und als Rückzugsgebiet für gefährdete Arten sowie als Grundlage einer landschaftsbezogenen Erholung gewann in den letzten Jahren ständig an Gewicht. Viele der im Laufe der Waldnutzungsgeschichte entstandenen Anforderungen müssen heute gleichzeitig erfüllt werden, d. h. das Aufgabenspektrum und das Aufgabenvolumen sind gewachsen.

Mit dem Bundeswaldgesetz (1975) und den Landeswaldgesetzen wurde der Begriff „Nachhaltigkeit" auf alle materiellen und immateriellen Leistungen des Waldes ausgedehnt. Mit den Grundpflichten einer nachhaltigen und pfleglichen Waldbewirtschaftung[4] wird angestrebt, „die Ressource Wald auf Dauer als Grundlage für die Erzeugung von Holz, die Sicherung existentieller Lebensgrundlagen, die dynamische Sicherung von Lebensräumen von Tieren und Pflanzen und die naturnahe Erholung zu gestalten" (SCHUMACHER 1996).

Auf internationaler Ebene gibt es mehrere Initiativen zur nachhaltigen Entwicklung der Wälder. Erinnert sei nur an die bei der UN-Konferenz über Umwelt und Entwicklung (UNCED) 1992 in Rio de Janeiro verabschiedete Waldgrundsatzerklärung und die waldbezogenen Kapitel der „Agenda 21". Aus europäischer Sicht von unmittelbarer Bedeutung für die Wälder der temperierten und borealen Zone sind (SCHNEIDER 1995):
- der sogenannte „Helsinki-Prozeß", dem die Signatarstaaten der „Helsinki-Resolutionen" angehören (viele europäische Staaten, darunter Deutschland),
- der „Montreal-Prozeß", dem die USA, Kanada, Korea, Japan, Australien, Neuseeland, Chile, Mexiko und Rußland angehören.

Primäres Ziel beider Prozesse ist es, abgestimmte einheitliche Kriterien und Indikatoren für eine nachhaltige Bewirtschaftung der Wälder zu erarbeiten. Die schließlich im Helsinki-Prozeß 1994 in Genf verabschiedeten sechs Kriterien orientieren sich im wesentlichen an den in Kapitel 3.4 skizzierten Leitlinien der naturnahen Waldbewirtschaftung. Darüber hinaus wurde eine Liste von 27 quantitativ meßbaren Indikatoren erstellt, die beurteilen helfen sollen, ob die Kriterien erfüllt sind.

Nach dem Landeswaldgesetz von Baden-Württemberg ist „der Wald so zu bewirtschaften, daß die Nutz-, Schutz- und Erholungsfunktion des Waldes unter Berücksichtigung der langfristigen Erzeugungszeiträume stetig und auf Dauer erbracht werden" (nach VOLZ et al. 1996).

Die Forstwirtschaft hat demnach mehrere Zwecke zu erfüllen. Sie hat eine Nutzfunktion - sie gewinnt den Rohstoff Holz, der zu einer Vielzahl von Produkten

---

[4] Zur Verwendung der Begriffe „Wald" und „Forst" in diesem Band: „Wald" bezieht sich primär auf die Vegetationsform und die dadurch charakterisierte Lebensgemeinschaft; der Begriff steht in einem eher ökosystemaren Begriffszusammenhang. „Wald" bezeichnet einen mehr oder weniger geschlossenen Baumbestand, der natürlich, naturnah oder auch völlig durch den Menschen begründet und geprägt sein kann. (Bestände der letzteren Art werden oft als Forst bezeichnet). Wälder können bewirtschaftet werden, was durch „Waldbewirtschaftung" unmittelbar begrifflich gefaßt wird. „Forst" kann im Prinzip synonym mit „Wald" verwendet werden und steht hier eher im Begriffszusammenhang mit der gezielten wirtschaftlichen Nutzung des Baumbestandes („Forstwirtschaft").

weiterverarbeitet werden kann. Darüber hinaus soll die Forstwirtschaft aber auch eine Schutz- und Erholungsfunktion erbringen bzw. gewährleisten.

3.2 Die Nutzung von Holz

Holz ist der wichtigste nachwachsende Rohstoff. Die Verwendung von Holz trägt zur Nachhaltigkeit bei,
- wenn Holz als erneuerbare Ressource andere Stoffe ersetzt, die entweder selbst aus nicht erneuerbaren Ressourcen bestehen oder unter Einsatz von solchen Ressourcen hergestellt werden. Eine direkte Substitution wäre der Ersatz fossiler Energieträger wie Erdöl, Erdgas oder Kohle durch Holz als Brennstoff. Eine indirekte Substitution wäre die Verwendung von Holz beispielsweise im Baugewerbe oder in der Möbelindustrie anstelle von Stahl oder Kunststoff. Diese Nutzung von Holz in seinen klassischen Anwendungsfeldern ist also ein Beitrag zur Ressourcenschonung.
- wenn nicht mehr Holz aus dem Wald entnommen wird als nachwächst, das heißt, wenn die Inanspruchnahme dieser erneuerbaren Ressource ihre Regenerationsfähigkeit nicht überschreitet. Davon kann man für die heutigen Wälder Baden-Württembergs mit Sicherheit ausgehen. Wie die Abschätzungen von SCHÖPFER (1993) zeigen, wurden im Durchschnitt der Jahre 1985 bis 1989 (also vor den untypischen Sturmwürfen 1990) etwa 8 Mio. Efm (Erntefestmeter) pro Jahr eingeschlagen. Das als sicher erachtete Nutzungspotential beträgt hingegen ungefähr 9,3 Mio. Efm. Die jährliche Einschlagmenge ließe sich also um mehr als 1 Mio. Erntefestmeter pro Jahr steigern, ohne daß die Nachhaltigkeit darunter litte. Einer Ausweitung der Holznutzung steht in dieser Hinsicht nichts im Wege.

Der Ersatz nicht erneuerbarer Ressourcen ist ein Aspekt. Seitdem eine Verstärkung des natürlichen Treibhauseffektes durch anthropogen bedingte CO_2-Emissionen mit negativen Folgen für unser Klima wahrscheinlich ist, hat die Verwendung von Holz eine neue Bewertung erfahren. Mit Holz werden CO_2-Emissionen vermieden bzw. eingespart (BURSCHEL 1993). Das ist von besonderer Bedeutung, da sich die Bundesregierung zum Ziel gesetzt hat, bis zum Jahre 2005 eine Reduktion der CO_2-Emissionen um 25 - 30 %, bezogen auf 1987, zu erreichen. Die CO_2-Einsparleistung der Holzverwendung beruht auf vier Effekten: der Produktspeicherung, der Materialsubstitution, der Energiesubstitution und der CO_2-Bindung im wachsenden Wald (BÖSWALD 1995).

Produktspeicherung

Holz, das zu langlebigen Produkten verarbeitet wird, wirkt für die Dauer seiner Nutzung als Kohlenstoff(C)-Speicher. Dieser Kohlenstoff ist der Oxidation zu CO_2 zunächst entzogen.

Materialsubstitution

CO_2-Emissionen werden vermieden, wenn Holz gleichwertig Materialien ersetzt, deren Herstellung und Verwendung einen höheren Energieaufwand erfordert und damit höhere CO_2-Emissionen verursacht (z. B. Holzbalken anstelle eines Stahlträgers).

Energiesubstitution

Wenn Holz aus nachhaltiger Bewirtschaftung verbrannt wird, so ist dies beinahe CO_2-neutral. Zwar wird bei der Verbrennung auch CO_2 frei. Dieses CO_2 wurde aber der Atmosphäre durch die Photosynthese der Bäume vor der Ernte zunächst entzogen und wird durch die nachwachsenden Bäume wieder gebunden (s. u.). Die Bilanz ist nur beinahe ausgeglichen, da (fossile) Energie aufgewendet werden muß, um das Holz verbrennungsbereit zur Verfügung zu stellen. Dafür werden allerdings nur 2 - 3 % der im Holz enthaltenen Energie benötigt. Umgerechnet auf Kohlenstoff bzw. CO_2 werden lediglich knapp 2 % des im eingeschlagenen Holz gebundenen Kohlenstoffs in die Atmosphäre entlassen (BEUDERT und WEGENER 1994). Die Verbrennung fossiler Energieträger hingegen setzt CO_2 frei, das vorher für Jahrmillionen in der Erdkruste festgelegt war, der CO_2-Gehalt der Atmosphäre steigt. Im Ersatz dieser fossilen CO_2-Quellen durch Holz, das netto fast kein CO_2 freisetzt, liegt der eigentliche Einspareffekt.

Die CO_2-Bindung

Durch die Photosynthese der Bäume wird CO_2 in organischen Kohlenstoff überführt (Kohlenstoff-Assimilation) und längerfristig im Holz festgelegt. Im ungestörten reifen Naturwald halten sich Aufbau und Zerfall von Holz und damit CO_2-Bindung der Pflanzen und CO_2-Freisetzung aus der Atmung von Pflanzen, Tieren und Mikroorganismen die Waage. In unseren über Jahrhunderte genutzten Wäldern ist dieses Gleichgewicht noch nicht wieder erreicht, und es wird mehr CO_2 gebunden als freigesetzt. Der Aufbau von Pflanzenmasse überwiegt. Zur Zeit wächst in Baden-Württemberg mehr Holz nach als pro Jahr genutzt wird, die Holzvorräte im Bestand wachsen und damit wächst auch die Menge gespeicherten Kohlenstoffs (bzw. in Pflanzenmasse festgelegten Kohlendioxids).

Die Aufforstung von derzeit nicht mit Wald bestandenen Flächen würde natürlich ebenfalls zur längerfristigen Einbindung von CO_2 in Pflanzenmasse führen. Wir gehen aber - wie in Kapitel 3.5.2 erläutert - davon aus, daß sich in absehbarer Zeit der Flächenanteil von Wald in Baden-Württemberg nicht nennenswert verändern wird.

Durch die Effekte der Holznutzung werden der Atmosphäre in Baden-Württemberg derzeit jährlich etwa 1 Mio. t Kohlenstoff vorenthalten (VOLZ et al. 1996), wobei die Materialsubstitution mit etwa 0,4 Mio. t, die Energiesubstitution mit 0,2 Mio. t und die Produktspeicherung in der Form einer Zunahme des Gebäudebestandes mit 0,4 Mio. t festgelegtem bzw. vermiedenem Kohlenstoff zu Buche schlagen (Abb. 5).

In den Wäldern Baden-Württembergs beträgt der durchschnittliche jährliche Holzzuwachs ca. 9,7 VfmD (Vorratsfestmeter Derbholz) pro Hektar. Dem steht derzeit eine Nutzung von 6 Erntefestmetern pro Hektar, entsprechend 7,4 VfmD, gegenüber (SCHÖPFER 1993). Die Differenz zwischen Holzzuwachs und Holzernte bedeutet, daß sich der Derbholzvorrat zur Zeit pro Hektar und Jahr um 2,3 VfmD erhöht. Aus dieser laufenden Vorratsanreicherung im Wald errechnet sich eine zusätzliche C-Speicherung von 0,9 Mio. t C (Abb. 5).

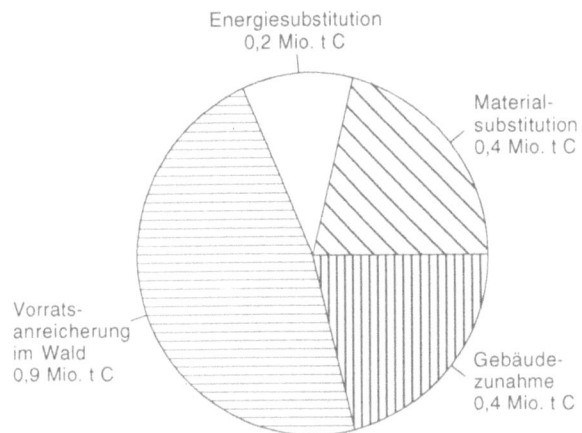

Abb. 5: Jährliche Einsparung von CO_2 durch die Nutzung von Holz in Baden-Württemberg. Zahlenangaben in Mio. t Kohlenstoff (C). Nach Angaben von BRANDL (1996) und VOLZ et al. (1996).

Insgesamt wirken der Wald und die Holznutzung in Baden-Württemberg somit für knapp 2 Mio. t Kohlenstoff jährlich als Senke, das sind fast 10 % der jährlichen C-Emissionen (als CO_2) des Landes. Eine zusätzliche CO_2-Minderung ließe sich dann erreichen, wenn es gelänge, den Zuwachs nahezu vollständig zu nutzen und einer überwiegend langfristigen Holzverwendung zuzuführen. Die C-Speicherung im Wald wird durch die intensivere Holzentnahme zwar reduziert, die C-Minderung durch die Holzverwendung in langlebigen Produkten überkompensiert jedoch diesen negativen Effekt. Im Laufe von 40 Jahren kommen damit immerhin 1,7 Mio. t C zusätzlich zusammen (VOLZ et al. 1996).

Auch wenn wir eine verstärkte Aufforstung landwirtschaftlicher Flächen nicht für wahrscheinlich halten (Kap. 3.5.2), sei der Vollständigkeit und Vergleichbarkeit halber doch erwähnt, daß eine Waldbegründung auf 150 000 Hektar Fläche, was etwa der Waldzunahme in den letzten 50 Jahren entspricht, in 40 Jahren ungefähr 6,4 Mio. t C einbinden würde (VOLZ et al. 1996).

Am Kohlenstoffhaushalt des Waldes sind nicht nur die Bäume, sondern auch die Waldböden beteiligt. In der organischen Auflage und im Bodenhumus der Wirtschaftswälder Baden-Württembergs ist mit geschätzten 175 Mio. t sogar mehr Kohlenstoff gespeichert als in der lebenden Baummasse (146 Mio. t C) (VOLZ et al. 1996). Der Wald muß so bewirtschaftet werden, daß diese gespeicherten C-Vorräte möglichst erhalten bleiben. Das bedingt u. a. den Verzicht auf Kahlschlag (Kap. 3.3.2), weil diese Ernteform große C-Verluste aus der Humusauflage zur Folge hat (ULRICH und PUHE 1994).

Der Waldboden hat auch auf andere treibhausrelevante Gase Einfluß, wie auf Methan (CH_4) und Lachgas (N_2O). Die Waldböden Mitteleuropas können den wenigen vorhandenen Untersuchungen zufolge erhebliche Mengen CH_4 aufnehmen und der Atmosphäre dauerhaft entziehen. Stickstoffeinträge in Waldökosysteme hingegen sind nicht nur als Mitverursacher der neuartigen Waldschäden anzusehen (Kap. 3.3.3), sondern führen auch dazu, daß durch die höheren mikrobiellen Stickstoffumsetzungen und die begleitende Bodenversauerung mehr N_2O aus dem Waldboden entweicht. Nicht genug damit gibt es Hinweise darauf, daß durch ein höheres Stickstoffangebot im Waldboden die CH_4-Aufnahme in die Waldböden gehemmt wird (ULRICH und PUHE 1994).

3.3 Schutz- und Erholungsfunktionen des Waldes

Benötigt man zur Sicherung der Schutz- und Erholungsfunktionen des Waldes überhaupt die Forstwirtschaft? Wald wächst in Deutschland „wie von selbst". Ohne den Eingriff des Menschen wären über 90 % des Landes von Wald bedeckt. Auch ein naturgewachsener Wald könnte viele der Schutz- und Erholungsfunktionen leisten wie z. B. (LEIBUNDGUT 1985, MAYER 1992, SCHUMACHER 1996, THOMASIUS und SCHMIDT 1996):

– den Wasserschutz. Wasser aus bewaldeten Einzugsgebieten zeigt - bisher noch (siehe Kap. 4.1.4.1) - eine bessere Qualität als beispielsweise Wasser aus Einzugsgebieten, in denen die Landwirtschaft dominiert. Der Abfluß des Niederschlags in die Oberflächengewässer wird zugunsten des Grundwasserabflusses verlangsamt. Die Wasserspende wird durch die Speicherfähigkeit der Waldböden ausgeglichener. Bewaldete Flächen tragen somit zum Hochwasserschutz bei.

– den Bodenschutz. Durch die ständige Vegetationsbedeckung wird der Boden vor Wasser- und Winderosion bewahrt. Darüber hinaus schützen Wälder angrenzende Böden vor dem Angriff der Erosion. Schutzwälder (bzw. Gehölzstreifen) gegen die Austrocknung und Winderosion von Feldern, gegen Erosionsschäden an Steilhängen und Böschungen, gegen Uferbeschädigungen an Still- und Fließgewässern und schließlich Küstenschutzwälder sind Beispiele dafür.

- den Schutz vor Wind. Von den lokalklimatischen Wirkungen des Waldes ist die Windbremsung die auffallendste. Im Lee von Wäldern reicht die Schutzwirkung des Waldes bis etwa zum 20fachen seiner Höhe. Dabei geht es nicht nur um mechanische Schäden bei Stürmen, sondern gleichermaßen um den Schutz vor Bodenaustrocknung, Bodenabtrag und physiologischen Schäden an Pflanzen bis hin zur Ertragsminderung. Küstengebiete und weite Agrarlandschaften bedürfen dieses Schutzes in besonderem Maße.
- den regionalen Klimaschutz. Größeren Waldgebieten wird eine ausgleichende Wirkung auf das regionale Klima zugeschrieben. Die vor allem an heißen Tagen zwischen Wäldern, Feldern und größeren Siedlungen bestehenden Temperaturunterschiede können Luftströmungen von kühleren Wäldern zu stärker aufgeheizten Siedlungen bewirken (Frischluftzufuhr).
- den Schutz vor Lärm und Immissionen. Wald kann bei geeignetem Aufbau Lärm beträchtlich eindämmen, wobei stufig aufgebaute, dichte Bestände am günstigsten sind. Eine bedeutende Schalldämpfung setzt Waldstreifen von mindestens 50 - 100 m Breite voraus. Durch ihre Oberflächenrauhigkeit, unterstützt durch die Minderung der Windgeschwindigkeit, sind Wälder wirksame Filter vor allem gegenüber staubförmigen Immissionen. Bei gasförmigen Immissionen ist diese Wirkung geringer, dabei erfolgt die Filterung weniger durch Aufnahme in die Pflanzen als durch Deposition auf der großen Pflanzenoberfläche.
- den Schutz vor Steinschlag und Lawinen. In Berglagen ist diese Schutzwirkung für menschliche Ansiedlungen, Eisenbahntrassen, Straßen usw. so essentiell, daß beispielsweise bereits 1382 im Waldbannbrief von Flüelen (Schweiz) bestimmte Waldgebiete aus der Nutzung genommen wurden. Durch Waldbestockung können Lawinen bereits in ihrer Entstehung verhindert werden. Wesentlich ist, daß im Wald die Bildung von Schneebrettern stark herabgesetzt wird, wobei wiederum der windbremsende Effekt von größter Bedeutung ist. Entstehende Lawinen können umgelenkt oder aufgehalten werden, wenn sie nicht allzuweit oberhalb der aktuellen Waldgrenze losgebrochen sind.
- den Biotop- und Artenschutz. Wald bietet vielen Organismen, die an waldgemäße Licht-, Wärme- und Feuchtigkeitsbedingungen sowie Ernährungs- und Fortpflanzungsverhältnisse gebunden sind, den ihren Erfordernissen entsprechenden Lebensraum. Die innere Strukturierung, die standörtlichen Verschiedenheiten und die im Zeitablauf sich ändernden Biotopverhältnisse schaffen dabei eine Vielzahl unterschiedlicher Lebensmöglichkeiten für eine entsprechend große Zahl von Pflanzen- und Tierarten. Von den in Mitteleuropa vorkommenden rund 2 800 Farn- und Blütenpflanzen kommen etwa 40 % in Wäldern vor, und rund $1/3$ lebt fast ausschließlich in ihnen. Ungefähr $3/4$ aller heimischen Säugetierarten leben ständig oder zeitweilig in Wäldern.
- ein abwechslungsreiches Landschaftsbild mit entsprechendem Strukturreichtum. Durch den Wald als Landschaftselement wird einerseits die Biotop- und Artenvielfalt in der Kulturlandschaft (nicht nur im Wald) positiv beeinflußt,

andererseits aber auch das ästhetische Empfinden des Menschen und damit indirekt der Erholungseffekt. Reich gegliederte Landschaften mit hohem Waldanteil sind beliebte Ziele für die Nah- und Ferienerholung (Arbeitskreis Forstliche Landespflege 1991).

- die gesundheitsfördernden und entspannenden Effekte, die aus den Eigenheiten des Waldes resultieren, wie wohltuendes (Schon-)Klima, größere Luftreinheit, vielgestaltige Lichteffekte, beruhigende Stille, Alleinsein, Reichtum an Formen, Farben und Gerüchen und der „Naturgenuß". Die Bedeutung von leicht erreichbaren Wäldern gerade für die Erholung der Bewohner von Ballungsgebieten spiegelt sich in hohen Besucherzahlen wider.

Diese Schutz- und Erholungsfunktionen des Waldes sind zwar *per se* keine Leistungen der Forstwirtschaft, diese kann aber positiv oder negativ auf die Erbringung der Leistungen einwirken. Die positiven Einwirkungsmöglichkeiten sind vielleicht weniger bekannt als die negativen.

3.3.1 Positive Wirkungen der Forstwirtschaft auf die Schutz- und Erholungsfunktionen des Waldes

Beispielsweise kann die Forstwirtschaft durch gezielte Pflanzungen und zeitweilige Lawinenverbauungen die Entwicklung eines Schutzwaldes nach ausgedehnten natürlichen Schäden beschleunigen, aber auch gezielt in gefährdeten Gebieten über einen optimalen Waldaufbau steuernd eingreifen (BRANDL und OESTEN 1996). So ist die Schutzwirkung vor Lawinen am größten in einem möglichst unregelmäßig und stufig aufgebauten Wald. Der natürliche Lebensablauf führt in den baumartenarmen Gebirgswäldern auf großen Flächen aber zu einschichtigen, gleichförmigen Beständen, welche die Schutzfunktionen nur mangelhaft erfüllen. Die Forstwirtschaft kann einer Strukturverschlechterung und Überalterung der Gebirgswälder durch regelmäßige und zielgerichtete waldbauliche Maßnahmen begegnen (LEIBUNDGUT 1985).

Ein zweites Beispiel: Die Artenvielfalt im naturgewachsenen Wald unserer Breiten kann sehr hoch sein, sie muß es aber nicht. Alte Buchenwälder können sogar relativ artenarm sein. Durch den Menschen verursachte Eingriffe in die natürliche Waldentwicklung können sich positiv auf die Standorts- und Artenvielfalt auswirken (KELLER 1995), so über die Schaffung unterschiedlicher Nährstoff- oder Lichtverhältnisse. Die Biodiversität ist desto größer, je stärker die Standortsfaktoren variieren. Dieser Variation der Standortfaktoren kann der Mensch nachhelfen (RICHTER 1996). Wo Wälder ungestört dichter zusammenwachsen, geht der Lebensraum für licht- und wärmebedürftige Arten allmählich zurück. Stärkere Eingriffe in das Kronendach mit Löcherhieben und Saumschlägen schaffen Raum für lichtbedürftige Baumarten, Waldbodenpflanzen und die charakteristischen Pflanzen der Waldschläge. Am Rande von Holzabfuhrwegen, die man als linienförmige Unterbrechungen des Kronendaches auffassen kann, finden Pflanzen und Tiere Lebensraum, für die geschlossene Waldgebiete keine Biotope bereitstellen können.

Erholung im Wald hat zur Voraussetzung, daß der erholungssuchende Mensch in den Wald gelangt. In Deutschland herrscht im allgemeinen Waldbetretungsrecht, das heißt, jeder darf den Wald zum Zwecke der Erholung betreten. Allerdings ist mit diesem Recht auch die Pflicht verbunden, den Wald im Interesse aller nicht zu gefährden oder zu beschädigen. Einschränkungen des Betretensrechts dienen dem Schutz der Waldbesucher oder dem Schutz des Waldes. Der Zugang zum Wald wird aber in der Regel durch das erschließende Wegenetz der Forstwirtschaft geschaffen. Für viele Menschen wurde Erholung im Wald dadurch erst möglich. Ruhebänke, Schutzhütten, Lehr- und Fitnesspfade, Kinderspielplätze, Grillplätze, Wildgehege und andere der Erholung dienende Einrichtungen im Wald sind zum Teil auch Leistungen der Forstwirtschaft.

3.3.2 Negative Wirkungen der Forstwirtschaft auf die Schutz- und Erholungsfunktionen des Waldes

Umgekehrt hat eine nur auf relativ kurzfristige betriebswirtschaftliche Vorteile abzielende Waldbewirtschaftung schon Beispiele dafür geliefert, wie die Schutz-, aber auch die Erholungsfunktionen des Waldes verschlechtert werden können.

Kahlschläge sind betriebswirtschaftlich rationell, aber - abhängig von der Größe - ökologisch fragwürdig bis verhängnisvoll. Mit Kahlschlägen wird eine ökologische Situation herbeigeführt, die der nach Katastrophen durch Waldbrand, großflächige Sturm-, Schnee- oder Insektenschäden vergleichbar ist. Im Gegensatz zu solchen Naturkatastrophen wird aber bei Kahlschlägen der größte Teil der Holzmasse entfernt und somit auf der Fläche eine andere mikroklimatische Situation herbeigeführt, die auf Boden und Lebewesen rückwirkt. Bei großflächigen Kahlschlägen, wie sie in Deutschland glücklicherweise schon lange nicht mehr vorkommen, wird durch die größere Einstrahlung die Bodenoberfläche sowie der angrenzende Luft- und Bodenraum stärker erwärmt. Gleichzeitig wird der Boden durch den Wegfall wasserverdunstender Bäume vor allem im Sommer feuchter. Die geänderten Bodenverhältnisse fördern die Mineralisation der organischen Substanz (Humus, Streu) im Boden. Dadurch kommt es kurzzeitig zu stark erhöhten Nährstoffausträgen auf großer Fläche und zur Freisetzung von CO_2. Zwar werden die Nährstoffverluste durch die Entwicklung der Schlagvegetation etwas entschärft, dennoch erstreckt sich der Prozeß über einige Jahre, bis sich der Nachfolgebestand wieder geschlossen hat (THOMASIUS und SCHMIDT 1996). Besonders kritisch sind Kahlschläge bei Schutzwäldern zu beurteilen. So kann im Gebirge der Großflächenkahlschlag die dauerhafte Existenz des Waldes gefährden und durch die Beschleunigung des Oberflächenabflusses und Zunahme der Bodenerosion zu Hochwasser-, Lawinen- und Erdrutschkatastrophen führen.

Die starke Erwärmung des Oberbodens führt zur Gefahr von Hitzeschäden, die ungehinderte nächtliche Ausstrahlung zu verstärkter Frostgefahr. Bei der Wiederaufforstung ist die Baumartenwahl aufgrund der geänderten Standortsverhältnisse eingeschränkt, da nur hitze- und frostresistente Licht- und Pionierbaumarten dem Kahlflächenstandort gewachsen sind. Die Folge sind weitgehend gleichaltrige Bestände mit meist nur einer Baumart, Mischbestände sind schwierig aufzubauen.

Bei der Novellierung des Landeswaldgesetzes (1995) wurden die Konsequenzen gezogen. Kahlschläge von mehr als 1 Hektar sind nun in Baden-Württemberg genehmigungspflichtig. Kleinere Kahlschläge (< 1 ha) können sogar Abwechslung ins Waldbild bringen und die Biodiversität erhöhen (Kap. 3.3.1).

„Brotbaum" der deutschen Forstwirtschaft ist die Fichte. Sie zeigt gute Zuwächse, ist im Vergleich zu Buche und Eiche relativ schnell hiebreif, und sie liefert wertvolles und vielseitig verwertbares Holz. Sie ist waldbaulich leicht zu behandeln und hat verhältnismäßig geringe Standortansprüche. Die hohe Rentabilität hat den Fichten-Reinanbau stark gefördert. Ähnliche Aussagen lassen sich für die Waldkiefer machen, die vor allem in Nord- und Ostdeutschland große Bedeutung hat.

Der Anbau von Nadelbaum-Reinbeständen kann auf Dauer die Bodenqualität von weniger stabilen Standorten verschlechtern. Die Nadelstreu wird nur langsam abgebaut, dadurch reichert sich Rohhumus an und Huminsäuren entstehen. Diese tragen mit der Zeit zur Versauerung des Waldbodens und des Grund- und Quellwassers bei. Begleitet wird die Versauerung in der Regel von einer Verarmung an Nährstoffen (insbesondere Kalium, Magnesium und Calcium). Hinzu kommt der mangelnde Bodenaufschluß durch das flache Wurzelwerk der Fichte. Bei wiederholtem Anbau geht durch diese Prozesse auch die Bestandesleistung zurück (MAYER 1992). Solche Bestände bieten nur wenigen Arten von Pflanzen und Tieren Lebensraum. Vor allem auf dafür nicht geeigneten Standorten sind Reinbestände darüber hinaus auch anfällig gegen Stürme, Schneebruch, Pilze (Rotfäule) oder Insektenkalamitäten (Borkenkäfer) und damit nur selten dauerhaft stabil. Als Folge müssen viele Bäume vor der eigentlich geplanten Zeit gefällt bzw. aufgearbeitet und genutzt werden, was eine erhebliche Wertminderung darstellt. Das heißt aber, daß eine nicht standortgerechte, großflächige Bestockung durch das damit einhergehende hohe Betriebsrisiko auch ökonomisch fragwürdig ist, zumal einige Jahrzehnte zwischen Bestandesbegründung und Holzernte liegen. WEIDENBACH schrieb 1988 zum waldbaulichen Ziel „Stabilität" in Baden-Württemberg: „Weite Flächen mit vernässenden oder wechselfeuchten Lehm-/Schluff-/Ton-Standorten sind außer im Wuchsgebiet Oberrheinisches Tiefland in allen übrigen Wuchsgebieten des Landes mit sturmgefährdeten Fichtenbeständen bestockt. Sie werden unabhängig von der Art ihrer Behandlung mit großer Wahrscheinlichkeit eines Tages vom Sturm geworfen werden, meist lange bevor sie ihr Hiebreifeziel (kulminierender Wertzuwachs, Zielsortiment) erreicht haben". Zwei Jahre später traf diese Voraussage ein. Die Orkane des Sturmtiefs „Wiebke" warfen im Frühjahr 1990 instabile Bestände in ganz Deutschland. Der ungeplante Anfall riesiger Holzmassen - bundesweit über 75 Mio. fm, davon 59 Mio. fm Fichte - brachte den

Holzmarkt völlig durcheinander und hatte maßgeblichen Anteil am Verfall der Holzpreise. Die Nachwirkungen waren bis 1994 zu spüren (BARTELHEIMER 1995).

Die Auswirkungen dieser Sturmkatastrophen sind die Folge waldbaulicher Fehler, die vor 40 bis 120 Jahren gemacht wurden. Um so wichtiger ist es, daß diese Fehler heute nicht mehr gemacht werden. Auch wenn die kurzfristige ökonomische Betrachtung zu Fichte im Reinbestand raten mag, die „nachhaltige" Betrachtung muß schon im Interesse der künftigen nutznießenden Generation klügeren Waldbau bevorzugen (Kap. 3.4). Die früheren Fehler lassen sich langfristig auch in ihrer Wirkung abschwächen, indem vorhandene, stark von Fichte dominierte Bestände oder gar Reinbestände allmählich zu stabileren Mischbeständen umgebaut werden. Man schätzt jedoch, daß der Umbau aller Fichtenreinbestände einen Zeitraum von über 100 Jahren in Anspruch nehmen wird (VOLZ et al. 1996). Auch hier muß die jetzige Generation erst einmal Mehrkosten aufbringen, da die zunächst notwendige Pflanzung von Laubbäumen kostenintensiv ist, spätere Generationen profitieren dann (hoffentlich) von der erreichten Bestandesstabilität.

3.3.3 Neuartige Waldschäden

Großflächige Kahlschläge und einseitige Baumartenwahl sind Beispiele für nichtnachhaltige Forstwirtschaft. Bedrohungen der Nachhaltigkeit erwachsen der Forstwirtschaft aber auch von außen: durch die neuartigen Waldschäden in vielen Regionen Deutschlands (und Europas).

Die Ergebnisse der terrestrischen Waldschadensinventur 1996 weisen für 35 % der Waldfläche Baden-Württembergs deutliche Schäden (Schadstufe 2-4 nach Inventurmethodik, d. h. 26 - 100 % Nadel-/Blattverlust) aus (FVA 1996). Das bedeutet im Vergleich zum letzten Jahr eine Steigerung um 8 % und den höchsten Schädigungsgrad seit Beginn der Inventuren 1983 (Tabelle 1).

Tabelle 1: Ergebnisse der terrestrischen Waldschadensinventur in Baden-Württemberg 1983 bis 1996. Schädigung der Waldfläche ab Schadstufe 2 bis 4 (26 % bis 100 % Nadel- bzw. Blattverlust). Der Anstieg der deutlichen Schäden 1996 erfolgte überwiegend im Grenzbereich (25 - 30 % Nadel-/Blattverlust) von Schadstufe 1 (geringe Schäden) und Schadstufe 2 (mittelstarke Schäden) (FVA 1996).

1983	18 %	1988	18 %	1993	31 %
1984	24 %	1989	20 %	1994	26 %
1985	27 %	1990	19 %	1995	27 %
1986	23 %	1991	17 %	1996	35 %
1987	21 %	1992	24 %		

Auch wenn von großflächigem „Waldsterben" im Land keine Rede sein kann, so muß man ohne Gegenmaßnahmen doch damit rechnen, daß die betroffenen Waldökosysteme zunehmend instabil werden. Mit dem Risiko des Bestandes steigt auch das Risiko der Erträge.

Die hohen Depositionen von Stickstoff in die Wälder spielen bei der Entstehung der neuartigen Waldschäden eine wesentliche Rolle (FLAIG und MOHR 1996). Im Mittel der letzten Jahre wurden etwa 29 kg N pro Hektar und Jahr in Waldbestände Deutschlands (gemessen unter Fichte) eingetragen (vgl. Kap. 4.1.4.1). In Baden-Württemberg liegen die Depositionsmeßwerte regional in einer ähnlichen Größenordnung (Abb. 6). Bewirtschaftete Wälder vertragen wahrscheinlich auf Dauer nicht mehr als 15 bis 20 kg N pro Hektar und Jahr, ohne daß wesentliche Veränderungen des Waldökosystems zu erwarten sind. Naturwaldreservate ohne Entzug von Holz und damit von Stickstoff vertragen vermutlich dauerhaft nicht mehr als 5 kg N pro Hektar und Jahr.

Die Symptome der neuartigen Waldschäden - Nadel-/Blattverlust und/oder Vergilbung - deuten auf zwei Auslöser hin: Nährstoffmängel oder -ungleichgewichte und Wassermangel (FLAIG und MOHR 1996). Wie hängen Stickstoffdepositionen damit zusammen? Stickstoff war lange Zeit der wachstumsbegrenzende Faktor für Bäume, insbesondere für Nadelbäume. Vermutlich ist der überhöhte N-Eintrag in unsere Wälder eine wesentliche Ursache für das an vielen Standorten gemessene gesteigerte Wachstum der Bestände in den letzten Jahrzehnten. Das angeregte Wachstum erfordert erhöhte Aufnahmeraten von Wasser und von Nährionen, vor allem Kalium, Magnesium und Calcium. Dem stehen jedoch auf vielen Standorten vom Ausgangsgestein her und aufgrund früherer Waldnutzung nur knappe verfügbare Vorräte gegenüber. Je nach Standort wird entweder Magnesium oder Kalium zum begrenzenden Faktor. Hohe N-Depositionen lassen über die Steigerung des Baumwachstums latente Nährstoffmängel nicht nur offensichtlich werden, sie verschlechtern sogar noch die Nährstoffausstattung der Böden. Durch intensivierte N-Aufnahme- und -Umsetzungsprozesse werden die Waldböden mit der Zeit saurer, da sowohl die Aufnahme von NH_4^+ durch die Wurzeln als auch die mikrobielle Umsetzung von NH_4^+ zu NO_3^- (Nitrifikation) Protonen freisetzen. Die Bodenversauerung und die Auswaschung von Nitrat haben zur Folge, daß die Böden auch ärmer an Nährionen (K, Mg, Ca) werden und damit einen großen Teil ihrer Pufferkapazität verlieren. In der Folge ziehen sich die Wurzeln offenbar verstärkt in den generell nährstoffreicheren humosen Oberboden zurück. Dadurch wird der Wurzelraum kleiner und gegen Schwankungen in der Wasserversorgung anfälliger. Die Bäume können in Trockenperioden schneller und ausgeprägter in Trockenstreß und damit verbunden in eine unzureichende Nährstoffversorgung geraten. Eine hohe Ozonbelastung kann bestehenden Trockenstreß noch verstärken. Darüber hinaus gibt es Hinweise darauf, daß stickstoffüberversorgte Bäume frostempfindlicher und weniger widerstandsfähig gegen Schädlinge und Pilzkrankheiten sind. Das betroffene Waldökosystem wird trotz (oder wegen?) des höheren Zuwachses instabil.

Die Forstwirtschaft kann hier nur begrenzt gegensteuern - durch entsprechende Baumartenwahl oder durch Düngungsmaßnahmen, die einem nachgewiesenen Mangel an einem bestimmten Nährelement (K, Mg, Ca) abhelfen (REHFUESS 1995). Noch wichtiger ist es, gegen die Ursachen für die neuartigen Waldschäden anzugehen, darunter eben ganz wesentlich die hohen Stickstoff-Depositionen. Diese N-Depositionen resultieren aus den Emissionen von Stickoxiden (NO_x) und Ammoniak (NH_3) in die Atmosphäre, so daß bei den Verursachern dieser Emissionen anzusetzen wäre (FLAIG und MOHR 1996). Hauptemittent von NO_x in Deutschland ist der Verkehr mit knapp 70 % aller Stickoxidemissionen 1991 und hier ganz besonders der Nutzfahrzeugverkehr (LKWs). Hauptemittent von Ammoniak ist zu über 90 % die Landwirtschaft. Aus den Depositionsanalysen läßt sich ableiten, daß die Landwirtschaft damit gut zur Hälfte zu den Stickstoff-Depositionen in Deutschland beiträgt. Die Reduktion von NH_3-Emissionen in der Landwirtschaft (Kap. 4.1.4.1 und 4.2.2) würde sich also im besten Sinne nachhaltig auf den Wald und dessen Bewirtschaftung auswirken.

Die Auswirkungen hoher N-Einträge sind nicht auf die Bäume beschränkt. In manchen Waldböden ist bereits eine Tendenz zur Stickstoff-Anreicherung nachweisbar. Wenn der permanente Stickstoffinput ein Ausmaß erreicht hat, das die Absorptions- und Speicherfähigkeit von Vegetation und Boden überschreitet, wird Stickstoff aus dem Waldökosystem ausgetragen: als NO_3^- zunächst im Sickerwasser, dann in Grund- und Quellwasser, und als NO, N_2O und N_2 in die Atmosphäre. Standorte mit nennenswerten N-Austrägen sind bereits häufig, was deswegen besonders bedenklich ist, da unsere Wasserversorgung entscheidend von (bisher) nitratarmem Quell- und Grundwasser aus bewaldeten Regionen abhängt (vgl. Kap. 4.1.2.1). Hohe N-Einträge erhöhen auch die N_2O-Freisetzung aus Waldböden und tragen dadurch zur Verstärkung des Treibhauseffekts bei (Kap. 4.1.4.2).

Die N-Anreicherung im Waldboden betrifft auch den Waldunterwuchs. In verschiedenartigen Waldbeständen in unterschiedlichen Regionen Europas sind Pflanzenarten neu aufgetreten oder haben in ihrer Deckung zugenommen, die auf eine gute N-Versorgung am Standort hindeuten. Neben der schonenderen Waldnutzung der letzten Jahrzehnte und Auflichtungseffekten sind wahrscheinlich die N-Einträge aus der Atmosphäre mit dafür verantwortlich. Man befürchtet, daß durch die flächendeckende Eutrophierung des Waldbodens die standörtliche Vielfalt nivelliert und damit auch die Artenvielfalt verringert wird (SCHWAB et al. 1996).

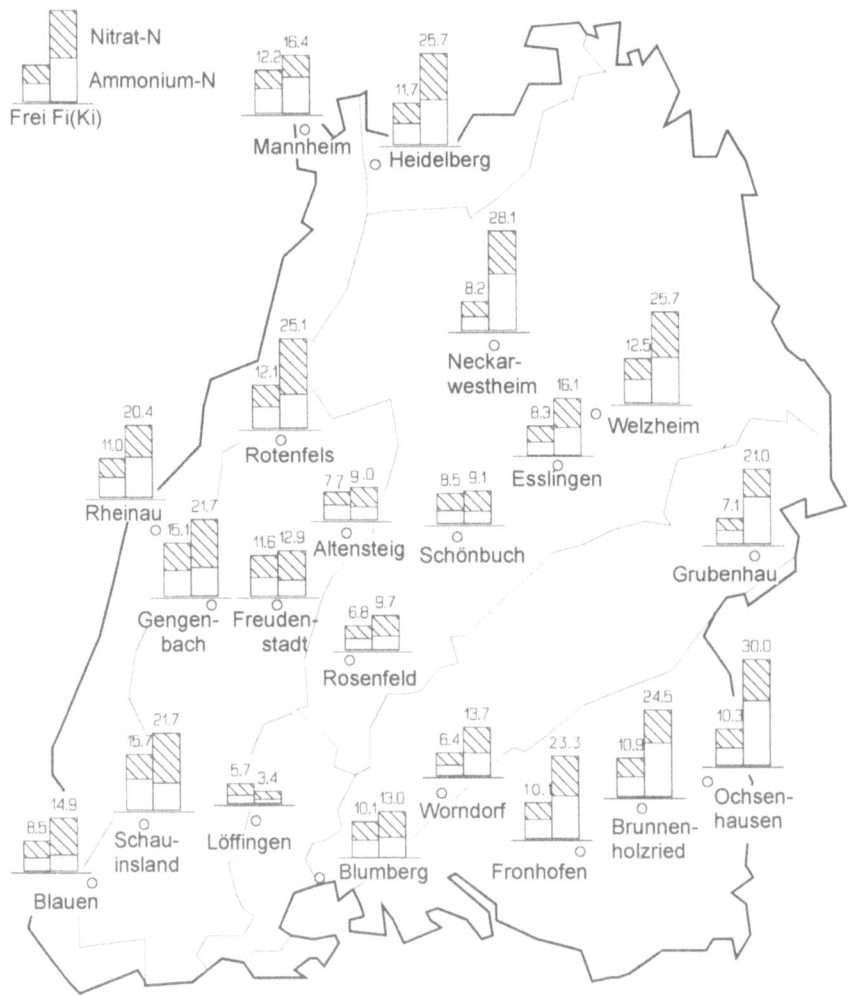

Abb. 6: Stickstoffdepositionen in Baden-Württemberg im hydrologischen Jahr 1995. Jahresdurchschnittswerte der Meßstationen im Depositionsmeßnetz der Forstlichen Versuchs- und Forschungsanstalt Baden-Württemberg (FVA), aufgeschlüsselt nach der Deposition im Waldbestand (mit Ausnahme Mannheims (Kiefer) handelt es sich um Fichtenbestände) und im angrenzenden Freiland und nach dem meßtechnisch erfaßten Anteil von NO_3-N und NH_4-N. Zahlenangaben in [kg N/ha] (Summe NO_3-N + NH_4-N). Werte unter 20 kg N/ha im Bestand finden sich nur noch im Lee des Schwarzwaldes und im Schönbuch. Die Werte im Waldbestand sind wegen des „Auskämmeffektes" höher als im Freiland - mit einer Ausnahme, die sich vermutlich aus der Nutzungsgeschichte des Standorts erklären läßt. Für die Überlassung der Abbildung danken wir Regina HEPP, FVA Freiburg.

3.4 Naturnahe Waldbewirtschaftung

Ohne den Einfluß des Menschen wären weite Gebiete in Deutschland mit Laubbäumen, vorrangig mit Buche als Hauptbaumart, bestanden. Die Fichte hätte ihr natürliches Areal in der subalpinen Höhenstufe der Alpen und an einigen wenigen Standorten in den Mittelgebirgen, an denen sie sich gegen konkurrierende Baumarten durchsetzen kann. Ähnliches gilt für die Kiefer: Mit wenigen Ausnahmen, z. B. hagere Sandböden, wäre ihr Flächenanteil sehr gering. Fichte und Kiefer liefern jedoch gutes Holz mit hervorragenden Flächenerträgen, und das in einer für waldbauliche Verhältnisse kurzen Zeit von einigen Jahrzehnten. Die Nutzung von Holz ist ein Beitrag zur Nachhaltigkeit (Kap. 3.2), und so ist es nur sinnvoll, einen bestimmten Anteil dieser Haupt-Holzlieferanten auch auf Flächen wachsen zu lassen, auf denen ohne menschliche Einflußnahme andere Baumarten gedeihen würden. Kurz: Es gilt einen Kompromiß zu finden zwischen der ökonomisch (oft nur kurzfristig) vorteilhaften Fichtenbestockung und einer ökologisch vorteilhaften und stabilen Bestockung, die dem jeweiligen Standort gerecht wird. In der Regel wird das ein Bestand aus einer Mischung von Laub- und Nadelbaumarten sein. Die Ökonomie muß dabei langfristig nicht zu kurz kommen, im Gegenteil. Laubbäume wie Buche und Eiche können gutes Wertholz liefern, auch wenn der Gewinn, bedingt durch die langen Produktionszeiträume (für Eichen-Furnierholz 240 Jahre) (MAYER 1992), länger auf sich warten läßt als bei Fichte. In Deutschland wird dieser Kompromiß zwischen Produktivität und Stabilität durch das Modell der naturnahen Waldbewirtschaftung gesucht, dessen zentrales Element der naturnahe Waldbau ist.

Der naturnahe Waldbau bleibt zwar durch menschliche Nutzungsziele bestimmt, er muß aber die standörtlichen und ökologischen Gesetzmäßigkeiten und die natürliche Dynamik der Wachstumsabläufe beachten. Gemessen wird Naturnähe an der Standortsgerechtigkeit und der Beteiligung der Baumarten der natürlichen Waldgesellschaft sowie am Grad der Integration natürlicher Abläufe in den Produktionsprozeß.

3.4.1 Naturnaher Waldbau

Naturnaher Waldbau wird charakterisiert durch folgende Elemente (SCHUMACHER 1996):

1. Naturnähe und natürliche Vielfalt bei der Baumartenwahl

Die Baumartenwahl ist eine zentrale Aufgabe des Waldbaus, sie entscheidet über einen Produktionszeitraum von meist über 100 Jahren. Die von Natur aus vorkommenden Baumarten der jeweiligen Standorts- und Regionalgesellschaft sollen maßgeblich am Waldaufbau beteiligt werden. Als grobe Orientierung für Naturnähe kann die sogenannte potentielle natürliche Vegetation dienen. Das ist die Vegetation, die man ohne das Wirken des Menschen am jeweiligen Standort wahrscheinlich vorfinden würde. Die Baumartenzusammensetzung der potentiellen natürlichen Vegetation kann nur abgeschätzt werden. Die nacheiszeitliche Rückwanderung der Baumarten war noch nicht abgeschlossen, als der menschliche Einfluß auf die Wälder einsetzte, und dieser setzte früh und häufig sehr intensiv ein. Daher sollten dogmatische Lösungen vermieden werden. Auch für einen kleinen Anteil fremdländischer Baumarten wie Douglasie (*Pseudotsuga menziesii*) und Roteiche (*Quercus rubra*), die beide aus Nordamerika stammen und bei uns gut wachsen, sollte in Mischung mit heimischen Baumarten Platz sein, sofern der Standort es zuläßt. Die Erhaltung seltener Baumarten und die Erhaltung der genetischen Vielfalt der Baumarten mit regionalen und lokalen Herkünften, nicht nur in Genbanken, sondern auch am Standort, sind ein essentieller Beitrag zur Wahrung der natürlichen Diversität, aber auch der Stabilität.

Insgesamt bedeutet das Ziel der Naturnähe in Zukunft mehr Laubbäume und Tannen statt Fichten. Die Fichte wird aus wirtschaftlichen Gründen jedoch immer deutlich mehr Anteile eingeräumt bekommen als sie natürlicherweise behaupten könnte. Das ist durchaus auch als ökonomische Vorsorge (im Sinne der Gewährung von finanziellem Spielraum) für die nächste Generation von Waldnutzern zu betrachten. Für viele wichtige Anwendungsbereiche, so z. B. im Bauwesen, ist Fichtenholz besonders oder sogar ausschließlich geeignet (VOLZ et al. 1996). Möchte man den nachwachsenden Rohstoff Holz optimal nutzen, so bedeutet das einen bestimmten Fichtenanteil (allerdings grundsätzlich in Mischung mit anderen Baumarten, s. u.), und ein Zurückschrauben des Fichtenanteils auf das Niveau natürlicher Waldgesellschaften wäre daher auch ökologisch nicht uneingeschränkt positiv zu beurteilen. Die Naturwaldgesellschaften, wie sie vor der Einflußnahme des Menschen entstanden sind, hatten vermutlich eine Verteilung von 20 % Nadel- und 80 % Laubbäumen (MLR 1993). Derzeit beträgt in Baden-Württemberg der Nadelbaumanteil 65 % (45 % Fichte) und der Laubbaumanteil 35 % (FVA 1993). Langfristig zielt man in der Waldbewirtschaftung Baden-Württembergs auf etwa 50 % Nadelbäume (einschließlich 10 % Tanne) und 50 % Laubbäume (SCHUMACHER 1996).

2. Mischung verschiedener Baumarten und Altersklassen im Einzelbestand

Im Landesdurchschnitt setzen sich zwar 74 % des Wirtschaftswaldes aus mehr als einer Baumart im Hauptbestand zusammen. Gerade bei Fichte, die auf der Hälfte der Waldfläche so vorherrscht, daß sie den Bestandestyp bestimmt, findet man jedoch in 64 % der Fälle Reinbestände oder nur eine geringe Beimischung (FVA 1993). Hier liegen die Ansatzpunkte für waldbauliches Handeln. Die Beimischung von Laubbäumen in Nadelbaumbestände dient auch dem Schutz der Bodenfruchtbarkeit und einer höheren Stabilität. Wichtigste Mischungsbaumart ist die im Naturwald häufig dominierende Buche.

Zusätzlich zur Mischung auf der Fläche sollen die Bestände stufig gegliedert sein, d. h. im Bestand sollen sich auf kleinem Raum Bäume verschiedenen Alters finden. Besonders ausgeprägt ist die Stufigkeit im sogenannten Plenterwald. Hier stehen auf kleinster Fläche Bäume unterschiedlicher Höhe, Durchmessers und

Alters in Mischung. Ein solcher Aufbau ist allerdings von Natur aus nur in bestimmten Waldtypen auf kleiner Fläche zu erwarten, auf großer Fläche bedarf die Aufrechterhaltung der Plenterwaldform ständiger waldbaulicher Eingriffe durch die Forstwirtschaft. Die durch Mischung und Stufigkeit erreichte Strukturvielfalt wirkt sich günstig auf die Artenvielfalt aus.

3. Walderneuerung auf der Grundlage von Naturverjüngung
Die Integration natürlicher Abläufe in den Wachstums- und Produktionsprozeß - hier von Ansamung vom alten Waldbestand, Keimung und Entwicklung bis zum konkurrenzfähigen Baum im Bestand - läßt sich bei der Verjüngung wirkungsvoll umsetzen. Es ist ökologisch, aber auch ökonomisch vernünftig, das natürliche Potential der Wälder für eine Verjüngung einzusetzen, sofern nicht andere Verfahren (z. B. Saat oder Pflanzung) zweckmäßiger oder geboten sind, beispielsweise um labile Fichtenbestände schnell umzubauen. Es gibt viele Formen der Naturverjüngung, das richtige Verfahren hängt von Standort, Altbestand, Zeitraum und nicht zuletzt von der betrieblichen Zielsetzung ab. Soweit möglich werden langfristige, den Altholzschirm nutzende Verfahren angewendet. Gerade langfristige Verfahren führen im Wege der Ausnutzung biologischer Entwicklungsprozesse zur Verringerung des Arbeitsaufwands bei der Pflege der heranwachsenden Bestände.

Damit Naturverjüngung Erfolg haben kann, ist aber eine Regulierung des Schalenwildbestandes (insbesondere des Rehwilds) unbedingt notwendig, da durch den Wildverbiß - das Abfressen von Knospen und jungen Trieben - die Verjüngung der meisten Baumarten ohne aufwendige Schutzmaßnahmen derzeit nicht möglich ist. Überhöhte Wildbestände führen darüber hinaus zur Dominanz der (relativ) verbißunempfindlichen Fichte.

4. Rechtzeitige Waldpflege
Bei natürlicher Waldentwicklung werden die Wirtschaftsziele nicht erreicht. Teilweise mangelhafter Gesundheitszustand, Wuchsstockungen, labile Stadien, lokale Schäden oder längere unproduktive Abschnitte erschweren die Erzeugung hochwertigen Holzes, zumal der Zeitfaktor im Naturwald keine Rolle spielt (MAYER 1992). Pflegeeingriffe sollen die Erzeugung von Qualitätsholz ermöglichen und die Bestandesstabilität sichern. Sie müssen sich auf das Notwendige beschränken und die natürlichen Abläufe nutzen. Wichtigstes Element einer solchen Bestandespflege ist eine an Qualität und Stabilität orientierte Auslesedurchforstung. Sie erhöht die Wertleistung durch Konzentration der Produktion auf wirtschaftlich höher bewertete Baumarten, stärkere und qualitativ bessere Stämme, höheren Anfall wertvollen Holzes und bessere Gliederung des Holzsortiments. Rechtzeitige Durchforstung erhöht darüber hinaus die Bestandesstabilität gegen Wind, Schneebruch und Insektenbefall (MAYER 1992).

5. Pflegliche Waldarbeit

Schäden am Boden und am Bestand durch die Holzernte sind nicht ganz vermeidbar, müssen aber durch Einsatz der richtigen Technik, gute Organisation und Wahl des richtigen Zeitpunktes auf das unvermeidbare Maß reduziert werden. Von besonderer Bedeutung ist, daß die Befahrung des Waldes auf die ausgewiesenen Rückegassen konzentriert wird sowie Ernte und Durchforstung möglichst in der Vegetationsruhe stattfinden (Herbst und Winter). Der Einsatz boden- und bestandesschonender Maschinen und Gerätesysteme und die Verwendung biologisch abbaubarer Öle für Maschinen sollten selbstverständlich sein.

Bereits heute haben die Vorräte an bestimmten Nährstoffen (Kalium, Magnesium) im durchwurzelten Boden in manchen Regionen ein bedenklich niedriges Niveau erreicht, nicht zuletzt ein Resultat von Schadstoffeinträgen und Versauerung (FLAIG und MOHR 1996). Deshalb sind schonende Ernteverfahren, die nicht zuviel Biomasse und damit Nährstoffe der genutzten Waldfläche entziehen, besonders wichtig. Die Ernte ganzer beasteter Schäfte zur zentralen Aufarbeitung entzieht dem Standort rund doppelt soviel Nährstoffe wie Derbholzentnahme mit Borke (MAYER 1992). Besonders nährstoffreich sind die Nadeln. Wipfel, Äste, Feinreisig und auch die Borke sollten, wenn irgend möglich, im Wald verbleiben.

6. Integrierter Waldschutz

Holz wird im Regelfall ohne Dünger und ohne Pflanzenschutzmittel erzeugt. Die Anwendung chemischer Pflanzenschutzmittel muß auf das zwingend notwendige Maß beschränkt bleiben, dabei sind Nutzen und Nachteile der Maßnahme kritisch abzuwägen. Vorrang haben biologische und biotechnische Waldschutzverfahren (Förderung von Schädlingsfeinden und -gegenspielern in der Tierwelt, Einsatz von Mikroorganismen, Verbißschutzmittel, Lockstoff-Fallen für Borkenkäfer u. ä.).

Zum Waldschutz im weiteren Sinne gehört auch die Einhaltung einer waldverträglichen Wilddichte. Unsere Kulturlandschaften weisen Bestandesdichten an Schalenwild auf, die die natürlichen nicht selten um das Zehnfache übersteigen (LEIBUNDGUT 1985). Überhöhte Wilddichten machen nicht nur eine Naturverjüngung der meisten Baumarten so gut wie unmöglich, verursachen Mehrkosten in geschädigten Pflanzungen und bringen beliebte, aber seltene Äsungspflanzen des Waldunterwuchses an den Rand der Gefährdung. In den Gebieten des Landes mit hohem Rotwildbestand kommen Schälschäden hinzu. Rot-, Muffel- und Damwild nagt oder reißt die Borke vom Stamm oder freiliegenden Wurzeln ab, um an die saftige und nährstoffreiche Bastschicht zu kommen. Über die Wunden dringen Fäulnispilze in den Baum ein und entwerten oder zerstören das Holz. Die Ertragseinbußen, die der Forstwirtschaft insgesamt durch überhöhte Wildbestände entstehen, wurden Mitte der achtziger Jahre auf bis zu 10 % des Umsatzes geschätzt (GRUB 1986). Eine (einvernehmliche?) Wild-Regelung mit der Jagdwirtschaft ist längst überfällig.

7. Integrierte Naturschutzziele

Der naturnah bewirtschaftete Wald kann auf der gesamten Waldfläche bereits viel zum Boden-, Wasser- und Artenschutz beitragen. Biologische Vielfalt im Wald - verstanden als Lebensraumvielfalt, Artenvielfalt und genetische Vielfalt - entsteht durch die standörtlichen Unterschiede, die wechselnde Baumartenzusammensetzung, unterschiedliche Behandlungsmodelle, abwechselnde Alters- und Bestandesstrukturen und die räumliche Verteilung. Waldränder sind als Rand- und Saumbiotope für Flora und Fauna von besonderer Bedeutung.

Darüber hinaus sind in die Konzeption der naturnahen Waldbewirtschaftung spezielle Naturschutzziele integriert. Bannwälder sind Totalreservate, in denen jede Nutzung unterbleibt, damit sich die Waldvegetation unter möglichst weitgehendem Ausschluß menschlicher Einflüsse entwickeln kann (Prozeßschutz). Schonwälder dienen dem Strukturschutz. Sie werden mit der Zielsetzung der Erhaltung oder Erneuerung einer bestimmten Pflanzengesellschaft oder einer bestimmten Waldaufbauform bewirtschaftet, um die entsprechenden Lebensgemeinschaften zu erhalten. Ende 1993 bestanden in Baden-Württemberg 66 Bannwälder mit einer Fläche von insgesamt über 2500 ha und 341 Schonwälder mit einer Fläche von 10 310 ha (LfU 1995). Die Waldschutzgebietskonzeption der Landesforstverwaltung sieht eine Verdoppelung der Bann- und Schonwaldfläche auf zusammen etwa 26 000 ha vor (BUTZ 1995). Sogenannte „Wälder außer regelmäßiger Bewirtschaftung" (arB-Wälder) werden aus wirtschaftlichen Gründen nur extensiv oder gar nicht genutzt, obwohl sie formal zumeist keiner Schutzkategorie angehören. Sie umfassen derzeit im öffentlichen Wald etwa 16 000 ha (LfU 1995). Bann-, Schon- und arB-Wälder zusammen nehmen etwa 3 % des öffentlichen Waldes (Staats- und Körperschaftswald) ein. Darüber hinaus sind Naturschutzgebiete und Naturdenkmale im Wald und schließlich die Erhaltung seltener Waldgesellschaften und historischer Nutzungsformen sowie markanter Einzelbäume von Bedeutung.

Eine wichtige Neuerung der Novelle des Landeswaldgesetzes 1995 ist die Möglichkeit, Biotopschutzwälder auszuweisen. Besonders wertvolle Waldbiotope werden durch die derzeit noch laufende Waldbiotopkartierung erfaßt. Es zeichnet sich ab, daß etwa 8 % der Waldfläche in Baden-Württemberg solche Waldbiotope sind, die besonderen Schutz und, sofern erforderlich, zielorientierte Pflege genießen müssen (SCHUMACHER 1996). Ein Zwischenergebnis zum Jahresende 1994 ergab bereits über 27 000 schützenswerte Waldbiotope mit einer Fläche von über 63 000 ha (MAAG und VON BERLEPSCH 1996). Darunter fallen insbesondere naturnahe Schlucht- und Blockwälder, regional seltene naturnahe Waldgesellschaften, Biotope im Wald mit ganz speziellen Lebensbedingungen wie Moorbereiche, Feuchtbiotope, Kare und Toteislöcher mit Begleitvegetation, Wälder als Reste historischer Bewirtschaftungsformen und strukturreiche Waldränder. Naturnahe Bruch-, Sumpf- und Auewälder sowie Wälder trockenwarmer Standorte wurden bereits bei der Novellierung des Landesnaturschutzgesetzes 1992 unter besonderen rechtlichen Schutz gestellt (BUTZ 1995).

Im Rahmen des naturnahen Waldbaus sollte trotz Waldpflege (s. o.) unter Beachtung der Hygiene (Vermehrung von Schadpilzen und -insekten) und von Sicherheitsaspekten Totholz, insbesondere von Laubbäumen, angereichert werden. Viele nicht schädliche Pilz- und Insektengemeinschaften sind auf den speziellen Lebensraum „Totholz" angewiesen, darunter auch „spektakuläre" Arten wie der Hirschkäfer (DETSCH et al. 1994).

Die Leitlinien der naturnahen Waldbewirtschaftung sind eine hervorragende Grundlage für nachhaltiges Wirtschaften in diesem Sektor. Sie sind in der Novelle des Landeswaldgesetzes 1995 rechtlich verankert worden. In großen Teilen der Wälder, die Bund und Ländern gehören, wurde in den letzten Jahren bereits nach diesen Maßgaben gewirtschaftet. Viele Kommunen und Körperschaften halten sich ebenfalls daran. Im Staatswald und im Körperschaftswald wird die naturnahe Waldbewirtschaftung im Rahmen der Forsteinrichtung geplant, von den jeweiligen Waldbesitzern im Rahmen ihrer Zielsetzung auf der Grundlage des Landeswaldgesetzes beschlossen und von den Forstämtern umgesetzt. In Privatwäldern kommt es entscheidend auf das Engagement des Waldbesitzers an. Im Landeswaldgesetz wird zwar das Ziel der gleichrangigen und gleichwertigen Erfüllung der Nutz-, Schutz- und Erholungsfunktionen gesetzt und die Waldbesitzer zur nachhaltigen, pfleglichen, planmäßigen und sachkundigen Waldbewirtschaftung sowie zur Berücksichtigung der Belange der Umweltvorsorge verpflichtet. Insbesondere im Klein- und Kleinstprivatwald gibt es aber fachliche und finanzielle Probleme (SCHUMACHER 1996). Zumindest im Waldbesitz unter 20 Hektar ist die Dominanz der Nadelbäume mit ca. 80 % in den jungen Beständen bis heute ungebrochen (VOLZ et al. 1996).

Einer breiten Akzeptanz des naturnahen Waldbaus auch im Privatwald mag förderlich sein, daß eine Abschätzung für den Staatswald des Landes Baden-Württemberg 1993/94 zu dem Schluß kam, daß naturnaher Waldbau nicht nur ökologisch, sondern auch ökonomisch vorteilhaft ist. Durch die Ausnutzung natürlicher Abläufe in den Bereichen Kulturen, Bestandespflege und Waldschutz („biologische Rationalisierung") scheint es möglich, relativ kurzfristig das seitherige Arbeits- und Aufwandsvolumen um 20 bis 30 %, längerfristig bis zu 50 % zu senken (SCHUMACHER 1996). Gerade die Pflanzung und die Pflege junger Bestände verursachen - zusammen mit der Ernte - den Großteil der Aufwendungen von 1,138 Mrd. DM, die jährlich in Baden-Württemberg im Rahmen der Bewirtschaftung des Waldes entstehen (VOLZ et al. 1996). Um naturnahen Waldbau auf breiter Front im Privatwald zu fördern, bedarf es aber vermutlich größerer Anreize, so z. B. der Honorierung ökologischer Leistungen (Kap. 3.5.6).

Das verstärkte Miteinbeziehen natürlicher Prozesse in den Waldbau schafft Probleme an anderer Stelle: Die Ausweitung der Naturverjüngung hat mit dazu geführt, daß sich die Forstbaumschulen zur Zeit in einer „existenzbedrohenden Krise" befinden (BERNHARD 1996). Hinzu kommt ein geringerer Bedarf an Nadelbäumen aufgrund des Trends zu weiteren Pflanzverbänden und zu mehr Laubbäumen, Zurückhaltung bei der Begründung neuer Kulturen durch finanzielle Engpässe und Überkapazitäten der Baumschulen als Reaktion auf die Sturmwürfe 1990. Mittel- bis langfristig ist daher mit der Schließung von Forstsamen- und Forstpflanzenfirmen im Land zu rechnen (FRANKE 1996).

3.4.2 Treibhauseffekt und Waldbau

Die waldbauliche Strategie stabiler, gemischter, standortgerechter und naturnaher Wälder ist auch als Vorsorgemaßnahme gegen klimatische Änderungen geeignet, die aus der prognostizierten Erwärmung der Erdatmosphäre aufgrund eines verstärkten Treibhauseffektes resultieren. Bei einer angenommenen Erwärmung der Sommertemperatur um 2 Grad in unseren Breiten muß man mit einer gewissen Verschiebung des Baumartenspektrums rechnen. So wird die Fichte vermutlich große Teile ihres durch den Menschen ausgeweiteten Areals in Mitteleuropa verlieren (ULRICH und PUHE 1994). Allerdings erlauben die bisherigen Klima-Prognosen nur in Einzelfällen regionale Aussagen. Daher ist der naturnahe Waldbau wahrscheinlich die Strategie, die die Waldökosysteme am besten in die Lage versetzt, flexibel auf eventuelle klimatisch bedingte Standortveränderungen zu reagieren - oder wie THOMASIUS im „7. Schlegel-Landschaftspflegeseminar" zitiert wurde: „Die Forstwirtschaft muß sich daher einerseits auf die prognostizierte Klimaänderung einstellen, andererseits darf sie aber auch keine weittragenden Entscheidungen treffen, die im Falle des Nicht- oder Anders-Eintreffens der Klimaänderung erhebliche Nachteile zur Folge hätte" (KRONAUER 1995).

3.5 Wirtschaftliche Rahmenbedingungen für eine nachhaltige Forstwirtschaft

Nachhaltigkeit, wie die Akademie sie versteht, umfaßt nicht nur ökologische, sondern auch ökonomische und soziale Aspekte. Das Wohlergehen der heimischen Forstbetriebe und der in ihnen beschäftigten Menschen gehört zu einer Strategie für mehr Nachhaltigkeit in der Forstwirtschaft (siehe Kap. 1).

3.5.1 Wichtige Strukturdaten für Baden-Württemberg

Mit einer Waldfläche von 1 352 636 ha, knapp 38 % der Landesfläche, gehört Baden-Württemberg zu den waldreichsten Bundesländern. In Bundes- und Landesbesitz befinden sich 25 % der Waldfläche (Abb. 7). Städten, Gemeinden und sonstigen Körperschaften gehören 39 %, in privater Hand sind 37 % (FVA 1993). Die Baumartenanteile im Wirtschaftswald, differenziert nach Eigentumsarten, zeigt Tabelle 2. Dominierende Baumart ist mit 45 % Flächenanteil die

Fichte. Größere Laubwälder, insbesondere mit Buchen und Eichen, sind im nordöstlichen Teil des Neckarlandes, im vorderen Odenwald, sowie in Teilen der Schwäbischen Alb anzutreffen.

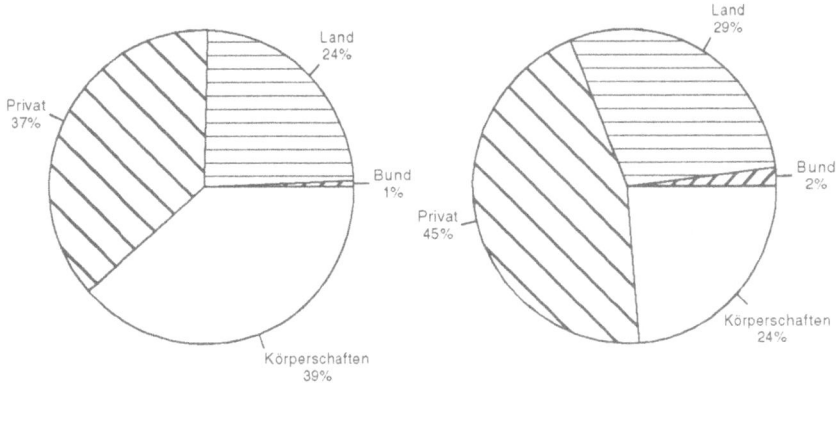

Baden-Württemberg   Alte Bundesländer

Abb. 7: Waldbesitzverteilung (in %) in Baden-Württemberg und in den alten Bundesländern (in den neuen Bundesländern sind die Eigentums- und Besitzverhältnisse noch nicht abschließend geklärt) im Rahmen der Bundeswaldinventur (nach LfU 1995). Im Durchschnitt Deutschlands ist ein höherer Anteil Wald in privater Hand als in Baden-Württemberg.

Tabelle 2: Baumartenanteile des Wirtschaftswaldes in % der Waldfläche Baden-Württembergs, aufgeschlüsselt nach Eigentumsarten (nach FVA 1993).

Baumart Eigentumsart	Fichte	Tanne	Kiefer	sonstige Nadelbäume	Buche	Eiche	sonstige Laubbäume
Staatswald	45	8	10	5	20	5	7
Körperschaftswald	35	7	9	5	22	9	13
Privatwald	54	9	6	3	15	5	8
Gesamtwald	45	8	8	4	19	6	10

In den Forstbetrieben Baden-Württembergs waren 1993 etwa 23 800 „Waldarbeiter" (davon über 16 000 im Privatwald, weit überwiegend Familienarbeitskräfte) sowie 3 100 Angestellte und Beamte beschäftigt (BECKER und LÜCKGE 1996). Insgesamt sind mehr als 200 000 Personen Eigentümer von Wald, etwa 2 % der Bevölkerung von Baden-Württemberg, wobei allerdings wenige Großeigentümer

Wirtschaftliche Rahmenbedingungen 47

(> 1 000 ha Wald) 25 % der Privatwaldfläche besitzen. Etwas mehr als die Hälfte der Privatwaldfläche gehört zu Betrieben, die weniger als 20 ha Wald ihr eigen nennen (FVA 1993).

Die Eigentümer mit einer Waldfläche von 5 bis 200 ha werden vielfach zur Gruppe „Bauernwald" zusammengefaßt. Charakteristisch für diese Gruppe ist die Kombination von Land- und Forstwirtschaft in einem Betrieb, in dem sowohl Arbeitskräfte als auch Geräte und Maschinen wechselseitig eingesetzt sowie Einkommen aus beiden Betriebsteilen erzielt werden (BECKER und LÜCKGE 1996). Mit der Aufgabe landwirtschaftlicher Betriebe im Zuge des Strukturwandels (siehe Kap. 4.6) hat sich die Lage in den letzten Jahren verändert. Bei Aufgabe der Landwirtschaft verbleibt die Waldfläche häufig (vorerst) bei den ehemaligen Besitzern. Vielfach ist dadurch ein Klein- und Kleinstwaldbesitz entstanden, bei dem die waldbaulichen Standards allmählich in Vergessenheit geraten und häufig ein auf Fichtenanbau reduzierter „Primitiv-Waldbau" betrieben wird (VOLZ et al. 1996). Schon heute entfallen auf den Waldbesitz unter 5 Hektar ohne Bindung an einen landwirtschaftlichen Betrieb annähernd 40 % des Privatwaldes in Baden-Württemberg.

3.5.2 Waldfläche - konstant oder variabel?

Die Waldfläche muß nicht konstant bleiben. Durch Aufforstungen und natürliche Wiederbewaldung hat die Waldfläche Baden-Württembergs seit 1950 um etwa 140 000 ha zugenommen (VOLZ et al. 1996). In den letzten Jahren werden Aufforstungen bisher landwirtschaftlich genutzter Flächen durch EU, Bund und Land im Rahmen der „Flankierenden Maßnahmen" zur EU-Agrarreform (Kap. 4.5.3) und der „Gemeinschaftsaufgabe Verbesserung der Agrarstruktur und des Küstenschutzes" (Kap. 4.5.1) verstärkt finanziell gefördert, und zwar durch einmalige Zuschüsse zur Begründung der Forstkulturen und durch jährlich gezahlte Aufforstungsprämien zum Ausgleich für Einkommensverluste für eine Dauer von bis zu 20 Jahren. Die Investitionszuschüsse sind in der Höhe je nach Baumartenwahl gestaffelt, die Jahresprämien je nach Bodengüte des aufgeforsteten Acker- oder Grünlandes. Die Länder können ihrerseits die Prämie zusätzlich nach waldbaulichen (Baumartenwahl) und landesplanerischen Gesichtspunkten (Bewaldungsdichte) staffeln (Agra-Europe 18/93).

Die natürliche Wiederbewaldung ist ebenfalls durchaus aktuell. Ohne Gegenmaßnahmen werden bisher landwirtschaftlich genutzte Flächen in standörtlich ungünstigen Regionen wahrscheinlich nicht mehr bewirtschaftet werden (Kap. 4.6.3); sie fallen brach und bewalden sich allmählich wieder. Damit gehen aber auch ökologisch wertvolle Bestandteile der Kulturlandschaft verloren oder zumindest solche, die von vielen Menschen wertgeschätzt werden, seien es bunte Blumenwiesen, mit Wacholder bestandene Schafweiden oder Streuobstbestände.

Eine Zunahme der Waldfläche in Baden-Württemberg wäre aus ressourcenökonomischen Gründen (Kap. 3.2) und in waldarmen Gebieten auch aus landschaftsökologischen Gründen durchaus begrüßenswert. Allerdings konzentrierte sich die Waldflächenzunahme der letzten Jahrzehnte vor allem auf die ohnehin stark bewaldeten ländlichen Gebiete, während die Waldflächen in den Ballungsräumen aufgrund der vielen konkurrierenden Flächennutzungen weiterhin abnahmen. In letzter Zeit beschränken sich die Aufforstungen auf eine relativ kleine Fläche. Anhaltender Bedarf der Landwirtschaft an guten Böden und verbreitete Bedenken des Naturschutzes haben die Aufforstungsbereitschaft deutlich reduziert. Des weiteren besteht agrarpolitisches Interesse daran, eine flächendeckende Landbewirtschaftung aufrechtzuerhalten.

Annahme im Rahmen des Projektes war es daher, daß sich der Waldanteil in Baden-Württemberg in absehbarer Zeit nicht nennenswert verändern wird.

Weitere eventuelle Aufforstungen dürften keine besonders wertvollen Biotope der Feldflur zerstören oder die Aufgabe der Bewirtschaftung bisher extensiv genutzten artenreichen Grünlandes veranlassen. Auch die, trotz gegensteuernder Förderpraxis, anhaltende Bevorzugung der Erstaufforstung mit Fichte trägt keineswegs uneingeschränkt zu einer Verbesserung der Waldstruktur bei (VOLZ et al. 1996). Die Aufforstung mit Laubbäumen sollte daher im Vergleich zu Nadelbäumen finanziell noch attraktiver werden.

3.5.3 Wirtschaftliche Probleme

Die finanzielle Ertragslage der deutschen Forstwirtschaft ist kritisch. Im Mittel der letzten 15 Jahre konnten die Forstbetriebe in Baden-Württemberg nur 50 DM pro Hektar und Jahr an Gewinn erzielen (VOLZ et al. 1996). Im Jahr 1993 wiesen fast alle Forstbetriebe, unabhängig von der Waldbesitzart, Verluste bis zu mehreren hundert DM pro Jahr und Hektar aus (SCHUMACHER 1996). Bis zur Mitte der achtziger Jahre war es der Forstwirtschaft mehr oder weniger gelungen, auf die zunehmend schwieriger werdende betriebswirtschaftliche Situation mit Nutzungserhöhungen und einer enormen Rationalisierungswelle zu reagieren (VOLZ et al. 1996). So konnte der Arbeitsaufwand pro Jahr und Hektar von fast 60 Stunden im Jahr 1950 auf 7 bis 10 Arbeitsstunden 1993 gesenkt werden (SCHUMACHER 1996). Noch gibt es Möglichkeiten der Kostensenkung, so im konsequenteren Ausnutzen natürlicher Prozesse (z. B. Naturverjüngung) und besserer Organisation (z. B. Betriebsgemeinschaften), aber nicht *ad infinitum*. Die Forstwirtschaft ist wie die Landwirtschaft dem Urproduktionssektor zuzuordnen - die Produktion ist unmittelbar von den natürlichen Ressourcen abhängig. Ihre Ertragskrise ist somit in einer wachsenden Marktwirtschaft langfristig eigentlich zwangsläufig, da weder die Produktionsmenge noch der Grad der Rationalisierung beliebig gesteigert werden können.

An den inländischen Holzmärkten haben die Forstbetriebe langfristig ständig Marktanteile verloren. In den alten Bundesländern wurden 1950 - 54 noch 75 % des Gesamtaufkommens an Holz und Produkten auf der Basis Holz (einschließlich Importen und der Wiederverwendung von Altpapier) durch den jährlichen Einschlag von Rundholz in Höhe von ca. 25 Mio. fm gedeckt. Im Zeitraum 1985 - 89 war der registrierte Rundholzeinschlag zwar auf 30 Mio. fm jährlich angestiegen, der dadurch bestimmte Anteil der Forstwirtschaft am gesamten Holzinlandsaufkommen jedoch auf unter 30 % abgesunken (BECKER und LÜCKGE 1996). Der Rohholzeinschlag im Inland ist dem stark gestiegenen Verbrauch an Holzprodukten nicht gefolgt. Die Verbrauchszunahme ist vor allem durch zunehmende Nettoimporte, aber auch durch den ansteigenden Einsatz von Altpapier bei der Papier- und Kartonagenherstellung gedeckt worden. Vernachlässigt man die tatsächlichen Import- und Exportbewegungen, so beträgt laut Gesamtholzbilanz derzeit der Selbstversorgungsgrad rechnerisch etwa 70 % des Holzbedarfs in Deutschland (Rohholz-Einschlag in heimischen Wäldern und Altpapieraufkommen im Inland, Altholzverwertung und Bestandesveränderungen) (BML 1996a). Die restliche Versorgung müßte ohnehin durch Importe gesichert werden. Der angestiegene Holzvorrat in den deutschen Wäldern (Kap. 3.2) und die Klagen der Waldbesitzer über schlechte Absatzchancen, insbesondere beim Schwachholz, machen aber deutlich, daß Rohstoffmangel nicht die wesentliche Triebfeder für steigende Nettoimporte ist (THOROE 1993).

Die Problematik ist derzeit keine der Produktionsmenge. Die deutsche Forstwirtschaft kann ihr Angebotspotential gar nicht ausschöpfen. Verursacher der oben skizzierten schwierigen wirtschaftlichen Situation ist vor allem der Preis für Rohholz, der kaufkraftbereinigt heute nurmehr einem Drittel bis einem Viertel des Wertes von 1955 entspricht. Der Preis für Holz und Holzprodukte bildet sich in einem liberalisierten Weltmarkt. Der Import ist nicht beschränkt, und importiert wird auch aus Ländern, die ihre Wälder nicht-nachhaltig bewirtschaften und zu Dumpingpreisen liefern, sowie zunehmend aus osteuropäischen Ländern mit ihren völlig anderen Rahmenbedingungen. Heftige Wechselkursverschiebungen zu wichtigen Partnerländern und die gewaltige Holzschwemme aufgrund der Orkane 1990 haben die Lage verschärft.

Für einige Holzsortimente, so z. B. Schwachholz, fehlen auch Absatzmöglichkeiten. So gibt es zuwenige wettbewerbsfähige, heimische Kapazitäten im Bereich der Produktion von Holzhalbwaren (Zellstoff, Papier u. a.), die in der Lage wären, das heimische Potential dieser Rohholzsortimente aufzunehmen (THOROE 1993). Der Energieholzmarkt böte theoretisch ein unbegrenztes Absatzpotential, ist aber noch zuwenig entwickelt und kämpft in der Praxis mit Wirtschaftlichkeitsproblemen in Konkurrenz mit fossilen Energieträgern (Kap. 3.5.5).

3.5.4 Verbesserung der Vermarktung

Durch die Bildung forstwirtschaftlicher Zusammenschlüsse auf freiwilliger Basis, insbesondere sogenannte Forstbetriebsgemeinschaften, wird versucht, den Auswirkungen ungünstiger Betriebsstrukturen (Klein(st)privatwald, Kap. 3.5.1) durch gemeinsame Bewirtschaftungs- und Vermarktungsaktionen entgegenzuwirken. Seit Inkrafttreten der gesetzlichen Grundlagen wurden in Baden-Württemberg 175 Forstbetriebsgemeinschaften gegründet. Deren Mitglieder lassen sich im allgemeinen für eine sachgemäße (naturnahe) Waldbewirtschaftung eher motivieren und sind für eine fachliche Beratung leichter zugänglich (VOLZ et al. 1996).

Die Umweltverträglichkeit von Produkten gewinnt als Einkaufskriterium bei gewerblichen Abnehmern, Endverbrauchern wie bei Beschaffungen der öffentlichen Hand an Bedeutung. Die inländische Forst- und Holzwirtschaft könnte davon an für sie wichtigen Märkten, insbesondere der Sektoren Bauen und Wohnen, profitieren. Erhöhte Anforderungen an die Umweltverträglichkeit fördern jedoch die Verwendung inländischen Holzes keineswegs automatisch. Presseberichte über Formaldehyd emittierende Holzspanplatten, über Umwelt- und Gesundheitsschäden durch chemischen Holzschutz, die Tropenholz-Diskussion, die Kennzeichnung von Druckpapieren als „chlorfrei gebleicht" konfrontieren Verbraucher damit, daß es durchaus auch umweltproblematische Holzerzeugnisse gibt.

Zudem bringen die ursprünglich durch die Tropenwald-Vernichtung ausgelösten internationalen Bemühungen um die Zertifizierung von Forstbetrieben bzw. der Art und Weise der Waldbewirtschaftung sowie Pläne für eine darauf aufbauende Kennzeichnung von Holz („Öko-Labelling") die inländische Forstwirtschaft in Bedrängnis. Sie nimmt zwar für sich in Anspruch, Wald auf einem international hohen ökologischen Niveau zu bewirtschaften, ist aber bisher nicht darauf vorbereitet, diesen Anspruch systematisch mit anerkannten Prüfverfahren zu belegen (BECKER und LÜCKGE 1996). Verfahrensprobleme mit einer Zertifizierung des kleinparzellierten Privatwaldes und die ungelöste Kostenfrage stehen einer befriedigenden Lösung bisher im Wege. Das 1996 neu geschaffene Herkunftszeichen für „Holz aus nachhaltiger Forstwirtschaft" mit dem Motto „Gewachsen in Deutschlands Wäldern" (Abb. 8) kann deshalb nur ein erster Schritt sein. Über kurz oder lang wird sich die deutsche Forstwirtschaft für ein anerkanntes Zertifizierungssystem entscheiden müssen, um im internationalen Wettbewerb erfolgreich mitmischen zu können. Am weitesten in der Entwicklung vorangekommen sind die momentan noch konkurrierenden Systeme des *Forest Stewardship Council* (FSC), dessen Umweltsiegel die Einhaltung bestimmter ökologischer Leistungsvorgaben bei der Waldbewirtschaftung zertifiziert, und der *International Standards Organization* (ISO-Familie 14 000), deren Zertifikat eher die ökologische Ausrichtung des Managementsystems eines Unternehmens (Forstbetriebs) bewerten soll. Darüber hinaus müßte Umweltverträglichkeit als Argument zugunsten von Erzeugnissen auf der Grundlage inländischen Rohholzes in Marketing-Konzeptionen von Forst- und Holzwirtschaft integriert und an den entsprechenden

Teilmärkten zur Geltung gebracht werden. Dafür sind Ansätze auf der Ebene der überbetrieblichen Holz-Absatzförderung sowie einzelner holzwirtschaftlicher Unternehmen erkennbar, während es an entsprechenden Strategien der Forstwirtschaft bislang fehlt (BECKER und LÜCKGE 1996). Marketing und Absatzorganisation müßten verbessert werden.

Abb. 8: Das Herkunftszeichen für „Holz aus nachhaltiger Forstwirtschaft" des Deutschen Forstwirtschaftsrats (DFWR 1996).

3.5.5 Erschließung neuer Märkte

Die energetische Nutzung von Holz auszuweiten, wäre im Sinne der Nachhaltigkeit äußerst wünschenswert (Kap. 3.2). Moderne Holzverbrennung ist mittlerweile zu einer ausgereiften Technologie entwickelt worden. Abfall- und Restholz werden in der holzverarbeitenden Industrie bereits häufig auf diesem Pfad nutzbringend „entsorgt". Auch Rest- und Durchforstungsholz aus dem Wald könnte im Prinzip energetisch verwertet werden. Gemeint ist damit weniger die Verbrennung von Holz im heimischen Kachelofen als vielmehr die Wärme- und Stromgewinnung aus Holz in Heizwerken oder Heizkraftwerken bis etwa 30 MW Feuerungsleistung.

Holzbetriebene Anlagen wären eine ernstzunehmende Alternative zu Heiz(kraft)werken auf Basis fossiler Brennstoffe dort, wo das erschließbare Holzpotential ausreichend groß ist. In holzreichen Gebieten ist die Angebotsmenge groß genug, um einerseits eine akzeptable Brennstoffpreis-Gestaltung zu ermöglichen, andererseits können größere Holz-Verbrennungsanlagen gebaut werden (größere Anlagen kosten pro installierter Einheit Leistung weniger als kleine). Einer umfassenderen Verwertung von Holz auf der Energieschiene steht derzeit neben Informationsdefiziten bei möglichen Nutzern und zu Unrecht befürchteten

Nachteilen im Bedienungskomfort vor allem die mangelnde Wirtschaftlichkeit entgegen (FLAIG et al. 1995).

Aus wirtschaftlichen, aber auch aus ökologischen Gründen dürfte aber bei einer Veränderung der Rahmenbedingungen zugunsten regenerativer Energieträger primär der Einsatz von Resthölzern aus der Industrie ansteigen. Vermehrter Einsatz von Waldholz wäre erst in zweiter Linie attraktiv. Die Nutzung von Rest- und Durchforstungsholz aus dem Wald sollte auch nicht in Zielkonflikt mit der Bewahrung ausreichender Nährstoffvorräte im Waldboden kommen (vgl. Kap. 3.4). Gegebenenfalls muß bei nährelementarmen Böden darauf verzichtet werden. Eine andere Möglichkeit wäre die Rückführung der nährstoffreichen Aschen nach der Verbrennung in den Wald. Die Asche könnte durch fraktionierte Entstaubung bei der Rauchgasreinigung sogar schadstoffarm gewonnen werden. Die Ausbringung in den Wald wäre aber wahrscheinlich zu kostenträchtig.

Die deutsche Forstwirtschaft konnte vom Produktionszuwachs der Papierindustrie in den letzten Jahren kaum profitieren, da die Anteile der Primärfaserstoffe Holz und Zellstoff zugunsten von Füllstoffen und Altpapier beträchtlich abgenommen haben. Der Anteil der im Inland erzeugten Primärfasern für die Papierherstellung ging innerhalb von 40 Jahren von 52 % auf 19 % zurück (KRONAUER 1993). Selbst bei der Rohstoffversorgung für die Zellstoffindustrie gingen der Forstwirtschaft Marktanteile an die Sägeindustrie verloren. Gelegentlich wird diskutiert, ob eine Ausweitung der Zellstoffproduktion in Deutschland neue Absatzmärkte für Holz, gerade für Schwachholz, schaffen könnte (ENCKE 1993). In Deutschland wird Zellstoff aus Holz fast ausschließlich im Sulfitverfahren erzeugt. Hochwertiger und damit begehrter ist allerdings der Sulfat-Zellstoff, der im Weltmaßstab mit etwa der 10-fachen Produktionsmenge weitaus größere Bedeutung besitzt. Dieser als Kraftzellstoff bezeichnete, dringend für die Reißfestigkeit des Papiers benötigte Rohstoff wird in Deutschland nicht mehr hergestellt und muß zu 100 % eingeführt werden. Grund hierfür war die größere Umweltbelastung (Abluft und Abwasser) als beim Sulfitzellstoff. Mittlerweile ist das Sulfat-Verfahren wesentlich verbessert worden, und der Errichtung eines Kraftzellstoffwerkes in Deutschland steht eher die mangelnde Wirtschaftlichkeit entgegen (VDZ/VDP 1996). Zellstoff kann inklusive Fracht erheblich billiger aus dem Ausland eingekauft als bei uns hergestellt werden. In den nächsten Jahren wird die heimische Zellstoffproduktion vermutlich nicht so ausgeweitet, daß in nennenswertem Umfang neue Absatzmöglichkeiten für Holz entstünden.

Analog zur Landwirtschaft wird in Zukunft das Einkommen der Forstbetriebe nicht mehr allein aus dem Holzerlös zu decken sein, will man vermeiden, daß ein Teil der Betriebe aufgibt oder aber - das andere Extrem - nicht-nachhaltig wirtschaftet. Da die Gesellschaft von der Forstwirtschaft neben der Holzproduktion auch die Gewährleistung der Schutz- und Erholungsleistungen des Waldes verlangt, ist diese Gewährleistung im Prinzip als Dienstleistung vermarktbar (vgl. Wissenschaftlicher Beirat beim BML 1994a). In der Praxis gibt es erste Vereinbarungen zwischen Waldbesitzern und Nachfragern über definierte Naturschutzleistungen (sogenannter Vertragsnaturschutz), ohne daß bereits von entwickelten Märkten für diese Dienstleistungen zu sprechen wäre. Die potentiellen Vertragspartner stehen nicht zuletzt vor der Schwierigkeit, die langfristigen Auswirkungen von geänderter Waldbehandlung vertraglich zu fassen (BRANDL und OESTEN 1996). Bei den bislang bekanntgewordenen Beispielen für Verträge traten zudem überwiegend Institutionen der öffentlichen Hand als Einzelnachfrager auf. Auch andere Dienstleistungen wie die entgeltliche Nutzung speziell ausgestatteter Erholungseinrichtungen sind denkbar.

Welche Bedeutung solche neuartigen Märkte der Forstwirtschaft zukünftig erhalten, hängt von verschiedenen Einflußfaktoren ab, so von rechtlichen (Waldbetretungsrecht, Abgrenzung der Sozialpflichtigkeit von Waldeigentum) oder politischen Rahmenbedingungen (BECKER und LÜCKGE 1996). Zu bedenken ist, daß der öffentliche Wald „dem Allgemeinwohl in besonderem Maße zu dienen hat" (Landeswaldgesetz) und damit in der Regel die nachgefragten Leistungen ohne direkt zu entrichtendes Entgelt anbietet. Über die monetäre Bewertung positiver externer Effekte wurde vielfach versucht, die Schutz- und Erholungsleistungen des Waldes in Geldwert zu fassen (Kap. 2.3) und damit eine Grundlage für die Entlohnung eventueller Dienstleistungsangebote zu schaffen. Jedoch sind die monetären Bewertungen externer Effekte sowohl der Landwirtschaft als auch der Forstwirtschaft bisher nicht wirklich ins Marktgeschehen integriert worden.

3.5.6 Die Honorierung ökologischer Leistungen der Forstwirtschaft

Die Alternative zur eher hypothetischen Vermarktung der Schutz- und Erholungsleistungen des Waldes besteht in der Honorierung ökologischer Leistungen der Forstwirtschaft durch die öffentliche Hand. Geht man davon aus, daß mit einer nachhaltigen naturnahen Waldbewirtschaftung die vielfältigen Bedürfnisse der Gesellschaft an Nutz-, Schutz- und Erholungsfunktionen des Waldes am besten befriedigt werden, so muß in Wäldern, die öffentliches Eigentum sind, die öffentliche Hand auch für eventuelle Mehrkosten (erhöhte Aufwendungen oder geringere Gewinne) aufkommen. Das betrifft die Wälder in Bundes- und Landesbesitz und die Wälder in der Hand von Städten und Gemeinden. Für Privatwälder, immerhin 37 % der Waldfläche des Landes, gilt zwar das Landeswaldgesetz. In dessen Rahmen steht es dem Waldeigentümer jedoch frei, welche Zielsetzungen er mit seinem Betrieb verfolgt. Insgesamt mangelt es an wirksamen Anreizen für private Waldbesitzer, ihren Wald, über die eigene fachliche Einsicht und die spezifische privatwirtschaftliche Motivation hinaus, naturnäher zu bewirtschaften und damit den Waldzustand auch in ökologischer Hinsicht zu verbessern. Um die Schutz- und Erholungsfunktionen auch im Privatwald, insbesondere die Erhaltung der Biotop- und Artenvielfalt im Wald, angemessen zu sichern, sind finanzielle Anreize ähnlich wie in der Landwirtschaft ein überlegenswertes Mittel.

Honoriert würden solche Leistungen, die der Waldbesitzer dafür erbringt, daß die gesamten Wirkungen der Ressource Wald, trotz oder gleichzeitig mit der (Wert-)Holzproduktion, in einer gesellschaftlich geforderten Quantität und Qualität gewährleistet sind. Orientieren sollte sich ein solches Honorierungssystem an einer Skala, z. B. einem Waldökopunktesystem, das einen bestimmten gewünschten Waldzustand und die Schritte dorthin belohnt (VOLZ et al. 1996). Honoriert werden sollte der Eigentümer, der naturnahen Wald erhält und nachhaltig bewirtschaftet und der Eigentümer, der diesen Wald erst herstellt. Ein gewisser waldbaulicher Mindest-Standard wäre allerdings vorauszusetzen. Grundlage des Systems sollten Leistungsziele sein, die auf ökologischen, waldbaulichen, aber auch ertragskundlichen Kriterien aufbauen. Gleichzeitig wären Möglichkeiten zur Erfolgskontrolle vorzusehen, um reine Mitnahmeeffekte zu vermeiden und die Erfolge - auch in „öffentlichen Wäldern" - beurteilen zu können. Ein entprechend zu bewertender Waldzustand stellt sich allerdings oft erst nach jahrzehntelangen waldbaulichen Anstrengungen ein. Wahrscheinlich wird für eine geraume Zeit eine begleitende Förderung waldbaulicher Maßnahmen unverzichtbar sein.

In Niederösterreich wurde ein Waldökopunktesystem (WÖPS genannt) konzipiert und befindet sich gerade in der Testphase (FRANK 1996). Grundgedanke des Systems ist die Definition eines Soll-Zustandes (Wald-Leitbild) und die Bewertung der Abweichung des aktuellen Waldzustandes von diesem angestrebten Zustand mittels Ökopunkten. Der Soll-Zustand erhält die Höchstpunktezahl. Bewertungskriterien sind die Baumartenzusammensetzung des Bestandes und der Verjüngung, Merkmale für Struktur und Vielfalt und schließlich Beeinträchtigungen des Waldes (Schäden an Boden und Bestand, mit Minuspunkten). Modifizierend können Multiplikatoren eingesetzt werden, die der unterschiedlichen lokalen Waldausstattung und unterschiedlichen Ansprüchen der Gesellschaft an den Wald Rechnung tragen. Die Gewichtung der Multiplikatoren und insbesondere die Konvertierung der Waldökopunkte in monetäre Einheiten sind besonders kritische Punkte, die in der Praxis politisch noch gelöst werden müssen. Als sinnvoll wird vorerst ein Wert von ca. 1 DM pro Ökopunkt, Hektar und Jahr angesehen, was bei Erreichen der Maximalpunktezahl 200 DM pro Hektar und Jahr bedeuten würde (HINTERLEITNER und FRANK 1996).

Private Forstbetriebe und Betriebe von öffentlich-rechtlichen Körperschaften erhalten in Deutschland bereits im Rahmen von Förderprogrammen des Bundes und der Länder finanzielle Zuwendungen (Tabelle 3). Die angesprochene Honorierung ökologischer Leistungen wäre keine zusätzliche Förderung, sondern müßte durch eine Umstrukturierung des bestehenden Förderungssystems finanziert werden. Dabei kann man grob zwischen „Förderung im engeren Sinne" und „Subventionen" unterscheiden (Tabelle 3), daneben gibt es noch kleinere Förderposten wie die Ausgleichszahlungen im Rahmen der Waldökologie-Richtlinie und Leistungsentgelte der Naturpark-Förderung, beides Länder-Programme.

Wirtschaftliche Rahmenbedingungen

Tabelle 3: Übersicht über die forstlichen Fördermaßnahmen in Baden-Württemberg. GA: Bund-Länder-Programm im Rahmen des „Gesetzes über die Gemeinschaftsaufgabe Verbesserung der Agrarstruktur und des Küstenschutzes"; B/L: sonstige Bund-Länder-Programme; L: reine Landesförderung (aus BRANDL und OESTEN 1996).

Art der Förderung	Finanzierung durch	Förderungsvolumen 1993 (in Mio. DM)	Anmerkungen
A. FÖRDERUNG IM ENGEREN SINNE			
I. Direkte finanzielle Zuwendungen			
Verbesserung der Besitzstruktur			Charakteristika der GA- und L-Maßnahmen: Förderung ist maßnahmenbezogen. Zuwendungen werden in Prozent der förderfähigen Kosten festgelegt mit Höchstsätzen für die Prozentwerte und für absolute Förderbeträge je Hektar bearbeiteter Fläche.
Forstwirtschaftliche Zusammenschlüsse	GA	0,5	
Erstaufforstungen	GA	2,5	
Verbesserung der Betriebsstruktur und Kostenentlastung			
Wegebau	GA	1,2	
Bestandespflege	GA	1,3	
Bestandesumbau	GA	0,5	
Nachbesserungen	GA	0,2	
Waldbauliches Sonderprogramm	L	5,1	
Maßnahmen aufgrund neuartiger Waldschäden (Düngung, Wiederbewaldung, Vor- und Unterbau)	GA	9,9	Schwerpunkt der GA-Förderung. Förderung aufgrund betriebsfremder Einwirkungen. Zwar Zuschuß zum getätigten Aufwand, aber auch Ersatz für echte Entschädigungen und Ausgleichsleistungen für die schwer erfaßbaren Waldschäden.
Maßnahmen aufgrund außergewöhnlicher Schäden durch Naturereignisse	B/L	14,0	Auslaufende Förderung nach den Sturmereignissen 1990. Gesamtumfang der Förderung nach der Sturmkatastrophe von 1990: 143 Mio. DM in Baden-Württemberg.
II. Indirekte Förderung			
Fachliche Beratung u. Betreuung im Privatwald einschl. Aus- u. Fortbildung u. techn. Hilfe	L	rd. 45,0	Aufwand der Landesforstverwaltung für diese Service-Leistung durch Forstämter und Forstreviere.
Forsttechnische Betriebsleitung und Beförsterung im Körperschaftswald	L	rd. 39,0	Betriebsleitung durch staatl. Forstämter kostenlos, staatl. Revierdienst zu pauschalen, nicht ganz kostendeckenden Sätzen (sog. „nichtabgedeckte Betreuungsleistungen" in den Erfolgsrechnungen).
Waldflurbereinigung	L	nicht erfaßbar	Aufwand v.a. im Verwaltungsbereich Flurbereinigungs- u. Forstverwaltung), nicht genau erfaßbar.

Fortsetzung **Tabelle 3:**

Art der Förderung	Finanzierung durch	Förderungsvolumen 1993 (in Mio. DM)	Anmerkungen
B. SUBVENTIONEN			
I. Direkte Einkommensübertragungen			
Erstaufforstungsprämie	GA	0,2	Ausgleich für den Verlust an laufenden Erträgen aus der Landwirtschaft nach erfolgter Aufforstung. Dauer: 20 Jahre.
Ausgleichszulage Wald	L	16,2	Begrenzt auf Forstbetriebe mit 5-20 ha Wald oder gemischt land- und forstwirtschaftliche Betriebe mit 3-200 ha Waldfläche. Gebietsabgrenzung nach sog. von Natur benachteiligten Gebieten. Zuschüsse je Jahr und ha Waldfläche z.B. Schwarzwald 90 DM, Odenwald 75 DM, übrige Gebiete 50 DM.
II. Steuerliche Vergünstigungen (Entlastungen von Abgaben)	B	nicht erfaßbar	Entlastungen der Waldbesitzer bei der Einkommensbesteuerung durch §34b EStG. Der finanzielle Umfang ist nicht zu ermitteln, da von der individuellen Einkommenssituation abhängig.
III. Produktions- bzw. Absatzförderung			
z.B. Gasölverbilligung, Absatzförderung (CMA)	B/L, L	nicht erfaßbar	Dazu gehören auch Maßnahmen der Marktentlastung durch den Staatsforstbetrieb über Verkaufszurückhaltung z.B. nach Sturmwurfkatastrophen.
C. AUSGLEICHSZAHLUNGEN			
Waldökologie-Richtlinie	L	0,5	Waldbauliche und sonstige Maßnahmen auf Flächen mit besonderer Bedeutung nach der Waldfunktionenkarte, vergleichbar mit Vertragsnaturschutz in anderen Bundesländern. Vertragsnaturschutz in besonderen Fällen.
D. LEISTUNGSENTGELTE			
Naturpark-Förderung	L	2,0	Anlage und Unterhaltung von Erholungseinrichtungen, Maßnahmen der Landschaftspflege, Abfallbeseitigung; begrenzt auf Wald in Naturparken.

Bei der „Förderung im engeren Sinne" handelt es sich um Finanzzuweisungen und geldwerte Leistungen der öffentlichen Hand, durch die der Waldbesitzer in den Stand versetzt werden soll, die von der Allgemeinheit vorgegebenen Ziele aus eigener Kraft weiter zu verfolgen bzw. in absehbarer Zeit zu erreichen. Die Fördermittel von Bund und Land (mit Zuschüssen der EU) im Rahmen des „Gesetzes über die Gemeinschaftsaufgabe Verbesserung der Agrarstruktur und des Küstenschutzes" dienen bisher im wesentlichen zwei Zielsetzungen: zum einen der Verbesserung der strukturellen Verhältnisse der Betriebe wie z. B. die Förderung forstlicher Betriebsgemeinschaften, Erstaufforstungen, Wegebau, Bestandesumbau, Bestandespflege u. ä. und zum andern der Förderung von Maßnahmen, die aufgrund der neuartigen Waldschäden notwendig werden, z. B. Düngung, Wiederaufforstung, waldbauliche Vorsorge.

Eine indirekte Förderung durch das Land besteht darin, daß die staatlichen Forstämter und Forstreviere die Bemühungen um den Privatwald durch fachliche Beratung und Betreuung einschließlich technischer Hilfe unterstützen. Im Körperschaftswald führen sie die Betriebsleitung kostenlos, den Revierdienst zu günstigen, nicht ganz kostendeckenden Sätzen durch (BRANDL und OESTEN 1996). Diese indirekten Förderungsmaßnahmen sind für eine nachhaltige und naturnahe Waldbewirtschaftung im Privat- und Körperschaftswald äußerst nützlich. Die massiven Einsparungen auch an Personal bei den Forstverwaltungen wirken in dieser Hinsicht kontraproduktiv, da dann diese Serviceleistungen im bisherigen Umfang nicht mehr erbracht werden können.

Unter „Subventionen" werden hier Finanzzuweisungen und geldwerte Leistungen der öffentlichen Hand verstanden, durch die ein Forstbetrieb in seiner Existenz langfristig unterstützt und erhalten werden soll. Hierzu gehört neben der Erstaufforstungsprämie in erster Linie die „Ausgleichszulage Wald" des Landes, die vor allem sozial- und strukturpolitischen Zielen in sogenannten von der Natur benachteiligten Gebieten dient, da durch den direkten Einkommenstransfer die bewirtschaftenden Familien zusätzliche Einnahmen erhalten und ihr Verbleib in der Forstwirtschaft und oft auch in der Landwirtschaft (Bauernwald) gefördert werden soll (BRANDL und OESTEN 1996).

Ein Abgleich der „Ökohonorare" bietet sich insbesondere an mit den Landesmitteln „Ausgleichszulage Wald", „waldbauliches Sonderprogramm"[5], „Waldökologie-Richtlinie" und „Naturpark-Förderung" sowie mit Mitteln der „Gemeinschaftsaufgabe" für die Bestandespflege und den Bestandesumbau. Die meisten dieser Einzelförderungen könnten in einem entsprechend ausgestalteten Honorierungssystem ökologischer Leistungen aufgehen. Damit würde das Einkommen von Forstbetrieben wie in der Landwirtschaft auch (siehe Kap. 4.8.3) auf drei Standbeinen ruhen: auf dem Erlös aus der Holzproduktion, auf möglichen neuen Märkten (z. B. Energieholz-Lieferant oder Vertragsnaturschutz) und auf dem Entgelt für ökologische Leistungen, gegebenenfalls ergänzt durch eine waldbauliche Förderung.

3.6 Forstpolitische Maßnahmen

Welche Schritte zu noch mehr Nachhaltigkeit in der Forstwirtschaft in Deutschland und Baden-Württemberg sind zu empfehlen?
1. Die Leitlinien der naturnahen Waldbewirtschaftung müssen auf der ganzen Fläche durchgesetzt werden. Die Wiederaufforstung geschlagener Bestände muß sich daran orientieren, sofern sich nicht ohnehin Naturverjüngung emp-

---

[5] Die „Waldökologie-Richtlinie", die Förderung von Bestandespflege und Bestandesumbau sowie das „waldbauliche Sonderprogramm" sind inzwischen in einer Förderrichtlinie „Naturnahe Waldwirtschaft" zusammengefaßt (MLR 1997)

fiehlt. Ältere (voraussichtlich) instabile Bestände sollten nach Möglichkeit umgebaut werden. Mit naturnaher Waldbewirtschaftung eng verbunden ist die Regulierung der Schalenwilddichte auf ein vertretbares Maß.

2. Die Nutzung von Holz ist ein Beitrag zur Nachhaltigkeit. Sie könnte im Prinzip noch gesteigert werden, da der derzeitige Holzzuwachs die Nutzungsrate deutlich übertrifft. In langfristiger Perspektive ist darauf zu achten, daß die teilweise bereits kritische Nährstoffversorgung aus dem Boden durch den erhöhten Entzug von Biomasse und damit von Nährstoffen nicht in Engpässe gerät. Diesem Ziel dienen auch schonende Ernteverfahren.

3. Die wirtschaftlichen Rahmenbedingungen machen eine verstärkte Holznutzung aus deutschen Wäldern derzeit unattraktiv. Die Förderung der Holzverwendung aus nachhaltiger Produktion muß verstärkt, Importe nicht-nachhaltig erzeugten Rohholzes müssen hingegen eingeschränkt werden. Dabei wird primär nicht an diskriminierende Handelsschranken gedacht, sondern an Mittel wie die Zertifizierung von Holz aus nachhaltiger Produktion und freiwillige Verpflichtungen zur Verwendung zertifizierten Holzes. Auch Marketing und Absatzorganisation können verbessert werden. Verstärkte Anstrengungen zur Kostensenkung im Betrieb durch Ausnutzung natürlicher Abläufe sowie technischer und organisatorischer Rationalisierungsmöglichkeiten sollten hinzukommen. Die Verwendung von Holz als Energieträger sollte größere Bedeutung gewinnen und über Investitionshilfen entsprechende Förderung erfahren.

4. Die Fläche von Wäldern, die (weitgehend oder ganz) der natürlichen Entwicklung überlassen bleibt, beträgt derzeit nur etwa 3 % im Land. Sie sollte für die Zwecke des Biotop- und Artenschutzes auf geeigneten Flächen weiter ausgedehnt werden. Mit den ökonomischen Rahmenbedingungen scheint eine Verdoppelung dieser Fläche durchaus vereinbar. Besonderen Schutzes und der Pflege bedürfen die ausgewiesenen Waldbiotope (ca. 8 % der Waldfläche). Der Totholzanteil im Wald (besonders von Laubholz) sollte, soweit forsthygienisch vertretbar, gesteigert werden.

5. Die Aufforstung bisher landwirtschaftlich genutzter Flächen sollte sich an den regionalen landschaftsökologischen Gegebenheiten orientieren. Die von EU, Bund und Ländern gewährte Förderung ist insgesamt ausreichend; sie könnte die Aufforstung mit standortgerechten Laubbäumen im Vergleich zu Nadelbäumen noch attraktiver als bisher gestalten.

6. Die Emissionen von NO_x und NH_3 müssen deutlich reduziert werden, um den Stickstoffeintrag in unsere Wälder zu senken. Hohe Stickstoffeinträge in Waldbestände sind eine wesentliche Ursache der neuartigen Waldschäden und der Destabilisierung betroffener Waldökosysteme. Neben Maßnahmen zur Verminderung von NO_x vor allem im Verkehrssektor sind insbesondere Maßnahmen zur Reduktion der NH_3-Emissionen der Landwirtschaft entscheidend wichtig.

Forstpolitische Maßnahmen

7. Die Einführung der Honorierung ökologischer Leistungen im Privatwald sollte zügig konzipiert werden, beispielsweise über ein System von Waldökopunkten, das ausgehend von einem Mindeststandard einen bestimmten gewünschten Waldzustand und die Schritte dorthin anhand ökologischer, waldbaulicher, aber auch ertragskundlicher Kriterien belohnt. Zum einen können viele Betriebe vom Holzerlös allein nicht mehr leben, zum andern wird von ihnen gleichzeitig die Gewährleistung der Schutz- und Erholungsleistungen des Waldes verlangt. Diese Honorierung ökologischer Leistungen wäre keine zusätzliche Förderung, sondern müßte durch eine Umstrukturierung des bestehenden Förderungssystems finanziert werden.

4 Landwirtschaft

4.1 Die Beeinträchtigung natürlicher Ressourcen durch die Landbewirtschaftung

Der Wandel in der Landbewirtschaftung, aber auch die agrarpolitischen Rahmenbedingungen in den zurückliegenden Jahrzehnten führten zu einer veränderten, einseitig ausgerichteten Flächennutzung und zu einer hohen Intensität in der landwirtschaftlichen Produktion, die häufig über dem umweltverträglichen Niveau liegt. Hauptverantwortlich für die Beeinträchtigungen der Umwelt sind:
- Zu hohe Bewirtschaftungsintensität von Agrarflächen,
- unsachgemäßer Einsatz von Dünge- und Pflanzenschutzmitteln,
- hohe einzelbetriebliche oder regionale Viehbesatzdichten,
- hinsichtlich der Emissionsvermeidung ineffiziente Viehhaltungsverfahren,
- Flurbereinigungsmaßnahmen und die damit verbundenen Meliorationsmaßnahmen, Begradigungen von Fließgewässern, Beseitigungen von Strukturelementen wie Hecken, Feldraine und Terrassen usw.,
- Umwandlung von Grünland in Ackerland,
- Intensivierung von ehemals extensiv genutzten Acker- und Grünlandflächen,
- Stoffeinträge in naturnahe Landschaftsteile,
- Abnahme der ökologisch wertvollen Kulturlandschaftsflächen (z. B. Streu- und Streuobstwiesen, Steillagenweinbau, Feucht- und Magerwiesen, Auengebiete und Steillagen), weil deren landwirtschaftliche Nutzung unrentabel wurde.

Daraus resultieren Umweltbeeinträchtigungen wie die Auswaschung von Nitrat ins Grundwasser, Kontamination von Boden und Wasser mit Pflanzenschutzmitteln, Bodenerosion, Emissionen klimarelevanter Gase in die Atmosphäre und ein Rückgang der Biotop- und Artenvielfalt. In den letzten Jahren hat sich die Situation im Vergleich zu den achtziger Jahren etwas verbessert, so ist der Einsatz von Mineraldünger zurückgegangen, die Viehbestände haben abgenommen, die Viehhaltungsverfahren wurden verbessert, Biotope angelegt und Biotopvernetzungen initiiert. Auch ist der Grad der Umweltbeeinträchtigungen regional unterschiedlich. Die Agrarpolitik hat durch die zunehmende Berücksichtigung von umweltrelevanten Aspekten seit Mitte der 80er Jahre bereits dazu beigetragen, daß sich die Situation allmählich verbessert hat. Zu nennen sind hier die EU-Agrarreform (Kap. 4.5.3) oder auf Länderebene die Schutzgebiets- und Ausgleichsverordnung (SchALVO) und das Marktentlastungs- und Kulturlandschaftsausgleichsprogramm (MEKA) von Baden-Württemberg (Kap. 4.8.2.3 und 4.8.3.2). Dennoch ist eine weitere Verringerung der Beeinträchtigung natürlicher Ressourcen durch die Landwirtschaft anzustreben.

4.1.1 Biotop- und Artenvielfalt

„Früher stand die Landbewirtschaftung im Einklang mit der Natur". Dies ist eine weitverbreitete, romantische Vorstellung. Dabei war jede Art der Landbewirtschaftung schon immer mit einem mehr oder weniger starken Eingriff in Natur und Landschaft verbunden. Wenn in Europa von „natürlicher Umwelt" die Rede ist, handelt es sich konkret um die vom Menschen seit Jahrtausenden durch Nutzung umgestaltete und für seine Zwecke hergerichtete Umwelt. Unsere Landschaft in Mitteleuropa ist ein Produkt der historischen, sehr vielseitigen Landnutzungen, die in Abhängigkeit von den jeweils vorherrschenden Bewirtschaftungsformen erheblichen Veränderungen unterworfen war (HABER 1996).

Für die (Nutz-)Pflanzenproduktion mußte die natürliche Pflanzendecke beseitigt und auch ständig zurückgedrängt werden, um die Produktionskraft des Bodens den Ackerpflanzen zukommen zu lassen. Da diese nach mehreren Ernten nachläßt, mußte entweder ein Ortswechsel erfolgen (Wanderfeldbau) oder der Stoffentzug durch Düngung ersetzt werden. Schon frühzeitig wurde entdeckt, daß Viehdung und andere organische Reststoffe düngend wirken; auf diese Weise wurden Viehhaltung und Ackerbau durch den Dung fest verknüpft. Es handelte sich jedoch nicht um einen geschlossenen betrieblichen Stoffkreislauf. Das Futter für die Nutztiere stammte nicht von den Feldern, sondern im wesentlichen aus dem Wald, der am betrieblichen Stoffkreislauf keinen Anteil hatte. Der Wald war somit - über die Zwischenstufe Tierhaltung - Träger der Ackerfruchtbarkeit. Mit dieser Art von Landbewirtschaftung entstand ein ökologisch sehr labiles Nutzungssystem, das nur mit einem ständigen Stoff-Transfer vom Wald über den Viehstall auf die Äcker aufrechtzuerhalten war. Der Wald wurde jedoch weit mehr als nur durch Viehweide und Futtergewinnung beansprucht, sondern hatte auch die Einstreu für die Ställe, das gesamte Brennholz, Bau- und Werkholz, Waldfrüchte und Jagdwild zu liefern - und er wurde nicht pfleglich behandelt, sondern als Allmende (gemeinschaftlicher Besitz) sorglos ausgebeutet (Kap. 3.1). Im weiteren Umkreis der Siedlungen führte dies zur Degradierung, ja Vernichtung der Wälder, an deren Stelle Gebüsche, mageres Grasland oder Zwergstrauchheiden traten, die beweidet oder zur Mahd genutzt wurden. Auch die entlegeneren, kaum besiedelten Wälder blieben nicht unberührt; soweit zugänglich, wurden sie für Bauholz und vor allem für die Holzkohlegewinnung genutzt.

Die für das Verständnis der heutigen Situation wichtige Begleiterscheinung dieser degradierenden Nutzung war die Entstehung eines ganzen Spektrums zusätzlicher Standorte mit ökologischen Bedingungen, wie sie in der Naturlandschaft kaum oder gar nicht vorkamen. In den „Entnahme-Systemen" der Wälder und aus ihnen bildete sich eine „halbnatürliche" Vegetation mit zahlreichen ökologischen

Gradienten - von feucht zu trocken, von nährstoffreich zu -arm, von basisch zu sauer, von licht zu schattig - und entsprechenden Biotopen, die einer großen Zahl von Pflanzen- und Tierarten Ansiedlungs- und Ausbreitungsmöglichkeiten boten. Der unstreitigen ökologischen Degradierung und dem Fruchtbarkeitsschwund entsprach also eine biologische Bereicherung, manchmal sogar eine Steigerung der Schönheit der Landschaft - ein eigentümlicher Kontrast, der freilich in jener Phase der Landbewirtschaftung kaum erkannt und schon gar nicht geschätzt wurde, aber eine wesentliche Wurzel der heutigen Biotop- und Artenvielfalt darstellt (HABER 1996).

Beispielsweise ist die Lüneburger Heide eine typische „alte" Kulturlandschaft, in der eine ökologisch degradierende Landbewirtschaftung neue, als wertvoll angesehene Biotope hervorgebracht und Pflanzen- und Tierarten begünstigt hat, die sonst gar nicht oder nur vereinzelt gedeihen konnten (Kap. 4.2.1).

Im 18. Jahrhundert waren die meisten Entnahme-Standorte so verarmt, daß das ohnehin ökologisch labile Nutzungssystem zusammenbrach und die Ackerfruchtbarkeit nicht mehr aufrechterhalten werden konnte. In der Folge mußten, dem Nahrungsbedarf gehorchend, bis dahin noch existierende Teile der Naturlandschaft (Moore und Brüche) urbar gemacht werden. Neue Produktionssysteme (Ackerfutterbau, Grünlandwirtschaft) wurden eingeführt, die Erträge durch planmäßige Humuswirtschaft und in der zweiten Hälfte des 19. Jahrhunderts durch die Einführung der mineralischen Düngung gesteigert. Die bäuerliche Arbeits- und Wirtschaftsweise hingegen blieb lange Zeit weitgehend unverändert. Die Feldbestellung, die Pflege der Kulturen und die Einbringung der Ernte waren ausschließlich auf tierische und menschliche Arbeitskraft angewiesen, viele Wiesen wurden noch mit der Sense gemäht. Dies schloß große Flurstücke aus, so daß die Nutzung relativ kleinflächig blieb, insbesondere in Erbteilungsgebieten. Es blieben viele sogenannte Rand- und Grenzstrukturen wie Feldraine, Hecken, Waldsäume und Ufergehölze bestehen, die ihrerseits zum Abwechslungsreichtum der Landschaft beitrugen. Noch fehlten auch die technischen Möglichkeiten, jede feuchte Stelle zu dränieren, jeden kleinen Bach zu regulieren oder gar zu verrohren. Darüber hinaus waren auch viele „halbnatürliche" Nutzflächen wie Mager- und Trockenrasen und Heiden noch nicht von Melioration erfaßt, in der Nutzung intensiviert oder aufgeforstet worden. Sie erhöhten die Vielfalt und z. T. durch Vorkommen vieler schönblühender und seltener Pflanzenarten auch die Buntblumigkeit der Kulturlandschaft. Auch die Tierwelt war sehr artenreich. Im Alpenvorland und in einigen Mittelgebirgen kam als neues Landschaftselement, bedingt durch die verbesserte Stallhaltung, die Streuwiese hinzu, die in Gebieten mit geringem Getreidebau Einstreu an Stelle von Stroh lieferte. In Bauern- und Gemeindewäldern gab es auch noch Nieder- und Mittelwälder mit hohem floristischen und faunistischen Wert (HABER 1996).

Die Landwirtschaft wurde somit kaum von der im 19. Jahrhundert rasch fortschreitenden Technisierung und Industrialisierung erfaßt und verblieb in einer „beschaulichen" Nutzungsstruktur, die sie freilich in immer stärkeren ökonomischen Rückstand brachte. Als gegen Ende des letzten Jahrhunderts zur Verbesserung der Nahrungsversorgung der Stadtbevölkerung immer mehr billige ausländische Lebensmittel importiert wurden, drohte sich die wirtschaftliche Lage der Landwirte weiter zu verschlechtern. Dies gab Anlaß, mittels Agrarpolitik - als neuem Politikfeld - die heimische Landwirtschaft zu schützen (z. B. durch Schutzzölle) und zu stützen - und einen neuen Anstoß zu ihrer Modernisierung und Intensivierung zu geben. Damit war das Ende der historischen Phase der Landbewirtschaftung und der Beginn der aktuellen Phase eingeleitet (vgl. Kap. 4.5).

Nach ersten Modernisierungsschritten bis zur Mitte des 20. Jahrhunderts entwickelte sich die Landwirtschaft ab den 50er Jahren verstärkt durch technischen, biologischen, chemischen und organisatorischen Fortschritt zur modernen „konventionellen" Landwirtschaft von heute. Hervorzuheben ist dabei vor allem der Ersatz der Zugtiere durch Schlepper mit immer vollkommeneren Zusatzmaschinen; diese erforderten größere Flurstücke, um rentabel eingesetzt zu werden, sowie breitere, gut befestigte Wege - Anlaß für verstärkte Flurbereinigungsmaßnahmen, durch die die Fluren im wahren Sinne des Wortes von nunmehr „störenden" Hecken, Feldrainen und Terrassen „bereinigt", Feuchtparzellen dräniert, Wasserläufe begradigt oder sogar verdolt wurden. Auf den größeren Feldern, Wiesen und Weiden wurde intensiver, d. h. mit größerem Einsatz von Betriebsmitteln, gewirtschaftet und produziert, und dies geschah dank der Leistungsfähigkeit der Maschinen jetzt gleichmäßig auf der ganzen Betriebsfläche - nicht, wie früher, mit zu den Betriebs- oder Gemarkungsgrenzen abnehmender Intensität, die zur räumlichen Vielfalt beigetragen hatte. Bei den Betriebsmitteln wurde die reichliche Anwendung mineralischer Dünger selbstverständlich, vor allem mineralischer Stickstoffdünger, die seit der Erfindung der Ammoniaksynthese einen großen Aufschwung genommen hatten. So entstand innerhalb weniger Jahrzehnte der „landwirtschaftliche Einheitsstandort hohen Nährstoffgehaltes und mittlerer Feuchte", wie ihn HAMPICKE einmal charakterisierte. Zur Einheitlichkeit trug auch die zunehmende Spezialisierung der Produktion und die Einengung der Fruchtfolgen bei. Schließlich setzten sich auch chemische Pflanzenschutz- und -behandlungsmittel weithin durch, um tierische Schädlinge, Schadpilze und unerwünschte Begleitpflanzen (Unkräuter) wirksam und vor allem arbeitssparend zurückzudrängen. Unkraut- und Schädlingsbekämpfung ist zwar ein Bestandteil jeglicher Landwirtschaft und auch unverzichtbar, hat aber, wenn - gar ausschließlich - mit chemischen Mitteln durchgeführt, eine Anzahl von unerwünschten (und auch ungewollten) Neben- und Nachwirkungen, die ökologisch belastend sind und die Artenvielfalt vermindern (HABER 1996).

Für die Tätigkeit des traditionellen Bauern war die „Pflege" der halbnatürlichen oder spontan-natürlichen Bestandteile der Agrarlandschaft noch sozusagen systemimmanent und von Nutzungserwägungen getragen. Der Schnitt einer Hecke lieferte erwünschtes Brenn- oder Werkholz, das Mähen eines Feldraines lieferte Zusatzfutter für ausgewählte Nutztiere, der herbstliche Schnitt der Streuwiesen war notwendig für die Einstreu in den Ställen. Alle diese Zwecke entfielen in der modernen Agrarproduktion, und mit ihnen ging selbstverständlich auch das Interesse an den genannten Landschaftsbestandteilen verloren.

Analoge Entwicklungen gab es auch in der Forstwirtschaft, wurden aber hier weniger offenkundig oder weniger stark empfunden, weil in den langlebigen, nur relativ selten durch Bewirtschaftungseingriffe betroffenen Wäldern neben dem jagdbaren Wild nicht wenige wildlebende Pflanzen- und Tierarten ihre Habitate („Biotope") fanden und weitgehend auch geduldet wurden (HABER 1996). Allerdings wurde von der allgemeinen Forstwirtschaft lange Zeit mit wenigen Ausnahmen die Reinbestands-, Altersklassen- und Kahlschlagwirtschaft verfolgt und modernisiert, insbesondere durch Mechanisierung der Holzernte und des Holztransportes - mit zwangsläufigen Folgen für die Bestandesstruktur und vor allem den Forststraßenbau, der insbesondere im Bergwald zu schweren Eingriffen führte. Dagegen blieb - im Vergleich zur modernen Landwirtschaft - der Einsatz von „Chemie" in Form von Mineraldüngern und chemischen Pflanzenbehandlungsmitteln beschränkt und erreichte nur einen Bruchteil der in der Landwirtschaft verwendeten Mengen. In neuerer Zeit ist das Konzept der naturnahen Waldbewirtschaftung, früher nur von einer kleinen Zahl meist privater Forstbetriebe durchgeführt, auch zum Leitbild der deutschen Forstwirtschaft allgemein geworden (Kap. 3.4).

Die Biotop- und Artenvielfalt wurde durch die Inkulturnahme der noch natürlichen Landschaftsteile, die Vereinheitlichung der Standortbedingungen hinsichtlich Feuchte und Nährstoffgehalt und die Beseitigung wichtiger Strukturelemente der Landschaft zunehmend reduziert. Dieser Trend hält bis heute an und wird noch dadurch verschärft, daß bisher extensiv bewirtschaftete, ökologisch wertvolle Flächen aus ökonomischen Gründen aus der Bewirtschaftung genommen werden. Feuchtwiesen und Trockenrasen, magere Weiden, Heiden und Terrassenhänge sind aber mit ihrer charakteristischen Tier- und Pflanzenwelt auf spezifische Bewirtschaftungsformen angewiesen. Ein entsprechend differenziertes Management ökologisch wertvoller Flächen muß also einerseits die noch erhalten gebliebenen naturnahen Ökosysteme vor menschlicher Beeinflussung soweit notwendig bewahren, andererseits aber auch die Bewirtschaftung oder zumindest Pflege der anthropogenen Ökosysteme der Kulturlandschaft gewährleisten (Kap. 4.2.1). Die Aufrechterhaltung alter Kulturlandschaften ist aufwendig und kostspielig. Man sollte sich über deren „musealen" Charakter nicht hinwegtäuschen, auch wenn „museal" nicht abwertend gemeint ist, sondern als Zeugnis ehrgeiziger kultureller Bemühungen verstanden wird. Die ansässigen Landbewirtschafter haben - noch - das Know-how und die Erfahrung, um dieser umfangreichen und anspruchsvollen Aufgabe gerecht zu werden. Sie benötigen freilich auch eine andere und neue Motivation, auch materieller Art. Aus Land- und Forstwirten müssen zusätzlich „Naturwirte" werden (HABER 1996; Kap. 3.5.6 und 4.8.3).

4.1.2 Wasser

4.1.2.1 Grundwasserbelastung durch Nitrat

Neben der Ressource „Biotop- und Artenvielfalt" hat die intensive landwirtschaftliche Produktionsweise der letzten Jahrzehnte vor allem die Ressource Wasser beeinträchtigt. Die Grundwasserneubildung ist zwar unter Acker- und Grünland höher als unter Wald, insofern sind landwirtschaftlich genutzte Flächen für eine ausreichende Neubildung des Grundwassers von Vorteil. Beim Wasser spielen aber quantitative Einflüsse eine weitaus geringere Rolle als die qualitativen Beeinträchtigungen von Grund- und Oberflächenwasser durch Nährstoff- und Pflanzenschutzmittel-Einträge - zumindest im relativ wasserreichen Baden-Württemberg (LEHN et al. 1996). Vor allem der Eintrag von Nitrat ins Grundwasser führt zu Problemen bei der Trinkwassergewinnung. Das Grundwasser hat in Baden-Württemberg für die öffentliche Wasserversorgung eine große Bedeutung, so wurden 75 % des insgesamt geförderten Grundwassers 1991 hierfür verwendet (SCHNEPF 1993). Der Nitratgehalt im Trinkwasser darf den Grenzwert von 50 mg NO_3^- pro Liter nicht überschreiten.

Seit den 50er Jahren ist der Stickstoff-Einsatz in der Landwirtschaft bis Ende der 80er Jahre stark gestiegen, und zwar sowohl flächenspezifisch als auch in Bezug auf die Menge produzierter Biomasse (Abb. 9). Während der Absatz von Handelsdünger, auf Stickstoff umgerechnet, in den alten Bundesländern 1950/51 lediglich 26 kg N pro Hektar landwirtschaftlicher Nutzfläche betrug, wurden im Wirtschaftsjahr 1987/88 im Durchschnitt 134 kg N/ha landwirtschaftlich genutzter Fläche abgesetzt. Von diesem enormen Spitzenwert sank der Stickstoffabsatz dann kontinuierlich auf ein erfreuliches „Tief" von 94 kg N/ha 1993/94, jetzt für ganz Deutschland berechnet. Mittlerweile wird also zumindest Mineraldünger vorsichtiger eingesetzt. Der Verbrauch stieg allerdings 1995/96 wieder auf 102 kg N/ha (einschließlich Brache) an (BML 1996a), eine vermutlich nur kurzfristige Entwicklung, die auf die Senkung des Flächenstillegungssatzes und einen gewissen Nachholbedarf in den neuen Bundesländern zurückgeführt wird (Agra-Europe 2/96).

Zu den etwa 100 kg N/ha aus mineralischen Düngern muß man noch ungefähr 80 kg N/ha aus Mist und Gülle rechnen, weiterhin N aus der Fixierung durch Leguminosen und N aus atmosphärischem Eintrag. Von den über 200 kg Stickstoff, die jährlich pro Hektar auf Felder und Wiesen gelangen, wird nur ein Teil durch das Erntegut wieder entzogen. Insgesamt resultieren Überschüsse in der Stickstoffbilanz von ungefähr 100 kg N pro Hektar landwirtschaftlicher Nutzfläche (WENDLAND et al. 1993, UMK 1996), die ungenutzt in die Umwelt (Boden, Wasser, Atmosphäre) entlassen werden. Etwa die Hälfte davon wird als Nitrat-Stickstoff mit dem Sickerwasser ausgewaschen, das sind grob gerechnet 800 000 t N pro Jahr in Deutschland (Bezugszeitraum 1985 - 89) (ISERMANN 1994a), wovon allerdings ein Teil, man rechnet mit der Hälfte, durch mikrobielle Prozesse in der Drän- und Grundwasserzone wieder eliminiert wird (WENDLAND et al. 1993).

Die Landwirtschaft stellt damit die hauptsächliche Quelle der flächendeckenden bzw. diffusen Einträge von Stickstoff ins Grundwasser dar. Im Vergleich zur Landwirtschaft spielen andere Belastungsquellen wie Abwasserversickerung, undichte Abwasserkanäle, Sickerwasser aus Abfalldeponien sowie Versickerung von (nitrathaltigen) Oberflächenwässern nur eine untergeordnete und in der Regel lokal begrenzte Rolle (DOHMANN 1995).

Nitrat gelangt über das Sickerwasser aus dem Boden in das Grundwasser. Es kann nur dann aus dem Wurzelraum ausgewaschen werden, wenn die Niederschlagsmenge die Verdunstung übersteigt, es somit zur Versickerung unter die durchwurzelte Bodenzone kommt. Dies geschieht in nennenswertem Ausmaß in der Regel nur außerhalb der Vegetationsperiode und ist damit eng an die Grundwasserneubildung geknüpft. Die Auswaschung von Nitrat ist auch bei bestem Düngemanagement nicht ganz vermeidbar. Durch Düngung zum richtigen Zeitpunkt, die Abstimmung von Wirtschafts- und Mineraldünger, die Einberechnung der Nährstoffnachlieferung aus dem Boden und angemessene Bodenbearbeitung kann der Verlust an Nitrat ins Wasser aber auf das unvermeidbare Maß begrenzt werden (FLAIG und MOHR 1996).

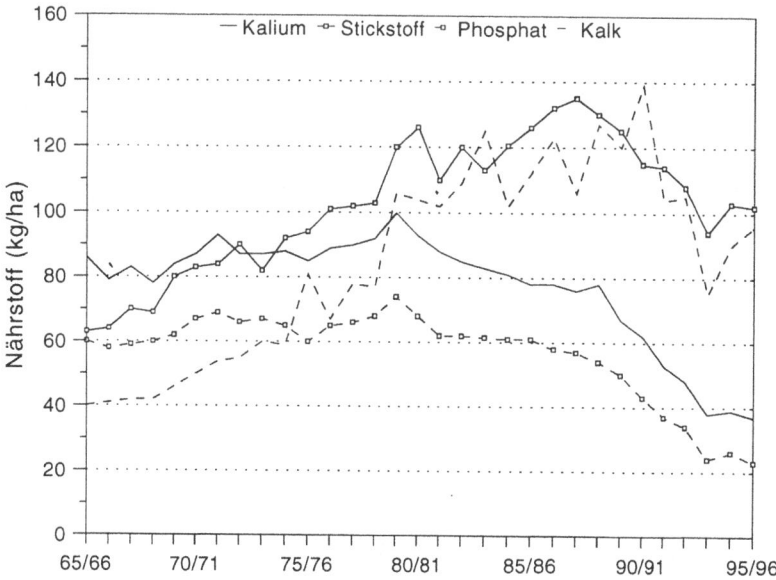

Abb. 9: Entwicklung des Mineraldüngeraufwandes je Hektar landwirtschaftlich genutzter Fläche in den alten Bundesländern. Die Zahlen repräsentieren nicht den tatsächlichen Düngereinsatz, sondern den über Verkaufszahlen ermittelten Düngerabsatz im Handel (BML, Statistisches Jahrbuch, verschiedene Jahrgänge).

Das Grundwasser des Landes Baden-Württemberg wurde 1995 an 2 653 Meßstellen auf Nitrat untersucht. Schwerpunkte der Belastung liegen im Rhein-Neckar-Kreis, im Neckarraum zwischen Stuttgart und Heilbronn, im Main-Tauber-Kreis, im Ostalbkreis, in der Oberrheinebene, im Markgräfler Land, am Kaiserstuhl sowie in den Landkreisen Biberach und Sigmaringen (LfU 1996). Die Belastungen sind einerseits vor allem in Gebieten mit hohem Anteil an Mais und Sonderkulturen (Spargel, Wein, etc.), andererseits in Gebieten mit großen Tierbeständen bzw. hoher Anzahl an Veredelungsbetrieben mit entsprechend hohen N-Bilanz-Überschüssen anzutreffen. Sonderkulturen spielen in der südlichen Oberrheinebene, im Markgräfler Land, am Kaiserstuhl, im Rhein-Neckar-Kreis und im Kreis Karlsruhe (Spargel) sowie zwischen Stuttgart und Heilbronn (Wein) eine wichtige Rolle. Der relativ hohe Viehbesatz im landwirtschaftlichen Vergleichsgebiet „Oberland" (das die Landkreise Biberach und Sigmaringen beinhaltet) sowie der relativ hohe N-Überschuß (DOLUSCHITZ et al. 1992) lassen einen Zusammenhang zwischen Viehbesatz bzw. N-Überschuß und Nitratbelastung des Grundwassers vermuten (vgl. Tabelle 8, Kap. 4.2.2.5).

Verschiedene Teilmeßnetze spiegeln sektoral spezifische Verschmutzungen wider. Beim Rohwasser für die öffentliche Wasserversorgung betrug der Median der Meßwerte 18 mg NO_3^-/l. An fast 5 % der Rohwasser-Meßstellen wurde der Grenzwert von 50 mg/l überschritten. Die höchsten Belastungen fanden sich im Bereich der „Emittentenmeßstellen Landwirtschaft". Der Median dieses 661 Meßstellen umfassenden Teilnetzes war mit 32 mg NO_3^-/l gegenüber der Gesamtheit der Meßstellen um mehr als 50 % erhöht. Grenzwertüberschreitungen waren in 27 % der Fälle festzustellen.

Der Trend der Nitratkonzentrationen im Grundwasser deutet immer noch leicht nach oben. Die statistische Auswertung von 1 455 Meßstellen für den Zeitraum 1992 - 95 ergab einen Anstieg des Medianwertes um 1,5 mg NO_3^-/l (LfU 1996). Der Trend in den Böden ist hingegen - zumindest in Wasserschutzgebieten - rückläufig (siehe Tabelle 27, Kap. 4.8.2.3). Dies läßt langfristig auf eine Reduzierung der Nitratauswaschung in Wasserschutzgebieten hoffen, auch wenn „das 'Weniger' im Boden leider noch nicht im Grundwasser angekommen (ist)" (REINELT 1995).

Die Nitratsituation im Grundwasser zeigt entsprechende Auswirkungen auf die öffentliche Wasserversorgung: Von den 550 in Baden-Württemberg zwischen 1980 und 1992 geschlossenen Trinkwassergewinnungsanlagen mußten über 370 aus Gründen der Wasserqualität stillgelegt werden. Überschreitungen des Nitratgrenzwertes waren mit 110 Fällen die häufigste qualitätsbedingte Einzelursache. Die Anzahl der Schließungen, bei denen Nitrat nur einer von mehreren Parametern war, ist aus den Angaben des Statistischen Landesamtes nicht ersichtlich (BÜRINGER und JÄGER 1995). Im Zeitraum von 1991 bis 1993 wurden 13 Anlagen stillgelegt, die 1991 den Grenzwert von 50 mg/l NO_3^- überschritten hatten. Es waren 1993 noch 111 Anlagen mit Nitratgehalten über 50 mg/l in Betrieb. Da die wegen erhöhter Nitratgehalte außer Betrieb genommenen Wassergewinnungsanlagen nicht in die Statistik eingehen, können aus der Entwicklung der Anzahl von Gewinnungsanlagen mit Grenzwertüberschreitungen keine Rückschlüsse über Trends im Grundwasser gezogen werden. Qualitative Beeinträchtigungen im gewonnenen Rohwasser werden häufig durch Zumischung von nitratärmerem Wasser gedämpft (LEHN et al. 1996).

Die zeitliche Entwicklung der Nitratgehalte soll ein Beispiel aufzeigen. In dem vom Zweckverband Landeswasserversorgung genutzten Grundwasservorkommen im (gesamten) Donauried lag der Jahresmittelwert für Nitrat im Jahr 1930 noch bei ca. 10 mg/l. Im Jahr 1994 wurde ein Jahresmittelwert für das westliche Donauried von über 40 mg/l erreicht, im östlichen Teil lag er bei über 30 mg/l (Abb. 10). Wegen der auf ca. 10 Jahre geschätzten Verweilzeiten im Untergrund ist eine Trendwende noch nicht erreicht. Eine Prognoserechnung des Zweckverbandes Landeswasserversorgung schätzt, daß die Maximalkonzentration in ca. 8 - 10 Jahren erreicht sein wird. Dann werden unter ungünstigen Bedingungen (Naßjahr) im westlichen Donauried Nitratkonzentrationen von ca. 65 mg/l, im östlichen um 50 mg/l erwartet.

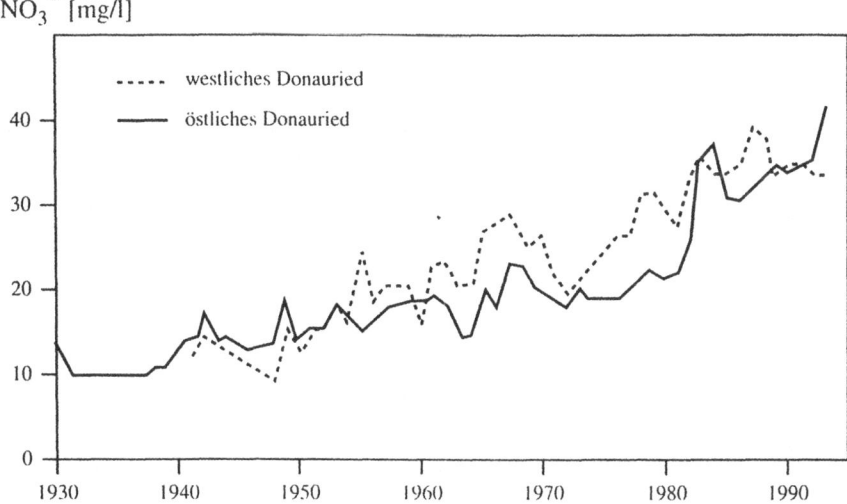

Abb. 10: Entwicklung der Nitratgehalte im Grundwasser des Donaurieds (nach HAAKH 1994).

4.1.2.2 Grundwasserbelastung durch Pflanzenschutzmittel

Die Grundwasserbelastung durch Pflanzenschutzmittel in Baden-Württemberg ist vor allem auf Herbizide zurückzuführen, andere Pflanzenschutzmittelgruppen spielen eine untergeordnete Rolle. Im Jahr 1995 wurden in Deutschland insgesamt 34 530 t Pflanzenbehandlungsmittel-Wirkstoffe abgesetzt, davon 46 % Herbizide und 28 % Fungizide, der Rest verteilt sich auf Wirkstoffe gegen Insekten, Milben, Fadenwürmer, Nagetiere, auf Saatgutbehandlungsmittel und Wachstumsregler (BML 1996b). Landwirtschaft und Gartenbau verbrauchen ca. 80 % der eingesetzten Wirkstoffmenge (PESTEMER und NORDMEYER 1993). Die restlichen 20 % werden in Klein- und Hausgärten, öffentlichen Grünanlagen, auf gewerblichen Zierflächen, Sportplätzen und Verkehrswegen eingesetzt.

Mehr als 80 % der Nachweise von Pflanzenschutzmitteln im Wasser gehen auf das Konto von Atrazin und seinen Abbauprodukten. Die Gründe dafür liegen in seiner relativ hohen Persistenz, der Mobilität im Boden und dem (früher) weit verbreiteten Einsatz. Atrazin wurde als Herbizid hauptsächlich im Maisanbau eingesetzt; seit 1988 ist es in Wasserschutzgebieten Baden-Württembergs und seit 1991 bundesweit generell verboten. Das Hauptabbauprodukt von Atrazin, Desethylatrazin, verursacht aufgrund seiner größeren Mobilität erheblich höhere Belastungen als Atrazin (LEHN et al. 1996). Die Konzentration von 0,1 µg/l (Trinkwassergrenzwert) wurde bei Atrazin an fast 5 % von 2 442 Meßstellen des Grundwasserbeschaffenheitsmeßnetzes der Landesanstalt für Umweltschutz Baden-Württemberg überschritten, bei Desethylatrazin waren es beinahe 9 %. An den Emittentenmeßstellen Landwirtschaft wurden die Grenzwerte in 8 % bzw. 13 % der Fälle nicht eingehalten (LfU 1996). Die Schwerpunkte der Grundwasserbelastung mit Atrazin und Desethylatrazin liegen in mehreren Gebieten der Oberrheinebene, im Donautal sowie in Ostwürttemberg. Seit 1992 hat sich trotz des Verbotes von Atrazin der Anteil von Meßstellen mit Befunden über dem Grenzwert aufgrund der nur langsam ablaufenden Eliminationsprozesse im Untergrund nicht nennenswert verändert. Lediglich in Wasserschutzgebieten, wo Atrazin schon länger verboten ist, besteht ein rückläufiger Trend (Kap. 4.8.2.3).

4.1.2.3 Oberflächengewässer

Der Stickstoffeintrag in die Oberflächengewässer Deutschlands wird für die Bezugsjahre 1989 - 91 mit ungefähr 1 040 000 t N jährlich angegeben (UBA 1994a, ISERMANN 1994a). Knapp die Hälfte davon wird der Landwirtschaft angelastet, vor allem durch übertretendes nitratbelastetes Grundwasser, aber auch durch Oberflächenabfluß von gedüngten Nutzflächen und Eintrag erodierter Bodenpartikel. Bäche, Flüsse und Seen sind in zweierlei Hinsicht von hohen N-Einträgen betroffen. Zum einen werden Oberflächengewässer auch zur Trinkwassergewinnung herangezogen, zum andern dienen sie als Biotope für Lebensgemeinschaften, die je nach ihren spezifischen Anforderungen unterschiedlich stark durch Stickstoff, vor allem in Form von Ammoniak (NH_3) oder Ammonium (NH_4^+), beeinträchtigt werden können.

Bei Phosphor hat die Landwirtschaft etwa einen Anteil von 40 % (UBA 1994a). Phosphate gelangen hier vorwiegend durch Bodenerosion und Oberflächenabfluß in Bäche, Flüsse und Seen. Für das Grundwasser haben Phosphate so gut wie keine Bedeutung, da sie im Boden gut adsorbiert werden. Phosphor ist vor allem in stehenden Gewässern häufig von Natur aus das Nährelement, das das Wachstum pflanzlicher Biomasse begrenzt. Ein Überangebot kann zur Massenentwicklung von Algen und in der Folge zu Störungen des Sauerstoffhaushaltes der Gewässer führen. Daher wird der Reduktion des Phosphateintrags in den Bodensee - von eminent wichtiger Bedeutung als Trinkwasserreservoir für Baden-Württemberg (LEHN et al. 1996) - besondere Bedeutung beigemessen.

Die Landwirtschaft muß auch als Hauptverursacher des Auftretens von Pflanzenschutzmitteln in Oberflächengewässern angesehen werden - aufgrund der abgesetzten Wirkstoffmenge, des Umfangs der behandelten Fläche und der zeitlichen Korrespondenz des Auftretens mit den typischen Anwendungszeiten (LEHN et al. 1996). Zwei Haupteintragspfade sind dabei entscheidend: Einerseits der Transport über den seitlichen Abfluß und Drainagen im Boden, andererseits der direkte Oberflächenabfluß mit darin enthaltenem erodiertem Bodenmaterial. Auf geneigten Flächen erfolgt so schätzungsweise ein Verlust von 1 - 2 % der eingesetzten Wirkstoffmenge (HURLE et al. 1993). Besonders anfällig dafür sind Kulturen, die über längere Zeit keine ausreichende Bodenbedeckung aufweisen (Mais, Zuckerrüben). In Baden-Württemberg werden zwar keine flächendeckenden Untersuchungen über die Belastung der Oberflächengewässer mit Pflanzenschutzmitteln durchgeführt. Die Landesanstalt für Umweltschutz Baden-Württemberg untersucht aber seit 1984 Rhein, Neckar und Donau an ausgewählten Stellen. Im Jahresmittel liegen seit 1989 die Konzentrationen aller einzelnen im Rhein untersuchten Pflanzenschutzmittel unter dem Trinkwassergrenzwert von 0,1 µg/l (LfU 1995). Atrazin ist trotz des Anwendungsverbots noch immer vergleichsweise häufig nachzuweisen, wenngleich seither deutlich niedrigere Konzentrationsspitzen auftreten als in den Vorjahren.

Zur Verringerung des Direktabflusses von Pflanzenschutz- und Düngemitteln in Fließgewässer sind in erster Linie erosionsmindernde Maßnahmen angezeigt (Kap. 4.2.4). Gewässerrandstreifen leisten dazu einen gewissen Beitrag. Auf Ackerstandorten entlang von Fließgewässern, bei denen hoher Direktabfluß oder schneller seitlicher Abfluß im Boden wahrscheinlich ist, sollte eine Umwandlung in extensiv genutztes Grünland oder eine langfristige Stillegung als effektivste Maßnahmen in Erwägung gezogen werden.

4.1.3 Boden

Die nachhaltige Bewirtschaftung des Produktionsfaktors Boden liegt im ureigenen Interesse der Landwirtschaft. Wichtige Bodeneigenschaften sind in diesem Zusammenhang:
- Humusgehalt und -qualität,
- Nährstoffgehalte,
- Schadstoffgehalte,
- Bodenleben (Mikroorganismen und Bodentiere),
- Bodenstruktur und Bodenstabilität,
- Pufferkapazität und Filterfunktion.

Die Intensivierung der landwirtschaftlichen Nutzung hat einerseits zu einer erheblichen Steigerung des Ertragspotentials, andererseits aber auch zu vielfältigen Belastungen des Bodens im Hinblick auf seine biologischen, chemischen und physikalischen Eigenschaften geführt, die unter anderem in Form von Bodenerosion, Verschlechterung des Bodengefüges oder Eintrag von Schadstoffen sichtbar werden, aber auch durch Belastungen benachbarter Kompartimente des Ökosystems, z. B. Grund- und Oberflächengewässer oder der Atmosphäre (STAHR und STASCH 1996).

Die Umweltverträglichkeit einer Bodennutzung hängt im wesentlichen davon ab, inwieweit diese den natürlich vorgegebenen Regelprozessen und Gleichgewichten angepaßt ist. Wichtig ist, daß die Nutzung standortgerecht erfolgt. Eine standortgerechte Nutzung ist immer eine nachhaltige Nutzung. Nur wenn Böden entsprechend ihrer Leistungsfähigkeit genutzt werden, können Beeinträchtigungen von Bodenfunktionen vermieden werden. Dies bedeutet den Zwang zur Anpassung der Nutzungsintensität an die Standortproduktivität und die Schaffung möglichst geschlossener Kreisläufe (STAHR und STASCH 1996).

4.1.3.1 Gefügeschäden

Verschlechterungen des Bodengefüges treten insbesondere im Ackerbau durch die mechanischen Eingriffe der Bodenbearbeitung und Befahrung auf. Die Eingriffsintensität der verschiedenen Bodenbearbeitungssysteme nimmt von der Direktsaat über die Mulchsaat und Schwergrubber zum Pflug hin zu. Generell kann man davon ausgehen, daß die Strukturstabilität der Böden und damit die mechanische Belastbarkeit mit zunehmender Eingriffsintensität abnimmt. Durch Pflugbearbeitung wird das Bodengefüge zwar gelockert und das luftführende Porenvolumen erhöht, jedoch werden dabei die Bodenaggregate destabilisiert. Dies dürfte, neben dem Einsatz von immer schwereren landwirtschaftlichen Fahrzeugen, einer der Hauptgründe dafür sein, daß die Gefügeschäden durch Bodenverdichtung in den letzten Jahren zugenommen haben. Langjährig mit nichtwendenden Systemen bearbeitete Böden weisen generell im Vergleich zur wendenden Bearbeitung (Pflug) eine verbesserte Tragfähigkeit und geringere Schädigung der Bodenstruktur durch Verdichtung auf (STAHR und STASCH 1996). Verdichtung vermindert die Aufnahmefähigkeit des Bodens für Niederschlagswasser. Dies führt zu einem erhöhten Oberflächenabfluß und zu einer verminderten Grundwasser-Neubildung. Oberflächenabfluß ist wiederum Voraussetzung für Bodenerosion (siehe Tabelle 11, Kap. 4.2.4). Darüber hinaus erhöht sich die Gefahr von Staunässe, die bei den meisten Kulturen zu Ertragsminderungen führt.

Bodenverdichtungen lassen sich nicht immer vermeiden. Ökonomische Zwänge, wie beispielsweise Erntetermine und Maschinenauslastung, zwingen den Landwirt, auch bei ungünstigen Bodenverhältnissen Feldarbeiten durchzuführen.

Neben der sogenannten Minimalbodenbearbeitung (Direktsaat, Mulchsaat) kann das Bodengefüge auch durch den Anbau von tiefwurzelnden und bodenlockernden Pflanzen (Futterpflanzenbau, Gründüngung, Begrünung bei Stillegung) verbessert und stabilisiert werden.

Für die Bodenfauna bedeutet jedes Wenden und Mischen ohnehin eine vorübergehende Verschlechterung des Lebensraums. Der Tierartenbesatz ist nicht zuletzt deswegen in Ackerböden ärmer als im Grünland. Mit abnehmender Bearbeitungsintensität nimmt die Menge an Regenwürmern und anderen streuzersetzenden Bodentieren zu. Je häufiger ein Boden im Laufe des Jahres bearbeitet wird und je mehr wendende Geräte eingesetzt werden, um so stärker wird auch organische Substanz (Humus) eher abgebaut als angereichert. Der organischen Substanz fällt bei der Bodenfruchtbarkeit und Pufferkapazität aber eine Schlüsselrolle zu (STAHR und STASCH 1996).

4.1.3.2 Erosion

Bodenerosion ist ein irreversibler Bodenabtrag durch Wasser und Wind und läuft auch unter natürlichen Bedingungen ab. Durch menschliche Eingriffe kann die Bodenerosion allerdings erheblich verstärkt werden. Erosion durch Wind ist in Deutschland vergleichsweise unbedeutend. Gefährdet sind vor allem feinsandige Mineralböden Norddeutschlands, Geestgebiete und kultivierte Moore.

Erosion durch Wasser war bis in die 60er Jahre aufgrund der vorherrschenden weiten Fruchtfolgen, des angebauten Ackerfruchtspektrums und des höheren Grünlandanteils relativ unbedeutend. Die Änderung der Kulturartenverhältnisse und die intensivere Bodenbearbeitung mit den damit verbundenen Gefügeschäden haben in den letzten Jahrzehnten in manchen Teilen Deutschlands zu einem besorgniserregenden Bodenabtrag geführt. In Baden-Württemberg ist entsprechend der recht unterschiedlichen naturräumlichen Ausstattung und Nutzung der Kulturlandschaft die Bodenerosionsanfälligkeit der einzelnen Landschaften sehr unterschiedlich. Stark erosionsempfindliche Böden finden sich z. B. in Lößhügelzonen am Schwarzwaldrand, im Kraichgau, auf den Gäuplatten, im Neckar- und Tauberland oder im Kaiserstuhl (RICHTER 1965).

Für Ackerflächen der stark erosionsanfälligen Landschaft des Kraichgaus (Löß, hügeliges Relief) wurde berechnet, daß von dem gesamten, seit der Entwaldung vor ca. 5 000 Jahren erodierten Bodenmaterial (7 800 - 12 900 t/ha) allein 17 bis 35 % in den letzten 40 Jahren abgetragen wurden (CLEMENS und STAHR 1994). Das entspricht in etwa einem jährlichen Bodenabtrag zwischen 15 und 85 t/ha. Für Bayern wird ein mittlerer jährlicher Abtrag bei Ackerböden von ca. 8 t/ha angegeben (SCHWERTMANN et al. 1987). Dem Bodenerosionsatlas Baden-Württemberg (GÜNDRA et al. 1995) zufolge liegt der durchschnittliche jährliche Bodenabtrag auf typischen Ackerflächen des Landes bei ca. 5,5 t/ha.

Bezüglich Toleranzgrenzen für Bodenabtrag herrschen unterschiedliche Auffassungen vor. Toleranzgrenzen werden meistens so definiert, daß das natürliche Ertragspotential im Zeitraum von Jahrhunderten nicht abfällt, oder daß der Bodenabtrag nicht größer als die Bodenbildungs- bzw. Verwitterungsrate sein soll. Insgesamt kann man davon ausgehen, daß der Bodenabtrag in weiten Teilen der ackerbaulich genutzten Standorte zu hoch ist (STAHR und STASCH 1996).

Der Bodenabtrag wird durch die Bewirtschaftungsweise stärker beeinflußt als durch den Bodentyp. Zu den erosionsfördernden Bewirtschaftungsfaktoren zählen insbesondere der Anbau spätdeckender Kulturen (z. B. Mais, Zuckerrüben oder Kartoffeln) in Hanglagen, die Unkrautentfernung durch Herbizide, die veränderte Flureinteilung, die Verringerung der Wasserleitfähigkeit und Infiltrationskapazität durch Bodenverdichtung.

Von der Vielzahl der Faktoren übt der Bedeckungsgrad des Bodens den stärksten Einfluß aus. In Deutschland (alte Bundesländer) hat seit 1960 der mittlere jährliche Bodenabtrag unter anderem durch die Erhöhung des Maisanteils in der Fruchtfolge um ca. 60 % zugenommen (SCHWERTMANN und VOGL 1985). Bei Mais und auch Zuckerrüben fällt ein größerer Anteil des Regens auf die Bodenoberfläche als bei Getreide. Unter Winterweizen wurde ein Bodenabtrag von 50 kg/ha, bei Mais unter gleichen Versuchsbedingungen ein Abtrag von 3 500 kg/ha ermittelt (KARL 1981).

Die durch Herbizide hohe und lang dauernde Unkrautfreiheit wirkt sich ungünstig auf die Bodenstruktur (Verkrustung, Verdichtung, fehlende Durchwurzelung) aus und erhöht den Oberflächenabfluß, wobei auch mechanische Unkrautbekämpfung je nach Intensität und Anzahl der Arbeitsgänge zur Beeinträchtigung der Bodenstruktur führen kann. Hoher Oberflächenabfluß bildet eine Hauptvoraussetzung für Erosion.

Weitere Gründe für die Zunahme der Erosion sind die im Rahmen der Flurbereinigung vorgenommene Vergrößerung der Schläge, Beseitigung von Hecken, Schutzstreifen und Hangstufen, die Verlängerung der Hänge und die Orientierung der Flurstücke in der Gefällerichtung, was zu einer Hangauf-Hangab-Bearbeitung führt, sowie die Intensität und Art der Bodenbearbeitung. In erosionsgefährdeten Lagen und bei uneinheitlichen Bodenverhältnissen ist daher eine Anpassung der

Schlaggröße nach dem „tolerierbaren" Bodenabtrag bzw. dem Bodenwechsel erforderlich (STAHR und STASCH 1996). Schon durch reduzierte Bodenbearbeitung kann der Bodenabtrag drastisch verringert werden (siehe Tabelle 11, Kap. 4.2.4).

Die Folge der Erosion ist nicht nur die Minderung der Bodenfruchtbarkeit. Sie trägt auch in erheblichem Maße zur Belastung der Oberflächengewässer durch Nährstoff- und Pflanzenschutzmitteleinträge bei (Kap. 4.1.2.3). Darüber hinaus werden benachbarte terrestrische, naturnahe Ökosysteme verändert und Gewässer zugeschlämmt.

Maßnahmen zur Verminderung der Erosion haben in erster Linie eine dauerhafte Bodenbedeckung zum Ziel, so durch den Anbau von Zwischenfrüchten, Untersaat bei Kulturen mit weitem Reihenabstand wie Mais, Mulchsaat in die Reste des Vorbestandes bzw. der Zwischenfrüchte, Begrünungsmaßnahmen in Sonderkulturen und gegebenenfalls auch durch Umwandlung von Acker- in Grünland. Bei Grünland tritt auch in steilen Lagen Erosion kaum auf. Weitere Maßnahmen sind standortgerechte (reduzierte) Bodenbearbeitung, Auswahl geeigneter Kulturarten, geeignete Saatreihenausrichtung, Erosionsschutzstreifen und wenn erforderlich Verkleinerung von Schlaggrößen und Hanglängen.

4.1.3.3 Schadstoffeintrag durch die Landwirtschaft

Schadstoffe können aus dem Bereich Landwirtschaft durch Dünger, Pflanzenschutzmittel und organische Abfälle (Klärschlamm, Biomüllkompost) in den Boden gelangen. Mit Düngern werden den Böden als unerwünschte Nebenfolge anorganische Schadstoffe, insbesondere Schwermetalle, zugeführt; dabei liefern Mineral- und Wirtschaftsdünger unterschiedliche Frachten an. Im Vergleich zu Gülle werden mit Mineraldüngern, vor allem mit Phosphatdüngern, höhere Frachten an Arsen, Chrom und Cadmium in den Boden eingetragen. Gülle enthält dagegen durch die mineralischen Tierfutterzusätze höhere Kupfer- und Zinkmengen, Schweinegülle auch erhebliche Nickel-Gehalte (STAHR und STASCH 1996).

Von besonderer ökologischer Relevanz ist das in den Mineraldüngerphosphaten enthaltene Cadmium (Cd), da es im Boden wenig festgelegt und von den Pflanzen leicht aufgenommen wird. Je nach geologischer Herkunft sowie den technischen Aufbereitungsprozessen können die Cd-Gehalte von 1 - 75 mg/kg schwanken (SAUERBECK 1985). Der Cd-Eintrag durch Mineraldünger ist seit Anfang der achtziger Jahre aufgrund verminderter Düngung und Einsatz Cd-ärmerer Rohphosphate bereits zurückgegangen (ISERMANN 1993) und liegt derzeit bei ungefähr 1,5 g Cd pro Jahr und Hektar landwirtschaftlicher Nutzfläche (WILCKE und DÖHLER 1995). Dies entspricht ca. 30 % des Gesamt-Cadmium-Eintrages; etwa 50 % werden auf dem Luftpfad eingetragen und stammen aus der Kohleverbrennung, der Zementindustrie, der Roheisen- und Stahlerzeugung sowie der Abfallverbrennung.

Eine unmittelbar drohende Bodengefährdung durch Schwermetalle in land- und forstwirtschaftlichen Gebieten ist zwar nicht zu erkennen, eine Anreicherung über längere Zeiträume kann aber nicht ausgeschlossen werden (STAHR und STASCH 1996). Da auf vielen Flächen immer noch zu intensiv gedüngt wird, kann die ausgebrachte Schadstoffmenge durch eine weitere Reduzierung der Menge und durch die Auswahl schadstoffarmer Dünger verringert werden. Durch eine Kombination von Mineral- und Wirtschaftsdüngern werden die niedrigsten Schadstoffmengen je Element zugeführt.

Entsprechende Vorsicht muß man auch bei der Anwendung von Klärschlämmen und Müllkomposten in der Landwirtschaft walten lassen. Zwar liegen die durchschnittlichen Schwermetallgehalte landwirtschaftlich verwerteter Klärschlämme und Müllkomposte deutlich unterhalb der Grenzwerte der Klärschlamm-Verordnung, trotzdem werden langfristig Schwermetalle angereichert (Tabelle 4). Neben Schwermetallen können diese organischen Reststoffe auch zahlreiche toxische und schwer abbaubare organische Verbindungen enthalten (STAHR und STASCH 1996). Eine strenge Qualitätskontrolle von Klärschlämmen und Müllkomposten, die auf landwirtschaftlich genutzten Flächen ausgebracht werden sollen, ist daher unabdingbar.

Tabelle 4: Schwermetallgehalte landwirtschaftlich verwertbarer Siedlungsabfälle [mg/kg Trockensubstanz] und Schwermetallgehalte unterschiedlich behandelter Böden [mg/kg]. KS: Klärschlamm; AbfKlärV: Klärschlamm-Verordnung; SM: Schwermetall(e); MK: Müllkompost; BaWü: Baden-Württemberg; n: Zahl der untersuchten Proben. Aus STAHR und STASCH (1996), nach Angaben verschiedener Autoren zusammengestellt.

	Pb	Cd	Cr	Cu	Ni	Hg	Zn
Grenzwerte für KS nach AbfKlärV	900	10 (5)	900	800	200	8	2500 (2000)
Ø SM-Gehalte von							
KS in BaWü 1986 (n = 600)	150	3	82	210	35	1,9	1138
MK in der BRD (n = 207)	513	5,5	71	274	45	2,4	1570
Grünguthäcksel	12	0,22	8,3	13	4,2	0,03	59
Laubkompost	91	1,1	-	39	-	-	228
SM-Grenzwerte für Böden nach AbfKlärV	100	1,5 (1)	100	60	50	1	200 (150)
Ø SM-Gehalte von Böden in BaWü 1977 - 1980							
ohne Siedlungsabfall (n=3518)	38	0,35	36	22	34	0,12	90
mit KS (n = 51)	47	0,47	39	28	34	-	108
mit MK (n = 7)	44	0,43	56	31	38	-	148

( ) für Böden mit Tongehalt < 5 % oder pH 5 - 6

Die Belastung des Bodens durch Pflanzenschutzmittel ist schwierig abzuschätzen. In Böden verhalten sich diese Stoffe in Abhängigkeit von ihrer Persistenz, Mobilität und Sorption und den Standortbedingungen sehr unterschiedlich. In der Regel reichen die eingesetzten Mengen nicht aus, um wesentliche Bodeneigenschaften (z. B. Humusgehalt, Austauschkapazität, pH-Wert) direkt zu verändern. Über eine Beeinflussung der Bodenorganismen und Bodentiere kann es jedoch auch zu Bodenveränderungen kommen. Bodentiere sind im Vergleich zu Mikroorganismen gegenüber Pestiziden wesentlich empfindlicher. Dies trifft insbesondere auf Breitbandinsektizide sowie auf gewisse Fungizide und Herbizide zu. Für die Bodenprozesse ist vor allem die Beeinträchtigung von Nützlingen (z. B. Regenwürmern) oder allgemeiner Abbauprozesse (Streuabbau, Nitrifikation, Stickstofffixierung) von Bedeutung (STAHR und STASCH 1996). Nach BLUME (1990) ist eine negative Nebenwirkung auf Bodenorganismen nur dann zu erwarten, wenn der Wirkstoff im Hauptwurzelraum wenig gebunden und langsam abgebaut wird und sich gleichzeitig kaum verflüchtigt. Im Hinblick auf den Bodenschutz müssen die in Ton- und Humuspartikeln gebundenen Rückstände von Pflanzenschutzmittteln besonders beachtet werden, da ihr Verhalten im Boden weitgehend unbekannt ist (CALDERBANK 1989).

Schadstoffe werden erst umweltwirksam, wenn das spezifische Puffer- und Filtervermögen der Böden überschritten wird. Sie sind dann für Pflanzen und Bodenorganismen verfügbar. Die meisten biotischen und abiotischen Bodenfunktionen sind mit der Puffer- und Filterkapazität verknüpft. Ziel jeder umweltverträglichen Bodennutzung sollte es daher sein, vorrangig Schadstoffeinträge zu minimieren, andererseits aber auch das natürliche Filter- und Puffervermögen der Böden zu erhalten und fördern. Während die für die Pufferkapazität standortgegebenen Faktoren, wie z. B. Tongehalt, unveränderliche Größen darstellen, können andere, z. B. der Humusgehalt, durch Bewirtschaftungsmaßnahmen beeinflußt werden. Die Pufferkapazität für Schadstoffe ist standortspezifisch sehr verschieden und hängt auch von den physiko-chemischen Eigenschaften der Schadstoffe, bei organischen Stoffen auch von der Persistenz gegenüber mikrobiellem Abbau ab.

Nicht nur Schadstoffe, sondern auch zuviel Nährstoffe können zum Problem werden, weniger für den Boden selbst, als vom Boden ausgehend für Wasser und Atmosphäre. Die intensive Düngung der letzten Jahrzehnte hat auf vielen landwirtschaftlichen Böden zu einer Nährstoffanreicherung geführt. Dies betrifft besonders die Hauptnährstoffe Stickstoff, Phosphor und Kalium. Stickstoff ist wegen der Gefahr der Nitratauswaschung häufig im Blickpunkt (Kap. 4.1.2.1). Ein Überschuß der anderen Nährelemente kann aber je nach Boden und Düngepraxis genauso problematisch sein. Die mit mineralischen und organischen Düngern eingebrachten Phosphate zum Beispiel werden größtenteils im Boden angereichert. Nach einer Gesamtbilanz von SCHNUG (1993) verbleiben ca. $^2/_3$ der Phosphate im Boden. Die hohe P-Zufuhr in den letzten Jahren (durchschnittlicher P-Überschuß in den Jahren 1950 - 1986 von ca. 25 kg pro Hektar und Jahr) hat zu einer starken Phosphat-Anreicherung in Ackerböden geführt. Man schätzt, daß ca. 53 % der Böden in Deutschland zur Zeit keiner Phosphat-Düngung mehr bedürften (SCHACHTSCHABEL et al. 1992). Insgesamt werden ca. 7 % der gedüngten Phosphate in die Gewässer ausgetragen, davon entfallen ca. 80 % auf Erosionsvorgänge (SCHNUG 1993).

4.1.4 Luft, Atmosphäre und Klima

Die Landwirtschaft kann über den Luftpfad durch Geruchs- und Staubentwicklung unmittelbar das Befinden der Bevölkerung beeinträchtigen. Zumeist sind solche Belästigungen allerdings nur lokal oder nur zeitweilig spürbar. Bedeutsamer im Sinne der Nachhaltigkeit sind die indirekten Beeinträchtigungen von natürlichen Ressourcen. So sind Emissionen aus der Landwirtschaft in die Atmosphäre sowohl am Treibhauseffekt beteiligt als auch an den Störungen des Stickstoffkreislaufs, die sich neben der Belastung von Gewässern auch in der Überdüngung bisher nährstoffarmer Ökosysteme und den neuartigen Waldschäden äußern (FLAIG und MOHR 1996).

4.1.4.1 Ammoniak (NH_3) - Dünger aus der Luft

In Deutschland werden derzeit jährlich schätzungsweise 660 000 t NH_3 in die Atmosphäre entlassen (FLAIG und MOHR 1996). Über 90 % davon stammen aus der Landwirtschaft und hier wiederum etwa 90 % aus der Viehhaltung. In Baden-Württemberg sind es etwa 69 000 t NH_3, davon knapp 80 % aus der Landwirtschaft (Tabelle 5). Die Mengenangaben sind allerdings mit einem großen Unsicherheitsfaktor behaftet, so daß mit Abweichungen in der Größenordnung von 30 % nach oben oder nach unten gerechnet werden muß. Ammoniak entweicht bei der Zersetzung tierischer Exkremente aus dem Stall, dem Güllelager, der Dunglege und nach der Ausbringung von Gülle und Mist oder von der Weide. Es wird recht schnell zu Ammonium (NH_4^+) umgewandelt (ASMAN 1994). Während NH_3 zum großen Teil als Gas trocken in der Nähe des Emissionsortes abgelagert wird, kann NH_4^+ in Form von Aerosolen über weite Strecken transportiert werden, bevor es trocken oder mit den Niederschlägen auf der Erdoberfläche bzw. Vegetation deponiert wird.

Meßergebnisse zeigen, daß man mittlerweile in Deutschland flächendeckend mit einer Deposition von Stickstoff in Höhe von 5 - 30 kg N pro Hektar und Jahr rechnen muß. Da Wälder mit ihren Baumkronen die Luft regelrecht „auskämmen", liegen die Stoffeinträge im Waldbestand sogar bei 10 - 60 kg N pro Hektar und Jahr (FLAIG und MOHR 1996). Die N-Depositionen haben ihre Ursache nicht nur in NH_3-Emissionen, sondern auch in den Emissionen von Stickoxiden (NO_x) aus Verbrennungsprozessen aller Art, vor allem aus dem Verkehr (Abb. 11).

Ungefähr die Hälfte der Stickstoffeinträge läßt sich jedoch auf NH_3/NH_4^+ zurückführen (siehe Abb. 6, Kap. 3.3.3). Da der Großteil der NH_3-Emissionen aus der Landwirtschaft kommt, ist deren wichtige Verursacherrolle bei den flächendeckenden N-Einträgen offensichtlich. Man schätzt, daß sich seit 1950 die NH_3-Emissionen in Europa verdoppelt haben (ASMAN 1994). Die NH_3/NH_4^+-Depositionen haben vermutlich eine ähnliche Entwicklung mitgemacht.

Tabelle 5: Ammoniakemissionen pro Jahr in Baden-Württemberg, nach MÜNCH et al. (1994). Die Daten beziehen sich auf den Zeitraum 1990 - 92.

Emittent	t NH_3	Anteil
Viehwirtschaft	47 900	70 %
Mineraldünger	5 500	8 %
Verbrennungsprozesse[1]	6 400	9 %
Mensch, Haushalte[2]	9 000	13 %
insgesamt	**68 800**	**100 %**

[1] Wärmekraftwerke einschl. Entstickungsmaßnahmen, Industriefeuerungen und -prozesse, Feuerungen von Haushalten und Kleinverbrauchern, Verkehr

[2] Ausscheidungen, Kläranlagen, Abfälle, Haustiere, Atemluft, Schweiß, Reinigungsmittel, Müllverbrennung

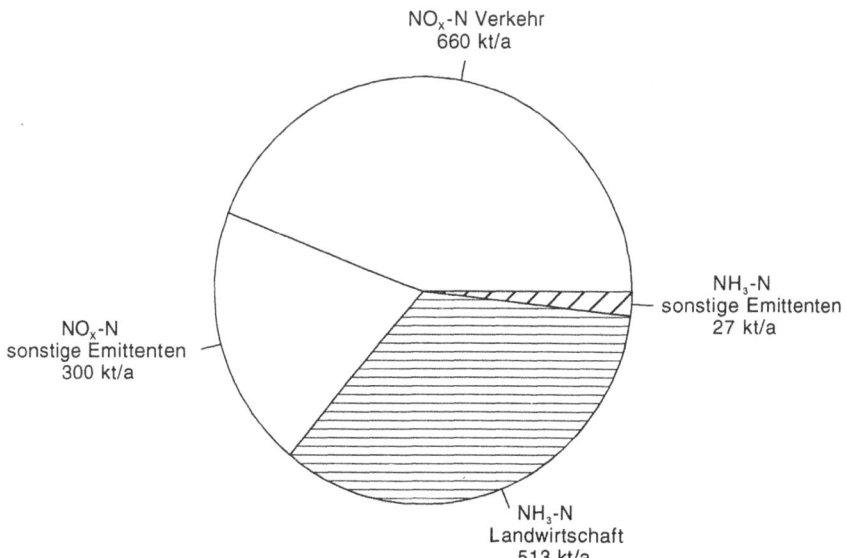

Abb. 11: Emittenten der für die Stickstoffeinträge aus der Atmosphäre relevanten Verbindungen NH_3 und NO_x in Deutschland. Angaben in 1 000 t Stickstoff pro Jahr, Bezugszeitraum etwa 1991 (nach verschiedenen Quellen in FLAIG und MOHR 1996).

Stickstoff ist an sich ein wichtiger Nährstoff, man denke nur an die Düngung in der Landwirtschaft. Zuviel Stickstoff auf Flächen, die gar nicht gedüngt werden sollen, hat jedoch nachteilige Folgen. Zwischen 5 und 60 kg N pro Hektar gehen alljährlich auf Boden und Vegetation auch außerhalb von Äckern nieder (s. o.). Die Folgen der Stickstoffeinträge betreffen zunächst den Boden, dann aber auch die darauf wachsende Vegetation samt den davon lebenden Tieren und schließlich das Wasser. So spielen die hohen Stickstoffdepositionen bei der Entstehung und Ausprägung der neuartigen Waldschäden eine wesentliche Rolle (Kap. 3.3.3).

Ab welcher Eintragsrate Stickstoff zum Schadstoff wird, hängt vom betrachteten Ökosystem ab und davon, welches Element oder welchen Prozeß in diesem Ökosystem man betrachtet. Ein zu hoher Eintrag von Stickstoff aus der Atmosphäre kann:

– den Bedarf der am Standort wachsenden Vegetation übersteigen, so daß er - in der Regel als Nitrat - im Sickerwasser und schließlich im Grundwasser auftaucht (von N_2O-Emissionen einmal abgesehen, siehe Kap. 4.1.4.2),
– die Balance der Pflanzenernährung durcheinanderbringen und damit die Pflanzen empfindlicher gegen Streßeinflüsse machen,
– bodenversauernd wirken,
– die Artenzusammensetzung des Ökosystems verändern.

Der letzte Punkt ist entscheidend für naturnahe Ökosysteme wie Wälder und Hochmoore oder solche anthropogenen Ökosysteme wie Trockenrasen, Halbtrockenrasen und Heiden, die ihre Existenz einer (Nährstoff-)extensiven Bewirtschaftung verdanken. Der größte und vor allem der diese Ökosysteme charakterisierende Teil ihres Arteninventars ist darauf angewiesen, daß wenig Stickstoff zur Verfügung steht. Man schätzt, daß mehr als die Hälfte der Pflanzenarten Deutschlands nur bei N-Mangel konkurrenzfähig ist. Im Unterwuchs verschiedenartiger Waldbestände in ganz Europa, in Hochmooren, Kalkmagerrasen und Heiden haben in den letzten Jahrzehnten Vegetationsveränderungen stattgefunden, und es gibt Hinweise darauf, daß die flächendeckende Stickstoff-Düngung aus der Luft ursächlich daran beteiligt ist (SCHWAB et al. 1996). Die allgegenwärtigen Stickstoffeinträge nivellieren allmählich die ursprüngliche Differenzierung von Flora und assoziierter Fauna, so daß besonders die ohnehin selten gewordenen und desto wertvolleren naturnahen und extensiv genutzten Ökosysteme bei fortdauernd hohen N-Einträgen gefährdet sind.

Auf der Grundlage bereits beobachteter Änderungen in Flora und Fauna wurden mittlerweile kritische Belastungsgrenzen, sogenannte *Critical Loads*, hinsichtlich Stickstoff für einige terrestrische Ökosysteme formuliert (Tabelle 6). Bleiben die N-Einträge unterhalb der genannten Schwellenwerte, so treten vermutlich (nach gegenwärtigem Kenntnisstand) noch keine Änderungen in der Vegetation auf.

Beeinträchtigung natürlicher Ressourcen

Tabelle 6: *Critical Loads* für Stickstoffdepositionen auf naturnahe und extensiv bewirtschaftete Ökosysteme - Angaben in [kg N pro Hektar und Jahr] (nach BOBBINK et al. 1992).

Ökosystem	Critical Load	Aussageschärfe
bodensaurer Nadelwald (bewirtschaftet)	15 - 20	*
bodensaurer Laubwald (bewirtschaftet)	< 15 - 20	*
unbewirtschaftete Wälder	unbekannt	
Heiden im Tiefland	15 - 22	**
arktisch-alpine Heiden	5 - 15	(*)
Kalkmagerrasen	14 - 25	**
neutral-saure artenreiche Grünlandgesellschaften	20 - 30	*
montan-subalpine Rasen	10 - 15	(*)
mesotrophe Feuchtgebiete	, 20 - 35	*
ombrotrophe Hochmoore	5 - 10	*

** verläßlich; * ziemlich verläßlich; (*) vermutlich

Nimmt man statt der Änderung der Artenzusammensetzung den Austrag von Nitrat mit dem Sickerwasser unter Wald ins Grund- und Quellwasser als Maßstab, so muß man von einer *Critical Load* von 10 kg N pro Hektar und Jahr für europäische Wälder ausgehen (DISE und WRIGHT 1995). Unterhalb dieses Schwellenwertes wird in der Regel kein Nitrat ausgewaschen, bei mehr als 25 kg N pro Hektar und Jahr muß hingegen mit erheblichen Nitratausträgen gerechnet werden. Bei Naturwaldreservaten (Bannwäldern) ohne Entzug von Biomasse durch Waldbewirtschaftung liegt die *Critical Load* vermutlich bei nur 2 - 5 kg N pro Hektar und Jahr (LEHN et al. 1995).

Vergleicht man diese Zahlen mit den oben genannten Depositionsdaten von bis zu 60 kg N pro Hektar und Jahr, so wird deutlich, daß in Deutschland vielerorts die kritische Grenze der Stickstoffdeposition bereits überschritten ist. Eine Rückführung der Depositionen muß an der Reduktion der Emissionen ansetzen. Die NO_x-Emissionen müssen reduziert werden, gleichermaßen ist aber auch die Landwirtschaft gefordert, die NH_3-Emissionen zu senken. Hauptansatzpunkt hierfür ist die Tierproduktion (Kap. 4.2.2).

4.1.4.2 Treibhauswirksame Spurengase

Landwirtschaftliche Produktion entläßt nicht nur NH_3, sondern auch die treibhauswirksamen Spurengase N_2O (Lachgas), CH_4 (Methan) und CO_2 (Kohlendioxid) in die Atmosphäre. Die sogenannten Treibhausgase tragen zur Erwärmung der Erdoberfläche und der unteren Atmosphäre dadurch bei, daß sie die Wärmerückstrahlung der Erdoberfläche absorbieren können und damit die Abstrahlung in den Weltraum verhindern. Solche Treibhausgase sind beispielsweise Wasserdampf, Kohlendioxid, Methan, Lachgas, Fluor-Chlor-Kohlenwasserstoffe (FCKW), und Ozon (O_3). Zum natürlichen und lebensnotwendigen Treibhauseffekt der Atmosphäre kommt in den letzten Jahrzehnten in zunehmendem Maße ein menschengemachter (anthropogener) Treibhauseffekt hinzu, der höchstwahrscheinlich die Stabilität des Klimas gefährdet.

Etwa die Hälfte des anthropogenen Treibhauseffekts ist auf die Freisetzung von CO_2, vor allem aus der Verbrennung fossiler Energieträger, zurückzuführen. Die Landwirtschaft ist im globalen Maßstab, insbesondere durch die hervorgerufenen Änderungen in der Landnutzung (Rodung, Humusabbau)und damit im Kohlenstoffhaushalt der Biosphäre, ein wichtiger Emittent von CO_2. In Deutschland hingegen belaufen sich die CO_2-Emissionen aus der Landwirtschaft (einschließlich indirekter Beiträge, z. B. über die Düngemittelherstellung) höchstens auf etwa 4 % des gesamten CO_2-Ausstoßes (Deutscher Bundestag 1994) und haben damit eher untergeordnete Bedeutung. Eine wichtigere Rolle hat die Landwirtschaft hierzulande bei den N_2O- und CH_4-Emissionen inne (s. u.). Im übrigen kann die Landwirtschaft durch die energetische Nutzung von Reststoffen (Stroh, Biogas) und den Anbau von Energiepflanzen auch fossile Energieträger einsparen und damit CO_2-Emissionen vermeiden (Kap. 4.4.2.3).

Lachgas (N_2O)

Lachgas hat ein relativ hohes Treibhauspotential, weil es Wärmestrahlung bei Wellenlängen absorbiert, für die die Erdatmosphäre aufgrund ihrer natürlichen Zusammensetzung sonst sehr transparent ist. Das heißt, daß kleine Konzentrationserhöhungen des Gases relativ große Erwärmungseffekte hervorrufen können. Darüber hinaus ist die mittlere atmosphärische Verweilzeit von N_2O mit etwa 120 Jahren sehr hoch. Beide Eigenschaften bedingen, daß N_2O ein hohes *global warming potential* hat. Diese Schätzgröße macht eine Angabe darüber, um wieviel wirksamer eine bestimmte Menge Treibhausgas im Vergleich zu einer bestimmten Menge CO_2 ist. Für N_2O gilt, daß eine bestimmte, einmalig freigesetzte Gasmasse, über einen Zeitraum von 100 Jahren hinweg betrachtet, etwa 310 mal stärker zur Erwärmung beitragen kann als eine entsprechende Gasmasse CO_2 (IPCC 1996a). Der Beitrag von Lachgas am anthropogenen Treibhauseffekt, gemittelt über die letzten 10 Jahre, wird auf 5 % geschätzt (Deutscher Bundestag 1994).

Darüber hinaus spielt N_2O auch eine wichtige Rolle bei der Zerstörung von Ozon in der Stratosphäre. Die Verringerung des Ozongehalts in der Stratosphäre über den Polen, drastisch vor allem über der Antarktis, ist auf eine Reihe komplexer atmosphärischer Reaktionen zurückzuführen (GRAEDEL und CRUTZEN 1994). Maßgeblich beteiligt sind dabei auch Stickstoffmoleküle wie NO, NO-Radikale, NO_2 und Chlornitrat.

Wichtig ist in diesem Zusammenhang, daß NO und NO_2 in der Stratosphäre in der Regel aus N_2O entstehen, das aufgrund seiner Reaktionsträgheit lange in der Atmosphäre verbleibt und so aus der bodennahen Troposphäre, dem Emissionsort, weit hinauf zur Stratosphäre wandern kann. Die Umsetzung zu reaktionsfreudigen Verbindungen, die den Ozonabbau katalysieren, erfolgt erst in dieser Höhe (10 - 50 km) mit Hilfe von UV-Strahlung.

Wie neuere Abschätzungen zeigen, machen anthropogene Quellen bereits 40 % der globalen N_2O-Emissionen aus. Die größte Quelle sind die bewirtschafteten und damit auch stickstoffgedüngten Böden. Zusammen mit der Viehhaltung ist die landwirtschaftliche Tätigkeit für etwa 70 % der weltweiten, durch den Menschen verursachten N_2O-Emissionen verantwortlich (IPCC 1996b). Alle globalen Abschätzungen beruhen allerdings auf einem äußerst kleinen Datensatz verläßlich gemessener Emissionsraten (BEESE 1994). In Anbetracht der enormen räumlichen und zeitlichen Variabilität, die die N_2O-Freisetzung kennzeichnet, muß man bei der Beurteilung dieser Zahlen Vorsicht walten lassen. Die N_2O-Konzentration der Atmosphäre ist gleichwohl in diesem Jahrhundert steil angestiegen.

Die N_2O-Emissionen in Deutschland kann man mangels belastbarer, flächendeckend verfügbarer Daten nur grob abschätzen. Dem Umweltbundesamt zufolge betragen die derzeitigen jährlichen N_2O-Emissionen aus anthropogenen Quellen 200 000 - 280 000 t N_2O (UBA 1993). Die Aufschlüsselung nach Emittenten zeigt zwei Hauptverursacher-Bereiche: die industrielle Produktion (Adipinsäureherstellung) und die Landwirtschaft (Abb. 12).

Die N_2O-Freisetzung aus der Landwirtschaft ist schwierig zu erfassen; hier spielen die Bodennutzung, deren Intensität und der Umgang mit Mist und Gülle eine Rolle. Insgesamt schätzt man (UBA 1993) die N_2O-Emissionen der deutschen Landwirtschaft auf 78 000 - 88 000 t und damit auf ca. $^1/_3$ der Gesamtemissionen. In den genannten Zahlen für Deutschland sind allerdings auch die natürlichen Hintergrundemissionen der Böden enthalten, die ohne landwirtschaftliche Nutzung entstehen würden. Der eigentlich bewirtschaftungsbedingte Anteil ist nicht ohne weiteres herauszuarbeiten. Auf der anderen Seite ist die Emission der Gewässer teilweise auch durch den Stickstoffeintrag aus der Landwirtschaft bedingt (Kap. 4.1.2.1).

Die Prozesse, die zur Freisetzung von N_2O führen, sind in der Landwirtschaft dieselben wie bei vom Menschen unbeeinflußten Ökosystemen: Nitrifikation und Denitrifikation. Beides sind mikrobielle Stickstoff-Umsetzungsprozesse. Die zusätzlichen N_2O-Emissionen rühren daher, daß der Stickstoffumsatz - und damit auch die Rate von Nitrifikation und Denitrifikation - in agrarischen Ökosystemen erhöht ist. Die Inkulturnahme bisher nicht genutzten Landes, der Anbau von Leguminosen (die Stickstoff aus der Luft binden können), die Düngung mit Mineral- und Wirtschaftsdüngern - all das erhöht die N_2O-Emissionen im Vergleich zu natürlichen Ökosystemen. Für deutsche Verhältnisse relevant ist die N_2O-Freisetzung durch Düngung und die Erhöhung der „normalen" Emissionsrate auch nichtagrarischer Flächen durch die atmosphärische Deposition von Stickstoffverbindungen (Düngungseffekt, siehe Kap. 4.1.4.1).

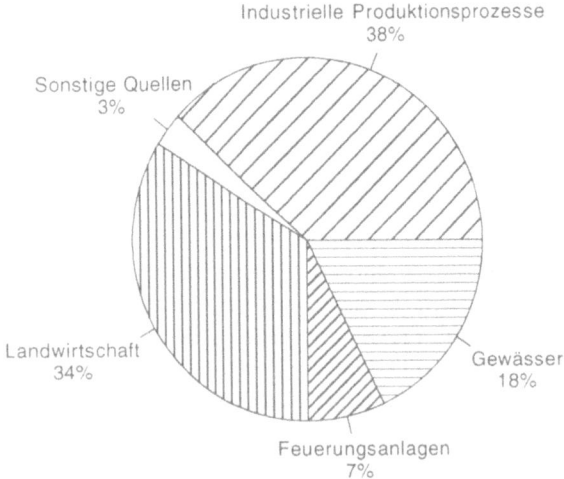

Abb. 12: Geschätzter Anteil der Verursacherbereiche bzw. Quellen an den derzeitigen jährlichen N_2O-Emissionen in Deutschland (UBA 1993).

Alle Maßnahmen, die zum effizienten Umgang mit Stickstoff in der Landwirtschaft führen, tragen zur Minderung der N_2O-Emissionen bei, das reicht von optimierter Tierfütterung über emissionsarme Lagerung und Ausbringung des Wirtschaftsdüngers bis zum bedarfsgerechten, optimierten Mineraldüngereinsatz. Durch die Vermeidung von Stickstoffüberschüssen wird quasi *en passant* auch die N_2O-Freisetzung reduziert. Spezifischere Maßnahmen sind die gezielte Auswahl der Mineraldüngersorte, geeignete Bodenbearbeitung und überlegtes Wasserregime bei Be- und Entwässerungsmaßnahmen (FLAIG und MOHR 1996).

Verläßliche statistische Angaben zu N_2O-Emissionen in Baden-Württemberg sind derzeit nicht verfügbar (BÜRINGER 1995). Im Auftrag der Akademie für Technikfolgenabschätzung haben DÄMMGEN und ROGASIK (1996) eine Abschätzung der N_2O-Emissionen aus dem Bereich der Landwirtschaft vorgenommen und berechneten eine Freisetzung von 3 600 - 4 100 t N_2O pro Jahr aus der Landwirtschaft Baden-Württembergs.

Methan (CH$_4$)

Der Beitrag des Methans am anthropogenen Treibhauseffekt wird auf mindestens 13 % geschätzt (Deutscher Bundestag 1994). Für Methan rechnet man mit einer atmosphärischen Verweilzeit von ungefähr 12 Jahren und einem *global warming potential* von 21, bezogen auf Masse und 100 Jahre Zeithorizont (IPCC 1996a). Etwa 70 % der weltweiten CH$_4$-Emissionen sind auf menschliche Aktivitäten zurückzuführen. Mehr als die Hälfte davon ist landwirtschaftlicher Tätigkeit zuzuordnen, und zwar der Viehhaltung, dem Naßreisanbau und der Brandrodung zur Landgewinnung (IPCC 1996b).

In Deutschland werden pro Jahr schätzungsweise zwischen 5,4 Mio. und 7,7 Mio. t CH$_4$ freigesetzt (UBA 1993), davon stammen etwa 30 % aus der Landwirtschaft (Abb. 13). Methan wird in der Landwirtschaft Deutschlands fast ausschließlich bei der Viehhaltung freigesetzt. Hier gibt es im wesentlichen zwei Quellen: die Exkremente der Nutztiere und das Verdauungssystem von Rindern. Im Pansen der Rinder entsteht als Nebenprodukt der Verdauung auch Methan, vor allem beim bakteriellen Abbau von Zellulose. Die Möglichkeiten zur Reduktion der CH$_4$-Emissionen reichen hier von einer Verringerung der Rinderzahl über die Steigerung der Tierleistung bis zur Fütterung (Kap. 4.2.2.7). Bei der anaeroben Zersetzung von Mist, Jauche und Gülle wird ebenfalls CH$_4$ frei. Hier könnte die Methanbildung sogar positive Effekte haben, vorausgesetzt, es würde als Biogas energetisch genutzt.

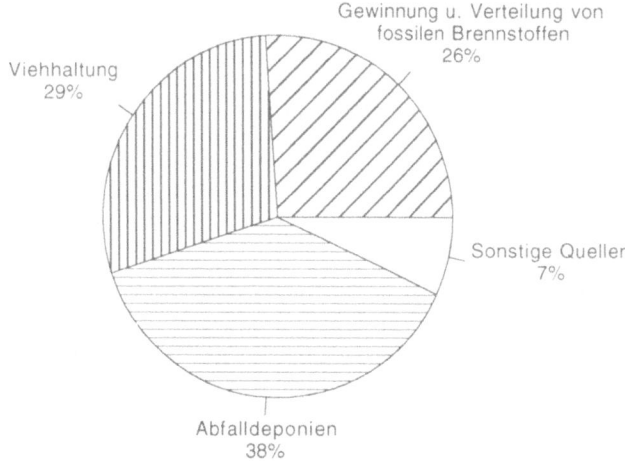

Abb. 13: Geschätzter Anteil der Verursacherbereiche an den derzeitigen jährlichen CH$_4$-Emissionen in Deutschland (UBA 1993).

Baden-Württemberg trägt mit jährlich ungefähr 140 000 t CH$_4$ zu den Gesamt-CH$_4$-Emissionen der Landwirtschaft in Deutschland bei. Die Rinderhaltung stellt mit 80 % den größten Anteil (DÄMMGEN und ROGASIK 1996).

4.2 Umweltgerechte Produktionsverfahren

Eine umweltgerechte Produktion stellt eine Produktionsweise dar, von der nur geringfügige, möglichst nur die unvermeidbaren, Umweltbeeinträchtigungen ausgehen. Sie ist nicht generell mit einer extensiven Produktion gleichzusetzen. So kann ein intensiver, standortangepaßter Pflanzenbau auf fruchtbaren, tiefgründigen Böden unter Umständen weniger die Umwelt beeinträchtigen als ein extensiver Ackerbau auf flachgründigem, magerem Standort. Auch beim Grünland ist eine extensive, z. B. nur zweimalige Nutzung von Fettwiesen (fruchtbare Wiesenstandorte) nicht *per se* ökologisch sinnvoll, es kommt auf den Standort an. Ebenso korrelieren Umweltbeeinträchtigungen durch die Tierhaltung nicht zwangsläufig mit den Bestandesgrößen, sondern sie sind in erster Linie von dem Haltungs- und Fütterungssystem, dem jeweiligen Umgang mit Mist und Gülle sowie der betrieblichen Flächenausstattung abhängig. Moderne Tierhaltungssysteme können nicht nur umweltgerecht, sondern auch artgerecht sein. Beispielsweise sind die heutigen Haltungssysteme für Rinder wesentlich artgerechter als die traditionelle Anbindehaltung in kleinen Stallungen. Bei der modernen Geflügelhaltung hingegen ist größtenteils eine artgerechte Haltung nicht gewährleistet.

Die landwirtschaftliche Produktion kann wesentlich umweltverträglicher gestaltet werden, wenn die landwirtschaftliche Flächennutzung dem Standort angepaßt ist und in der Tierhaltung moderne Verfahrenstechniken für Fütterung, Haltung sowie die Lagerung und Ausbringung von Mist und Gülle zum Einsatz kommen. Der integrierte und der ökologische Landbau versuchen, den vielfältigen Ansprüchen an einen umweltschonenden Landbau gerecht zu werden. Im folgenden wird auf diese zwei Landbauformen einschließlich der nachhaltigen Grünlandbewirtschaftung näher eingegangen und Möglichkeiten emissionsarmer, umweltverträglicher Tierhaltungsverfahren aufgezeigt. Weitere Ansatzpunkte für eine umweltschonende Landnutzung sind:
– der Erhalt ökologisch wertvoller Kulturlandschaftsflächen durch geeignete Bewirtschaftung oder Pflegemaßnahmen (Streuwiesen, Streuobstbestände, Steillagenweinbau, Trockenrasen, Landschaftsstrukturelemente wie Hecken, Terrassen etc.),
– das Anlegen von Biotopverbundsystemen (z. B. bei Flurbereinigungsmaßnahmen),
– Extensivierungsmaßnahmen in ökologisch sensiblen Zonen,
– die Rückumwandlung von Acker- in Grünland,
– die Förderung der extensiven Grünlandnutzung,
– die Einhaltung von möglichst geringen Nährstoffbilanzüberschüssen.

4.2.1 Erhalt ökologisch wertvoller Flächen

Eine Landschaft läßt sich nicht generell in ökologisch wertvolle und „nicht-wertvolle" Flächen unterteilen. Die vielfältigen Ökosysteme der Agrar- und Forstlandschaft übernehmen jeweils wichtige Funktionen im Naturhaushalt und für die urban-industriellen Systeme. Unsere „ländliche" Kulturlandschaft ist grundsätzlich eine gegenüber der Naturlandschaft an Pflanzen- und Tierarten, Lebensgemeinschaften und Ökosystemen bereicherte Landschaft. Sie setzt sich aus den flächenmäßig vorherrschenden Agrar- und Forst-Ökosystemen und den „naturbetonten" Ökosystemen zusammen (Tabelle 7).

Tabelle 7: Charakteristika von Ökosystem-Typen nach dem Grad menschlicher Beeinflussung und Nutzung (STEUBING et al. 1995).

„natürliche" Ökosysteme:
- vom Menschen nicht oder kaum beeinflußt; fähig zur Selbstregulierung.
- ausschließlich aus standorteigenen Arten aufgebaut: Tropischer Regenwald; Mitteleuropa nur noch in den Kernzonen einiger Naturschutzgebiete, meist auf Extremstandorten, vorwiegend in begrenzten Räumen der alpinen Stufe.

„naturbetonte" Ökosysteme:
- naturnahe Ökosysteme:
  - geringe, durch menschliche Beeinflussung hervorgerufene Veränderungen; fähig zur Selbstregulation, d. h. sie ändern sich kaum bei Aufhören der Beeinflussung.
  - fast ausschließlich durch einheimische, standorteigene Arten aufgebaut, manche Laubwaldgebiete Mitteleuropas, Flußauen, Stranddünen, Großseggenriede, Schilfgürtel, Hochmoore.
- halbnatürliche Ökosysteme:
  - durch menschliche Nutzung hervorgegangen, begrenzt fähig zur Selbstregulation, d. h., sie ändern sich beim Aufhören der menschlichen Beeinflussung; Bestand nur bei extensiver menschlicher Nutzung, z. B. Weide.
  - fast ausschließlich aus einheimischen Arten aufgebaut; die jedoch zu neuen, charakteristischen Artenkombinationen und Mengenverhältnissen vereinigt sind: Streuwiesen, Magerrasen, Zwergstrauchheiden.

Agrar- und Forst-Ökosysteme:
- vom Menschen bewußt geschaffen und von ihm abhängig; intensiv genutzt: Standorte mechanisch und chemisch beeinflußt; Selbstregulierung wird weitgehend durch Steuerung von außen (unter Energiezufuhr) ersetzt.
- aus einheimischen Arten unter Beteiligung adventiver Arten gebildet, die oft dominieren können, beide Artengruppen zu neuen Artenkombinationen zusammengefaßt: Fettwiesen, Fettweiden, Halm- und Hackfruchtbestände mit Ackerunkrautgesellschaften, Gärten, Forstökosysteme mit allen Übergangsstadien zu naturnahen Waldbeständen, Weinberge.

„Natürliche" Ökosysteme - vom Menschen kaum beeinflußte Landschaften - sind in Mitteleuropa nur noch vereinzelt zu finden. Großflächige „natürliche" Ökosysteme gibt es z. B. in Amerika, wie der schon 1872 geschaffene Yellowstone-Nationalpark - ein Stück quasi unverfälschte, wilde Naturlandschaft. In Mitteleuropa hingegen ist seit der Jungsteinzeit praktisch jeder Hektar Land, soweit er nicht völlig unzugänglich war, zumindest durch Beweidung oder anderweitige Entnahme von Biomasse irgendwann genutzt und beeinflußt worden (HABER 1996). Vereinzelt wurden zwar Nutzflächen wieder aufgegeben und der Natur überlassen, aber insgesamt blieb das Land relativ dicht besiedelt, und es wurde fast auf der gesamten Fläche in vielfältiger Weise genutzt. Dieser verschiedenartigen Landnutzung ist letztlich die Entwicklung der ökologischen Vielfalt des Landes zu verdanken (siehe Kap. 4.1.1).

Unsere Landschaft in Mitteleuropa - eine Kulturlandschaft - ist auf entsprechende Nutzung bzw. Pflege angewiesen; sie ist nicht stabil wie eine Naturlandschaft, sondern verändert sich auch bei „Nichtnutzung". Diesen Unterschied verdeutlicht die Lüneburger Heide, die lange Zeit für eine Naturlandschaft gehalten wurde. Die Lüneburger Heide ist eine typische „alte" Kulturlandschaft, oder wie HABER (1996) es ausdrückt, eine ökologisch stark degradierte „Waldverwüstungslandschaft" (vgl. Kap. 4.1.1), die nicht stabil ist und sich ohne Pflegemaßnahmen verändert. Am Beispiel der Lüneburger Heide wurde erstmalig deutlich, daß Naturschutzmaßnahmen an eine Bewirtschaftung gebunden sein können. Nach Errichtung des Naturschutzparkes wurde die dort noch übliche Schafbeweidung eingestellt - mit dem Erfolg, daß nunmehr die durch Heidekraut und Wacholder charakterisierte offene Heide durch Sukzession in Kiefern-Birken-Gebüsch überzugehen begann.

Kulturlandschaften sind also eng an gewisse Bewirtschaftungsformen gebunden. Folglich muß für den Erhalt „historischer Landschaften" - wie z. B. die von vielen „romantisierte" ökologisch vielfältige Landschaft des ausgehenden 19. und beginnenden 20. Jahrhunderts - an den damaligen Formen der Landbewirtschaftung festgehalten werden, die als ungewolltes Koppelprodukt günstige Bedingungen für Biotop- und Artenvielfalt geschaffen oder belassen hatten. Während für die traditionelle Landwirtschaft die „Pflege" der halbnatürlichen oder spontan-natürlichen Bestandteile der Agrarlandschaft noch von Nutzungserwägungen getragen war, haben diese und weitere traditionelle Tätigkeiten heute jedoch keinen wirtschaftlichen Nutzen mehr, und die Aufrechterhaltung durch Landschaftspflege verursacht in der Regel enorme Kosten. Standorte, auf denen traditionelle Bewirtschaftungen im Rahmen des Naturschutzes beibehalten werden, sind deshalb sorgfältig nach dem größten „ökologischen Nutzen" auszuwählen. „Kostspielige, verzweifelte Rettungsaktionen für einzelne Biotope oder Arten sind für den Erhalt und die Entwicklung der Kulturlandschaft nicht zweckdienlich" (HABER 1996). Auch die ökologische Wirtschaftsweise hat mit der traditionellen Landwirtschaft nur noch wenig gemeinsam, und kann somit nur eingeschränkt einen Beitrag leisten (vgl. Kap. 4.2.5.1).

Ein gangbarer Weg, den Rückgang der Biotop- und Artenvielfalt sowie negative Veränderungen unserer Landschaft einzuschränken, sind einerseits sorgfältig ausgewählte Naturschutzmaßnahmen (Landschaftspflege, Biotopvernetzung, Renaturierung etc.) und andererseits die Aufrechterhaltung einer weitgehend flächendeckenden, umweltschonenden Landbewirtschaftung, die das „Offenhalten" der Landschaft gewährleistet. Pflege und Bewirtschaftung sollten jedoch dem Standort angepaßt und aufeinander abgestimmt werden. Dies bedarf in einer so vielfältigen Kulturlandschaft, wie sie z. B. Baden-Württemberg vorweisen kann, einer regional detaillierten Landschaftsplanung (vgl. KAULE 1996). Unterbleibt eine steuernde Planung, gekoppelt mit vertretbaren ökonomischen Aufwendungen für Naturschutzmaßnahmen und standortangepaßte Landbewirtschaftung, wird sich der schon eingetretene Wandel in der Landschaft noch beschleunigen. Es werden weitere ökologisch wertvolle Strukturelemente in der Landschaft verschwinden, so daß sich das Bild der „aufgeräumten Landschaft" in landwirtschaftlichen Vorranggebieten noch mehr verstärken wird. In benachteiligten Agrargebieten hingegen wird sich die Landwirtschaft zurückziehen; mit der Folge, daß gerade die von Erholungssuchenden geschätzten, ästhetischen Landschaften, wie z. B. Regionen der Schwäbischen Alb, verbuschen und somit unzugänglicher werden (vgl. Kap. 4.6.3). Diesen von vielen Menschen als negativ empfundenen Landschaftsentwicklungen muß durch differenzierte struktur- und umweltpolitische Maßnahmen entgegengesteuert werden, wie dies insbesondere in Baden-Württemberg zum Teil schon getan wird (siehe Kap. 4.7.2 und 4.8.3).

Neben dem Biotop- und Artenschutz in einer Agrarlandschaft ist die Schonung und Regeneration der erneuerbaren Ressourcen (Wasser, Luft, Boden) vordringlich. Dies bedeutet, daß der Erhalt von ökologisch wertvollen Flächen (der „Naturschutz") sich nicht nur auf einzelne Flächen beschränken darf. Um die Ökosysteme in ihren Funktionen für den Naturhaushalt und die urban-industriellen Systeme zu stabilisieren und zu entwickeln, sind Ansätze erforderlich, die sich auf die ganze Fläche beziehen, alle Schutzgüter mit einbeziehen und ursachenbezogen sind.

Nach KAULE (1996) sollten ökologisch wertvolle Flächen über die Bewertung der verschiedenen Schutzgüter definiert werden. Ökologisch besonders wertvolle Flächen im Hinblick auf den Naturhaushalt eines Landes sind Gebiete mit:
– besonders hohen Filter- und Pufferleistungen,
– besonderer Bedeutung für den Rückhalt von Oberflächenwasser, Überflutungsgebiete,
– besonders leistungsfähige Grundwassereinzugsgebiete,
– Flächen mit besonderer Bedeutung im regionalen und lokalen Lufthaushalt,
– artenreiche Lebensräume, besonders solche mit bedrohten Arten.

Wichtig ist, daß solche Flächen ihrer Bedeutung nach differenziert beurteilt werden. Das heißt in Verdichtungsgebieten, Metropolen und ihrem Umland etwas anderes als im ländlichen Raum. So ist die Sicherstellung von Temperaturunterschieden als

Umweltgerechte Produktionsverfahren 91

Voraussetzung für lokale Windsysteme nur in Belastungsgebieten besonders dringlich. Erholungslandschaften sind in Verdichtungsgebieten und in Zielgebieten der Wochenend- und Ferienerholung prioritär. Der Schutz sehr empfindlicher Arten ist unter Umständen nur in Gebieten mit geringem oder steuerbarem Erholungsdruck möglich (KAULE 1996). Am Beispiel eines landwirtschaftlichen Vorranggebietes zeigt Abbildung 14 Einschränkungen, die unter dem Gesichtspunkt einer nachhaltigen Landbewirtschaftung erforderlich sind.

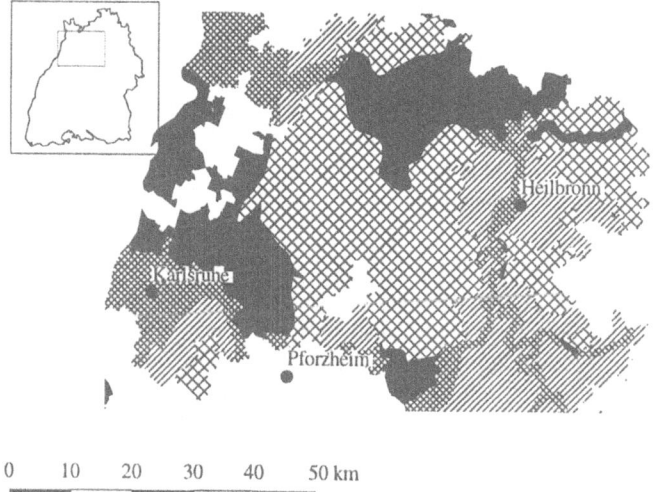

Abb. 14: Beispiel für Nutzungseinschränkung in ackerbaulichen Vorranggebieten in einem Ausschnitt Baden-Württembergs mit dem Kraichgau im Zentrum (KAULE 1996).

Landnutzung und Erhalt von ökologisch wertvollen Flächen können sich ergänzen und müssen keine Gegensätze sein. Die Leistungsfähigkeit des Naturhaushaltes kann trotz land- und forstwirtschaftlicher Nutzung gegeben sein; so sind z. B. Auwiesen und Niederwälder in vielfacher Hinsicht natürlichen Auwäldern in Hochwasserrückhaltegebieten gleichwertig. Die Leistungsfähigkeit, der „Wert", kann aber auch durch landwirtschaftliche Nutzung gefördert oder bedingt werden, z. B. Wiesen als Kaltluftentstehungsgebiete, erhöhte Grundwasserneubildungsrate unter Landwirtschaftsflächen gegenüber Wald, artenreiche Sekundärbiotope der Wiesen und Äcker,

Kulturlandschaftskomplexe wie Streuobstwiesen, Terrassenlandschaften, Heiden, etc. (KAULE 1996).
Naturbetonte Ökosysteme tragen auch zur Stabilisierung der Agrar-Ökosysteme bei und können sogar wirtschaftliche Bedeutung erlangen. Beispielsweise ist der ökologische und der integrierte Pflanzenbau auf das Vorhandensein naturbetonter Ökosysteme angewiesen. Landschaftsbestandteile wie Hecken und Raine bilden einen Windschutz und können auch ein größeres Ausmaß an Bodenerosion verhindern. Es ist also auch im Eigeninteresse der Landwirte, die seit etwa 30 Jahren ablaufende optische und ökologische Verarmung vieler intensiv genutzter Agrarlandschaftsräume aufzuhalten und nach Möglichkeit umzukehren.

Flurbereinigungsmaßnahmen bieten eine Gelegenheit, der optischen und ökologischen Verarmung in Agrarlandschaften durch das Anlegen von Biotopverbundsystemen entgegenzuwirken. Ein Netz von naturbetonten Ökosystemen, das ohne große Unterbrechung die Agrarlandschaft durchsetzt, wäre zugleich auch die Basis eines wirksamen Artenschutzes, der nur dann erfolgreich sein kann, wenn die einzelnen Teilpopulationen der freilebenden Tierarten nicht inselartig voneinander isoliert werden (HABER und SALZWEDEL 1992).

Ein wichtiger Schritt für eine zielgerichtete Auswahl für die Biotop- und Artenvielfalt wertvoller Flächen ist die Biotopkartierung, mit der seit den 70er Jahren „naturbetonte" (siehe Tabelle 7) und schutzwürdige Biotope systematisch erfaßt und kartiert wurden. Erst seit dieser Zeit ist ein relativ genauer Überblick über ihren Flächenanteil möglich, der im Durchschnitt weniger als 10 % der Landesfläche ausmacht; in intensiv genutzten Gebieten sinkt er unter 5 %. In diesen naturbetonten Biotopen lebt aber die Mehrzahl der bedrohten Pflanzen- und Tierarten und konzentriert sich daher ein großer Teil der Artenvielfalt, die als wesentlicher Teil der Biodiversität soweit möglich erhalten werden soll (HABER 1996). In Baden-Württemberg begann die Biotopkartierung 1976. Bis 1989 wurden insgesamt rund 45 000 Biotope erhoben, die 13 % der Landesfläche einnehmen (LfU 1995). Die Biotopkartierung, die bislang eine rein fachwissenschaftliche Erhebung ohne Rechtsverbindlichkeit war, hat nun durch das seit 1992 geltende baden-württembergische Biotopschutzgesetz eine völlig neue Zweckbestimmung erhalten. Von den insgesamt 45 000 Biotopen wurden dadurch 30 000 mit einer Fläche von mehr als 200 000 ha oder 6 % der baden-württembergischen Landesfläche einem naturschutzähnlichen Schutz unterworfen. Zusätzlich zu den Naturschutzgebieten, Naturdenkmälern und Landschaftsschutzgebieten sind somit ökologisch wertvolle Landschaftsstrukturelemente wie Hecken, Trockenrasen, Riedwiesen, Tümpel und viele andere Biotoptypen generell geschützt. Die von Naturschützern geforderten 10 % Naturschutzvorrangflächen rücken zumindest in Baden-Württemberg in erreichbare Nähe.
Die Chancen auf eine dauerhafte Herausnahme von Flächen aus der landwirtschaftlichen Produktion für Zwecke des Naturschutzes sind durch die obligatorische Flächenstillegung im Rahmen der EU-Agrarreform gestiegen. Es wäre zu prüfen, welche Flächen sich dafür eignen.

4.2.2 Umweltgerechte Tierproduktion

4.2.2.1 Tierproduktion - anfällig für Zielkonflikte

Eine umweltgerechte Tierproduktion bedeutet unserer Auffassung nach zum einen, daß die Ressourcen Boden, Wasser, Luft (Atmosphäre) und Biotop- und Artenvielfalt durch die Produktionsweise möglichst wenig in Mitleidenschaft gezogen werden. Das um ökonomische und soziale Aspekte erweiterte Verständnis von Nachhaltigkeit erfordert zum andern aber auch, daß eine Produktion von Milch, Fleisch und Eiern in Deutschland noch möglich bleiben muß, die idealerweise wettbewerbsfähig ist und den Betrieben ein ausreichendes Einkommen bietet (Kap. 1.1). Diese Forderungen sind nicht uneingeschränkt miteinander vereinbar, Zielkonflikte sind unvermeidlich, Kompromisse müssen gefunden werden.

Zielkonflikte können auch entstehen, wenn die Beeinträchtigung einer bestimmten Ressource oder die Emission eines bestimmten Stoffes vermindert werden soll und die angewandte Strategie an anderer Stelle nachteilige, nicht-nachhaltige Wirkung zeigt. Die folgenden Kapitel werden dafür einige Beispiele liefern.

Bei Fragen der Tierproduktion ist immer auch die Art und Weise der Tierhaltung mit auf dem Prüfstand. Die gewählte Definition von Nachhaltigkeit (Kap. 1.1) geht vom Menschen und seinen Nutzungsansprüchen aus und berücksichtigt dabei künftige Menschen-Generationen. Tieren wird dabei kein Eigenrecht zugebilligt. Die Frage, ob Tiere artgerecht gehalten werden oder nicht, ob sie leiden oder nicht, hat demgemäß keine zentrale Stellung.

Um kein Mißverständnis aufkommen zu lassen: Die Autoren plädieren ausdrücklich für eine Haltungsweise von Tieren, die deren artgemäßen Ansprüchen an die Lebensumwelt möglichst weit entgegenkommt. Unsere Nutztiere sollten sich wohl fühlen und so wenig wie irgend möglich leiden. Wir halten das Thema „artgerechte Tierhaltung" jedoch eher für eine ethische Frage als für eine der Nachhaltigkeit, da nachfolgende Generationen von den derzeitigen Haltungsverfahren nicht notwendigerweise betroffen werden. Ausnahmen gibt es: falls bestimmte nicht artgerechte Haltungsverfahren Züchtungsanstrengungen initiieren, die diese Haltungsverfahren ermöglichen bzw. erleichtern sollen und in deren Folge die Tiergesundheit leidet. Davon sind nachfolgende Generationen (von Menschen und Tieren) sehr wohl betroffen. Insgesamt möge uns die Leserschaft aber nachsehen, daß Fragen der artgerechten Tierhaltung nur am Rande behandelt werden. Sie tauchen dennoch immer wieder einmal auf, und zwar weil artgerechte Tierhaltung durchaus im Zielkonflikt stehen kann mit einer umweltschonenden Produktionsweise.

4.2.2.2 Problem Stickstoff

Viele der Beeinträchtigungen von natürlichen Ressourcen durch die Landwirtschaft haben ihre Ursache im ineffizienten Einsatz von Stickstoff (Kap. 4.1): Nitrat (NO_3^-) im Grundwasser, Lachgas (N_2O) in der Atmosphäre, flächendeckende Eutrophierung durch N-Deposition. Die Stickstoffeffizienz der Landwirtschaft Deutschlands ist erschreckend gering: Sie beträgt nur 26 % (alte Bundesländer 1989/90). Bestimmend für diese geringe Ausnutzung ist die Tierproduktion mit einer durchschnittlichen N-Effizienz von 16 %, das heißt, daß nur 16 % des in den Produktionsprozeß eingebrachten Stickstoffs sich in tierischen Verkaufsprodukten (Milch, Fleisch, Eier) wiederfinden (ISERMANN 1994b). Ein Teil des übrigen Stickstoffs wird als Dünger (Gülle, Jauche, Mist) in der Pflanzenproduktion wirksam, der andere Teil geht in die Umwelt verloren. Die bedeutsamsten N-Verluste bei der Tierproduktion liegen in der Emission von Ammoniak (NH_3) (Kap. 4.1.4.4.1). Maßnahmen zur Senkung der NH_3-Emissionen sollten in allen Bereichen ansetzen: Fütterung, Haltung, Exkrementbehandlung, Einsatz des Wirtschaftsdüngers, Viehbesatzdichte.

4.2.2.3 Viehfütterung und Haltungsmanagement

Vielleicht der wichtigste Ansatzpunkt ist die Fütterung. Eine optimierte, bedarfsorientierte Viehfütterung verringert den Anfall von Stickstoff in den Exkrementen der Tiere und trägt damit schon während des Produktionsprozesses dazu bei, Stickstoffüberschüsse zu vermindern. Wichtig sind die Abstimmung der Proteinzufuhr und der Versorgung mit essentiellen Aminosäuren auf die physiologischen Bedürfnisse der Tiere. Hauptziel der Maßnahmen ist es, daß sich aufgenommenes Protein in möglichst hohem Umfang im Produkt wiederfindet und nicht ungenutzt in den Exkrementen.

Im folgenden werden aufgrund ihrer ernährungsphysiologischen Unterschiede Schweine, Rinder und Geflügel gesondert betrachtet. Weitere Nutztiere spielen in der Viehwirtschaft Deutschlands keine quantitativ wichtige Rolle. In Deutschland sind fast 75 % des in der Tierhaltung ausgeschiedenen Stickstoffs auf Rinder-, 21 % auf Schweine- und 4 % auf Geflügelhaltung zurückzuführen (ROHR 1992, UBA 1994b).

Schweine

In der Schweinemast ist durch Maßnahmen wie
– Absenken überhöhter Proteingehalte im Futter,
– Übergang von der Universalmast mit immer gleichem Proteingehalt im Futter zur (Drei-)Phasenfütterung mit einem der jeweiligen Entwicklungsphase der Tiere angepaßten Proteingehalt,

- Verbesserung der Futterverwertung durch Managementmaßnahmen,
- Einsatz von Tieren mit hohem genetischem Leistungspotential, evtl. Einsatz von zugelassenen Leistungsförderern,

ohne weiteres eine Reduktion der N-Ausscheidung um etwa 30 % möglich (DLG 1993). Durch Zugabe der in der Regel nur unzureichend im Futter vorhandenen Aminosäure Lysin ist eine Gesamtreduktion um etwa 40 % im Bereich des Möglichen.

Auch bei der Ferkelerzeugung kann man durch eine Kombination aus Absenkung des Proteingehalts und Übergang zur Phasenfütterung mit einer Verminderung des Stickstoffanfalls um etwa 20 % rechnen.

Maßnahmen, die die Leistung steigern (ohne die Futterverluste zu erhöhen), haben eine bessere Stickstoffeffizienz zur Folge. Sie führen u. U. zu einer höheren N-Ausscheidung pro Tier, aber im Gegenzug zu einer niedrigeren N-Ausscheidung pro erzeugter Produkteinheit (kg Fleisch). Eine Verminderung der Produktions- und Fütterungsintensität führt also nicht *per se* zu einer ökologischen Entlastung. Zu beachten sind allerdings Aspekte der Fleischqualität (WEILER und CLAUS 1996), der Tiergesundheit und des Viehbesatzes (verfügbare Fläche zur Ausbringung der Gülle).

So hat die unter dem Kriterium besserer N-Effizienz eigentlich zu befürwortende Leistungssteigerung Zielkonflikte unter anderem mit dem Genußwert von Fleisch für den Verbraucher zur Folge. Der Genußwert wird durch die Kriterien Zartheit, Saftigkeit und Aroma bestimmt. Für alle drei Kriterien spielt der intramuskuläre Fettgehalt eine ausschlaggebende Rolle. Da eine Steigerung der Mastleistung aber die Erhöhung des Proteinanteils auf Kosten des Fettanteiles bedingt, ist intramuskuläres Fett beim Schwein, zum Teil aber auch beim Rind, bereits so reduziert worden, daß der Genußwert längst gelitten hat. Fettgehalt und Genuß wieder zu erhöhen, würde jedoch eine etwas höhere Stickstoffausscheidung zur Folge haben (CLAUS 1996).

Da sich extreme Leistungssteigerungen lediglich auf einzelne Tiereigenschaften bzw. physiologische Leistungen konzentrieren, besteht die Gefahr von Ungleichgewichten im Gesamtorganismus. Im Einzelfall (z. B. Beinschwächesyndrom des Schweines) können Defekte auftreten und Leiden ausgelöst werden. Ursache ist zum Teil die extreme Förderung der Muskelfülle und damit ein relatives Zurückbleiben der Skelettentwicklung (CLAUS 1996). Umstritten und auch verboten ist weiterhin der Einsatz mancher Antibiotika und Hormone als Leistungsförderer, da einerseits die Tiergesundheit und andererseits (beispielsweise über die Resistenzentwicklung von Bakterien gegenüber gefütterten Antibiotika) die menschliche Gesundheit gefährdet werden kann.

Die möglichen Zielkonflikte machen deutlich, daß die Verbesserung der Stickstoffeffizienz nicht isoliert betrachtet werden darf.

Rinder
Etwa 75 % des in der deutschen Tierproduktion ausgeschiedenen Stickstoffs fällt bei Rindern an (ROHR 1992). Die Milchviehhaltung hat dabei die größte Bedeutung. Die Fütterung der Rinder ist gegenüber Schweinen durch zwei Besonderheiten gekennzeichnet:
- Rinder werden zum Teil auch auf der Weide gehalten (Weidehaltung von Schweinen ist zwar möglich, in Deutschland aber unüblich).
- Rinder sind wie Schafe und Ziegen Wiederkäuer, sie besitzen einen Pansen. Durch die Pansenbakterien werden die meisten Futterproteine abgebaut und dafür mikrobielle Proteine aufgebaut. Die Aminosäurezusammensetzung der neugebildeten mikrobiellen Proteine, die bei der weiteren Magen-/Darmpassage verdaut werden, entspricht nicht mehr der der Futterproteine. So werden auch die für das Rind essentiellen Aminosäuren im Pansen gebildet. Eine selektive Ergänzung des Futters durch bestimmte Aminosäuren wie bei Schweinen kann bei Rindern daher keine Wirkung zeigen[6].

Die Reduktionsmöglichkeiten für Stickstoff in der Milchviehhaltung liegen auf anderen Schwerpunkten (FLAIG und MOHR 1996):
- dem Rohproteingehalt des Futters,
- dem richtigen Verhältnis von Energie- zu Proteingehalt des Futters,
- der Versorgung mit Proteinen geringer Pansenverdaulichkeit, die erst im Dünndarm aufgeschlossen werden,
- der Steigerung der N-Effizienz pro Produkteinheit.

Da die Rinderhaltung nicht nur hinsichtlich der anfallenden Stickstoffmengen, sondern auch bezüglich der ökonomischen Bedeutung der wichtigste Zweig der deutschen Tierproduktion ist (siehe Kap. 2.2), sind Maßnahmen zur Reduktion des N-Anfalls und der N-Emissionen einerseits besonders wichtig, andererseits ein besonders sensibles Gebiet.
Die Ernährung erfolgt mit Grundfutter, das in der Regel auf dem Betrieb selbst erzeugt wird, und mit ergänzendem Kraftfutter, das häufig zugekauft wird. Das Grundfutter liefern Wiesennutzung und Feldfutterbau (Gras, Heu, Luzerne, Mais; auch als Silage), hinzu kommt oft der Aufwuchs von als Weide genutztem Grünland.

Bei der Milchviehhaltung läßt sich durch Maßnahmen in der Fütterung wie
- Übergang zu einer günstigen Grundfuttermischung (beispielsweise Gras-/Maissilage, dadurch verbessert sich das Verhältnis Energiegehalt zu Proteingehalt),

---

[6] Mittlerweile gibt es ein vor dem Abbau im Pansen geschütztes Methioninpräparat, das besonders für die Verfütterung an hochleistende Milchkühe geeignet sein soll (Agra-Europe 9/96, Länderberichte 7-8).

- Absenkung des Rohproteingehalts im Kraftfutter,
- Erhöhung der Milchleistung (Ausschöpfen des genetischen Potentials durch optimale Grundfutter-/Kraftfutter-Mischung, evtl. Leistungsförderer),

die N-Ausscheidung um etwa 15 % verringern.

Die Steigerung der Tierleistung ist eine vergleichsweise sehr wirksame Maßnahme, um die Stickstoff-Ausscheidung, bezogen auf die erzeugte Produkteinheit (kg N pro kg Milch), zu senken (Abb. 15). Eine Erhöhung der Jahresleistung um jeweils 1000 kg vermindert die Menge an Gülle-Stickstoff pro Kilogramm Milch um 5 - 10 % (ROHR 1992). Die Stickstoffausscheidung pro Kuh steigt dabei freilich. Je höher die Milchleistung sein soll, desto höher sind die Ansprüche der Kuh an die Qualität des Futters hinsichtlich Verdaulichkeit (und damit auch Proteingehalt), Energiegehalt und Balance an Nährstoffen. Diese Futteransprüche bei hoher Milchleistung haben die Konsequenz, daß entweder relativ viel energetisch und qualitativ hochwertiges Kraftfutter eingesetzt wird oder aber zusätzlich die Qualität des Grundfutters bereits hoch sein muß (siehe Kap. 4.2.3).

Zielkonflikte sind damit auch hier vorprogrammiert. Ein hoher Kraftfutteranteil bedeutet zumeist, daß Futtermittel zugekauft werden müssen. Über den Futtermittelzukauf wird aber von außen Stickstoff in den Betrieb geschleust, der in der Regel auf betriebseigenen Flächen auch wieder verwertet werden soll. Das führt insbesondere bei reinen Grünlandbetrieben zu hohen Stickstoffüberschüssen in der Nährstoffbilanz.

Qualitativ hochwertiges Grundfutter mit hohem Energiegehalt und hoher Verdaulichkeit bedeutet wiederum eine relativ hohe Intensität in der Erzeugung vor allem auf Grünland (Kap. 4.2.3). Wiesen und Weiden müssen dann mehrfach im Jahr genutzt werden, das beinhaltet auch ein höheres Düngungsniveau und bei Wiesen frühe Schnittzeitpunkte mit negativen Rückwirkungen auf die Artenvielfalt des Grünlandes (BRIEMLE et al. 1996).

Hochleistungskühe sind darüber hinaus anfälliger für Erkrankungen der Gliedmaßen, der Milchdrüsen und des Stoffwechsels (REUTHER et al. 1994). Ob der Einsatz von Wachstumshormon zur Erhöhung der Milchleistung von Kühen Probleme für die Tiergesundheit zur Folge hat, ist noch nicht abschließend geklärt (Kap. 4.3.2).

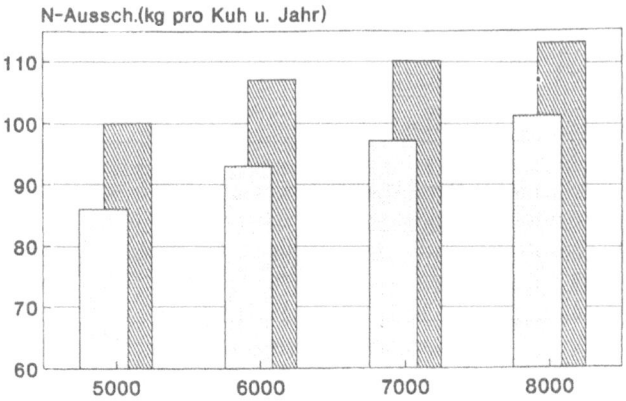

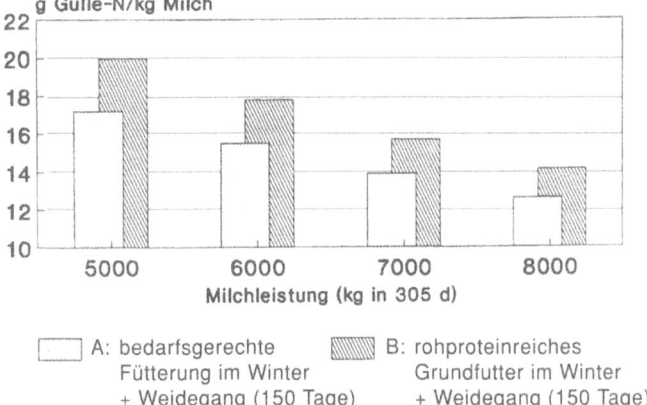

Abb. 15: Stickstoffausscheidung bei Milchkühen in Abhängigkeit vom Rohproteingehalt des Grundfutters und von der Leistung. Im Sommer Weidegang, im Winter Fütterung im Stall, einmal bedarfsgerecht und einmal mit zu rohproteinhaltigem Grundfutter. Oben: N-Ausscheidung bezogen auf das einzelne Tier, unten: N-Ausscheidung bezogen auf die Produkteinheit Milch (aus ROHR 1992).

Die aufgeführten Minderungsmaßnahmen zur N-Ausscheidung greifen am besten bei kontrollierter Fütterung im Stall. In Deutschland ist jedoch eine halbjährige Weidehaltung von Rindern regional durchaus üblich. Sowohl das Verhältnis von Energiezufuhr zu Protein wie auch der Kraftfutter-Zusatz sind nicht im selben Maße wie bei Stallhaltung optimierbar. Die Ausnutzung des aufgenommenen Stickstoffs im Tierkörper ist daher schlechter als bei ganzjähriger Haltung im Stall. Dafür entfallen die NH_3-Verluste bei Lagerung und Ausbringung der Gülle (Kap. 4.2.2.4). Entscheidend für die Höhe der NH_3-Emissionen ist der Stickstoffgehalt des Weideaufwuchses, und dieser hängt ab vom Düngungsniveau der

Weide. Die Düngungsintensität wiederum hängt vom Viehbesatz, der Nutzungsintensität und nicht zuletzt der gewünschten Milchleistung ab. In der Summe ist Weidewirtschaft durchaus empfehlenswert, sofern sie extensiv betrieben wird. Die halbjährige Freilandhaltung führt dann im Mittel zu einer Minderung der NH_3-Emissionen von ungefähr 30 % verglichen mit Ganzjahres-Stallhaltung (ISERMANN 1994b). Auf hohe Milchleistung (und die damit gekoppelte bessere N-Effizienz) muß dann nicht verzichtet werden, wenn die Tiere ausreichend Fläche zur Verfügung haben und damit ausreichend hochwertiges Futter von den Kühen selektiert werden kann.

Bei der Rindermast lassen sich etwa 8 % des Stickstoffs in den Ausscheidungen vermeiden. Für die Rückwirkungen auf die Fleischqualität lassen sich ähnliche Aussagen wie bei Schweinefleisch treffen (s. o.).

Geflügel

In der Geflügelhaltung kann durch die einfache Maßnahme des Absenkens von überhöhten Futterproteingehalten auf die empfohlenen Versorgungsniveaus bereits eine Reduktion der N-Ausscheidungen um etwa 8 % erreicht werden. Die Einführung der Dreiphasenfütterung bei der Junghennenaufzucht erbringt weitere Einsparungen in derselben Größenordnung. Im Bereich des Haltungsmanagements gibt es wieder einen Zielkonflikt, und zwar zwischen N-Effizienz und dem Bestreben, die Tiere artgerecht zu halten. Die Käfighaltung führt zu einer höheren N-Effizienz als Boden- oder Freilandhaltung (DLG 1993). Bei Bodenhaltung erhöht sich bei gleicher Futterzusammensetzung die N-Ausscheidung um ca. 8 % im Vergleich zur Käfighaltung. Ursache ist eine ungünstigere Futterverwertung. Dafür ist Bodenhaltung die relativ artgerechtere Haltungsform.

4.2.2.4 Umgang mit Mist und Gülle

Um es noch einmal zu betonen: Je besser die im vorigen Kapitel beschriebenen Maßnahmen zur Viehfütterung und zum Haltungsmanagement greifen, desto weniger Stickstoff fällt an, um den man sich in den folgenden Schritten kümmern muß.

Bei Maßnahmen zur Minderung der NH_3-Emissionen im Stallbereich, bei der Lagerung und bei der Ausbringung von Wirtschaftsdünger aus tierischen Exkrementen ist es das Ziel, möglichst viel Stickstoff im Nährstoffkreislauf der Landwirtschaft (des Betriebs) zu halten. Damit wird zwar die Emission von NH_3 verringert und damit auch die Belastung außerlandwirtschaftlicher Ökosysteme wie Wälder, Heiden und Moore (Kap. 4.1.4.1). Dafür steigt die Menge an Stickstoff, die dem Ackerboden oder dem Grünland zur Verfügung gestellt wird (FLAIG und MOHR 1996). Die erhöhten N-Mengen müssen bei der Düngungskalkulation berücksichtigt werden, sonst verlagert man das Stickstoffproblem nur von der NH_3-Emission zur NO_3^--Auswaschung (Wasserproblematik, Kap. 4.1.2) und/oder zur N_2O-Emission (Treibhauseffekt, Kap. 4.1.4.2).

Im Stallbereich gilt es, die durch Exkremente verschmutzte Oberfläche so klein wie möglich zu halten bzw. sie rechtzeitig zu reinigen. Beim Flüssigmistsystem ist es z. B. am besten, die Gülle so schnell wie möglich aus dem Stall abzuleiten und in ein (abgedecktes) Güllelager zu überführen. Die Spülung der Stallböden ist noch nicht praxisreif. Durch geschickte Trennung der Funktions- und Aktivitätsbereiche für das Tier im Stall kann die verschmutzte Fläche eingegrenzt werden.
Die Lagerung sollte so erfolgen, daß nur ein möglichst geringer Luftaustausch möglich ist. Gülle und Jauche sollten grundsätzlich in abgedeckten Behältern gelagert werden, schon eine Folienabdeckung von Güllelagern kann Emissionsreduktionen von 90 % erzielen. Ausreichende Lagerkapazitäten von mindestens 6 Monaten sind unabdingbar. Festmist auf der Dunglege sollte dicht gepackt und windgeschützt sein und eine geringe Kontaktfläche zur Luft haben.

Bei und kurz nach der Ausbringung von Gülle, aber auch von Festmist, entstehen die meisten NH_3-Emissionen der gesamten Verwertungskette. Die Minderungsmaßnahmen zielen darauf ab, durch die Ausbringbedingungen die NH_3-Ausgasung zu erschweren.

Hohe Temperaturen, Windbewegung und geringe Luftfeuchte begünstigen die Freisetzung von NH_3 aus dem Mist. Bei der Ausbringung von Gülle, Jauche und Festmist gilt daher die Maxime: Am besten bei regnerischem, kühlem und windarmem Wetter ausbringen und möglichst unmittelbar einarbeiten. Bei sofortiger Einarbeitung können 90 % der sonst auftretenden NH_3-Emissionen vermieden werden. Wo das nicht möglich ist, z. B. auf Grünland oder in wachsenden Beständen auf Ackerland, sollte Gülle gleich in den Boden eingebracht oder wenigstens bodennah ausgebracht werden. Die NH_3-Emissionsminderung erreicht 90 % und mehr (Gülledrill, Gülleinjektion) bzw. 60 % (Schleppschuhsystem für Grünland) und 35 % (Schleppschläuche) (Abb. 16).

Oft werden der Festmistkette Vorteile unter anderem hinsichtlich einer geringeren NH_3-Emission im Vergleich zur Flüssigmistkette nachgesagt. Untersuchungen dazu gibt es nur in Ansätzen. Die wenigen vorhandenen Ergebnisse deuten darauf hin, daß sich die Kombination aus Festmist und Jauche im Endeffekt nicht sehr von Gülle unterscheidet. Eventuell wird eine niedrigere NH_3-Emission mit höheren N_2O-Emissionen erkauft (FLAIG und MOHR 1996). Entscheidender als die Frage Festmist oder Flüssigmist ist der emissionsarme Umgang mit Mist und Gülle, und hier können moderne Flüssigmistsysteme enorme Verbesserungen bringen.

Umweltgerechte Produktionsverfahren

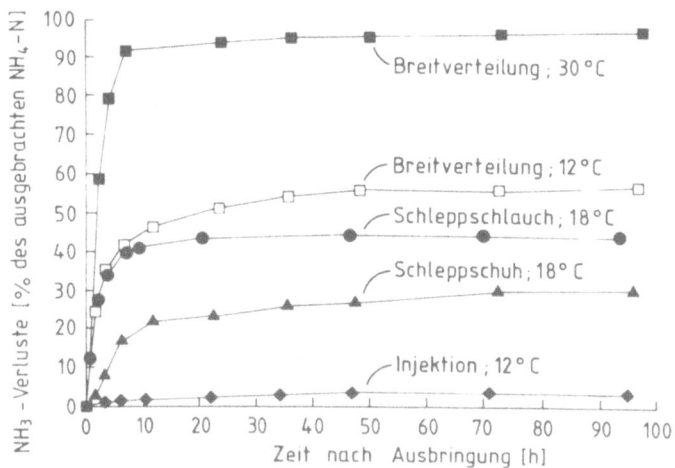

Abb. 16: Ammoniakverluste nach der Ausbringung von Rindergülle in Abhängigkeit von unterschiedlichen Ausbringungsmethoden. Zusammenstellung verschiedener Versuchsergebnisse zu Übersichtszwecken (nach UBA 1994b). Neben den Auswirkungen der Methodik wird auch der Einfluß der Temperatur deutlich (Breitverteilung bei 12 °C und 30 °C). Schleppschläuche bringen den Flüssigmist bodennah aus. Die Gülle wird in 5 - 8 cm breiten Streifen abgelegt. Gülleinjektoren für Acker- und Grünland schlitzen den Boden auf und bringen die Gülle über diese Schlitze direkt in den Boden ein. Beim Schleppschuhsystem, das für Grünland entwickelt wurde, wird die Gülle nicht injiziert, sondern die Grasnarbe hochgehoben und die Gülle zwischen das Gras auf den Boden gebracht.

Wenn alle erwähnten NH_3-Minderungsmaßnahmen umgesetzt werden, ist insgesamt eine Reduktion der NH_3-Emissionen um 70 % im Bereich des Möglichen (FLAIG und MOHR 1996). Die Maßnahmen zur Verminderung der NH_3-Emissionen sollten nach folgenden Prioritäten vorgehen:

1. Maßnahmen zur effizienten Fütterung. Damit wird bereits die Ausscheidung von Stickstoff vermindert, Emissionen somit im Ansatz verhindert.
2. Maßnahmen zur effizienten Ausbringung von Gülle, Jauche und Festmist. Damit können gut die Hälfte der sonst auftretenden Emissionen vermieden werden.
3. Maßnahmen zur Lagerung von Gülle, Jauche und Festmist. Mit relativ einfachen Mitteln wird eine spürbare Reduktion erreicht.
4. Saisonale, extensive Weidehaltung von Rindern, wo die Betriebsstruktur und Flächenausstattung es zulassen.
5. Maßnahmen im Stall.

Diese Maßnahmen sind nicht kostenneutral. Im Vergleich zur bisherigen Praxis bedeuten sie für den Betrieb nicht immer, aber in den meisten Fällen höhere

Kosten. Die agrarpolitischen Strategien müssen darauf abzielen, diese Maßnahmen für den einzelnen Betrieb interessant und bezahlbar zu machen (Kap. 4.8.3).

Über die NH_3-Vermeidung hinaus dürfen auch andere Aspekte nachhaltiger Tierproduktion nicht vergessen werden:
– der richtige Umgang mit Wirtschaftsdünger tierischer Herkunft im Hinblick auf die Düngewirkung,
– die Abstimmung von Wirtschaftsdüngung, Mineraldüngung und Nährstoffangebot aus dem Boden,
– die Ausrichtung der Viehbesatzdichte bzw. des Nährstoffaufkommens auf die betrieblich oder regional verfügbare Fläche, die mit den nährstoffhaltigen Ausscheidungen umweltverträglich versorgt werden kann,
– die überbetriebliche Verwertung von Nährstoffüberschüssen (Stichwort: Gülleborse),
– die Definition der Tierleistung, die unter den Aspekten Ressourcenschonung, Tiergesundheit und Produktqualität verantwortet werden kann,
– die Definition des Anforderungsprofiles an die Qualität tierischer Produkte, insbesondere an Fleisch.

4.2.2.5 Stickstoffbilanzen

Input und Output an Stickstoff in der Landwirtschaft können in Bilanzen erfaßt werden. Hierbei sind verschiedene Bilanzierungsmöglichkeiten zu unterscheiden. Schlagbilanzen erfassen die Zu- und Abfuhr von N auf dem einzelnen Schlag (Feld), „Hoftor"-Bilanzen erfassen Zu- und Abfuhr von N auf Betriebsebene und Länderbilanzen bilden schließlich den Durchschnitt aller In- und Outputs zumeist bezogen auf die landwirtschaftlich genutzte Fläche eines Territoriums ab. Diese Bilanzen können als Anhaltspunkt für die Effizienz der Stickstoffverwendung dienen (FLAIG und MOHR 1996).

Länderbilanzen, die mit der sogenannten Flächenbilanzierungsmethode erstellt wurden, kommen auf einen durchschnittlichen Überschuß in der Stickstoffbilanz (N-Saldo) von ca. 90 bis etwas über 100 kg N pro Jahr und Hektar landwirtschaftlich genutzter Fläche (WENDLAND et al. 1993; Bezug: alte Bundesländer 1991, ehemalige DDR 1987/89), (UMK 1996; Bezug: Deutschland 1993/94). Von diesen rund 100 kg N werden vielleicht 10 % längerfristig im Boden festgelegt, die anderen 90 % hingegen werden in die Umwelt emittiert, und zwar schätzungsweise 40 % in Grund- und Oberflächenwasser und 50 % in die Atmosphäre (darunter NH_3 und N_2O, aber auch harmloses N_2) (ISERMANN und ISERMANN 1996). Die regionale Verteilung der N-Salden zeigt die höchsten Überschüsse in Regionen mit „flächenunabhängiger" tierischer Veredelung, intensivem Marktfruchtanbau und spezialisiertem Futterbau (WENDLAND et al. 1993). Mit Ausnahme von Teilen Hohenlohes und Oberschwabens weist Baden-Württemberg eher unterdurchschnittliche N-Salden auf.

Die Stickstoffsalden unterscheiden sich je nach Betriebstyp, wie Bilanzen von Marktfrucht-, Futterbau- und Veredelungsbetrieben zeigen (BACH 1987). Am höchsten sind sie bei den auf tierische Produkte ausgerichteten Betriebstypen der Futterbau- und der Veredelungswirtschaft. Die Angaben zu den Beispielbetrieben in Tabelle 8 entsprechen den Durchschnittswerten der Haupterwerbsbetriebe dieser Typen in den alten Bundesländern im Wirtschaftsjahr 1983/84. Die Daten sind zwar nicht mehr aktuell, sie repräsentieren aber die intensivste Phase der deutschen Landwirtschaft Anfang und Mitte der 80er Jahre und geben so ein Bild der vermutlich höchsten N-Salden. In den meisten Betriebstypen und Regionen ist bereits im Laufe der 80er Jahre eine merkliche Reduktion der N-Überschüsse eingetreten (ISERMEYER 1992). Die Relationen sind heute noch gültig.

Tabelle 8: Stickstoffbilanzen für drei Beispielbetriebe, bezogen auf die landwirtschaftlich genutzte Fläche der Betriebe, repräsentativ für den Durchschnitt der Haupterwerbsbetriebe im Wirtschaftsjahr 1983/84 in Deutschland (alte Bundesländer). Angaben in kg N pro Hektar landwirtschaftliche Nutzfläche und Jahr (BACH 1987).

Bilanzgröße	Marktfrucht	Futterbau	Veredelung
Mineraldünger	135	100	114
Wirtschaftsdünger	-	115	192
Deposition	20	20	20
Summe N-Zufuhr	155	235	326
N-Entzug (Ernte)	102	139	106
N-Saldo	**53**	**96**	**220**

Eine nähere Analyse solcher N-Bilanzen (Flächenbilanzen und Hoftorbilanzen) macht deutlich, daß im wesentlichen zwei Posten der Stickstoffzufuhr für den durchschnittlichen N-Überschuß verantwortlich sind: der oftmals zu hohe Einsatz von Mineraldünger und der Einsatz von zugekauften (Import-)Futtermitteln. Zugekaufte Futtermittel spiegeln sich in den oben gezeigten Bilanzen im Ausmaß der Zufuhr von Stickstoff aus Wirtschaftsdüngern wider. Ein gewisser Überschuß in der Stickstoffbilanz, der in die Umwelt entlassen wird, ist zwar unvermeidlich, hohe Überschüsse sind aber nicht zwangsläufig, sondern durch Bewirtschaftungsfehler bedingt. Dazu gehört auch die mangelnde Abstimmung von Wirtschaftsdüngung, Mineraldüngung und Stickstoff-Nachlieferung aus dem Boden. Eine Beispielrechnung zeigt: Will man 99 % des derzeitigen Maximalertrags erzielen und berechnet das dazu notwendige Düngungsoptimum für verschiedene Kulturarten mittels Düngungs-/Ertragsfunktionen, so würde sich ohne weitere einschränkende Maßnahmen der hohe durchschnittliche N-Saldo von ca. 100 auf etwa 48 kg N pro Jahr und Hektar landwirtschaftlich genutzter Fläche, also weniger als die Hälfte, reduzieren lassen (FREDE und BACH 1993). Hier wird deutlich, daß gutes Bewirtschaftungsmanagement ein großes Verbesserungspotential in sich birgt (vgl. Kap. 4.8.1).

In der Phase hoher, gestützter Erzeugerpreise vor der EU-Agrarreform war jedoch kein Anreiz für nährstoffeffizientes Wirtschaften gegeben. Durch die hohen inländischen Erzeugerpreise waren Dünge- und Importfuttermittel relativ preisgünstig. Dies veranlaßte viele Betriebe zu einer intensiven Produktionsweise und zur flächenunabhängigen Aufstockung des Viehbesatzes. Hohe Viehbesatzdichten und die bis heute bestehende Flächenknappheit ließen für viele Betriebe Gülle - eigentlich ein wertvoller Wirtschaftsdünger - zu einem Entsorgungsproblem werden. Seit der EU-Agrarreform haben sich die Rahmenbedingungen durch den teilweisen Wegfall der Preisstützung bereits geändert (Kap. 4.5.3). Die Anfang 1996 in Kraft getretene, bundesweit gültige Düngeverordnung setzt für größere Betriebe Obergrenzen für den Einsatz von Wirtschaftsdünger tierischer Herkunft fest: Auf Grünland dürfen im Betriebsdurchschnitt maximal 210 kg N pro Hektar und Jahr ausgebracht werden, auf Ackerland ab Juli 1997 nur noch 170 kg N. Damit ist ein weiterer Schritt in Richtung verbesserter Nährstoffeffizienz getan, auch wenn die Düngeverordnung noch der Ergänzung beispielsweise durch Obergrenzen für Nährstoffbilanzüberschüsse bedarf (Kap. 4.8.2.1). Die Honorierung der Einhaltung von geringen Nährstoffsalden, abgestuft nach dem Grad der Unterschreitung von Obergrenzen, könnte zur weiteren Entlastung von Wasser, Luft und Boden beitragen (Kap. 4.8.3.3).

4.2.2.6 Phosphor und Kalium

Nährstoffüberschuß-Probleme gibt es nicht nur bei Stickstoff. Zu hohe Viehbesatzdichten führen auch zu Überschüssen von Phosphat (Schweine) und Kalium (Rinder). Die mit mineralischen und organischen Düngern eingebrachten Phosphate werden größtenteils im Boden angereichert, so daß viele landwirtschaftlich genutzte Böden bereits mit Phosphat gesättigt sind (Kap. 4.1.3.3). Die Zulassung von Phytase für die Schweinefütterung wird vermutlich zu einer besseren Phosphor-Ausnutzung durch die Tiere und damit zu einer gewissen Entschärfung des Problems führen (Kap. 4.3.2). Kalium kann von Tonmineralen fixiert werden und reichert sich daher in manchen Böden ebenfalls an, vor allem dann, wenn längere Zeit mit (zu)viel Rindergülle gedüngt wurde.

Durch die Düngeverordnung (Kap. 4.8.2.1) müssen die Betriebe die Gabe von Wirtschaftsdünger tierischer Herkunft auf das vom jeweiligen Standort her problematischste Nährelement ausrichten. Das heißt, daß auf Flächen, die hoch mit Phosphor oder Kalium versorgt sind, die Wirtschaftsdüngergabe auf die Höhe des P- und K-Entzuges durch die Pflanzen begrenzt werden muß. In viehstarken Regionen sind solche Flächen nicht selten, so daß oft genug nicht Stickstoff, sondern der Phosphor- und Kaliumanfall in den Exkrementen die Viehbesatzdichte beschränkt wird (FLAIG und MOHR 1996).

4.2.2.7 Methan - Treibhausgas und Energiequelle

Methan, ein wichtiges Treibhausgas, entsteht in der Tierhaltung vor allem beim bakteriellen Abbau von Zellulose im Pansen von Wiederkäuern und bei der anaeroben Zersetzung der Exkremente von Nutztieren (Kap. 4.1.4.2). Die bisher bekannten Strategien, die CH_4-Emissionen aus dem Verdauungssystem von Rindern zu minimieren, haben einen zentralen Ansatzpunkt: die CH_4-Emissionen pro Produkteinheit zu vermindern. Das gelingt über eine Leistungssteigerung oder bei gleicher Leistung durch eine bessere Futterverwertung. Meistens hat eine bessere Futterverwertung auch eine bessere Leistung zur Folge.

Eine Leistungssteigerung (mehr Milch oder Fleisch pro Tier) erhöht zwar die Emissionen pro Tier, bezogen auf die Produkteinheit sind die Emissionen von CH_4 aber geringer. Hier greift der Effekt hoher Leistung wie bei den NH_3-Emissionen, aber auch mit ähnlichen Zielkonflikten (Kap. 4.2.2.3). Bei einer Leistung von 4 000 kg Milch pro Kuh und Jahr werden die Methanverluste auf 23 g/kg Milch geschätzt, bei 6 000 kg Milch nur mehr auf 17 g/kg (AHLGRIMM und GÄDEKEN 1990).

Der Anteil von CH_4, der im Zuge der Verdauung freigesetzt wird, beträgt bei üblicher Fütterung ziemlich konstant etwa 6 % des Bruttoenergiegehalts im Futter. Je leichter verdaulich das Futter ist, desto mehr Energie aus dem Futter ist für das Tier verfügbar, desto weniger Futter muß pro Produkteinheit aufgenommen werden, desto weniger CH_4 wird emittiert (IPCC 1996b). Bei Futtermitteln mit hohem Stärkegehalt scheint darüber hinaus die Methanbildung während des Verdauungsprozesses geringer zu sein (CLAUS 1996). Die Bestrebungen in den Landwirtschaften der Industrieländer gehen ohnehin dahin, möglichst energiereiches Futter (Kraftfutter) zu verabreichen - aus Gründen der Leistungssteigerung. Das käme auch einer Verringerung der Methanemissionen zugute. Allerdings sind die organischen Reste in den Exkrementen von Tieren, die mit energiereichem Futter versorgt wurden, leichter abbaubar, so daß verstärkt CH_4 entweicht. Hier müßte eine Bilanz aufgestellt werden zwischen der Emission von CH_4 während der Verdauung und von CH_4 nach der Ausscheidung.

Andere denkbare Strategien wie die gentechnische Veränderung der für die Methanproduktion verantwortlichen Pansenmikroflora werden noch erforscht und dürften in absehbarer Zeit keine Praxisrelevanz besitzen (HEYER 1994).

Methan ist ein Treibhausgas. Bei den Maßnahmen zur Emissionsminderung darf die gewählte Strategie die Emission anderer Treibhausgase wie CO_2 und N_2O (Düngungsniveau!) nicht soweit erhöhen, daß die Einsparung von CH_4 hinsichtlich der Treibhauswirksamkeit wieder zunichte gemacht wird.

Die CH_4-Emissionen aus Mist und Gülle können bereits durch eine Abdeckung der Lagerstätten deutlich reduziert werden. Die kontrollierte anaerobe Fermentation von Gülle kann sogar zur Ressourcenschonung beitragen - dann nämlich, wenn das produzierte Methan aufgefangen, als regenerativer Energieträger Biogas genutzt und somit der fossile Energieträger Erdgas ersetzt wird.

Das Biogaspotential aus der Tierhaltung beträgt derzeit ca. 80 PJ pro Jahr in Deutschland und etwa 6 - 15 PJ pro Jahr in Baden-Württemberg, davon stammen ungefähr 70 % aus der Rinderhaltung, ein Viertel aus der Schweinehaltung, der Rest aus der Hühnerhaltung (KALTSCHMITT und WIESE 1993, NITSCH et al. 1993). Von diesem Potential wird vielleicht 1 Promille (0,1 PJ) in den etwa 150 landwirtschaftlichen Biogasanlagen Deutschlands genutzt. Zur Zeit ist durch die Vergütung von selbsterzeugtem Strom bei der Einspeisung ins öffentliche Netz der Betrieb vieler Biogasanlagen ökonomisch tragfähig - eine Investitionsförderung ist allerdings weiterhin vonnöten.

Die Biogastechnologie könnte in den nächsten Jahren einen Aufschwung erleben. Sie bietet nicht nur die Möglichkeit, Wärme und Strom zu erzeugen, sondern auch den im Substrat anfallenden Stickstoff unter Kontrolle zu halten. Durch den Gärprozeß wird der Stickstoff in seiner Düngewirkung berechenbarer. Hinzu kommen Bemühungen im Zuge der Entwicklung neuerer Verfahren, aus Gülle und organischem Abfall Stickstoff und andere Nährstoffe zu separieren und als Dünger in den Handel zu bringen (FLAIG et al. 1995).

Die meisten Biogasanlagen sind für einen Einzelbetrieb konzipiert. Je nach Betriebsgröße und Exkrementaufkommen sind sie unterschiedlich dimensioniert. Gemeinschaftsanlagen, die die Gülle mehrerer Betriebe verarbeiten können, sind noch die Ausnahme, ebenso - meist größere - Anlagen, die neben Gülle auch organische Abfälle, z. B. aus Schlachthöfen oder Großküchen, mit verarbeiten. Die Mitvergärung anderer geeigneter organischer Abfälle zusammen mit Gülle (Kofermentation) steigert nicht nur die Gasausbeute, sondern auch die Wirtschaftlichkeit, weil diese Verwertungsschiene als Entsorgungsleistung entlohnt wird. Die getrennte Erfassung von organischem Müll („Biotonne") wird im Zuge der TA Siedlungsabfall in immer mehr Städten und Gemeinden eingeführt. Neben ausschließlicher Kompostierung wäre eine vorgeschaltete Gärstufe zur Biogasgewinnung eine überlegenswerte Alternative zur Behandlung des Biomülls, zumal durch den Voraufschluß eine schnellere Rotte erfolgt (FLAIG et al. 1995).

4.2.2.8 Tierbestände

Wie in Kapitel 4.1.4.1 ausgeführt, haben sich die NH_3-Emissionen und die korrespondierenden Depositionen in den letzten Jahrzehnten etwa verdoppelt. Die Hauptursache dieses deutlichen Anstiegs ist die Zunahme der Viehbestände verbunden mit einer Steigerung der Tierleistung. So hat seit 1950 die Anzahl der Rinder und Schweine bis Mitte der 80er Jahre in Deutschland kontinuierlich zugenommen und geht erst seitdem wieder zurück (Tabelle 9), in den alten Bundesländern allmählich, in den neuen Bundesländern in den ersten Jahren nach der Vereinigung drastisch. Die Milchleistung der Kühe, herangezogen als repräsentatives Leistungsmerkmal der Nutztiere, die die höchsten Nährstoffmengen ausscheiden, ist weiterhin im Steigen begriffen. Man kann sich leicht ausrechnen, daß hohe Tierzahlen plus hohe Leistung auch hohe Nährstoff-Ausscheidungen nach sich ziehen.

Tabelle 9: Entwicklung des Rinder- und Schweinebestandes sowie des durchschnittlichen Milchertrags pro Kuh von 1940 bis 1994 in den alten Bundesländern (BML 1995, BML 1992a). Angaben in Mio. Stück (Viehbestand) bzw. kg Milch pro Kuh und Jahr (Milchleistung). Zum Vergleich: In Gesamtdeutschland betrug der Rinderbestand 1994 16,0 Mio. Stück, der Schweinebestand 24,7 Mio. Stück. Noch 1985 wurden in der damaligen BRD und DDR zusammen schätzungsweise 21,5 Mio. Rinder und 36,8 Mio. Schweine gehalten (OECD 1995).

Jahr	1940	1950	1960	1970	1985	1990	1994
Schweine[1]	11,3	11,9	15,8	21,0	24,3	22,0	21,3
Rinder[2]	11,9	11,1	12,9	14,0	15,6	14,5	13,1
Milchleistung	-	2800[3]	3200[3]	3800	4800	4870	5280

[1] „Schweine" einschließlich Zuchtsauen, Ferkel und Eber; [2] „Rinder" einschließlich Kälber, Mutterkühe und Bullen; [3] abgeschätzt nach Angaben von KROHN und SCHMITT (1962)

Ein Zurückfahren der Tierproduktion, begründet beispielsweise durch eine Reduktion des gegenwärtigen Fleischkonsums in Deutschland, hätte nach ISERMANN (1994b) enorme Entlastungseffekte: Würde man den derzeitigen Eiweißüberschuß in unserer Ernährung durch einen Teilverzicht auf tierisches Protein halbieren, so könnte die Abwasser- und Abfallwirtschaft um 35 % des gegenwärtigen N-Anfalls aus der Humanernährung entlastet werden. Die potentielle N-Entlastung für die gesamte Landwirtschaft würde durch den Abbau der Tierbestände bei über 800 000 t N pro Jahr liegen (ISERMANN 1994b).

Tierisches Protein ist ernährungsphysiologisch hochwertig, so daß ein bestimmter Anteil an tierischem Protein zu empfehlen ist. Hinzu kommt im Fleisch der hohe Eisengehalt mit günstiger Bioverfügbarkeit, der Gehalt an mehrfach ungesättigten Fettsäuren und der Gehalt an fettlöslichen Vitaminen, insbesondere an den Vitaminen B_1 und B_{12}. Fleisch ist darüber hinaus aufgrund seines Genußwertes seit jeher sehr beliebt. Archäologen gehen in Modellrechnungen davon aus, daß im Paläolithikum 290 kg Fleisch pro Person und Jahr verzehrt wurden, noch im Mittelalter betrug der Verzehr geschätzte 100 kg pro Kopf und Jahr (CLAUS 1996). Das Minimum wurde vermutlich in der vor- und frühindustriellen Zeit mit 20 kg und weniger erreicht. Seit 1800 bis Anfang der 90er Jahre dieses Jahrhunderts ist der Fleischverbrauch in Deutschland kontinuierlich angestiegen (Tabelle 10). So wurde in der damaligen EG von 1960 bis 1978 die Fleischproduktion um 67 % und die Milchproduktion um 22 % gesteigert, während das Bevölkerungswachstum im gleichen Zeitraum bei 11 % lag (CLAUS 1996). Erst in den letzten Jahren geht der Fleischverbrauch wieder zurück.

Tabelle 10: Fleischverbrauch in Deutschland von 1800 bis 1994 (nach KÜHBAUCH 1993 (Jahre 1800 - 1974) und BML 1995 (Jahre 1980 - 1994)). Der Fleischverbrauch setzt sich aus dem Verbrauch für Nahrung, Futter, industrielle Verwertung und Verlusten zusammen. Der tatsächliche menschliche Verzehr liegt nach Schätzung des Bundesmarktverbandes für Vieh und Fleisch heutzutage bei ca. zwei Dritteln des Verbrauchs. Angaben in [kg/Kopf/Jahr].

Jahr	1800	1883	1900	1935	1965	1974	1980	1990	1994
[kg/Kopf/Jahr]	13	30	45	53	66	81	101	102	93

Verbräuche von 100 kg Fleisch pro Kopf und Jahr, entsprechend einem Verzehr von fast 70 kg Fleisch, wie in unseren Tagen sind ernährungsphysiologisch nicht notwendig. Vermutlich käme man mit weniger als dem Mitte der 60er Jahre üblichen Verzehr aus (KÜHBAUCH 1993). Die meisten Menschen nicht nur in Deutschland haben sich freilich kaum um die ernährungsphysiologisch empfehlenswerte Verzehrmenge an Fleisch gekümmert, sondern mit ihrem Kauf- und Verzehrverhalten letztendlich das Fleischangebot bestimmt.

Die Entscheidung über die Höhe seines individuellen Fleischkonsums muß auch weiterhin dem einzelnen Verbraucher überlassen bleiben. Eine gelegentlich diskutierte „Fleischabgabe" lehnen wir aus sozialen und politischen Gründen ab: Finanziell Schlechtergestellten darf der Zugang zu einem hochwertigen Nahrungsmittel nicht erschwert werden (FLAIG und MOHR 1996).

Hinzu kommt, daß tierische Erzeugnisse insgesamt 63 % der Verkaufserlöse der deutschen Landwirtschaft ausmachen (Wirtschaftsjahr 1994/95; BML 1996a). Fleisch allein liefert bereits 32 % des Werts (Angaben für Baden-Württemberg siehe Kap. 2.2). Die Fleischerzeugung ist also schon innerhalb des Sektors Landwirtschaft ein wichtiger Wirtschaftsfaktor, der in den nachgelagerten Sektoren von Ernährungsindustrie und Handwerk noch an Bedeutung hinsichtlich der Wertschöpfung gewinnt. Die von den Verbrauchern ausgehende Reduzierung ihres bisherigen im Durchschnitt hohen Fleischverzehrs in den letzten Jahren hat bereits zu Sorgen in der Branche und verstärkten Marketinganstrengungen geführt. Das ist zwar ökonomisch verständlich, ökologisch jedoch ist ein durch geringere Nachfrage abgesenktes Niveau der Tierproduktion durchaus wünschenswert. Um die Einkommensverluste auszugleichen, sollte man weniger auf Quantität setzen, sondern das Augenmerk darauf richten, wie man gute Fleischqualität mit möglichst wenig (Nährstoff-)Input erzeugt. Für Regionen mit ungünstiger Produktionsstruktur wie Baden-Württemberg könnte die Perspektive in einer bewußt qualitätsorientierten und umweltverträglichen Erzeugung liegen. Vermutlich wird ein Teil der Verbraucher bereit sein, gute Fleischqualität über einen höheren Preis zu honorieren. Zu prüfen wäre auch, inwieweit die Bereitschaft besteht, tiergerechte Haltungsverfahren oder eine extensive Produktionsweise über höhere Preise zu entlohnen, vorausgesetzt die Herkunft des Fleisches ist nachprüfbar und dem Konsumenten vermittelbar.

Für die Milcherzeugung gilt ähnliches. Milch ist ein hochwertiges Nahrungsmittel und steuert 28 % zum Verkaufserlös der deutschen Landwirtschaft bei. Eine hohe Milchleistung von Kühen steigert sogar die Stickstoff-Effizienz pro Produkteinheit, so daß im Prinzip nichts dagegen spricht, solange die Tiergesundheit nicht leidet und solange genügend hochwertiges Grundfutter umweltverträglich erzeugt werden kann (Kap. 4.2.2.3). Eine Steigerung der durchschnittlichen Milchleistung muß aber einhergehen mit einer Reduktion der Tierzahl, damit eine Entlastung bei den Nährstoff-Überschüssen überhaupt eintreten kann. Hier ist je nach Region, Standort und Betrieb zu prüfen - auch im Interesse einer weiteren Bewirtschaftung von Grünland mit geringerer Standortgunst -, inwieweit extensivere Bewirtschaftungsformen die Milchwirtschaft an geeigneten Standorten ersetzen können (Kap. 4.2.3).

Trotz aller technischer, züchterischer und organisatorischer Maßnahmen wird man für das Ziel einer nachhaltigen Tierproduktion zumindest in einigen Regionen Deutschlands um eine Reduktion der Viehbesatzdichte nicht umhinkommen. Die Definition von Obergrenzen des Tierbesatzes sollte sich dabei allerdings nicht an der Anzahl Tiere (oder der Maßeinheit „Großvieheinheiten") festmachen. Solche Zahlen bilanzieren zwar den durchschnittlichen Stickstoffanfall mit der durchschnittlichen Aufnahme durch die Nutzpflanzen auf durchschnittlichen Böden. Sie wirken aber nicht als Signal, um die Möglichkeiten zum effizienteren Umgang mit Festmist und Gülle oder effizienterer Fütterung zu nutzen (CLAUS 1996). Zielführender ist eine Festlegung von Obergrenzen für Nährstoffbilanzüberschüsse. In diese Größe geht die Anzahl der Tiere pro Fläche indirekt ein. Gleichzeitig werden die Anstrengungen des Betriebsleiters zur Erhöhung der Nährstoffeffizienz durch mehr Flexibilität bei den Tierzahlen gewürdigt. Die Voraussetzungen für eine allgemeine Nährstoffbilanzierung sind bereits in der Düngeverordnung geschaffen worden (Kap. 4.8.2.1).

4.2.3 Nachhaltige Grünlandbewirtschaftung

4.2.3.1 Wirtschaftliche und ökologische Bedeutung des Grünlands

Die Grünlandfläche nimmt bundesweit ca. 30 % der landwirtschaftlich genutzten Fläche ein. In den alten Bundesländern sind es 35 %, in den neuen Bundesländern 19 % (BML 1996a). In Baden-Württemberg gliedern sich die rund 590 000 ha Grünland, das sind 40 % der landwirtschaftlich genutzten Fläche, in 470 000 ha Wiesen, 52 000 ha Mähweiden und 69 000 ha Weiden auf, darüber hinaus werden derzeit 116 100 ha Ackerland futterbaulich genutzt (BRIEMLE et al. 1996,

KAPPELMANN und SEITZ 1996). Die Grünlandwirtschaft stellt auf Flächen, auf denen ein wirtschaftlich rentabler Ackerbau nicht möglich ist (z. B. Überflutungsflächen, Hanglagen, kühle Mittelgebirgs- und Hochgebirgslagen), häufig die einzige wirtschaftlich tragfähige Möglichkeit der Landwirtschaft dar. Da die Grünlandwirtschaft für sich betrachtet wenig Sinn ergibt, muß die wirtschaftliche Bedeutung des Grünlandes in der Verknüpfung mit der Haltung von Rauhfutterfressern und damit mit der Milch-, Rind-, Schaf- und Ziegenfleischproduktion sowie der Pferdehaltung gesehen werden. So stammten von den Verkaufserlösen der baden-württembergischen Landwirtschaft (7,1 Mrd. DM) im Wirtschaftsjahr 1994/95 alleine rund 20 % aus der Milcherzeugung und 16 % aus der Rindermast und dem Kälberverkauf (STADLER 1995). Mitte der neunziger Jahre (Stand Dezember 1995) wurden in Baden-Württemberg (THALHEIMER 1996, MLR 1996a):

- 1 400 400 Rinder (insgesamt), davon 498 500 Milchkühe und etwa 46 300 Mutterkühe,
- 75 789 Pferde,
- 291 300 Schafe und etwa
- 15 000 Ziegen gehalten.

Unter den derzeitigen ökonomischen Rahmenbedingungen ist jedoch insbesondere in den standörtlich benachteiligten Grünlandregionen wie dem Hochschwarzwald oder Teilen der Schwäbischen Alb die wirtschaftliche Tragfähigkeit vieler Grünlandbetriebe nicht mehr gegeben, so daß ohne Gegenmaßnahmen große Teile dieser Mittelgebirgslagen vermutlich brachfallen werden. Ein dauerhafter Verzicht jeglicher Grünlandbewirtschaftung würde als potentielle natürliche Vegetation im Laufe der Zeit Wald entstehen lassen. Auf den Rückzug der Grünlandwirtschaft aus diesen sogenannten Grenzertragsregionen weist auch der deutliche Rückgang der Tierzahlen in diesen Gebieten hin. In den Landkreisen Breisgau-Hochschwarzwald und Zollern-Albkreis nahm der Bestand an Milchkühen seit 1975 um 21 % bzw. 30 % ab (BRIEMLE et al. 1996). In klimatisch begünstigten Grünlandregionen wie dem Allgäu hingegen war bis zur Einführung der Milchkontingentierung eine zunehmende Intensivierung der Grünlandwirtschaft zu beobachten. Diese Intensivierung kam in einer steigenden regionalen und betrieblichen Tierdichte, einer hohen Schnitthäufigkeit und hohen Pachtpreisen für Grünland zum Ausdruck.

Abbildung 17 und 18 zeigen den Grünlandanteil an der landwirtschaftlichen Nutzfläche bzw. seine Veränderung in den letzten Jahren (1975 - 1992) für Baden-Württemberg. Dabei ist insbesondere die deutliche Abnahme der Grünlandnutzung in den traditionellen Ackerbauregionen mit ohnehin geringem Grünlandanteil wie dem Kraichgau oder dem Heckengäu auffällig.

Umweltgerechte Produktionsverfahren

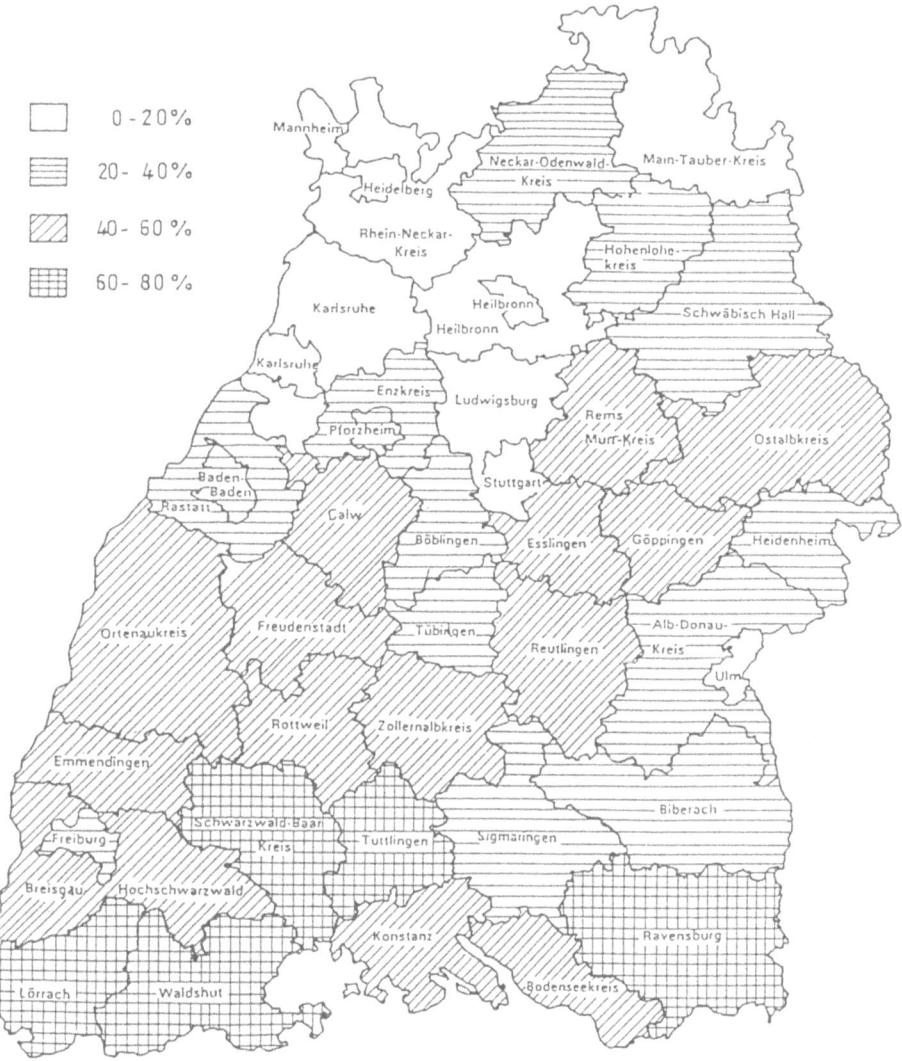

Abb. 17: Relativer Anteil des Dauergrünlandes an der landwirtschaftlich genutzten Fläche 1992 auf der Ebene der Stadt- und Landkreise Baden-Württembergs (BRIEMLE et al. 1996).

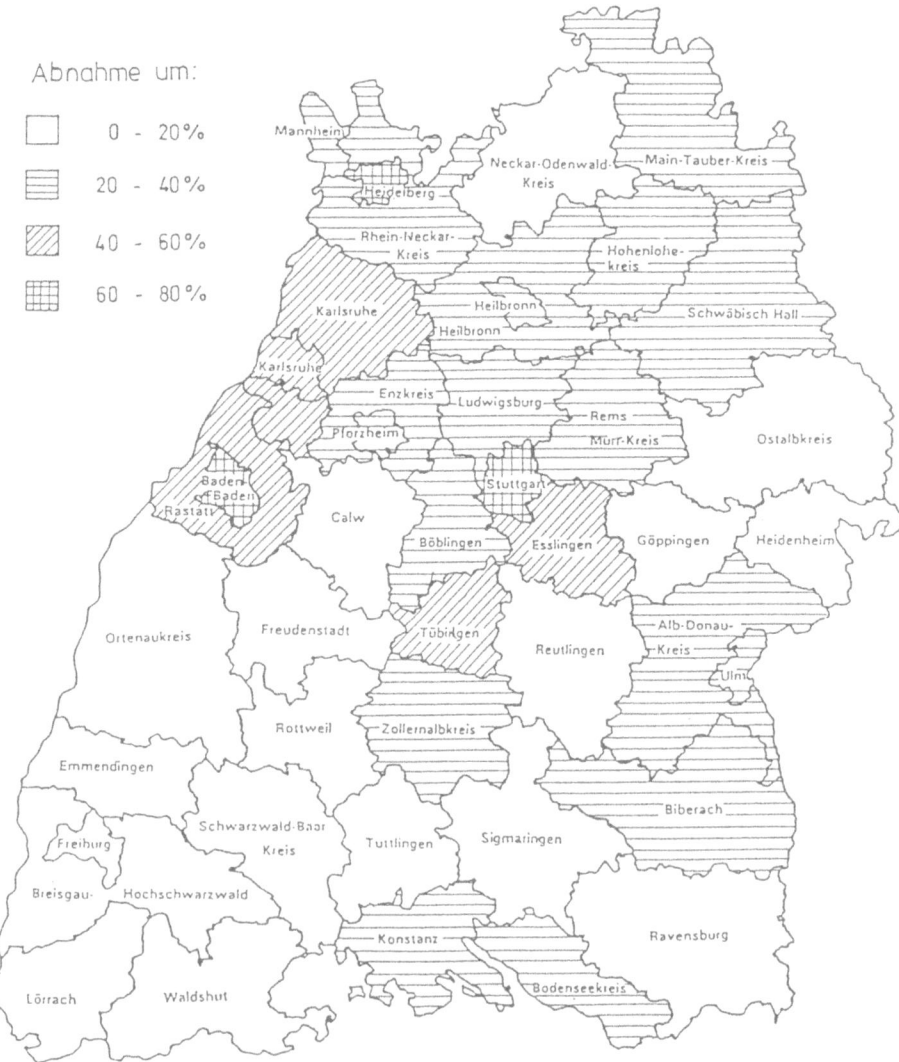

Abb. 18: Relative Veränderung der Dauergrünlandfläche von 1975 bis 1992 auf der Ebene der Stadt- und Landkreise Baden-Württembergs (BRIEMLE et al. 1996).

Neben der wirtschaftlichen Bedeutung der Grünlandnutzung (Milch- und Fleischproduktion) kommt dem Grünland auch bezüglich der Grundwasserqualität sowie bei der Grundwasserneubildung eine wichtige Bedeutung zu. So bewirkt der ganzjährig dichte Pflanzenbestand des Dauergrünlandes bei ordnungsgemäßer Bewirtschaftung einen im Vergleich zum Ackerbau deutlich geringeren Nährstoffaustrag ins Grundwasser, was zahlreiche Untersuchungen auf verschiedenen Standorten zeigen (ELSÄSSER 1994, OSCHWALD und ELSÄSSER 1994, JACOB 1991, STAHR et al. 1994). Im Zusammenhang mit der Filterwirkung und den wasserhaltenden Eigenschaften der humosen Grünlandböden kommt es unter Grünland zu einer steten Neubildung von Grundwasser. Diese im Vergleich zu versiegelten Flächen aber auch zu Ackerland verzögerte Wasserabgabe unter Grünland wirkt der Entstehung von Hochwässern entgegen. Darüber hinaus treten Bodenverluste durch Wassererosion insbesondere in Bach- und Flußauen sowie in Hanglagen, wie sie unter Ackernutzung häufig anzutreffen sind, unter Grünland in wesentlich geringerem Umfang auf (STAHR und STASCH 1996).

Wiesen und Weiden haben darüber hinaus als Lebensraum für zahlreiche Pflanzen- und Tierarten eine wichtige Bedeutung. Grünland gehört zu den artenreichsten Biotoptypen Mitteleuropas. Die standörtliche Vielfalt der Grünlandnutzung reicht in Baden-Württemberg dabei von flachgründigen Wacholderheiden über Glatthaferwiesen bis hin zu intensiv genutzten, hochproduktiven Vielschnittwiesen und Mähweiden. In Deutschland kommen auf Grünland über 1 000 Pflanzenarten vor, das entspricht 28 % der insgesamt vorkommenden Pflanzenarten. Dabei fördert insbesondere eine extensive bis mäßig intensive Nutzung, wie sie in erster Linie auf Trocken- und Halbtrockenrasen, auf Feucht- und Naßwiesen und auf Almen praktiziert wird, die Artenvielfalt. Von den 870 gefährdeten Pflanzenarten Deutschlands haben fast 500 ihren Wuchsort auf extensivem Grünland (BRIEMLE et al. 1996). Pflanzenartenreiche Wiesen und Weiden haben auch eine hohe tierökologische Bedeutung. So weisen Trocken- und Halbtrockenrasen im Vergleich zu anderen Biotoptypen die höchsten Zahlen an seltenen Insektenarten auf. In solchen Trockenbiotopen werden mehr als 1 000 Schmetterlingsarten nachgewiesen (BRIEMLE et al. 1996).

Die jährliche Nutzungsfrequenz von Wirtschaftsgrünland liegt in Deutschland heute im allgemeinen bei 3 bis 5 Nutzungen, in den 60er Jahren lag sie noch bei 2 bis 3, was auf eine deutliche Intensivierung der Grünlandwirtschaft hinweist. Insbesondere die seit den 50er Jahren zahlreich durchgeführten Meliorationsmaßnahmen und die Erhöhung des Nährstoffangebotes haben zur Verbreitung uniformer artenarmer Grünlandbestände beigetragen. Aus pflanzensoziologischer Sicht handelt es sich bei einem großen Teil des heutigen Grünlandes daher um wenig strukturierte, kennartenarme Pflanzenbestände mit in der Regel nicht mehr als 25 Pflanzenarten (BRIEMLE et al. 1996). Solche Pflanzenbestände sind durch ihre häufige und früh einsetzende Nutzung sowie intensive Düngung biotisch verarmt. Dort, wo die natürlichen Gegebenheiten eine solche Bewirtschaftung verhinderten (z. B. Hanglagen, Trockenstandorte, kühle Mittelgebirgslagen), gibt es noch artenreicheres und soziologisch gut differenziertes Grünland. Besonders diese Flächen fallen jedoch seit einigen Jahren aufgrund fehlender Wirtschaftlichkeit zunehmend brach und verbuschen.

Die jeweilige Intensität der Grünlandbewirtschaftung ergibt sich in erster Linie aus den standörtlichen Voraussetzungen und dem Verwendungszweck des produzierten Aufwuchses. Während z. B. eine viermalige Nutzung im Allgäu einer mittleren Intensität in dieser Region entspricht, wäre diese Nutzungsfrequenz in den Hochlagen des Schwarzwaldes als zu hoch einzustufen bzw. ist dort gar nicht zu erreichen. Falls die Intensität nicht an den Standort angepaßt ist, reagieren die Bestände mit Narbenauflockerung oder massiver Verunkrautung. Dabei ist eine extensive Bewirtschaftung von Grünland nicht auf jedem Standort zwingend umweltschonend. Ökologisch ungünstig wird sie sogar dann, wenn eine Mindestpflege unterschritten wird. Dies kann zu einem Artenschwund, zu Nitratausträgen oder zu einer Abnahme der Bodenfruchtbarkeit führen (BRIEMLE et al. 1996). Auch kann die Reduzierung der Nutzungsintensität zur Vermehrung unerwünschter Pflanzen (u. a. Herbstzeitlose oder Ackerkratzdistel) im Grünland führen.

Eine zu intensive Nutzung engt jedoch in jedem Fall die standortspezifische Artenvielfalt (Flora und Fauna) ein. Auch führt ein im Verhältnis zur Leistungsfähigkeit des Standorts zu hoher Viehbesatz oder eine nicht sachgerechte Beweidung im allgemeinen zu einer unerwünschten Nitratauswaschung und erheblichen NH_3-, CH_4- und N_2O-Emissionen (siehe Kap. 4.1). Darüber hinaus führen hohe Rohproteingehalte von über 18 % im Grundfutter, wie sie bei intensiv gedüngtem Grünland auftreten, und der Einsatz von eiweißreichem Kraftfutter (Sojaschrot etc.) zu hohen N-Ausscheidungen in der Tierproduktion. Allerdings muß eine intensive Bewirtschaftung von Grünland nicht zwangsläufig umweltschädlich sein, besonders wenn die standortspezifischen Nährstoffkreisläufe nicht überlastet und die erforderlichen Produktionsmittel ordnungsgemäß nach dem technischen und fachlichen Stand eingesetzt werden. Aufgrund der ganzjährig geschlossenen Vegetationsdecke sind unter Grünland im allgemeinen deutlich geringere Nährstoffausträge und nahezu keine Bodenerosion im Vergleich zu Ackerland zu verzeichnen (STEINER et al. 1996, STAHR und STASCH 1996). Maßnahmen, die den Umbruch von Grünland zu Ackerland fördern, wie die Aufnahme der Maisflächen in die EU-Ausgleichszahlungen, sind in diesem Zusammenhang negativ zu beurteilen.

Silomais als eine der ertragreichsten Feldfutterpflanzen bringt aber je nach Standortbedingungen einen Ertrag von 110 bis 160 dt Trockenmasse je Hektar und eine Energiemenge von 70 000 bis 105 000 MJ Nettoenergie-Laktation (NEL)[7]. Bei Grünland können je nach Standort und Bewirtschaftungsintensität zwischen 30 und 150 dt TM/ha geerntet werden. Gemessen in Energieeinheiten sind das zwischen 15 000 und 85 000 MJ (NEL) und damit deutlich weniger als bei Silomais (BRIEMLE et al. 1996). In der Rinderfütterung ist Silomais darüber hinaus auch bezüglich der Verdaulichkeit dem Grünlandaufwuchs überlegen. Der Anbau von Silomais weist damit im allgemeinen eine wirtschaftliche Vorzüg-

---

[7] Die Nettoenergie-Laktation (NEL) ist eine Maßeinheit für den Futterwert, speziell für den Energiewert von Futtermitteln in der Milchviehhaltung.

lichkeit gegenüber Grünland auf, aus ökologischer Sicht (z. B. geringerer Nährstoffaustrag, höhere Artenvielfalt) ist Grünland allerdings erheblich günstiger zu beurteilen. Eine zusätzliche Förderung des ohnehin auf vielen Standorten betriebswirtschaftlich überlegenen Silomaisanbaus, wie sie im Rahmen der EU-Ausgleichszahlungen erfolgt, ist daher nicht sinnvoll.

Eine gleichförmige Senkung der Nutzungsintensität aller Flächen einer Region oder eines Betriebes auf ein mittleres Niveau würde wegen der geologischen, pedologischen und topographischen Unterschiede zwischen den Flächen einer Region bzw. eines Betriebes weder die Vielfalt der heimischen Tier- und Pflanzenwelt begünstigen, noch eine hohe Futterqualität zulassen. Regional gesehen würden dadurch vielmehr ganze Nutzungsrichtungen wie die Milchproduktion verhindert werden. Anzustreben ist daher eine Senkung der Intensität auf dafür geeigneten Flächen, um dort dem Arten- und Biotopschutz eine Chance zu geben und die Beibehaltung der Intensität unter Beachtung der ökologischen Verträglichkeit auf anderen Flächen, um den Ansprüchen der Nutztiere an die Futterqualität zu genügen. Dabei können mehrere Nutzungsintensitäten auf einem Betrieb nebeneinander vorkommen. Eine standortgemäße Nutzungsintensität vermeidet auch eine unerwünschte Bestandsentwicklung durch Übernutzung der Grasnarbe. Bei Berücksichtigung der unterschiedlichen Standorteigenschaften und der Anforderungen an die Qualität des Futters kann man nach WEISSBACH (1993) drei Grünlandkategorien unterscheiden:

- Mit begrenzter Intensität zu bewirtschaftendes Grünland („Intensivgrünland").
- Extensiv zu bewirtschaftendes Grünland („Extensivgrünland").
- Besonders zu schützende Grünlandbiotope („Naturschutzgrünland").

Intensive Nutzungsrichtungen wie die Milchviehhaltung, die Bullenmast oder das Halten von laktierenden Schafen und Stuten sind auf qualitativ hochwertiges Grünfutter, wie es auf „Intensivgrünland" gewonnen wird, angewiesen. Das heißt, das Futter sollte möglichst im Stadium des Ähren- und Rispenschiebens der hauptbestandesbildenden Gräser geschnitten werden. Bei dieser Tiergruppe, die in Baden-Württemberg 64 % der gehaltenen Rauhfutterfresser umfaßt, können maximal 20 - 30 % spätgeschnittenes Futter (Schnittzeitpunkt Ende der Blüte), z. B. zur Fütterung von gerade nicht-laktierenden Kühen, verwendet werden.

Mutterkühe, Mastfärsen, Mastochsen, Färsen unter einem Jahr und Pferde können größere Mengen von Grünlandaufwüchsen mittlerer Qualität (Schnittzeitpunkt Beginn bis Ende der Blüte) sinnvoll verwerten. Diese Gruppe mit etwas geringeren Ansprüchen an die Futterqualität hat einen Anteil von ca. 18 % an den Rauhfutterfressern in Baden-Württemberg.

Die geringsten Anforderungen an die Futterqualität haben Färsen älter als 1 Jahr, nichtträchtige Schafe, Hammel und Robustpferde (18 % der baden-württembergischen Rauhfutterfresser). Von diesen Tieren können größere Mengen an spätgeschnittenem Futter, wie es auf besonders zu schützenden Grünlandbiotopen (Wacholderheiden, Magerwiesen etc.) anfällt, verwertet werden. Es handelt sich hier um Produktionsrichtungen mit geringen Produktionsleistungen, bei denen im wesentlichen der Erhaltungsbedarf gedeckt werden muß (BRIEMLE et al. 1996).

Die unterschiedlichen Anforderungen der verschiedenen Nutztiere an das Grundfutter lassen daher eine unterschiedliche Bewirtschaftung und Nutzungsintensität von Grünland zu. Die Abstufung der Bewirtschaftungsintensität macht aber nur dort einen Sinn, wo unterschiedliche Intensitätsanforderungen, d. h. verschiedene Produktionsverfahren der Tierhaltung, vorhanden sind. Agrarumweltprogramme sollten daher Maßnahmen, die der Beibehaltung bzw. der Etablierung von anspruchslosen Rauhfutterfressern (Mutterkühe, anspruchslose Rinderrassen, Ziegen, Schafe, Robustpferde etc.) dienen, entsprechend fördern. Denn nur wenn das auf extensiv genutztem Grünland anfallende Futter über ein entsprechendes Tierhaltungsverfahren wirtschaftlich genutzt werden kann, wird es weiterhin entsprechende Verfahren der Grünlandnutzung geben.

Eine hohe Futterqualität und hohe Futtererträge, wie sie beispielsweise in der Milchviehhaltung für eine wirtschaftliche Produktion notwendig sind, setzen eine ausreichende und ausgeglichene Versorgung der Grünlandbestände mit Nährstoffen wie Stickstoff, Phosphor, Kalium, Kalzium und Magnesium voraus. Eine überhöhte, unzureichende oder unausgeglichene Düngung kann sowohl den Futterertrag und die Futterqualität mindern, als auch, insbesondere bei Stickstoff und Phosphat, die Grund- und Oberflächengewässer belasten. Als Grundlage für eine sachgerechte Grünlanddüngung sollte daher eine betriebliche Nährstoffbilanz, die durch flächenbezogene Nährstoffbilanzen ergänzt wird, erstellt werden. Dabei ist eine größtmögliche Effizienz der ausgebrachten Nährstoffe anzustreben. Insbesondere der im Betrieb anfallende organische Dünger (Gülle, Jauche, Mist) ist so auszubringen, daß diese Nährstoffe vom Pflanzenbestand aufgenommen werden können und möglichst wenig über Luft und Wasser verlorengeht. Mineralische Düngemittel sollten grundsätzlich nur als Ergänzung zum organischen Dünger ausgebracht werden, wobei insbesondere auf eine ausreichende Versorgung der Grünlandbestände mit Mikronährstoffen (Mangan, Zink, Kupfer etc.) zu achten ist. Die 1996 verabschiedete Düngeverordnung des Bundes, die über entsprechende Auflagen (Betriebsbilanz, Nährstoffuntersuchungen, Ausbringungshöchstmengen, Ausbringungszeitraum etc.) eine sachgerechte Ermittlung des Düngebedarfs sowie eine termingerechte Ausbringung des organischen Düngers durch die Grünlandbetriebe verlangt, dürfte langfristig zu einer Verbesserung der Situation beitragen (siehe Kap. 4.8.2.1). Für eine bedarfsgerechte Düngung der Grünlandbestände, bei der sowohl die Ansprüche der gehaltenen Nutztiere an das Grundfutter als auch ökologische Aspekte zu berücksichtigen sind, bedarf es aber auch weiterhin intensiver Anstrengungen der landwirtschaftlichen Beratung. Dies gilt insbesondere für kleine Nebenerwerbsbetriebe, die von der Düngeverordnung nicht erfaßt werden (vgl. Kap. 4.8.1).

Der Umgang mit den Wirtschaftsdüngern Gülle, Jauche und Stallmist erfordert aufgrund der vielfältigen und komplexen Wirkungen dieser Dünger eine besondere Sorgfalt hinsichtlich der sachgerechten Lagerung, der termingerechten Ausbringung, der zu verwendenden Technik und der vom Pflanzenbestand benötigten Aufwandmenge (vgl. Kap. 4.2.2.4). Besondere Aufmerksamkeit verdienen dabei die Vermeidung von NH_3-Emissionen und die Verringerung der Nitratauswaschung. Darüber hinaus sind wie bei der mineralischen Düngung auch bei der Ausbringung von organischen Düngemitteln - insbesondere bei der Gülle- und Jaucheausbringung - Seen und Fließgewässer vor Stoffeinträgen durch das Einhalten gewisser Mindestabstände zu schützen.

Neben der futterbaulichen Bedeutung und der Bedeutung für den Artenschutz hat das Grünland auch eine wichtige Bedeutung für die Landschaftsästhetik und den Tourismus. Besonders die buntblühenden Magerwiesen und -weiden, wie man sie häufig in Gebieten mit extensiver Grünlandnutzung antrifft, aber auch der Anblick von Rindern, Pferden, Ziegen oder Schafen auf der Weide hat für viele Menschen einen hohen ästhetischen Reiz und macht dadurch ein Erholungsgebiet interessant. Der Schwarzwald, die Schwäbische Alb oder das Allgäu verdanken ihre Bedeutung als wichtige Urlaubs- und Naherholungsgebiete wesentlich ihrem hohen Grünlandanteil.

4.2.3.2 Maßnahmen für eine nachhaltige Grünlandbewirtschaftung

Nachhaltige Grünlandbewirtschaftung darf auf Dauer das Ökosystem nicht negativ beeinflussen und muß gleichzeitig für die Grünlandbetriebe wirtschaftlich tragfähig sein. Nach BRIEMLE et al. (1996) sind für eine nachhaltige Grünlandbewirtschaftung auf betrieblicher Ebene folgende Grundsätze zu beachten:

- Die Zufuhr an Nährstoffen soll dem Entzug entsprechen. Gemäß dem Gedanken der Kreislaufwirtschaft soll zunächst der anfallende organische Dünger eingesetzt und nur die fehlenden Nährstoffe durch mineralische Düngemittel ergänzt werden.
- Die Ausbringung des Düngers hat in Anpassung an den Nährstoffbedarf der Pflanzen, die Befahrbarkeit des Bodens und die Witterung zu erfolgen.
- Die Verwendung von Maschinen und Geräten bzw. die Entwicklung und der Einsatz neuer Techniken hat unter der Prämisse zu erfolgen, daß Nährstoffverluste sowie Bodenverdichtungen und Schäden an der Grasnarbe auszuschließen oder zumindest zu minimieren sind.
- Die Bestandesregulierung hat in erster Linie über die Bewirtschaftung (Schnitthäufigkeit, Düngung etc.) zu erfolgen, während Herbizide nur in Ausnahmefällen eingesetzt werden sollten.
- Die Bewirtschaftung und die Nutzungshäufigkeit haben entsprechend der Standortverhältnisse mit einer angezeigten abgestuften Intensität zu erfolgen.

— Eine hohe Grundfutterqualität und -menge ist von Vorteil, da sie den Einsatz von Kraftfutter bei Ernährung von Rauhfutterfressern vermindert und damit den Nährstoffimport in den betrieblichen Nährstoffkreislauf reduziert.

Da einige dieser Grundsätze, wie ein möglichst geringer Kraftfuttereinsatz oder die termingerechte Ausbringung von Wirtschaftsdünger, zu höheren Produktionskosten führen können, bedarf es entsprechender agrarpolitischer Maßnahmen, wenn eine nachhaltige Grünlandwirtschaft flächendeckend umgesetzt werden soll. So dürfte z. B. die bundesweit geltende Düngeverordnung zu einem umweltgerechteren Einsatz von Wirtschaftsdünger führen (vgl. Kap. 4.8.2.1). Neben ordnungspolitischen Maßnahmen ist aber auch eine Modifizierung der gegenwärtigen Agrarumweltprogramme notwendig. Insbesondere die Etablierung einer abgestuften Bewirtschaftungsintensität, die sich an den standörtlichen Voraussetzungen und am Verwendungszweck des produzierten Aufwuchses orientieren sollte, verlangt entsprechende Änderungen der Agrarumweltprogramme. So legen derzeit viele Programme (z. B. MEKA, Landschaftspflegerichtlinie, Extensivierungsprogramm) aus Gründen des Arten- und Biotopschutzes einen späten Termin der ersten Nutzung fest. Dadurch wird das Futter insbesondere auf fruchtbaren Standorten häufig zu alt, und kann damit nicht mehr wirtschaftlich über Milchkühe verwertet werden. Auch die derzeitige Förderung einer extensiven Grünlandnutzung, wie sie im Rahmen des baden-württembergischen MEKA-Programms über die Honorierung einer geringen Nutzungshäufigkeit erfolgt, sollte zielgerichteter gestaltet werden (siehe Kap. 4.8.3.2). So ist die generelle Förderung einer nicht mehr als zweimaligen Nutzung zwar in bezug auf Glatthaferwiesen, Goldhaferwiesen oder wüchsige Halbtrockenrasen sinnvoll. In den meisten Grünlandbeständen („Fettwiesen") macht jedoch eine nur zweimalige Nutzung auch aus ökologischen Gründen wenig Sinn. Gleichermaßen ist die ebenfalls nicht spezifizierte Förderung von einschürigen Wiesen durch das MEKA nur auf Halbtrockenrasen oder ausgesprochenen Magerrasen, also Flächen mit geringer Produktivität, sinnvoll. Eine nicht standortangepaßte, zu extensive Bewirtschaftung kann Artenschwund, Nitrataustäge, eine Verunkrautung oder eine Abnahme der Bodenfruchtbarkeit zur Folge haben und ist daher nicht zwangsläufig umweltschonend. Derartige Programme bedürfen somit regional und standörtlich flexiblerer Regelungen (siehe Kap. 4.8.3). Darüber hinaus ist die Verbreitung neuer umweltschonender Techniken (z. B. Verfahren zur emissionsarmen Lagerung und Ausbringung von Gülle) über entsprechende Investitionsprogramme zu unterstützen.

Die aus ökologischen Gründen in Grenzertragsregionen anzustrebende Erhaltung bzw. Etablierung extensiver Grünlandnutzungsverfahren in Verbindung mit entsprechenden Tierhaltungsverfahren (Mutterkuh-, Schafhaltung etc.) verlangt aus ökonomischen Gründen große zusammenhängende Weideflächen, die bei der kleinräumigen Struktur in Baden-Württemberg derzeit nicht gegeben sind. Daher müssen für eine erfolgreiche Etablierung solcher Haltungsverfahren entsprechende agrarstrukturelle Voraussetzungen geschaffen werden. Eine solche Entwicklung darf aber nicht zu einer Erhöhung der Pachtpreise für Grünland auf Grenzertragsflächen führen, da extensive Tierhaltungsverfahren infolge geringer Gewinnspannen hohe Pachtpreise nicht zulassen.

Wenn die Grünlandwirtschaft in standörtlich benachteiligten Regionen, wie z. B. dem Hochschwarzwald oder der Schwäbischen Alb, erhalten werden soll, dann muß das derzeitige System der flächenbezogenen Ausgleichsleistungen (z. B. Ausgleichszulage) durch ein an ökologischen Leistungen orientiertes Prämiensystem ersetzt werden, wobei die Zahlungen in diesem Fall an die Bewirtschaftungsform bzw. die Art der Viehhaltung zu binden sind (siehe Kap. 4.7). Darüber hinaus sollten auch auf kommunaler und regionaler Ebene Anstrengungen zur Unterstützung einer extensiven Tierhaltung in Grenzertragsregionen unternommen werden. So können beispielsweise über die Förderung regionaler Vermarktungsinitiativen für Fleisch- oder Milchprodukte (Einrichtung von Bauernmärkten etc.) oder durch das Einbeziehen von Triebwegen in kommunale Planungen die Rahmenbedingungen für eine standortangepaßte extensive Grünlandwirtschaft verbessert werden (vgl. Kap. 4.8.3.4).

4.2.4 Umweltgerechter Pflanzenbau

Ackerbau ist im Vergleich zur Grünlandwirtschaft mit einem wesentlich höheren Eingriff in Natur und Landschaft verbunden. Doch der Anbau von Nutzpflanzen muß nicht zwangsweise zu den derzeitigen erheblichen Beeinträchtigungen der natürlichen Ressourcen führen (siehe Kap. 4.1). Keine Pflanze als solche schadet der Umwelt, sondern in erster Linie falsche Anbaumaßnahmen. Beispielsweise kann der Maisanbau, der schon einmal als „Syphilis der Landwirtschaft" bezeichnet wurde (KAHNT 1996), mittels geeigneter Produktionstechnik sehr wohl umweltschonend durchgeführt werden, wie die Ergebnisse der SchALVO-Untersuchungen zeigen (vgl. Kap. 4.8.2.3). Ein umweltschonender Kulturpflanzenanbau setzt allerdings voraus, daß die standortspezifischen Gegebenheiten (Bodenart, Hangneigung, Tiefgründigkeit, Fruchtfolge etc.) in die Anbaumaßnahmen mit einbezogen werden. Welche beachtlichen Auswirkungen z. B. verschiedene Varianten der Bodenbearbeitung auf einem erosionsgefährdeten Standort haben können, verdeutlichen eindrucksvoll die enormen Unterschiede des Bodenabtrags auf einem hängigen Lößboden (Tabelle 11).

Tabelle 11: Einfluß einer 7-jährigen unterschiedlichen Bodenbearbeitung auf die Erosion (Kraichgau, Lößboden, 19 % Hangneigung) (CLEMENS et al. 1995).

Variante	Regenmenge l/m^2	Abfluß		Bodenabtrag t/ha
		l/m^2	%[1]	
Pflug	81	57	70	4 340
Mulchsaat	83	33	40	340
Direktsaat	82	19	23	30

[1] in % vom Niederschlag

Standardisierte ackerbauliche Maßnahmen führen aufgrund unterschiedlicher Vorfruchtwirkungen und der Verschiedenartigkeit der Standorte zwangsläufig zu Umweltbeeinträchtigungen. Standortangepaßte sowie zwei bis drei Jahre zurück- und vorausschauende Anbaumaßnahmen sind deshalb für einen umweltschonenden, aber auch für einen betriebswirtschaftlich erfolgreichen Pflanzenbau unumgänglich (KAHNT 1996).

Der ökologische und der integrierte Landbau versuchen, den vielschichtigen Ansprüchen gerecht zu werden. Was können diese alternativen Wirtschaftsweisen für eine nachhaltige Landwirtschaft leisten? Welche Chancen bietet der ökologische Landbau und welche Grenzen hat er? Auf diese Fragen wird nachfolgend ausführlich eingegangen (Kap. 4.2.5).

Generell sollte sich ein umweltschonender, nachhaltiger Pflanzenbau an den folgenden Zielvorgaben orientieren:
- Produktion möglichst gesunder und rückstandsfreier Nahrungs- und Futtermittel.
- Minimierung der Beeinträchtigung von Grund- und Oberflächenwasser durch Nährstoffe und Pflanzenschutzmittel.
- Minimierung der NH_3- und N_2O-Emissionen.
- Optimierung der Bodenfruchtbarkeit, Stabilisierung des Bodengefüges, Minimierung der Bodenerosion.
- Förderung der Biotop- und Artenvielfalt im Agrarökosystem.

Folgerungen für eine nachhaltige Pflanzenproduktion:
1. Minimierung der Nährstoffbilanzüberschüsse durch standortangepaßte und bedarfsgerechte Düngung (Nährstoffentzug unter Berücksichtigung des Bodenvorrats), angepaßte Bodenbearbeitung und Zwischenfruchtanbau.
2. Pflanzenschutz nach dem Schadschwellenprinzip unter vorrangiger Berücksichtigung biologischer, biochemischer, pflanzenzüchterischer sowie anbau- und kulturtechnischer Maßnahmen.
3. Möglichst weite Fruchtfolgen mit standortangepaßten Kulturarten und Sorten.
4. Stabilisierung des Bodengefüges durch bodenschonende Bearbeitung und Zwischenfruchtanbau.
5. Berücksichtigung der regionalen Standorteigenschaften und Gegebenheiten (Wassereinzugsgebiete, Gewässernähe, angrenzende naturnahe Landschaftsteile, Bodenschutz etc.) durch standortangepaßte Produktionssysteme.
6. Nutzung des biologischen und technischen Fortschrittes für das Ziel eines umweltschonenden, nachhaltigen Pflanzenbaus.

4.2.5 Ökologischer Landbau

Unter ökologischem Landbau wird im allgemeinen eine Landbewirtschaftung verstanden, die auf den Einsatz synthetischer Mineraldünger und synthetischer Pflanzenschutzmittel verzichtet. Darüber hinaus gehört zu seinen Richtlinien, die Bodenfruchtbarkeit zu erhalten und zu fördern, die natürlichen Ressourcen zu schonen, nahezu geschlossene Betriebskreisläufe zu realisieren, die Tierhaltung artgerecht zu gestalten und an der verfügbaren Fläche auszurichten sowie natürliche Regelmechanismen auszunutzen.

Für den ökologischen Landbau sind seit dem 1. Januar 1993 Anbau, Verarbeitung, Handel, Kennzeichnung und Kontrolle von Produkten durch die Verordnung EWG-2092/91 auf EU-Ebene geregelt. Der Bereich der Tierhaltung ist noch ausgeklammert und soll durch eine weitere EWG-Verordnung, die kurz vor der Verabschiedung steht, ergänzt werden.

Der ökologische Landbau erfuhr insbesondere durch die flächenbezogenen Förderungen und die gestiegene Nachfrage nach Öko-Produkten, aber auch durch die gesunkenen Erzeugerpreise im konventionellen Landbau in den letzten Jahren, eine erhebliche Ausdehnung (siehe Kap. 4.2.5.2).

4.2.5.1 Umweltwirkungen des ökologischen Landbaus

Da ökologisch wirtschaftende Betriebe, gemäß ihren Anbauvorschriften, keine synthetischen Pflanzenschutzmittel anwenden, können von ihnen auch keine Pestizideinträge in Grund- und Oberflächengewässer ausgehen. Als Stickstoffquellen zur Düngung dienen stickstoffixierende Pflanzen (Leguminosen, z. B. Klee oder Ackerbohnen) und tierische Ausscheidungen. Die ausschließliche Verwendung von Wirtschaftsdüngern (einschließlich Leguminosen) als Stickstoffquelle erfordert jedoch ein äußerst sorgfältiges Düngemanagement sowie eine ausgewogene Fruchtfolgegestaltung im Ackerbau, um hohe Nitratauswaschungen zu vermeiden (s. u.). Insgesamt beeinträchtigt der ökologische Landbau die natürlichen Ressourcen sicher weniger als die sogenannte konventionelle Landwirtschaft der letzten Jahrzehnte. Ein großer Teil der Umweltvorteile des ökologischen Landbaus beruht jedoch nicht auf besserer Effizienz, sondern darauf, daß das Produktionsniveau aufgrund der auferlegten Beschränkungen niedriger ist. Auf die Produkteinheit bezogen können Nährstoffüberschüsse und Emissionen vergleichbar sein (s. u.) (ISERMANN 1994b).

Nachfolgend werden exemplarisch wesentliche Wirkungen des ökologischen Landbaus auf die einzelnen natürlichen Ressourcen aufgeführt, die auch kritisch beleuchten, daß ökologischer Landbau nicht immer *per se* zu positiven Umweltwirkungen führt, sondern eine differenzierte Betrachtung erforderlich ist.

Wasser

Die Belastungen von Grundwasser und Oberflächengewässern sind aufgrund der pflanzenschutzmittelfreien Wirtschaftsweise sowie der „Nährstoffmangelwirtschaft" im Vergleich zum konventionellen Landbau im allgemeinen geringer. Der weitgehende Verzicht auf den Zukauf von Futtermitteln und die Begrenzung des Viehbesatzes auf 1,3 Dungeinheiten pro Hektar (entspricht 104 kg N/ha·a) verhindert darüber hinaus sehr hohe Wirtschaftsdüngeraufkommen. Es ist allerdings zu beachten, daß dem Boden einerseits auch erhebliche Stickstoffmengen durch den erforderlichen Anteil von mindestens 25 % Leguminosen in der Fruchtfolge zugeführt werden (KAHNT 1996) und andererseits der Stickstoffentzug des Erntegutes im ökologischen Anbau infolge der geringeren Erträge und Proteingehalte bei vielen Kulturen nahezu nur die Hälfte wie im konventionellen Anbau beträgt (Tabelle 12).

Tabelle 12: N-Entzug im Korn von Winterweizen im ökologischen und konventionellen Anbau (berechnet nach HEGE 1992).

Landbausystem	durchschnittlicher Ertrag in dt	Proteingehalt in %	N-Entzug Korn kg N/ha·a
ökologisch	40	10 - 12	61 - 73
konventionell	67	12 - 14	122 - 142

Die relativ geringe N-Abfuhr durch das Korn im ökologischen Landbau, die im Weizenanbau nur ca. 70 kg N/ha·a beträgt und bei Roggen, Hafer oder Gerste noch geringer ist, hat zur Folge, daß es schon bei vieloser Wirtschaftsweise - und damit ohne Dünger tierischer Herkunft - zu N-Bilanzüberschüssen kommen kann. So wird beispielsweise bei der Fruchtfolge Leguminosenanbau und nachfolgend zwei- bis dreimal Getreide - eine Fruchtfolge, die im ökologischen Landbau häufig anzutreffen ist - der durch die Leguminosen gebundene und im Boden verbleibende Stickstoff von 150 - 300 kg N/ha·a nicht immer entzogen. Wird der Leguminosenanbau im Rahmen der Flächenstillegung als Grünbrache (d. h. auch der Aufwuchs verbleibt auf dem Feld) durchgeführt, liegt die Stickstoffanreicherung noch deutlich darüber (300 - 450 kg N/ha·a). Es besteht die Gefahr, daß im Folgejahr des Leguminosenanbaus der im Boden zunächst organisch gebundene Stickstoff mineralisiert und als Nitrat ausgewaschen wird. Denn die Mineralisationsrate einer Gründüngung kann im Folgejahr bis zu 70 % betragen (AID 1994) und im Sommer, während der Hauptmineralisationszeit, nimmt das Getreide nur noch wenig Stickstoff aus dem Boden auf. Zudem ist der ökologische Anbau im Vergleich zum integrierten auf eine wesentlich intensivere Bodenbearbeitung zur Bekämpfung von Problemunkräutern wie Quecke und Distel angewiesen, die je nach Humusgehalt des Bodens erhebliche N-Mineralisationsschübe verursachen kann (Tabelle 13).

Werden pflanzenbauliche Fehler begangen (z. B. Herbstumbruch von Leguminosen oder intensive Bodenbearbeitung im Jahr nach dem Leguminosenanbau), können die Nitratbelastungen unter Umständen deutlich über den regionalen Durchschnittswerten liegen (FAßBENDER et al. 1995, KÖPKE und JUSTUS 1995, LÜTZOW et al. 1996). Auch die Untersuchungen von SAILER-SCHMID (1996) verdeutlichen, daß beim Leguminosenanbau oder der Verwendung von organischen Düngern im allgemeinen ein wesentlich höherer Anspruch an das pflanzenbauliche Management als bei der Verwendung von Mineraldüngern gestellt wird, wenn N-Austräge in das Grundwasser vermieden werden sollen.

Nach KAHNT (1996) erweist sich deshalb „die heute im ökologischen Landbau angestrebte Humusgehaltserhöhung des Bodens erstens als unmöglich und zweitens als ökologischer Bumerang. Je höher der N-Gehalt des Bodens ist, umso höher ist die Gefahr einer NO_3-Auswaschung". So können bei hohem Humusgehalt von 5 % durch intensive Bodenbearbeitung, z. B. zur mechanischen Bekämpfung von Problemunkräutern, bis zu 270 kg N/ha·a freigesetzt werden (Tabelle 13).

Tabelle 13: N-Freisetzung aus Bodenhumus bei 5 oder 20 cm Bearbeitungstiefe und Humusabbauraten von 1 oder 3 % (KAHNT 1996).

Humusgehalt	N-Gehalt	freigesetzte N-Menge (kg/ha·a)			
		5 cm[1]		20 cm[1]	
%	%	1 %[2]	3 %[2]	1 %[2]	3 %[2]
1,6	0,1	8	23	30	90
3,2	0,2	15	45	60	180
4,8	0,3	23	68	90	270
6,4	0,4	30	90	120	360
8,0	0,5	38	113	150	450

[1] Bearbeitungstiefe; [2] Humusabbauraten

Diese Beispiele zeigen, daß für einen grundwasserschonenden Pflanzenbau Vorsorgemaßnahmen (Fruchtfolgegestaltung, Zwischenfruchtanbau, angepaßte Bodenbearbeitung, N-Bilanzierung etc.) im ökologischen Landbau ebenso zwingend notwendig sind wie im konventionellen. HEß et al. (1992, vgl. HEß et al. 1994, HEß 1995) kommen bei ihren Untersuchungen zur ökologischen Bewirtschaftung in Wasserschutzgebieten zu der Schlußfolgerung: Werden „Vorsorgemaßnahmen konsequent und standortgerecht angewandt, so kann der ökologische Landbau für sich in Anspruch nehmen, auch langfristig eine echte Alternative für die Bewirtschaftung von Wasserschutzgebieten zu sein". Das heißt, der ökologische Landbau ist nicht zuletzt deswegen eine wasserschonende Wirtschaftsform, weil bei ökologisch wirtschaftenden Betrieben im allgemeinen ein hohes Know-how vorherrscht und Vorsorgemaßnahmen gängige Praxis sind. Liegen diese Voraussetzungen allerdings auch bei konventionellen Betrieben vor, so ist ebenfalls eine wasserschonende Bewirtschaftung möglich, wie die Untersuchungsergebnisse der SchALVO zeigen (siehe Kap. 4.8.2.3). Dies bedeutet, daß in Bezug auf die Nitratbelastung Betriebsmanagement und ackerbauliche Maßnahmen, begleitet von regelmäßigen Kontrolluntersuchungen, entscheidender sind als das Landbausystem (vgl. SCHULZE-PALS 1994).

Insgesamt stellt der ökologische Landbau durch den hohen Bedarf an organisch gebundenem Stickstoff bei gleichzeitiger Notwendigkeit intensiver Bodenbearbeitung zur Bekämpfung von Problemunkräutern im Ackerbau nur bedingt eine Möglichkeit zur Reduzierung der Nitratauswaschung in das Grundwasser dar. Auf Grünland hingegen führt die ökologische Bewirtschaftung durch das Verbot von synthetischen N-Düngemitteln und aufgrund des geringeren zulässigen Viehbesatzes von 1,3 Dungeinheiten pro Hektar im allgemeinen nur zu einer sehr geringen Nitratauswaschung.

Boden
Die Anbauverhältnisse im ökologischen Landbau wirken sich auf die biologischen und physikalischen Eigenschaften des Bodens sehr vorteilhaft aus, da statt erosionsanfälligen Kulturarten wie Mais und Zuckerrüben aus Fruchtfolgegründen bodenstrukturstabilisierendem Ackerfutter oder der Grünbrache der Vorzug gegeben wird. Nach KAHNT (1996) erhält und fördert der ökologische Landbau „ganz sicher die biologisch-physikalische Komponente eines fruchtbaren Bodens durch Stallmistdüngung und Klee-Luzerneglieder in der Fruchtfolge. Er vernachlässigte aber bisher die chemische Seite und hier vor allem den Ersatz der entzogenen Mineralstoffe". Nachteilig bei der ökologischen Bewirtschaftung ist ferner, daß die im modernen Ackerbau angestrebte minimale Bodenbearbeitung (Mulchsaat, Direktsaat) aufgrund von Verunkrautungsproblemen nur bedingt möglich ist. Somit können die positiven bodenphysikalischen und -biologischen Wirkungen der minimalen Bodenbearbeitung auf Bodenstruktur und Erosion im ökologischen Anbau nur eingeschränkt genutzt werden (Kap. 4.1.3).

Luft und Klima
Der ökologische Landbau führt insgesamt zu einer geringeren Belastung der Atmosphäre durch umweltrelevante Gase. Der eingeschränkte Einsatz von Dünger führt auf die Fläche bezogen zu geringeren Emissionen von NH_3 und N_2O. Ebenso sind die CO_2-Emissionen pro Hektar deutlich geringer als im konventionellen Landbau (HAAS und KÖPKE 1994, HAAS 1995, DÄMMGEN und ROGASIK 1996).

Werden die CO_2-Emissionen hingegen auf die Produktmenge bezogen, können sie aufgrund der beachtlichen Ertragsrückgänge im ökologischen Landbau zum Teil sogar über den Werten im konventionellen Landbau liegen. Dies geht aus den detaillierten Berechnungen von DÄMMGEN und ROGASIK (1996) hervor, die auf langjährigen Feldversuchen basieren. Tabelle 14 zeigt, daß bei Ertragseinbußen von mehr als etwa 20 % eine Reduktion der CO_2-Emissionen, bezogen auf die Produktmenge, durch Verringerung des Einsatzes von Produktionsmitteln kaum mehr zu realisieren ist.

Tabelle 14: CO_2-Emissionen bei unterschiedlichen Wirtschaftsweisen, bezogen auf die Produktmenge. Die Versuche wurden auf sandigen Böden Ostbrandenburgs durchgeführt. Bessere Böden reagieren in der Regel mit geringeren Ertragseinbußen bei ökologischer Wirtschaftsweise (DÄMMGEN und ROGASIK 1996).

k: konventionell, e: extensiv, ö: ökologisch											
Kartoffel			Zuckerrübe			Winterweizen			Sommergerste		
k	e	ö	k	e	ö	k	e	ö	k	e	ö
mittlere Erträge in t/ha											
36	32	24	52	45	36	5,0	4,3	2,5	4,3	3,5	3,1
Emission in t CO_2 je t Produkt (Mittelwert)											
0,05	0,05	0,06	0,02	0,02	0,02	0,19	0,18	0,23	0,18	0,16	0,13

Biotische Ressourcen

Die im allgemeinen vielfältigere Gestaltung der Fruchtfolge und der Verzicht auf synthetische Agrochemikalien im ökologischen Landbau haben zu einer höheren Diversität der Fauna und Flora im Agrarökosystem geführt (FRIEBEN 1996, LÜTZOW et al. 1996). Beim Vergleich von Weizenfeldern im ökologischen Anbau (biologisch-organisch) mit Weizenfeldern im konventionellen Anbau war z. B. das Pflanzenartenspektrum bei ökologischer Wirtschaftsweise etwa doppelt so groß, auch waren Bienen, Tagfalter sowie weitere Arthropodengruppen im ökologisch bewirtschafteten Weizenfeld deutlich häufiger anzutreffen als im konventionellen (AMMER et al. 1988). Insbesondere gefährdete Ackerwildkräuter werden auf ökologisch bewirtschafteten Äckern häufiger gefunden (FRIEBEN 1996).

Die meisten gefährdeten Arten stellen allerdings so hohe Ansprüche an das Anbausystem, daß sie nicht „nebenbei" durch eine extensivierte Landbewirtschaftung erhalten werden können, da auch die ökologische Wirtschaftsweise mit der traditionellen Landwirtschaft nur noch wenig gemeinsam hat (HABER 1996). „Denn die aus der Sicht des Arten- und Biotopschutzes besonders wertvollen Pflanzengesellschaften beruhen auf historischen Landnutzungsverfahren (z. B. Waldweiden, Hutung, Streuwiesen), die auch im ökologischen Landbau nicht fortgeführt werden" (SRU 1994).

4.2.5.2 Entwicklung und Förderung des ökologischen Anbaus

Der Anteil der ökologisch bewirtschafteten Fläche ist in den letzten beiden Jahrzehnten deutlich gestiegen (Abb. 19). Insbesondere das 1989 eingeführte Extensivierungsprogramm der Europäischen Union (je nach Bundesland 425 - 510 DM/ha·a für die Betriebsumstellung auf ökologische Wirtschaftsweise, für maximal 5 Jahre (vgl. ZEDDIES, 1996a)) führte in den letzten Jahren zu einer erheblichen Ausdehnung des ökologischen Landbaus. Abbildung 19 verdeutlicht, daß innerhalb der nur vierjährigen Laufzeit des EU-Programms von 1989 bis 1993 sich die ökologisch bewirtschaftete Fläche im erweiterten Bundesgebiet verzehnfachte. Mit dem Auslaufen des Extensivierungsprogramms ist eine Stagnation bei rund 450 000 ha eingetreten, was einem Anteil von 2,7 % an der gesamten landwirtschaftlichen Nutzfläche entspricht. Der prozentuale Anteil der ökologisch wirtschaftenden Betriebe liegt in derselben Größenordnung.

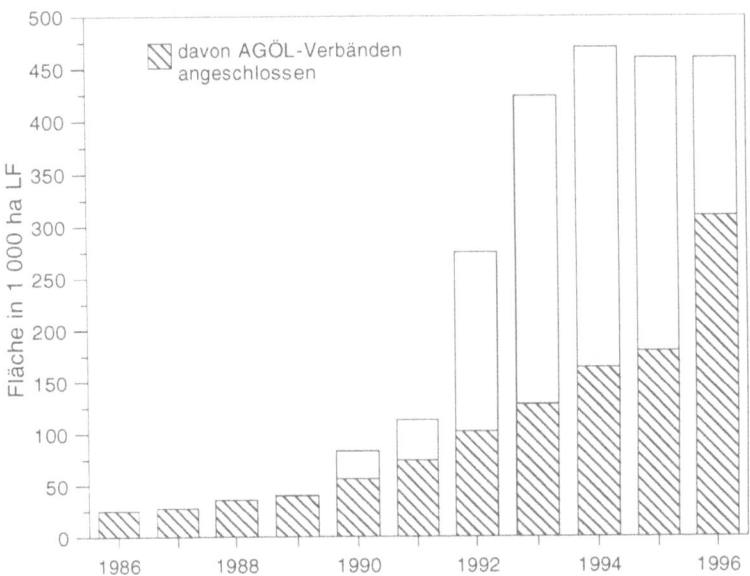

Abb. 19: Entwicklung des ökologischen Landbaus in Deutschland (nach HAMM 1994, JUNGEHÜLSING 1997).

Von 1992 bis 1995 wurde der überwiegende Flächenanteil von Betrieben bewirtschaftet, die nicht einem Mitgliedsverband der Arbeitsgemeinschaft Ökologischer Landbau (AGÖL) angehörten. Der sprunghafte Anstieg der von AGÖL-Mitgliedern bewirtschafteten Fläche im Jahr 1996 ist auf die Aufnahme des ostdeutschen Bioparkverbandes in die AGÖL zurückzuführen. Bei anderen AGÖL-Verbänden wie Demeter und ANOG (Arbeitsgemeinschaft für naturnahen Obst-, Gemüse- und Feldfruchtanbau e.V.) stagnieren hingegen in den letzten Jahren die Mitgliederzahlen (Abb. 20). In Baden-Württemberg bewirtschafteten 1995 landwirtschaftliche Betriebe, die in Verbänden der AGÖL organisiert waren, etwas über 2 % der landwirtschaftlichen Nutzfläche; im Bundesdurchschnitt waren es zur gleichen Zeit 1,8 % (JUNGEHÜLSING 1997). Die Anzahl der Bioland- und Demeter-Betriebe liegt in Baden-Württemberg deutlich über dem Bundesdurchschnitt.

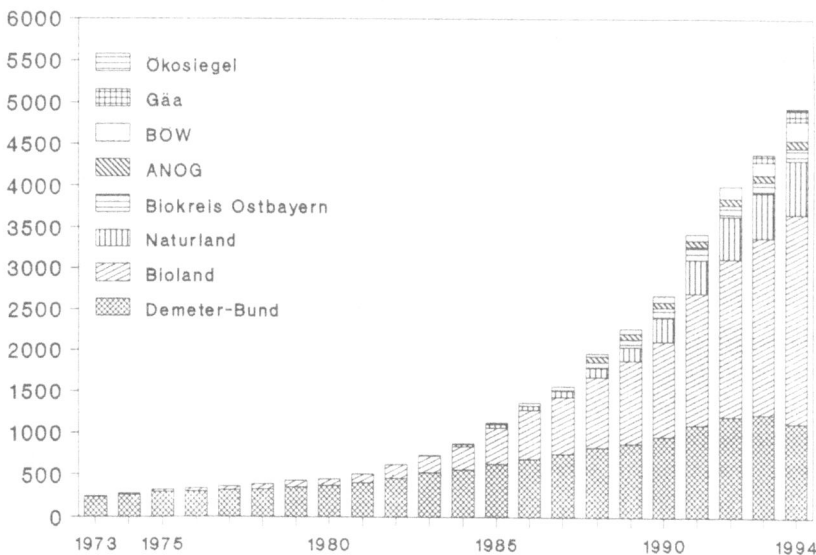

Abb. 20: Zahl der landwirtschaftlichen Betriebe in Deutschland, die den Mitgliedsverbänden der Arbeitsgemeinschaft Ökologischer Landbau (AGÖL) angehören (HAMM 1994). ANOG: Arbeitsgemeinschaft für naturnahen Obst-, Gemüse- und Feldfruchtanbau e.V.; BÖW: Bundesverband ökologischer Weinbau e.V.

Regionale Unterschiede der Umstellung im Rahmen des Extensivierungsprogramms

Von den insgesamt ca. 450 000 ha ökologisch bewirtschafteter Fläche (Abb. 19) wurde der Großteil im Rahmen des Extensivierungsprogramms der EU (380 000 ha, 10 200 Betriebe) umgestellt (SCHULZE PALS 1994). Die Inanspruchnahme des Extensivierungsprogramms weist starke regionale Unterschiede auf und schwankt zwischen 0,5 % in Rheinland-Pfalz und 7,7 % in Mecklenburg-Vorpommern. In Baden-Württemberg wurden 2,4 % der landwirtschaftlichen Nutzfläche umgestellt, dies entspricht etwa dem Bundesdurchschnitt. Fast die Hälfte der Umstellungsfläche liegt allerdings in den neuen Bundesländern, obwohl dort das Extensivierungsprogramm nur in den letzten zwei Jahren der Laufzeit (1992 und 1993) angeboten wurde. Insbesondere auf den leichten, ertragsschwachen Ackerbaustandorten war die Inanspruchnahme des Programms mit rund 10 % sehr hoch. In einigen Kreisen von Ost-Vorpommern wurden sogar bis zu 40 % der landwirtschaftlich genutzten Fläche umgestellt (SCHULZE PALS 1994).

Die teilweise außergewöhnlich hohe Teilnahme ostdeutscher Betriebe am Extensivierungsprogramm läßt sich auch auf die angespannte Liquiditätslage und die mangelnde Rentabilität vieler Betriebe zurückführen. Für manche Betriebe war die Extensivierung eine Chance, Produktionskosten einzusparen und gleichzeitig mit der

Extensivierungsprämie die Wirtschaftlichkeit und Rentabilität zu verbessern (KLOPP 1993, KRÜMMEL 1993).

Die großen regionalen Unterschiede sowie die überproportionale Teilnahme großer Marktfruchtbetriebe (auch in den alten Bundesländern) bei der Inanspruchnahme des Extensivierungsprogramms verdeutlichen, daß betriebswirtschaftliche Verhältnisse (z. B. keinen Schwerpunkt auf Veredelung, große Ackerflächenausstattung verbunden mit niedrigem Pachtpreisniveau) mit entscheidend für die Umstellung sind. Mecklenburg-Vorpommern beispielsweise war durch die geringe Veredelungswirtschaft und die hohe Flächenausstattung vieler Betriebe eine vorzügliche Region für die Umstellung im Rahmen des Extensivierungsprogramms. Die durchschnittliche Größe von 200 ha der ökologisch wirtschaftenden Betriebe in diesem Bundesland ist z. B. um das 15-fache höher als in Baden-Württemberg mit 13 ha (SCHULZE PALS 1994).

Durch die Umstellung kommen Ackerbaubetriebe zumindest für ein paar Jahre in den Genuß von rund 1 000 DM/ha Flächenprämien beim Getreideanbau (EU-Ausgleichszahlungen plus Extensivierungsprämie). Generell reichen Flächenprämien von insgesamt etwa 1 000 DM/ha für große extensiv (ökologisch) wirtschaftende Ackerbaubetriebe auf ertragsschwachen Standorten - mit Pachtpreisen in der Regel von unter 200 DM/ha - aus, um ihre anfallenden Kosten weitgehend zudecken. Unter diesen Bedingungen sind sie daher nicht zwingend auf ein höheres Preisniveau für Bio-Erzeugnisse angewiesen.

Förderung des ökologischen Anbaus

Seit das Extensivierungsprogramm 1993 (s. o.) ausgelaufen ist, wird der ökologische Landbau durch die Verordnung EWG-2078/92 im Rahmen der länderspezifischen Agrarumweltprogramme gefördert. Die Flächenprämien betragen für die „Einführung und Beibehaltung von biologischen Anbauverfahren" in Deutschland 250 DM/ha·a für Acker- bzw. Grünlandflächen und 1 200 DM/ha·a bei Dauerkulturen, wobei die einzelnen Bundesländer die Förderung um 40 % reduzieren oder um 20 % anheben können (JUNGEHÜLSING und LOTZ 1994). Dieser Gestaltungsspielraum der Bundesländer führt zu erheblichen Unterschieden in der Ausgestaltung der Förderungsrichtlinien. So betragen die Flächenprämien für die „Förderung der Umstellung auf ökologischen Landbau" im allgemeinen zwischen 250 - 300 DM/ha (teilweise auch bis zu 500 DM/ha) und für die „Förderung der Beibehaltung des ökologischen Landbaus" zwischen 200 - 250 DM/ha, wobei es in Mecklenburg-Vorpommern und Schleswig-Holstein für die „Beibehaltung" keine Förderung gibt. Manche Bundesländer legten maximale Förderobergrenzen bei den Flächenprämien für den Betrieb fest, andere zahlen wiederum eine Grundprämie je Betrieb oder bezuschussen die obligatorische EU-Betriebskontrolle (Hamm 1995). In Baden-Württemberg erhalten ökologisch wirtschaftende Betriebe für die Umstellung 260 DM/ha und für die Beibehaltung 200 DM/ha (vgl. Tabelle 31, Kap. 4.8.3.2), zusätzlich wird die EU-Betriebskontrolle bezuschußt.

Um Wettbewerbsverzerrungen zu vermeiden, ist es erforderlich, die Förderungen für den ökologischen Anbau bundesweit einheitlich zu gestalten, wobei aufwendungsgebundene Förderungen wie z. B. die Bezuschussung der EU-Kontrolle gegenüber Flächenprämien vorzuziehen wären (s. u.).

Längerfristig sollte der ökologische Landbau in das von uns vorgeschlagene System der Honorierung ökologischer Leistungen miteinbezogen werden, das die ökologischen Leistungen dieser Wirtschaftsweise angemessen honoriert (siehe Kap. 4.8.3.3). Bis ein ausgewogenes Ökopunkteprogramm etabliert ist, sollte aber die bisherige Förderung verbessert werden. So sollte die finanzielle Unterstützung des ökologischen Landbaus zukünftig in zunehmenden Maße die Absatzförderung der Öko-Produkte einbeziehen und nicht wie bisher nur das Angebot durch Flächenprämien fördern. Eine Umgestaltung der Förderung in ein ausgewogenes Verhältnis von Angebots- und Absatzförderung mit dem Ziel, den Markt für Öko-Produkte mit tragfähigen Erzeugerpreisen auszuweiten, könnte die Entwicklung des ökologischen Landbaus erheblich voranbringen (siehe Kap. 4.2.5.3). Einzelmaßnahmen wie das Anlegen von ökologischen Ausgleichsflächen (Büsche, Hecken etc.) sollten auch eine größere Berücksichtigung bei der Förderung erlangen, da eine ökologische Wirtschaftsweise darauf angewiesen ist, um Schädlingsprobleme langfristig besser in den Griff zu bekommen.

Ratsam wäre auch, die Flächenprämien zukünftig für den ökologischen Landbau differenzierter auszugestalten, so daß eher Flächen bzw. Kulturarten prämiert werden, die nicht in den Genuß von EU-Ausgleichszahlungen kommen (z. B. Gemüseanbau). Sinnvoll wäre auch eine Staffelung der Flächenprämien nach Bodengüte oder Ertragsniveau, damit die Umstellung nicht nur eine hohe Rentabilität in ertragsschwachen Regionen mit niedriger Intensität der Produktion verspricht. In Regionen mit guten Ackerbaustandorten (z. B. Hildesheimer und Magdeburger Börde, Köln-Aachener-Bucht) sind so gut wie keine Umstellungen zu verzeichnen (SCHULZE PALS 1994), da auf diesen fruchtbaren, ertragsstarken Standorten die wirtschaftlichen Einbußen bei einer Umstellung nur zum Teil durch die aktuellen Flächenprämien ausgeglichen werden.

4.2.5.3 Marktentwicklung und Absatzförderung

Das durch die Förderprogramme ausgelöste stark gewachsene Angebot hat bereits zu einem Preisverfall auf breiter Front bei Bio-Produkten geführt, der größtenteils nicht durch die aktuelle Förderung kompensiert werden kann. Das Überangebot führte beispielsweise beim Getreide zu einem Preisverfall von zunächst 10 - 15 DM/dt gegenüber 1990, und nach Einführung der EU-Agrarreform 1992 reduzierten sich die Preise nochmals um 10 DM/dt (HAMM 1995 und 1996a). Zur Zeit beträgt das Preisniveau von Bio-Getreide ungefähr das Doppelte des konventionellen. Angesichts ungenügender Vermarktungsstrukturen und der mangelnden Erschließung neuer Absatzkanäle konnten jedoch viele der umgestellten Betriebe ihre Produkte auf dem Öko-Markt nur zum Teil zu höheren Preisen absetzen.

Die einseitige Angebotsförderung der letzten Jahre in Form von Flächenprämien hat letztendlich zu einem Überangebot verbunden mit einem erheblichen Preisverfall geführt, so daß heute nur noch wenige Erzeuger finanzielle Vorteile durch die flächenbezogene Förderung verbuchen können. Die öffentlichen Transferzahlungen für den ökologischen Landbau führten in erster Linie zu einem wirtschaftlichen Nutzen bei den Abnehmern in Form von sinkenden Erzeugerpreisen und bewirkten eine stärkere Abhängigkeit der ökologisch wirtschaftenden Betriebe von staatlichen Ausgleichszahlungen. Gemischtbetriebe mit Viehhaltung, die ausgewogene Fruchtfolgen aufweisen und ökologische Ausgleichsflächen angelegt haben, sind durch den erheblichen Preisverfall für Bio-Getreide bereits in ihrer Existenz gefährdet (DIRR 1995), da sich tierische Erzeugnisse bislang nur bedingt zu höheren Preisen vermarkten lassen. Die Zahl der Demeter-Betriebe - der Pioniere des ökologischen Landbaus - ist z. B. in den letzten Jahren rückläufig (siehe Abb. 20).

Der ökologische Landbau wird also längerfristig auf höhere Erzeugerpreise angewiesen und somit wesentlich vom Nachfrageverhalten der Konsumenten nach Bio-Produkten abhängig sein. Ökonomische Analysen verdeutlichen, daß der wirtschaftliche Erfolg der Öko-Betriebe maßgeblich von der Möglichkeit der Vermarktung zu höheren Preisen auf dem Öko-Markt abhängig ist (SCHULZE PALS 1994, BRAUN 1995, DABBERT et al. 1996).

Die hohen Wachstumsraten, die der Konsum von Bio-Produkten in der zweiten Hälfte der achtziger Jahre aufwies, haben sich allerdings in den neunziger Jahren nicht fortgesetzt. Seit 1989 weist die Nachfrage nach ökologisch produzierten Nahrungsmitteln ein deutlich abgeschwächtes Wachstum auf (FRICKE und VON ALVENSLEBEN 1994), obwohl nach HAMM (1995) das Nachfragepotential für ökologisch erzeugte Lebensmittel um ein Vielfaches größer wäre als die bislang erschlossene Nachfrage von 1,5 - 2 % in Deutschland. Die Ursachen für die ins Stocken geratene Nachfrage für Produkte aus dem ökologischen Landbau bei gleichzeitig reichlichem Angebot sind nach HAMM (1995) im wesentlichen:

1. mangelnde flächendeckende Verfügbarkeit der Produkte,
2. durch die Vielzahl der Warenzeichen ist eine eindeutige Identifizierung schwierig,
3. unbefriedigendes Preis-Leistungsverhältnis,
4. die Probleme der Verarbeiter, große, qualitativ einheitliche Partien beziehen zu können.

Erfahrungen in unseren Nachbarländern Dänemark, Österreich und Schweiz demonstrieren, daß ein flächendeckendes Angebot von ökologisch erzeugten Produkten im Lebensmittelhandel, unterstützt durch entsprechendes Marketing, den „Absatz quasi über Nacht in die Höhe schnellen" lassen kann (HAMM 1995). In Dänemark und der Schweiz wurden z. B. von großen Filialunternehmen des Lebensmittelhandels innerhalb eines Jahres Marktanteile von bis zu 20 % für einzelne Öko-Produkte erreicht, so daß andere Handelsketten in Zugzwang kamen (WEHRLE 1997). Zwischenzeitlich werden in 90 % der dänischen Lebensmittelgeschäfte Produkte aus ökologischem Landbau angeboten (HAMM 1995). Zum Erfolg der Öko-Lebensmittel in Dänemark und der Schweiz trägt auch die Tatsache bei, daß es nur ein einheitliches Warenzeichen für ökologisch erzeugte Lebensmittel gibt. Dadurch läßt sich das Marketing wesentlich effizienter und wirkungsvoller gestalten, und der Verbraucher wird nicht, wie in Deutschland, mit einer Flut von rund 100 eingetragenen Warenzeichen von Verbänden, Vereinigungen und Unternehmen konfrontiert.

Ein weiteres Problem, das die Vielzahl der Erzeugerverbände mit sich bringt, sind die hohen Kosten für Erfassung, Verarbeitung und Vermarktung, die auf die geringen Warenflüsse und kostspieligen Vermarktungsstrukturen bei den einzelnen Verbänden zurückzuführen sind (HAMM 1995). Bei Milch z. B. liegt der Erzeugerpreis von ca. 70 Pf mit rund 10 Pf nur unwesentlich über dem konventionellen Milchpreis von ca. 60 Pf (SCHULZE PALS 1994, REDELBERGER 1995). Die großen Milch-Erfassungsradien für die einzelnen Verbände sowie die geringen Chargen führen jedoch dazu, daß die Bio-Milch sich bis zum Ladenregal um bis zu 100 % gegenüber konventionell erzeugter Milch verteuert. Obendrein ist die vom Verbraucher im allgemeinen bevorzugte homogenisierte Milch infolge restriktiver Verbandsrichtlinien als Bio-Milch in der Regel nicht erhältlich.

Es könnte noch eine Reihe ähnlicher Beispiele aufgeführt werden, die offenbaren, daß bei vielen Produkten durch Reduzierung der anfallenden Kosten vom Erzeuger bis zum Verbraucher ein wesentlich niedrigeres Ladenpreisniveau für Bio-Produkte realisierbar wäre. Preisaufschläge, die 30 % nicht überschreiten, sind für viele Erzeugnisse durchaus möglich, wie eine große Lebensmittelhandelskette in der Schweiz eindrucksvoll demonstriert (WEHRLE 1997). Preissteigerungen in dieser Größenordnung wären für viele Verbraucher zu verkraften und würden die Nachfrage nach Bio-Lebensmittel vermutlich enorm steigern, wie aus Verbraucherbefragungen und Preistests im Einzelhandel hervorgeht (HAMM 1996a).

Um den Marktanteil von Bio-Produkten deutlich zu erhöhen, müßte vermutlich nur dem Beispiel Dänemarks gefolgt werden, wo der Staat nicht einseitig die Erzeugung, sondern gleichermaßen bzw. verstärkt die Vermarktung fördert, und es ein einheitliches Warenzeichen für ökologisch angebaute Produkte gibt.

Nach HAMM (1995) würde schon die Hälfte der Finanzmittel, die derzeit als Flächenprämien für die ökologische Wirtschaftsweise in Deutschland ausgegeben werden, ausreichen, um die Absatzprobleme in wenigen Jahren zu lösen. Anbieten würde sich das Einrichten von bundesweiten Absatzfonds für die folgenden Maßnahmen:

– Etablierung und Bewerbung eines bundeseinheitlichen Warenzeichens für Öko-Produkte und
– Förderung von Modellvorhaben für den Absatz.

Die Bereitstellung von Finanzmitteln für die Absatzförderung würde nicht nur die Entwicklung des ökologischen Landbaus erheblich voranbringen, sondern es auch dem Staat ermöglichen, sich längerfristig aus der speziellen Förderung des ökologischen Landbaus weitgehend zurückzuziehen. Für die erforderliche Etablierung eines bundeseinheitlichen Warenzeichens bedarf es allerdings nicht nur einer Umverteilung öffentlicher Finanzmittel, sondern es ist auch noch eine schwierige Hürde zu überwinden - die Verbandsideologien. So waren bislang „die Erzeugerverbände innerhalb der AGÖL aus vielfältigen Gründen nicht gewillt und fähig, ein gemeinsames Verbandswarenzeichen am Markt zu plazieren" (HAMM 1996a).

4.2.5.4 Pflanzenbauliche Grenzen des ökologischen Anbaus

Durch den Verzicht auf chemisch-synthetische Dünge- und Pflanzenschutzmittel ist der ökologische Landbau witterungs- und bodenabhängiger als der konventionelle. Darüber hinaus weist er, bedingt durch Pflanzenkrankheiten, zum Teil erhebliche Ertragsschwankungen auf, die bis zum totalen Ertragsausfall führen können.

Verunkrautungsprobleme sind durch geeignete Fruchtfolgegestaltung, Bodenbearbeitung und mechanische Unkrautbekämpfung im Vergleich zum Pilz- und Schädlingsbefall relativ gut in den Griff zu bekommen. Auch bodenbürtige Krankheiten lassen sich durch Fruchtfolge, gezielte Bodenbearbeitung und organische Düngungsmaßnahmen weitgehend bekämpfen. Aber gegenüber bestimmten Pilzkrankheiten und Schädlingen ist der ökologische Landbau ähnlich hilflos wie die Landwirtschaft vor 100 Jahren. Ertragsausfälle von bis zu 70 % durch Kraut- und Knollenfäule bei Kartoffeln, bis zu 50 % durch Schädlings- und Krankheitsbefall bei verschiedenen Gemüsearten dürfen nicht verschwiegen, sondern müssen als spezielle Probleme angesprochen und vor einem großflächigen Übertritt zum ökologischen Landbau einer Lösung zugeführt werden (KAHNT 1996). Dies verdeutlicht, daß bei flächendeckender Umstellung eine gesicherte, kontinuierliche Versorgung zumindest mit bestimmten Nahrungsmitteln aus dem Inland nur bedingt gewährleistet werden kann.

Die 25-jährigen Erfahrungen wissenschaftlicher Forschung mit ökologischem Landbau an der Universität Hohenheim zeigen, daß der völlige Verzicht auf chemisch-synthetische Mittel bei verschiedenen Kulturpflanzen (z. B. Hafer, Roggen) ohne Qualitätseinbußen durchaus möglich ist. Erhebliche Qualitätseinbußen wurden dagegen bei Backweizen und Braugerste beobachtet, insbesondere wenn der Witterungsverlauf nicht optimal war. Bei manchen Kulturarten kann eine fehlende chemische Krankheits- bzw. Schädlingsbekämpfung sogar nahezu zum totalen Ertragsausfall führen, wie nach frühem Krautfäulebefall der Kartoffeln (KAHNT 1996).

Wie problematisch die Kraut- und Knollenfäule im ökologischen Anbau ist, verdeutlicht auch die bestehende Kontroverse über den Einsatz von Kupferpräparaten (z. B. Kupferoxychlorid) im ökologischen Kartoffelanbau (Hollerith und Neuerburg, 1995). Durch das Verbot von Kupferpräparaten ist in wärmeren Regionen der

Kartoffelanbau fast nicht mehr möglich, wie das Zitat aus einem Bioland-Rundbrief darlegt (HOPF 1995): Seit dem Verbot versuchen betroffene Bauern im südwestdeutschen Raum „den Einsatz der Kupfermittel auch wieder für Kartoffeln durchzusetzen. Alle anderen pflanzenbaulichen Methoden und angebotenen Präparate konnten den Krankheitsdruck in ihren Kartoffelbeständen nicht ausreichend reduzieren. Die Folge waren Ertragseinbußen und, was am verheerendsten wirkte, Kartoffelmangel in der Direktvermarktung. Fatal, weil die Kartoffel für viele Verbraucher ein Schlüsselprodukt für den Einkauf auf dem Bauernhof darstellt. Der Zukauf von Bioland-Kartoffeln aus anderen Regionen Deutschlands verschlimmerte die Lage noch eher, da auch diese Ware mit Fäulnisproblemen behaftet war. So mußten oft Säcke nachsortiert und Kundenreklamationen entgegengenommen werden. Eine unerträgliche Lage für die betroffenen Höfe".

Zur Beseitigung solcher Schwachstellen im ökologischen Landbau bietet die Resistenzzüchtung noch erhebliche Potentiale. Bei den Getreidearten stehen zwischenzeitlich schon *low-input* Sorten mit sehr guten Resistenzeigenschaften zur Verfügung. Diese Sorten haben ein hohes Ertragsniveau bei relativ geringem Einsatz von Betriebsmitteln und eignen sich daher besonders gut für den ökologischen Anbau.

Am holländischen Zentrum für Pflanzenzüchtung in Wageningen ist es gelungen, dominante Resistenzgene zu isolieren, die die Kartoffelpflanze durch sogenannte Überempfindlichkeitsreaktionen gegen den Befall von *Phytophthora infestans* schützen. Dadurch könnten in Zukunft Kartoffeln gezüchtet werden, die gegen den Erreger der Kraut- und Knollenfäule resistent sind. Somit könnte Gentechnologie „zu rascheren Erfolgen bei der Züchtung resistenter Sorten für den ökologischen Landbau beitragen und sollte in dieser Richtung verstärkt eingesetzt werden. Sie ist, in dieser Richtung genutzt, eine echte Chance für einen umweltfreundlichen Landbau" (KAHNT 1996).

4.2.5.5 Flächendeckender ökologischer Landbau?

Die Einführung eines flächendeckenden ökologischen Landbaus sei nach Ansicht zahlreicher Naturschutzverbände und der Verbände des ökologischen Landbaus überfällig und würde die zentralen Probleme im Agrarsektor lösen. Bauernverbände und die Mehrzahl der Agrarexperten befürchten dagegen, daß bei einer flächendeckenden Umstellung die Sicherung der Nahrungsmittelversorgung nur durch eine erhebliche Steigerung der Agrarimporte gewährleistet werden kann. Eine wirtschaftliche Schwächung der deutschen Agrar- und Ernährungsbranche verbunden mit volkswirtschaftlichen Einbußen wäre die Folge. SCHMITZ und HARTMANN (1993) kommen z. B. in einer Studie zu dem Ergebnis, daß durch ein vollständiges Anwendungsverbot von Agrochemikalien es zu einem Wohlfahrtsverlust von 16,3 Milliarden DM pro Jahr in Deutschland kommen kann (vgl. MÜLLER und SCHMITZ 1996).

In diesem Spannungsfeld werden aufgrund des gestiegenen Umweltbewußtseins die Forderungen eines Teils der Öffentlichkeit nach einem flächendeckenden ökologischen Landbau immer lauter. Auch manche Institutionen sehen im flächendeckenden ökologischen Landbau die nachhaltigste Form der Landbewirtschaftung (BECHMANN et al. 1993, Projektstelle Umwelt und Entwicklung 1995, BUND und Misereor 1996). Hervorgehoben werden die positiven Umweltwirkungen sowie der höhere gesundheitliche und ernährungsphysiologische Wert der Nahrungsmittel, der sich allerdings, von Ausnahmen abgesehen, nicht begründen läßt (DGE 1988 und 1992). Rückstände aus Mineraldüngern und Pflanzenschutzmitteln in Nahrungsmitteln sind nach Aussagen der Deutschen Gesellschaft für Ernährung (DGE) eher unbedeutend. Das größere Risiko für die Gesundheit der Menschen besteht danach in der mikrobiologischen Kontamination von Nahrungsmitteln, dem Vorhandensein natürlicher Toxine und in der verbreiteten Fehlernährung.

Unbestreitbar ist, daß die ökologische Wirtschaftsweise die Umweltbelastungen der Landwirtschaft reduziert und die durch Überproduktion entstandenen Marktordnungskosten senkt. Befürworter der Einführung des ökologischen Landbaus auf der gesamten Agrarfläche vernachlässigen jedoch in ihrer Argumentation häufig, daß man im ökologischen Landbau durch das Verbot bzw. die starke Einschränkung produktionssteigernder Mittel im Vergleich zu konventionellen Betrieben ungefähr 30 % weniger Ertrag erzielt, je nach Produkt auch mehr oder weniger (HAAS und KÖPKE 1994).

SCHMITZ und HARTMANN (1993) kommen in ihrer Studie zu der Schlußfolgerung, daß bei einem Verbot von Agrochemikalien infolge des Ertragsrückgangs von 35 - 47 % eine so landintensive Bewirtschaftung entsteht, daß nur wenig Raum für den Naturschutz bleibt, da je Produkteinheit mehr landwirtschaftliche Nutzfläche benötigt wird. Gleichzeitig ist nach dieser Untersuchung bei einer flächendeckenden Extensivierung eine Zunahme der Agrarimporte um etwa 30 % aufgrund der geringeren Erträge im Inland zu erwarten.

Zwar könnte theoretisch durch eine Änderung unserer Eßgewohnheiten, indem z. B. der Fleischkonsum drastisch reduziert wird, eine weitgehende Selbstversorgung mit Nahrungsmitteln trotz erheblicher Ertragsrückgänge gewährleistet werden (BECHMANN et al. 1993). Das Konsumverhalten läßt sich in einer demokratischen, pluralistischen Gesellschaft jedoch nicht erzwingen. Voraussichtlich würde sich der Fleischkonsum bei einer erzwungenen flächendeckenden Umstellung nur unwesentlich ändern, so daß umfangreiche Importe essentiell für die Befriedigung der Nachfrage nach Nahrungsmitteln wären. Des weiteren kann bei vielen Agrarprodukten die Selbstversorgung aufgrund von witterungsbedingten Ertragseinbußen, die bei manchen landwirtschaftlichen Kulturen in ungünstigen Jahren bis zum totalen Ertragsausfall führen, nicht gewährleistet werden (siehe Kap. 4.2.5.4).

Umfangreiche Importe führen zu einer Aneignung von Tragekapazität. Dies ist dann nicht konform mit einer nachhaltigen Entwicklung, wenn nicht gewährleistet ist, daß die importierten Nahrungsmittel im Ursprungsland nachhaltig erzeugt wurden (vgl. Kap. 1.1). Anzustreben wäre deshalb eine weitgehende Selbstversorgung mit Nahrungsmitteln in einem abgegrenzten Wirtschaftsraum (z. B. der EU).

Schon heute - bei relativ geringer Nachfrage - besteht ein Überangebot an ökologisch erzeugter Ware nur bei den Erzeugnissen, die sich relativ problemlos auch ohne Agrochemikalien produzieren lassen, wie Fleisch, Milch und Getreide. Bei landwirtschaftlichen Produkten wie z. B. Gemüse und Kartoffeln hingegen, die bei ökologischer Wirtschaftsweise pflanzenbaulich nicht so einfach in den Griff zu bekommen sind, kommt es nach wie vor zu Engpässen bei der Versorgung. Auf eine kontinuierliche Versorgung mit qualitativ einheitlichen Partien sind Verarbeiter und Handel der Lebensmittelindustrie jedoch zwingend angewiesen (KÜHL 1996). Solange dies der ökologische Landbau nicht leisten kann, wird sich die Lebensmittelbranche auf dem konventionellen Markt bedienen. Eine flächendeckende Umstellung auf ökologischen Landbau in Deutschland würde aufgrund des Überangebots auf den internationalen Agrarmärkten daran nur wenig ändern. Für die deutsche Nahrungsmittelbranche wäre aus Wettbewerbsgründen weiterhin die kontinuierliche Befriedigung der Käufernachfrage mit einer breiten Produktpalette oberstes Gebot, so daß die Lebensmittelbranche sich überwiegend auf dem konventionellen (Auslands-)Markt bedienen würde. Daher hätte eine flächendeckende Umstellung in Deutschland voraussichtlich keinen erheblichen, zusätzlichen Nachfrageschub nach ökologischen Erzeugnissen zur Folge. Vielmehr wäre zu erwarten, daß die deutschen Öko-Bauern auf einem Großteil ihrer pflanzlichen Produkte sitzen bleiben oder sie bestenfalls als Tierfutter absetzen könnten - mit fatalen Folgen für die betriebswirtschaftliche Lage der Landwirte. Letztlich wollen weder die AGÖL-Verbände noch die Öko-Bauern selbst eine erzwungene flächendeckende Umstellung auf ökologischen Landbau (REIMER 1994, LAMP 1996).

Schutzzölle und Importbeschränkungen wären also bei einer flächendeckenden Umstellung auf ökologischen Landbau unausweichlich, um den Absatz der landwirtschaftlichen Erzeugnisse zu garantieren. Davon abgesehen, daß dies aufgrund der GATT-Vereinbarungen und weiterer internationaler Handelsverflechtungen juristisch gar nicht durchsetzbar wäre, hätten Schutzzölle und Importbeschränkungen volkswirtschaftliche Nachteile. Die Lebensmittelpreise würden aufgrund der Verknappung des Angebotes erheblich ansteigen.

Unter dem Gesichtspunkt einer nachhaltigen Entwicklung in der Landwirtschaft erscheint somit eine flächendeckende Umstellung auf ökologischen Landbau nicht sinnvoll. Die Ausweitung der nach den Prinzipien des ökologischen Landbaus bewirtschafteten Fläche muß durch entsprechende Nachfrageimpulse am Markt erfolgen. Für ein Vorankommen der Entwicklung des ökologischen Landbaus am Markt müßten die Vermarktungsstrukturen aber erheblich verbessert sowie die Vermarktungsanstrengungen gebündelt werden (siehe Kap. 4.2.5.3).

Auch DABBERT et al. (1996) kommen zu der Schlußfolgerung, daß „derzeit eine staatlich erzwungene flächendeckende Umstellung auf den ökologischen Landbau politisch nicht realisierbar ist, so daß - wenn man eine starke Nachhaltigkeit anstrebt - Maßnahmen sinnvoll sind, die die Nachhaltigkeit schrittweise anheben und dabei die Wettbewerbsfähigkeit des ökologischen Landbaus im Vergleich zum konventionellen Landbau verbessern". Eine Erhöhung der Nachhaltigkeit sollte deshalb „am besten durch eine Kombination ordnungsrechtlicher und marktorientierter Instrumente angestrebt werden" (vgl. Kap. 4.8.2 und Kap.4.8.3).

4.2.6 Integrierter Landbau

Der integrierte Pflanzenbau greift mit dem Wissensstand moderner Ertragsphysiologie die Vorgehensweise ursprünglicher Formen der Landbewirtschaftung wieder auf, die eingebettet waren in die Nutzung der natürlichen Möglichkeiten sowie die Akzeptanz der naturgegebenen Grenzen des gesamten Agrarökosystems. Angestrebt wird eine umweltverträglichere, „rückstandsärmere" Landbewirtschaftung unter Berücksichtigung von Standort, Ökonomie, Ökologie und Bodenfruchtbarkeit (vgl. DIERCKS und HEITEFUSS 1994, KNAUER 1993, FIP 1991, 1994a, 1994b, 1996). Die Nährstoff-Kreisläufe in der Tier- und Pflanzenproduktion werden im Zusammenhang gesehen. Das Konzept des integrierten Pflanzenbaus kommt somit dem des ökologischen Landbaus nahe, ist aber flexibler. Der ökologische Landbau verbaut sich letztlich durch die rigiden Vorschriften Chancen zu einer ökologisch und ökonomisch nachhaltigen Produktion, die der verantwortungsbewußte Umgang mit Agrochemikalien, mit gentechnisch gestützter Pflanzenzüchtung, mit Klärschlamm als Dünger (Kreislaufwirtschaft) eben auch bietet. Auch der ertragsphysiologisch begründete Einsatz von Mineraldüngern ist in der Regel sinnvoll. Dabei sollte sich eine effiziente Düngung jedoch am Nährstoffbedarf des Pflanzenbestandes orientieren, das Nährstoffangebot und das Nachlieferungsvermögen des Bodens am jeweiligen Standort berücksichtigen sowie den Einsatz von Wirtschafts- und Mineraldünger aufeinander abstimmen.

Eine integrierte Wirtschaftsweise setzt voraus, daß sogenannte Schlagkarteien geführt werden. Das heißt, für jedes Feld werden detaillierte Aufzeichnungen zum Einsatz von Nährstoffen, zur Nährstoffnachlieferung aus dem Boden, zur Abfuhr von Nährstoffen, zum Unkrautbesatz und Schädlingsbefall (Schadschwellenprinzip) u. a. geführt. Zur Grundlage des integrierten Landbaus gehören auch Begrünungsmaßnahmen, eine ausgewogene Fruchtfolgegestaltung, Erosionsschutz durch angepaßte Bodenbearbeitung usw.

Da bisher keine eindeutige Abgrenzung zwischen integriertem und konventionellem Pflanzenbau möglich ist, gibt es derzeit keine Angaben zur Zahl der Betriebe oder zu den Flächen, die in Baden-Württemberg nach den Regeln des integrierten Pflanzenbaus bewirtschaftet werden. Am weitesten vorangeschritten ist die integrierte Wirtschaftsweise bei der Kernobstproduktion. Rund 80 % des baden-württembergischen Kernobstes wird nach den Kriterien des integrierten Anbaus produziert (MBW 1996). Auch beim Anbau von Braugerste ist die integrierte Wirtschaftsweise auf dem Vormarsch, wobei in vielen Betrieben die zwingend erforderliche Schlagkarteiführung noch nicht zum Standard gehört. Ohne die Führung von Schlagkarteien läßt sich jedoch eine integrierte Wirtschaftsweise nur schwer verwirklichen. Es fehlen Informationen über den Unkrautdruck, über den Nährstoffentzug der Vorfrucht, über das Stickstoffnachlieferungsvermögen des Bodens etc. Wird beispielsweise beim Braugerstenanbau die Wirkung der Vorfrucht oder des Zwischenfruchtanbaus bei der Kalkulation der Stickstoffdynamik vernachlässigt, kann es trotz der von den Verarbeitern beim integrierten Braugerstenanbau im Frühjahr vorgeschriebenen Untersuchung des Stickstoffgehaltes im Boden zur Überdüngung kommen.

Das heißt, daß Bodenuntersuchungen, die nur ein Kriterium des integrierten Anbaus sind, wenig nützen, wenn die anderen Kriterien (Schlagkarteiführung, Anlegen von Düngefenstern, Düngung nach Entzug, Berücksichtigung des Schadschwellenprinzips etc.) nicht zum Einsatz kommen. Schlagkarteien sind auch für die Selbstkontrolle, für eine zielorientierte Beratung (vgl. Kap. 4.8.1) und für externe Kontrollen über die Einhaltung einer integrierten Wirtschaftsweise essentiell. Sie sind darüber hinaus eine wichtige Voraussetzung für eine zielorientierte Honorierung ökologischer Leistungen und für die Überprüfung der Einhaltung von Auflagen (siehe Kap. 4.8).

In der flächendeckenden Etablierung der integrierten Wirtschaftsweise, ergänzt durch eine an der Nachfrage orientierte Weiterentwicklung des ökologischen Landbaus und kombiniert mit Maßnahmen zu einer umweltverträglichen, artgerechten Viehhaltung (siehe Kap. 4.2.2), sehen die Autoren den sinnvollsten Lösungsweg zu einer nachhaltigen Landwirtschaft. Diese Kombination würde eine erhebliche Reduzierung der Umweltbelastungen durch die Landwirtschaft ermöglichen, ohne zu den befürchteten harten Brüchen wie bei einer flächendeckenden Umstellung auf ökologischen Landbau zu führen (siehe Kap. 4.2.5.5). Durch die veränderten agrarpolitischen Rahmenbedingungen seit der EU-Agrarreform 1992 wäre häufig eine integrierte Wirtschaftsweise der intensiveren auch unter ökonomischen Gesichtspunkten überlegen. Allerdings bedarf es für die Etablierung von integrierten Anbauverfahren zusätzlicher agrarpolitischer Anreize und einer intensiven Beratung (siehe Kap. 4.8.3.3 und 4.8.1).

4.3 Neue Technologien

Das Hungerelend der 40er Jahre des 19. Jahrhunderts war die letzte große agrarische Unterproduktionskrise in Europa. In den folgenden Jahrzehnten konnte durch den Wandel der landwirtschaftlichen Produktionsverfahren die Agrarproduktion mit dem Bevölkerungszuwachs Schritt halten. Fortschritte beim Pflanzenbau, bei der Pflanzenernährung und Pflanzenzucht spielten eine besonders wichtige Rolle. Mittlerweile hat sich durch die Technisierung der Produktionsverfahren in der deutschen Landwirtschaft eine Produktivitätssteigerung vollzogen, die den übrigen Wirtschaftszweigen in keiner Weise nachsteht. So reduzierte sich z. B. der Arbeitszeitbedarf bei der Getreideernte durch den mechanisch-technischen Fortschritt von 150 Stunden pro Hektar zu Beginn des Jahrhunderts auf heute unter eine Stunde (DIERCKS 1986). Auch die biologisch-technischen Fortschritte, vor allem durch die Pflanzenzüchtung und den Pflanzenschutz, waren enorm. Während der durchschnittliche Ertrag bei Winterweizen in Deutschland zu Beginn dieses Jahrhunderts noch bei rund 20 dt/ha lag, beträgt er derzeit fast 70 dt/ha, damit hat sich der Weizenertrag in weniger als 100 Jahren mehr als verdreifacht (BML 1996b).

Zwischenzeitlich sind die meisten landwirtschaftlichen Produktionsverfahren zum überwiegenden Teil mechanisiert bzw. bereits teil- oder vollautomatisiert, und es wurde ein Ertragspotential erreicht, das allmählich an die pflanzenphysiologischen Grenzen stößt. Diese Entwicklung führte seit Ende des zweiten Weltkrieges aber nicht nur zu einer qualitativ und quantitativ besseren Versorgung der Bevölkerung mit Nahrungsmitteln, sie trug auch zur Überschußproduktion bei, die die Agrarpolitik entscheidend beeinflußte. So gehörten die Einführung der Milchquote Anfang der 80er Jahre und die Verabschiedung der EU-Agrarreform Anfang der 90er Jahre auch zu den Folgen der vielen technischen Fortschritte in der europäischen Landwirtschaft (siehe Kap. 4.5). Daneben dürfte die deutliche Beschleunigung des landwirtschaftlichen Strukturwandels insbesondere in den letzten 50 Jahren auch wesentlich durch den stark steigenden Kapitalbedarf der Betriebe ausgelöst worden sein, der mit dem Einsatz neuer Technologien verbunden ist. Alleine seit 1970 haben sich die Kosten für einen Arbeitsplatz in der Landwirtschaft verdreifacht. Das Einrichten eines Arbeitsplatzes in der deutschen Landwirtschaft kostet heute durchschnittlich 450 000 DM (Agra-Europe 26/95). Der Strukturwandel in Richtung größerer produktiverer Betriebe wird nach THIEDE (1992) auch zukünftig in der Landwirtschaft notwendig und unvermeidbar sein, wenn technische Neuerungen in die Praxis umgesetzt werden sollen.

Die Anwendung neuer Technologien gilt gemeinhin, auch für die baden-württembergische Landwirtschaft, als eine Voraussetzung zur Entwicklung und Sicherung einer national und international wettbewerbsfähigen Landwirtschaft. Dabei haben sich die technischen Entwicklungen aufgrund der geänderten Rahmenbedingungen in ihrer Zielorientierung deutlich erweitert. Während früher einseitig die Produktivitätssteigerung und die Verbesserung der Wirtschaftlichkeit im Vordergrund standen, sind heute die Qualitätsverbesserung der Produkte und die Gestaltung einer umweltgerechten, ressourcenschonenden und kulturlandschaftserhaltenden Landwirtschaft weitere Ziele. Trotz dieses erweiterten Zielspektrums bei der Entwicklung neuer Technologien kommt der Wirtschaftlichkeit bei der Umsetzung in die landwirtschaftliche Praxis auch weiterhin die wichtigste Bedeutung zu. Dies erklärt sich dadurch, daß die Entwicklung und der Einsatz technischer Neuerungen häufig mit einem hohen Einsatz an Kapital und entsprechenden Umstellungskosten verbunden sind. Zukünftig ist jedoch davon auszugehen, daß ökologische Ziele bei der Entwicklung technischer Neuerungen aufgrund des zunehmenden gesellschaftlichen Interesses weiter an Bedeutung gewinnen werden, insbesondere wenn die „ökologischen Leistungen" der Landwirte von der Gesellschaft über entsprechende Agrarumweltprogramme (siehe Kap. 4.8) honoriert oder durch den Gesetzgeber über Verordnungen, z. B. in Wasserschutzgebieten, verbindlich vorgeschrieben werden.

4.3.1 Mechanisch-technische Neuerungen

Betrachtet man die mechanisch-technische Entwicklung in der Landwirtschaft, wird im letzten Jahrzehnt eine deutliche Veränderung der Ausrichtung sichtbar. So traten elektronische Neuerungen (z. B. EDV-gestützte Anlagen) immer mehr

in den Vordergrund, während mechanische Neuerungen gleichzeitig an Bedeutung verloren. Beispiele neuer Entwicklungen sind:
- selbstfahrende Erntemaschinen (z. B. für Rüben, Kartoffeln und Sonderkulturen).
- Verfahren zur Minderung von Umweltbeeinträchtigungen, die zum großen Teil auch zur Steigerung der Effizienz des Betriebsmitteleinsatzes und der Arbeitsproduktivität beitragen:
  - minimale Bodenbearbeitung zur Erosionsminderung und Bodenstrukturverbesserung (Mulch- und Direktsaatverfahren u. a.),
  - Gülleausbringungstechniken, die nur wenig NH_3 emittieren (z. B. Gülledrill),
  - Verbesserung der Ausbringungstechniken von Pflanzenschutz- und Düngemitteln,
  - verbesserte Geräte zur mechanischen und physikalischen Unkrautregulierung,
  - bedarfsgerechte Düngung, z. B. mittels teilschlagbezogener Bewirtschaftung (unterstützt durch satellitengestützte Systeme wie GPS oder DGPS),
  - bedarfsgerechte Tierfütterung, z. B. durch teil- oder vollautomatische, EDV-gestützte Fütterungsanlagen.
- vollautomatischer Milchentzug (Melkroboter).
- EDV-gestütztes Informationsmanagement (z. B. Integrierte Informations- und Kommunikationssysteme für den Pflanzenbau).

Als Beispiele aus der Vielzahl neuer Technologien im mechanisch-technischen Bereich soll hier in Kürze auf den Einsatz der modernen elektronischen Datenverarbeitung (EDV) in der Außenwirtschaft mit dem Ziel eines ressourcenschonenden Umgangs mit Produktionsmitteln und auf die Entwicklung von Melkrobotern zur weiteren Senkung der Arbeitszeit in der Milchproduktion eingegangen werden. Diese Beispiele werden zeigen, daß mit jeder technologischen Neuerung Vor- und Nachteile in ökologischer wie in ökonomischer Hinsicht verbunden sind.

Elektronische Datenverarbeitung in der Pflanzenproduktion

Die Anwendung der elektronischen Datenverarbeitung (EDV) in der Außenwirtschaft bietet durch eine verbesserte Datenerfassung, Speicherung und Aufbereitung der erfaßten Daten eine Möglichkeit für einen umwelt- und ressourcenschonenderen Umgang mit Produktionsmitteln wie Dünge- und Pflanzenschutzmitteln bei einer gleichzeitig wirtschaftlich rentablen Landwirtschaft. Dabei dürfte zukünftig die prozeßübergreifende Integration von verschiedenen Bereichen, wie Bodenbearbeitung, Düngung, Pflanzenschutz, Ernte etc. im Vordergrund stehen (DOLUSCHITZ 1996). Ein solches Modell, das verschiedene Arbeitsbereiche kombiniert, zeigt Abbildung 21. Das Herzstück eines solchen integrativen Systems stellt der zentrale Betriebscomputer dar, hier werden die Daten aus den stationären und mobilen Datenerfassungs- und -verarbeitungsgeräten zentral gesammelt und verarbeitet. Darüber hinaus bietet der Betriebscomputer die Möglichkeit zur überbetrieblichen Kommunikation mit Beratungseinrichtungen, dem Landhandel etc. Nach AUERNHAMMER (1991) sind Bordcomputer in Traktoren sowie die Elektronik in zahlreichen Arbeitsgeräten wie in Pflanzenschutzmittelspritzen oder in Düngerstreuern nach dem derzeitigen Stand der Technik bereits in der Lage, zahlreiche Überwachungs-, Steuerungs- und Regelungsvorgänge zu übernehmen. Zur Erfassung und Aufzeichnung des Witterungsverlaufs stehen ebenfalls leistungsfähige Wetterstationen für die landwirtschaftliche Praxis zur Verfügung. Dabei können verschiedene Parameter wie Luftfeuchtigkeit, Boden- und Lufttemperatur, Niederschlagsmenge, Windgeschwindigkeit u. a. erfaßt werden, die wiederum Eingang in Prognose- und Simulationsmodelle finden können.

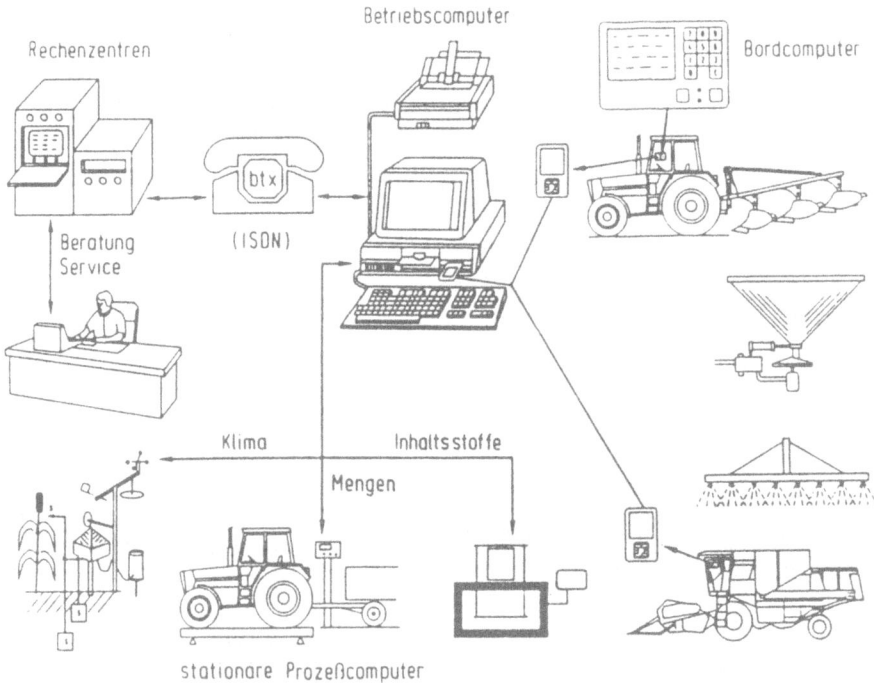

Abb. 21: Integrierter Elektronik- und EDV-Einsatz in der Außenlandwirtschaft (AUERNHAMMER 1991).

Mit einem solchermaßen integrierten Elektronik- und EDV-Einsatz in der Außenwirtschaft wird eine Erfassung zahlreicher Parameter wie Wetterdaten, Nährstoffversorgung der Kulturpflanzen, applizierte Düngermenge, Ertrag u. a. für einzelne Schläge bzw. bei hinreichend genauer Positionsbestimmung auch für

Teilflächen möglich. Die Anwendung dieser integrierten Technik könnte in Zukunft eine ökologisch und ökonomisch optimierte Betriebsmittelausbringung in Abhängigkeit von spezifisch kleinräumigen Standortbedingungen ermöglichen (DOLUSCHITZ 1996). Grundlage dafür ist allerdings eine hinreichend genaue Bodenkartierung der Schläge, die Informationen zum Nährstoffversorgungsgrad und sonstigen physikalischen und chemischen Bodeneigenschaften, sowie das Ertragsraster des Schlages der Vorjahresernte und aktuelle Beobachtungsergebnisse bezüglich Verunkrautung und phytopathologischer Erscheinungen enthält. Dadurch läßt sich die Ausbringung von Dünge- und Pflanzenschutzmitteln teilflächenbezogen so anpassen, daß jeweils ein Kompromiß zwischen pflanzenbaulicher und unter Qualitätsaspekten auch ökonomischer Notwendigkeit einerseits sowie der Kosteneinsparung und der ökologischen Verträglichkeit andererseits getroffen werden kann. Eine wesentliche Voraussetzung für die nach Teilflächen eines Schlages differenzierte Anpassung von Arbeitsgängen ist jedoch die genaue Positionsbestimmung von Schleppern bzw. Erntemaschinen auf dem Schlag, dies ist mit Hilfe eines satellitengestützten Systems, wie dem sogenannten „Global Positioning-System" (GPS) möglich. Allerdings liegt der für den Zivilbetrieb verfügbare Standardcode bei einer Bestimmungsgenauigkeit der Position im Bereich von etwa 100 m und reicht damit für teilschlagbezogene Tätigkeiten in der Landwirtschaft nicht aus (DOLUSCHITZ 1996). Erheblich höhere Genauigkeiten von ca. 1 bis 5 m, also im Bereich einer Arbeitsbreite eines Schleppers oder Mähdreschers, werden mit Hilfe des sogenannten „Differential Global Positioning Systems" (DGPS) erreicht, zu dessen Einsatz allerdings eine fest installierte Referenzstation mit DGPS-Empfänger auf der Erde notwendig ist (AUERNHAMMER 1995). Die potentiellen Einsatzmöglichkeiten von DGPS in der Landwirtschaft reichen dabei weit über eine teilschlagbezogene Bewirtschaftung hinaus und dürften künftig insbesondere im Bereich der Navigation bis hin zur fahrerlosen Fahrzeug- und Geräteführung gehen.

Aufgrund der kleinstrukturierten Verhältnisse in der baden-württembergischen Landwirtschaft wird hier jedoch nur für äußerst wenige Betriebe ein wirtschaftlicher Einsatz von GPS- und DGPS-Systemen in absehbarer Zeit gegeben sein. Durch eine verstärkte Initiierung von Flurbereinigungen, freiwilligen Zusammenlegungen von Schlägen, Betriebs-Kooperationen und durch einen überbetrieblichen Einsatz dieser Technik könnte längerfristig aber auch in kleinstrukturierten Gebieten der Einsatz solcher satellitengestützter Systeme betriebswirtschaftlich sinnvoll werden. Dabei ist jedoch zu berücksichtigen, daß eine mit dem Einsatz von GPS- und DGPS-Systemen verbundene Schlagvergrößerung tendenziell in Richtung einer Reduzierung der Artenvielfalt und der Verarmung einer vielfältigen Kulturlandschaft wirkt, so daß eine derartige Entwicklung in dieser Hinsicht auch ökologisch negative Folgen haben kann und vom Erholungswert der Landschaft her eher ungünstig zu beurteilen ist. Dem steht eine durch die Anwendung dieser Technik mögliche Verminderung von Bodenverdichtungen und eine Reduzierung der stofflichen Belastung des Ökosystems (insbesondere Boden-, Wasser- und Luftbelastung) entgegen.

Bei Betrachtung von Wirtschaftlichkeitsberechnungen wird deutlich, daß bei einer realistisch zu erwartenden Einsparung von Produktionsmitteln wie Dünge- und

Pflanzenschutzmittel im Bereich von rund 10 %, bei gleichbleibendem Ertrag, eine positive Wirtschaftlichkeit dieser neuen Technologien erst ab einer Einsatzfläche von etwa 200 ha gegeben ist (DEMMEL 1994). Derzeit liegt die durchschnittliche Betriebsgröße der Haupterwerbsbetriebe in Baden-Württemberg bei rund 30 ha, daher dürfte trotz des kontinuierlichen Strukturwandels und zunehmender Betriebs-Kooperationen auch in näherer Zukunft nur in sehr wenigen Fällen die Wirtschaftlichkeit dieses Verfahrens im Südwesten gegeben sein. In Regionen mit überwiegend flächenstarken Betrieben, wie in den neuen Bundesländern, werden solche satellitengestützte Systeme dagegen bereits in größerem Umfang in der Praxis eingesetzt.

Melkroboter

Neben der Reduzierung des Betriebsmitteleinsatzes verfolgen zahlreiche neue Technologien das Ziel einer Reduzierung des Arbeitseinsatzes. So wird vom Einsatz automatischer Anlagen zum Milchentzug, sogenannten Melkrobotern, eine deutliche Einsparung von Arbeitszeit sowie eine Arbeitserleichterung in der Milchproduktion erwartet.

Erste Entwicklungen zur maschinellen Durchführung des Milchentzugs fanden bereits gegen Ende des 19. Jahrhunderts statt. In den 20er und 30er Jahren dieses Jahrhunderts kam es zu einer ersten größeren Verbreitung von Melkmaschinen, wegen der dadurch verursachten Ausbreitung von Eutererkrankungen wurde diese Neuerung allerdings bald wieder aufgegeben. Erst nach Ende des zweiten Weltkrieges schaffte die Melkmaschine durch eine verbesserte Technik den endgültigen Durchbruch. In den 70er Jahren wurden ausgehend von Einzelmelkanlagen Melkstände entwickelt, die im Laufe der Zeit zunehmend automatisiert wurden, dadurch konnte der Arbeitsaufwand in größeren Betrieben nochmals erheblich reduziert werden. Seit einigen Jahren befinden sich Anlagen zum vollautomatischen Milchentzug (Melkroboter) als Prototypen im Einsatz, wobei bereits erste Serienfertigungen in Praxisbetrieben eingesetzt werden (DLG 1996). Der Einsatz von Melkrobotern ermöglicht neben einer deutlichen Arbeitseinsparung eine Lockerung der zeitlichen Bindung an den Melkprozeß, daneben läßt dieses Verfahren eine Leistungssteigerung durch eine höhere Melkhäufigkeit erwarten. Insbesondere die hohe Arbeitsbelastung und die zeitliche Gebundenheit durch den Melkprozeß wird von vielen Milchviehhaltern als äußerst negativ empfunden. Die in Folge der Erhöhung der Melkhäufigkeit bewirkte Leistungssteigerung pro Tier führt darüber hinaus zu einer besseren Nährstoffverwertung und damit zu einem geringeren Nährstoffüberschuß sowie zu einer geringeren Emission von, NH_3, N_2O und CH_4 pro erzeugtem Kilogramm Milch, was aus ökologischer Sicht positiv zu beurteilen ist (siehe Kap. 4.2.2).

Wirtschaftlichkeitsberechnungen von DOLUSCHITZ (1996) zeigen, daß der Einsatz von Melkrobotern auch zu einer Senkung der Produktionskosten führen kann. Allerdings kann diese Neuerung insbesondere bei kleinen Beständen und bei geringen Nutzungskosten der Arbeit auch zu einer deutlichen Kostensteigerung in der Milchproduktion führen (Tabelle 15). Insgesamt lassen diese Berechnungen erkennen, daß

Neue Technologien

Tabelle 15: Veränderung der Gesamtkosten (Pf/kg Milch) der Milcherzeugung beim Einsatz vollautomatischer Melkanlagen gegenüber einem Referenzsystem[1] bei unterschiedlichen Einsatzbedingungen (DOLUSCHITZ 1992). Akh: Arbeitskraft-Stunde.

Milchleistungs- steigerung (%)	Nutzungskosten für Arbeit (DM/Akh)	Jährliche Reparaturkosten (% des Anschaffungswertes)	Kalkulations- zinsfuß (%)	Bestandsgröße (Kühe)		
				30	60	90
10	10	7	8	+9,6	+3,7	+2,0
			4	+7,9	+2,6	+1,1
10	10	5	8	+7,7	+2,5	+0,8
			4	+6,0	+1,3	+0,1
10	30	7	8	-2,0	-4,5	-3,6
			4	-3,7	-5,6	-4,6
10	30	5	8	-3,9	-5,7	-4,8
			4	-5,6	-6,9	-5,5
20	10	7	8	+5,1	+0,5	+1,3
			4	+3,7	-0,5	+0,5
20	10	5	8	+3,4	-0,7	+0,2
			4	+1,9	-1,7	-0,4
20	30	7	8	-7,9	-8,8	-7,4
			4	-9,3	-9,8	-8,2
20	30	5	8	-9,6	-10,0	-8,5
			4	-11,1	-11,0	-9,1

[1] Referenzsysteme sind der jeweiligen Bestandsgröße angepaßt: 2x2 Autotandem bzw. 2x4 Fischgrätenmelkstand; 2x6 Fischgrätenmelkstand; 2x8 Fischgrätenmelkstand.

sich bereits bei Bestandesgrößen von 30 Kühen beim Einsatz eines Melkroboters Kostenvorteile ergeben können. Voraussetzung dafür ist jedoch in erster Linie eine günstige Nutzung der freiwerdenden Arbeit. Bei 60-Kuh-Beständen sind die Kostenvorteile in der Regel am deutlichsten, weshalb diese Herdengröße häufig als Mindestbestandsgröße für den Einsatz eines Melkroboters angegeben wird. Bei einer Herdengröße von über 60 Kühen werden die Einsparungen beim Einsatz eines Melkroboters wegen der geringeren Differenz der Arbeitszeiteinsparung gegenüber dem jeweiligen ohnehin bereits arbeitssparenden Referenzsystem wieder geringer. Wirtschaftlichkeitsanalysen zum Einsatz von Melkrobotern müssen daher betriebsindividuell durchgeführt werden. Arbeitswirtschaftlich dürfte diese neue Technologie für viele zukunftsorientierte Milchviehbetriebe erhebliche Vorteile bringen. Voraussetzung dafür ist, daß die Anlagen auch unter Praxisbedingungen äußerst zuverlässig arbeiten.

Aufgrund der hohen Anschaffungskosten von Melkrobotern dürfte der Einsatz einer solchen Anlage jedoch einer weiteren betrieblichen und regionalen Intensivierung und Spezialisierung in der Milchviehhaltung Vorschub leisten. Infolge der Flächenknappheit vieler Betriebe kann dies zu Konflikten mit einer umweltschonenden Gülleausbringung führen. Damit kann es zu Zielkonflikten kommen, wie sie bereits bei den oben beschriebenen satellitengestützten GPS- und DGPS-Systemen angesprochen wurden. Zur Reduzierung ökologischer Beeinträchtigungen muß die Einführung technischer Neuerungen daher durch entsprechende Agrarumweltprogramme und ordnungspolitische Maßnahmen sowie eine gezielte und fachkompetente Beratung begleitet werden (siehe Kap. 4.8).

Der wirtschaftliche Einsatz der meisten technischen Entwicklungen setzt eine entsprechende Betriebsgröße und damit eine weitere strukturelle Anpassung der Landwirtschaft insbesondere in Regionen wie Baden-Württemberg voraus. So dürften in Baden-Württemberg die für zahlreiche technische Neuerungen notwendigen Schlag-, Betriebs- bzw. Bestandsgrößen nur bei wenigen Betrieben gegeben sein. Maßnahmen zur Förderung der überbetrieblichen Zusammenarbeit wären ein probates Mittel, notwendige „Mindesteinsatzgrößen" überbetrieblich zu erreichen und so den Einsatz kapitalintensiver Technologien, die einer nachhaltigeren Wirtschaftsweise dienen, in der Praxis zu fördern. Auch sollten agrarumweltpolitische Programme und Verordnungen so ausgestaltet werden, daß sie dem Einsatz und der Etablierung umweltschonender Techniken förderlich sind.

4.3.2 Biologisch-technische Neuerungen

In den letzten Jahrzehnten haben die Art und das Ausmaß der Möglichkeiten zur züchterischen Veränderung von Tieren, Pflanzen und Mikroorganismen eine neue Dimension erreicht. Dabei kann insbesondere durch die direkteren Eingriffsmöglichkeiten in biologische Prozesse (z. B. Anwendung der Bio- und Gentechnik) eine Verkürzung der Zeitabstände zwischen der Entwicklung und der Umsetzung einer Neuerung erreicht werden. Beispiele der Anwendung neuer Technologien im biologisch-technischen Bereich sind:

- Pflanzensorten, die gegen Schädlinge, Krankheiten und Unkrautbekämpfungsmittel (Herbizide) resistent sind,
- ertragreiche Sorten mit höherer Nährstoffeffizienz (*low input*-Sorten),
- neue Sorten mit einer veränderten Zusammensetzung der Inhaltsstoffe (z. B. Fettsäuremuster, Aminosäurenzusammensetzung, Ligningehalt),
- neue Sorten mit nicht-pflanzlichen Inhaltsstoffen (z. B. zur Gewinnung von Pharmaka),
- effizientere Pflanzenschutzmittel, die im Boden leicht abbaubar und wenig mobil sind,
- Tiere mit besserem Leistungsprofil und qualitativ besseren Produkten (z. B. höherer Fleischanteil, höherer Eiweißgehalt der Milch),
- Tiere mit geringer Krankheitsanfälligkeit,
- transgene Tiere zur Erzeugung von Pharmaka,
- Leistungssteigerer in der Tierproduktion (z. B. Wachstumshormone),
- Futterzusatzstoffe zur Erhöhung der Nährstoffeffizienz (z. B. Phytase),
- fortpflanzungsbiologische Techniken (z. B. künstliche Besamung, Steuerung des Sexualzyklus, Embryotransfer, Klonierung von Embryonen),
- Biogasgewinnung,
- Verfahren zur besseren Reststoffverwertung (z. B. Lactatgewinnung aus Molke).

Pflanzenproduktion

In der Pflanzenproduktion werden durch die Züchtung von Sorten mit Resistenzeigenschaften gegenüber Schadorganismen und Herbiziden sowie von nährstoffeffizienteren Sorten wichtige Impulse für eine ressourcenschonende und nachhaltige Landbewirtschaftung erwartet. Dabei kann die klassische Züchtung durch die moderne Bio- und Gentechnologie ergänzt und erheblich effektiver gestaltet werden.

Als Beispiel sei hier auf die **Züchtung herbizidresistenter Kulturpflanzen** hingewiesen, ein Thema, das in der öffentlichen Diskussion derzeit eine große Beachtung findet. Dabei können zum einen auf konventionellem Weg durch zellbiologische Verfahren herbizidtolerante Pflanzen erzeugt werden. So wurde unter Ausnutzung spontaner Mutationen aus Maisgewebekulturen eine Cycloxydim-tolerante Maislinie selektiert. Nach dem Einkreuzen der Toleranz in Mais-Elitezuchtlinien wurden Cycloxydim-tolerante Maissorten erzeugt. In den USA kam 1996 bereits die erste Cycloxydim-tolerante Maissorte („Select") auf den Markt. Da es sich bei Cycloxydim („Focus") allerdings um ein Herbizid handelt, das nur gegen Gräser wirksam ist, muß in Cycloxydim-toleranten Mais zur chemischen Unkrautkontrolle neben Cycloxydim zusätzlich noch mindestens ein weiteres Herbizid gegen andere Unkräuter eingesetzt werden (WALTER et al. 1996).

Eine weitaus größere Bedeutung bei der Erzeugung herbizidresistenter Kulturpflanzen haben jedoch gentechnische Methoden, dabei werden artfremde Herbizidresistenzgene in Kulturpflanzen eingebracht (VON SCHELL und KOCHTE-CLEMENS 1996). Dadurch werden diese Pflanzen gegenüber einem bestimmten Herbizid („Komplementärherbizid") unempfindlich. Solche Komplementärherbizide wirken gegen alle Pflanzen (Totalherbizid), denen das entsprechende Herbizidresistenzgen fehlt, und zwar sowohl gegen dikotyle (Kräuter) als auch gegen monokotyle Pflanzen (z. B. Gräser). Dadurch kann in gentechnisch hergestellten herbizidresistenten Kulturen die Unkrautkontrolle mit nur einem Herbizid erfolgen. Gegenwärtig stehen verschiedene gentechnisch veränderte Sorten von Mais, Raps, Zuckerrüben und Sojabohnen zur Verfügung, die gegen bestimmte Komplementärherbizide, wie beispielsweise Glufosinat-Ammonium („Basta") oder Glyphosat („Round-up"), resistent sind. Das Gen, das für die Resistenz gegen Glufosinat-Ammonium verantwortlich ist, wurde aus im Boden vorkommenden Bakterien (*Streptomyceten*) isoliert und gentechnisch auf Kulturpflanzen übertragen. Glufosinat-Ammonium ist ein seit den 80er Jahren insbesondere in Plantagenkulturen (Obst, Wein etc.) weitverbreitetes Herbizid und zeichnet sich dadurch aus, daß es innerhalb von nur wenigen Tagen im Boden und im Wasser abgebaut wird. Dieser, im Vergleich zu den meisten derzeit eingesetzten „konventionellen" Herbiziden, relativ schnelle Abbau verhindert ein Versickern der phytotoxischen Substanz ins Grundwasser. Unklarheiten bestehen jedoch noch im Persistenz- und Umweltverhalten sowie der Toxizität der Abbauprodukte (SANDERMANN und OHNESORGE 1994).

Die derzeit verwendeten „konventionellen" Herbizide müssen frühzeitig angewandt werden, da die Wirksamkeit dieser Herbizide mit zunehmender Entwicklung der Unkräuter abnimmt. Daher findet die chemische Unkrautkontrolle gegenwärtig bereits zu einem Zeitpunkt statt, zu dem die Unkräuter noch keine kritische Konkurrenz für die Kulturpflanzen darstellen. Hier bietet die kombinierte Anwendung von Komplementärherbiziden mit entsprechend herbizidresistenten Kulturpflanzen die Möglichkeit, die chemische Unkrautkontrolle auf den Zeitraum zu begrenzen, in dem die Unkräuter zu ertragsbegrenzenden Konkurrenten um Wasser, Nährstoffe oder Licht für die angebaute Kultur werden. So liegt z. B. bei Mais die kritische Periode der Konkurrenz durch Unkräuter zwischen dem 4- und 6-Blattstadium, d. h. lediglich in diesem relativ kurzen Entwicklungsabschnitt des Maises ist eine Unkrautkontrolle notwendig (KOCH und KEMMER 1980, AMMON und NIGGLI 1990). Eine termingerechte chemische Unkrautkontrolle, wie sie beim Anbau herbizidresistenter Kulturpflanzen möglich ist, erlaubt eine Reduzierung der Behandlungshäufigkeit sowie eine Verminderung des Arbeits- und Kostenaufwands für den Landwirt (SINEMUS 1994). Allerdings erfordert eine sachgerechte chemische Unkrautkontrolle in herbizidresistenten Kulturpflanzen eine intensive Beratung, da bei diesem Verfahren die Herbizidausbringung zu einem für die Landwirte bisher ungewöhnlich späten Zeitpunkt - in der entscheidenden Konkurrenzperiode - erfolgen muß. Wird die Applikation zu früh vorgenommen, wird dagegen aufgrund des schnellen Wirkstoffabbaus eine mehrmalige Ausbringung erforderlich, wodurch dieses Verfahren ökologisch und ökonomisch fragwürdig wird.

Der Anbau transgener herbizidresistenter Kulturpflanzen dürfte, wenn sich die Resistenz verschiedener Kulturarten nur gegen einen Wirkstoff richtet, zu einer beschleunigten Bildung resistenter Unkrautpopulationen führen (RUBIN 1996). Dies ist vor allem dann zu erwarten, wenn Kulturen, die nur gegen einen Wirkstoff resistent sind, in Folge über längere Zeiträume angebaut werden, so daß das entsprechende Herbizid relativ häufig eingesetzt wird. Unter den derzeitigen ökonomischen Rahmenbedingungen ist des weiteren durch den Anbau herbizidresistenter Pflanzen eine weitere Verdrängung der mechanischen Unkrautkontrolle zugunsten des Herbizideinsatzes zu erwarten, da letzterer weniger arbeitsintensiv und damit billiger ist (ALTMANN 1994). Eine weitere Substitution der mechanischen Unkrautkontrolle durch den Einsatz von Herbiziden ist jedoch häufig mit unerwünschten Neben- und Nachwirkungen, die das Ökosystem belasten können (z. B. Auswaschung von Herbiziden bzw. deren Abbauprodukten in Grund- und Oberflächenwasser), verbunden und ist daher eher negativ zu bewerten. Andererseits kann eine mechanische Unkrautbekämpfung die Bodenerosion fördern sowie durch eine Förderung der Stickstoffmineralisation zu einer Nitrat-Auswaschung führen. Hier bietet der Anbau herbizidresistenter Kulturpflanzen die Möglichkeit der Aussaat in einen Vorbestand an Pflanzen (Bodendeckerbestand), wodurch die Umweltverträglichkeit von Kulturen mit einer langsamen Jugendentwicklung, wie Mais, erheblich verbessert werden kann (LECHNER et al. 1996). Dabei wirken die als Bodendecker angebauten Pflanzen der Bodenerosion sowie dem Austrag von Nährstoffen entgegen und können darüber hinaus Unkräuter effizient unterdrücken (SCHILLING et al. 1992).

Bislang läßt sich noch nicht abschließend sagen, wie sich der Anbau herbizidresistenter Kulturpflanzen auf die Einsatzmenge von Herbiziden auswirken wird. Aufgrund des breiten Wirkungsspektrums der Komplementärherbizide kann durch dieses Verfahren auf die bisher in den meisten Kulturen (Raps, Zuckerrüben, Sojabohnen etc.) notwendige Kombination verschiedener Herbizid-Wirkstoffe, z. B. gegen Gräser sowie gegen Kräuter, verzichtet werden, wodurch die Einsatzmenge in diesen Kulturen zurückgehen dürfte. Bei Kulturen wie Mais, bei denen bereits derzeit im allgemeinen nur ein Wirkstoff (z. B. Terbutylazin) gegen Unkräuter und Ungräser eingesetzt wird, ist dagegen aufgrund des vergleichsweise raschen Abbaus der Komplementärherbizide häufig eine zweimalige Herbizidanwendung erforderlich (LECHNER et al. 1996). Tendenziell ist daher in Kulturen wie Raps oder Zuckerrüben mit einer Abnahme, in Mais eher mit einer Zunahme der Aufwandmenge in herbizidresistenten Sorten zu rechnen. Insgesamt hat die notwendige Aufwandmenge eines Herbizides allerdings nur eine begrenzte Aussagekraft, vielmehr wird die Umweltverträglichkeit eines Wirkstoffs in stärkerem Maße von seiner Persistenz und seiner Wirkung auf das gesamte Ökosystem bestimmt. Diesbezüglich sind die bisher entwickelten Komplementärherbizide den meisten derzeit eingesetzten „konventionellen" Herbiziden überlegen (HOCK et al. 1995, MOHR 1997b).

Insgesamt kann der Einsatz herbizidresistenter Kulturpflanzen bei einer termingerechten Herbizidausbringung und einem durchdachten Unkrautmanagement, das auch andere Verfahren der Unkrautkontrolle (z. B. mechanische Unkrautbekämpfung, sinnvolle Fruchtfolge, häufiger Wirkstoffwechsel) einschließt, aufgrund des relativ schnellen Abbaus der verwendeten Herbizide sowie der Möglichkeit der Direktsaat in einen Bodendeckerbestand, sowohl ökologisch als auch betriebswirtschaftlich zu einer nachhaltigeren Landbewirtschaftung beitragen.

Allerdings wird über die gentechnisch gestützte Züchtung, insbesondere von herbizidresistenten Kulturpflanzen, von weiten Teilen der Öffentlichkeit sehr kritisch geurteilt, weil befürchtet wird, daß der Anbau dieser Pflanzen negative Auswirkungen auf Agrarökosysteme oder andere potentiell betroffene Ökosysteme haben könnte. Bisher gibt es jedoch keine Anhaltspunkte, die darauf hinweisen, daß gentechnisch erzeugte Pflanzen risikoreicher als konventionell gezüchtete sind (HOFFMANN et al. 1997).

Bei Kulturpflanzen mit natürlichen Kreuzungspartnern in der Wildflora können Resistenzen oder andere herangezüchtete Eigenschaften auf die Wildflora übergehen (z. B. von Raps auf Rübsen). Diese Übertragung kann allerdings unabhängig davon stattfinden, ob die Züchtung „konventionell" oder mit Hilfe der Gentechnik erfolgt ist. Dies wird besonders am Beispiel der konventionell gezüchteten Cycloxydim-toleranten Maissorte deutlich, die in der öffentlichen Diskussion kaum Beachtung findet (s. o.). Ob sich beispielsweise eine Herbizidresistenz in der Wildflora etablieren kann, ist ohnehin fraglich, da sich ohne Herbizideinwirkung kein Selektionsvorteil für die Wildpflanzen ergibt. Darüber hinaus sind bei Mais, Kartoffeln und Soja in Deutschland keine heimischen Kreuzungspartner bekannt. Ein zweites oft genanntes Problem, das mögliche Auftreten von Allergien gegen im Gefolge einer Züchtung neu auftretende Proteine in der Nahrung, ist nicht gentechnik-spezifisch und stellt sich bei konventioneller Züchtung genauso.

Eine dritte offene Frage ist in der Tat gentechnik-spezifisch. Für eine frühzeitige Erkennung transgener herbizidresistenter Pflanzen im Züchtungsprozeß wird häufig zusätzlich zum Herbizidresistenzgen ein Antibiotikaresistenzgen als Marker in die Kulturpflanze eingebracht. Befürchtet wird nun eine unkontrollierte Ausbreitung solcher Antibiotikaresistenzgene von der Kulturpflanze auf Boden-Mikroorganismen, auf Wildpflanzen, auf Tiere und bei manchen Kulturen über die Nahrungsaufnahme auf den Menschen, und hier auf Bakterien im Verdauungstrakt. Eine Ausbreitung von Antibiotikaresistenzgenen ist allerdings unwahrscheinlich, weil damit nur dann zu rechnen ist, wenn - angenommen eine Übertragung findet überhaupt statt - das Vorhandensein dieser Resistenz den betroffenen Organismen langfristig einen Überlebensvorteil sichert, d. h. wenn das entsprechende Antibiotikum in großem Umfang eingesetzt wird. Dennoch werden aus

Neue Technologien

Vorsorgegründen alternative Markersysteme intensiv erforscht und entwickelt. Einige sind bereits im Einsatz (VON SCHELL und KOCHTE-CLEMENS 1996).

Gegenwärtig wird der Anbau von transgenen herbizid- aber auch insektenresistenten Kulturpflanzen in verschiedenen außereuropäischen Ländern bereits in großem Umfang praktiziert. Die Erfahrungen in Ländern, in denen transgene Kulturpflanzen bereits angebaut werden und in denen der Anbau durch sicherheitsbiologische Forschung begleitet wird, deuten darauf hin, daß von gentechnisch erzeugten Pflanzen kein besonderes Risiko ausgeht.

Tierproduktion

Auch in der Tierproduktion hatte der Einsatz von bio- und gentechnischen Verfahren eine Vielzahl von revolutionären Neuerungen zur Folge. Dabei wird insbesondere den **zell- und fortpflanzungsbiologischen Methoden** eine große volkswirtschaftliche Bedeutung zugemessen. So lassen sich mit Hilfe der künstlichen Besamung, der Steuerung des Sexualzyklus, der *In-vitro*-Befruchtung, des Embryonentransfers und künftig eventuell auch durch die Klonierung von Embryonen zeitaufwendige Zuchtschritte einsparen oder produktiver gestalten. Auch können als besonders wertvoll erachtete Tiere bzw. deren Samen-, Ei- oder Embryonenzellen durch diese zell- und fortpflanzungsbiologischen Techniken häufiger in der Zucht oder bei der Vermehrung eingesetzt werden, so daß deren Erbanlagen sehr schnell auf viele Nachkommen übertragen werden können. Darüber hinaus können tiefgefrorene Fortpflanzungszellen (Samen-, Ei- oder Embryonenzellen) weltweit verschickt und eingesetzt werden. Diese neuen fortpflanzungsbiologischen Methoden erlauben damit eine wesentliche Beschleunigung der Selektion und der Vermehrung von Tieren, die sich durch günstige Eigenschaften, wie z. B. einen höheren Fleischanteil, eine höhere Milchleistung oder durch eine bessere Futterverwertung, auszeichnen (VON SCHELL und KOCHTE-CLEMENS 1996). Unter den gegenwärtigen agrarpolitischen Rahmenbedingungen und den vorherrschenden Konsumgewohnheiten erscheinen solche Effizienz- und Produktivitätssteigerungen als eine unabdingbare Voraussetzung für die Erhaltung der regionalen und internationalen Wettbewerbsfähigkeit der Landwirtschaft auch in Baden-Württemberg.

Diese Produktivitätssteigerungen ziehen jedoch auch unerwünschte Folgen nach sich. Ein Problem dieser fortpflanzungsbiologischen Methoden ist beispielsweise in der damit einhergehenden Einschränkung der genetischen Vielfalt zu sehen. So hat die künstliche Befruchtung und der Embryotransfer zu einem drastischen Rückgang der Gesamtzahl der Zuchttiere geführt. Auch können unentdeckte Gendefekte auf diese Weise erheblich schneller und weltweit verbreitet werden (VON SCHELL und KOCHTE-CLEMENS 1996). Ein weiteres Problem, das insbesondere durch die überregionale Organisation der Tierzucht bedingt wird, ist das Verdrängen alter Haustierrassen. Dadurch können wichtige Eigenschaften, deren Bedeutung derzeit noch nicht erkennbar ist, verloren gehen. Nach einer Schätzung der FAO sind von den 4 000 weltweit existierenden Nutztierrassen bereits mehr als 1 000 vom Aussterben bedroht (LOFTUS und SCHERF 1993). Diese als negativ zu bewertenden Folgen der Steigerung der Effektivität und Produktivität in der Tierproduktion müssen unter dem Nachhaltigkeitsaspekt in jedem Einzelfall angemessen berücksichtigt und bewertet werden.

Unter den biologisch-technischen Neuerungen in der Tierproduktion wird derzeit insbesondere der Einsatz von Leistungssteigerern international unterschiedlich beurteilt. So ist der **Einsatz von Wachstumshormonen** als Leistungssteigerer in der Milch- bzw. Fleischproduktion in zahlreichen Ländern wie den USA, Argentinien, Neuseeland sowie verschiedenen osteuropäischen Staaten erlaubt, während dies in den Ländern der EU verboten ist.

Als Leistungsförderer werden verschiedene Substanzen wie Hormone, hormonähnliche Substanzen oder antimikrobielle Stoffe (z. B. Antibiotika) in der Tierproduktion eingesetzt (GELDERMANN und MOMM 1995). In der Öffentlichkeit derzeit besonders kontrovers diskutiert werden Wachstumshormone, durch deren Einsatz die Milch- bzw. die Fleischleistung bei Nutztieren verbessert werden kann. Dabei wird die produzierte Milchmenge pro Kilogramm aufgenommenen Futters oder der Anteil des Fleisches im Verhältnis zum Fettgewebe gesteigert. So führt der Einsatz des Rinderwachstumshormons „bovines Somatotropin" (bST) zu einer Produktivitätssteigerung in der Milcherzeugung. Derzeit wird dieses Hormon bereits in einigen Ländern eingesetzt (z. B. USA, Brasilien, Rußland). Bei dem Hormon bST, daß gentechnologisch hergestellt wird, handelt es sich streng genommen um rbST *(rekombiniertes bovines Somatotropin)*, dessen Eiweißstruktur nicht genau der des natürlichen bST entspricht, sondern je nach Herstellung zusätzlich eine bestimmte Anzahl von Aminosäuren enthält. Daraus und vor allem aufgrund des höheren Hormonspiegels im tierischen Organismus können Beeinflussungen verschiedener Stoffwechselvorgänge resultieren, deren Schädlichkeit oder Unschädlichkeit auf die Tiergesundheit noch nicht ausreichend geklärt ist. Während in einigen Untersuchungen Störungen der Fruchtbarkeit und eine gesteigerte Krankheitsanfälligkeit festgestellt wurde (KRONFELD 1987, THOMAS et al. 1987), konnte bei anderen Untersuchungen bei leistungsgerechter Fütterung keine Gefahr für die Tiergesundheit festgestellt werden (SONDERHOLM et al. 1988, WEBER 1988, PEEL und BAUMAN 1987).

Unter wirtschaftlichen Gesichtspunkten zeigte sich, daß der Einsatz von bST nur unter günstigen Rahmenbedingungen (z. B. niedrige Kosten der bST-Applikation, Möglichkeit der Produktionsausdehnung, Indifferenz der Verbraucher gegenüber dem Einsatz von bST) für milchviehhaltende Betriebe interessant ist. In den USA, in denen bST seit dem Frühjahr 1994 zugelassen ist, ist die Anwendung bisher gering, obwohl die Milchleistung beim Einsatz von bST durchschnittlich um etwa 10 % steigt. Derzeit wird in den USA nur bei etwa 10 % der Milchkühe dieses synthetische Hormon eingesetzt, wobei den Tieren alle 2,5 Wochen eine bST-Spritze injiziert wird. Die verhältnismäßig geringe Akzeptanz bei den US-Landwirten kann vor allem mit der ungenügenden Wirtschaftlichkeit des bST-Einsatzes erklärt werden. Bei der Anwendung von bST steigen die Ansprüche an die Futterqualität (Energiedichte, Eiweißgehalt etc.), und damit nehmen in der Regel die Futterkosten zu. Dazu kommen die relativ hohen Kosten von derzeit etwa 10,50 DM pro bST-Gabe (BIJMAN 1996). Außerdem konnte bisher die Skepsis der Verbraucher gegenüber Milch aus bST-Herden, trotz einer regierungsamtlichen Versicherung bezüglich der gesundheitlichen Unbedenklichkeit der so erzeugten Milch, nicht ausgeräumt werden. Seit der Zulassung von bST konnten daher Molkereien, die mit dem Hinweis auf bST-freie Erzeugung werben, ihren Absatz ausdehnen. Einzelne Molkereien gingen in letzter Zeit bereits dazu über, ihren Milchlieferanten einen Zuschlag bei Verzicht auf die Anwendung von bST zu bezahlen (Deutsches Tierärzteblatt 1996).

Auch in Deutschland dürfte der Einsatz von bST in der Milchproduktion nur für wenige Betriebe wirtschaftlich interessant sein. Neben den zusätzlichen Kosten für die bST-Anwendung und den höheren Ansprüchen an die Futterqualität fehlt es in der Regel an einer günstigen Verwertung der freigesetzten Produktionsfaktoren (Arbeit, Stallplätze etc.). Darüber hinaus verhindert die EU-Milchquotenregelung eine Ausdehnung der betrieblichen Milchproduktion. Aus ökologischen Gründen ist insbesondere die zu erwartende Verdrängung extensiverer Formen der Grünlandnutzung durch intensivere Nutzungsarten (Erhöhung der Schnitthäufigkeit, Silomaisanbau etc.), infolge der höheren Ansprüche an die Nährstoffdichte des Futters negativ zu beurteilen (vgl. Kap. 4.2.3). Dagegen ist die mit dem bST-Einsatz verbundene erhöhte Nährstoffverwertung sowie die verminderte Methanbildung bezogen auf die Produkteinheit (je kg Milch) unter ökologischen Gesichtspunkten positiv zu bewerten (vgl. Kap. 4.2.2).

Bei zahlreichen in Deutschland durchgeführten Verbraucherbefragungen wurde eine überwiegende Ablehnung des bST-Einsatzes in der Milcherzeugung deutlich (MEIMBERG und WURZBACHER 1992, WETZEL 1990, BEUSMANN et al. 1989). So zeigte sich bei einer bundesweit durchgeführten Befragung von 1 000 Personen, daß 65 % der Befragten bei einer Zulassung von bST etwas weniger, erheblich weniger oder gar keine Milchprodukte mehr nachfragen würden. Als Hauptgrund für die ablehnende Haltung gegenüber dem Einsatz von bST wurde besonders die Beeinträchtigung der Qualität der Milchprodukte („frei von Zusatzstoffen") aber auch eine allgemeine Ablehnung einer weiteren Intensivierung in der Tierhaltung sowie ethische Gründe genannt. Bei dieser Untersuchung muß natürlich berücksichtigt werden, daß Einschätzungen bezüglich des Konsumverhaltens eines noch nicht auf dem Markt befindlichen Produktes mit Vorsicht zu interpretieren sind. Die deutlich ablehnende Haltung der Mehrheit der Konsumenten gegenüber dem Einsatz von bST in der Milcherzeugung ist jedoch unverkennbar. Bei einer Anwendung von bST in der deutschen Milchproduktion ist daher nach MEIMBERG und WURZBACHER (1992) ein deutlicher Absatzrückgang bei Milchprodukten, mit entsprechend negativen wirtschaftlichen Folgen für die Milchproduzenten, zu erwarten.

Insgesamt führt die Anwendung des Wachstumshormons bST in der Milchviehhaltung aus wirtschaftlichen (einzelbetrieblichen und sektoralen) Gründen, aber auch aufgrund der in einigen Bereichen negativen ökologischen Wirkungen nicht zu einer höheren Nachhaltigkeit in der Tierproduktion. Die Zulassung von bST in der europäischen Tierhaltung ist daher aus unserer Sicht, auch aufgrund der noch ungeklärten Wirkungen auf die Tiergesundheit, nicht sinnvoll. Eine höhere Milchleistung und eine bessere Futterverwertung kann darüber hinaus in den meisten Betrieben durch ein verbessertes Herdenmanagement und eine leistungsgerechtere Fütterung und damit auch ohne die Anwendung von bST erreicht werden.

Die **Anwendung von Phytase**, ein mit gentechnischer Hilfe hergestellter Futterzusatzstoff, der der Verbesserung der Phosphatverwertung in der Schweine- und Hühnerhaltung dient, ist dagegen seit Ende 1994 EU-weit zugelassen. Durch den Zusatz von Phytase kann der in pflanzlichen Futtermitteln vorhandene Phytin-Phosphor aufgespalten und dadurch von den Tieren aufgenommen werden. Auf diese Weise läßt sich die Zufuhr von Phosphor in der Fütterung deutlich senken, gleichzeitig gehen die Phosphatausscheidungen über die Gülle zurück (Agra-Europe 43/94). Damit wird es für Veredelungsbetriebe einfacher, Nährstoffüberschüsse zu reduzieren und somit den Anforderungen der Düngeverordnung zu entsprechen (Kap. 4.8.2.1). Insbesondere in Regionen, in denen der Betriebsschwerpunkt vieler Betriebe in der Schweinehaltung liegt, wie z. B. in Ostwürttemberg, weisen bereits zahlreiche Böden zu hohe Phosphatgehalte auf. Auf diesen Flächen besteht die akute Gefahr des Phosphat-Eintrags in Oberflächengewässern (Kap. 4.1.2.3). Der Einsatz von Phytase in der Tierproduktion ist daher positiv zu beurteilen, da die Verminderung der Phosphatüberschüsse in den tierischen Exkrementen eine umweltverträglichere Produktion ermöglicht.

4.3.3 Bedeutung neuer Technologien für eine nachhaltige Landbewirtschaftung

Wie jede technologische Neuerung können auch Innovationen in der Landwirtschaft eine nachhaltige Wirtschaftsweise fördern oder eher behindern, wobei neuere Entwicklungen in ihren Wirkungsmechanismen verstärkt die Tendenz zeigen, den aufgetretenen ökologischen Fehlentwicklungen der Vergangenheit entgegenzusteuern. Um diese Entwicklung zu verstärken, sollten gerade die durch die landwirtschaftliche Beratung sowie über Investitionsprogramme forcierten technischen Entwicklungen noch stärker als bisher den Maßstäben einer nachhaltigen Landwirtschaft gerecht werden. Dabei sollte eine umfassende und differenzierte Betrachtung der komplexer gewordenen Wirkungszusammenhänge neuer Technologien bereits im Vorfeld im Sinne einer Technikfolgenabschätzung erfolgen. In diesem Prozeß sollten sowohl ökologische Folgen als auch Struktureffekte, Verbraucherreaktionen, Fragen der Ethik, Beschäftigungseffekte und der Einfluß auf die Wettbewerbsfähigkeit durch die Anwendung dieser neuen Technologie abgeschätzt und bewertet werden. In diesem Zusammenhang bedarf es auch einer sachgerechteren und umfassenderen Information der Konsumenten über die häufig nur schwer erkennbaren ökologischen, wirtschaftlichen und sonstigen Vor- und Nachteile neuer technischer Entwicklungen.

4.4 Neue Vermarktungsstrategien und Märkte

Sinkende Erzeugerpreise sowie weitgehend gesättigte Agrarmärkte zwingen in den letzten Jahren viele landwirtschaftliche Betriebe, neben der Senkung von Produktionskosten, über neue Vermarktungsstrategien und neue Märkte zusätzliche Einkommensquellen zu erschließen. Darüber hinaus schränken die bestehenden Quotenregelungen für einzelne Produkte (z. B. Milch, Zuckerrüben), die Verpflichtung zur Flächenstillegung und hohe Bodenpreise die Möglichkeiten zur Verbesserung der Gewinnsituation über eine Ausdehnung der Produktionskapazitäten erheblich ein. Viele Landwirte sind daher mehr und mehr gezwungen, von der bisher rein produktionsorientierten zu einer stärker marktorientierten Unternehmensführung überzugehen. Dabei ist insbesondere für die kleinstrukturierte Landwirtschaft in Baden-Württemberg mit ihren verhältnismäßig hohen Produktionskosten eine Orientierung auf qualitativ hochwertige Produkte und Dienstleistungen erforderlich. Auf Märkten für Billigprodukte (z. B. Futtergetreide, Milchpulver) dürfte die baden-württembergische Landwirtschaft dagegen bei einer zu erwartenden weiteren Globalisierung der Märkte langfristig kaum wettbewerbsfähig sein.

Aufgrund dieser sich abzeichnenden Entwicklung müssen sich die meisten landwirtschaftlichen Betriebe intensiv mit den derzeitigen und den künftig zu erwartenden Ansprüchen und Wertvorstellungen der Verbraucher und den sich daraus ergebenden Vermarktungsstrategien und neuen Märkten befassen. Die Möglichkeiten der Betriebe reichen dabei von der klassischen Direktvermarktung von Lebensmitteln über den Anbau von Nichtnahrungspflanzen wie Energiepflanzen, Faserpflanzen oder Heilpflanzen bis hin zum Anbieten von Dienstleistungen. Bei einer mehr marktorientierten Betriebsausrichtung haben die baden-württembergischen Unternehmen den großen Vorteil, daß sie inmitten eines der kaufkräftigsten Märkte Europas liegen. Generell eröffnen sich den Betrieben neue Einkommensquellen durch (vgl. HAMM 1996b):

– die Steigerung des Absatzes für bestehende Produkte[8] auf bestehenden Märkten über ein verbessertes Marketing (z. B. Direktvermarktung, Verbundmarketing, regionales Marketing),
– das Anbieten von neuen bzw. modifizierten Produkten auf bereits bestehenden Märkten (z. B. neue Käsesorten, Kamelmilch u. a.),
– das Anbieten von bestehenden Produkten auf neuen Märkten (z. B. der Anbau von Getreide als nachwachsender Rohstoff),
– das Anbieten neuer Produkte auf neuen Märkten (z. B. Dienstleistungen im Freizeitsektor, im Sozialbereich oder im Bereich der Landschaftspflege).

Bei einer stärker marktorientierten Unternehmensführung werden viele Landwirte gezwungen sein, neben der klassischen Produktion auch Aufgaben im Vertrieb zu

---

[8] Der Begriff Produkt steht in diesem Zusammenhang sowohl für Waren als auch für Dienstleistungen

übernehmen. Dabei bedarf es für die Entwicklung von Vermarktungsstrategien und für die Schaffung neuer Produkte und neuer Märkte umfassender Kenntnisse im Marketingbereich sowie Kreativität und kaufmännisches Geschick - Anforderungen, die durch die bisher verfolgte Agrarpolitik von den Landwirten jedoch wenig gefordert wurden und die in der Aus- und Weiterbildung nur eine untergeordnete Rolle spielten. Es kann daher nicht überraschen, wenn heute viele Betriebe ihre unternehmerischen Anstrengungen in erster Linie auf die Optimierung der Betriebsorganisation im Hinblick auf die Maximierung staatlicher Fördergelder ausrichten, zudem dies betriebswirtschaftlich sinnvoller, weil risikoärmer ist als die Entwicklung neuer Produkte oder Märkte (HAMM 1996b). Die Förderung einer stärkeren Marktorientierung durch eine adäquate Ausbildung und Beratung der Landwirte muß daher zu einer zentralen Aufgabe der Agrarpolitik werden. Dabei ist die Ausbildung an den Landwirtschaftsschulen bis hin zu den Fachhochschulen und Universitäten in wesentlich stärkerem Maße als heute auf die Vermittlung von Marketingkenntnissen auszurichten. Für die bereits ausgebildeten Betriebsleiter sollten im Rahmen der landwirtschaftlichen Weiterbildung verstärkt entsprechende Schulungskurse angeboten werden.

Ein wichtiges Aufgabengebiet zur Absatzförderung ist darüber hinaus in der Unterstützung regionaler Modellvorhaben durch Kommunen und Landkreise zu sehen. Dabei könnten solche öffentlich geförderten Modellvorhaben anderen Landwirten oder Erzeugergemeinschaften Wege aufzeigen, wie neue Märkte erfolgreich erschlossen werden können. Die beispielhafte Wirkung solcher regionaler Initiativen kann zur Beseitigung von bestehenden Hemmschwellen für Investitionen in neue Vermarktungsstrategien beitragen und damit andere Landwirte oder Erzeugergemeinschaften zur Nachahmung ermutigen (vgl. HAMM 1996b, GANZERT und DEPNER 1996). Besonders wichtig sind solche regionalen Initiativen zur Absatzförderung in standörtlich benachteiligten Gebieten.

Bei der Betrachtung der sehr vielfältigen und bei weitem noch nicht ausgeschöpften Möglichkeiten, die für die Landwirtschaft im Bereich der neuen Vermarktungsstrategien und Märkte bestehen, darf aber nicht übersehen werden, daß das Vordringen in traditionell nicht landwirtschaftliche Tätigkeitsfelder nur für eine begrenzte Anzahl landwirtschaftlicher Betriebe einen Ausweg bieten kann, sich im Wettbewerb zu behaupten bzw. seine Gewinnansprüche zu befriedigen. Die Steigerung des Absatzes von traditionellen Agrarprodukten muß daher weiterhin die zentrale Aufgabe der Agrarwirtschaft bleiben.

4.4.1 Neue Vermarktungsstrategien

Angesichts der weitgehenden Sättigung des Bedarfs an landwirtschaftlichen Produkten sind die Anstrengungen der Landwirtschaft in Richtung der Gewinnung neuer Kunden, insbesondere über neue Vermarktungsstrategien, zu verstärken. In

diesem Bereich dürften sich für die Landwirtschaft besonders in Regionen, die eine geringe Selbstversorgungsquote bei wichtigen Agrarprodukten aufweisen wie z. B. in Baden-Württemberg, vielfältige Möglichkeiten ergeben.

4.4.1.1 Einzelvermarktung

In den letzten Jahren versuchen zahlreiche landwirtschaftliche Betriebe, über die Direktvermarktung ihrer Produkte und damit durch das Abschöpfen der Handelsspanne ihre Gewinnsituation zu verbessern (HAMM 1996b). Als Anbieter treten landwirtschaftliche Unternehmen damit in Konkurrenz zum Einzelhandel bzw. zu Unternehmen der Ernährungsbranche, die in der Regel über ein vielfältigeres Angebot verfügen und bereits am Markt etabliert sind. Für eine erfolgreiche Direktvermarktung ist es daher notwendig, die spezifischen Stärken dieser Vermarktungsform im Wettbewerb darzustellen. Dabei dürfte das Wissen über die Herkunft und die Frische der Lebensmittel sowie das spezielle Einkaufserlebnis für zahlreiche Verbraucher ein entscheidender Grund für die Wahl dieser Einkaufsform sein.

So kann beispielsweise beim **Ab-Hof-Verkauf** ein besonderes Einkaufserlebnis durch die idyllische Lage des Hofes entstehen oder durch das Halten von verschiedenen Tierarten („Nutztier-Zoo") geschaffen werden. Über das Selbsternten z. B. von Beeren oder Gemüse kann dem Konsumenten ein Einblick in den Produktionsprozeß ermöglicht werden, was wiederum ein „gutes Gefühl" bezüglich Qualität und Frische der Ware implizieren kann, darüber hinaus wird das Produkt durch das Selbstpflücken preisgünstiger. Auch das Bereitstellen von Verarbeitungsmöglichkeiten auf dem Hof für die angebotenen Produkte z. B. in Form eines Backhauses, von Butterfässern oder Saftpressen, bietet eine Möglichkeit, sich vom traditionellen Lebensmittelhandel zu unterscheiden und gibt dem Konsumenten die Möglichkeit, sich selbst kreativ zu betätigen.

Ein erfolgreicher Ab-Hof-Verkauf läßt sich allerdings nur von Betrieben mit ausreichend freier Arbeitskapazität und entsprechendem Kapital verwirklichen, darüber hinaus muß diese Form des Absatzes den Neigungen des landwirtschaftlichen Unternehmers und seiner Mitarbeiter entsprechen.

Eine große Dynamik in der Direktvermarktung haben in den letzten Jahren neben den **Wochenmärkten** sogenannte **Bauernmärkte** entwickelt, die in vielen Kommunen entstanden sind und auf eine rege Nachfrage stoßen. Dabei unterscheiden sich die Bauernmärkte von den Wochenmärkten durch genauer definierte Regeln hinsichtlich der zugelassenen Anbieter, des Angebotssortiments u. a. Häufig bieten solche Bauernmärkte auch mehrere Tage in der Woche ihre Waren an. Da die Bauernmärkte in Baden-Württemberg von unterschiedlichen Institutionen wie Kreisbauernverbänden, Städten und Gemeinden, Erzeugergemeinschaften u. a. initiiert und getragen werden, gibt es landesweit keine einheitlichen Regelungen bezüglich der zugelassenen Anbieter, des Anteils zugekaufter Produkte, des Sortiments u. a. Da Bauernmärkte wie Wochenmärkte im allgemeinen an traditionellen Verkaufsplätzen ihre Produkte anbieten, bieten sie für die Erzeuger eine relativ einfache Möglichkeit zur erstmaligen Gewinnung von Kunden. Weitere Vorteile gegenüber einem Hofladen liegen für den Erzeuger in einem in der Regel geringeren Kapitalbedarf und in den geringeren Ansprüchen der Kunden an ein vielfältiges Angebot, da dies durch die Vielzahl der Anbieter gewährleistet wird. Über den Umfang der landwirtschaftlichen Produkte, der über Bauern- und Wochenmärkte den Weg zum Konsumenten findet, liegen für Baden-Württemberg derzeit keine gesicherten Zahlen vor. Nach Schätzungen des Landesbauernverbandes Baden-Württemberg werden etwa 3 % der Agrarproduktion des Landes über die verschiedenen Formen des Direktabsatzes, d. h. ab Hof, über Märkte, Stände am Straßenrand, Automaten, die Auslieferung auf Bestellung etc. vermarktet (LBV 1996).

In den letzten Jahren gehen immer mehr Direktvermarkter dazu über, ihre Produkte zu be- oder verarbeiten und erst dann über den Hofladen oder über Marktstände an die Verbraucher abzugeben. Da in den letzten Jahrzehnten die Wertschöpfung bei der Verarbeitung von Lebensmitteln stärker gestiegen ist als bei der Produktion, kann über diese „Veredelung" der Erzeugnisse der Betriebsertrag zum Teil erheblich gesteigert werden. Typische Beispiele dafür sind der Verkauf von Fleisch in portionsfertigen Stücken, von Bauernbrot, von Wurst nach Hausmacherart, von geräuchertem Schinken oder Marmelade. Neben dem Angebot verarbeiteter Produkte kann auch über den Zukauf von Erzeugnissen die Attraktivität eines Hofladens bzw. eines Marktstandes durch die Abrundung des Sortiments erhöht werden.

Der Umfang des Verkaufs von weiterverarbeiteten Produkten wie Wurst oder Backwaren sowie von zugekauften Produkten unterliegt jedoch steuerlichen Regelungen. Der Umsatz mit be- und verarbeiteten Erzeugnissen darf nicht mehr als 20 000 DM pro Wirtschaftsjahr betragen. Bei Überschreitung dieser Grenze wird der Betrieb gewerblich mit entsprechenden steuerlichen Konsequenzen. Auch der Zukauf von Produkten zur Erweiterung des Angebotssortiments kann zur Gewerblichkeit führen, so darf der im Weiterverkauf erzielte Umsatz mit den zugekauften Produkten nicht mehr als 50 % des betrieblichen Gesamtumsatzes erreichen (HILLER 1996). Seit dem Wirtschaftsjahr 1996/97 ist beim Zukauf von Erzeugnissen zu berücksichtigen, daß es sich um betriebstypische Erzeugnisse handeln muß, die noch als landwirtschaftliches Produkt anzusehen sind. Eine strenge Auslegung dieser Regelung hätte zur Folge, daß z. B. direktvermarktende Landwirte, die selbst kein Obst oder Gemüse erzeugen, diese Produkte von anderen Landwirten zur Erweiterung der Angebotspalette nicht mehr zukaufen dürfen. Der Zukauf wäre in diesem Fall unabhängig vom Umfang gewerblich. Solche steuerlichen Regelungen, aber auch die festgelegte Umsatzhöchstgrenze von derzeit lediglich 20 000 DM pro Betrieb und Jahr für be- bzw. weiterverarbeitete Erzeugnisse sind reformbedürftig, um die Direktvermarktung zu stärken.

4.4.1.2 Verbundmarketing

Während der einzelne landwirtschaftliche Betrieb sein Marketing im allgemeinen nur auf den Endverbraucher oder kleinere gewerbliche Abnehmer ausrichten kann, können durch den Zusammenschluß von Erzeugern (z. B. in Form von Erzeugergemeinschaften) über entsprechende Marketinganstrengungen auch große Verarbeitungs- oder Handelsunternehmen erreicht werden. Ein solches Verbundmarketing bietet häufig die Möglichkeit, Synergiepotentiale der Anbieter in einen wirtschaftlichen Vorteil umzusetzen. Darüber hinaus werden auf der Grundlage des Marktstrukturgesetzes (MStrG) Erzeugergemeinschaften durch Start- und Investitionsbeihilfen von öffentlicher Seite gefördert. Aber auch Verarbeitungs- und Vermarktungsunternehmen können Investitionsbeihilfen erhalten, wenn sie langfristige Lieferverträge mit Erzeugergemeinschaften abschließen. Ziel dieser staatlichen Förderung ist die Stärkung der Marktposition landwirtschaftlicher Erzeuger durch Zusammenfassung des Angebots zu großhandelsfähigen Partien mit einheitlicher Qualität.

Im allgemeinen verfolgen Erzeugergemeinschaften ihre Absatzziele durch den Aufbau vertikaler Kooperationen mit Be- oder Verarbeitungsunternehmen. Solchen vertikalen Kooperationen, die auch als strategische Allianzen bezeichnet werden, wird angesichts der immer differenzierteren Ansprüche der Verbraucher an Produkte und deren Herkünfte zukünftig ein großes Erfolgspotential eingeräumt (HELZER 1993). Dabei sind Erzeugergemeinschaften mit einer straffen Organisation, einem hohen Engagement der Mitglieder und einer ausreichenden Kapitalausstattung nach HAMM (1996b) sehr gut geeignet, Produktentwicklungen voranzutreiben und neue Märkte zu erschließen. So haben Erzeugergemeinschaften durch eine effektive Nutzung des Verbundmarketings bei einem entsprechenden unternehmerischen Gespür sehr viel mehr Möglichkeiten, neue Produkte und Märkte zu entwickeln als dies für den einzelnen Betrieb möglich ist.

Ein Beispiel für den erfolgreichen Aufbau einer vertikalen Kooperation mit Be- oder Verarbeitungsunternehmen in Baden-Württemberg stellt die **Erzeugergemeinschaft für umweltschonend erzeugte sowie kontrollierte Nahrungsmittel - Mainhardter Wald/Hohenloher Höfe (EukoN)** dar. Die Produktpalette dieser Erzeugergemeinschaft, die 1989 gegründet wurde, umfaßt Kartoffeln, Getreide, Gemüse und Apfelsaft. Die Anbau- und Verarbeitungsrichtlinien entsprechen, abgesehen von längeren Umstellungszeiten, denen des ökologischen Landbaus. Dabei legt die Erzeugergemeinschaft großen Wert auf die Qualität der Produkte, die sie regelmäßig von unabhängigen Institutionen kontrollieren läßt. Die Vermarktung der EukoN erfolgt ab Hof, über den regionalen Lebensmitteleinzelhandel und einen Bauernmarkt. Die Getreidevermarktung basiert hauptsächlich auf Verträgen mit regionalen Verarbeitungsbetrieben. Um den Absatz der erzeugten Produkte zu verbessern, wurde ein Marketingkonzept mit eigenen Markenzeichen entwickelt, dabei will sich die EukoN bewußt vom „Öko"-Image des traditionellen „Körnerladens" absetzen, um neue Verbraucherschichten zu erschließen. Die

Anzahl der Landwirte, die sich zur EukoN zusammengeschlossen haben, umfaßt bereits rund 100 Betriebe und nimmt weiter zu. Trotz der steigenden Produktion sind bisher keine Vermarktungsengpässe aufgetreten, was mit dem Aufbau stabiler Netze mit dem nachgelagerten Bereich erklärt werden kann. Auch konnten Preissenkungen, wie sie in dieser Region für Ökoprodukte infolge der Ausdehnung des ökologischen Landbaus auftraten, bisher vermieden werden (GANZERT und DEPNER 1996).

Als weiteres Beispiel für einen professionell und absatzorientiert arbeitenden Zusammenschluß in Baden-Württemberg sei hier auf die **Bäuerliche Erzeugergemeinschaft Schwäbisch Hall (BES)** hingewiesen. Der Schwerpunkt dieser Erzeugergemeinschaft mit rund 170 Mitgliedsbetrieben liegt in der Fleischerzeugung. Die Qualitätskriterien der Produkte entsprechen den Bestimmungen des Herkunfts- und Qualitätszeichens des Landes Baden-Württemberg (siehe Kap. 4.4.1.3), sie beziehen sich auf die Tierrasse, die Haltung, den Schlachtvorgang, die Fleischqualität u. a. Die Aktivitäten der BES liegen neben der Erzeugung, Verarbeitung und Vermarktung ihrer Produkte auch in der Unterhaltung eines eigenen Beraterringes. Darüber hinaus betreibt die BES eine umfangreiche Öffentlichkeitsarbeit und kooperiert mit Natur- und Tierschutzverbänden sowie Verbraucherorganisationen. Die Vermarktung geschieht über den mit initiierten Bauernmarkt in Schwäbisch-Hall, Metzgereinkaufsgenossenschaften und zahlreiche Metzgereifachgeschäfte, sowie über Feinkost- und Kaufhausketten. Aufgrund des erfolgreichen Marketings liegt der Preis für das Qualitätsfleisch der BES zum Teil beim doppelten Marktpreis von konventionellem Fleisch. Die Bäuerliche Erzeugergemeinschaft Schwäbisch Hall hat heute einen Jahresumsatz von etwa 15 Mio. DM - im Vergleich zu 0,8 Mio. DM im Jahre 1988 -, wobei sie die Nachfrage immer noch nicht decken kann. (Weitere Beispiele für erfolgreich arbeitende Erzeugergemeinschaften in Baden-Württemberg finden sich bei GANZERT und DEPNER 1996).

In Baden-Württemberg gibt es derzeit 333 anerkannte Erzeugergemeinschaften, das entspricht rund einem Viertel aller in Deutschland anerkannten Erzeugergemeinschaften (BML 1996a). Allerdings sind professionell und marktorientiert arbeitende Erzeugergemeinschaften, wie sie an den zwei Beispielen EukoN und BES beschrieben wurden, in der Minderheit. So zeigen verschiedene Untersuchungen, daß in einzelnen Produktbereichen, wie bei Getreide, mehr als 80 % der anerkannten und damit geförderten baden-württembergischen Erzeugergemeinschaften keine Marketinganstregungen unternehmen und damit keine echten Anbietergemeinschaften im Sinne des MStrG vorliegen (MÜHLBAUER 1981, GABELE 1987, KATZ 1993, WAGNER 1993). Auf eine geringe Marktausrichtung weist auch die hohe Zahl von 77 in Baden-Württemberg anerkannten Erzeugergemeinschaften alleine für Qualitätsgetreide hin, auf die sich eine relativ kleine Getreidemenge aufteilt (BML 1996a). Das Ziel der Schaffung großhandelsfähiger Partien und damit einer Stärkung der Marktposition auf der Angebotseite kann daher bei der Mehrheit dieser Zusammenschlüsse nicht gegeben sein. Nach HAMM (1996b) liegt die Motivation zur Gründung von Erzeugergemeinschaften in Südwestdeutschland in erster Linie in dem Erlangen öffentlicher Fördergelder und weniger in der Schaffung einer marktstarken Anbietergemeinschaft. Die Anerkennung und Förderung von Erzeugergemeinschaften in Baden-Württemberg ist daher dringend reformbedürftig. So sollte eine stärkere Kontrolle der tatsächlich stattfindenden Marketinganstregungen, z. B. über das periodische Vorlegen von Nachweisen für ein absatzorientiertes Handeln, erfolgen. In Niedersachsen führte die Einführung einer Verpflichtung zum Nachweis erfolgter Marketingaktivitäten innerhalb von nur 18 Monaten zu einem Rückgang der anerkannten Erzeugergemeinschaften um ein Viertel (HAMM 1996b).

4.4.1.3 Regionales Marketing

Nach einer Untersuchung von VON ALVENSLEBEN (1993) kaufen 60 - 80 % der Bevölkerung am liebsten Lebensmittel, die in der Umgebung erzeugt wurden. Verbrauchernah erzeugte, regionale Produkte genießen daher einen „Heimvorteil". Um diesen Vorteil für die Landwirte in Baden-Württemberg besser zu nutzen, initiierte das Land Baden-Württemberg im Jahre 1993 die Gründung der Marketing- und Absatzförderungsgesellschaft für Agrar- und Forstprodukte aus Baden-Württemberg (MBW). Hauptgesellschafter dieser GmbH ist das Land Baden-Württemberg mit einem Anteil von 54 %. Weitere Gesellschafter sind die beiden Bauern- und Genossenschaftsverbände des Landes, der Verband der agrargewerblichen Wirtschaft sowie die Fördergemeinschaft für Qualitätsprodukte aus Baden-Württemberg. Die Hauptaufgabe dieser Gesellschaft ist es, sowohl beim Verbraucher als auch beim Handel ein positives Ansehen für landwirtschaftliche Produkte, die mit dem Herkunfts- und Qualitätszeichen Baden-Württemberg herausgehoben werden, aufzubauen. Zur Erreichung dieses Ziels werden verkaufsfördernde Maßnahmen im Lebensmittelhandel und Werbemaßnahmen im Land Baden-Württemberg durchgeführt. Wie Erfahrungen mit anderen Herkunftszeichen zeigen, die im wesentlichen die Herkunft und weniger die spezifische Qualität der Produkte in den Vordergrund stellen, ist die Bedeutung solcher Zeichen für die Kaufentscheidung von Verbrauchern jedoch gering (VON ALVENSLEBEN und GERTKEN 1993). Allerdings dürften die in der jüngeren Vergangenheit aufgetretenen Lebensmittelskandale, insbesondere bei Fleisch (BSE, Tiertransporte etc.), die Präferenz der Konsumenten für Produkte aus der Region verstärkt haben.

Insgesamt stellt die Herkunft eines Produktes jedoch nur ein bestimmendes Qualitätsmerkmal unter vielen dar. Nach einer Befragung von 500 Konsumenten im Großraum Stuttgart steht die Herkunft eines Lebensmittels in der Reihenfolge der qualitätsbestimmenden Merkmale nach der Frische und dem Geschmack an dritter Stelle (HENZE und SCHECHTER 1996). Für viele Konsumenten besteht allerdings eine enge Beziehung zwischen Qualität und Herkunft, so vertraten 80 % der Befragten bei der erwähnten Untersuchung die Ansicht, daß sich baden-württembergische Produkte durch eine bessere Qualität gegenüber Produkten anderer Herkunft auszeichnen.

Derzeit werden in Baden-Württemberg etwa 15 % der Lebensmittel unter dem Herkunfts- und Qualitätszeichen Baden-Württemberg (HQZ) vermarktet, wobei sehr große Unterschiede zwischen den Produktgruppen bestehen. Nach Angaben der Marketing- und Absatzförderungsgesellschaft für Agrar- und Forstprodukte (MBW) werden bereits rund 80 % des in Baden-Württemberg angebauten Kernobstes unter diesem Zeichen angeboten, während es bei Getreide nur etwa 10 % sind (MBW 1996).

Der Wiedererkennungswert für dieses 1989 eingeführte Gütezeichen liegt in Baden-Württemberg heute bei rund 50 %. Damit hat das HQZ bereits einen Bekanntheitsgrad wie das Deutsche Weinsiegel (EGGERS 1996). Nach Untersuchungen des Institutes für Agrarpolitik und Landwirtschaftliche Marktlehre der Universität Hohenheim besitzen jedoch nur 7 % der Konsumenten eine genauere Kenntnis über die Qualitätskriterien der Produkte, die das HQZ tragen dürfen (HENZE und SCHECHTER 1996). Ein Hauptziel weiterer Marketingaktivitäten der MBW muß daher in einer verstärkten Kommunikation von Inhalten und Bestimmungen bezüglich der Produktionsweise sowie der Qualität der Produkte liegen, die durch das Herkunfts- und Qualitätszeichen (HQZ) herausgehoben werden. So erfolgt bei den mit dem HQZ beworbenen Produkten eine Qualitätssicherung über den gesamten Produktionsweg. Bei der Fleischproduktion werden z. B. im Erzeugerbetrieb neben der Herkunft der Tiere die Futtermittel (z. B. Verbot von Leistungsförderern), die artgerechte Tierhaltung und die tierärztliche Betreuung kontrolliert. In diesem Zusammenhang sollte nach HAMM (1996b) eine deutlichere Produktprofilierung bei einer gleichzeitig noch stärkeren Bindung der Zeichenvergabe an die Qualitätsansprüche der Verbraucher erfolgen.

Ein weiterer Schwerpunkt der Arbeit der MBW sollte in einer frühzeitigen Erkennung der Anforderungen von Unternehmen der Ernährungsindustrie gelegt werden, die Interesse am Bezug von regionalen Produkten haben. Die termingerechte Bereitstellung größerer Chargen von regionalen Produkten in qualitativ einheitlicher und gleichbleibender Form stellt z. B. ein wichtiges Kriterium für Abnehmer größerer Partien dar (KÜHL 1996). Die zentrale Aufgabe der MBW sollte daher neben der Produktprofilierung in einer Vermittlerfunktion zwischen Produktion, Verarbeitung und Handel und damit in der Koordination von Warenströmen liegen (vgl. HAMM 1996b, HENZE und SCHECHTER 1996). In diesem Zusammenhang sollte die MBW auch verstärkt Marktforschungs- und Beratungsaufgaben übernehmen und damit landwirtschaftliche Einzelbetriebe und Erzeugergemeinschaften bei der Konzeption und Umsetzung von Marketingstrategien in Zusammenarbeit mit Unternehmen der Ernährungsindustrie bzw. des Handels unterstützen.

Die Qualitätsanforderungen der Verbraucher an Nahrungsmittel umfassen neben der Beschaffenheit der Erzeugnisse wie Geschmack, Aussehen und Verarbeitungsfähigkeit zunehmend auch die Produktions- und Verarbeitungsverfahren. In diesem Zusammenhang gewinnen Qualitätssicherungssysteme z. B. nach der Normenreihe DIN EN ISO 9 000 an Bedeutung (HELBIG 1995). Sie erfordern beispielsweise einen Nachweis, welche Grundstoffe für welche Erzeugnisse verwendet werden und welche Verfahren bei der Produktion angewandt werden. In diesem Zusammenhang können die Kriterien und Bestimmungen des HQZ - sowie deren unabhängige Kontrolle - einen nicht zu unterschätzenden Beitrag zum Aufbau dieser für den Handel immer wichtiger werdenden Qualitätssicherungssysteme für Lebensmittel vom Rohprodukt bis zum Endprodukt liefern.

Die ersten Zertifizierungen landwirtschaftlicher Betriebe nach der Normenreihe DIN EN ISO 9 000 wurden bereits in verschiedenen Ländern der Europäischen Union wie Dänemark, Holland, Großbritannien und Deutschland durchgeführt (DUNN 1994, Agra-Europe 8/95). Die Einführung solcher Zertifizierungen dürfte allerdings aufgrund der relativ hohen Kosten (ca. 5 000 DM/Betrieb) in den nächsten Jahren vermutlich weitestgehend auf größere und direkt an den Lebensmittelhandel liefernde Betriebe sowie auf Betriebe, die in Erzeugergemeinschaften organisiert sind, beschränkt bleiben (DUNN 1994). Für größere Direktvermarkter von Fleisch oder Käse könnte das ISO-Zertifikat als Werbeargument ebenfalls sinnvoll sein. Solange die Zahl der zertifizierten Betriebe gering ist, kann die Zertifizierung einen Wettbewerbsvorteil darstellen, der es diesen Betrieben ermöglicht, bessere Abnahmebedingungen bei der Ernährungsindustrie oder im Einzelhandel durchzusetzen. Derzeit lassen sich am Markt für die meisten zertifizierten Produkte jedoch keine höheren Preise erzielen, das Ziel ist daher hauptsächlich in der Ausdehnung von Marktanteilen zu sehen. Langfristig dürften solche Qualitätssicherungssysteme eine stärkere Verbreitung finden, da gegenwärtig viele Unternehmen der Ernährungswirtschaft solche Systeme einrichten.

4.4.2 Neue Märkte

Die Landwirtschaft kann neue Märkte erschließen, die traditionell nicht der Landwirtschaft zugerechnet werden, so der Dienstleistungssektor (z. B. Ferien auf dem Bauernhof) oder der Rohstoffmarkt für die chemische Industrie (z. B. der Anbau von Stärkekartoffeln). Dabei scheinen angesichts der ungünstigen Rahmenbedingungen auf den Agrarmärkten die Gewinnaussichten in möglichst weit von der traditionellen Landwirtschaft entfernten Wirtschaftsbereichen (z. B. im Dienstleistungssektor) wesentlich günstiger als in eng benachbarten Wirtschaftsbereichen (z. B. im Anbau von Kulturpflanzen zur energetischen Nutzung).

4.4.2.1 Übernahme von Dienstleistungen

Im Dienstleistungsbereich bietet sich eine schier unendliche Zahl an Möglichkeiten, die von Ferien auf dem Bauernhof, Ausrichten von Festen, Maschinenvermietung, Biotoppflege über das Anbieten naturkundlicher Führungen bis hin zum „Winterdienst" für Kommunen oder Privathaushalte reichen. Trotz der als insgesamt günstig einzuschätzenden Situation im Bereich der privaten und kommunalen Dienstleistungen werden aber auch in Zukunft nur wenige Betriebe, die über das nötige Know-how und die entsprechende Zeit und das Kapital verfügen, in diesem Bereich eine Nische finden können.

Der Einstieg in neue, traditionell nicht-landwirtschaftliche Tätigkeiten ist auch häufig mit dem Übergang von der Haupterwerbs- zur Nebenerwerbslandwirtschaft verbunden, insbesondere dann, wenn aus steuerlichen Gründen ein Gewerbe angemeldet werden muß. So sind den außerlandwirtschaftlichen Aktivitäten durch die vom Gesetzgeber festgelegte Abgrenzung landwirtschaftlicher gegenüber gewerblichen Betrieben Grenzen gesetzt. Nach den derzeitigen steuerlichen Regelungen wird z. B. bei Einnahmen von über 20 000 DM aus nicht-landwirtschaftlicher Tätigkeit die Gründung eines gewerblichen Unternehmens mit den damit verbundenen betriebswirtschaftlichen und steuerlichen Folgen erforderlich. Bei Einnahmen aus der Beherbergung beträgt dieser Satz 100 000 DM pro Betrieb und Jahr. Bei Überschreitung dieser Sätze wird die Landwirtschaft in der Regel im Nebenerwerb weitergeführt.

Unter der Vielzahl möglicher Dienstleistungen (vgl. HAMM 1996b) dürften die Beherbergung sowie die Übernahme von Aufgaben auf kommunaler Ebene die derzeit wirtschaftlich bedeutendsten Leistungen in diesem Bereich darstellen. Im folgenden wird in Kürze die ökonomische Bedeutung und die zu erwartenden Chancen dieser beiden Dienstleistungen für die Landwirtschaft in Baden-Württemberg aufgezeigt.

Regional ist die **Beherbergung** für einige landwirtschaftliche Betriebe insbesondere in landschaftlich reizvoller Lage ein bedeutender wirtschaftlicher Faktor. Landesweit bieten rund 2 % aller Betriebe Gästezimmer und/oder Ferienwohnungen an (BÜCHELER 1994). Der mit 55 % größte Teil dieser Betriebe befindet sich im Regierungsbezirk Freiburg (Hochschwarzwald, Bodenseeregion etc.) gefolgt vom Regierungsbezirk Tübingen (Schwäbische Alb, Allgäu etc.) mit einem Anteil von 30 %, während sich in den Regierungsbezirken Karlsruhe und Stuttgart nur 9 bzw. 7 % der Betriebe mit Übernachtungsmöglichkeiten befinden.

Die Zahl der Belegtage hat sich in den letzten 10 Jahren zwar um etwa 30 % erhöht, ist mit einer Gesamtzahl von rund 550 000 Übernachtungen pro Jahr in Baden-Württemberg aber relativ gering und kann daher nur einer eng begrenzten Anzahl von Betrieben eine Einkommensmöglichkeit bieten (HENZE 1996). Der durchschnittliche Gewinn aus dem Fremdenverkehr beträgt bei den baden-württembergischen Betrieben mit diesem Angebot rund 8 000 DM pro Jahr, was einem Anteil von etwa 18 % am gesamten Betriebsgewinn entspricht (BÜCHELER 1994). Da die Ausgaben für Auslandsreisen in den letzten Jahren erheblich stiegen, während die Übernachtungen in Baden-Württemberg seit 1992 rückläufig sind, deutet dies auf eine Präferenzverlagerung hin, die auch die Nachfrage nach dem Urlaub auf dem Bauernhof negativ beeinflußt (SLA 1997, WAIBEL 1995).

Neue Vermarktungsstrategien und Märkte 163

Die Bedeutung des Fremdenverkehrs dürfte daher auch in Zukunft für die Mehrzahl der landwirtschaftlichen Betriebe nur eine untergeordnete Bedeutung haben, wobei für einzelne Betriebe in günstiger Lage „Urlaub auf dem Bauernhof" durchaus ein wichtiges Standbein bleiben dürfte.

Neben dem Fremdenverkehr engagieren sich in den letzten Jahren mehr und mehr landwirtschaftliche Betriebe im Bereich der **kommunalen Dienstleistungen**. Dabei reichen die von den Landwirten durchgeführten Arbeiten von der Pflege von Grünflächen, über die Pflege von Naturschutzgebieten bis hin zur Instandhaltung von Straßen, Wegen und Gräben sowie der Übernahme sonstiger Arbeiten wie Winterdienst oder Gehölzpflege. Den außerbetrieblichen Aktivitäten sind jedoch aufgrund der fiskalischen Abgrenzung landwirtschaftlicher gegenüber gewerblicher Betriebe enge Grenzen gesetzt. So wird z. B. bei der Anschaffung von Spezialmaschinen, die nur außerbetrieblich genutzt werden, die Gründung eines gewerblichen Unternehmens erforderlich (HILLER 1996).

Nach Berechnungen von HENZE (1996) beträgt das Einkommen der baden-württembergischen Landwirte durch Flächenpflege und öffentliche Dienstleistungen derzeit rund 5,7 Mio. DM, dies entspricht lediglich etwa 0,25 % des aus landwirtschaftlicher Tätigkeit erzielten Einkommens. Allerdings dürfte im Bereich der Flächenpflege und der Übernahme kommunaler Arbeiten infolge der in einigen Bereichen hohen Konkurrenzfähigkeit landwirtschaftlicher Anbieter mit einer Auftragszunahme zu rechnen sein. Darüber hinaus vergeben einige Gemeinden kommunale Arbeiten z. B. im Bereich der Flächenpflege oder des Biorecyclings bevorzugt an Landwirte, um auf diese Weise die positiven externen Effekte der Landwirtschaft, wie den Erhalt einer auch für den Fremdenverkehr interessanten Kulturlandschaft, zu honorieren (siehe Kap. 2.3.4).

4.4.2.2 Nachwachsende Rohstoffe

Aufgrund der Begrenztheit nicht erneuerbarer Ressourcen ist dem Anbau nachwachsender Rohstoffe eine wichtige Rolle für eine ressourcenschonende und nachhaltige Wirtschaftsweise beizumessen. Unter „nachwachsenden Rohstoffen" werden pflanzliche und tierische Produkte verstanden, die im energetischen und/oder im chemisch-technischen Bereich nicht erneuerbare Ressourcen ersetzen können. Die wichtigsten Einsatzfelder nachwachsender Rohstoffe aus der Landwirtschaft sind:
– die energetische Nutzung,
– die Nutzung als Grundstoffe in der chemischen Industrie (z. B. Öle, Stärke, Zellulose, Zucker),
– die Nutzung von Naturfasern (z. B. in Textilien, Schnüren, Papier, Baumaterial, technischen Dämmstoffen, Faserverbundstoffen),

– die Nutzung als Arznei- und Gewürzpflanzen (z. B. Kamille, Sonnenhut, Mariendistel, Baldrian, Thymian, Basilikum, Fenchel).

4.4.2.3 Die energetische Nutzung nachwachsender Rohstoffe

Nachwachsende Rohstoffe für die energetische Nutzung (in diesem Kontext oft „Biomasse" genannt) umfassen sowohl Reststoffe aus der Land- und Forstwirtschaft (Holz, Stroh, Heu aus der Landschaftspflege und aus Gülle gewonnenes Biogas) als auch speziell angebaute Energiepflanzen. Durch die energetische Nutzung von Biomasse werden nicht erneuerbare fossile Energieträger durch erneuerbare ersetzt. Damit werden auch die CO_2-Emissionen aus diesen fossilen Quellen vermieden. Wie bei Holz bereits erläutert (Kap. 3.2), ist die Verbrennung von Biomasse beinahe CO_2-neutral. „Beinahe" deshalb, weil (fossile) Energie aufgewendet werden muß, um die Biomasse verbrennungsbereit zur Verfügung zu stellen.

Bei Ausnutzung aller Potentiale könnte die Nutzung von Biomasse zur Energiegewinnung nach unseren Abschätzungen in Deutschland längerfristig etwa 60 Mio. t CO_2 pro Jahr vermeiden helfen (Abb. 22). Das sind knapp 7 % der derzeitigen jährlichen CO_2-Emissionen Deutschlands, und das entspricht fast einem Viertel des von der Bundesregierung angestrebten CO_2-Minderungsziels.

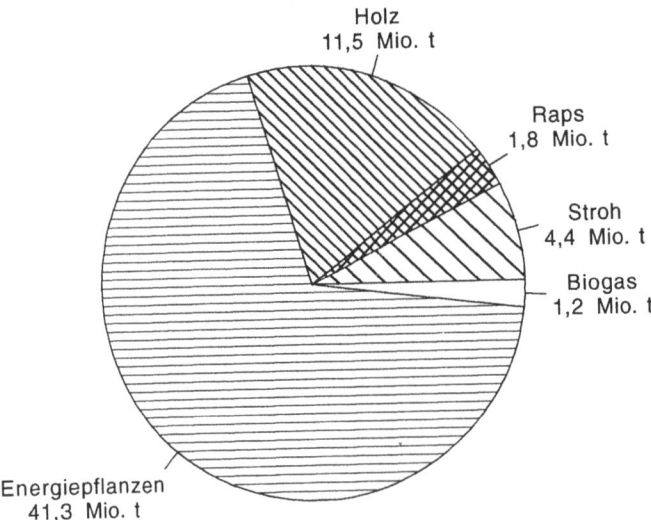

Abb. 22: Potential der CO_2-Minderung durch die energetische Verwertung von Biomasse in Deutschland. Angaben in Mio. t CO_2. Für die diesem Szenario zugrunde liegenden Annahmen siehe FLAIG et al. (1995).

Energie wird zwar seit jeher aus Biomasse gewonnen, man denke nur an Brennholz. In diesem Kontext ist jedoch die Gewinnung von Wärme und wenn möglich auch von Strom in größeren Verbrennungsanlagen (etwa 1 - 30 MW Feuerungsleistung) gemeint.

Die Energiegewinnung aus Holz (in der Regel aus Holzhackschnitzeln) in solchen Anlagen ist mittlerweile zu einer hochentwickelten Technik ausgereift. Brennstoffaufbereitung, Zuführung, Verfeuerung, Verbrennungsführung, Rauchgasreinigung und Ascheentsorgung sind in verschiedenen Varianten erprobt. Aus Holz kann heute effizient und umweltverträglich Wärme und Strom gewonnen werden. Einer weiteren Verbreitung steht kein technisches Problem im Weg, sondern wie bei fast allen regenerativen Energien die mangelnde Wirtschaftlichkeit im Vergleich zur fossilen Konkurrenz. In Fällen, wo der Brennstoff quasi zum Nulltarif zur Verfügung steht, beispielsweise in der holzverarbeitenden Industrie, kann aber eine Holzverbrennung bereits unter den heutigen Preisrelationen wirtschaftlich betrieben werden (FLAIG et al. 1995).

Die energetische Nutzung von Biomasse aus der Landwirtschaft spielt in Deutschland bisher nur eine unbedeutende Rolle. Hingegen ist die Verbrennung von Stroh in Dänemark (mit höherem Preisniveau für fossile Energieträger) bereits ein wichtiger Baustein vor allem in der Fernwärmeversorgung. In Deutschland existieren erst zwei kleinere Strohheizwerke. Abgesehen von der mangelnden Wirtschaftlichkeit sind auch noch nicht alle technischen Probleme bei diesem Verwertungspfad ausgeräumt, so treten Korrosionsprobleme durch den relativ hohen Chlorgehalt im Stroh auf.

Ähnlich steht es mit Biogas, das in Kapitel 4.2.2.7 näher besprochen wird. Das vorhandene technische Potential wird bei weitem noch nicht ausgenutzt. In den letzten Jahren erfolgte eine Ausweitung der Kapazitäten, nachdem eine höhere Vergütung für die Einspeisung des erzeugten Stroms ins öffentliche Netz garantiert wurde.

Weitaus größer als das energetisch verwertbare Potential an Stroh und Biogas wäre das Potential an speziell angebauten Energiepflanzen - vorausgesetzt, daß deutlich mehr als die derzeit bereits stillgelegte landwirtschaftlich genutzte Fläche in Deutschland nicht mehr zur Nahrungs- und Futtermittelerzeugung benötigt wird, sondern mit Energiepflanzen bebaut werden kann. Nach Expertenschätzungen könnten bei der Fortschreibung der bisherigen Produktivitätssteigerungen der Landwirtschaft bis zum Jahre 2010 knapp 4 Mio. Hektar in Deutschland für den Energiepflanzenanbau freiwerden (FLAIG und MOHR 1993). Die Nutzung von speziell angebauten Energiepflanzen steht freilich erst ganz am Anfang. Aus der Palette möglicher Pflanzenarten werden im folgenden die schnellwachsenden Baumarten, Chinaschilf, Raps und Getreide (Ganzpflanzen) besprochen.

Schnellwachsende Baumarten für Energiezwecke, darunter sind in unseren Breiten im wesentlichen Pappeln und Weiden zu verstehen, werden versuchsweise auf ehemaligen Ackerflächen angebaut. Sie werden nach 3 bis höchstens 10 Jahren geerntet, in der Regel zu Hackschnitzeln verarbeitet und verfeuert. Derzeit laufen die Entwicklungsarbeiten für eine geeignete, kostengünstige Erntetechnik, eine rundum befriedigende Lösung ist noch nicht gefunden. Darüber hinaus fehlt es an Erfahrungen zur Umwidmung der „Holzäcker" zurück in Ackerland. Der Vorteil dieser Linie würde in der Möglichkeit liegen, die Nutzung mit der von Rest- und Abfallholz über die Hackschnitzellinie zu kombinieren. Allerdings sollte sich die Anlage solcher Kurzumtriebsplantagen, wie sie genannt werden, an den landschaftsökologischen Gegebenheiten orientieren (FLAIG und MOHR 1993). In ohnehin waldreichen Gebieten sind sie vermutlich weder wirtschaftlich noch landschaftlich sinnvoll, in waldarmen Regionen hingegen können sie durchaus eine Bereicherung für das Landschaftsbild darstellen.

Chinaschilf, *Miscanthus sinensis*, war vor wenigen Jahren noch als die Energiepflanze schlechthin in aller Munde. Mittlerweile hat sich die Euphorie um das „Schilfgras" zu Recht gelegt. *Miscanthus* sollte für die nächsten Jahre ein Objekt der Forschung bleiben. Die Pflanze ist durchaus vielversprechend und vielseitig verwendbar, muß aber zunächst züchterisch entwickelt und im Versuchsanbau erprobt werden, bevor sie größere Flächen bedeckt. Nach den bisherigen Anbauerfahrungen ist vor allem aufgrund mangelnder Winterhärte die Ertrags- und damit die Versorgungssicherheit noch nicht gegeben. Auch bei Chinaschilf, das etwa 10 bis 15 Jahre lang genutzt werden kann, fehlt es an Erfahrungen zur Umwidmung zurück in Ackerland. Als Konsequenz sollte *Miscanthus* auch nicht mehr in die Planungen für Biomasseheiz(kraft)werke miteinbezogen werden, bis verläßliche Sorten auf dem Markt sind.

Ein aus unserer Sicht aussichtsreicher Kandidat für den Anbau von Energiepflanzen ist Getreide, und zwar die ganze Pflanze. Vorrangig kommen alle Getreidearten in Betracht, die im Sommer in trockenem Zustand geerntet werden können. Besonders interessant erscheint uns *Triticale*, ein Hybrid aus Weizen und Roggen, der gerade auf mittleren und leichten Böden gute und stabile Erträge erbringt. Weiterhin empfehlen sich manche Futtergetreidesorten. Getreide-Ganzpflanzen lassen sich gut in landwirtschaftliche Fruchtfolgen integrieren und deren Anbau, Pflege und Ernte mit bekannten Techniken und Maschinen bewerkstelligen. Außerdem bleiben die Ackerflächen jederzeit für die Nahrungsmittelerzeugung verfügbar, und es entsteht keine jahrelange Wartezeit bis zum ersten Ertrag, wie z. B. bei schnellwachsenden Baumarten.

Da es für eine direkte thermische Verwertung nur auf den Biomasseertrag, aber nicht so sehr auf Qualität ankommt, kann der Getreideanbau für energetische Zwecke deutlich (aber nicht beliebig) extensiver gestaltet werden als der Anbau für Nahrungs- und Futtermittelzwecke. Es sollte lediglich ein gewisses Ertragsniveau gehalten werden, wobei sich der Gesamtertrag in diesem Fall aus Kornertrag plus Strohertrag zusammensetzt mit einem Korn/Stroh-Verhältnis hinsichtlich der Trockenmasse von etwa 1:1. Der jeweils kalkulierbare Ertrag hängt von den ackerbaulichen Möglichkeiten, insbesondere der Bodenqualität, im Einzugsgebiet einer Biomasse-Anlage ab. Mittelfristig wird es sicherlich auch Züchtungsfortschritte in Richtung auf mehr Trockenmasseproduktion geben. Man kann davon ausgehen, daß sich in naher Zukunft rund 13 t pro Hektar und Jahr feldtrockene Biomasse ernten lassen.

Die Verbrennung von Getreide-Ganzpflanzen wird erst in jüngster Zeit technisch erprobt. Die ersten Erfahrungen zeigen, daß noch einige Probleme zu lösen sind, so die Kornverluste während des Ernte- und Aufbereitungsprozesses und die inhomogenere Brennstoffbeschaffenheit im Vergleich zu Stroh. Im Prinzip ließe sich die thermische Verwertung mit der von Reststroh kombinieren. Ob Biomasse (Stroh, Getreide, auch Holz) sich in bestehende, mit Kohle befeuerte Anlagen erfolgversprechend zuspeisen läßt, muß noch erprobt werden. Die ersten Ergebnisse sind ambivalent. Zwar kann die Emission mancher Schadgase gesenkt werden, dafür gibt es Probleme mit Verschlackung, Korrosion und der Verwertung der Kohleaschen als Bauhilfsstoff.

Nicht unterschätzen sollte man die Bedeutung der gesellschaftlichen Akzeptanz. Getreide zu verbrennen wird von vielen Menschen aus emotionalen Gründen abgelehnt. So ist selbst in Dänemark mit seiner in der Energieversorgung fest etablierten Strohverbrennung eine energetische Nutzung von Getreide-Ganzpflanzen zur Zeit politisch nicht machbar. Interessanterweise findet die Verbrennung von Getreide-Derivaten wie Alkohol eher Akzeptanz, nicht aber die direkt sichtbare Verbrennung des Korns. Das Hauptargument dagegen ist, daß ja im Prinzip Nahrung verbrannt würde. Die Alternative zur Energiegetreideerzeugung heißt allerdings nicht Brotgetreideerzeugung, sondern Still-Legung von Ackerflächen (siehe Kap. 4.5.3).

Raps hat den größten Erfolg aller Energiepflanzen zu verbuchen. Aus Raps gewinnt man Öl sowohl für die Verwendung als Lebensmittel als auch für chemisch-technische Zwecke. Seit einigen Jahren wird Rapsöl als Treibstoff in Dieselmotoren erprobt. Am vielseitigsten sind die Einsatzmöglichkeiten nach einer chemischen Umwandlung (Umesterung) in Rapsölmethylester (RME). RME kann mittlerweile in vielen Fahrzeugtypen statt Dieselkraftstoff eingesetzt werden, die Anzahl der RME-Tankstellen in Deutschland hat die Zahl 300 bereits überschritten. Das Potential an Raps zur Gewinnung von „Biodiesel" darf jedoch nicht überschätzt werden: Bei Ausweitung des Rapsanbaus auf die aus pflanzenbaulicher Sicht maximal mögliche Fläche kann Rapsöl aus deutscher Erzeugung nicht mehr als 6,6 % des Dieselverbrauchs in Deutschland ersetzen. Da Raps auch zur Nahrungs- und Futtermittelerzeugung angebaut wird, dürfte es in Wirklichkeit deutlich weniger sein (FLAIG et al. 1995). Hinzu kommt die vergleichsweise mäßige Energiebilanz. Bei der Verbrennung von RME gewinnt man nur etwa doppelt soviel Energie als man vorher zur Gewinnung hineingesteckt hat. Bei der Verbrennung von Getreide (Ganzpflanzen, s. o.) hingegen sind es etwa 8 - 10mal soviel. In Anbetracht dessen wäre es empfehlenswerter, einen anderen Vorteil des Rapsöls, die schnelle biologische Abbaubarkeit, nutzbringend einzusetzen und eine chemisch-technische Verwendung zu bevorzugen. So sollten Schmier- und Hydrauliköle auf Mineralölbasis, wo immer technisch möglich, durch entsprechende Pflanzenölprodukte ersetzt werden.

Die mit Raps speziell für die Biodiesel-Gewinnung bebaute Fläche betrug in Deutschland 1995 bereits über 300 000 Hektar, derzeit sind es aufgrund des geringeren Flächenstillegungssatzes weniger (siehe Tabelle 18, Kap. 4.4.2.4). In Baden-Württemberg sind die Anbaubedingungen für Raps von Natur aus nicht besonders günstig, beispielsweise im Vergleich zu den nord- und nordostdeutschen Bundesländern.

Die eigentlich kritischen Punkte, die der energetischen Nutzung von Biomasse entgegenstehen, sind die mangelnde Verläßlichkeit der agrarpolitischen Rahmenbedingungen (siehe Kap. 4.5.3) und die derzeit mangelnde Wirtschaftlichkeit. Die Wirtschaftlichkeit ist - außer fallweise bei der Verwertung von Holz - nicht zu erreichen, solange fossile Energieträger als Konkurrenz ein so niedriges Preisniveau haben. Viele Biomasse-Feuerungsanlagen würden aber mit einem einmaligen Zuschuß der öffentlichen Hand in Höhe von 50 % der Investitionskosten derzeit schon in den Bereich der Wirtschaftlichkeit gelangen. Das ist ein geringerer Aufwand als für viele andere regenerative Energien, beispielsweise die Photovoltaik, nötig ist. Die Biomasse hat darüber hinaus den Vorteil, daß sie zum Großteil bereits anwendungsreif ist und daß es sich um speicherbare Energien handelt. Daher sollte die energetische Nutzung von Biomasse eine entsprechende Förderung erfahren. Eine wichtige Rolle spielen dabei Praxisversuche wie die Zufeuerung in Kohleanlagen und die Errichtung von Demonstrationsanlagen für die Stroh- und Ganzpflanzenverbrennung. Nur so kann auch vernünftig abgeschätzt werden, welche Rolle die nachwachsenden Rohstoffe im Strom- und Wärmemarkt spielen können. Aus Gründen der Ressourcenschonung und des Klimaschutzes sind wir auf die Biomasse angewiesen.

4.4.2.4 Die chemisch-technische Nutzung nachwachsender Rohstoffe

Derzeit setzt die chemische Industrie in Deutschland pro Jahr knapp zwei Millionen Tonnen Grundprodukte aus nachwachsenden Rohstoffen der Landwirtschaft ein. Dies entspricht mengenmäßig 10 Prozent und monetär etwa 22 Prozent ihres Rohstoffverbrauchs (VCI 1994). In erster Linie handelt es sich dabei um Öle, Fette, Stärke und Zucker. In den letzten zwanzig Jahren hat sich der Einsatz dieser Produkte in der chemischen Industrie verdoppelt. Aufgrund der in der Grundlagen- und Industrieforschung laufenden Projekte ist nach BRAMM et al. (1996) von weiteren Produkt- und Technologieentwicklungen auf der Basis nachwachsender Rohstoffe auszugehen, so daß sich der Einsatz von Grundprodukten aus nachwachsenden Rohstoffen zukünftig weiter erhöhen dürfte. Erdöl und Erdgas werden aber auch weiterhin den überragenden Teil der in der chemischen Industrie eingesetzten Rohstoffe ausmachen. Derzeit werden dort jährlich rund 20 Millionen Tonnen dieser fossilen Rohstoffe eingesetzt.

Für einen stärkeren Einsatz nachwachsender Rohstoffe in der chemischen Industrie müssen nach BRAMM et al. (1996) folgende Voraussetzungen gegeben sein:
- Versorgungssicherheit,
- konkurrenzfähige Preise und
- selektive Technologien zur Stoffumwandlung.

Da Kulturpflanzen, aus denen die wichtigsten Grundprodukte auf der Basis nachwachsender Rohstoffe gewonnen werden, weltweit in großem Umfang angebaut werden, dürfte die Verfügbarkeit und Versorgungssicherheit unabhängig von der Jahreszeit und den regionalen Witterungseinflüssen gegeben sein.

Entscheidend für den Einsatz nachwachsender Rohstoffe als Grundstoffe in der chemischen Industrie ist der Zugang zu diesen Rohstoffen zu konkurrenzfähigen Bedingungen. Bei der Betrachtung des Preisniveaus für nachwachsende Rohstoffe muß allerdings differenziert werden. Legt man für Grundprodukte aus nachwachsenden Rohstoffen wie Öle, Fette oder Zucker Weltmarktpreise zugrunde, so wird deutlich, daß diese im allgemeinen deutlich teurer sind als Grundprodukte auf petrochemischer Basis (Tabelle 16). Daher sind beim derzeitigen Preisniveau Produkte aus nachwachsenden Rohstoffen wie Benzol, Ethylen oder Propylen und daraus hergestellte Standardkunststoffe wie Polyethylen oder Polypropylen nicht konkurrenzfähig. Außerdem weist Erdöl für diese Grundprodukte aufgrund des günstigeren Aufbaus - insbesondere bezogen auf das Kohlenstoff-Wasserstoff-Verhältnis - bei der Verarbeitung Vorteile gegenüber nachwachsenden Rohstoffen auf (EGGERSDORFER 1994). Dieser Bereich dürfte somit weiterhin die Domäne der Petrochemie bleiben.

Dagegen liegen die Chancen für Grundprodukte aus nachwachsenden Rohstoffen in der Nutzung der Synthesevorleistung der Pflanzen, die bei der Herstellung höher veredelter Produkte wie Zwischenprodukte, Fein- und Spezialchemikalien vorteilhaft sein kann (BRAMM et al. 1996). Der Preisvergleich von Zwischenprodukten auf fossiler und auf nachwachsender Basis zeigt, daß sich Zwischenprodukte auf nachwachsender Basis ökonomisch lohnen können (Tabelle 16). Dabei wird der Wettbewerbsvorteil um so größer, je stärker die gewünschte molekulare Struktur im nachwachsenden Rohstoff vorgegeben ist, so daß im Vergleich zur Synthese auf petrochemischer Basis Reaktionsstufen und damit Kosten eingespart werden. So kann z. B. die lineare molekulare Struktur von Ölen und Fetten bei Tensiden und Kunststoffen zu Einsatzvorteilen führen (EGGERSDORFER 1994).

Tabelle 16: Weltmarktpreise für ausgewählte Rohstoffe, Grund- und Zwischenprodukte im Vergleich (Stand April 1995; 1 $ = 1,37 DM) (BRAMM et al. 1996).

	Fossile Basis	DM/t	Nachwachsende Basis	DM/t
Rohstoffe	Rohöl	188,-	Mais	320,-
	Erdgas	266,-	Weizen	300,-
	Naphtha	272,-	Sojabohnen	340,-
Grund-produkte	Benzol	470,-	Rapsöl	1200,-
	Ethylen	930,-	Palmöl	975.-
	Propylen	835,-	Melasse	255,-
	Methanol	270,-	Zucker[1]	970,-
	Ammoniak	290,-	Stärke[1]	650,-
Zwischen-produkte	Ethylenoxid	1500,-	Sorbit	1400,-
	Propylenoxid	2400,-	Furfural	1300,-
	1,2-Propandiol	2250,-	Zitronensäure	2100,-
	1,4-Butandiol	3500,-	Fettalkohole (C12-C14)	2300,-
	Acrylsäure	2900,-	Glycerin	3600,-

[1] Für Zucker und Stärke ist der Preis für die chemisch-technische Verwendung angegeben, der sich aus dem EU-Preisniveau abzüglich der Rückerstattung ergibt.

Insgesamt kann nur im Einzelfall durch Vergleich sowohl der Rohstoff- wie der Energie- und Fertigungskosten entschieden werden, ob nachwachsende Rohstoffe mit petrochemischen konkurrieren können und welche Rohstoffbasis in Kombination mit der entsprechenden Technologie für den Verarbeiter vorteilhaft ist. Einige Einsatzmöglichkeiten (z. B. Fein- und Spezialchemikalien) stellen interessante Zielprodukte für nachwachsende Rohstoffe dar (Tabelle 17).

Die größte mengenmäßige Bedeutung unter den in der deutschen chemischen Industrie eingesetzten nachwachsenden Rohstoffen besitzen Öle und Fette mit fast 900 000 Tonnen pro Jahr (Abb. 23). Allerdings wird derzeit der Großteil dieser Öle und Fette als Soja- und Palmöl importiert. Als heimische Rohstoffe spielen Rapsöl, Sonnenblumenöl, Leinöl und Talg eine wichtige Rolle. Haupteinsatzgebiete sind Tenside, darüber hinaus dienen sie als Ausgangsstoffe für Lacke und Farben, Schmieröle, Textil-, Papier- und Lederhilfsmittel.

Eine große Bedeutung hat auch die Stärkeproduktion. Der jährliche Stärkeverbrauch der chemischen Industrie in Deutschland beträgt etwa 470 000 Tonnen. Der Einsatz von Stärke erfolgt überwiegend im Klebstoffsektor, für Hilfsmittel zur Papierherstellung, Packmaterialien und biotechnologische Prozesse. Die eingesetzte Stärke wird dabei vorwiegend aus nachwachsenden Rohstoffen (z. B. Mais, Weizen, Kartoffeln), die in der Europäischen Union angebaut werden, gewonnen.

Der Verbrauch an Zucker als industrieller Rohstoff beträgt in Deutschland nur rund 30 000 Tonnen pro Jahr. Zucker finden Verwendung für biotechnologische Prozesse und als Bausteine für Vitamine und Polyurethane. Dabei wird der verwendete Zucker zum überwiegenden Teil in Deutschland erzeugt.

Tabelle 17: Chemische Produktklassen mit erzeugten Tonnagen und verwendeter Rohstoffbasis (BRAMM et al. 1996).

Stammbaum chemischer Produkte			
Produkt	Preisniveau DM/t	Prod. Menge weltweit 10^3 t	Rohstoffbasis
Chemische Grundprodukte - Benzol - Ethylen - Propylen	300 - 900	> 10 000	Petrochemische Rohstoffe: Beim derzeitigen Preisniveau kein Wechsel zu erwarten.
Polymere - Polyethylen - Polypropylen - Polystyrol - Polyurethane	1000 - 3500	> 10 000	Petrochemische Rohstoffe: Beim derzeitigen Preisniveau keine Substitution der Rohstoffbasis zu erwarten; in Teilbereichen wie Polyurethane denkbar.
Zwischenprodukte - Propandiol - Acrylsäure - Butandiol - Fettalkohole	1500-5000	> 100	Petrochemische und nachwachsende Rohstoffe: Einsatz von nachwachsenden Rohstoffen von Fall zu Fall zu prüfen.
Spezial- und Feinchemikalien - L-Lysin - Vitamin E - Enzyme	> 5.000	≤ 100	Petrochemische und nachwachsende Rohstoffe: Wechsel der Rohstoffbasis von Fall zu Fall zu prüfen.

Derzeit werden in Deutschland nachwachsende Rohstoffe, die für chemische Zwecke genutzt werden, auf rund drei Prozent der Ackerfläche angebaut (BRAMM et al. 1996). Mit der Anwendung der gentechnisch gestützten Pflanzenzüchtung wird eine weitere Ausdehnung des Anbaus nachwachsender Rohstoffe erwartet, da die Qualität und Quantität der Inhaltsstoffe dieser modifizierten Pflanzen in höherem Maß den Ansprüchen der Verarbeiter entsprechen dürften. Forschungsarbeiten zur Entwicklung von Pflanzen, die erhöhte Gehalte an Aminosäuren, Enzymen, kurzkettigen Fettsäuren, aber auch Polymere wie Polyhydroxybutyrat enthalten, laufen bereits. Diese Pflanzen dürften zukünftig neue Marktpotentiale eröffnen. Nach BRAMM et al. (1996) wird sich der Anbau nachwachsender Rohstoffe für die Nutzung in der chemischen Industrie mittelfristig auf fünf bis sechs Prozent der Ackerfläche in Deutschland ausdehnen.

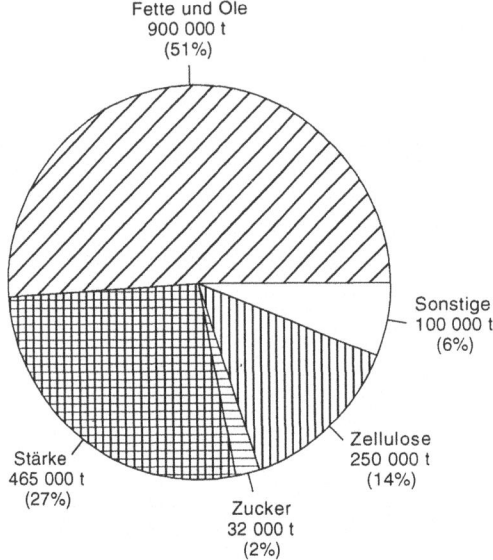

Abb. 23: Einsatz nachwachsender Rohstoffe in der chemischen Industrie Deutschlands 1991 (BRAMM et al. 1996).

Verwendung von Naturfasern

Unter den in Deutschland angebauten Faserpflanzen werden Flachs und Hanf die größten Chancen eingeräumt. Dabei dürfte in der Züchtung neuer standortangepaßter Sorten von Flachs und Hanf noch ein erhebliches Ertrags- aber auch Qualitätspotential liegen. Dies gilt insbesondere bei Hanf, da in der Vergangenheit durch das Hanfanbauverbot keine Züchtung in Deutschland erfolgte. Dem Anbau von Faserpflanzen aus subtropischen Gebieten wie Kenaf oder Ramie werden derzeit in Deutschland aus verschiedenen Gründen (hohe Anfälligkeit gegen Pilzkrankheiten, hohe Temperaturansprüche etc.) nur geringe Chancen eingeräumt (KAHNT und EUSTERSCHULTE 1996, HANF und DRESCHER 1996).

Die Fasern von Lein und Hanf können für Textilien, Schnüre, Baumaterial, technische Dämmstoffe, Faserverbundstoffe, Papier u. a. eingesetzt werden. Rechnerisch besteht derzeit in Deutschland ein Absatzpotential für die inländische Faserproduktion von rund 70 000 ha (ZEDDIES 1996b). Allerdings wird die Nachfrage nach Flachs- und Hanffasern gegenwärtig zum größten Teil durch Importe aus dem europäischen Ausland (Polen, Ungarn, Frankreich, Belgien u. a.) gedeckt, darüber hinaus stehen billige Substitute auf petrochemischer Basis zur Verfügung. Das tatsächliche Marktpotential für einheimische Fasern dürfte daher erheblich geringer sein.

In einigen Bereichen wird Naturfasern eine zunehmende Verwendung vorausgesagt, da sie einige Eigenschaften aufweisen (geringes Gewicht, hohe Zugfestigkeit, ausgeglichene CO_2-Bilanz u. a.), die ihnen Vorteile gegenüber Kunstfasern verleihen. So können Pflanzenfasern beispielsweise in Automobilteilen, Möbeln oder Kinderspielzeug aufgrund des Gewichtsvorteils bei hoher Zugfestigkeit Kunststoffasern verdrängen (HANSELKA et al. 1996). Auch für teure Spezialpapiere wie Zigarettenpapier, Teebeutel oder Banknoten besteht ein Markt für Zellstoff aus einjährigen Faserpflanzen. Das Volumen für solche Spezialpapiere beträgt für Deutschland allerdings nur rund 5 000 Tonnen pro Jahr (GÖTTSCHING 1996). Insgesamt wird der Nutzung einjähriger Faserpflanzen zur Papierherstellung zukünftig nur eine untergeordnete Bedeutung beigemessen, da der nachwachsende Rohstoff Holz erheblich kostengünstiger ist.

Der Einsatz von Flachs- und Hanffasern in der Textilindustrie gilt ebenfalls als sehr begrenzt, da diese Fasern teurer sind als Baumwolle und Kunstfasern. Es besteht allerdings ein, wenn auch kleiner, Markt für hochwertige Bekleidung und Tischwäsche (EGBERTS 1996).

Aus umweltrechtlichen Gründen (Verpackungsverordnung, Kreislaufwirtschaftsgesetz etc.) ist ein steigender Einsatz von Naturfasern in Bindegarnen und Schnüren zu erwarten. Für diese Produkte dürfte sich aber auch zukünftig der Anbau von Faserpflanzen aufgrund der hohen Produktionskosten in Deutschland nicht lohnen, zudem für diese Anwendungen günstige Substitute (Jute, Sisal, Roselle, Kenaf u. a.) aus tropischen und subtropischen Gebieten zur Verfügung stehen.

Die relativ ungünstigen Kostenstrukturen beim Anbau, aber auch bei der Verarbeitung von in Deutschland hergestellten Naturfasern beschränken den Anbau auf solche Verwendungszwecke, in denen entweder ganz spezifische technische Eigenschaften oder spezifische Präferenzen von Verbrauchergruppen die Nachfrage bestimmen und in denen gleichzeitig die Rohstoffpreise von untergeordneter Bedeutung für das betreffende Endprodukt sind. Da es sich hierbei um kleine Marktsegmente handelt, dürfte für die deutsche Landwirtschaft die Produktion von Naturfasern auch weiterhin nur eine Marktnische darstellen. Der Anbauumfang von einjährigen Faserpflanzen wird in naher Zukunft 10 000 ha, dies entspricht rund 0,1 % der Ackerfläche, voraussichtlich nicht überschreiten. Die Situation könnte sich durch die geplante Osterweiterung der EU sogar noch verschlechtern. In zahlreichen osteuropäischen Ländern werden schon gegenwärtig große Mengen an Faserpflanzen angebaut und verarbeitet. Diese Länder verfügen daher über einen deutlichen Produktionsvorsprung, außerdem dürften die derzeitigen EU-Beihilfen für Faserpflanzen infolge des größeren Anbauumfangs bei einer Osterweiterung entsprechend nach unten angepaßt werden. Ein weiterer hemmender Faktor für den Faserpflanzenanbau in der Bundesrepublik ist das Fehlen von entsprechenden Verarbeitungsanlagen zur Faseraufbereitung, wie sie in einigen europäischen Nachbarländern vorhanden sind.

Marktregelungen der EU für nachwachsende Rohstoffe

Die Agrarpolitik der Europäischen Union unterstützt durch verschiedene Maßnahmen den Anbau und die Verwendung nachwachsender Rohstoffe aus heimischer Produktion. Dabei wurden für die verschiedenen nachwachsenden Rohstoffe entsprechende EU-Marktregelungen festgelegt. Das zentrale Ziel der staatlichen Förderung nachwachsender Rohstoffe ist in der Bereitstellung dieser Produkte zu Weltmarktpreisen zu sehen.

Die EU-Agrarreform 1992 ersetzte bei verschiedenen Kulturen (u. a. bei Ölsaaten) die bis dahin praktizierte Intervention zur Stützung der Erzeugerpreise durch eine Flächenprämie (siehe Kap. 4.5.3). Diese Prämie wird bei Anbau von Ölsaaten auf der nicht stillgelegten Fläche unabhängig von der Nutzung, sei es im Nahrungsmittelsektor oder als nachwachsender Rohstoff, gewährt. Dadurch kann der Anbau von Ölsaaten für die Nutzung im chemisch-technischen Bereich auch zu Weltmarktpreisen betriebswirtschaftlich sinnvoll sein.

Einen weitaus stärkeren Einfluß auf den Anbau von Ölsaaten als nachwachsender Rohstoff hatte jedoch die ebenfalls mit der EU-Agrarreform eingeführte Möglichkeit, auf Stillegungsflächen nachwachsende Rohstoffe wie Ölsaaten anzubauen und zwar bei vollständiger Auszahlung der Flächenstillegungsprämie (siehe Kap. 4.5.3). Dabei kann pro Betrieb maximal ein Drittel der Ackerfläche „stillgelegt" und damit mit nachwachsenden Rohstoffen bestellt werden. Für den Erhalt der Stillegungsprämie muß zum Nachweis der Verwendung der Erzeugnisse im Nichtnahrungssektor ein Abnahmevertrag zwischen dem Erzeuger und dem Abnehmer vorliegen.

Da die Mehrzahl der Kulturpflanzen zur Gewinnung von Zucker, Stärke und Fasern nicht unter die Kulturpflanzenregelung der EU-Agrarreform fallen und daher bei ihrem Anbau keine Flächenprämien gezahlt werden, bestehen für diese Kulturen eigene EU-Marktregelungen. Bei allen nachwachsenden Rohstoffen hingegen müssen die Verarbeiter eine Sicherheit in Höhe von 120 Prozent der Stillegungsprämie hinterlegen. Nach nachweislicher Verarbeitung der vertraglich vereinbarten Ernteerzeugnisse im Nicht-Nahrungsbereich erhalten die Abnehmer die hinterlegte Sicherheit zurück.

Bei der Verwendung von Zucker und Stärke als nachwachsender Rohstoff erhalten die Verarbeiter die Preisdifferenz zwischen dem auf dem nationalen Markt gezahlten Preis und dem Weltmarktpreis in Form einer Rückerstattung vergütet, die sich an den Exporterstattungen orientiert. Die konkrete Ausgestaltung der Rückerstattungen für Zucker und Stärke ist national geregelt, so daß sie sich zwischen den EU-Mitgliedstaaten unterscheiden.

Zur Förderung des Anbaus von Faserpflanzen werden von der EU Flächenbeihilfen gewährt. Zuletzt betrug die jährliche Flächenbeihilfe 1 677 DM/ha bei Faserlein (Flachs) und 1 510 DM/ha bei Hanf. Für den Erhalt der Flächenbeihilfen müssen auch hier Abnahmeverträge zwischen Anbauern und Verarbeitern vorliegen, außerdem muß bei Hanf die abgeerntete Fläche mindestens 20 Tage nach der Ernte für eventuelle Kontrollen unverändert bleiben.

Die mit den EU-Marktregelungen für nachwachsende Rohstoffe verbundenen Auflagen bedeuten für die Anbauer und Verarbeiter im allgemeinen einen zusätzlichen bürokratischen und logistischen Aufwand (Abnahmeverträge, Hinterlegen von Sicherheiten, Antrag auf Rückerstattung etc.) gegenüber dem Anbau von Nahrungspflanzen bzw. der Verwendung von fossilen Rohstoffen. Darüber hinaus ist das politisch angestrebte und für die Abnehmer zentrale Ziel der Angleichung der EU-Preise an die Weltmarktpreise derzeit bei vielen Grundstoffen auf nachwachsender Basis noch nicht erfüllt. Dies dürften wesentliche Gründe für die relativ geringe Nachfrage nach nachwachsenden Rohstoffen im chemisch-technischen Bereich sein. Eine stärkere Förderung des Einsatzes nachwachsender Rohstoffe und damit einer ressourcenschonenderen Wirtschaftsweise bedarf daher Regelungen, die zu einer weiteren Angleichung der Bedingungen (Preise, Auflagen etc.) zwischen nachwachsenden und fossilen Rohstoffen führen.

Derzeitiger Anbau von nachwachsenden Rohstoffen in Deutschland

Der Anbau nachwachsender Rohstoffe hat in den letzten Jahren stetig zugenommen. Im Jahr 1992 wurden auf etwa 246 000 ha, entsprechend ca. 2 % der Ackerfläche, nachwachsende Rohstoffe angebaut. Derzeit werden bereits fast 500 000 ha, entsprechend rund 4 % der Ackerfläche, mit einjährigen Kulturpflanzen zur Nutzung als nachwachsende Rohstoffe bestellt (Tabelle 18). Die Möglichkeit, auf stillgelegten Flächen bei Erhalt der vollen Stillegungsprämie nachwachsende Rohstoffe anzubauen, hat insbesondere den Anbau von Raps für die Produktion von Rapsmethylester („Biodiesel") gefördert. Während im Jahre 1992 lediglich 25 000 ha Raps für Nicht-Nahrungszwecke verwendet wurden, waren es 1996 rund 240 000 ha. Die deutliche Verminderung des Anbauumfangs bei einigen Kulturarten (z. B. Sonnenblumen) zur Nutzung als nachwachsender Rohstoff im Jahre 1996 gegenüber 1995 ist mit dem Rückgang der verbindlichen Flächenstillegung von 15 auf 10 % zu erklären. Dies macht die Abhängigkeit der Anbauwürdigkeit nachwachsender Rohstoffe von agrarpolitischen Entscheidungen deutlich. Eine längerfristig nicht verläßliche Rohstoffbasis verhindert aber das Entstehen notwendiger Verarbeitungsanlagen sowie eine stabile Nachfrage nach nachwachsenden Rohstoffen aus der heimischen Produktion.

Tabelle 18: Anbau nachwachsender Rohstoffe in Deutschland in Hektar (BML 1996c, Agra-Europe 11/96).

Rohstoff	1995		1996 (geschätzt)	
	nicht stillgelegte Basisfläche	Stillegungs- fläche	nicht stillgelegte Basisfläche	Stillegungs- fläche
Stärke	130 000	2 700	130 000	62
Zucker	8 000	0	8 000	0
Rapsöl	5 000	331 000	5 000	240 600
Leinöl	54 000	3 200	54 000	1 400
Sonnenblumenöl	13 000	17 000	23 300	8 700
Flachsfasern	3 370	10	4 600	3
Hanffasern	-	-	1 800	22
Heilstoffe	4 000	800	4 000	1 100
Sonstiges	-	7 100	1 400	5 900
Summe	**217 370**	**361 810**	**232 100**	**255 787**
Anbau nachwachsender Rohstoffe insgesamt	579 180		487 887	

Einfluß nachwachsender Rohstoffe auf die Kulturlandschaft

Die Kulturlandschaft wird im allgemeinen durch wenige Kulturarten geprägt, so werden gegenwärtig mehr als 60 % der Ackerfläche in Baden-Württemberg mit Getreide bestellt (siehe Kap. 4.6.8). Die Gründe für die Konzentration auf wenige Arten - häufig sogar Sorten - in einer Region liegen neben der Abstimmung der Ansprüche der Kulturpflanzen an die natürlichen Standortverhältnisse vor allem in der Anbauwürdigkeit der Kulturen. Die Anbauwürdigkeit leitet sich aus den ökonomischen Rahmenbedingungen ab, zu denen die erzielbaren Erlöse für die erzeugten Produkte und die staatlichen Transferzahlungen z. B. im Rahmen der Kulturpflanzenregelung zählen.

Da eine Vielzahl verschiedener Kulturpflanzen für chemisch-technische Zwecke genutzt werden kann, dürfte ein vermehrter Anbau nachwachsender Rohstoffe zu vielfältigeren Fruchtfolgen und damit zu einem abwechslungsreicheren Landschaftsbild führen. Neben einer interessanteren Gestaltung der Kulturlandschaft kann sich ein breiteres Anbauspektrum auch günstig auf die Bodenfruchtbarkeit (z. B. Verminderung der Gefahr von Fruchtfolgekrankheiten) und auf die Anzahl vorkommender Tier- und Pflanzenarten auswirken. Bei der Eingliederung weiterer Pflanzenarten in bestehende Fruchtfolgen müssen jedoch die Ansprüche dieser Arten an die Standortverhältnisse berücksichtigt werden.

Eine Erweiterung des Kulturartenspektrums muß auch die Belange des Boden-, Gewässer- und Artenschutzes berücksichtigen, auch darf dies nicht zu Lasten von nicht-ackerbaulichen Nutzungen der Kulturlandschaft - wie Grünland und Streuobstbestände - gehen, damit die aufgezeigten Vorteile auf der einen Seite nicht durch ökologisch negativ zu beurteilende Folgen an anderer Stelle zunichte gemacht werden.

Wertschöpfung nachwachsender Rohstoffe

Die Erzeugung von Grundstoffen für die industrielle Verwendung eröffnet der Landwirtschaft neue Absatzwege und damit die Möglichkeit, zusätzliche Produkte abzusetzen. Da die verarbeitende Industrie nur Rohstoffe zu konkurrenzfähigen Bedingungen nachfragt, werden sich die Preise für nachwachsende Rohstoffe am Weltmarktpreis orientieren. Für traditionelle, landwirtschaftliche Erzeugnisse, die als nachwachsende Rohstoffe zur stofflichen oder energetischen Nutzung eingesetzt werden, ist daher keine höhere Wertschöpfung zu erwarten. Über die Möglichkeit, nachwachsende Rohstoffe auf stillgelegten Flächen anbauen zu können, haben Betriebe aber die Chance, ihr Einkommen zu erhöhen. Voraussetzung dafür ist, daß der Erlös aus den erzeugten Produkten die Produktionskosten überschreitet, so daß zur Flächenstillegungsprämie zusätzlich noch ein Ertrag erwirtschaftet werden kann.

Der Vorteil des Anbaus nachwachsender Rohstoffe für die Landwirtschaft muß daher in erster Linie in den zusätzlichen Produktionsmöglichkeiten gesehen werden, die zahlreichen Betrieben neue Perspektiven in Richtung einer höheren Auslastung bestehender, derzeit jedoch nicht ausgelasteter Produktionskapazitäten eröffnet.

Eignung von Pflanzenarten für Baden-Württemberg

Das Bundesland Baden-Württemberg gliedert sich in vielfältige Naturräume mit unterschiedlichen durchschnittlichen Jahrestemperaturen (5,5 bis > 9 °C), unterschiedlichen durchschnittlichen Jahresniederschlägen (550 bis 1 200 mm) sowie unterschiedlichen Höhenlagen (100 bis 1 500 m über NN). Somit muß die Anbaumöglichkeit von nachwachsenden Rohstoffen differenziert betrachtet werden. Aufgrund gegebener Standortverhältnisse ist der Anbau von wärmeliebenden Kulturarten wie Mais, Hirse, Sonnenblumen, Saflor, Sojabohnen und Kenaf in Gebieten wie dem Unterland/Bergstraße, den Gaulandschaften der Rheinebene, sowie Teilgebieten des westlichen und östlichen Bodenseegebietes möglich (BRAMM et al. 1996). Diese klimatisch bevorzugten Gebiete weisen Jahresdurchschnittstemperaturen von 8 bis > 9 °C sowie ausreichende Niederschläge von ≥ 700 mm pro Jahr auf. Kältetolerantere Ackerkulturen wie Zuckerrübe, Kartoffeln, Raps, Getreide, Lein, Zichorie, Topinambur und Hanf können wegen ihres geringeren Wärmebedarfs auch im Oberland, in Teilen des Donau-Illertales, auf der besseren Alb, in günstigen Lagen des Hohenlohekreises sowie im Main-Taubergebiet, im westlichen Odenwald und dem angrenzenden besseren Bauland kultiviert werden. Da der Anbau von Zichorien und Topinambur - wenn auch nur auf geringer Fläche - in Baden-Württemberg Tradition besitzt, das Know-how also vorhanden ist, ist auch die Produktion von Inulin möglich (BRAMM et al. 1996). Inulin, ein typischer Speicherstoff der Korbblütler, eignet sich als natürlicher Ballaststoff zur Herstellung kalorienärmerer Produkte (z. B. als Fettersatz in Fleischwaren), insbesondere aber zur Gewinnung von Fruktosesirup (z. B. in Süß- und Backwaren) und ist somit für Diabetiker geeignet. Voraussetzung für eine Ausdehnung des Anbaus dieser Kulturen ist allerdings die Schaffung entsprechender Absatzmöglichkeiten, d. h. neuer Märkte, wie dies bereits in einigen Nachbarländern (z. B. Belgien, Niederlande, Frankreich) erfolgt ist.

4.4.3 Förderung neuer Vermarktungsstrategien und Märkte

Insgesamt kann die öffentliche Förderung neuer Vermarktungsstrategien und neuer Märkte zu einer verstärkten Nachfrage nach regionalen Agrarprodukten (Nahrungsmittel und nachwachsende Rohstoffe) sowie nach von der Landwirtschaft angebotenen Dienstleistungen beitragen. Von einer solchen Entwicklung sind nicht nur positive Impulse für die landwirtschaftlichen Betriebe, sondern auch für die nachgelagerten Unternehmen (Lebensmittel-, Textilindustrie, Fremdenverkehr etc.) vor Ort zu erwarten. Darüber hinaus bietet eine regional orientierte Nachfrage die Möglichkeit, das Transportaufkommen zu reduzieren. Eine Unterstützung regionaler Absatzstrukturen ist daher im allgemeinen sowohl aus ökologischer als auch aus ökonomischer Sicht begrüßenswert.

Durch eine sinnvolle Umschichtung öffentlicher Mittel könnten Gelder für diese Zwecke freigemacht werden. So könnten die Mittel für die Gasölverbilligung, die Steuerbefreiung für Dieselkraftstoff in der Landwirtschaft, mit jährlich fast 900 Mio. DM in Deutschland unter dem Aspekt der Nachhaltigkeit zielorientierter - z. B. für die Förderung nachwachsender Rohstoffe oder für die Honorierung ökologischer Leistungen - eingesetzt werden. Um weitere Impulse für eine stärkere Marktorientierung der Betriebe auszulösen, sollten zahlreiche steuerliche Regelungen, die das Anbieten von Produkten und Dienstleistungen betreffen, modifiziert werden. Beispielsweise sollte die Umsatzhöchstgrenze von 20 000 DM pro Jahr für weiterverarbeitete und zugekaufte Produkte bei der Direktvermarktung sowie für Dienstleistungen (mit Ausnahme der Beherbergung), ab dem ein Gewerbe angemeldet werden muß, angehoben werden. Darüber hinaus ist eine stärker marketingorientierte Ausrichtung der staatlichen und der staatlich geförderten Beratung (z. B. Beratungsringe), aber auch bei der Ausbildung der Landwirte notwendig. Eine zentrale Aufgabe der landwirtschaftlichen Ausbildung und Beratung muß es dabei werden, den Landwirten und Erzeugergemeinschaften fundierte Hilfestellungen bei der Erstellung und der Umsetzung von individuellen Marketingkonzepten zu geben.

4.5 Agrarpolitik

Die agrar- und umweltpolitischen Rahmenbedingungen haben sich in den letzten Jahren kontinuierlich verändert. EU-Agrarreform, GATT-Runde, Düngeverordnung, Umweltprogramme (z. B. MEKA und SchALVO in Baden-Württemberg) sind nur die wesentlichsten Maßnahmen, mit denen die landwirtschaftlichen Betriebe in den letzten Jahren konfrontiert wurden. Die Hintergründe für die einschneidenden Maßnahmen der letzten Jahre sowie die Probleme des gegenwärtigen agrarpolitischen Systems sind nur nachvollziehbar, wenn man sich die historische Entwicklung der deutschen und europäischen Agrarpolitik vergegenwärtigt.

Historischer Hintergrund der Agrarpolitik: Viele der heutigen agrarpolitischen Schwierigkeiten in der EU haben ihren Ursprung in der langen Tradition des Agrarprotektionismus (vgl. Kap. 4.6.1). Schon Ende des 19. Jahrhunderts erfolgte in den meisten europäischen Ländern eine erste Agrarprotektion, die vor allem durch stark zunehmende Getreideimporte aus Nordamerika und den dadurch erzeugten Preisdruck auf den europäischen Märkten ausgelöst wurde (TRACY 1993). Beim Schutz der heimischen Agrarmärkte standen Frankreich und Deutschland (BISMARCKs Getreidezölle) vorne an, während Großbritannien strikt an seinem Grundsatz des Freihandels festhielt. Die Einfuhrzölle in einer Größenordnung von 10 - 20 % waren damals zwar noch recht gemäßigt, sie hatten jedoch deutlich spürbare Auswirkungen auf die agrarstrukturelle Entwicklung in den einzelnen Ländern (siehe Abb. 41, Kap. 4.6.9). Während die Landwirtschaft Großbritanniens aufgrund eines geringen Außenhandelsschutzes sowie der frühen Industrialisierung einem starken Anpassungsdruck und Strukturwandel unterworfen wurde, blieben in Deutschland und Frankreich die traditionellen betrieblichen Strukturen in dieser Entwicklungsphase noch weitgehend erhalten (Kap. 4.6.1).

Die Zeiten der Weltkriege und Nachkriegsjahre waren in Europa durch gravierende Probleme in der Agrarproduktion und Nahrungsmittelversorgung gekennzeichnet. In diesen Phasen beschränkten sich die agrarpolitischen Maßnahmen nicht nur auf den Außenhandelsschutz, sondern umfaßten auch vielfältige Formen nationaler Stützungsmaßnahmen, wie direkte Subventionen für die Landwirtschaft, um die Agrarproduktion zu steigern und die Nahrungsmittelversorgung zu verbessern (TRACY 1993). Nach dem Zweiten Weltkrieg normalisierte sich die angespannte Situation auf den Nahrungsmittelmärkten innerhalb weniger Jahre wieder, und es wurde erneut auf die in der Vorkriegszeit geschaffenen Instrumente der Marktordnung (Einfuhrzölle, -kontingente, Verwendungszwänge etc.) zum Schutz der heimischen Landwirtschaft zurückgegriffen.

Obwohl in den Nachkriegsjahren die generelle Grundentscheidung für das Konzept der sozialen Marktwirtschaft getroffen wurde, entstanden aufgrund der negativen Erfahrungen während der Kriegs- und Nachkriegsjahre und dem daraus hervorgegangenen Autarkiebestreben im Agrarbereich in jener Zeit praktisch in allen westeuropäischen Ländern umfassende und komplizierte Systeme zum Schutz der heimischen Landwirtschaft. Diese dienten nicht nur zur Protektion vor Agrarimporten aus Übersee, sondern schirmten auch die nationalen Agrarmärkte innerhalb Europas durch Binnenzölle voreinander ab, so daß auch der innereuropäische Agrarhandel stark eingeschränkt wurde. Selbst Großbritannien sah sich in den Jahren nach dem Zweiten Weltkrieg gezwungen, von seiner Freihandelsdoktrin abzuweichen und die heimische Landwirtschaft durch eine gezielte Subventionierung der Agrarproduktion zu stützen. Die negativen Folgen kamen erst später richtig zum Tragen, als bei der Gründung der Europäischen Wirtschaftsgemeinschaft (EWG) im Jahr 1957 auch ein gemeinsamer Agrarmarkt geschaffen werden sollte (siehe Kap. 4.5.2).

4.5.1 Nationale Agrarpolitik

Strukturpolitik
Die im Zuge des starken deutschen Wirtschaftswachstums nach 1948 steigenden außerlandwirtschaftlichen Realeinkommen führten zwangsläufig zur Disparität zwischen den gewerblichen und landwirtschaftlichen Einkommen. Auch die damaligen Stützungsmaßnahmen für die heimische Landwirtschaft konnten dies nicht verhindern; zu gravierend waren die agrarstrukturellen Mängel, um mit den rasch expandierenden übrigen Wirtschaftsbereichen mithalten zu können (KROHN und SCHMITT 1962).

Die deutsche Agrarpolitik versuchte zunächst, dem Problem der zunehmenden Einkommensdisparität durch die Verbilligung von Produktionsmitteln, Steuervergünstigungen und ähnlichen Mitteln beizukommen, ohne jedoch ein umfassendes agrarpolitisches Konzept zu erarbeiten. Das geschah erst 1955 mit dem Erlaß des Landwirtschaftsgesetzes, welches sich zum Ziel setzte, die Landwirtschaft der Bundesrepublik international wettbewerbsfähig zu machen. Dieses Gesetz verpflichtete die Regierung, „die Landwirtschaft mit den Mitteln der allgemeinen Wirtschafts- und Agrarpolitik - insbesondere der Handels-, Steuer-, Kredit- und Preispolitik - in den Stand zu setzen, die bestehenden naturbedingten und wirtschaftlichen Nachteile gegenüber anderen Wirtschaftsbereichen auszugleichen und ihre Produktivität zu steigern. Damit soll gleichzeitig die soziale Lage der in der Landwirtschaft tätigen Menschen an die vergleichbarer Berufsgruppen angeglichen werden" (BMJ 1955).

Darauf aufbauend wurde in den 60er Jahren das „Agrarprogramm der Bundesregierung" entwickelt und 1968 verabschiedet, das zum Ziel hatte, die bis dahin vornehmlich von Markt- und Preispolitik geprägte Agrarpolitik durch strukturpolitische Instrumente (Einzelbetriebliche Förderung, soziale Ergänzungsmaßnahmen für ausscheidende landwirtschaftliche Beschäftigte u. a.) zu erweitern (HENRICHSMEYER und WITZKE 1994).

Parallel zur Verabschiedung des Agrarprogramms wurde auf europäischer Ebene mit der Konzipierung einer gemeinsamen Agrarstrukturpolitik begonnen. Dies erforderte

Agrarpolitik

eine Abstimmung der deutschen Strukturpolitik mit der gemeinsamen Politikausrichtung. Daraufhin wurden 1969 die nationalen Stützungsmaßnahmen durch die Einführung der „**Gemeinschaftsaufgabe zur Verbesserung der Agrarstruktur und des Küstenschutzes**" gebündelt. Die Gemeinschaftsaufgabe ist seither das Kernstück der deutschen Strukturpolitik und ermöglicht eine Konzentration des Mitteleinsatzes, indem bestimmte Fördermaßnahmen auf der Basis einheitlicher Grundsätze von Bund und Ländern gemeinsam geplant und finanziert werden. Zur Gemeinschaftsaufgabe gehören Maßnahmen zur Förderung (vgl. GROSSKOPF 1996):

- einzelbetrieblicher Investitionen in der Landwirtschaft,
- der beruflichen Mobilität landwirtschaftlicher Erwerbstätiger,
- der Landwirtschaft in bestimmten benachteiligten Gebieten,
- der Flurneuordnung und Infrastrukturverbesserung (u. a. Bodenordnungsmaßnahmen, wasserbauliche und kulturtechnische Maßnahmen, waldbauliche Maßnahmen, Wirtschaftswegebau),
- der Verbesserung der Vermarktungs- und Verarbeitungsbedingungen land-, forst- und fischwirtschaftlicher Erzeugnisse,
- der Verbesserung der Lebensbedingungen in ländlichen Gemeinden (u. a. Dorferneuerung sowie zentrale Wasserversorgung und Abwasserentsorgung) sowie
- des Küstenschutzes.

Im Rahmen der Gemeinschaftsaufgabe wurden zunächst vorwiegend Maßnahmen zur landwirtschaftlichen Produktionssteigerung (Flurbereinigung, Investitionserleichterungen) gefördert. Auch Verbesserungen der landwirtschaftlichen Strukturbedingungen waren früher von größerer Bedeutung. Beispielsweise wurde die Aufgabe von nicht entwicklungsfähigen Betrieben durch die Förderung der Landabgabe (Landabgaberente und -prämie) und der Arbeitsmobilität erleichtert. Im Zuge der Überschußproblematik auf den Agrarmärkten und des wachsenden Drucks auf die Erzeugerpreise bzw. landwirtschaftlichen Einkommen wurden die produktivitätssteigernden Fördermaßnahmen zurückgefahren, und direkte Einkommensübertragungen an die landwirtschaftlichen Betriebe rückten in den Vordergrund (siehe Kap. 4.7.2.2).

Die finanziellen Aufwendungen von Bund und Ländern im Rahmen der Gemeinschaftsaufgabe betrugen im Jahr 1995 4,12 Mrd. DM (Tabelle 19). Die Ausgleichszulage für benachteiligte Gebiete (50,6 % der landwirtschaftlichen Nutzfläche in Deutschland) mit fast 1 Mrd. DM stellt mit rund einem Viertel an den Gemeinschaftsaufgaben den größten Einzelposten dar. Die forstlichen Maßnahmen machen im Rahmen der Gemeinschaftsaufgabe mit lediglich 0,16 Mrd. DM einen geringen Anteil aus.

Tabelle 19: Finanzielle Aufwendungen des Bundes und der Länder im Rahmen der Gemeinschaftsaufgabe „Verbesserung der Agrarstruktur und des Küstenschutzes" seit 1975 in Mrd. DM (BML, Statistisches Jahrbuch, verschiedene Jahrgänge).

Jahr Maßnahmen	1975^1	1980^1	1990^1	1992^2	1995^2
Einzelbetriebliche Förderung	0,53	0,63	1,16	1,84	1,74
darunter Ausgleichszulage	0,11	0,10	0,73	1,03	0,96
Flurbereinigung u. Dorferneuerung	0,57	0,62	0,48	0,73	0,72
Marktstrukturverbesserung	0,12	0,07	0,08	0,35	0,24
Wasserwirtschaftliche u. kulturbautechnische Maßnahmen	0,67	0,74	0,44	0,92	0,90
Forstliche Maßnahmen	0,01	0,02	0,13	0,14	0,16
Küstenschutz	0,22	0,19	0,20	0,20	0,21
Sonstige Maßnahmen	0,10	0,06	0,03	0,08	0,16
Summe	**2,22**	**2,33**	**2,52**	**4,27**	**4,12**

[1] Früheres Bundesgebiet, [2] Deutschland gesamt

Sozialpolitik

Die soziale Absicherung lag ursprünglich im alleinigen Verantwortungsbereich der landwirtschaftlichen Familien. Um diese unbefriedigende soziale Absicherung landwirtschaftlicher Erwerbstätiger zu verbessern, wurde im Laufe der Zeit ein auf die Besonderheiten der Landwirtschaft zugeschnittenes Sozialsystem etabliert, das im wesentlichen aus der landwirtschaftlichen Alters-, Kranken- und Unfallversicherung besteht. Das landwirtschaftliche Sozialsystem wurde im Laufe der Zeit nachgebessert und ausgebaut - insbesondere durch das 1995 in Kraft getretene „Gesetz zur Reform der agrarsozialen Sicherung" (Agrarsozialreform). Die zentralen Ziele der Agrarsozialreform waren die finanzielle Stabilisierung des agrarsozialen Systems, die eigenständige Alterssicherung für Bäuerinnen, die Überleitung des Alterssicherungssystems auf die neuen Bundesländer und die gerechtere Ausgestaltung des Systems durch eine stärkere Berücksichtigung der einzelbetrieblichen Einkommen (BML 1996d).

Die öffentlichen Ausgaben für die agrarsoziale Absicherung sind in den letzten Jahren deutlich angestiegen und sind mit 7 Mrd. DM im Jahr 1995 dominierend bei den Aufwendungen für die nationale Agrarpolitik (Tabelle 20). Dieser Trend wird sich fortsetzen und ist vor allem darauf zurückzuführen, daß auch zukünftig die Zahl der Rentner kontinuierlich steigen und die Beitragszahler weiterhin deutlich abnehmen werden (vgl. Kap. 4.6.5). Aufgrund der Befreiung der Rentner von der Beitragspflicht für die landwirtschaftlichen Krankenkassen werden auch hier die Defizite zunehmen.

Tabelle 20: Finanzielle Aufwendungen des Bundes für Maßnahmen der nationalen Agrarpolitik und für die EU-Marktordnung seit 1975 in Mrd. DM (BML, Statistisches Jahrbuch, verschiedene Jahrgänge).

Maßnahmen Jahr	1975[1]	1980[1]	1990[1]	1992[2]	1995[2]
Nationale Agrarpolitik:					
Gasölverbilligung	0,57	0,67	0,66	0,88	0,82
Soziostruktureller Einkommensausgleich	-	-	0,65	1,70	-
Landwirtschaftliche Sozialpolitik	2,55	3,41	5,21	6,42	7,01
Forschung[3]	0,02	0,02	0,03	0,05	0,06
Nationale Marktordnung	0,17	0,09	0,80	0,91	0,48
Übrige Maßnahmen	0,56	0,54	0,26	1,23	0,68
Nationale Agrarpolitik (gesamt)	**3,87**	**4,73**	**7,61**	**11,19**	**9,05**
EU-Marktordnung:					
Ausfuhrerstattungen	0,36	2,17	2,35	3,29	2,20
Interventionen/Beihilfen	1,76	4,08	6,70	6,32	9,17
EU-Marktordnung (gesamt)	**2,12**	**6,25**	**9,05**	**9,61**	**11,37**

[1] Früheres Bundesgebiet, [2] Deutschland gesamt, [3] Ohne Bundesforschungsanstalten

Der prozentuale Anteil der öffentlichen Stützung des agrarsozialen Sicherungssystems ist erheblich. So liegen die Bundeszuschüsse zur landwirtschaftlichen Alterssicherung mit rund 80 % im Vergleich zur gesetzlichen Rentenversicherung sehr hoch (BML 1992b). Auch bei der landwirtschaftlichen Kranken- und Unfallversicherung sind die Bundeszuschüsse mit 50 % und 40 % beträchtlich. Längerfristig sollte sich aufgrund des Gleichheitsprinzips das landwirtschaftliche Sozialsystem stärker am allgemeinen Sozialversicherungssystem ausrichten (vgl. HENRICHS-MEYER und WITZKE 1994).

4.5.2 Europäische Agrarpolitik

Die Gründung der Europäischen Wirtschaftsgemeinschaft (EWG) wurde durch das Bestreben, auch einen gemeinsamen Agrarmarkt zu schaffen, erschwert. Angesichts der unterschiedlichen agrarpolitischen Ausgangsvoraussetzungen und Interessenlagen in den einzelnen europäischen Ländern war es zunächst sogar umstritten, ob es überhaupt von Beginn an einen einheitlichen Agrarmarkt und eine gemeinsame Agrarpolitik geben könne. Insbesondere Großbritannien wollte sich einem protektionistisch organisierten Agrarmarkt nicht anschließen, und war daher bei der Gründung der EWG nicht dabei. Daraufhin wurde die Europäische Freihandelszone

(EFTA) gegründet, in der die Agrarsektoren ausgeklammert wurden (GILSDORF 1981).

Nach intensiven Verhandlungen wurde schließlich 1957 der Vertrag zur Gründung der Europäischen Wirtschaftsgemeinschaft (EWG) zwischen Belgien, der damaligen Bundesrepublik Deutschland, Frankreich, Italien, Luxemburg und den Niederlanden abgeschlossen, der auch die Schaffung eines gemeinsamen Agrarmarktes einschloß (Tabelle 21). Dies stellte die Landwirtschaft der Bundesrepublik vor eine völlig neue Situation, da mit dem vorgesehenen schrittweisen Abbau der Binnenzölle innerhalb der EWG die deutschen Landwirte zunehmend unter den Konkurrenzdruck der teilweise billiger produzierenden Partnerländer gerieten. Zahlreiche Nachverhandlungen über die Anpassung des Agrarmarktes waren die Folge, die aufgrund der wirtschafts- und finanzpolitischen Implikationen sehr mühsam und langwierig waren.

Beispielsweise wurde beinahe 4 Jahre lang (1960 - 1964) über einen einheitlichen Getreidepreis in der damaligen EWG verhandelt. Frankreich und die Niederlande traten für relativ geringe, die Bundesrepublik für höhere Getreidepreise ein. Im Jahr 1962 lag z. B. der Grundpreis für Weizen in Frankreich bei umgerechnet 389 DM/t, in den Niederlanden bei 372 DM/t und in der Bundesrepublik bei 475 DM/t. Ursprünglich war vorgesehen, einen einheitlichen Preis unter 400 DM/t für Weizen festzulegen (THIEDE 1992). Auf Drängen der Bundesrepublik einigte man sich schließlich im Dezember 1964 auf einen Weizenpreis von 425 DM/t, der damals 45 % über dem Weltmarktpreis lag (PLATE 1970).

Durch dieses relativ hohe Getreidepreisniveau wurde letztlich der Grundstein für die spätere Überschußproduktion in der EU gelegt, da der Getreidepreis zu jener Zeit noch viel deutlicher als heute niveaubestimmend für alle landwirtschaftlichen Erzeugerpreise war. Das Resultat war eine „Hochpreispolitik", die unweigerlich eine starke Intensivierung der landwirtschaftlichen Produktion auslöste, da aufgrund hoher Erzeugerpreise der Anreiz besteht, durch entsprechend hohen Betriebsmitteleinsatz (z. B. Dünger- und Pflanzenschutzmittel) möglichst hohe Erträge zu erzielen. Dies trug entscheidend zu den Umweltbeeinträchtigungen durch die Landwirtschaft bei (siehe Kap. 4.1).

Die kräftige Expansion der Agrarproduktion strapazierte in den 60er Jahren den EWG-Haushalt noch kaum, da anfangs bei den meisten Agrarprodukten noch keine Selbstversorgung in der EWG zu verzeichnen war, und somit die Agrarimporte die Exporte deutlich überwogen (Abb. 24 und 25). Anfang der 60er Jahre führte der Agraraußenhandelsschutz deswegen noch zu Einnahmen im EWG-Haushalt, da die EWG bei der Einfuhr von Agrarprodukten die erheblichen Preisdifferenzen zwischen EWG- und Weltmarkt abschöpfen konnte und Exporterstattungen nur in geringem Umfang erforderlich waren. Diese Zolleinnahmen stellten zu jener Zeit eine nicht unerhebliche Einnahmequelle für den EWG-Haushalt dar (HENRICHS-MEYER und WITZKE 1994). Aus diesen Gründen wurde es von der europäischen Agrarpolitik noch nicht als zwingend erachtet, von ihrer an den landwirtschaftlichen Einkommenszielen orientierten Markt- und Preispolitik abzulassen. Erst im Laufe der 70er Jahre trat in Anbetracht der drastisch ansteigenden Marktordnungskosten (Abb. 25) eine Richtungsänderung ein, und es wurde versucht, eine „vorsichtigere" Agrarpreispolitik durchzusetzen. Dies ließ sich jedoch nur eingeschränkt in die Tat umsetzen, zumal die vorgesehenen Reformen teilweise erhebliche Änderungen des bisherigen agrarpolitischen Kurses vorsahen.

Tabelle 21: Grundlagen der gemeinsamen Agrarpolitik, Artikel 39 des EWG-Vertrages von 1957 (Veröffentlichungsstellen der Europäischen Gemeinschaften 1957).

„Ziel der gemeinsamen Agrarpolitik ist es:
a) die Produktivität der Landwirtschaft durch Förderung des technischen Fortschritts, Rationalisierung der landwirtschaftlichen Erzeugung und dem bestmöglichen Einsatz der Produktionsfaktoren, insbesondere der Arbeitskräfte, zu steigern;
b) auf diese Weise der landwirtschaftlichen Bevölkerung, insbesondere durch Erhöhung des Pro-Kopf-Einkommens der in der Landwirtschaft tätigen Personen, eine angemessene Lebenshaltung zu gewährleisten;
c) die Märkte zu stabilisieren;
d) die Versorgung sicherzustellen;
e) für die Belieferung der Verbraucher zu angemessenen Preisen Sorge zu tragen".

Das dafür notwendige Instrumentarium wurde für bestimmte Produkte in Form von Marktordnungen bereitgestellt. Ursprünglich waren folgende drei Bereiche zu unterscheiden:
- Märkte mit staatlicher Einflußnahme auf Preis und Menge (z. B. im Zuckerbereich).
- Märkte mit staatlicher Einflußnahme auf den Preis (z. B. bei Milch, Getreide, Rindfleisch).
- Märkte weitgehend ohne staatliche Einflußnahme (z. B. Geflügel, Schweine).

Einer der grundlegendsten Reformvorschläge war das von der EWG-Kommission bereits 1968 vorgelegte „Memorandum zur Reform der Landwirtschaft in der EWG" („Mansholt-Plan"). Die Problematik, daß hohe, nicht der Nachfrage angepaßte Erzeugerpreise nur kurzfristig den landwirtschaftlichen Anpassungsdruck lindern können, längerfristig jedoch ein drastischer Strukturwandel erforderlich ist, wurde im Grunde schon früh erkannt. Wörtlich heißt es im Memorandum: „Markt- und Preispolitik allein (kann) keine Lösung der fundamentalen Schwierigkeiten der Landwirtschaft bringen; eine solche Politik stößt auf enge Grenzen. Das Überschreiten dieser Grenzen würde den Markt durcheinanderbringen und zu untragbaren finanziellen Lasten für die Gemeinschaft führen, ohne dabei zur Verbesserung der Lage in der landwirtschaftlichen Bevölkerung beizutragen". Landwirtschaftlichen Interessenverbänden, Politikern aber auch Wissenschaftlern waren die Vorschläge zu drastisch (HENRICHSMEYER und WITZKE 1994).

Landwirtschaft

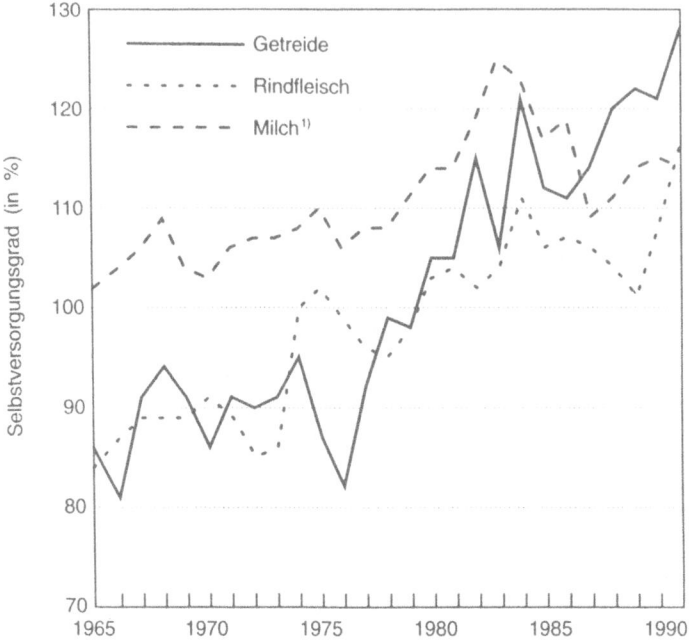

Abb. 24: Selbstversorgungsgrad ausgewählter Produkte in der EU (BML, Statistisches Jahrbuch, verschiedene Jahrgänge).

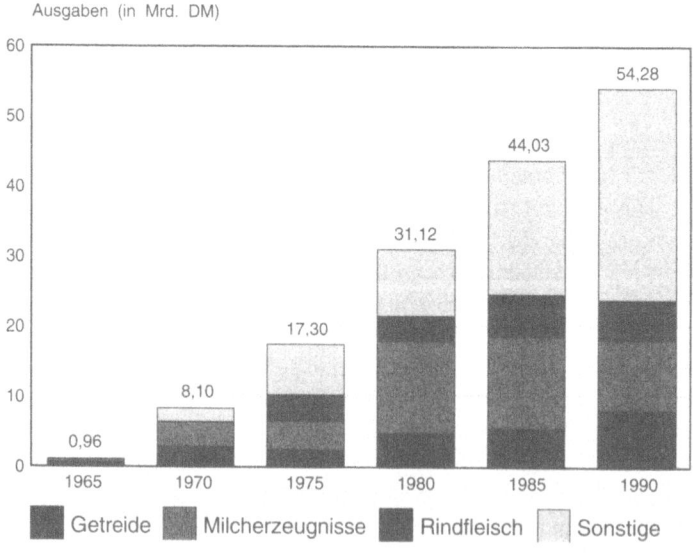

Abb. 25: Marktordnungskosten im Rahmen des Europäischen Ausrichtungs- und Garantiefonds für die Landwirtschaft (BML, Statistisches Jahrbuch, verschiedene Jahrgänge).

Agrarpolitik

Realistisch waren jedoch die im „Mansholt-Plan" prognostizierten Auswirkungen auf den Agrarmarkt und auf die landwirtschaftliche Einkommenssituation, die der EWG-agrarpolitische Kurs der strukturkonservierenden „Hochpreispolitik" zur Folge haben würde (s. o.). Der Agrarmarkt kam „durcheinander", die finanziellen Lasten für die Gemeinschaft wurden untragbar (vgl. Abb. 25) und die Einkommenssituation in der Landwirtschaft ist bis heute unbefriedigend (siehe Kap. 4.6.7). Schon im Laufe der 70er Jahre wurde bei den meisten Agrarerzeugnissen die Selbstversorgung erreicht und in zunehmenden Maße überschritten (Abb. 24). Das hatte zur Folge, daß die Zolleinnahmen durch Agrarimporte marginal wurden, und die EG-Marktordnungskosten aufgrund der erheblichen Exporterstattungen für die Absetzung der Agrarüberschüsse auf dem Weltmarkt in die Höhe schnellten. Beispielsweise mußten im Jahr 1985 allein für den Export der Weizenüberschüsse fast 1 Mrd. DM Exporterstattungen vom EG-Haushalt aufgebracht werden, um die Preisdifferenz von rund 200 DM/t zwischen EG und Weltmarkt auszugleichen. Der durchschnittliche Weizenpreis in der EG betrug Anfang der 80er Jahre noch über 450 DM/t. Dies war annähernd das doppelte des heutigen Preisniveaus (siehe Tabelle 22, Kap. 4.5.3).

Diese erhebliche Diskrepanz zwischen EWG- und Weltmarktpreisniveau für Getreide führte darüber hinaus ab Mitte der 70er Jahre zu einem Unterlaufen der EWG-Marktordnung, indem in zunehmendem Maße heimisches Getreide durch Importfuttermittel, die vom Außenhandelsschutz weitgehend ausgenommen waren, substituiert wurde. Die mengenmäßig bedeutendsten Importfuttermittel, die bis heute nahezu zollfrei in die EU importiert werden können, sind die eiweißreichen Ölkuchen (Extraktionsschrot aus Soja, Raps, Sonnenblumen, Mais etc.) und die sogenannten Getreidesubstitute (Tapioka, Maiskleber, Zitruspellets, Kleie, Melasse etc.).

Die Gründe für die Lücken im Marktordnungssystem der EU sind darauf zurückzuführen, daß es zur Gründungszeit der EWG einen hohen Bedarf an eiweißreichen Futtermitteln gab und es damals das Ziel war, der seit den 50er Jahren stark expandierenden Veredelungswirtschaft in der EWG preisgünstige Eiweißfuttermittel zur Verfügung zu stellen (HAMM 1983). Die Getreidesubstitute hingegen waren zur EWG-Gründungszeit noch unbedeutend und wurden daher aus handelspolitischen Gründen nicht in den hohen Außenhandelsschutz einbezogen (FRENZ 1976).

Diese Lücken im Außenhandelsschutz nutzten insbesondere die flächenschwachen landwirtschaftlichen Betriebe, um die Veredelungs- und Milchproduktion mittels Zukauf billiger Importfuttermittel erheblich auszudehnen. Dadurch wurde die Produktion auch unabhängig von der dem Betrieb zur Verfügung stehenden Bodenfläche. Die agrarstrukturellen Probleme und die daraus resultierende Flächenknappheit leisteten diesem Trend noch zusätzlich Vorschub (vgl. Kap. 4.6.6). Dadurch nahm beispielsweise die Einfuhr des bedeutendsten Getreidesubstituts Tapioka ab 1973 sprunghaft zu und verdrängte zudem heimisches Getreide aus dem Futtertrog (HAMM 1983). Die Folgen waren eine enorme Zunahme der Agrarüberschüsse ab Mitte der 70er Jahre, insbesondere von Fleisch, Milch und Getreide (vgl. Abb. 24).

In gleichem Maße stiegen die Marktordnungskosten (Exporterstattung) für die Absetzung der Agrarüberschüsse auf dem Weltmarkt (vgl. Abb. 25). Dies führte nicht nur zu längerfristig untragbaren Kosten im EU-Agrarhaushalt, sondern hatte auch einen Preisdruck für landwirtschaftliche Erzeugnisse auf dem Weltmarkt zur Folge, der zu internationalen Handelskonflikten im Rahmen der GATT-Vereinbarungen führte.

Bevor es 1992 zur grundlegenden EU-Agrarreform („Notbremse") kam, wurde in den 80er Jahren versucht, die eskalierenden Agrarausgaben durch eine restriktive Preispolitik und Milchquotenregelung zu stoppen. Im Jahr 1984 wurde nach langwierigen Verhandlungen die Milchquotenregelung EU-weit beschlossen und eine restriktive Preispolitik bei den übrigen Agrarprodukten, insbesondere bei Getreide, vereinbart (HENRICHSMEYER und WITZKE 1994). Mit der Einführung der Milchquotenregelung (Festlegung von Produktionsobergrenzen) ist es der EU-Agrarpolitik gelungen, den Produktionszuwachs bei Milcherzeugnissen einzudämmen, die Überschüsse teilweise zurückzuführen sowie die Erzeugerpreise zu stabilisieren.

Um auch auf den anderen angespannten Agrarmärkten langfristig einen entsprechenden Erfolg zu erzielen, wurde 1988 ein Maßnahmenpaket beschlossen, dessen wichtigster Bestandteil sogenannte „Stabilitätsregelungen" waren. Sie setzten für eine Reihe wichtiger Agrarerzeugnisse (Getreide, Ölsaaten, Rindfleisch) bestimmte Produktionsobergrenzen („Produktionsschwellen") fest, bei deren Überschreitung im Jahr darauf staatlich festgelegte Preisabschläge folgten. Dieses System hätte zur Folge gehabt, daß sich bis zum Ende der 90er Jahre die Preise kontinuierlich reduziert und die landwirtschaftlichen Einkommen deutlich verringert hätten. Dies war mit ein Grund, daß die landwirtschaftlichen Interessenverbände der grundlegenden EU-Agrarreform zustimmten (HENRICHSMEYER und WITZKE 1994).

Ergänzend wurden 1988 mehrere flankierende Maßnahmen eingeführt, die zum Ziel hatten, die Agrarüberschüsse zu reduzieren und den Strukturwandel zu fördern. Es handelte sich dabei in erster Linie um finanzielle Anreizsysteme, wie das freiwillige Flächenstillegungs- und Extensivierungsprogramm sowie die Förderung des vorzeitigen Ausscheidens von Landwirten (Vorruhestandsprogramm). Insgesamt gesehen hatten diese flankierenden Maßnahmen nur eine begrenzte Bedeutung erlangt (HENRICHSMEYER und WITZKE 1994). Das Extensivierungsprogramm bewirkte allerdings, daß der Ökologische Landbau sprunghaft zunahm (siehe Kap. 4.2.5.2).

4.5.3 Die EU-Agrarreform

Im Mai 1992 wurde die Reform der „Gemeinsamen Agrarpolitik" (GAP-Reform oder EU-Agrarreform) beschlossen, die weit über die bisher vorgenommenen agrarpolitischen Maßnahmen hinausging. Die Grundvorstellung dieses Reformkonzeptes besteht darin, die Markt- und Preispolitik konsequenter an den Markterfordernissen

Agrarpolitik

auszurichten und die angestrebten Einkommens- und gesellschaftspolitischen Ziele mit anderen Mitteln zu erreichen.

Die EU-Agrarreform bezieht sich im Bereich der Pflanzenproduktion auf Getreide (inkl. Mais), Ölsaaten und Hülsenfrüchte. Beim Zuckermarkt blieb die bisherige Marktordnung erhalten. Im Bereich der Tierproduktion betrifft die Reform in erster Linie die Rindfleischerzeugung. Bei der Milchproduktion wurde entschieden, das 1984 eingeführte Quotensystem bis zum Jahr 2000 beizubehalten. Die schon bislang weitgehend marktwirtschaftlich organisierte Schweine- und Geflügelhaltung wurde nicht mit einbezogen (vgl. Tabelle 21, Kap. 4.5.2).

Zentrale Ziele und Instrumente der EU-Agrarreform

Die EU-Agrarreform hat zum Ziel, die Überschüsse abzubauen, die Weltmärkte zu stabilisieren, die Konflikte mit den Handelspartnern zu entschärfen, umweltfreundliche Bewirtschaftungsformen zu fördern, aber auch die landwirtschaftlichen Einkommen längerfristig zu stabilisieren. Generell sollte die bisherige produktionssteigernde Stützung der Landwirtschaft eingestellt und die Förderung umweltschonender Produktionsmethoden verstärkt werden. Als Kompromiß einigte man sich in der EU-Agrarreform im wesentlichen auf folgende fünf Maßnahmen (BML 1996e):

– deutliche Senkung der Erzeugerpreise,
– Maßnahmen zur Produktionseinschränkung,
– Ausgleichszahlungen zur Kompensation der Einkommensminderungen,
– Beibehaltung eines gewissen Außenschutzes,
– *Flankierende Maßnahmen* (Agrarumweltprogramme, Aufforstungsprogramme etc.).

Deutliche Preissenkung: Durch stufenweise Senkung der Interventionspreise bei Getreide (inkl. Mais), Ölsaaten, Hülsenfrüchte und Rindfleisch soll der Abstand zum Weltmarktpreis beseitigt werden. Tabelle 22 zeigt am Beispiel von Getreide die stufenweise Senkung der Preise. Damit verbilligen sich die Exporte, zugleich sinkt durch eine Verringerung der Bewirtschaftungsintensität auch die angebotene Menge. Letztlich richtet sich der Preis wieder nach Angebot und Nachfrage.

Maßnahmen zur Produktionseinschränkung: Die bislang freiwillige Flächenstillegung wurde nun verpflichtend vorgeschrieben, um im Bereich von Getreide, Ölsaaten und Hülsenfrüchten rasch eine Marktentlastung herbeizuführen. Bei der Milchproduktion erfolgte eine Fortschreibung der bestehenden Quotenregelung bis zum Jahr 2000. Falls notwendig soll eine Quotenkürzung erfolgen.

Ausgleichszahlungen: Die oben vorgesehenen Maßnahmen führen zu drastischen Einkommenseinbußen bei den Landwirten. Aus diesem Grunde werden von der Produktionsmenge weitgehend unabhängige flächen- oder tierbezogene Ausgleichszahlungen angeboten. Darüber hinaus erhalten Landwirte für die obligatorisch stillzulegenden Ackerflächen Stillegungsprämien.

Die Flächenprämien für die ausgleichsberechtigten Kulturen („grandes cultures") betrugen beispielsweise in Baden-Württemberg im Wirtschaftsjahr 1995/96 für Getreide 545 DM/ha, für Mais 771 DM/ha, für Ölsaaten 1064 DM/ha, für Eiweißpflanzen (Hülsenfrüchte) 787 DM/ha und für Öllein 1053 DM/ha. Die Prämien werden nur gewährt, wenn die Betriebe den für das Wirtschaftsjahr jeweils geltenden obligatorischen Stillegungssatz (1995/96 10 %) einhalten. Für die Stillegung erhalten die Betriebe 710 DM/ha. Sogenannte Kleinerzeuger sind von der Stillegungspflicht befreit und erhalten einheitlich für die ausgleichsberechtigten Kulturen 560 DM/ha bis zu maximal 17,4 ha. Im Wirtschaftsjahr 1996/97 ist vorgesehen, die Flächenprämien zwischen 4 und 26 % zu reduzieren und den obligatorischen Stillegungssatz auf 5 % zu senken (Agra-Europe 31/96).

Analog zu den Flächenprämien wurden zum Ausgleich der Preissenkungen beim Rindfleisch Tierprämien für die Bullenmast und Mutterkuhhaltung eingeführt, wobei ein gleichzeitiger Bezug von Flächen- und Tierprämien ausgeschlossen ist.

Tabelle 22: Marktordnungspreise für Getreide. Die durchschnittlichen Getreidepreise liegen zwischen dem Interventions- und Richtpreis (BML 1996b).

	Marktordnungspreise in DM/dt		
Wirtschaftsjahr	1993/94	1994/95	ab 1995/96
Interventionspreis[1]	27,19	25,10	23,24
Richtpreis[2]	30,21	27,89	25,56
Schwellenpreis[3]	40,67	38,34	36,02

[1] Preis, zu dem die Interventionsstellen das (überschüssige) Getreide zur Stützung des Getreidepreises aufkaufen.
[2] obere Grenze des angestrebten Preisniveaus (Zielpreis).
[3] Preis, zu dem Getreide aus dem Ausland auf den EU-Binnenmarkt gelangen darf (Einfuhr-Mindestpreis). Die Differenz zwischen Einfuhr-Mindestpreis und Weltmarktpreis wird von der EU abgeschöpft.

Beibehaltung des Außenschutzes: Bei Getreide wurde ein maßvoller Außenschutz beibehalten (siehe Tabelle 22), während Getreidesubstitute (Tapioka, Maiskleber, Zitruspellets, Kleie etc.) weiterhin zu Weltmarktpreisen praktisch ohne Mengenbegrenzung importiert werden können.

Flankierende Maßnahmen: Die *flankierenden Maßnahmen* zur EU-Agrarreform umfassen die Vorruhestandsregelung, die Förderung von Aufforstung und von umweltgerechten Produktionsverfahren. Der Programmpunkt „Umweltgerechte Produktionsverfahren" sieht für die pflanzliche Erzeugung u. a. folgende Förderungen vor (vgl. Kap. 4.8.3.1):

– Extensivierung der Produktionsverfahren im Ackerbau oder bei Dauerkulturen,

- Extensivierung der Grünlandnutzung einschließlich der Umwandlung von Ackerflächen in extensiv zu nutzendes Grünland,
- Einführung und Beibehaltung ökologischer Anbauverfahren,
- 20jährige Stillegung von Ackerflächen für Naturschutzzwecke.

Auswirkungen der EU-Agrarreform

Die zu erwartenden Auswirkungen der Reform auf die Nachhaltigkeit der Agrarproduktion im Vergleich zur Situation bis 1992 lassen sich nach NEANDER und GROSSKOPF (1996) wie folgt umreißen (vgl. BAUER 1995, FUCHS und TRUNK 1995, SRU 1994 und 1996, SCHMIDT 1994, ZEDDIES et al. 1994):

1. Der Abbau der Preisstützung bei den „grandes cultures", die in Baden-Württemberg 1994 80 % der Ackerfläche einnahmen, bewirkt hier tendenziell eine Verminderung der Rentabilität des Einsatzes ertragssteigernder Betriebsmittel. Das tatsächliche Ausmaß der Verringerung der Düngung und des Pflanzenschutzmitteleinsatzes in diesen Kulturen wird nach bisherigen Erkenntnissen allerdings nicht ausreichen, um die ökologischen Beeinträchtigungen durch die Landwirtschaft in diesem Bereich deutlich zu reduzieren. Bei allen übrigen Kulturen bleibt die Rentabilität von Düngung und Pflanzenschutzmitteleinsatz unverändert.

2. Auf den stillgelegten Flächen dürfen, soweit sie nicht für den Anbau von nachwachsenden Rohstoffen genutzt werden, Dünge- und Pflanzenschutzmittel nicht eingesetzt werden. Dies führt zweifellos zu einer Umweltentlastung. Risiken einer Nitratfreisetzung und -auswaschung auf stillgelegten Flächen lassen sich durch die Wahl geeigneter Begrünungsverfahren und des Umbruchszeitpunktes bei der einjährigen Stillegung weitgehend beherrschen. Ebenso kann ein überdurchschnittlich hoher Pflanzenschutzmitteleinsatz zur Unkrautkontrolle nach Beendigung der Stillegung durch geeignete Maßnahmen vermieden werden. Bei mehrjährigen Stillegungsformen ist dies erheblich schwieriger zu gewährleisten.

3. Die Möglichkeit des Anbaues von nachwachsenden Rohstoffen auf andernfalls stillzulegenden Flächen könnte eine - vor allem unter phytosanitären Gesichtspunkten wünschenswerte - Erweiterung der Fruchtfolgen auf dem Ackerland zur Folge haben, sofern nicht die gleichen Kulturen wie auf den weiter bewirtschafteten Flächen angebaut werden. Die durch Düngung und chemischen Pflanzenschutz verursachten Umweltrisiken sind dabei allerdings kaum geringer als bei den „grandes cultures". Vorteile können aus einer Verbesserung der CO_2-Bilanz resultieren, wenn die nachwachsenden Rohstoffe in der Verwendung fossile Rohstoffe ersetzen (siehe Kap. 4.4.2.2).

4. Die Bemessung der Ausgleichszahlungen für die „grandes cultures" am landesdurchschnittlichen Hektarertrag führt zu einer relativen Besserstellung der bisher benachteiligten Standorte. Dies bewirkt, daß auch an Standorten mit ungünstigen Voraussetzungen für die Agrarproduktion zumindest ein Teil der Ackerflächen

in Bewirtschaftung gehalten wird, was der Zielsetzung einer flächendeckenden Landbewirtschaftung förderlich ist. Allerdings verfestigt die Koppelung der Ausgleichszahlungen an den Anbau von „grandes cultures" einseitige Anbaustrukturen und entsprechend enge Fruchtfolgen auf dem Ackerland. Außerdem wird eine Umwidmung von Ackerflächen zu anderen, nicht begünstigten, aber aus Gründen des Ressourcenschutzes vorzuziehenden Nutzungen behindert. Die Ausgleichszulagen begünstigen z. B. den ökologisch bedenklichen Ackerbau auf ertragsschwachen, flachgründigen Standorten, die ohne diese Prämien eigentlich für die Grünlandnutzung prädestiniert wären.

5. Der Abbau der Preisstützung bei den „grandes cultures" erhöht die Wettbewerbsfähigkeit inländischen Getreides gegenüber Importfuttermitteln und damit tendenziell auch die der tierischen Produktion in Getreideüberschußgebieten gegenüber der an hafennahen Standorten. Ob die Verschiebung der Preisrelation allerdings ausreicht, die sonstigen Kostenvorteile der derzeit bevorzugten Veredelungsstandorte zu kompensieren und damit eine unter Umweltaspekten dringend erforderliche räumliche Dekonzentration insbesondere der Schweinebestände einzuleiten, erscheint fraglich. Für eine hinreichende Reduzierung der mit der räumlichen Konzentration der Veredelungswirtschaft einhergehenden Umweltrisiken reicht sie keinesfalls aus.

6. Die wegen der GATT-Vereinbarungen in absehbarer Zeit wohl unumgänglich notwendige Kürzung der Milchgarantiemengen wird eine unter dem Aspekt der globalen Emissionsverminderung zweifellos erwünschte weitere Verringerung der Milchkuhbestände zur Folge haben (vgl. Kap. 4.2.2.8). Eine Verminderung der Milchkuhbestände in der EU darf allerdings nicht zu einem entsprechenden Bestandsaufbau in anderen Ländern mit evtl. sogar größeren Umweltbelastungen führen. Die unabhängig von der EU-Agrarreform erfolgte Flexibilisierung des zwischenbetrieblichen Milchquotentransfers wirkt sich nicht nur auf die internationale Wettbewerbsfähigkeit der Milchproduktion, sondern auch auf die von der Milchproduktion ausgehenden Umweltrisiken tendenziell positiv aus. Unter dem Gesichtspunkt der Aufrechterhaltung der Landbewirtschaftung auch an ungünstigen Standorten ist die damit verbundene verstärkte Tendenz zur Aufgabe kleiner Milchkuhbestände in benachteiligten Regionen negativ zu bewerten.

7. Flächenstillegungen, flächengebundene Ausgleichszahlungen und Prämien schlagen sich tendenziell stets in höheren Bodennutzungspreisen nieder (vgl. Kap. 4.6.6) und erschweren auf diese Weise den Übergang zu extensiveren Bewirtschaftungsformen und damit zu einer größeren Nachhaltigkeit der Landwirtschaft. Hohe Bodenpreise stehen einer nachhaltigen Landbewirtschaftung entgegen.

4.6 Agrarstrukturelle Rahmendaten

4.6.1 Agrarstrukturelle Entwicklung

Die europäische Landwirtschaft befindet sich seit dem Beginn der Industrialisierung Mitte des 19. Jahrhunderts in einem permanenten Strukturwandel. Bis in die 50er Jahre dieses Jahrhunderts verlief der Strukturwandel in Deutschland, wie in den meisten europäischen Ländern, aufgrund des ständig wachsenden Bedarfs an landwirtschaftlichen Produkten und den damit verbundenen hohen Erzeugerpreisen sowie des gegen Ende des 19. Jahrhunderts einsetzenden Agrarprotektionismus (s. u.) jedoch sehr moderat. So lag die Zahl der landwirtschaftlichen Arbeitskräfte von 1907 - 1950 im Gebiet der alten Bundesländer nahezu konstant bei 5 Mio. (DIERCKS 1986).

In Großbritannien wurde dagegen infolge der frühen Industrialisierung und vor allem durch die Einfuhr günstiger Agrarprodukte aus den damaligen Kolonien (Commonwealth) schon um die Jahrhundertwende ein Strukturwandel in großem Ausmaß eingeleitet, der noch heute seine Auswirkungen zeigt. So beträgt die durchschnittliche Betriebsgröße in Großbritannien derzeit fast das Dreifache der deutschen (siehe Abb. 41, Kap. 4.6.9). Im Gegensatz zu Großbritannien wurde die deutsche Landwirtschaft schon seit Ende des 19. Jahrhunderts vor billigen Agrarimporten durch Einfuhrzölle geschützt. Dies trug entscheidend zu der günstigen und stabilen Kaufkraft von Agrarerzeugnissen bis in die erste Hälfte des 20. Jahrhunderts bei und ermöglichte auch kleinen Betrieben das Erzielen eines ausreichenden Einkommens, so daß sich die landwirtschaftliche Betriebsstruktur in Deutschland bis dahin nur unwesentlich veränderte. Der erste Einfuhrzoll für Getreide trat in Deutschland bereits 1880 in Kraft. Die Getreidezölle betrugen anfänglich 10 - 20 % und stiegen bis zur Jahrhundertwende auf 25 - 30 % an (HENNING 1976). „Das Inkrafttreten der Getreidezölle eröffnete das Zeitalter des deutschen Agrarprotektionismus, der die Entwicklung der Landwirtschaft in eine Sackgasse getrieben hat, aus der heraus bis heute noch kein Ausweg gefunden wurde" (HERLEMANN 1969). Fast drei Jahrzehnte später hat diese Aussage agrarpolitisch noch immer Gültigkeit (vgl. Kap. 4.5).

Auf der anderen Seite legten die damaligen Getreidezölle die entscheidende Weichenstellung für den Schutz der heimischen Landwirtschaft vor der Konkurrenz des Weltmarktes, ohne den sich die noch heute in den alten Bundesländern relativ kleinbäuerliche Struktur und die damit im Zusammenhang stehende vielfältige Kulturlandschaft nicht entwickeln und halten hätte können (HEIßENHUBER 1994). Die Land- und Forstwirtschaft war Ende des letzten Jahrhunderts noch eng mit den ländlichen Wirtschaftszweigen verzahnt, so daß eine Stützung der heimischen Land- und Forstwirtschaft auch zu einer wirtschaftlichen Stärkung des ländlichen Raums beitrug. Dies wirkte der Landflucht entgegen und ermöglichte aufgrund der vielseitigen Integration von Land- und Forstwirtschaft die Entwicklung einer gemischten Erwerbsstruktur auf dem Lande. Der heute in Baden-Württemberg wirtschaftlich gut entwickelte ländliche Raum wurde sicherlich durch den frühen Agrarprotektionismus entscheidend mitgeprägt.

Ab den 50er Jahren dieses Jahrhunderts kam es in Deutschland wie in allen Industrieländern zu einer erheblichen Beschleunigung des Strukturwandels in der Landwirtschaft, der bis heute anhält. Dieser beschleunigte Strukturwandel dürfte zum einen in der erheblichen Produktionssteigerung aufgrund der starken Mechanisierung und der Fortschritte im Bereich der Züchtung, des Pflanzenschutzes und der Pflanzenernährung sowie der Spezialisierung der Betriebe begründet sein. Das stark steigende Angebot landwirtschaftlicher Produkte stieß auf eine nur noch langsam zunehmende bzw. stagnierende Nachfrage nach Nahrungsmitteln. Gleichzeitig verlangte der technische Fortschritt in der Landwirtschaft einen immer höheren Einsatz von Kapital. Außerdem bot das starke Wirtschaftswachstum der letzten Jahrzehnte mit dem Entstehen vielfältiger und lukrativer außerlandwirtschaftlicher Einkommensmöglichkeiten vielen Betriebsleitern die Möglichkeit, ihre kleinen, wenig zukunftsfähigen Höfe aufzugeben. Die Folge dieser Entwicklung war ein starkes Abwandern von Arbeitskräften aus der Landwirtschaft in andere Wirtschaftsbereiche sowie eine mit der Aufgabe von landwirtschaftlichen Betrieben verbundene „Wanderung" des Bodens zwischen den Betrieben, was eine entsprechende Zunahme der durchschnittlichen Betriebsgröße zur Folge hatte.

So stieg die durchschnittliche Betriebsgröße in den Jahren 1949 bis 1995 in den alten Bundesländern von 8,1 ha auf 22,3 ha, während im gleichen Zeitraum die Zahl der landwirtschaftlichen Betriebe von über 1,6 Mio. auf rund 0,52 Mio. sank (Abb. 26 und 27). Noch stärker als die Gesamtzahl der Betriebe nahm die Zahl der Erwerbstätigen in der Landwirtschaft seit den 50er Jahren ab. Waren im Jahre 1950 noch 5,04 Mio. Personen in der Land- und Forstwirtschaft einschließlich Fischerei tätig, so waren es 1994 nur noch 0,82 Mio. (Abb. 27), dies entspricht einem jährlichen Verlust an Erwerbstätigen in diesem Wirtschaftsbereich von rund 4 %. Die Strukturveränderungen waren zunächst durch eine dramatische Abwanderung von landwirtschaftlichen Fremdarbeitskräften und die zunehmende Auslagerung von Funktionen aus dem landwirtschaftlichen Bereich in vor- und nachgelagerte Sektoren (Vermarktungsgenossenschaften, Ernährungsgewerbe etc.) gekennzeichnet (HENRICHSMEYER und WITZKE 1994). Ab den 60er Jahren kam es dann zum vermehrten Ausscheiden landwirtschaftlicher Familienarbeitskräfte, indem der Haupterwerbsbetrieb in den Nebenerwerbsbetrieb überging oder ganz aufgegeben wurde (Abb. 28).

Agrarstrukturelle Rahmendaten

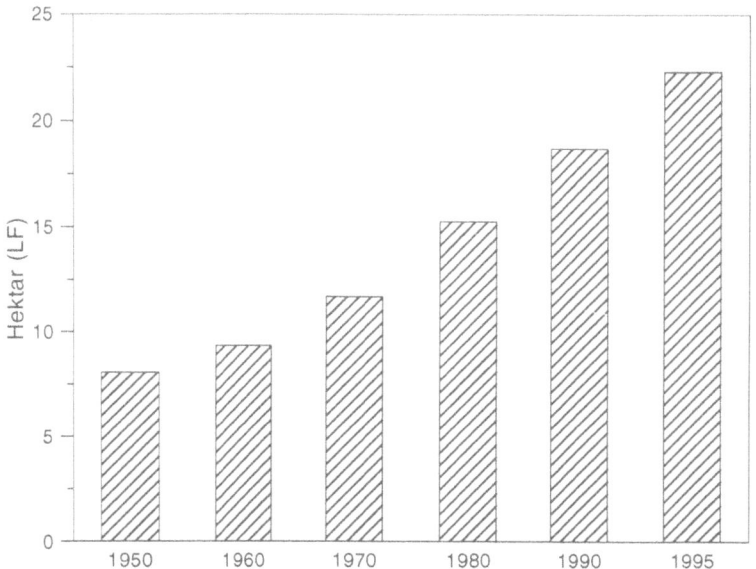

Abb. 26: Veränderung der durchschnittlichen Größe der landwirtschaftlichen Betriebe in den alten Bundesländern seit 1950 (BML 1995, BML 1996a). LF: landwirtschaftliche Nutzfläche.

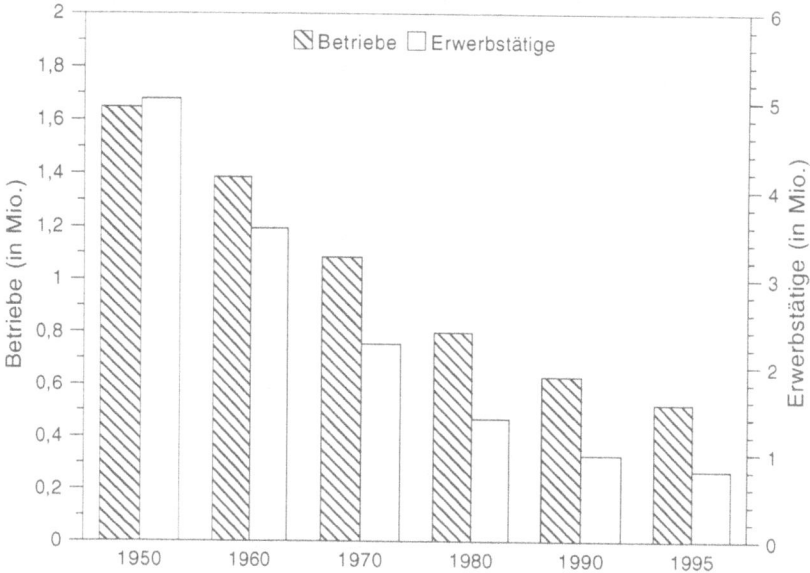

Abb. 27: Veränderung der Anzahl der landwirtschaftlichen Betriebe und der Erwerbstätigen in der Landwirtschaft in den alten Bundesländern seit 1950 (BML 1996a, SBA 1996).

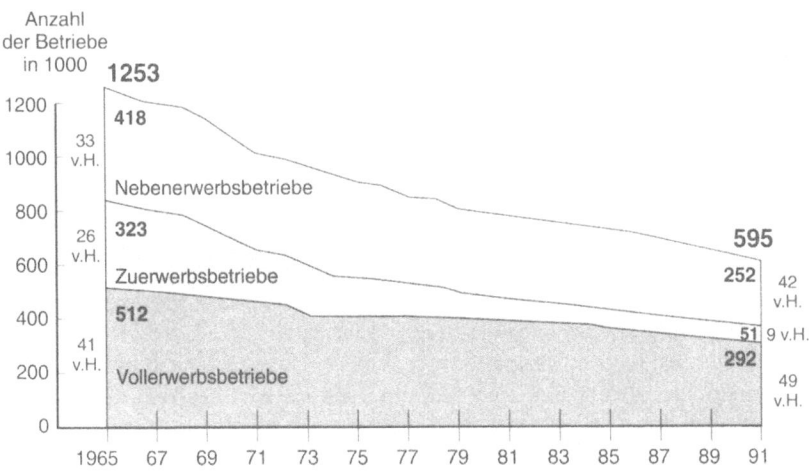

Abb. 28: Entwicklung der landwirtschaftlichen Betriebe in den alten Bundesländern nach ihrem Erwerbscharakter (HEIßENHUBER 1994).

4.6.2 Agrarstruktur und Umwelt

In der Öffentlichkeit wird der Einfluß der Betriebsgröße und der Erwerbsform der landwirtschaftlichen Betriebe auf die Umweltwirkungen kontrovers diskutiert. Große Teile der Bevölkerung und viele Umweltschutzverbände sehen in den kleinen und mittleren Betrieben Garanten für eine umweltgerechte Agrarproduktion (IMA 1993, FINK et al. 1993, PRIEBE 1990, VON ALVENSLEBEN und MAHLAU 1995). Sie fordern unter dem Hinweis auf den Schutz der Umwelt die Unterstützung dieser Betriebe und lehnen den Strukturwandel zugunsten größerer Betriebe ab.

Dem steht die Meinung gegenüber, daß große landwirtschaftliche Betriebe die Umwelt in geringerem Umfang beeinträchtigen als kleine Betriebe. Die Gründe dafür werden in dem im allgemeinen höheren Ausbildungsniveau der Betriebsleiter größerer Betriebe, der leichteren Erreichbarkeit dieser Betriebe durch die Landwirtschaftsberatung sowie im effizienteren Einsatz von Agrochemikalien gesehen (CRAMER et al. 1994). Nach Angaben des Statistischen Landesamtes Baden-Württemberg verfügen die Hofnachfolger der Haupterwerbsbetriebe zu rund 75 % über eine landwirtschaftliche Berufsausbildung, während die Nachfolger der Nebenerwerbsbetriebe und damit der Betriebe mit einer geringeren Flächenausstattung zu 86 % eine außerlandwirtschaftliche Ausbildung besitzen (SEITZ 1994). Auf einen geringeren Einsatz von Düngemitteln bei flächenstärkeren Betrieben weist eine Untersuchung von NIEBERG (1994) hin, die in fünf Regionen der alten Bundesländer durchgeführt wurde. Dabei wurde eine positive Beziehung zwischen der Durchführung von N_{min}-Bodenuntersuchungen, der Anlage von Düngefenstern und der Durchführung von Nährstoffuntersuchungen bei Gülle und Mist mit der Betriebsgröße festgestellt, auch werden die genannten Meß- und Kontrollverfahren häufiger in Haupt- als in Nebenerwerbsbetrieben praktiziert. Bei dieser Untersuchung konnte ein abnehmender Düngereinsatz pro Hektar mit zunehmender Betriebsgröße festgestellt werden. Auch zeigte sich beim Pflanzenschutz eine verstärkte Anwendung des Schadschwellen-Prinzips und eine häufigere Anlage von Spritzfenstern mit zunehmender Betriebsgröße, wobei diese Maßnahmen in Haupterwerbsbetrieben ebenfalls häufiger zur Anwendung kamen als in Nebenerwerbsbetrieben. Allerdings nahm mit der Betriebsgröße der Pflanzenschutzmittelaufwand pro Hektar trotz der häufigeren Anwendung dieser Kontrollverfahren zu. Dies kann mit einem ausgeprägteren Streben nach hohen Erträgen bei hoher Qualität bei größeren, wachstumsorientierten Betrieben erklärt werden. Neben dem Einsatz von Agrochemikalien hat die Betriebsgröße auch einen Einfluß auf die Anzahl angebauter Fruchtarten. So wurde mit zunehmender Betriebsgröße ein Ansteigen der Anzahl angebauter Kulturarten beobachtet (NIEBERG 1994). Regionale Unterschiede, wie natürliche Standortbedingungen, Infrastruktur (Schlachthöfe, lebensmittelverarbeitende Industrie, Futtermittelgroßhandel etc.), Stadtnähe, regionale Agrarprogramme, Tradition etc. haben allerdings neben der Betriebsgröße und der Erwerbsform ebenfalls einen starken Einfluß auf die einzelnen Umweltparameter.

Die von NIEBERG (1994) durchgeführte Studie kommt daher zur Schlußfolgerung, daß eine Beeinflussung des Betriebsgrößen- und Erwerbsformenspektrums nicht geeignet ist, um umweltpolitische Ziele zu erreichen. Maßnahmen, die auf eine Konservierung der gegenwärtigen landwirtschaftlichen Betriebsstrukturen oder aber auf die Beschleunigung des Strukturwandels ausgerichtet sind, lassen sich rein umweltpolitisch nicht begründen. Zur Vermeidung der durch die Landwirtschaft verursachten Umweltprobleme bedarf es in erster Linie problemspezifischer Maßnahmen (Agrarumweltprogramme, Verordnungen etc.).

4.6.3 Agrarstruktur in Baden-Württemberg

Wie im gesamten Gebiet der früheren Bundesrepublik (siehe Kap. 4.6.1) bestand auch in Baden-Württemberg in der Vergangenheit die Tendenz zur Entstehung größerer landwirtschaftlicher Betriebe. So bewirtschaftet ein baden-württembergischer Betrieb derzeit durchschnittlich rund 17 ha, während es Mitte der 70er Jahre noch weniger als 10 ha waren. Von den rund 170 000 landwirtschaftlichen Betrieben Baden-Württembergs im Jahr 1974 sind 1995 nur noch knapp 97 000 übriggeblieben (vgl. Abb. 31, Kap. 4.6.4). Somit wurden mehr als 40 % der Betriebe in diesem Zeitraum aufgegeben (SLA 1996b).

Der Rückgang ist vor allem auf die Aufgabe kleinerer und mittlerer Betriebe zurückzuführen. Bei den Betrieben mit einer Flächenausstattung von 5 bis 25 ha ist derzeit die größte Abnahmerate zu beobachten, im Zeitraum von 1991 bis 1995 stellte fast jeder fünfte Betrieb dieser Größe die landwirtschaftliche Produktion ein (KAPPELMANN und SEITZ 1996). Als Existenzgrundlage sind Betriebe dieser

Größenordnung zu klein, wenn sie nicht Sonderkulturen anbauen oder eine intensive Tierproduktion betreiben, und für eine dauerhafte Bewirtschaftung im Nebenerwerb ist die Belastung für den Betriebsinhaber und die mithelfenden Familienangehörigen häufig zu groß. Negative Veränderungsraten sind auch für die Betriebsgrößenklassen unter 5 ha und zwischen 25 und 40 ha festzustellen. Die Wachstumsschwelle, d. h. die Betriebsgröße, ab der die Zahl der Betriebe wächst und unter der die Anzahl der Betriebe abnimmt, liegt in Baden-Württemberg derzeit bei etwa 40 ha (KAPPELMANN und SEITZ 1996). Im Bundesgebiet beträgt die Wachstumsschwelle bereits rund 75 ha, was auf eine im Bundesdurchschnitt kleinstrukturierte Landwirtschaft im Südwesten hinweist (BML 1996a). Neben der relativ geringen Wachstumsschwelle werden die strukturellen Proleme Baden-Württembergs auch bei der Betrachtung der Betriebsgrößenverteilung deutlich. Derzeit bewirtschaften mehr als die Hälfte (54 %) aller baden-württembergischen Betriebe weniger als 10 ha landwirtschaftliche Nutzfläche, und nur rund 10 % der Höfe sind größer als 40 ha LF (Abb. 29).

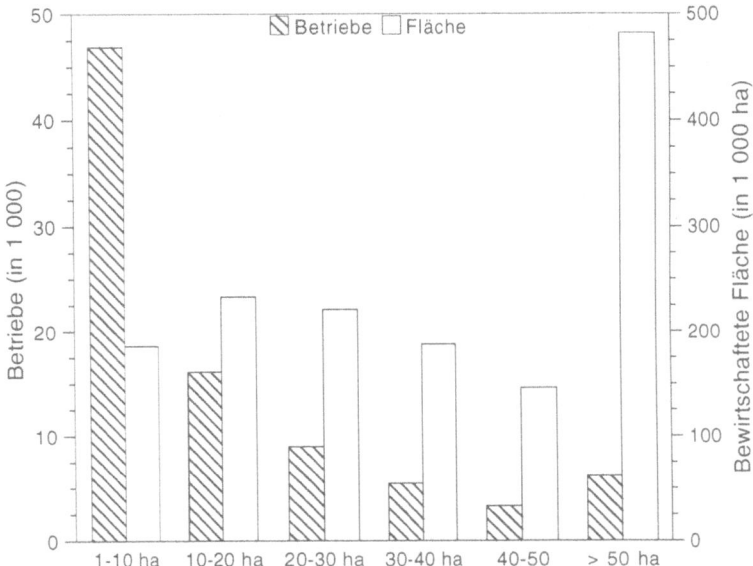

Abb. 29: Betriebsgrößenverteilung und bewirtschaftete Fläche in Baden-Württemberg 1995 (BML 1996a).

Die Anzahl der Erwerbstätigen in der baden-württembergischen Landwirtschaft ist wie im gesamten Bundesgebiet stark rückläufig. Im Jahre 1950 waren in der Land- und Forstwirtschaft des Landes noch 842 100 Menschen tätig, während es 1995 nur noch 222 900 waren (SLA 1994, SEITZ 1997). Bei der Betrachtung der Zahl der Erwerbstätigen in der Landwirtschaft muß allerdings berücksichtigt werden, daß es sich beim überwiegenden Teil der Erwerbstätigen um Teilzeitbeschäftigte handelt. So arbeiteten im Jahre 1995 lediglich rund 46 500 Personen dauerhaft und in Vollzeit in der baden-württembergischen Landwirtschaft. Mit den strukturellen Veränderungen wird der Arbeitskräftebesatz pro Hektar LF vermutlich auch in Zukunft weiter abnehmen. Derzeit bewirtschaftet ein baden-württembergischer Haupterwerbsbetrieb im Durchschnitt mit 5 Personen 100 ha. In den relativ großstrukturierten neuen Bundesländern werden dagegen für die gleiche Fläche nur rund 1,5 Personen benötigt (BML 1996a).

Die Diskrepanz zwischen der gegenwärtigen Struktur und der von den Landwirten angestrebten Größe ihrer Betriebe wird aus den Ergebnissen einer Umfrage deutlich. So wird von den landwirtschaftlichen Betrieben im Marktfruchtanbau Baden-Württembergs eine Betriebsgröße von über 140 ha pro Betrieb angestrebt, dem steht eine tatsächliche Flächenausstattung von lediglich 14 ha gegenüber (Abb. 30). Vergleichbare Unterschiede zeigen die Umfrageergebnisse auch bei den angestrebten und derzeitigen Milchkuhbeständen und Schweinemastplätzen (GROSS-KOPF 1994).

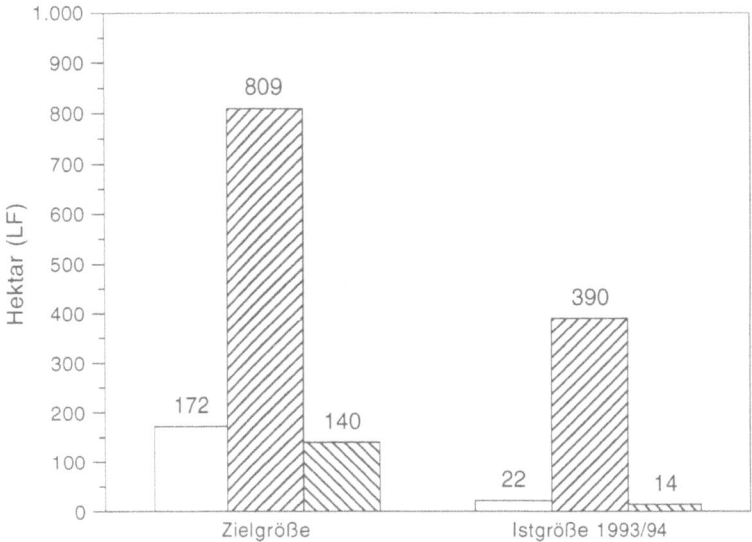

Abb. 30: Vergleich der angestrebten Mindestbetriebsgröße im Marktfruchtanbau mit der Istgröße 1993/94, Ergebnisse einer Umfrage (LF: landwirtschaftliche Nutzfläche) (GROSS-KOPF 1994).

Der landwirtschaftliche Strukturwandel weist in Baden-Württemberg starke regionale Unterschiede auf. Dabei zeigt sich eine deutliche Abhängigkeit der strukturellen Stabilität einer Region vom Produktionsschwerpunkt und der durchschnittlichen Größe der Betriebe. Dauerkulturbetriebe (Obst- und Weinbau) zeichnen sich im allgemeinen durch eine relativ hohe Wertschöpfung pro Hektar aus und können daher mit einer relativ geringen Flächenausstattung ein ausreichendes Einkommen erzielen. In Regionen mit einem hohen Anteil an Dauerkulturbetrieben, wie in der Region Südlicher Oberrhein ist daher ein unterdurchschnittlicher Strukturwandel zu beobachten. Dagegen wurde insbesondere in benachteiligten Grünlandregionen mit einem überdurchschnittlich hohen Anteil an Nebenerwerbsbetrieben und relativ flächenarmen Haupterwerbsbetrieben, wie der Region Neckar-Alb, eine überdurchschnittlich hohe Betriebsaufgabe in den letzten Jahren beobachtet. Diese Ergebnisse machen deutlich, daß in Regionen mit einer ungünstigen Agrarstruktur bei einer weiteren Verschlechterung der Rahmenbedingungen eine große Zahl von Betrieben aufgegeben wird, wenn nicht lukrative Nischen für Kleinbetriebe (Obst-, Beeren-, Gemüse- oder Weinbau) vorhanden sind. Insbesondere in Regionen, in denen der Anteil der Haupterwerbsbetriebe bereits gering ist (< 20 %) und eine Abnahmerate bei den Nebenerwerbsbetrieben von mehr als 20 % zu beobachten ist, kann sich zukünftig die Frage einer flächendeckenden Landwirtschaft stellen (KAPPELMANN und SEITZ 1996).

Ein rasanter Strukturwandel, wie er in vielen benachteiligten Grünlandregionen zu beobachten ist, muß allerdings nicht notwendigerweise zu einer Gefährdung einer flächendeckenden Landwirtschaft führen, da gerade in solchen Grenzertragsregionen extensive Produktionsformen, wie die Mutterkuh- oder Schafhaltung wettbewerbsfähig sind. Solche Produktionsformen setzen eine ausreichende Flächenausstattung der Betriebe voraus und erfordern daneben nur einen geringen Arbeitseinsatz je Flächeneinheit - Voraussetzungen, die durch den Strukturwandel in benachteiligten Gebieten geschaffen werden können. Nach PASTERDING (1995) ist allerdings in kleineren Gebieten mit extrem ungünstigen Standortbedingungen eine Gefährdung der flächendeckenden Landwirtschaft nicht auszuschließen, dies läßt sich bereits in Teilgebieten des Schwarzwalds und der Schwäbischen Alb beobachten. So liegen z. B. im Landkreis Rastatt, einem Landkreis mit einem geringem Anteil an Haupterwerbsbetrieben und einer hohen Ausscheidungsrate bei Nebenerwerbsbetrieben, bereits 24 % der Fläche brach bzw. wurden stillgelegt (KAPPELMANN und SEITZ 1996).

Nach Berechnungen des Statistischen Landesamtes dürfte sich der Strukturwandel in Baden-Württemberg in den nächsten Jahren zwar etwas abschwächen, er dürfte aber weiterhin über dem Niveau Anfang der 80er Jahre liegen (SLA 1996b). Dies hätte für Baden-Württemberg eine Verminderung der Zahl der Betriebe auf weniger als 70 000 im Jahr 2005 zur Folge. Die Ursachen für den auch zukünftig anhaltenden Strukturwandel sind nach GROSSKOPF (1996) vor allem in dem zu erwartenden sinkenden Einkommen pro Flächeneinheit, dem zunehmenden Einsatz neuer kapitalintensiver Produktionstechniken und in der Altersstruktur der Betriebsleiter zu sehen.

4.6.4 Erwerbsstruktur

In Baden-Württemberg ist, wie in anderen Regionen mit zahlreichen außerlandwirtschaftlichen Arbeitsmöglichkeiten, eine zunehmend duale Landwirtschaftsstruktur zu beobachten. Dabei steht ein relativ geringer Anteil unternehmerisch ausgerichteter Haupterwerbsbetriebe einem hohen Anteil an Nebenerwerbsbetrieben gegenüber (Abb. 31). Durch die kontinuierliche Abnahme der Gesamtzahl der Betriebe dürfte sich das Verhältnis weiter zugunsten der Nebenerwerbsbetriebe verschieben. Das heißt, immer weniger Betriebe sind in der Lage, ihr Einkommen überwiegend oder ausschließlich aus der landwirtschaftlichen Tätigkeit zu beziehen. Im Jahre 1995 wurden in Baden-Württemberg mit 65 800 Nebenerwerbsbetrieben bereits mehr als zwei Drittel aller Betriebe im Nebenerwerb geführt, während es in den alten Bundesländern im Durchschnitt weniger als die Hälfte waren (KAPPELMANN und SEITZ 1996, BML 1996a).

Dabei variiert der Anteil der Nebenerwerbsbetriebe an der Gesamtzahl der Betriebe regional erheblich. In einigen Gemeinden, insbesondere in Grenzertragsregionen wie den benachteiligten Mittelgebirgslagen, erfolgt die Landbewirtschaftung bereits fast ausschließlich im Nebenerwerb. Haupterwerbsbetriebe dominieren dagegen in den traditionellen Futterbau- und Veredelungsregionen wie dem württembergischen Allgäu, Oberschwaben und weiten Teilen Hohenlohes, was mit der ganzjährig hohen Arbeitsbelastung dieser Produktionszweige erklärt werden kann.

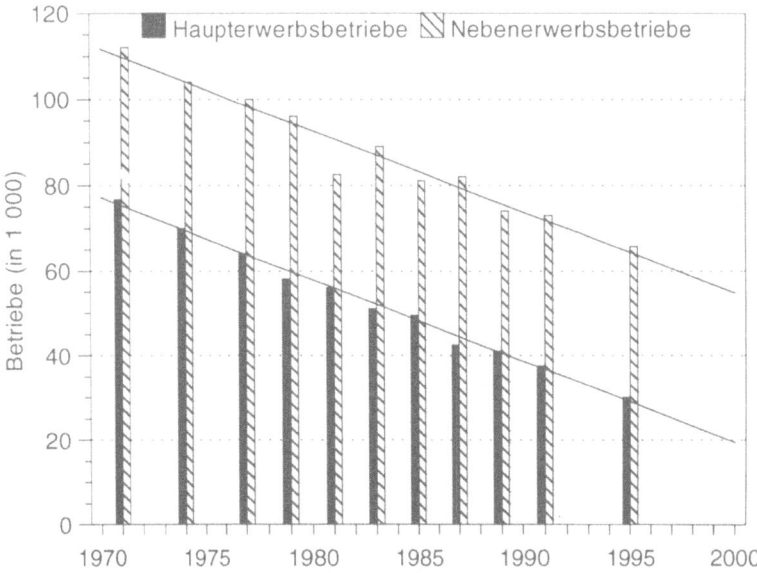

Abb. 31: Entwicklung der Anzahl der Haupt- und Nebenerwerbsbetriebe in Baden-Württemberg (nach GROSSKOPF 1996 und SLA 1997).

Die Nebenerwerbsbetriebe dürften auch in Zukunft hinsichtlich ihrer Flächenausstattung klein bleiben. GROSSKOPF (1996) schätzt die durchschnittliche Betriebsgröße der Nebenerwerbsbetriebe im Jahre 2000 auf unter 10 ha, gleichzeitig wird die durchschnittliche Betriebsgröße der Haupterwerbsbetriebe deutlich ansteigen (Abb. 32). Dabei werden Haupterwerbsbetriebe mit geringerem Ausbildungsniveau sowie geringerer Markt- und Leistungsorientierung der Betriebsleiter längerfristig in den Nebenerwerb wechseln, eine vollständige Betriebsaufgabe bei Haupterwerbsbetrieben ist dagegen nur selten zu beobachten. In den Jahren 1991 bis 1995 wechselten 20,1 % der Haupterwerbsbetriebe in den Nebenerwerb, während lediglich 7,2 % der Haupterwerbsbetriebe ihre Produktion vollständig einstellten. Der Nebenerwerb dient daher für viele auslaufende Betriebe als eine Übergangsform bis zum endgültigen Ausstieg. So stellte in den Jahren 1991 bis 1995 jeder fünfte Nebenerwerbsbetrieb in Baden-Württemberg seine Produktion endgültig ein (KAPPELMANN und SEITZ 1996).

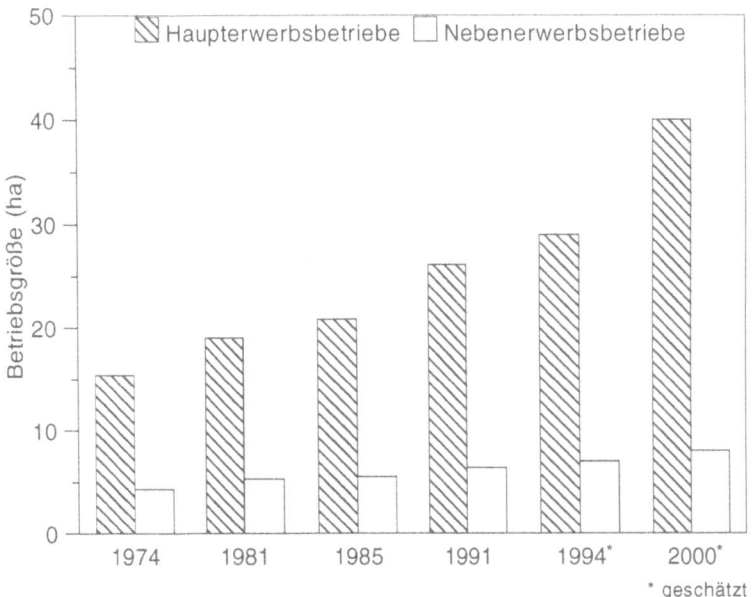

Abb. 32: Entwicklung der durchschnittlichen Betriebsgröße bei Haupt- und Nebenerwerbsbetrieben in Baden-Württemberg (Betriebe > 1 ha) (GROSSKOPF 1996).

4.6.5 Hofnachfolge

In engem Zusammenhang mit dem Strukturwandel ist die in vielen Betrieben offene Frage der Hofnachfolge und damit der Weiterführung des Betriebes nach dem anstehenden Generationswechsel zu sehen. Das Fehlen eines geeigneten Hofnachfolgers ist häufig ein entscheidender Grund, der zur Aufgabe eines landwirtschaftlichen Betriebes führt. Die Zahl der Betriebe ohne Hofnachfolger stellt daher eine wichtige Größe bei der Abschätzung des Strukturwandels in den kommenden Jahren dar.

Die Entscheidung über eine Hofnachfolge verlangt im allgemeinen frühzeitige Entscheidungen, die sowohl die zukunftsträchtige Lenkung von Betriebsinvestitionen als auch die Berufsausbildung des potentiellen Hofnachfolgers betreffen. Über die Hofnachfolge wird daher in der Regel schon erhebliche Zeit vor der tatsächlichen Hofübergabe entschieden.

Bei der Betrachtung der Hofnachfolge hat die Altersstruktur der derzeitigen Betriebsinhaber eine wichtige Bedeutung, da diese letztlich den Bedarf an Hofnachfolgern bestimmt. Im Jahre 1991 waren im früheren Bundesgebiet 33,5 % und in Baden-Württemberg 42,1 % der Betriebsinhaber älter als 55 Jahre (Abb. 33). Da sich für die älteren Betriebsinhaber die Frage nach einem potentiellen Hofnachfolger mit besonderer Dringlichkeit stellt, ist für Baden-Württemberg bezüglich der Hofnachfolge eine im Vergleich zum übrigen Bundesgebiet verhältnismäßig ungünstige Entwicklung zu erwarten. Untersuchungen des Statistischen Landesamtes in Baden-Württemberg verdeutlichen, daß nur bei wenigen landwirtschaftlichen Betrieben mit älteren Betriebsinhabern die Hofnachfolge gesichert ist (Abb. 34). In Baden-Württemberg können derzeit lediglich 27 % der Betriebe mit einem Betriebsinhaber von über 45 Jahren auf eine gesicherte Hofnachfolge verweisen (SEITZ 1994). In 43 % der Betriebe mit einem Betriebsinhaber von über 45 Jahren war die Hofnachfolge noch ungeklärt, während 30 % dieser Betriebe keinen Hofnachfolger hatten. Der mit 43 % hohe Umfang der Betriebe mit noch offener Weiterführung relativiert sich allerdings, da der überwiegende Teil der unentschlossenen Hofnachfolger den Betrieb bei der anstehenden Hofübergabe letztlich doch weiterführt (SEITZ 1994). Daher dürfte insgesamt bei gut der Hälfte der landwirtschaftlichen Betriebe Baden-Württembergs eine Weiterführung erfolgen.

Bei Haupterwerbsbetrieben ist die Hofnachfolge erheblich häufiger gesichert als bei Nebenerwerbsbetrieben. Bezogen auf die Betriebsinhaber über 45 Jahre ist in 44 % der baden-württembergischen Haupterwerbsbetriebe die Hofnachfolge gesichert, in Nebenerwerbsbetrieben dagegen lediglich bei 18 % (SEITZ 1994).

Da die wichtigsten Bestimmungsgründe, wie die Erwerbsform, die Betriebsgröße und die Produktionsausrichtung, zur Entscheidung über die Hofnachfolge sehr unterschiedlich sind, ergeben sich bezüglich der Hofnachfolgesituation erhebliche regionale Unterschiede (Abb. 35). In Oberschwaben, einer Region, die von überdurchschnittlich großen Betrieben mit der Produktionsausrichtung Viehhaltung bzw. Obstbau geprägt wird, ist in mehr als 60 % der Betriebe die Frage nach der Weiterführung für die nächsten zwei Jahrzehnte gesichert. Den Gegenpol bilden Regionen mit einer traditionell kleinbetrieblich orientierten Struktur und einem hohen Anteil an Nebenerwerbsbetrieben, wie die Regionen Mittlerer Oberrhein, Nordschwarzwald und Teile von Neckar-Alb. In diesen Gebieten ist in den nächsten Jahren ein deutlicher Strukturwandel zu erwarten.

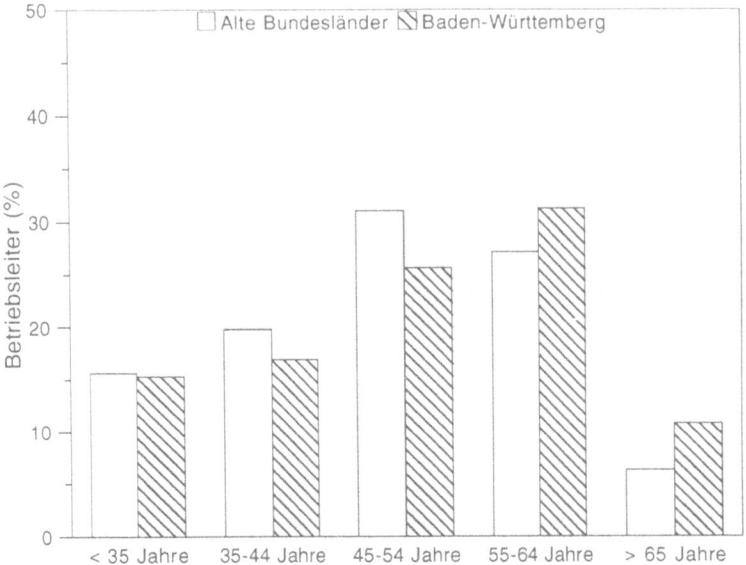

Abb. 33: Altersstruktur der Betriebsleiter im früheren Bundesgebiet und in Baden-Württemberg 1991 (SEITZ 1994, Agra-Europe 43/93).

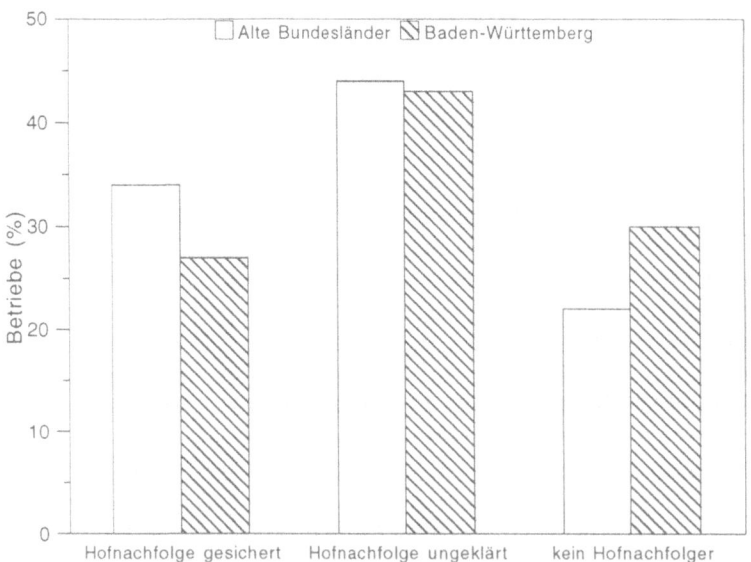

Abb. 34: Hofnachfolgesituation im Jahre 1991 der Betriebe mit Betriebsleitern, die das Alter von 45 Jahren überschritten haben, in den alten Bundesländern und in Baden-Württemberg (SEITZ 1994, Agra-Europe 27/94).

Agrarstrukturelle Rahmendaten

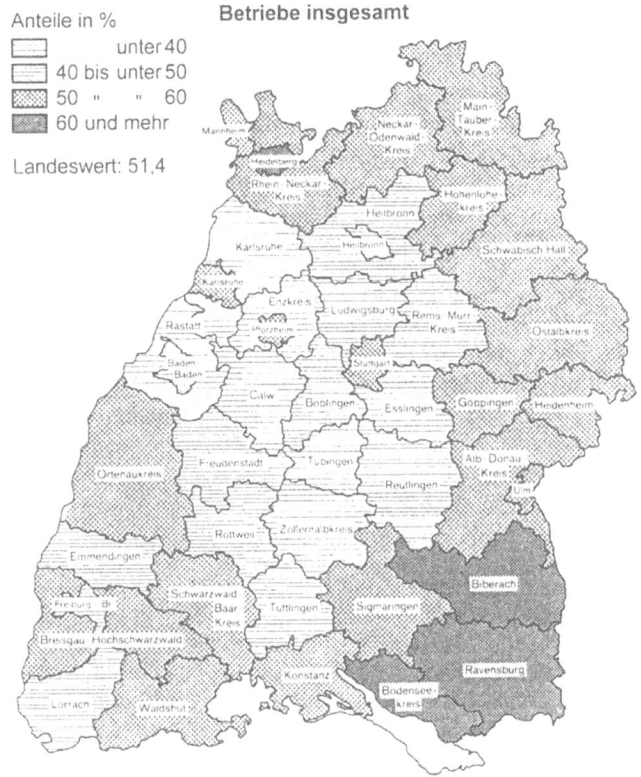

Abb. 35: Anteil gesicherter Betriebe[9] in den Stadt- und Landkreisen Baden-Württembergs 1991 (SEITZ 1994).

4.6.6 Eigentumsstruktur

Die Mehrzahl der landwirtschaftlichen Betriebe Baden-Württembergs hat gegenwärtig zu wenig Fläche, um den Ansprüchen der zukünftigen Hofnachfolger an ein entsprechendes Einkommen gerecht zu werden und um im nationalen sowie internationalen Wettbewerb bestehen zu können. Die meisten Betriebe sind daher gezwungen, ihre Fläche auszudehnen. Derzeit läßt sich das Wachstum allerdings nur über die Zupacht von Flächen betriebswirtschaftlich sinnvoll verwirklichen, da der Flächenkauf im allgemeinen aufgrund der hohen Bodenpreise ökonomisch nicht zweckmäßig ist. Im Jahre 1994 lag der durchschnittliche Kaufpreis für landwirtschaftliche Flächen in Baden-Württemberg bei 38 628 DM pro Hektar und damit rund 30 % über dem Niveau in den alten Bundesländern (BML 1996a).

---

[9] Betriebe mit einem Betriebsinhaber unter 45 Jahren und Betriebe mit einem Betriebsinhaber über 45 Jahren mit gesicherter Hofnachfolge.

Darüber hinaus neigen viele Anbieter von Flächen und damit insbesondere Nichtlandwirte nur selten dazu, ihr Eigentum aufzugeben und bieten daher im allgemeinen nur Pachtmöglichkeiten an. Das von landwirtschaftlichen Haupterwerbsbetrieben gezahlte Pachtentgelt pro Hektar betrug 1995 in Baden-Württemberg durchschnittlich 363 DM und lag damit unter dem Durchschnitt im früheren Bundesgebiet mit 488 DM (BML 1996a, Agra-Europe 49/95). Die geringeren mittleren Pachtpreise in Baden-Württemberg dürften auf den überdurchschnittlich hohen Anteil an kleinen Nebenerwerbsbetrieben und den relativ hohen Flächenanteil standörtlich benachteiligter Gebiete (60,2 %) mit entsprechend geringen Ertragserwartungen zurückzuführen sein.

Durch die EU-Agrarreform (Kap. 4.5.3) konnte in den letzten Jahren eine Stagnation bzw. in manchen Gebieten sogar ein leichtes Nachgeben der Pachtpreise beobachtet werden. Eine deutliche Verbilligung des Produktionsfaktors Boden als eine Grundvoraussetzung für eine extensivere Produktionsweise konnte durch die EU-Agrarreform aber bisher nicht erreicht werden. Nach einer Untersuchung der Deutschen Landwirtschafts-Gesellschaft werden bei neu abgeschlossenen Pachtverträgen immer noch bis zu 1 000 DM je Hektar Pacht für fruchtbare Ackerbaustandorte vereinbart (PAHMEYER 1995). Die Flächenpacht ist daher trotz der geringeren Erzeugerpreise für Getreide-, Öl- und Eiweißfrüchte nach wie vor zu hoch, was wesentlich auf die flächengebundenen Ausgleichszahlungen zurückgeführt werden kann. Darüber hinaus sehen viele Betriebe nur in der Flächenausdehnung langfristig eine Überlebenschance und lassen sich auf zu hohe Pachtpreise ein, wodurch zum Teil notwendige Investitionen unterbleiben. Insbesondere Veredelungsbetriebe sind nach dem Inkrafttreten der Düngeverordnung häufig gezwungen, über die Zupacht von Flächen ihre vorhandene Veredelungsproduktion abzusichern (siehe Kap. 4.8.2.1). Für erfolgreiche Veredelungsbetriebe kann es unter diesen Umständen sogar ökonomisch sinnvoll sein, den gesamten Deckungsbeitrag der Fläche an den Verpächter in Form des Pachtpreises weiterzugeben (PAHMEYER 1995).

Mit dem Fortschreiten des Strukturwandels nimmt der Pachtanteil der wachstumsorientierten Betriebe daher kontinuierlich zu (Abb. 36). Allein in den letzten vier Jahren stieg die Pachtquote in Baden-Württemberg um 6 %, so daß der durchschnittliche Pachtanteil aller Betriebe derzeit bei 51 % liegt. Dabei hat die Betriebsgröße einen wesentlichen Einfluß auf den Umfang der Pachtfläche. Bei Betrieben unter 20 ha LF beträgt der Pachtflächenanteil lediglich 31 %, wobei die Mehrzahl dieser Betriebe ohne Zupachtungen wirtschaftet. Von den Betrieben mittlerer Größe zwischen 20 und 50 ha LF haben bereits mehr als 90 % Flächen gepachtet, wobei die Pachtfläche (51 %) und die Eigenfläche (49 %) noch nahezu den gleichen Umfang haben. Bei den größeren Betrieben ab 50 ha haben fast alle (97 %) Flächen zugepachtet, hier übersteigt der Anteil der Pachtfläche mit rund 70 % den Anteil der eigenen Fläche deutlich (SLA 1996c). Der Pachtaufwand stellt für viele wachstumsorientierte Betriebe mittlerweile einen der größten Posten unter den Fixkosten dar. Ein Großteil der flächenbezogenen Ausgleichszahlungen wird daher häufig direkt vom Bewirtschafter an den Verpächter weitergeleitet, womit diese Form der staatlichen Zahlungen nicht selten ihr eigentliches Ziel verfehlt (siehe Kap. 4.7.1).

Trotz der insgesamt hohen Nachfrage nach Pachtfläche ist es allerdings nicht in allen Regionen Baden-Württembergs möglich, eine ausreichende Nachfrage nach freiwerdenden Flächen zu finden. Insbesondere in benachteiligten Grünlandregionen besteht die Gefahr, daß nach dem anstehenden Generationswechsel keine flächendeckende Landbewirtschaftung mehr erfolgt (SEITZ 1993).

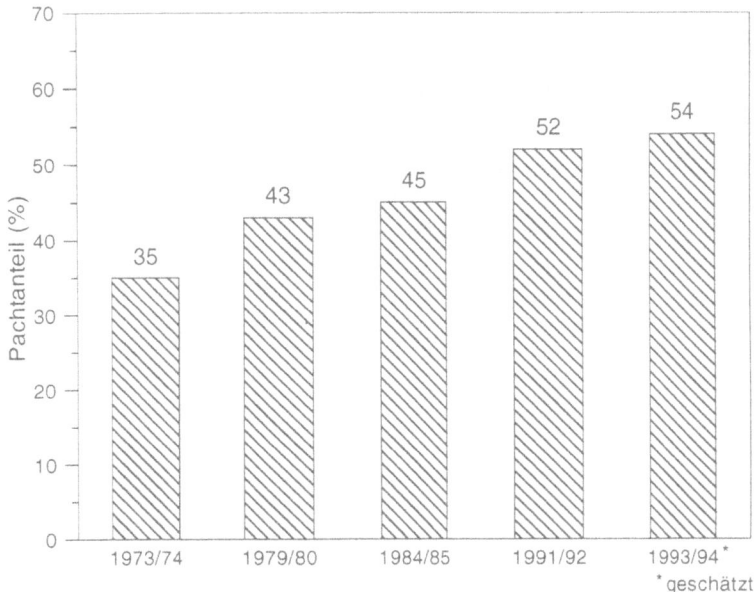

Abb. 36: Entwicklung des Pachtanteils der Haupterwerbsbetriebe Baden-Württembergs (GROSSKOPF 1994).

4.6.7 Einkommen und soziale Lage

Das verfügbare Einkommen der landwirtschaftlichen Haushalte war in den letzten Jahrzehnten erheblich stärkeren Schwankungen unterworfen als das der Arbeiter und Angestellten sowie der Privathaushalte insgesamt (Abb. 37).

Die Gewinne der Haupterwerbsbetriebe in den alten Bundesländern lagen 1994/95 bei 46 200 DM je Betrieb. In Baden-Württemberg betrug der Gewinn 45 751 DM und lag damit geringfügig unter dem Durchschnitt der alten Länder (BML 1996a).

Nach ZEDDIES (1994) sollte ein Haupterwerbsbetrieb eine jährliche Eigenkapitalbildung von rund 20 000 DM erreichen, wenn er den technischen Fortschritt nutzen und damit langfristig konkurrenzfähig bleiben will, dazu bedarf es eines Unternehmensgewinns von etwa 80 000 DM. Ein Marktfruchtbetrieb benötigt zur Erreichung eines Betriebsergebnisses in dieser Höhe ca. 100 ha LF, ein Milchviehbetrieb eine Milchgarantiemenge von ca. 250 000 kg (entspricht ca. 40 Milchkühen) und ein Veredelungsbetrieb eine Betriebsfläche von rund 50 ha und 100 Sauen oder 600 Mastschweineplätze. Derzeit verfügen in Baden-Württemberg nur etwa 5 % aller Betriebe über entsprechende Größen. Es wäre jedoch falsch, daraus zu schließen, daß nur diese Betriebe langfristig wettbewerbsfähig sind. Vielmehr stellt sich die Frage, wieviel wachstumsorientierte Betriebsleiter im Rahmen des zukünftigen Strukturwandels ihre gegenwärtig knappe Kapazitätsausstattung dank ihrer unternehmerischen Fähigkeit entsprechend weiterentwickeln können. Der Anteil dieser Betriebe dürfte kaum mehr als ein Drittel der derzeit existierenden Haupterwerbsbetriebe in Baden-Württemberg umfassen (ZEDDIES 1994).

Vergleicht man neben dem Gewinn je landwirtschaftlichem Betrieb weiterhin das mittlere jährliche Einkommen der in der Landwirtschaft tätigen Familienarbeitskräfte, das in Baden-Württemberg derzeit bei 26 483 DM pro Arbeitskraft und damit deutlich unter dem gewerblichen Vergleichslohn liegt, so wird eine erhebliche Disparität zwischen landwirtschaftlichem und außerlandwirtschaftlichem Einkommen deutlich. In nur rund 10 % der landwirtschaftlichen Betriebe in Deutschland wurde 1994/95 ein Einkommen erzielt, das über dem gewerblichen Vergleichslohn lag (BML 1996a). Diese Betriebe zeichneten sich durch eine überdurchschnittlich hohe Flächenausstattung (∅ 54 ha) aus. Dieser Zusammenhang verdeutlicht die Abhängigkeit einer langfristig wirtschaftlichen Tragfähigkeit von der Hofgröße.

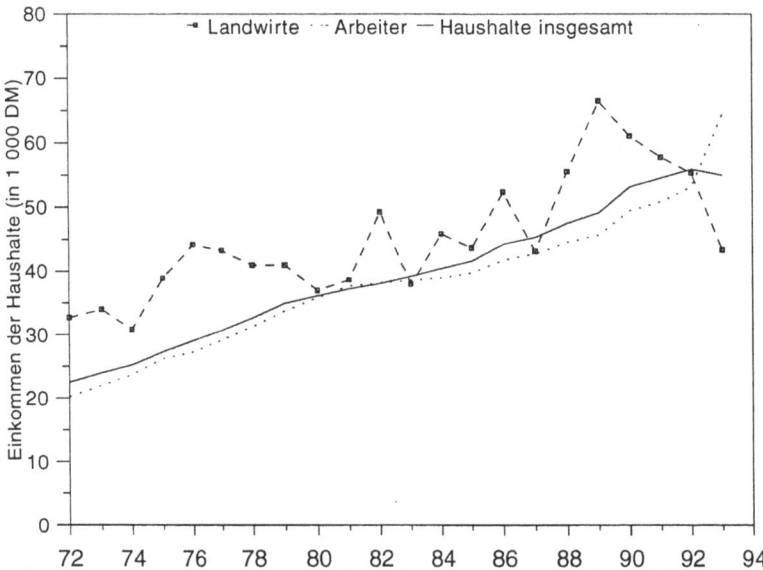

Abb. 37: Entwicklung des verfügbaren Einkommens der Haushalte von Landwirten, Arbeitern und der Haushalte insgesamt von 1972 bis 1993, Zahlen beziehen sich auf die alten Bundesländer (BML 1995).

Bei der Betrachtung der Einkommensstatistik muß jedoch auch berücksichtigt werden, daß die landwirtschaftlichen Betriebe in den letzten 40 Jahren einen

Kapitalstock angesammelt haben, der einschließlich Boden, Gebäude, Maschinen, Vieh, Quoten für Milch, Zucker etc. weder in anderen EU-Ländern noch in außereuropäischen Ländern erreicht wurde (ZEDDIES 1995). Betriebsleiter, die ihren Betrieb aufgrund wirtschaftlicher Schwierigkeiten aufgeben müssen, verfügen daher, im Gegensatz zu arbeitslos gewordenen gewerblichen Arbeitnehmern, im allgemeinen über beachtliche Rücklagen in Form von Grundstücken und Gebäuden und haben dadurch eine gewisse Absicherung.

Die im Jahr 1992 beschlossene EU-Agrarreform setzte eine Senkung der Erzeugerpreise für Getreide, Ölsaaten und Hülsenfrüchte in die Nähe des Weltmarktpreisniveaus, eine Preissenkung für Rindfleisch um 15 % sowie eine Stillegung von 15 % der Ackerfläche fest (siehe Kap. 4.5.3). Als Kompensation für die Produktpreissenkungen wurden die direkten Einkommensübertragungen, z. B. in Form von regionalen flächengebundenen Ausgleichszahlungen und Tierprämien für Bullen und Mutterkühe, ausgedehnt. Trotz dieser Transferzahlungen sind die Einkommen der landwirtschaftlichen Betriebe nach der EU-Agrarreform im Durchschnitt etwas gesunken, wobei die Einkommen bei größeren, effizient geführten Betrieben überproportional sanken (ZEDDIES et al. 1994). Dies ist unter anderem dadurch zu erklären, daß die Flächenstillegungsprämie den entgangenen Deckungsbeitrag nicht kompensiert und die Tierprämien für Rinder die Erlöseinbußen nicht vollständig ausgleichen. Der Anteil der direkten Einkommensübertragungen der öffentlichen Hand am Gewinn der landwirtschaftlichen Betriebe erhöhte sich durch die Agrarreform von rund 30 % auf 55 bis 60 % (ZEDDIES et al. 1994). Damit nahm die Abhängigkeit der landwirtschaftlichen Betriebe von staatlichen Zahlungen weiter zu und der am Markt erzielte Anteil am Gewinn ab.

Die Ausgleichszahlungen und Beihilfen im Rahmen der flankierenden Maßnahmen der EU-Agrarreform weichen zwischen den einzelnen Bundesländern zum Teil erheblich voneinander ab. In den alten Bundesländern erhielten die Haupterwerbsbetriebe im Wirtschaftsjahr 1994/95 durchschnittlich 573 DM/ha staatliche Zahlungen. Dabei waren aufgrund landesspezifischer Maßnahmen, wie SchALVO und MEKA, die Zahlungen in Baden-Württemberg mit 698 DM/ha LF unter den alten Bundesländern am höchsten (BML 1996a).

Bei einer Befragung von Landwirten in Westfalen-Lippe wurde durch die EU-Agrarreform und den in Folge dieser Reform steigenden Anteil der staatlichen Ausgleichszahlungen am Betriebsgewinn eine demotivierende Wirkung und eine zunehmende Unsicherheit bei Betriebsleitern aller Betriebsgrößenklassen festgestellt. Bei dieser Untersuchung von ZEDDIES et al. (1994) forderten alle befragten Landwirte eine langfristig verbindliche, klare Konzeption der Agrarpolitik, um Investitionen in die richtige Richtung lenken zu können. Über 90 % der befragten Betriebsleiter forderten eine unternehmerische, sich am Markt orientierende Landwirtschaft und etwa 80 % hielten einen Abbau der direkten Einkommensübertragungen für notwendig, da die an Flächen und Tierbestände gebundenen leistungslosen Transferzahlungen der EU-Agrarreform in erster Linie erfolgreich geführte Betriebe diskriminieren. Das mit dieser Reform verbundene Ziel der

Marktentlastung sollte nach der überwiegenden Meinung der Befragten eher durch eine stärkere Liberalisierung der Märkte als durch direkte Markteingriffe (wie Quotensysteme oder Obergrenzen etc.) verfolgt werden. Insbesondere die Betriebsleiter von Marktfrucht- und Veredelungsbetrieben sprachen sich für eine weitere Marktliberalisierung aus, während sich die meisten Betriebsleiter von Futterbaubetrieben für ein Festhalten an festen und sicheren Produktionsgrundlagen, wie der Milchquotenregelung, aussprachen. Interessanterweise forderte die Mehrheit der Landwirte einen generellen Abbau der Subventionszahlungen, um dadurch auch die derzeit bestehenden Wachstumshemmnisse zu beseitigen.

4.6.8 Produktionsstruktur

Derzeit dienen mehr als vier Fünftel der Fläche des Landes Baden-Württemberg der land- und forstwirtschaftlichen Nutzung (Abb. 1, Kap. 1.1). Nach der letzten Bodennutzungshaupterhebung werden zur Zeit 1,48 Mio. ha der Landesfläche landwirtschaftlich genutzt. Die landwirtschaftlich genutzte Fläche nahm im Zeitraum von 1953 bis 1995 in erster Linie aufgrund der stetigen Ausdehnung der Flächen für Siedlungs- und Infrastrukturmaßnahmen um über 300 000 Hektar ab (MLR 1994, KAPPELMANN und SEITZ 1996).

Derzeit sind in Baden-Württemberg die nördlichen Landesteile durch die Ackernutzung geprägt. In den Kreisen Ludwigsburg, Heilbronn, Karlsruhe und im Main-Tauber-Kreis beträgt die Ackerfläche mehr als das Fünffache der Grünlandfläche. Dagegen ist der Schwarzwald, die Schwäbische Alb, der Bodenseekreis und vor allem das württembergische Allgäu durch einen überdurchschnittlich hohen Grünlandanteil gekennzeichnet.

Aufgrund der vielfältigen klimatischen Bedingungen in Baden-Württemberg, die von der Bodenseeregion über den Hochschwarzwald bis in das Rheintal sehr stark variieren, sind fast alle landwirtschaftlichen Produktionszweige Mitteleuropas in diesem Bundesland anzutreffen. Da die Produktionsstruktur neben den natürlichen Standortbedingungen auch von weiteren Faktoren, wie der vorhandenen Infrastruktur (Mühlen, Schlachthöfe, Zulieferer etc.), politischen Rahmenbedingungen (Förderbedingungen, Genehmigungsverfahren etc.) und der Nachfrage (Bevölkerungsdichte) bestimmt wird, verändern sich die anzutreffenden Produktionssysteme in einer Region mit diesen Faktoren. Auffällig ist dabei die in Baden-Württemberg große Bedeutung der pflanzlichen Produktion, die mit 46 % fast die Hälfte der Verkaufserlöse ausmacht, während es bundesweit lediglich 37 % sind, und die entsprechend geringere wirtschaftliche Bedeutung der tierischen Produktion (STADLER 1995, BML 1996a).

Agrarstrukturelle Rahmendaten

Tierische Produktion

Bereits seit Mitte der 70er Jahre ist in Baden-Württemberg eine kontinuierliche Abnahme der Verkaufserlöse tierischer Produkte zu beobachten. Entsprechend dieser Verminderung der Verkaufserlöse ist in den letzten Jahren ein Rückgang der tierischen Produktion feststellbar. So wurde im letzten Jahrzehnt ein starker Bestandesabbau bei Rindern beobachtet (Abb. 38). Diese rückläufige Bestandesentwicklung war neben einer deutlichen Reduzierung des Milchkuhbestandes von rund 22 % in den Jahren 1985 bis 1995 vor allem auf eine hohe Abstockung bei Mastbullen (-40 %) zurückzuführen (THALHEIMER 1996). Auch die Zahl der in Baden-Württemberg gehaltenen Schweine nahm in den letzten 10 Jahren deutlich ab. Derzeit liegt der durchschnittliche Viehbesatz in Baden-Württemberg wie im gesamten Bundesgebiet unter einer Großvieheinheit je Hektar landwirtschaftlich genutzter Fläche (MLR 1994, BML 1996a).

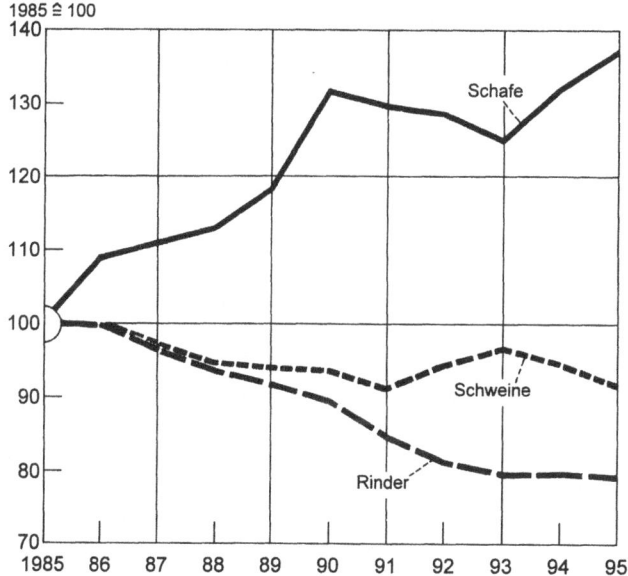

Abb. 38: Entwicklung der Viehbestände in Baden-Württemberg seit 1985 (THALHEIMER 1996).

Erheblich stärker als die Tierbestände haben sich jedoch die Halterzahlen verringert. So stellten seit 1980 in Baden-Württemberg jährlich durchschnittlich 3 000 Rindvieh- und 4 300 Schweinehalter ihre Tierhaltung ein. Damit hat sich die Zahl der Rindviehbetriebe in diesem Zeitraum auf rund 40 000 verringert und somit mehr als halbiert. In der Schweinehaltung ist der Strukturwandel mit einem Rückgang von über 60 % in den letzten 15 Jahren auf knapp 35 000 Betriebe noch weiter fortgeschritten (THALHEIMER 1995 und 1996).

Trotz dieser insgesamt beachtlichen betrieblichen Konzentration der Viehhaltung besteht, insbesondere in der Milchviehhaltung sowie der Bullen- und

Schweinemast, weiterhin ein erheblicher struktureller Anpassungsbedarf, wenn die baden-württembergischen Tierhaltungsbetriebe in Zukunft national und international wettbewerbsfähig bleiben wollen. Gegenwärtig beträgt die durchschnittliche Herdengröße pro Halter in Baden-Württemberg lediglich 17 Milchkühe bzw. 9 Mastbullen. Diese kleinen Bestände erlauben aus betriebswirtschaftlichen Gründen häufig keine größeren Investitionen und damit auch nicht die Nutzung des technischen Fortschrittes in der Tierproduktion (siehe Kap. 4.3). So stellt z. B. eine Herde von 40 Kühen derzeit in etwa die Bestandsgröße dar, ab der sich der Übergang von der Anbinde- zur Laufstallhaltung und damit von der Einzelmelkanlage zum Melkstand wirtschaftlich lohnt. Gegenwärtig besitzen in Baden-Württemberg allerdings nur rund 7 % der Milchkuhbetriebe mehr als 40 Milchkühe.

Wie die Rindviehhaltung ist auch die Schweinemast in Baden-Württemberg überwiegend durch Kleinbetriebe geprägt. Im Jahre 1994 hielten mehr als drei Viertel aller Betriebe weniger als 10 Schweine, allerdings ist auch hier die Tendenz zu größeren Einheiten zu beobachten. Die mittlere Bestandsgröße lag 1994 bei 20 Mastschweinen pro Betrieb. Die Wachstumsschwelle bei der Mastschweinehaltung liegt in Baden-Württemberg aber bereits bei über 100 Tieren.

Im Vergleich zur Schweinemast und der Rinderhaltung ist die Struktur bei der Zuchtsauenhaltung in Baden-Württemberg erheblich günstiger. Der mittlere Sauenbestand lag 1994 bei 31 Zuchtsauen pro Betrieb und hat sich damit in den letzten 15 Jahren etwa verdreifacht (THALHEIMER 1995). Diese Zahlen weisen auf den raschen Strukturwandel in der Zuchtsauenhaltung hin.

Einer weiteren betrieblichen und regionalen Konzentration der Tierhaltung in den traditionellen Schwerpunktgebieten sind allerdings aufgrund der Notwendigkeit einer umweltschonenden Gülleausbringung Grenzen gesetzt, die im Rahmen der im Frühjahr 1996 verabschiedeten Düngeverordnung nun überwacht werden (Kap. 4.8.2.1).

Der Schwerpunkt der tierischen Produktion Baden-Württembergs liegt in zwei Regionen. Dies ist zum einen Ostwürttemberg mit der Schweinehaltung und zum anderen das württembergische Allgäu mit dem Produktionsschwerpunkt Rinderhaltung (Abb. 39). Gerade in diesen beiden Regionen, mit einem durchschnittlichen Viehbesatz von über 1,25 Großvieheinheiten je ha LF, zeigten sich in den letzten Jahren deutliche Konzentrationstendenzen, während die Tierproduktion in anderen Regionen, insbesondere im badischen Landesteil, einen überdurchschnittlichen Rückgang aufweist (THALHEIMER 1995). GROSSKOPF (1996) macht für die abnehmende Bedeutung der Tierproduktion in Baden hauptsächlich den hohen Sonderkulturanteil, die zum Teil für den Marktfruchtanbau sehr guten Böden, die dichte Besiedelung im Rheintal und die ungünstigen Produktionsbedingungen im Schwarzwald verantwortlich. Einer weiteren Konzentration der Tierproduktion auf wenige Standorte mit den entsprechenden Problemen bezüglich zunehmender Emissionen und Nährstoffüberschüsse ist durch entsprechende Maßnahmen entgegenzuwirken (siehe Kap. 4.8).

Agrarstrukturelle Rahmendaten 213

Abb. 39: Milchkuhbesatz in den Stadt- und Landkreisen Baden-Württembergs 1994 (THALHEIMER 1995).

Pflanzliche Produktion

Im Bereich der pflanzlichen Produktion ist Baden Württemberg, vor allem aufgrund der günstigen klimatischen Bedingungen, durch einen im Bundesdurchschnitt hohen Anteil an Sonderkulturen (Reben, Obst, Beeren, Gemüse, Tabak, Baumschulen u. a.) gekennzeichnet. Dabei ist in Regionen, die einen Anbau von Sonderkulturen erlauben, eine weitere Ausdehnung des Sonderkulturanbaus sowie eine weiterhin intensive Produktionsweise feststellbar. Der Anteil der mit Sonderkulturen bestellten Fläche an der gesamten landwirtschaftlichen Nutzfläche betrug 1995 in Baden-Württemberg 3,5 % und lag damit deutlich über dem Bundesdurchschnitt von 1,3 % (KAPPELMANN und SEITZ 1996, BML 1995). Den größten Teil der landwirtschaftlich genutzten Fläche Baden-Württembergs nimmt jedoch die Ackerfläche mit rund 57 % vor dem Dauergrünland mit rund 40 % ein.

Die Ackerfläche Baden-Württembergs wird zu ca. 65 % mit Getreide bestellt (Abb. 40). Unter den Getreidearten nimmt Winterweizen vor Sommer- und Wintergerste eine dominierende Rolle ein. Hafer und Körnermais haben bereits eine deutlich geringere Bedeutung, wobei im Oberrheingebiet der Körnermaisanbau in der Vergangenheit deutlich ausgedehnt wurde und in einigen Gemeinden bereits ein Fruchtfolgeanteil von über 60 % einnimmt.

Auf rund 14 % der Ackerfläche werden derzeit Futterpflanzen angebaut. Unter den Futterpflanzen dominiert Silomais, mit einem Anteil von 62 % vor Klee- und Kleegrasgemischen mit 28 %.

Mit gut 4 % haben Hackfrüchte (Kartoffeln, Zuckerrüben etc.) nur einen geringen Anteil an den ackerbaulichen Kulturen. Sie sind jedoch sehr stark regional konzentriert. So befindet sich über die Hälfte der Zuckerrübenanbaufläche des Landes in den Kreisen Heilbronn, Ludwigsburg und dem Rhein-Neckar-Kreis. Die Kartoffelanbaufläche konzentriert sich auf die Kreise Heilbronn, Breisgau-Hochschwarzwald, Ludwigsburg und den Ortenaukreis.

Derzeit werden etwa 6 % der baden-württembergischen Ackerfläche mit Ölfrüchten, insbesondere mit Winterraps und Körnersonnenblumen, bestellt. Die Ölfrüchteanbaufläche ist in den letzten Jahren durch erhebliche Schwankungen gekennzeichnet. Stieg der Anbau von Winterraps von rund 30 000 ha im Jahr 1981 auf 65 600 im Jahr 1991 an, so nahm in Folge der EU-Agrarreform diese Fläche um 40 % ab. Erst durch die Nutzung von Winterraps als nachwachsender Rohstoff war 1995 wieder ein Anstieg auf 44 900 ha zu verzeichnen.

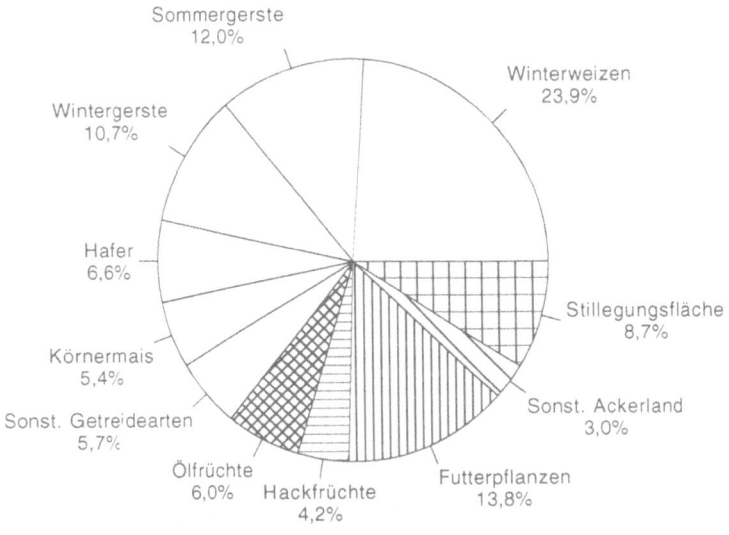

Getreideanteil 64,3 %
Ackerland insgesamt 840 436 Hektar

Abb. 40: Ackerlandnutzung in Baden-Württemberg 1995 (KAPPELMANN und SEITZ 1996).

Sonderkulturen wie Hopfen, Tabak und Lein haben lediglich regionale Bedeutung. Auch die Rebflächen sowie die Obst- und Gartenbauflächen konzentrieren sich bevorzugt auf einzelne Regionen. Die Weinbaufläche umfaßt in Baden-Württemberg derzeit rund 27 500 ha, wobei die größten Weinanbaugebiete im Rheintal, in Tauberfranken sowie im Neckar- und Remstal liegen. Der Obstbau (Baum- und Strauchbeerenobst) mit einer Anbaufläche von 20 500 ha hat seine Schwerpunkte in erster Linie im Bodenseegebiet und in der Region Südlicher Oberrhein, daneben befinden sich größere Obstanbaugebiete im Kreis Heilbronn, im Hohenlohekreis und in der Region Stuttgart. Die Gartenbauflächen, auf denen über 20 % der landwirtschaftlichen Verkaufserlöse Baden-Württembergs erzeugt werden, konzentrieren sich hauptsächlich auf das untere und mittlere Neckartal und den Breisgau. In diesen Regionen befinden sich fast 50 % der Zier- und Gemüsepflanzenfläche Baden-Württembergs (KAPPELMANN und SEITZ 1996).

Durch die EU-Agrarreform und die damit verbundene Stillegungsverpflichtung kam es zu einer deutlichen Flächenzunahme der Dauer- und Rotationsbrache. Lagen in den 80er Jahren in Baden-Württemberg durchschnittlich 3 000 ha Ackerland brach, so stieg diese Fläche im Jahr 1995 auf 73 000 ha, dies entspricht 8,7 % der Ackerfläche. Dabei treten deutliche regionale Unterschiede bezüglich der Stillegungsquote auf (KAPPELMANN und SEITZ 1996).

Das Dauergrünland nimmt in Baden-Württemberg rund 590.000 ha ein. Dabei wird der mit rund 80 % überwiegende Teil des Grünlandes ausschließlich als Wiese zur Futtererzeugung (Silage-, Heu- und Öhmdgewinnung) genutzt (KAPPELMANN und SEITZ 1996). Die Weidenutzung sowie die kombinierte Nutzung des Grünlandes als Wiese und Weide spielt dagegen in Baden-Württemberg eine geringere Rolle (Kap. 4.2.3.1). Der Schwerpunkt der Grünlandnutzung liegt im württembergischen Allgäu und in den Mittelgebirgslagen (Schwarzwald, Schwäbische Alb). In den Landkreisen Ravensburg, Lörrach, Waldshut, Tuttlingen und dem Schwarzwald-Baar-Kreis beträgt der Anteil des Dauergrünlandes an der landwirtschaftlichen Nutzfläche über 60 %.

4.6.9 Vergleich der landwirtschaftlichen Struktur innerhalb der EU

Anfang der 90er Jahre bewirtschafteten in den damaligen 12 Ländern der Europäischen Gemeinschaft rund 7,3 Mio. landwirtschaftliche Betriebe eine Fläche von knapp 119 Mio. ha landwirtschaftliche Nutzfläche (LF). Durch die Erweiterung der EU um Finnland, Österreich und Schweden im Jahre 1995 hat die Zahl der Betriebe auf 7,8 Mio. und die LF auf etwa 128 Mio. ha zugenommen.

Die Geschwindigkeit des Strukturwandels variiert in den einzelnen Ländern der EU erheblich. Während in den letzten Jahren in Großbritannien die Zahl der landwirtschaftlichen Betriebe weitgehend gleich blieb, nahm im Zeitraum von 1989 bis 1993 in Portugal die Zahl der Betriebe um 18 % ab. Einen ebenfalls rasch verlaufenden Strukturwandel mit einer Verringerung zwischen 10 und 15 % wiesen Luxemburg, Frankreich, Spanien und Belgien auf. Deutschland lag mit einer Abnahme der Betriebe von 7 % in den Jahren von 1989 bis 1993 geringfügig unter dem Durchschnitt der EU (EU-15) von 9 % (BML 1996a).

Die großen strukturellen Unterschiede innerhalb der EU werden bei der Betrachtung der durchschnittlichen Betriebsgröße in den einzelnen Ländern deutlich. So reicht die Spannweite für die mittlere Betriebsgröße von 67,3 ha in Großbritannien bis zu 4,3 ha in Griechenland. Im Durchschnitt entfielen 1993 auf jeden Bauernhof rund 16,4 Hektar, wobei ein deutliches Nord-Süd-Gefälle zu beobachten ist. In Deutschland wiesen die Betriebe eine mittlere Flächengröße von 28,1 ha LF auf (Abb. 41). Beachtlich ist, daß 1993 fast 60 % aller Höfe der EU über eine Flächenausstattung von weniger als 5 Hektar verfügten (BML 1996a). Dies läßt vermuten, daß der Strukturwandel in den meisten Ländern der EU weitergehen wird.

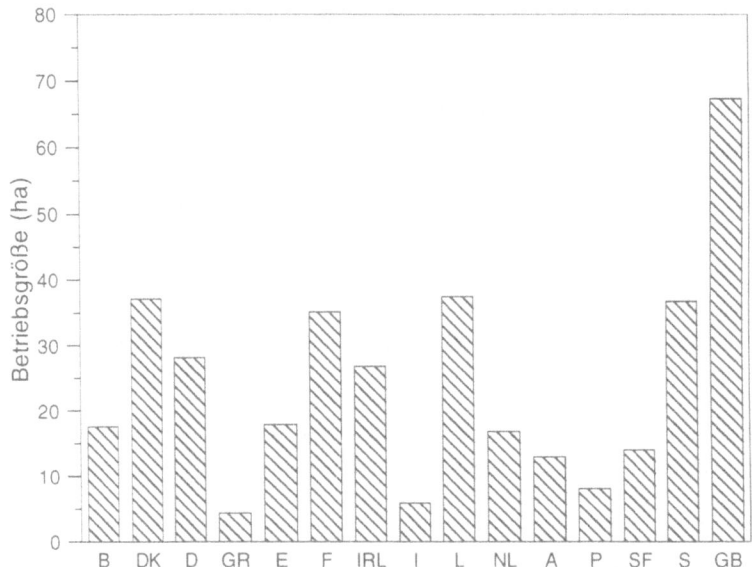

Abb. 41: Durchschnittliche Flächenausstattung der Betriebe in den Ländern der EU 1993 (BML 1996a).

Entsprechend der vorherrschenden Betriebsgröße, der Betriebsform und den natürlichen Standortsverhältnissen variiert das Einkommen der landwirtschaftlichen Betriebe innerhalb und zwischen den Ländern der EU erheblich. Das durchschnittliche Betriebseinkommen je buchführendem Haupterwerbsbetrieb lag im Wirtschaftsjahr 1993/94 in Deutschland bei 50 026 DM und damit über dem EU-Durchschnitt von 40 742 DM (Abb. 42). Die höchsten Betriebseinkommen wurden in den Niederlanden mit 117 618 DM und in Großbritannien mit 103 541 DM erzielt. In den südeuropäischen Ländern Portugal, Griechenland, Spanien und

Italien wurden je landwirtschaftlichem Haupterwerbsbetrieb die geringsten Einkommen erwirtschaftet.

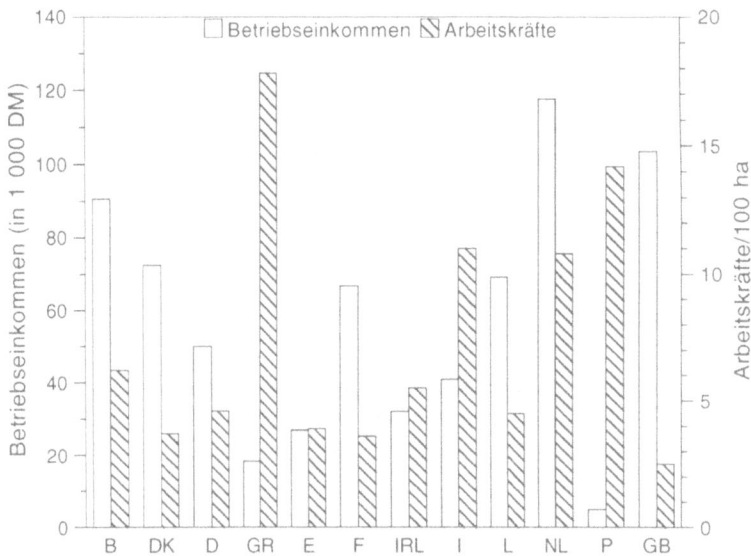

Abb. 42: Durchschnittliches Betriebseinkommen je Haupterwerbsbetrieb und Arbeitskräftebesatz pro 100 ha LF der Betriebe in den Ländern der EU 1993 (BML 1995, BML 1996a).

Die Landwirtschaft einschließlich der vor- und nachgelagerten Wirtschaftszweige spielt als Arbeitgeber in der EU eine immer geringere Rolle. Diese Entwicklung kann in einzelnen Regionen, insbesondere wenn keine außerlandwirtschaftlichen Arbeitsmöglichkeiten vorhanden sind, zu beachtlichen Abwanderungsbewegungen bis hin zur Entvölkerung einzelner Landstriche führen. Die Wiederansiedelung von landwirtschaftlichen Betrieben in bereits von der Landwirtschaft aufgegebenen Gebieten ist äußerst schwierig, wie zahlreiche Beispiele aus verschiedenen EU-Ländern zeigen (MEZGER 1995, BÄTZING 1994, SCHAUER 1994). Ziel der EU-Agrarpolitik sollte es daher auch sein, eine Mindestdichte an landwirtschaftlichen Betrieben zu sichern, um wichtige Funktionen einer Region und Landschaft (Infrastruktur, Lawinenschutz, Fremdenverkehr etc.) zu erhalten.

Im Jahre 1993 arbeiteten in der Landwirtschaft der damaligen 12 EU-Länder rund 15 Mio. Menschen, ohne die in einigen Betriebszweigen bedeutenden Saisonarbeitskräfte. Davon war allerdings nur etwa ein Viertel voll und dauerhaft in der Landwirtschaft beschäftigt (BML 1995).

Zwischen den Ländern der Europäischen Union bestehen deutliche Unterschiede bezüglich des Arbeitseinsatzes pro Flächeneinheit. Dabei reicht die Spannweite von 2,5 Vollzeit-Arbeitskräften pro 100 ha in Großbritannien mit vielen flächenreichen Marktfruchtbetrieben bis zu 18 Vollzeit-Arbeitskräften pro 100 ha in Griechenland mit einem hohen Anteil flächenarmer, arbeitsintensiver Dauerkultur- und Gartenbaubetriebe (Abb. 42). Der durchschnittliche Arbeitskräfteeinsatz pro 100 Hektar liegt in den EU-Ländern derzeit bei 5,6 (BML 1995).

Die geringe volkswirtschaftliche Bedeutung der Land- und Forstwirtschaft in der EU wird auch in dem mit 2,6 % niedrigen Anteil an der Bruttowertschöpfung deutlich. Innerhalb der Länder der EU treten jedoch erhebliche Unterschiede im Anteil der Land- und Forstwirtschaft an der Bruttowertschöpfung auf. So trägt die Land- und Forstwirtschaft in Griechenland mit rund 17 % wesentlich zur Bruttowertschöpfung dieses Landes bei, während die volkswirtschaftliche Bedeutung in Deutschland mit lediglich 1,1 % marginal ist (BML 1995).

4.6.10 Strukturelles Leitbild

Da die Umweltverträglichkeit der Landbewirtschaftung nicht eindeutig von der Betriebsgröße und der Erwerbsform beeinflußt wird, ist aus ökologischer Sicht keine bestimmte landwirtschaftliche Struktur anzustreben (siehe Kap. 4.6.2). Zur Förderung einer ökosystemgerechten, nachhaltigen Landwirtschaft bedarf es vielmehr problemspezifischer Maßnahmen, wie einer fundierten Beratung, der Gewährung von Investitionsbeihilfen zur Förderung umweltschonender Produktionstechniken oder der Einführung von Agrarumweltprogrammen (siehe Kap. 4.8).

Eine wirtschaftlich nachhaltige Landbewirtschaftung ist jedoch nur dann gegeben, wenn die Einkommenssituation und die soziale Sicherung sowie die soziale Attraktivität der in der Landwirtschaft Tätigen den Verhältnissen der Bevölkerung in vergleichbaren außerlandwirtschaftlichen Tätigkeiten entspricht (vgl. Kap. 4.7.2.1). Bei der Betrachtung der baden-württembergischen Betriebe wird deutlich, daß das Einkommen der Haupterwerbsbetriebe wesentlich von der Betriebsgröße beeinflußt wird. Dabei entspricht das durchschnittliche Einkommen größerer Haupterwerbsbetriebe etwa dem außerlandwirtschaftlichen Vergleichseinkommen. Es zeigt sich aber auch, das das Einkommen in Nebenerwerbsbetrieben, daß sich aus dem außerlandwirtschaftlichen und dem landwirtschaftlichen Einkommen zusammensetzt, etwa dem größerer Haupterwerbsbetriebe entspricht. Dagegen sind besonders kleinere und mittlere Haupterwerbsbetriebe in den letzten Jahren trotz umfangreicher Subventionen immer weniger in der Lage, ein sozial ausreichendes Einkommen zu erzielen (GROSSKOPF 1996). Das Ziel einer weitgehend flächendeckenden Landbewirtschaftung dürfte sich daher langfristig hauptsächlich durch große Haupterwerbsbetriebe und/oder durch Nebenerwerbsbetriebe erreichen lassen.

Strukturpolitische Maßnahmen sollten daher in erster Linie auf wachstums- und marktorientierte Haupterwerbs- sowie auf effizient arbeitende Nebenerwerbsbetriebe ausgerichtet werden. So sollte z. B. die Vergabe von zinsgünstigen Krediten, zusätzlich zu der üblichen Prüfung der Wirtschaftlichkeit der geplanten Investition, auch an einen Nachweis bezüglich des bisherigen betrieblichen Wirtschaftserfolges und an Kriterien hinsichtlich der Umweltverträglichkeit der geplanten Investition gebunden werden. Entsprechende strukturpolitische Maßnahmen, die der Sicherung einer langfristigen und umweltschonenden Landbewirtschaftung dienen, sind im Kapitel „Strukturpolitische Maßnahmen" (Kap. 4.7.2) beschrieben.

4.7 Agrarpolitische Maßnahmen für eine nachhaltige Entwicklung

Für eine nachhaltige Entwicklung in der Landwirtschaft müssen auf allen Ebenen der Agrarpolitik (EU, Bund und Bundesländer) deutliche Veränderungen vorgenommen werden. Die EU muß dabei das agrarpolitische Grundgerüst vorgeben, das Handlungsspielräume für nationale und regionale agrarpolitische Maßnahmen zuläßt.

Eine ausgewogene Gestaltung der agrarpolitischen Rahmenbedingungen muß ökologische, ökonomische und soziale Gesichtspunkte unter einen Hut bringen (siehe Kap. 1.1). Beispielsweise dürfen die für das Erreichen der ökologischen Ziele notwendigen Maßnahmen nicht zu einer Verdrängung der heimischen Landwirtschaft bzw. Verlagerung von landwirtschaftlichen Produktionszweigen - wie der tierischen Veredelung - ins Ausland führen, sondern die Rahmenbedingungen sind so zu gestalten, daß einer ausreichenden Zahl wettbewerbsfähiger Betriebe eine langfristige Perspektive gewährleistet wird.

Die Projektteilnehmer waren ausdrücklich der Auffassung, daß sich die Agrarpolitik für die Zielerreichung nicht auf ein bestimmtes Landbausystem (konventionell, integriert, ökologisch) festlegen sollte, sondern durch ordnungspolitische Maßnahmen und finanzielle Anreizsysteme der Weg für die Erreichung der Zielvorgaben bereitet werden muß (siehe Kap. 4.8). Der von Teilen der Öffentlichkeit und manchen Umweltverbänden als Lösungsweg einer nachhaltigen Landwirtschaft geforderte flächendeckende ökologische Landbau wurde von allen Projektbeteiligten derzeit nicht für realisierbar und sinnvoll erachtet (siehe Kap. 4.2.5.5). Die Ausweitung der ökologischen Wirtschaftsweise muß in erster Linie durch entsprechende Nachfrageimpulse am Markt erfolgen (siehe Kap. 4.2.5.3).

4.7.1 Agrarpolitische Maßnahmen der Europäischen Union

Bis in die 80er Jahre wurde die Agrarpolitik sowohl der damaligen Europäischen Gemeinschaft als auch von Bund und Ländern im wesentlichen von den in Artikel 39 des EWG-Vertrags von 1957 formulierten Zielsetzungen bestimmt (vgl. Tabelle 21, Kap. 4.5.2):
- Steigerung der landwirtschaftlichen Produktivität,
- Sicherung der landwirtschaftlichen Einkommen,
- Stabilisierung der Agrarmärkte,
- Sicherung der Nahrungsmittelversorgung.

Die Hauptanliegen waren die Produktivitätssteigerung und Einkommenssicherung mittels einer „Hochpreis-Politik", die einer umweltschonenden Landbewirtschaftung entgegenstand und maßgeblich zur Überschußproduktion beitrug. Dieser agrarpolitische Kurs führte zu einer Vielzahl von Problemen, so daß ein grundlegender agrarpolitischer Kurswechsel erforderlich war, der mit der EU-Agrarreform 1992 vollzogen wurde. Als Kompromiß einigte man sich auf folgendes Grundkonzept (Kap. 4.5.3):

1. Die Agrarpreise der wichtigsten Produkte werden deutlich gesenkt und orientieren sich am Weltmarkt.
2. Die Einkommensminderungen durch die erheblichen Agrarpreissenkungen werden durch flächenbezogene[10] Ausgleichszahlungen abgefedert. Zur Reduzierung der Überschüsse muß ein Teil der Fläche stillgelegt werden.
3. Im Rahmen der sogenannten *flankierenden Maßnahmen* gibt es finanzielle Anreize für umweltschonende Bewirtschaftung (z. B. 50 %ige Mitfinanzierung von Agrarumweltprogrammen der Bundesländer, Förderung des ökologischen Landbaus).

Dieses Konzept der EU-Agrarreform enthält im Prinzip das agrarpolitische Grundgerüst für eine Entwicklung in Richtung Nachhaltigkeit, muß aber noch weiterentwickelt und ergänzt werden. Die Hauptkritikpunkte an der EU-Agrarreform bestehen darin, daß die Reform nur bestimmte Agrarprodukte in die Marktordnung einschließt und bislang noch keine Konzeption verankert ist, wie die leistungslosen Transferzahlungen längerfristig in leistungsgebundene überführt werden können. Dies ist jedoch dringend erforderlich, da sich leistungslose Zahlungen auf Dauer vermutlich nicht vor der Öffentlichkeit rechtfertigen lassen. Außerdem dürfte die Agrarpolitik aufgrund der weiter abnehmenden wirtschaftlichen Bedeutung des Agrarsektors an Einflußnahme beim Ringen um die knapper werdenden öffentlichen Finanzmittel mehr und mehr ins Hintertreffen geraten. Die Agrarpolitik ist daher aufgefordert, den umfangreichen Einsatz öffentlicher Finanzmittel für die Landwirtschaft (vgl. Tabelle 19 und 20, Kap. 4.5.1) dafür zu nutzen, die Landwirtschaft nachhaltig zu gestalten und sie auf den Weg einer ressourcenschonenden Bewirtschaftung zu bringen. Nur wenn es gelingt, in der Öffentlichkeit durch wahrnehmbare positive Umweltwirkungen das Vertrauen in die heimische Landwirtschaft zu stärken, wird es der Agrarpolitik langfristig ermöglicht, für die heimische Landwirtschaft öffentliche Finanzmittel einzufordern.

Nachfolgend sind wesentliche Leitlinien für eine nachhaltige Gestaltung und Weiterentwicklung der zukünftigen „Gemeinsamen Agrarpolitik" (GAP) aufgeführt, die

---

[10] Analog zu den Flächenprämien wurden zum Ausgleich der Preissenkungen beim Rindfleisch Tierprämien für die Bullenmast und Mutterkuhhaltung eingeführt, wobei ein gleichzeitiger Bezug von Flächen- und Tierprämien ausgeschlossen ist.

Agrarpolitische Maßnahmen   221

sich nach der Sichtweise der Autoren aus den Gutachten und Workshopergebnissen ableiten lassen (vgl. NEANDER und GROSSKOPF 1996, DABBERT et al. 1996, GROSS-KOPF 1996, ZEDDIES 1996a):

1) Annäherung der Agrarpreise an das Weltmarktpreisniveau und Einbeziehung weiterer Agrarprodukte in die EU-Agrarreform
Eine Annäherung der EU-Agrarpreise an das Weltmarktpreisniveau durch den weiteren Abbau des Außenschutzes, wie er in den GATT-Vereinbarungen vorgesehen ist, kann die Nachhaltigkeit der Agrarproduktion verbessern, da einerseits Marktordnungskosten hinfällig und andererseits das Intensitätsniveau und somit auch die Umweltbeeinträchtigungen reduziert werden. Aus diesem Grunde sollte die mit der Reform begonnene schrittweise Annäherung der Agrarpreise an das Weltmarktniveau durch die Rückführung der Erzeugerpreisstützungen fortgesetzt und auf andere Produkte - wie Zucker, Wein, Gemüse und Obst - ausgedehnt werden. Eine Einbeziehung aller Produkte in die EU-Agrarreform bzw. ein Abbau der unterschiedlichen Preisstützungsniveaus, würde darüber hinaus den Wettbewerbsunterschieden zwischen Nutzpflanzenarten und dem dadurch eingeschränkten Anbauspektrum auf den Ackerflächen entgegenwirken (vgl. Kap. 4.5.3).

2) Flächenstillegung zunächst flexibel gestalten und zukünftig sinnvoll nutzen
An einer flexiblen Flächenstillegung sollte in den nächsten Jahren aufgrund der derzeitigen Schwankungen und Unsicherheiten auf den Weltagrarmärkten als marktregulierendes Instrument festgehalten werden. Sobald sich eine Stabilisierung der Weltagrarmärkte abzeichnet, sollte für einen längerfristigen Zeitraum eine bestimmte Stillegungsquote festgelegt werden, so daß die stillgelegten Flächen gezielt und vor allem planbar für den Anbau von nachwachsenden Rohstoffen genutzt werden können. Ein Anteil von ca. 10 % der Stillegungsfläche sollte - regional differenziert - dauerhaft für Naturschutzzwecke aus der landwirtschaftlichen Produktion genommen werden.

3) Langfristige ökonomische Rahmenbedingungen
In Anbetracht der abzusehenden Erweiterung der EU nach Osteuropa und den daraus resultierenden Veränderungen ist es für die Stärkung der Wettbewerbsfähigkeit der europäischen Landwirtschaft erforderlich, die im nächsten Jahrzehnt anstehenden Einschnitte schon heute weitgehend festzulegen. Werden die Landwirte im unklaren gelassen, ist es für sie äußerst schwierig, ihren Betrieb für den internationalen Wettbewerb zu rüsten, da wettbewerbsschwächende Fehlinvestitionen vorprogrammiert sind. Beispiele sind:
- der Abschluß langfristiger Pachtverträge, deren Pachtpreis aufgrund der heutigen flächengebundenen Ausgleichszahlungen ein sehr hohes Niveau aufweist (siehe Kap. 4.6.6).

- Kauf von Milchquoten oder Zuckerrübenlieferrechten für eine Betriebsaufstockung, wobei nicht auszuschließen ist, daß die Quotenregelung bei Milch und Zuckerrüben in absehbarer Zeit nicht mehr aufrechterhalten werden kann (vgl. Wissenschaftlicher Beirat beim BML 1994b; Agra-Europe 26/96).

4) EU-einheitliche Umweltstandards

Um Wettbewerbsverzerrungen in der europäischen Landwirtschaft zu vermeiden, bedarf es in der EU nicht nur einheitlicher Agrarpreise, sondern es müssen auch die gleichen Umweltstandards gelten. Kommt es aus regionalspezifischen Gründen in den einzelnen Ländern zu strengeren Umweltauflagen, müssen die dadurch entstandenen betriebswirtschaftlichen Verluste bzw. Aufwendungen auf Länderebene z. B. im Rahmen von Umweltprogrammen entschädigt werden. Auf der anderen Seite muß darauf geachtet werden, daß Umweltprogramme nicht als nationale oder regionale Subventionsschiene zweckentfremdet werden, und dadurch ein Subventionswettlauf zwischen den EU- oder Bundesländern entfacht wird (siehe Kap. 4.8.3.1).

5) Stärkere Bindung der Ausgleichszahlungen an ökologische Leistungen

Das derzeitige System der Ausgleichszahlungen, das an den Anbau bestimmter Kulturarten (bzw. die Haltung bestimmter Tiere) gebunden ist, hat folgende negative Auswirkungen:

- Die Prämien bewirken eine Verfestigung der Anbaustrukturen (bzw. begünstigen bestimmte Tierarten).
- Die regional, aber nicht standörtlich differenzierten Flächenprämien für die wichtigsten Ackerkulturen begünstigen z. B. den ökologisch bedenklichen Ackerbau auf ertragsschwachen, flachgründigen Standorten, die ohne diese Prämien eigentlich für die Grünlandnutzung prädestiniert wären.
- Die leistungslosen Ausgleichszahlungen wirken preistreibend auf den Pacht- und Bodenmarkt und sind somit strukturkonservierend.
- Flächenstarke Ackerbaubetriebe werden durch das derzeitige Prämiensystem begünstigt, wodurch Bundesländer mit kleinstrukturierter Landwirtschaft (z. B. Baden-Württemberg) benachteiligt werden.
- Spätestens mit dem EU-Beitritt flächenstarker osteuropäischer Länder ist das derzeitige System nicht mehr finanzierbar.
- Auf Dauer lassen sich leistungslose Transferzahlungen im derzeitigen Umfang vermutlich nicht vor der Öffentlichkeit rechtfertigen.

Eine Veränderung des derzeitigen Prämiensystems bis zum nächsten Jahrzehnt ist also unumgänglich. Die bevorstehenden Änderungen dürfen allerdings nicht so lange hinausgeschoben werden, bis abrupte, wettbewerbsschwächende Veränderungen der agrarpolitischen Rahmenbedingungen unausweichlich sind. Eine Neugestaltung des agrarpolitischen Systems der EU muß aber auch sicherstellen, daß zumindest bei den jetzigen niedrigen Erzeugerpreisen sowie den hohen Fixkosten (insbe-

Agrarpolitische Maßnahmen 223

sondere Pacht- und Bodenpreise) weiterhin ausreichende Transferzahlungen an die Landwirtschaft erfolgen. Andernfalls ist der Anbau vieler Kulturarten betriebswirtschaftlich nicht mehr lohnend und die Landwirtschaft wird sich vermutlich aus den benachteiligten Agrarregionen zurückziehen.

Einen möglichen Lösungsweg zur Entschärfung dieser Probleme sehen die Autoren in der schrittweisen Bindung der heutigen flächengebundenen Ausgleichszahlungen an ökologische Leistungen. Ergänzend dazu wird ein zeitlich begrenzter personengebundener „Regionalausgleich" vorgeschlagen, der eventuell an ökologische Mindeststandards zu koppeln wäre (s. u.).

Die Bindung der Ausgleichszahlungen an erbrachte ökologische Leistungen sollte im Rahmen eines EU-weiten, regional differenzierten Ökopunkteprogramms erfolgen (siehe Kap. 4.8.3.3), das durch den schrittweisen Abbau der leistungslosen Flächenprämien zu finanzieren wäre. Die EU müßte dabei den Rahmen (Förderschwerpunkte, Obergrenzen der Fördermittel pro Hektar etc.) für ein EU-weites Ökopunkteprogramm vorgeben, und die detaillierte Ausgestaltung der einzelnen „Ökoprämien" sollte wie bisher bei den einzelnen Regionen liegen. Bei der Konzeption eines derartigen Umweltprogramms muß neben der ökologischen Wirksamkeit auch gewährleistet sein, daß alle Betriebstypen daran partizipieren können, um somit in den Genuß (gewisser) Transferzahlungen zu kommen. Weiterhin ist darauf zu achten, daß keine erhebliche Wettbewerbsunterschiede zwischen den Regionen entstehen. Das (modifizierte) baden-württembergische Umweltprogramm MEKA könnte Leitbild für ein EU-weites Ökopunkteprogramm sein (Kap. 4.8.3.3).

Die längerfristige Bindung der Ausgleichszahlungen an ökologische Leistungen hätte folgende Vorteile:

– Der schrittweise Umbau der Flächenprämien zugunsten der Honorierung ökologischer Leistungen forciert eine umweltschonende Landwirtschaft und gewährleistet zugleich auch gewisse Transferzahlungen als eine erarbeitete Einkommensstützung.

– Die empfohlene Entkopplung der Transferzahlungen von der Fläche würde vermutlich auch den Pachtmarkt entspannen, wodurch nicht mehr ein Großteil der öffentlichen Finanzmittel an Dritte weiterfließen würde. Derzeit führt das hohe Pachtpreisniveau dazu, daß teilweise über die Hälfte der EU-Flächenprämien den Verpächtern zugute kommt (siehe Kap. 4.6.6).

– Darüber hinaus würde die stärkere Bindung der Transferzahlungen an erbrachte ökologische Leistungen neben den positiven Umweltaspekten auch den Agrarsektor von politischen Erwägungen unabhängiger und damit planbarer machen, da sich Finanztransfers zur Honorierung von ökologischen Leistungen vor der Gesellschaft eher rechtfertigen lassen und somit sicherer sind (vgl. Kap. 2.3.5).

Der Übergang in leistungsgebundene Transferzahlungen muß allerdings schrittweise erfolgen, um einerseits betriebliche Anpassungsprozesse zu ermöglichen und anderseits ein ausgewogenes Ökopunkteprogramm zu konzipieren, das längerfristig auch den vorübergehend erforderlichen „Regionalausgleich" ersetzen würde.

6) Personengebundener „Regionalausgleich"

Solange Pflege und Erhalt einer strukturell reichhaltigen und kleinräumlich differenzierten Kulturlandschaft nur eingeschränkt als ökologische Leistung honoriert werden, sind Ökohonorare vermutlich nicht ausreichend, um die erheblichen Preisrückgänge für die meisten Agrarprodukte seit der EU-Agrarreform auszugleichen. Daher schlagen die Autoren als überleitenden Schritt einen zeitlich befristeten personengebundenen „Regionalausgleich" vor, um die strukturell bedingten Wettbewerbsnachteile gegenüber den internationalen Konkurrenten auf dem Weltagrarmarkt (z. B. USA und Kanada) zu kompensieren. Zumindest bis entsprechend ausgestaltete Ökoprogramme diesen Ausgleich ganz leisten können, benötigen insbesondere die Landwirte in strukturell benachteiligten Gebieten ein zusätzliches Einkommensstandbein. Ein derartiger „Regionalausgleich" ist so zu gestalten, daß bestehende Strukturen nicht zementiert werden, der Strukturwandel sozialverträglich voranschreiten kann und zugleich einer ausreichenden Anzahl von Betrieben insbesondere in den benachteiligten Grünlandregionen das Überleben ermöglicht wird.

Ein Ansatz zur kostenneutralen Etablierung eines solchen „Regionalausgleichs" wäre die Teilumwandlung der heutigen Flächenprämien in personengebundene Grundprämien. Beispielsweise könnte etwa die Hälfte der derzeitigen Flächenprämien in Form einer zeitlich begrenzten Sockelprämie als Ausgleichskomponente gegenüber den weltmarktbedingten niedrigen Erzeugerpreisen gewährt werden, die allerdings mit dem außerlandwirtschaftlichen Einkommen zu verrechnen wäre.

Die Sockelprämie wäre für den einzelnen Betrieb auf der Basis der bisher gewährten Prämien zu berechnen und bei erheblichen Flächenveränderungen entsprechend anzupassen, wobei die Obergrenze für die Sockelprämie je Vollzeitarbeitskraft bei maximal 20 000 DM jährlich liegen sollte. Die Festsetzung solcher personengebundener Obergrenzen sowie die degressive Verrechnung der Sockelprämie mit außerlandwirtschaftlichen Einkommen würde zu erheblichen Kosteneinsparungen führen, so daß die freiwerdenden Finanzmittel für die dringend erforderliche Ausweitung der Stützung in benachteiligten Grünlandgebieten eingesetzt werden könnten. Dies hätte den Vorteil, daß kleinstrukturierte Agrarregionen nicht mehr erheblich gegenüber großstrukturierten Regionen, wie z. B. in Ostdeutschland, benachteiligt wären.

Beispielsweise erhält ein 1 000 ha Ackerbaubetrieb, der heutzutage mit 3 Personen bewirtschaftet wird, derzeit jährlich über 500 000 DM allein an Flächenprämien. Ein durchschnittlicher Haupterwerbsbetrieb in Baden-Württemberg von rund 30 ha Ackerland hingegen erhält nur etwa 16 000 DM Flächenprämien pro Jahr. Durch die vorgeschlagene Aufteilung der Prämie verschiebt sich die Relation zugunsten kleinerer Betriebe. Der 1 000 ha Betrieb mit 3 Personen würde 60 000 DM personengebundene und nur noch 250 000 DM flächengebundene Prämien erhalten. Der baden-württembergische Durchschnittsbetrieb würde 8 000 DM personengebundene (entspricht der Hälfte der bisherigen Flächenprämien) und 8 000 DM flächengebundene Prämien, also unverändert 16 000 DM erhalten.

Die Bindung der Ausgleichszahlungen an Personen als vorübergehender „Regionalausgleich" hätte folgende Vorteile:
- Gerechtere, sozial angepaßtere Verteilung der Prämien.
- Berücksichtigung außerlandwirtschaftlicher Einkommen.
- Die Erzeugerpreise könnten sich weiterhin am Weltmarkt orientieren.
- Es würde eine gewisse Entspannung auf dem Pachtmarkt eintreten. Die Pachtausgaben sinken, wodurch der betriebswirtschaftliche Gewinn steigen und auch eine extensivere Wirtschaftsweise begünstigt würde.
- Der Strukturwandel wird weniger tangiert.
- Der Grundstein für die bevorstehende Osterweiterung wird gelegt.

7) Nutzung betrieblicher Ressourcen und regionaler Märkte
Auch jeder einzelne Betrieb ist aufgefordert, sich nicht längerfristig auf leistungslose Transferzahlungen einzustellen, sondern sich für den internationalen Wettbewerb zu rüsten. Wo die Möglichkeit besteht, sollten alternative Produktionszweige (z. B. Dienstleistungen, Fremdenverkehr, Direktvermarktung usw.) erschlossen werden (vgl. Kap. 4.4). Zu dieser Entwicklung müssen die landwirtschaftliche Beratung sowie die entsprechenden gesetzlichen Rahmenbedingungen unterstützend beitragen.

4.7.2 Strukturpolitische Maßnahmen

4.7.2.1 Strukturentwicklung und Nachhaltigkeit

Mit dem Beginn der Intensivierung und Technisierung landwirtschaftlicher Produktionsverfahren setzte in Europa ein allmählicher Strukturwandel ein, der sich seit dem Wirtschaftswachstum in den 50er Jahren beschleunigte. Seit 1950 wurden in Deutschland rund $^2/_3$ der landwirtschaftlichen Betriebe aufgegeben und die Entwicklung schreitet weiter voran (siehe Kap. 4.6.1). Welche Bedeutung hat dies für Nachhaltigkeit in der Landbewirtschaftung?

Teile der Öffentlichkeit versprechen sich vom Erhalt der traditionell bäuerlich geprägten Betriebsstrukturen eine umweltverträglichere Landbewirtschaftung. Untersuchungen zeigen jedoch, daß eine Beeinflussung des Betriebsgrößen- und Erwerbsformenspektrums, sei es eine Konservierung der gegenwärtigen landwirtschaftlichen Betriebsstrukturen oder aber eine Beschleunigung des Strukturwandels, nicht geeignet ist, um umweltpolitische Ziele zu erreichen (Kap. 4.6.2). Zur Vermeidung der durch die Landwirtschaft verursachten Umweltprobleme bedarf es in erster Linie problemspezifischer Maßnahmen. Eine Verzögerung des Strukturwandels führt höchstens zu Wettbewerbsnachteilen. Ein Vergleich der Agrarstruktur mit entsprechenden europäischen Ländern vergegenwärtigt, daß in den meisten Regionen Deutschlands noch immer erhebliche wettbewerbsschwächende Strukturdefizite bestehen (siehe Kap. 4.6.9). Insbesondere in Baden-Württemberg ist die Struktur der landwirtschaftlichen Betriebe ökonomisch ungünstig. So sind beispielsweise 54 % aller Betriebe kleiner als 10 ha und die durchschnittliche Betriebsgröße beträgt nur 16,8 ha (Kap. 4.6.3).

Wie die Vergangenheit zeigt, ist es allerdings trotz bisher getätigter umfangreicher Subventionen zum Strukturerhalt den kleineren und mittleren Vollerwerbsbetrieben weder gelungen, ein ausreichendes Einkommen zu erzielen (Kap. 4.6.7) noch die Hofnachfolge zu sichern (Kap. 4.6.5). Die Gewinne solcher Betriebe reichen in der Regel aufgrund geringer Flächenausstattung und Tierbestände nicht aus, um ihre Betriebe auf dem neuesten Stand der Technik zu halten (Kap. 4.6.8). Dadurch sind moderne umweltschonende Produktionstechniken nicht verfügbar, und arbeitsintensive Verfahren - insbesondere in der Tierhaltung - bestimmen noch den täglichen Betriebsablauf. Dies führt zu erheblichen Arbeitsbelastungen und in isoliert arbeitenden Betrieben zu der Schwierigkeit, Krankheits- und Urlaubssituationen zu bewältigen (vgl. Wissenschaftlicher Beirat beim BML 1994c). Von den Betroffenen wird das vielfach als sozialer Nachteil empfunden, den viele Hofnachfolger nicht mehr einzugehen bereit sind.

Um diese Schwächen, die insbesondere im strukturell benachteiligten Baden-Württemberg anzutreffen sind, zu entschärfen, muß es das strukturpolitische Ziel sein, kleineren Betrieben einerseits den Einstieg in außerlandwirtschaftliche Tätigkeit zu erleichtern und andererseits durch die Förderung von Betriebskooperationen die arbeitswirtschaftliche Lage zu verbessern. Vielversprechend sind beispielsweise Kooperationen zwischen Haupt- und Nebenerwerbsbetrieben, bei denen der Haupterwerbsbetrieb die maschinentechnisch anspruchsvollen Arbeiten erledigt und der Nebenerwerbslandwirt die einfacheren Aufgaben übernimmt (z. B. Pflegearbeiten von Streuobstbeständen) oder durch Wochenenddienste und Urlaubsvertretungen die soziale Lage des Haupterwerbsbetriebs verbessert. Darüber hinaus können Kooperationen zwischen Haupt- und Nebenerwerb die Gülleproblematik viehstarker Vollerwerbsbetriebe entschärfen.

Eine weitere nachteilige Wirkung kleinstrukturierter Agrarregionen ist, daß die hohe Anzahl landwirtschaftlicher Betriebe bei dem herrschenden ökonomischen Druck zu einer Konkurrenz um Flächen führt. Die Folge ist ein hohes Pacht- und Bodenpreisniveau. Insbesondere die hohen Pachtpreise, die auf guten Ackerbaustandorten bis zu 1 000 DM pro Hektar betragen können, mindern die wirtschaftliche Rentabilität vieler Betriebe, da das betriebliche Wachstum heute vorwiegend über Flächenzupacht realisiert wird (Kap. 4.6.6). Außerdem veranlaßt die Flächenknappheit viele Landwirte zu einer flächenunabhängigen Produktionsintensivierung, indem sie den Viehbestand aufstockten und billige Importfuttermittel zukauften (Kap. 4.5.2). Die

Agrarpolitische Maßnahmen 227

Folge ist, daß bei vielen tierhaltenden Betrieben eine hohe Viehbesatzdichte vorherrscht und die (zu geringe) Landfläche meistens bis an die Grenzen der Belastbarkeit bewirtschaftet wird.

In diesen Regionen würde die Eröffnung zusätzlicher oder alternativer Tätigkeitsfelder für Landwirte und ihre Familien tendenziell umweltentlastend wirken, da hierdurch der Druck bzw. Anreiz zur Intensivierung der landwirtschaftlichen Produktion vermindert wird (NEANDER und GROSSKOPF 1996). Auch die Aufgabe des Betriebes und die damit verbundene Freisetzung von Fläche kann auf den fruchtbaren Standorten zu einer Verminderung der Umweltbeeinträchtigung beitragen. Der mit einer Betriebsaufgabe einhergehende Verlust von Arbeitsplätzen muß dabei nicht zwangsweise zu sozialen Problemen für die Landwirtschaftsfamilie führen. Im Gegenteil, eine Betriebsaufgabe eröffnet insbesondere auf den fruchtbaren Standorten häufig die Möglichkeit, Betriebsvermögen durch den Verkauf von Land oder die Umnutzung von Betriebsgebäuden gewinnbringend umzuwidmen und zusätzlich außerlandwirtschaftliche Tätigkeiten aufzunehmen (vgl. Kap. 4.6.7).

Ein sich selbst überlassener allzu schneller Strukturwandel - ein Strukturwandel der nur durch die ökonomischen Rahmenbedingungen der Markt- und Preispolitik bestimmt wird - verursacht allerdings auch Probleme. In den Grenzertragsregionen - wie z. B. in den benachteiligten Grünlandregionen Baden-Württembergs - führt der Anpassungsdruck zu einem Rückzug der Landwirtschaft. In diesen Regionen besteht zur Zeit keine ausreichende Nachfrage für freiwerdende Flächen, so daß viele Flächen brachfallen (Kap. 4.6.3). Typisch für die benachteiligten Regionen ist der sehr hohe Anteil an Nebenerwerbsbetrieben von über 80 %, so daß vermutlich viele Betriebe beim nächsten Generationswechsel aufgeben werden und eine flächendeckende Landbewirtschaftung nicht mehr aufrechterhalten werden kann. Damit ist aber auch eine erhebliche Veränderung der über Jahrhunderte geschaffenen, hochempfindlichen Agrarökosysteme nicht auszuschließen. Der Bestand einer Vielzahl von Tier- und Pflanzenarten sowie von Teilen unserer gewohnten Kulturlandschaft mit ihrem Freizeit- und Erholungswert wäre gefährdet mit Rückwirkungen beispielsweise auf den Fremdenverkehr.

Hieraus folgt, daß unter Nachhaltigkeitsaspekten das strukturelle Leitbild der zukunftsfähige „unternehmerisch" geprägte (Familien-)Betrieb sein sollte, der den heutigen Ansprüchen eines Hofnachfolgers an Betriebsgröße und Lebensstandard gerecht wird. Von dem in Teilen der Öffentlichkeit romantisierten traditionellen Leitbild des „(klein)-bäuerlichen" Familienbetriebs sollte Abstand genommen werden, da es sich zu sehr auf die Erhaltung von nicht zukunftsfähigen Betrieben konzentriert - auf Betriebe ohne Hofnachfolger. Daß im Grunde nur sehr wenig Bürger bereit sind, die sozialen Nachteile eines isoliert arbeitenden „bäuerlichen" Familienbetriebs einzugehen, wird vielen jungen Bäuerinnen und Bauern spätestens bei der Partnersuche deutlich.

Insgesamt kann eine „nachhaltige" Tätigkeit in der Landwirtschaft langfristig nur erwartet werden, wenn die Einkommenssituation, die soziale Sicherung und die soziale Attraktivität dem Vergleich mit nichtlandwirtschaftlichen Gesellschaftsgruppen aushalten (vgl. GROSSKOPF 1996). Diesem Anspruch können sowohl Nebenerwerbsbetriebe als auch größere Haupterwerbsbetriebe, die arbeitswirtschaftlich straff organisiert sind, standhalten. In den Regionen, in denen die Betriebe mit agrarischer Produktion allein nicht mehr konkurrenzfähig sind, muß überlegt werden, inwieweit Kooperationen oder neue Märkte und Vermarktungsformen einschließlich der Landschaftspflege neue Einkommensmöglichkeiten eröffnen (vgl. Kap. 4.4). Hier hat auch die angestrebte Honorierung ökologischer Leistungen einen ihrer wichtigsten Ansatzpunkte (siehe Kap. 4.8.3).

Die Struktur- und Umweltpolitik sind also gefordert, ihre Instrumente differenzierter auszugestalten, damit den verschiedenartigen regionalen Belangen Rechnung getragen wird. Beispielsweise erfordert die Entschärfung des aufgeführten Problems der Flächenkonkurrenz auf den landwirtschaftlichen Gunststandorten und die Verhinderung des Rückzugs der Landwirtschaft aus Grenzertragsregionen nahezu gegensätzliche politische Signale. So muß beispielsweise in den benachteiligten (Grünland)-Regionen eine bestimmte Viehbesatzdichte aufrechterhalten werden. An den Gunststandorten hingegen herrscht häufig ein zu hoher betrieblicher sowie auch regionaler Viehbesatz vor (siehe Kap. 4.6.8).

4.7.2.2 Gestaltung der Gemeinschaftsaufgabe

Kernstück der Agrarstrukturpolitik in der Bundesrepublik Deutschland ist seit 1969 die Gemeinschaftsaufgabe „Verbesserung der Agrarstruktur und des Küstenschutzes", in der bestimmte Fördermaßnahmen auf der Basis einheitlicher Grundsätze von Bund und Ländern gemeinsam geplant und finanziert werden. Die Gemeinschaftsaufgabe umfaßt im wesentlichen die Maßnahmen (siehe Kap. 4.5.1):

- Förderung von Flurneuordnungen und Infrastrukturverbesserungen,
- einzelbetriebliche Investitionsförderung,
- Förderung benachteiligter Agrarregionen.

Traditionell war die Agrarstrukturpolitik darauf angelegt, die landwirtschaftliche Produktivität und die Wettbewerbsfähigkeit zu steigern. Daher stellten die Flurbereinigung und die Investitionsförderung zunächst die wichtigsten Eckpfeiler der Gemeinschaftsaufgabe dar (HENRICHSMEYER und WITZKE 1994). Im Zuge der Überschußproblematik rückten direkte Einkommensübertragungen an die landwirtschaftlichen Betriebe - wie die Förderung von benachteiligten Gebieten durch die sogenannte „Ausgleichszulage" - in den Vordergrund.

Im Zuge der EU-Agrarreform kam es jedoch zu einer grundlegenden Veränderung der agrarpolitischen Rahmenbedingungen, so daß die Prioritäten des Finanzmitteleinsatzes neu geordnet werden müssen. Insbesondere die Ausgleichszulage, die mit rund 1 Mrd. DM pro Jahr den größten Einzelposten in der Gemeinschaftsaufgabe einnimmt (vgl. Tabelle 19, Kap. 4.5.1), verdeutlicht den strukturpolitischen Handlungsbedarf. Durch die Ausgleichszulage wird in Deutschland relativ undifferenziert über 50 % der landwirtschaftlich genutzten Fläche gefördert, in Baden-Württemberg sogar über 60 %.

Diese breite Streuung der Fördermittel schließt einen zielorientierten Mitteleinsatz praktisch aus. Das Ziel der Ausgleichszulage, standortbedingte Nachteile auszugleichen und eine flächendeckende Landbewirtschaftung zu gewährleisten, könnte durch eine differenzierte Honorierung von ökologischen Leistungen, beispielsweise im Rahmen eines Ökopunkteprogramms, deutlich effizienter erreicht werden (siehe Kap. 4.8.3.3). Vor allem müßte den unterschiedlichen Voraussetzungen innerhalb der benachteiligten Gebiete stärker Rechnung getragen werden.

Gefördert wurden ursprünglich in erster Linie tatsächliche Grenzstandorte - Standorte, auf denen sich eine Landbewirtschaftung kaum mehr lohnte. Mit der Ausweitung der Förderung Mitte der achtziger Jahre ist allerdings die Vorteilhaftigkeit der ursprünglich allein begünstigten extensiven Futterflächennutzung durch Rinder und Schafe gegenüber intensiveren Acker- und Grünlandnutzungen deutlich reduziert worden (Wissenschaftlicher Beirat beim BML 1994c). Durch die Ausweitung ist die Förderung nun nicht mehr zielorientiert und wirkt somit letztlich strukturverbessernden Politikmaßnahmen (Produktionsaufgaberente, Landabgabeprämien u. a.) entgegen, da undifferenzierte Prämienzahlungen im allgemeinen strukturkonservierend wirken.

Auch das Nebenziel der Ausgleichszulage, eine Mindestbesiedlungsdichte in den benachteiligten Regionen zu erhalten, kann durch die Förderung außerlandwirtschaftlicher Arbeitsplätze effizienter als durch den Erhalt von nicht zukunftsfähigen Arbeitsplätzen in der Landwirtschaft geschehen. Zudem führt eine Abnahme der landwirtschaftlich Beschäftigten in der Regel zu keiner Abwanderung aus der Region. Es ist sogar in vielen ländlichen Gemeinden trotz des beobachteten Strukturwandels eine Zunahme der Bevölkerung zu verzeichnen (Wissenschaftlicher Beirat beim BML 1994c).

Prinzipiell stellt die Gemeinschaftsaufgabe ein geeignetes Instrumentarium dar, um eine nachhaltige Entwicklung in der Landwirtschaft auf nationaler Ebene zu forcieren. Die derzeit bei den Förderungen dominierende Einkommensstützung ist allerdings nicht zielkonform mit einer ökosystemgerechten und nachhaltigen Landbewirtschaftung. Zukünftig muß sich der Finanzmitteleinsatz stärker an umweltrelevanten Belangen orientieren. Die Instrumente der Gemeinschaftsaufgabe sollten sich unseres Erachtens auf folgende vier Säulen konzentrieren (vgl. GROSSKOPF 1996):

1. Forcierung einer umweltschonenden Landbewirtschaftung durch Investitionserleichterungen für Umweltschutztechniken und artgerechte Tierhaltungssysteme (z. B. Güllelagerung und -ausbringung, bodenschonende Bearbeitung, Errichtung tiergerechter Stallhaltungssysteme).

2. Förderung von Betriebskooperationen und überbetrieblicher Zusammenarbeit, um die Wettbewerbsfähigkeit sowie die arbeitswirtschaftliche Lage zu verbessern.

3. Erleichterung des Einstiegs in außerlandwirtschaftliche Tätigkeiten und Förderung von Einkommenskombinationen, um den unausweichlichen Strukturwandel sozial abzufedern.
4. Erleichterung der Integration von landwirtschaftlicher Nutzung und ökologischen Zielen durch:
   - eine Neuausrichtung der Ausgleichszulage, indem die umfangreichen Finanzmittel für eine zielgerichtete Honorierung ökologischer Leistungen, z. B. im Rahmen eines Ökopunkteprogramms, verwendet werden (vgl. Kap. 4.8.3.3).
   - Forcierung von Flurneuordnungen, die die Funktionalität unserer Kulturlandschaft (Grund-, Hochwasser-, Biotop- und Artenschutz, Austauschfunktion, Erholung etc.) erhält bzw. wieder herstellt (vgl. Kap. 4.2.1).

Insgesamt ist eine auf Nachhaltigkeit orientierte Strukturpolitik im Vergleich zur bisherigen Definition der Strukturpolitik differenzierter zu sehen. Es geht nicht wie früher nur darum, mittels undifferenzierter Investitionsförderungen, Einkommensübertragungen oder Flurbegradigungen den Betrieben das Überwinden von Hemmnissen zu erleichtern, wie z. B. die Bewältigung struktureller Anpassungen an sich im Laufe der Zeit verändernde Rahmenbedingungen (Agrarmärkte, Produktionsverfahren u. a.). Es gilt vielmehr, eine Anpassung an nachhaltige, ressourcenschonende Produktionsweisen auch dann zu forcieren, wenn Signale von Märkten diese Notwendigkeit nicht - oder noch nicht - signalisieren.

4.8 Umweltpolitische Maßnahmen

Die agrarwirtschaftlichen Rahmenbedingungen in den zurückliegenden Dekaden führten zu einer veränderten, einseitig ausgerichteten Flächennutzung und zu einer hohen Intensität in der landwirtschaftlichen Produktion, die häufig über dem umweltverträglichen Niveau liegt. Nitratauswaschungen, Kontamination von Böden und Wasser mit Pflanzenschutzmitteln, Bodenerosion, Emissionen klimarelevanter Gase und Rückgang der Artenvielfalt sind sichtbare, daraus resultierende Umweltbeeinträchtigungen (siehe Kap. 4.1), die in den 80er Jahren die Agrarpolitik zum Handeln zwangen (vgl. GROSSKOPF und NEANDER 1996).

Zwischenzeitlich gibt es eine Vielzahl von umweltpolitischen Maßnahmen auf EU-, Bund- und Länderebene in Form von freiwilligen umweltpolitischen Förderprogrammen (siehe Tabelle 28, Kap. 4.8.3) und ordnungspolitischen Vorgaben (siehe Tabelle 23, Kap. 4.8.2). Die wichtigsten ordnungspolitischen Maßnahmen sind die Düngeverordnung und Nutzungsbeschränkungen in Wasserschutzgebieten, wobei für die Einschränkungen in Wasserschutzgebieten Ausgleichszahlungen gewährt werden. Die Schutzgebiets- und Ausgleichsverordnung (SchALVO) in Baden-Württemberg ist ein Beispiel dafür (Kap. 4.8.2.3). Die bedeutendsten Programme zur Förderung umweltgerechter Produktionsverfahren durch finanzielle Anreize sind die von der EU kofinanzierten Agrarumweltprogramme der Bundesländer (Kap. 4.8.3.1).

Umweltpolitische Maßnahmen sind ein wesentliches Steuerungsinstrument für eine nachhaltige Entwicklung in der Landwirtschaft, daher werden in den nachfolgenden Kapiteln die wesentlichen umweltpolitischen Maßnahmen detailliert behandelt und mögliche Alternativen beleuchtet. Darauf aufbauend werden Modifikationen und Ergänzungen für die Einzelmaßnahmen empfohlen oder alternative umweltpolitische Maßnahmen vorgeschlagen. Für eine zügige, flächendeckende Durchsetzung umweltschonender Produktionsverfahren bedarf es neben ordnungspolitischer Maßnahmen und (ergänzend) finanzieller Anreizsysteme aber auch der Unterstützung landwirtschaftlicher Betriebe durch eine effektive Beratung.

4.8.1 Beratung

Die landwirtschaftliche Aus- und Weiterbildung ist ganz entscheidend, da ein großer Beitrag zum Ressourcenschutz allein schon dadurch geleistet werden kann, daß durch Ausbildung, Beratung und Agrarinformation der Produktionsmitteleinsatz effizienter und umweltschonender wird. Beispielsweise ist seit der Agrarreform eine extensivere Wirtschaftsweise der intensiveren auch unter ökonomischen Gesichtspunkten aufgrund der drastischen Senkung der Erzeugerpreise für die wichtigsten Agrarprodukte oftmals überlegen. Viele Landwirte reagieren aber, nicht zuletzt aufgrund der früheren Düngeempfehlungen, nur zögerlich auf die veränderten Rahmenbedingungen. In den 70er und 80er Jahren standen bei den Düngeempfehlungen landwirtschaftlicher Fachliteratur und Berater Ertragssteigerung und Qualitätsverbesserung (insbesondere die Proteinsteigerung z. B. bei Backweizen, Futtergetreide und dem Grundfutter für die Viehhaltung) im Vordergrund. Negative ökologische Auswirkungen spielten (noch) eine untergeordnete Rolle. Die Folge war der Einsatz von Dünge- und Pflanzenschutzmitteln auf hohem Niveau, das von vielen Betrieben bis heute beibehalten wurde und häufig über dem betriebswirtschaftlichen Optimum liegt.

Obendrein wird von den Landwirten z. B. die Ertragswirksamkeit von Düngemitteln häufig überschätzt (KÖGL 1993). So rechnen die meisten Landwirte bei einer Reduzierung der Stickstoffdüngung um 10 % mit Ertragseinbußen, die deutlich über den tatsächlichen Ertragsrückgängen liegen (ISERMEYER 1992). Die Ursachen, daß die Mehrzahl der Betriebe über dem betriebswirtschaftlichen Optimum düngt, sind vielschichtig: Sicherheitsdenken, Überschätzung des Ertragspotentials, Entsorgung der Wirtschaftsdünger auf hofnahen Flächen sowie die häufige Flächenknappheit bei viehhaltenden Betrieben, die durch die obligatorische Flächenstillegung noch verschärft wurde.

Insofern fällt der Beratung sicherlich eine entscheidende Rolle bei der Durchsetzung von umweltschonenden, integrierten Bewirtschaftungsweisen zu. Auch für die Sicherstellung eines langfristig leistungsstarken, wettbewerbsfähigen Betriebs wird die Beratung immer essentieller, da der einzelne Landwirt zunehmend mit der steigenden Komplexität im Agrarsektor (Marktentwicklungen, Förderprogramme, anspruchsvolle Produktionsverfahren etc.) überfordert ist.

Betriebswirtschaftliche Untersuchungen zeigen beispielsweise, daß isoliert arbeitende Betriebe in der Regel den heutigen Anforderungen in der Landwirtschaft nicht mehr gewachsen sind (vgl. Wissenschaftlicher Beirat beim BML 1994c, GROSSKOPF 1996, ZEDDIES et al. 1994). Dies kommt in den Betriebseinkommen zum Ausdruck, die im Vergleich zu Betrieben, die sich intensiv beraten lassen und z. B. Beratungsringen angeschlossen sind und somit im ständigen Kontakt zu Beratern stehen, deutlich geringer sind. In isoliert arbeitenden Betrieben ist meistens auch eine geringe Investitionstätigkeit zu verzeichnen (vgl. Kap. 4.6.7), wodurch sie im allgemeinen nicht über eine zeitgemäße technische Ausstattung verfügen; infolgedessen kommen umweltschonende Produktionstechniken nur selten zum Einsatz. Hier ist das Beratungswesen gefordert, z. B. durch Gruppenberatungen einerseits kleinere Betriebe über aktuelle Erkenntnisse zu informieren und andererseits Kooperationsmöglichkeiten mit Nachbarbetrieben, Maschinenringen und Lohnunternehmern zu initiieren. Insbesondere für Nebenerwerbsbetriebe stellen Kooperationen vielmals die kostengünstigste Möglichkeit dar, umweltschonende Anbauverfahren durchzuführen, da sie meistens nur über eine veraltete Maschinenausstattung verfügen und Neuanschaffungen nicht rentabel sind (HARIS und LEININGER 1996). Die Beratung kann somit auch dazu beitragen, daß neue Technologien sowie umweltschonende produktionstechnische Maßnahmen auch in kleineren Betrieben zum Einsatz kommen.

Zu welchen Erfolgen eine intensive Beratung, insbesondere in Verbindung mit ordnungspolitischen Maßnahmen, führen kann, zeigen die Ergebnisse in Wasserschutzgebieten (vgl. Kap. 4.8.2.3). Durch gezielte Düngung sowie anbau- und kulturtechnische Maßnahmen konnte bei allen Kulturarten der Restnitratgehalt des Bodens im Herbst deutlich reduziert werden, und dies ohne nennenswerte Ertragsrückgänge. Damit wird die Gefahr der Nitratauswaschung geringer. Bei manchen Kulturarten wie Zuckerrüben, Mais und Sonnenblumen wurden teilweise sogar höhere Erträge erzielt (vgl. Tabelle 25, Kap. 4.8.2.3). In Zukunft wird es darauf ankommen, die Erfahrungen zur Senkung der Reststickstoffgehalte aus den Pilotprojekten in Wasserschutzgebieten an alle landwirtschaftlichen Betriebe durch Informationsveranstaltungen, Seminare und Einzelberatungen weiterzugeben, um langfristig auf der gesamten landwirtschaftlichen Nutzfläche Gewässerschutz zu gewährleisten.

Ein weiteres Beispiel für die Minderung von Umweltbeeinträchtigungen durch intensive Beratung ist ein Modellvorhaben zur „Planmäßigen Fütterungsberatung" in der Schweinehaltung. In dem von der Universität Bonn initiierten und betreuten Modellvorhaben (PFEFFER et al. 1994) bewirkte die intensive Beratung eine deutliche Verbesserung des Fütterungsmanagements bei allen teilnehmenden Betrieben. Dadurch wurden unter Beibehaltung der ökonomischen Betriebsleistungen erhebliche Verminderungen der Stickstoff- und Phosphorausscheidungen erzielt. Die Landwirte äußerten sich alle sehr zufrieden über das Modellvorhaben und würden sich erneut beteiligen.

In der Optimierung des Fütterungsmanagements vor allem in der Schweineproduktion besteht noch ein erhebliches Potential zur Reduzierung von Nährstoffüberschüssen. Eine optimale Fütterung erfordert jedoch ein hohes Know-how des Betriebsleiters sowie geeignete technische Ausstattungen. Insbesondere in Baden-Württemberg bestehen hier noch beträchtliche Defizite sowohl bei den Kenntnissen über optimale Fütterungsverfahren als auch an moderner Fütterungstechnik (ZELTER 1996). So werden bei einem erheblichen Teil der baden-württembergischen Schweinehalter noch keine Nährstoffanalysen, Fütterungskurven, Dosierhilfen etc. zur Optimierung der Fütterung verwendet. Eine Intensivierung der Beratung hätte hier sicherlich eine deutliche Effizienzsteigerung bei der Nährstoffausnutzung der Futtermittel bei gleichzeitiger Reduzierung der betrieblichen Nährstoffüberschüsse zur Folge (vgl. Kap. 4.2.2).

Eine zentrale umweltpolitische Maßnahme ist somit die Förderung von Beratung, Ausbildung und Informationsbeschaffung, da in der Regel sowohl Umweltentlastungen als auch betriebliche Gewinnsteigerungen erreicht werden können. Beratung kann auch - in Verbindung mit Investitionsprogrammen - dazu beitragen, daß sich umweltschonende Produktionstechniken in den landwirtschaftlichen Betrieben schneller etablieren. Darüber hinaus wird der Ausbildung und Beratung bei der Erfüllung ökologischer Leistungen, bei der Inanspruchnahme von Fördermitteln, bei der Förderung von Betriebskooperationen, der Erschließung neuer Märkte und dem Vermitteln von kaufmännischen und von Marketing-Kenntnissen eine wichtige Bedeutung zukommen (vgl. Kap. 4.4).

Inwiefern das derzeitige Beratungswesen noch zeitgemäß ist und welche Umstrukturierungen insbesondere im baden-württembergischen Beratungswesen erforderlich sind, wird nachfolgend kurz behandelt.

Handlungsbedarf im Beratungswesen

Das landwirtschaftliche Beratungswesen in Deutschland ist vielfältig strukturiert und läßt sich je nach Träger in drei Hauptformen unterteilen: Offizialberatung, Ringberatung und Privatberatung. Die Beratungsstrukturen sind in Deutschland regional unterschiedlich. In den westdeutschen Bundesländern - insbesondere im süddeutschen Raum - dominiert die Offizialberatung durch Landwirtschaftsämter, die zunehmend durch die Ringberatung ergänzt wird. Ringberatung, die staatlich und privat finanziert wird, gibt es traditionell in Niedersachsen und Schleswig-Holstein, wo sie auch ihre größte Verbreitung hat. In den ostdeutschen Ländern hingegen bestimmen private Unternehmen das Beratungswesen. So ist in Mecklenburg-Vorpommern, Brandenburg und Sachsen-Anhalt keine Offizialberatung etabliert

(KÖHNE 1996). Darüber hinaus werden spezifische Beratungen von Bauernverbänden, landwirtschaftlichen Buchführungsstellen, Erzeugergemeinschaften, agrarwirtschaftlichen Unternehmen (Industrieberatung), Zuchtverbänden etc. angeboten.

Infolge starker struktureller und betriebswirtschaftlicher Veränderungen in der Landwirtschaft sind zunehmend spezifische Beratungsleistungen erforderlich, die nur zum Teil von der Offizialberatung erfüllt werden können. Immer häufiger müssen für spezifische Probleme daher hochqualifizierte Fachleute die Offizialberatung ergänzen. Aus diesen Gründen wird von manchen Agrarexperten eine stärkere Kommerzialisierung bis hin zur Privatisierung der öffentlichen Beratung gefordert (KÖHNE 1996). Unseres Erachtens muß die Offizialberatung - die zwar in zunehmenden Maße durch Ringberatung und Privatberatung ergänzt werden sollte - jedoch weiterhin einen wichtigen Eckpfeiler im Beratungswesen darstellen, da sie im allgemeinen eine gute Marktdurchdringung aufweist. Insbesondere für die kleinstrukturierte Landwirtschaft in Baden-Württemberg ist das Erreichen möglichst aller Betriebe ein wichtiger Aspekt (GROSSKOPF 1996), um vor allem die Nebenerwerbslandwirte in die Beratung für umweltschonende, integrierte Produktionsverfahren mit einzubeziehen, weil Landwirte im Nebenerwerb über die offiziellen Wege der Verbreitung von Beratungsempfehlungen kaum anzusprechen sind (CRAMER et al. 1994).

Ein vom Land in Auftrag gegebenes Gutachten über die Beratungsstruktur in Baden-Württemberg untermauert, daß die Offizialberatung eine sehr gute Marktdurchdringung (98 %) aufweist (MLR 1995a). Aus den Umfragen im Rahmen des Gutachtens geht auch hervor, daß die Landwirte insgesamt mit der Leistung der staatlichen Beratung zufrieden sind, wobei größere, spezialisierte Betriebe tendenziell weniger zufrieden waren und eine individuellere Beratung für ihren Betriebsschwerpunkt wünschten, als dies die Offizialberatung derzeit bieten kann. Das Gutachten schlägt deshalb als ergänzende Maßnahme vor, daß die Betriebsleiter, die eine betriebsspezifische, intensive Beratung wünschen, diese bei einer Kostenbeteiligung im Rahmen von Beratungsdiensten erhalten sollten. Insgesamt kommt das Gutachten zu der Schlußfolgerung, daß in der baden-württembergischen Offizialberatung unter Beibehaltung der derzeitigen Beratungsqualität erhebliche Effizienzsteigerungen realisierbar sind. Vor allem durch vermehrte Gruppenberatung wären erhebliche Kosteneinsparungen zu verzeichnen. Darüber hinaus bietet die Gruppenberatung systemimmanente Vorteile für die Landwirte (MLR 1995a):

- Die Kundenzufriedenheit ist bei Gruppenberatung nachweislich höher als bei Einzelberatung.
- Es besteht die Möglichkeit zum Erfahrungsaustausch, und es bieten sich Anregungen zu Kooperationen.
- Die Reichweite ist erheblich größer.
- Ein kontinuierliches Angebot ist möglich, wodurch die potentielle Nutzbarkeit steigt.

Auch PAHMEYER (1996) weist darauf hin, daß Landwirte, die an Gruppenberatungen teilnehmen, den größten Zugewinn an Erkenntnissen und Erfahrungen für die Lösung ihrer betrieblichen Probleme haben. Gruppenberatung hilft somit, die oben angesprochenen Probleme von isoliert arbeitenden Betrieben zu bewältigen.

Als Schlußfolgerung läßt sich für Regionen mit einer kleinstrukturierten Landwirtschaft als effektive Beratungsstruktur herauskristallisieren: Ausweitung der staatlichen Gruppenberatung für allgemeine Themen (integrierte Anbauverfahren, Optimierung der Tierfütterung, Emissionsminderungsmaßnahmen, Antragsverfahren, Investitionsförderungen, usw.), ergänzt durch betriebsspezifische Einzelberatungen (Rechts- und Steuerfragen, Betriebsumstrukturierungen etc.), für die in erster Linie private Berater zuständig sein sollten.

Die staatliche Gruppenberatung hat jedoch trotz der Vorteile im allgemeinen keine befriedigende Breitenwirkung, da sie wie jede Offizialberatung keine aktive Beratungsform ist - die Berater gehen nicht auf die Landwirte zu. Um eine bessere Breitenwirkung - die insbesondere auch Nebenerwerbsbetriebe in die Gruppenberatung mit einbezieht - zu erreichen, schlagen die Autoren vor, bei der Inanspruchnahme von Agrarumweltprogrammen wie dem MEKA-Programm eine zwei- bis dreimalige Teilnahme an Gruppenberatungen verbindlich vorzuschreiben (siehe Kap. 4.8.3.3).

4.8.2 Ordnungspolitische Maßnahmen

Ordnungspolitische Maßnahmen zur Reduzierung der Ressourcenbelastungen sind auf EU- und Bundesebene im wesentlichen die Düngeverordnung (als Umsetzung der EU-Nitratrichtlinie), die Trinkwasserverordnung und in Baden-Württemberg das Biotopschutzgesetz und die Schutzgebiets- und Ausgleichsverordnung in Wasserschutzgebieten (SchALVO) (Tabelle 23). Wesentliche Entlastungen der Umwelt können von der Düngeverordnung und den Nutzungsbeschränkungen in Wasserschutzgebieten erwartet werden. Die häufig als Beispiel diskutierte Steuer oder Abgabe auf mineralischen Stickstoff und Pflanzenschutzmittel halten die Autoren nach den Erfahrungen in anderen Ländern für zuwenig treffsicher und damit zu ineffektiv (siehe Kap. 4.8.2.4).

Zu erwähnen sind auch die vielen begleitenden Pilotprojekte und Forschungsaktivitäten (BMU und BML 1993), wie z. B. Untersuchungen zur Auswirkung verschiedener Verfahren zur Bodenbearbeitung auf die Erosion (siehe Kap. 4.2.4), die die Grundlage für die Ausgestaltung entsprechender Maßnahmen bilden und eine zielgerichtete Beratung ermöglichen.

Tabelle 23: Zusammenstellung von ordnungspolitischen Maßnahmen.

EU und Bund
Europäische Bodencharta des Europarates, 1972
Flurbereinigungsgesetz, 1976 m. Änd.
Düngemittelgesetz, 1977 m. Änd.
Bodenschutzkonzeption der Bundesregierung, 1985
Bundesnaturschutzgesetz, 1986 m. Änd.
Abfallgesetz, 1986 m. Änd.
Wasserhaushaltsgesetz, 1986 m. Änd.
Trinkwasserverordnung, 1986
Pflanzenschutzgesetz, 1986 m. Änd.
Pflanzenschutzmittelverordnung, 1987
Pflanzenschutz-Sachkundeverordnung, 1987
Pflanzenschutz-Anwendungsverordnung, 1988
Maßnahmen zum Bodenschutz, Beschluß der Bundesregierung, 1987
EG-Nitratrichtlinie, 1991
Klärschlammverordnung, 1992
EU-Pflanzenschutzmittelrichtlinie, 1994
Düngeverordnung, 1996
Entwurf eines Bodenschutzgesetzes für die Bundesrepublik Deutschland, 1996

Baden-Württemberg
Landesnaturschutzgesetz, 1975 m. Änd.
SchALVO, 1988
Bodenschutzgesetz, 1991
Biotopschutzgesetz, 1992

Trinkwasserverordnung: Die Trinkwasserverordnung schreibt für eine Reihe von Stoffen höchstzulässige Gehalte im Trinkwasser vor. Dazu gehören auch die Grenzwerte für Nitrat von 50 mg/l und für Pflanzenschutzmittel von 0,1 µg/l pro Wirkstoff und 0,5 µg/l als Summenwert für alle Wirkstoffe. Der Grenzwert für Pflanzenschutzmittel stand schon häufig in der Diskussion und wird von zahlreichen Experten als nicht wissenschaftlich (toxikologisch) begründbar angesehen.

EG-Nitratrichtlinie: Zum Schutz der Gewässer vor Verunreinigungen durch Nitrat aus landwirtschaftlichen Quellen wurde im Dezember 1991 eine Richtlinie des Rates der Europäischen Gemeinschaft erlassen (EG-Nitratrichtlinie). Nach Artikel 1 hat diese Richtlinie zum Ziel,

– die durch Nitrat aus landwirtschaftlichen Quellen verursachte oder ausgelöste Gewässerverunreinigung zu verringern und
– weiterer Gewässerverunreinigung dieser Art vorzubeugen.

Umweltpolitische Maßnahmen 237

Dazu verpflichtet die Nitratrichtlinie die Mitgliedstaaten, binnen zwei Jahren Regeln der guten fachlichen Praxis in der Landwirtschaft aufzustellen, die von der Landwirtschaft einzuhalten sind. Die Mitgliedstaaten sind gehalten, innerhalb von zwei Jahren Flächen, von denen Nitratverunreinigungen ausgehen - z. B. dort, wo das Grundwasser mehr als 50 mg Nitrat/l enthält - als gefährdete Gebiete auszuweisen und Aktionsprogramme für diese Gebiete festzulegen, um die Ausbringung von Wirtschaftsdüngern auf bestimmte Höchstmengen zu begrenzen. Die EG-Richtlinie schreibt Höchstmengen an Dung pro Hektar vor, und zwar bezogen auf die darin enthaltene Stickstoffmenge. In den ersten vier Jahren, ab Erlaß der Richtlinie, sind bis 210 kg N/ha und Jahr erlaubt, danach dürfen nur noch bis zu 170 kg N/ha und Jahr ausgebracht werden. Durch die Vorgaben dieser Richtlinie sah sich die Bundesregierung gezwungen, die Düngeverordnung zu beschließen (Kap. 4.8.2.1).

Baden-Württembergisches Biotopschutzgesetz: Einen wichtigen Schritt zum Schutz der biotischen Ressourcen in Baden-Württemberg hat das Land mit dem Biotopschutzgesetz (Gesetz zur Novellierung des Naturschutzgesetzes) getan. Zur langfristigen Sicherung der Landschaftsvielfalt hat das Land mit dem Gesetz 6 % der Landesfläche einem quantifizierten Schutz unterstellt. Zusätzlich zu den Naturschutzgebieten, Naturdenkmälern und Landschaftsschutzgebieten sind damit ökologisch wertvolle Landschaftsstrukturelemente wie Hecken, Trockenrasen, Riedwiesen, Tümpel und viele andere Biotoptypen generell geschützt (vgl. Kap. 4.2.1).

4.8.2.1 Düngeverordnung (DüVO)

Die Anfang 1996 verabschiedete, bundesweit gültige Düngeverordnung ist ein erster wichtiger Schritt in Richtung nachhaltige Landbewirtschaftung. Wesentliche Zielsetzung der DüVO ist es, daß Düngemittel zeitlich und mengenmäßig so ausgebracht werden, daß die Nährstoffe von den Pflanzen weitgehend ausgenutzt werden können und damit Nährstoffverluste bei der Bewirtschaftung sowie damit verbundene Einträge in Grund- und Oberflächenwasser vermieden werden.

Die Verordnung verpflichtet die Landwirte, Nährstoffbilanzen auf Betriebsebene (Hoftorbilanzen) zu erstellen, die über die Zu- und Abfuhr von Stickstoff, Phosphat und Kalium Aufschluß geben. Dabei ist sowohl die Zufuhr von Nährstoffen aus Wirtschafts- als auch aus Handelsdüngern sowie die Stickstoffbindung von Leguminosen zu berücksichtigen. Der Nährstoffentzug mit dem Erntegut einschließlich Beweidung soll nach den durchschnittlich erzielten Erträgen des Betriebes oder nach Erfahrungswerten der zuständigen Behörden ermittelt werden. Eine Aufzeichnungspflicht besteht für Betriebe mit mehr als 10 Hektar landwirtschaftlich genutzter Fläche oder mehr als einem Hektar Gemüse, Hopfen, Reben oder Tabak. Ausnahmen gelten für Betriebe, die im Betriebsdurchschnitt jährlich höchstens 80 kg N/ha·a landwirtschaftlicher Nutzfläche aus Wirtschaftsdünger tierischer Herkunft und 40 kg

N/ha·a LF aus sonstigen N-haltigen Düngemitteln einsetzen (BML 1996f, Agra-Europe 7/96).

Stickstoffhaltige Düngemittel dürfen nach der Verordnung grundsätzlich nur so ausgebracht werden, daß die darin enthaltenden Nährstoffe wesentlich während der Zeit des Wachstums der Pflanzen in einer am Bedarf orientierten Menge verfügbar werden. Die mit Wirtschaftsdüngern tierischer Herkunft auf Grünland ausgebrachte Menge darf dabei im Betriebsdurchschnitt maximal 210 kg/ha·a betragen. Auf Ackerland ist bis zum 30. Juni 1997 dieselbe Stickstoffmenge erlaubt, danach reduziert sich die Höchstmenge auf 170 kg N/ha·a, wobei die stillgelegten Flächen nicht als Teil der Bezugsfläche gelten. Die Ausbringungsverluste für Stickstoff dürfen dabei nur mit maximal 20 % angerechnet und sollten soweit wie möglich vermieden werden. Bestimmte Ausbringungstechniken sind aber nicht vorgeschrieben. Vorgeschrieben ist nur die unverzügliche Einarbeitung von flüssigen Wirtschaftsdüngern auf unbestelltem Ackerland. Außerdem dürfen Wirtschaftsdünger auf Ackerland nach der Ernte der Hauptfrucht nur noch zu Zwischenfrüchten oder einer Strohdüngung in begrenzter Menge ausgebracht werden.

Bei der Ermittlung des Düngerbedarfs sind der erwartete standortabhängige Nährstoffbedarf des Pflanzenbestandes, die voraussichtliche Nährstoffnachlieferung aus dem Bodenvorrat, der Humusgehalt und eventuelle Vorfruchtwirkungen zu berücksichtigen. Zusätzlich sind die im Boden verfügbaren Nährstoffe zu ermitteln. Bei Stickstoff muß auf jedem Schlag für den Zeitpunkt der Düngung, mindestens aber jährlich eine Bodenanalyse durchgeführt oder zumindest die Empfehlungen der landwirtschaftlichen Beratung berücksichtigt werden. Bei Phosphat und Kalium sind alle sechs Jahre repräsentative Bodenuntersuchungen vorgeschrieben. Sind Böden sehr hoch mit Phosphat oder Kalium versorgt, muß sich die Phosphat- oder Kaliumzufuhr auf den Pflanzenentzug beschränken. Dadurch wird für viele Veredelungsbetriebe, deren Flächen im allgemeinen sehr hohe Versorgungsstufen an Phosphat und Kalium aufweisen, die Ausbringung von Wirtschaftsdünger zum Teil erheblich stärker eingeschränkt als durch die Stickstoffobergrenzen (siehe Kap. 4.2.2.6).

Werden die Stickstoffobergrenzen nicht eingehalten oder die Nährstoffgehalte im Wirtschaftsdünger nicht ermittelt, können Sanktionen verhängt werden (vgl. Tabelle 24). Auch die nicht ordnungsgemäße Aufzeichnung, wie z. B. von Zu- und Abfuhr von Stickstoff auf Betriebsebene (Stickstoff-Hoftorbilanz), kann mit Bußgeldern geahndet werden. Weisen die Bilanzen hingegen hohe N-Überschüsse aus, ist dies nach der Zielrichtung der DüVO zwar nicht zulässig, wird aber nicht mit Sanktionen bestraft. Hier liegt ein wesentliches Versäumnis der Verordnung. Denn solange keine entsprechende Sanktionen bei Überschreitung maximal zulässiger N-Bilanzüberschüsse - unter Einbeziehung aller Dünger - verhängt werden, ist die Wirksamkeit der DüVO wahrscheinlich sehr begrenzt (vgl. DABBERT et al. 1996).

Umweltpolitische Maßnahmen 239

Tabelle 24: Ordnungswidrigkeiten, die bei Verstößen gegen die DüVO mit Bußgeldern geahndet werden können (BML 1996f, Agra-Europe 7/96).

1. Direkte Einträge oder vermeidbare Abschwemmungen von Düngemitteln in Oberflächengewässer.
2. Ausbringung von N-haltigen Düngemitteln auf nicht aufnahmefähige Böden (z. B. bei tiefem Frost oder bei absoluter Wassersättigung).
3. Nicht unverzügliche Einarbeitung flüssiger Wirtschaftsdünger auf unbestelltem Ackerland.
4. Nichteinhaltung der Obergrenzen für Stickstoff aus Wirtschaftsdüngern (210 bzw. 170 kg/ha·a).
5. Nichteinhaltung der Sperrfrist für die Ausbringung flüssiger Wirtschaftsdünger vom 15. November bis 15. Januar.
6. Ausbringung von Wirtschaftsdünger auf sehr hoch mit Phosphat oder Kalium versorgten Flächen über den Entzug hinaus.
7. Die obligatorischen Bodenuntersuchungen werden nicht durchgeführt, oder der verfügbare Stickstoffgehalt im Boden wird nicht berücksichtigt.
8. Die Nährstoffgehalte in Wirtschaftsdünger werden nicht ermittelt.
9. Die erforderlichen Aufzeichnungen (Hoftorbilanzen für Stickstoff etc.) werden nicht ordnungsgemäß erstellt.
10. Die Aufzeichnungen und Analyseergebnisse werden nicht mindestens 9 Jahre aufbewahrt.

Neben der Festlegung von Obergrenzen für N-Bilanzüberschüsse wäre es auch erforderlich, schlagbezogene Aufzeichnungen über die Ermittlung des Düngebedarfs vorzuschreiben (vgl. Kap. 4.2.6). Dies ist bislang in der Verordnung nicht ausdrücklich vorgeschrieben. Ohne eine solche Aufzeichnungspflicht läßt sich jedoch nicht kontrollieren, ob der Düngebedarf tatsächlich ermittelt wurde und ob die Düngungsmenge diesen ermittelten Bedarf übersteigt (DABBERT et al. 1996). Nährstoffbilanzen für den einzelnen Schlag sind im Moment für viele Betriebe zwar noch zu aufwendig, wären aber längerfristig vorzusehen und sollten durch entsprechende Anreize im Rahmen eines Ökopunkteprogramms eingeführt werden (vgl. Kap. 4.8.3.3).

Von der DüVO sind aufgrund der starken Ausrichtung auf wirtschaftseigene Düngemittel vor allem viehhaltende Betriebe betroffen (z. B. durch Viehbestandsabbau, Flächenzupacht, Gülletransport), während es bei Marktfruchtbetrieben in der Regel nur Auswirkungen im Hinblick auf die Höhe des Düngereinsatzes, nicht jedoch Auswirkungen auf die Betriebsorganisation geben wird. Die Verordnung überwälzt einen wesentlichen Teil der entstehenden Kosten auf die Landwirte. Sie wird in fast allen Betrieben zu Einkommensminderungen führen, die u. a. durch Kosten für Nährstoffuntersuchungen, Kosten für Flächenzupacht und höhere Arbeitsbelastung oder durch einen entsprechenden Abbau des Viehbestandes verursacht werden. In flächenarmen Betrieben, die in aller Regel zur Einkommenserzielung auf eine umfangreiche tierische Veredelung angewiesen sind, dürften die Auswirkungen wesentlich größer sein als in flächenstarken Betrieben mit geringer Viehdichte (DABBERT et al. 1996). Ökopunkteprogramme sollten daher in Zukunft so gestaltet werden, daß sie auch für die von der DüVO betroffenen Betriebstypen eine zusätzliche Einkommensquelle eröffnen, beispielsweise durch die Honorierung geringer N-Bilanzüberschüsse - in Abhängigkeit vom Betriebstyp (siehe Kap. 4.8.3.3)

Insgesamt werden die Auflagen der DüVO zu einer gewissen Entlastung der Umwelt führen. Die umweltentlastende Wirkung sollte allerdings im Laufe des nächsten Jahrzehnts durch die nachfolgenden Ergänzungen im Rahmen der DüVO schrittweise (Rangfolge) gesteigert werden:

1. Etablierung regelmäßiger Betriebskontrollen und wirksamer Sanktionen bei Verstößen.
2. Festlegung maximal zulässiger Hoftor-Bilanzüberschüsse für Stickstoff - unter Einbeziehung des Betriebstyps.
3. Verpflichtung zur schlagbezogenen Nährstoffbilanzierung.
4. Festlegung maximal zulässiger schlagbezogener N-Bilanzüberschüsse - unter Einbeziehung von Standort und Betriebstyp.
5. Verringerung der maximal zulässigen Verluste durch Ammoniakemissionen von derzeit 20 % bei der Ausbringung und 10 % bei der Lagerung von Gülle.

Für die letzten drei vorgeschlagenen Ergänzungen zur DüVO sollten im Rahmen von Agrarumweltprogrammen Möglichkeiten zur Einkommenskompensation für die Landwirte angeboten werden, um Aufwendungen auszugleichen und somit Wettbewerbsverzerrungen entgegenzuwirken. Darüber hinaus sollten sich die Investitionserleichterungen zukünftig auf Umweltschutztechniken und artgerechte Tierhaltungssysteme konzentrieren (z. B. Güllelagerung und -ausbringung, Errichtung tiergerechter und emissionsarmer Stallhaltungssysteme). Auch die beratende Unterstützung der Landwirte einschließlich der Initiierung von Kooperationen, z. B. zur umweltschonenden oder überbetrieblichen Gülleausbringung, sollte forciert werden (vgl. Kap. 4.8.1).

4.8.2.2 Nutzungsbeschränkungen in Wasserschutzgebieten

Steigende Nitrat- und Pflanzenschutzmittelgehalte im Grundwasser veranlaßten viele Bundesländer, Aktivitäten zum Schutz des Grundwassers in die Wege zu leiten. Die Vorgehensweise zur Einschränkung der landwirtschaftlichen Nutzung in Wasserschutzgebieten der einzelnen Länder ist dabei sehr unterschiedlich. In Nordrhein-Westfalen beispielsweise wurden auf der Grundlage des 1985 gestarteten Programms für eine „umweltverträgliche und standortgerechte Landwirtschaft" Kooperationsmodelle zwischen Land- und Wasserwirtschaft initiiert (MURL 1985). Eine Vielzahl von Veröffentlichungen belegen die Erfolge der einzelnen Kooperationsmodelle (KASTEN 1995, SCHINDLER 1995, MANTAU und SAMBERG 1994, SCHLETT 1996). Die Ergebnisse der Studien zeigen, daß kontinuierlich sinkende Restnitratgehalte im Boden zum Ende der Vegetationsperiode bei den meisten Kooperationsmodellen festgestellt wurden. In einigen Einzugsgebieten ist auch schon ein rückläufiger Trend beim Nitratgehalt im oberflächennahen Grundwasser zu verzeichnen (SCHINDLER 1995). Es gibt allerdings auch noch einige Wassereinzugsgebiete, bei denen die Kooperation aufgrund problematischer Standortgegebenheiten (z. B. am Niederrhein) noch nicht die erhofften Erfolge vorweisen kann und teilweise noch steigende Nitratgehalte zu verzeichnen sind (MATENA 1994). Anderseits konnte beispielsweise auf den Problemstandorten im Langeler Bogen der Nitratgehalt kontinuierlich gesenkt werden. Bei diesem Kooperationsmodell wurde jedoch durch entsprechende Entschädigungen 130 ha sandiges, flachgründiges (sehr wasserdurchlässiges) Ackerland in Wiesen umgewandelt. Weitere Beispiele von Nutzungseinschränkungen verbunden mit Ausgleichszahlungen in Wasserschutzgebieten durch Kooperationsmodelle oder Landesverordnungen sind in FIP (1996) beschrieben. Auf die bundesweit einzige Landesverordnung, die flächendeckend Nutzungsbeschränkungen für Wasserschutzgebiete vorschreibt - die baden-württembergische SchALVO - wird im nächsten Kapitel ausführlich eingegangen.

Die Ergebnisse der unterschiedlichen Modelle und Maßnahmen im Bundesgebiet zur Nutzungsbeschränkung in Wassereinzugsgebieten zeigen insgesamt, daß pauschale Auflagen (z. B. maximal zulässige Ausbringungsmengen von Stickstoffdüngern) in Wasserschutzgebieten keine geeigneten Lösungen sind. Auch die Forcierung ökologischer Anbauverfahren in Wassereinzugsgebieten ist nur bedingt geeignet (siehe Kap. 4.2.5.1). Weitaus wichtiger ist es, die Landwirte durch finanzielle Anreize und eine intensive Beratung für eine standortangepaßte, grundwasserschonende Landbewirtschaftung zu gewinnen (vgl. SCHULTHEIß und DÖHLER 1996). Für eine zielorientierte Beratung ist es allerdings erforderlich, zukünftig folgende Maßnahmen zu etablieren (vgl. FIP 1996):

- Erstellen von Schlagkarteien zur Erfassung der gesamten Nährstoffzu- und -abfuhr.
- Flächenbezogene Stickstoff-Bilanzierung, nicht nur betriebsbezogene Hoftorbilanzen.
- Anlage repräsentativer Praxis-Testflächen in den jeweiligen Regionen zur Erarbeitung von Beratungsgrundlagen und Überprüfung verschiedener Nutzungs- und Düngesysteme.
- Durchführung regelmäßiger Bodenanalysen. Bei Stickstoff nach Möglichkeit jährlich zu Vegetationsbeginn und im Herbst oder zumindest Beachtung der Empfehlungen aufgrund der Ergebnisse von den Testflächen.

Werden diese Maßnahmen - die auch für eine wirksame Umsetzung der Düngeverordnung erforderlich wären - in allen Wasserschutzgebieten etabliert, würde eine zielorientierte Beratung sowie die Selbstkontrolle durch den Landwirt wesentlich erleichtert. Eine detaillierte Führung von Schlagkarteien würde es auch externen Betriebskontrolleuren erleichtern, betriebliche Schwachstellen oder Verstöße aufzudecken und gegebenenfalls gezielte Sanktionen zu verhängen.

Um den regionalen und standörtlichen Unterschieden in Wassereinzugsgebieten Rechnung zu tragen, wäre es in einem zweiten Schritt erforderlich, differenzierte maximale Stickstoff-Bilanzüberschüsse in Verbindung mit entsprechend abgestuften Ausgleichszahlungen festzulegen sowie die Ausbringung zulässiger Pflanzenschutzmittel zu regeln. Auf äußerst problematischen Standorten, wie z. B. sehr flachgründigen und durchlässigen Ackerbaustandorten sind auch Nutzungsänderungen in Erwägung zu ziehen.

Werden die oben genannten Maßnahmen in Verbindung mit differenzierten Ausgleichszahlungen in allen Wassereinzugsgebieten verwirklicht, wäre ein großer Schritt zur grundwasserschonenden Landbewirtschaftung getan. Dabei ist es nach unserer Auffassung von untergeordneter Bedeutung, inwiefern die Maßnahmen durch regionale Kooperationsmodelle oder Landesverordnungen durchgesetzt werden. Der Nachteil von Landesverordnungen ist im allgemeinen, daß die Verordnungen zuwenig regional differenziert sind und somit den unterschiedlichen hydrogeologischen und pedologischen Verhältnissen nicht hinreichend gerecht werden. So wird vielfach bei den Landesverordnungen die Landbewirtschaftung durch starre, nicht standortangepaßte Gewässerschutzauflagen in unnötig großem Umfang eingeschränkt, in anderen Fällen reichen dagegen die festgelegten Ge- und Verbote für einen wirksamen Schutz nicht aus (BACH und FREDE 1995). Vorteilhaft ist bei Landesverordnungen wie der baden-württembergischen SchALVO, daß flächendeckend für alle Wasserschutzgebiete ein Schutz gewährleistet wird. Die regionalen Kooperationsmodelle hingegen sind zumeist nicht flächendeckend etabliert, und die Wirksamkeit in den einzelnen Wasserschutzgebieten hängt vielfach von der Finanzkraft des Wasserwirtschafts-Unternehmens ab. Dafür sind bei Kooperationsmodellen Nutzungsbeschränkungen und Ausgleichszahlungen im allgemeinen besser den örtlichen Verhältnissen angepaßt.

4.8.2.3 Schutzgebiets- und Ausgleichsverordnung (SchALVO)

Steigende Nitrat- und Pflanzenschutzmittelgehalte im Grundwasser veranlaßten das Land Baden-Württemberg, zum 1. Januar 1988 die Schutzgebiets- und Ausgleichsverordnung (SchALVO) einzuführen. Das Ziel der SchALVO ist es, durch die Gewährung von Ausgleichsleistungen eine wasserschutzorientierte Landwirtschaft in allen Wasser- und Quellschutzgebieten zu gewährleisten. Die Finanzierung der Ausgleichszahlungen erfolgt über einen Zuschlag auf den Wasserpreis (Wasserpfennig). Im Jahre 1991 wurde eine Novellierung der SchALVO in die derzeit gültige Fassung vorgenommen. In Baden-Württemberg sind ca. 19 % der Landesfläche als Wasserschutzgebiet ausgewiesen, in der die SchALVO zur Anwendung kommt. Dafür fallen jährlich fast 100 Mio. DM an Ausgleichsleistungen an (SCHNEPF 1996).

Die SchALVO schränkt mittels verbindlicher Auflagen (Ver- und Gebote) die „ordnungsgemäße Landbewirtschaftung" zum Schutze des Wassers vor Nitrat- und Pflanzenschutzmitteleinträgen ein. Die wesentlichsten Ver- und Gebote für die Reduzierung der Nitratauswaschung sind:

- Umbruchverbot für Dauergrünland,
- Umbruchverbotszeiträume für sonstige begrünte Flächen,
- Begrünungsgebot bei bestimmten Kulturen und Standorten,
- Verbot der Ausbringung von Gülle, Jauche, Klärschlamm o. ä. in Wasserschutzgebietszone I und II,
- Verbotszeiträume für die Ausbringung stickstoffhaltiger Wirtschafts- und Mineraldünger,
- Reduzierung der bedarfsgerechten Stickstoffdüngung um 20 %,
- Gebot zur Messung der Boden-Nitratgehalte bei bestimmten Kulturen (Mais, Hopfen, Spargel),
- Beschränkung der Bodenbearbeitung.

Zur Vermeidung des Eintrags von Pflanzenschutzmitteln in Gewässer dürfen nur die in der Positivliste der SchALVO genannten Pflanzenschutzmittel ausgebracht werden. Verbunden mit diesen Einschränkungen ist eine intensive Beratung der Landwirte.

Zur Unterstützung der Beratung wurden umfangreiche Untersuchungs- und Forschungsvorhaben zu „wasserwirtschaftlichen Problemkulturen", wie Mais, Spargel, Wein, Hopfen u. a. sowie in Problemgebieten, wie der Main-Tauber-Region (flachgründige Böden) und dem Donauried (Anmoor- und Moorböden), initiiert. Dabei führte sowohl der Anbau von Zwischenfrüchten und Untersaaten, neben den bekannten positiven pflanzenbaulichen Effekten (Verbesserung der Bodenstruktur, Erosionsschutz, Unterdrückung von Unkräutern etc.), als auch eine Stickstoffdüngung nach Anwendung des Meßprinzips und der Aufteilung der Düngergaben zu einer deutlichen Reduzierung der Nitratgehalte im Boden am Ende der Vegetationszeit. So wurde bei den SchALVO-Kontrolluntersuchungen eine signifikante Reduktion der Nitratgehalte des Bodens (bis 90 cm Bodentiefe) durch den Zwischenfruchtanbau in allen Versuchsjahren (1991 - 1994) festgestellt (MLR 1995b, MLR 1996a).

Eine konsequente Anwendung derartiger Bewirtschaftungsmaßnahmen zur „N-Abschöpfung" in Wasserschutzgebieten, die zu geringen Nitratauswaschungen führen, dürfte die Diskussion um Anbauverbote bestimmter Kulturen wie Mais, Spargel oder Hopfen in Zukunft erübrigen. Der Beratung kommt nun die Aufgabe zu, die Erfahrungen aus den verschiedenen Pilotprojekten an die Betriebe weiterzugeben.

Aus den Ertragsfeststellungen auf den Vergleichsflächen ergaben sich in den Jahren 1989 bis 1994 aufgrund der durch die SchALVO bedingten Einschränkungen durchschnittliche Ertragsrückgänge im Ackerbau von 5 bis 10 % (Tabelle 25). In Abhängigkeit von den Kulturarten und Anbaujahren war die beobachtete Ertragsminderung unterschiedlich stark ausgeprägt. Durch die seit 1988 ständig um 20 % verminderte N-Düngung auf den Dauerversuchsflächen ist bisher kein Trend zu stärkeren Ertragsrückgängen mit der Versuchsdauer zu erkennen (MLR 1995b). Darüber hinaus führte die reduzierte N-Düngung bisher nur zu einem geringen Rückgang der Rohproteingehalte in den Ernteprodukten, der nur bei Winterweizen in den letzten beiden Versuchsjahren signifikant war (Tabelle 26). Ein hoher Rohproteingehalt ist vor allem beim Weizen ein wichtiges Qualitätsmerkmal und schlägt sich in deutlich höheren Erzeugerpreisen nieder. Es kann daher davon ausgegangen werden, daß die den Landwirten in Wasserschutzgebieten gewährten Ausgleichszahlungen in Höhe von 310 DM je ha landwirtschaftlicher Nutzfläche die wirtschaftlichen Nachteile durch die auferlegten Ge- und Verbote der SchALVO im allgemeinen abdecken. Darüber hinaus kann durch den Anbau von Sorten mit hohem N-Aneignungsvermögen einer Ertragsminderung durch die reduzierte N-Düngung bei einer gleichzeitig verminderten N-Auswaschung entgegengewirkt werden. Die Pflanzenzüchtung sollte daher in Zukunft einer besseren Nährstoffeffizienz, insbesondere bei Stickstoff und Phosphat, hohe Priorität einräumen. Bei einigen Kulturarten stehen bereits entsprechende Sorten zur Verfügung.

Die Einhaltung der SchALVO-Bestimmungen in Wasserschutzgebieten wird von den Landwirtschaftsämtern kontrolliert. Ein wesentliches Instrument ist dabei die Kontrolle des am Ende der Vegetationsperiode einzuhaltenden Nitrat-Stickstoffgehalts im Boden von höchstens 45 kg N/ha. Ausgleichsleistungen können bei Überschreiten des Bodengrenzwerts ganz oder teilweise widerrufen werden, da angenommen wird, daß der Bewirtschafter Schutzbestimmungen nicht eingehalten hat. Darüber hinaus können gegenüber dem Bewirtschafter bestimmte Anordnungen wie Aufzeichnungspflicht (Schlagkartei, Stickstoffbetriebsbilanz), Bodenuntersuchungen, Düngungsverbote, Bewirtschaftungsverfahren, überbetriebliche Maßnahmen und die Teilnahme an Beratungs- und Schulungsveranstaltungen erlassen werden. Verstößt ein Landwirt grob gegen die festgelegten Ver- und Gebote in Wasserschutzgebieten, kann von der unteren Wasserbehörde ein Bußgeldverfahren eingeleitet werden.

Umweltpolitische Maßnahmen 245

Tabelle 25: Durchschnittliche Ertragsveränderung der SchALVO-gemäßen gegenüber der „ordnungsgemäßen" Landbewirtschaftung bei Ackerbau-Vergleichsflächen in den Jahren 1989 bis 1994 (MLR 1995a) (Ertragsunterschiede in %).

Kultur	1989	1990	1991	1992	1993	1994
Winterweizen	-5,1	-7,8	-3,7	-5,2	-4,6^1	-6,5^1
Winterroggen	-12,6	-7,2	-	-17,5	-9,5	-5,1
Wintergerste	-8,2	-7,9	-6,9	-8,1	-3,0	-5,6^1
Sommergerste	-13,3	-7,9	-8,9	-12,8	-6,8$^{1)}$	-8,2^1
Hafer	-10,0	-	-8,6	-7,8	-	-12,8
Winterraps	-	-10,9	-5,1	-	-9,9	-10,9
Sonnenblumen	-	-	-4,3	+8,1	-	-10,4
Zuckerrüben	-10,7	-5,0	+0,3	-2,9	+9,3	-2,2
Kartoffeln	-	-	-	-	-	-9,7
Silomais	-6,8	+5,7	-3,1	-6,9	-3,3	-0,5
Körnermais	-	-	-10,6	-	-	-8,2
⌀	-9,5	-5,9	-5,7	-6,6	-4,0	-7,3

^{1} Unterschiede signifikant bei p < 0,05

Tabelle 26: Durchschnittliche Unterschiede im Rohproteingehalt bei Getreide aus SchALVO-gemäßer gegenüber Getreide aus „ordnungsgemäßer" Landbewirtschaftung in den Jahren 1989 bis 1994 (MLR 1995a) (Rohproteinunterschiede in %).

Kultur	1989	1990	1991	1992	1993	1994
Winterweizen	-0,7	-0,1	-0,5	-0,1	-0,4$^{1)}$	-0,6^1
Winterroggen	-1,0	-1,3	-	-0,8	-0,1	+0,1
Wintergerste	-0,8	+0,1	-0,4	-0,3	+0,2	-0,5
Sommergerste	-0,4	-0,5	-0,2	0,0	+0,1	-0,1
Hafer	+0,4	-	-0,2	-0,7	-	-0,3

^{1} Unterschiede signifikant bei p < 0,05

Als Folge der SchALVO-gemäßen Bewirtschaftung in Wasserschutzgebieten ist seit 1988 eine rückläufige Entwicklung der durchschnittlichen Nitratgehalte im Boden nach dem Vegetationsende zu beobachten (Tabelle 27). So läßt sich gerade auch im Mais- und Sonderkulturanbau (Abb. 43), als Folge eines verminderten N-Aufwandes, ein Rückgang der Nitratgehalte im Boden und damit des Auswaschungspotentials nachweisen (MLR 1995b). Dabei sind Kulturen mit bis in den Spätherbst reichender Vegetationsdauer, wie Mais und Zuckerrüben, besser in der Lage, das N-Nachlieferungsvermögen der Böden auszunutzen als Getreidearten. Allerdings ist bisher noch keine signifikante Veränderung im Belastungsniveau des Grundwassers mit Nitrat meßbar. Dies konnte auch nicht erwartet werden, da entsprechend der Fließgeschwindigkeiten des Grundwassers nur mittel- bis langfristig eine deutliche Abnahme der Nitratgehalte eintreten dürfte (vgl. STEINER et al. 1996). Im Rahmen der SchALVO-gemäßen Bewirtschaftung haben neben der Reduzierung der N-Düngung die begleitenden acker- und pflanzenbaulichen Maßnahmen (wie z. B. das Begrünungsgebot bei Ernte der Hauptfrucht vor dem 15. September ohne Folgefrucht, die reduzierte Bodenbearbeitung, eine angepaßte Beregnung etc.) eine wichtige Bedeutung für die Reduzierung des Nitrataustrags in Grund- und Oberflächengewässer.

Tabelle 27: Durchschnittliche Nitratgehalte der Böden in Wasserschutzgebieten (WSG) [kg N/ha] bei SchALVO-Kontrolluntersuchungen im Spätherbst 1989 bis 1995 (MLR 1995b, MLR 1996a).

| Jahr | Bodentiefen in cm | | | Gesamtprofil | mittlerer |
	0-30	30-60	60-90	0-90 cm	WSG-Wert[1]
1989	31	25	13	69	41
1990	17	17	12	46	30
1991	26	24	15	62	42
1992	12	15	13	38	29
1993	13	15	11	37	28
1994	14	12	8	33	22
1995	15	13	9	35	24

[1] Summenwert des Gesamtprofils 0-90 cm bei leichten Böden und für den Bodenbereich 30 - 90 cm bei schweren Böden (nach neuer SchALVO).

Die Grundwasserbelastung durch Pflanzenschutzmittel in Baden-Württemberg ist vor allem auf Herbizide zurückzuführen, andere Pflanzenschutzmittel spielen eine untergeordnete Rolle (siehe Kap. 4.1.2.2). Dabei nehmen das in Baden-Württemberg seit 1988 in Wasserschutzgebieten und seit 1991 bundesweit verbotene Atrazin und seine Abbauprodukte eine dominierende Stellung ein (vgl. STEINER et al. 1996). Zur Überwachung des Anwendungsverbotes von Pflanzenschutzmitteln, die nicht in der Positivliste der SchALVO aufgeführt sind, wie Atrazin oder Terbuthylazin, werden im Rahmen von Überwachungsaktionen Bodenproben aus landwirtschaftlich und gärtnerisch genutzten Flächen auf nicht erlaubte Pflanzenschutzmittel untersucht. Bei diesen Untersuchungen zeigte sich seit der Einführung der SchALVO 1988 ein deutlicher Rückgang der nicht zulässigen Atrazin-Anwendungen von 7,6 % im Jahre 1988 auf Werte um 1 % seit 1991 (HÄFNER 1995).

Die verschärften gesetzlichen Vorschriften zum Einsatz von Pflanzenschutzmitteln sowie die Anwendungskontrollen z. B. im Rahmen der SchALVO schlagen sich - im

Gegensatz zu den Nitratgehalten - damit bereits in einer Verminderung der Pflanzenschutzmittelgehalte im Grundwasser nieder.

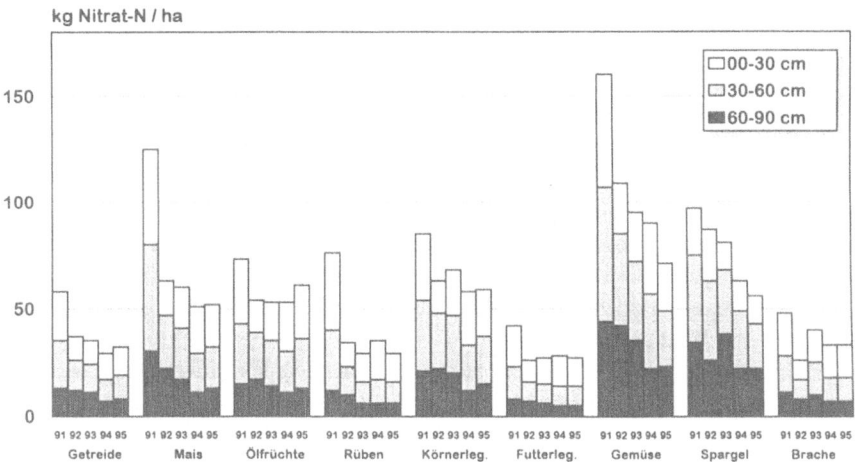

Abb. 43: Nitratstickstoffgehalt in kg N/ha bis 90 cm Bodentiefe nach Anbau verschiedener Kulturen von 1991 - 1995 im Rahmen SchALVO-gemäßer Bewirtschaftung (MLR 1996a).

Um zukünftig die Wirksamkeit der SchALVO noch zu steigern, sollten folgende Maßnahmen ergriffen werden:

- Das Bestreben der Landesregierung, die Wasserschutzgebiete besser den hydrogeologischen Gegebenheiten anzupassen, damit das gesamte Einzugsgebiet der für die Wasserversorgung genutzten Brunnen und Quellen geschützt ist, sollte baldmöglichst umgesetzt werden. Dies bedeutet in vielen Fällen eine Änderung (in der Regel Ausdehnung) bereits bestehender und die Ausweisung neuer Wasserschutzgebiete. Dadurch würde sich der Anteil der Wasserschutzgebiete an der Landesfläche von derzeit 19 % auf ca. 30 % erhöhen.
- Die Ge- und Verbote einschließlich der Ausgleichszahlungen sollten zum Teil differenzierter auf die standörtlichen Gegebenheiten zugeschnitten werden (vgl. KAULE 1996).
- Die vorgeschriebenen Einschränkungen und Verpflichtungen in Wasserschutzgebieten müssen längerfristig durch eine obligatorische N-Bilanzierung pro Schlag ergänzt werden. Dadurch würde eine bedarfsgerechtere N-Düngung ermöglicht sowie Beratung, Selbstkontrolle und zielgerichtete Sanktionsmaßnahmen erleichtert (vgl. Kap. 4.8.2.2).
- Bei Verstößen müssen restriktivere Sanktionsmaßnahmen folgen. Bislang sind die Sanktionen nur moderat, was letztlich an der rechtlichen Ausgestaltung für Rückforderungen liegt.

4.8.2.4 Stickstoffsteuer und -abgabe

In der Einführung einer Stickstoffsteuer bzw. -abgabe auf Mineraldünger wird eine weitere Möglichkeit zur Reduzierung der Ressourcenbelastungen durch Stickstoffdüngung gesehen (Deutscher Bundestag 1994). Der Vorteil einer Verteuerung von Mineralstickstoff gegenüber anderen Maßnahmen liegt in den relativ geringen Administrations- und Kontrollkosten einer solchen Maßnahme, da Mineralstickstoff auf Märkten gehandelt wird, auf denen das sogenannte Flaschenhalsprinzip genutzt werden kann. Die Verteuerung des Mineralstickstoffs auf der Vorleistungsstufe hat eine entsprechende Erhöhung der von den Landwirten zu zahlenden Einkaufspreise zur Folge, wodurch die Landwirte zu einem sparsameren Umgang mit Mineralstickstoff gezwungen werden und gleichzeitig die im Wirtschaftsdünger enthaltenen Nährstoffe an Wert gewinnen.

Erfahrungen mit der Verteuerung von Mineraldüngerstickstoff zeigen jedoch, daß die Wirksamkeit einer solchen Maßnahme begrenzt ist. In Österreich hatte die 1986 eingeführte Stickstoffabgabe von 40 %, die zu einer Verteuerung des Stickstoffs um etwa 0,7 DM/kg N führte, eine Reduzierung des Stickstoffeinsatzes um 11 % zur Folge. Einen vergleichbar geringen Einfluß auf die Düngemittelnachfrage hatte auch die Einführung einer Stickstoffabgabe von rund 30 % in Schweden. Eine EU-weite Einführung einer Abgabe von 50 % auf den Mineralstickstoffpreis hätte nach Berechnungen von BECKER (1992) eine Verminderung der Mineraldüngerintensität um durchschnittlich 22 % innerhalb der EU zur Folge. Um eine deutliche Verringerung der Intensität des mineralischen Stickstoffeinsatzes zu bewirken, wäre nach WEINSCHENCK (1989) eine Erhöhung des Stickstoffpreises um mindestens 100 % erforderlich.

Eine Verteuerung von Mineralstickstoff wirkt sich wesentlich stärker auf den Einsatz von stickstoffhaltigen Düngemitteln in Marktfruchtbetrieben als in Veredelungs- und Futterbaubetrieben aus (vgl. SCHRAMM 1995). Dabei sind die Stickstoff-Bilanzüberschüsse in Tierhaltungsbetrieben im allgemeinen höher als in gut geführten Marktfruchtbetrieben (DOLUSCHITZ et al. 1992; vgl. Tabelle 8, Kap. 4.2.2.5), da auf vielen viehhaltenden Betrieben, insbesondere in den typischen Veredelungsregionen, mehr Wirtschaftsdünger anfällt, als auf der Betriebsfläche umweltverträglich ausgebracht werden kann. Für einen flächendeckenden Grund- und Oberflächenwasserschutz wäre daher eine Erhöhung der Mineralstickstoffpreise mit einer Begrenzung der Dungeinheit bzw. Viehbesatzdichte je Flächeneinheit zu verbinden. Durch eine wirksame Begrenzung der Dungeinheit je Hektar wird der Wirtschaftsdünger so weit verknappt, daß der im Wirtschaftsdünger enthaltene Stickstoff auch in Regionen mit hoher Viehdichte als wertvoller Dünger angesehen wird. Dadurch werden von den Landwirten auch entsprechend Maßnahmen ergriffen, die u. a. die Auswaschung von Nitrat und die Freisetzung von Ammoniak reduzieren.

Bei der Einführung einer Dungeinheitenbegrenzung sollte den Betrieben, insbesondere in Veredelungs- und Futterbauregionen, die Möglichkeit gegeben werden, ihren

Wirtschaftsdünger auch auf betriebsfremden Flächen auszubringen. Der Wissenschaftliche Beirat beim BML (1993) schlägt in diesem Zusammenhang die Einführung von regionalen Flächenverzeichnissen vor. In diesen sogenannten Güllekatastern sollte der Flächennachweis dokumentiert werden, wodurch auf derselben Fläche nicht von mehreren Überschußbetrieben Wirtschaftsdünger ausgebracht werden kann. Darüber hinaus wird vom Wissenschaftlichen Beirat eine Obergrenze für die Transportentfernung für Wirtschaftsdünger vorgeschlagen, um auf diese Weise einer weiteren Konzentration der Tierproduktion entgegenzuwirken.

Um Wettbewerbsnachteile und Umgehungsmöglichkeiten zu vermeiden, müßten diese Regelungen allerdings EU-weit umgesetzt werden. Dies erschwert die politische Realisierbarkeit erheblich. Eine nationale Einführung einer Stickstoffverteuerung ist aus Gründen der Wettbewerbsverzerrung, einer zu erwartenden Verlagerung bestimmter Produktionsformen in andere EU-Länder sowie der Möglichkeit der Beschaffung von kostengünstigerem Mineralstickstoff über den gemeinsamen Binnenmarkt kritisch zu beurteilen. Wie die Erfahrungen in anderen Ländern zeigen, sind Steuern oder Abgaben auf mineralischen Stickstoff auch zuwenig treffsicher und somit zu ineffektiv (s. o.). Darüber hinaus kann eine Stickstoffverteuerung durch einen verstärkten Anbau von Leguminosen und/oder einen verstärkten Einsatz von „Biomüll" (Müllkompost, Klärschlämme etc.) unterlaufen werden. So wurde in Österreich mit der Einführung einer Stickstoffabgabe eine Ausdehnung der Leguminosenanbaufläche um das Vierfache beobachtet (SCHNEIDER 1990).

Daher sehen die Autoren in der Einführung einer Stickstoffsteuer oder -abgabe kein geeignetes agrarpolitisches Instrument, um eine nachhaltige Entwicklung in der Landwirtschaft zu forcieren.

Einen sinnvollen und realisierbaren Ansatz zur Reduzierung der Ressourcenbelastungen durch Stickstoffdüngung sehen die Autoren in der gezielten Begrenzung von Stickstoffbilanzüberschüssen. Dies sollte einerseits durch die Festlegung maximaler Bilanzüberschüsse von 50 - 70 kg N/ha und Jahr in der Düngeverordnung (Kap. 4.8.2.1) und andererseits über die Honorierung der Unterschreitung dieser Obergrenzen (unter Berücksichtigung der Standorteigenschaften) im Rahmen eines Ökopunkteprogramms (siehe Kap. 4.8.3.3) verwirklicht werden.

Ein verminderter Stickstoffeinsatz - sei er durch eine N-Steuer oder eine Kombination von Öko-Honoraren und Düngeverordnung erreicht - hätte vermutlich nebenbei einen verminderten und damit umweltschonenderen Einsatz von Pflanzenschutzmitteln und weiteren Düngemitteln (Phosphat, Kalium u. a.) zur Folge, da deren Einsatz in der Regel positiv mit dem Stickstoffeinsatz korreliert ist.

4.8.3 Förderung umweltschonender Produktionsverfahren durch finanzielle Anreizsysteme

Umweltpolitische Förderprogramme werden auf EU-, Bund- und Länderebene angeboten - mit der Tendenz zur Länderebene, um regionalen Belangen stärker Rechnung zu tragen. Auf der EU-Ebene war das auslaufende Flächenstillegungs- und Extensivierungsprogramm von Bedeutung. Auf Bundesebene ist die Ausgleichszulage zur Förderung der Landwirtschaft in benachteiligten Gebieten hervorzuheben und auf Landesebene in Baden-Württemberg ist das Marktentlastungs- und Kulturlandschaftsausgleichsprogramm (MEKA) als ein Beispiel für ein von der EU mitfinanziertes Programm bedeutend. Daneben existieren viele allein aus Landesmittel finanzierte Programme, wie z. B. die Landschaftspflegerichtlinie oder die Ausgleichsleistungen für Nutzungsbeschränkungen in Wasserschutzgebieten.

Eine Auflistung aller im Wirtschaftsjahr 1994/95 für die Landwirtschaft in Baden-Württemberg angebotenen Förderprogramme verdeutlicht die Vielfalt von landwirtschaftlichen Fördermaßnahmen (Tabelle 28). Größtenteils haben sie auch umweltrelevante Wirkungen, wie z. B. das einzelbetriebliche Investitionsprogramm, das auch die Förderung von umweltschonenden Produktionstechniken einschließt. Für die Umwelt am unbedeutendsten sind die agrarsozialpolitischen Förderprogramme. Die verschiedenen Förderprogramme werden von EU, Bund, Land oder zum Teil gemeinsam finanziert. Tabelle 29 gibt Aufschluß über Träger, Akzeptanz und Finanzmittelumfang der Programme, die für die Förderung umweltgerechter Produktionsverfahren in Baden-Württemberg relevant sind.

Tabelle 28: Angebotene Förderprogramme für die Landwirtschaft in Baden-Württemberg im Wirtschaftsjahr 1994/95, Stand: Okt. 94 (ZEDDIES 1996a). Eine ausführliche Beschreibung der insgesamt 41 Förderprogramme ist bei der Akademie für Technikfolgenabschätzung in Baden-Württemberg erhältlich.

Förderprogramme in der Land- und Forstwirtschaft in Baden-Württemberg:

1 Einzelbetriebliches Investitionsprogramm (EFP)
2 Agrarkreditprogramm
3 Zusätzliche Hilfen für Junglandwirte
4 Energiesparprogramm
5 Regionalprogramm des Landes
6 Maßnahmen zur Verminderung von Emissionen
7 Konsolidierung
8 Landwirtschaftliche Einkommensbeihilfen (ausgesetzt)
9 Einkommensausgleich nach dem Gesetz zur Förderung der bäuerlichen Landwirtschaft (LaFG) (auslaufend)
10 Umstellungshilfe für umschulende Landwirte
11 Ausgleichszulage

Umweltpolitische Maßnahmen

12 Ausgleichsleistung für Nutzungsbeschränkungen in Wasserschutzgebieten (WSG)
13 Entwicklungsprogramm Ländlicher Raum (ELR)
14 Markt
   14.1 Marktstrukturverbesserung
   14.2 Marktstrukturgesetz (MStrG)
   14.3 Erzeugerorganisation für Obst und Gemüse nach EWG-VO Nr. 1035/72
   14.4 Förderung privater Unternehmen zur Schlachthofstrukturverbesserung
   14.5 Förderung der Vermarktung nach besonderen Regeln erzeugter landwirtschaftlicher Erzeugnisse
15 Flurneuordnung und Landentwicklung
   15.1 Ökologische Agrar-, Unternehmens-, Ökologieflurneuordnungen
   15.2 Rebflurneuordnungen
   15.3 Beschleunigte Zusammenlegungsverfahren
16 Soziale Maßnahmen
   16.1 Unfallversicherung
   16.2 Altershilfe für Landwirte
   16.3 Krankenversicherung
   16.4 Betriebs- und Haushaltshilfe
   16.5 Ländliche Sozialberatung
17 Produktionsaufgaberente nach FELEG
18 Bildungsmaßnahmen
   18.1 Weiterbildung im Ländlichen Raum
   18.2 Förderung der Landjugend
19 Beihilfen zur Verwendung von Magermilch zu Futterzwecken
20 Beihilfen zur verbilligten Abgabe von Milch und bestimmten Milcherzeugnissen an Schulkinder
21 Prämien für die Erhaltung des Mutterkuhbestandes
22 Prämien für Schaffleischerzeuger
23 Sonderprämie für Rindfleischerzeuger
24 Prämie für die Züchtung und Erhaltung gefährdeter Nutztierrassen
25 Prämien für die extensive Weidenutzung durch Schafe und Ziegen
26 Förderung der Verbesserung der Tierzucht und Sanierung von Zuchtbeständen
27 Leistungsprüfung
   27.1 Milchleistungsprüfung
   27.2 Kontrollringe
28 Planmäßiger Rebenaufbau und Erhaltung des Steillagen-Weinbaus
   28.1 Rebenaufbau
   28.2 Modernisierungsmaßnahmen im Steillagen-Weinbau
   28.3 Beschaffung von Einschienenzahnradbahnen oder ähnlichen Einrichtungen
29 Gasölverbilligung
30 Überbetrieblicher Maschinen- und Arbeitskräfteeinsatz
31 Forstwirtschaft
   31.1 Waldbauliche Maßnahme
   31.2 Ausgleichszulage Wald

31.3 Erstaufforstungsprämie
31.4 Forstwirtschaftliche Zusammenschlüsse
31.5 Forstwirtschaftlicher Wegebau
31.6 Ökologische Maßnahmen im Wald
31.7 Periodische Betriebsplanung
32 Ausgleichsleistungen für Nutzungsbeschränkungen aus Gründen des Naturschutzes
33 Landschaftspflegerichtlinie
34 Extensivierung der Erzeugung (auslaufend)
35 Stillegung von Ackerflächen (auslaufend)
36 MEKA
37 Untersuchungen Modellvorhaben und sonstige Projekte im ländlichen Raum
38 Prämien zur endgültigen Aufgabe von Rebflächen
39 Stützungsregelungen für Erzeuger von bestimmten landwirtschaftlichen Kulturpflanzen gem. EWG- VO Nr. 1765/92 und Kulturpflanzen-Ausgleichszahlungs-Verordnung vom 3. Dez. 1992
40 Förderung von Bodenuntersuchungen
41 Zuwendung zur Stärkung des ökologischen Landbaus

Bei der großen Vielzahl der parallel angebotenen Programme sind Überschneidungen bzw. Doppelförderungen nicht ganz auszuschließen. Allerdings ist es gelungen, die Programme der EU, des Bundes und der Länder weitgehend überschneidungsfrei und unter Ausschluß von Doppelförderungen zu konzipieren. Dabei kann prinzipiell an mehreren Programmen teilgenommen werden; teilweise auch auf ein und derselben Fläche, vorausgesetzt, die jeweiligen Programme fördern unterschiedliche Maßnahmen. In allen Förderrichtlinien wird ausdrücklich darauf hingewiesen, daß eine Doppel- und Mehrfachförderung für denselben Tatbestand auf derselben Fläche nicht erfolgen darf.

Darüber hinaus werden umweltrelevante Förderprogramme auf kommunaler Ebene angeboten, wie z. B. Förderungsprogramme für Streuobstwiesen, Acker- und Gewässerrandstreifen etc. Die Kommunalprogramme sind hinsichtlich Auflagen und Prämienhöhen sehr unterschiedlich ausgestaltet. Eine Abstimmung zwischen Kommunen und Landwirtschaftsämtern findet in der Regel nicht statt, so daß Überschneidungen und Doppelförderungen hier nicht auszuschließen sind (siehe Kap. 4.8.3.4). In der Abstimmung bzw. Anpassung von Kommunalprogrammen und überregionalen Förderprogrammen besteht somit noch ein erheblicher Handlungsbedarf, um öffentliche Mittel einzusparen bzw. die ökologische Wirksamkeit zu erhöhen.

Aus dem gesamten Angebot von Förderprogrammen sind mit Blick auf umweltgerechte Produktionsverfahren vor allem die Agrarumweltprogramme der einzelnen Bundesländer relevant, auf die nachfolgend ausführlich eingegangen wird.

Tabelle 29: Programme zur Förderung umweltgerechter Produktion in der Landwirtschaft in Baden-Württemberg (Stand: Januar 1996) (ZEDDIES 1996a).

	Programm	Träger	Akzeptanz 1994	bereitgestellte Mittel 1994	bereitgestellte Mittel 1996	Anmerkungen
1-6 neu: AIP	Einzelbetriebliches Investitionsprogramm, Agrarkreditprogramm, Energiesparprogramm, Regionalprogramm des Landes, Emissionsverminderung	Bund 60 %, Land 40 %, EU-Rückerstattung 25 %. Für die Junglandwirteförderung EU-Rückerstattung 50 %. Für einzelne Programmteile abweichende Regelungen	3 057 genehmigte Anträge			Einzelne Programme können bezüglich der Finanzierung nicht klar abgegrenzt werden, da die Anträge meist mehrere dieser Programme gleichzeitig betreffen. Mündliche und schriftliche Auskunft: MLR
11	Ausgleichszulage	EU 25 %, Bund 60 %, Land 15 % Einzelne Programmteile: Land bis 100 %	41 125 Betriebe 60 % der LF	138 Mio. DM	141 Mio. DM	Mündliche Auskunft: MLR
12	Ausgleichsleistungen für Nutzungsbeschränkungen in WSG	Land 100 %	alle antragsberechtigten Betriebe	93 Mio. (Rechtsanspruch auf Ausgleichszahlung)	95 Mio. DM	Mündliche Auskunft: MLR
25	extensive Weidenutzung durch Schafe und Ziegen	Land, Schafzuchtverbände übernehmen z.T. Verwaltung	200 Betriebe	0,3 Mio. DM		Mündliche Auskunft: MLR
32	Landschaftspflegerichtlinie (nur Teil C)	Land EU	2 741 Anträge (1993)			Gemeindebezuschussung ist nicht erfaßt. EU erstattet nur 5-jährige Verträge. Abgeschlossen wurden auch Verträge mit kürzeren Laufzeiten. Bei alten Verträgen (Effizienzförderung) übernimmt die EU 25% von maximal 354 DM/ha. Bei neuen Verträgen nach der VO 2078 50 % aus maximal 824 DM/ha. Telefonische Auskunft: UM
32+ 33	Landschaftspflegerichtlinie	MLR	ca. 3 000 Betriebe	> 2 Mio. DM (es wurden mehr beantragt)		Überschneidungen mit Programm 32 wurden nicht bereinigt. Es wurden nur die Maßnahmen der Landschaftspflegerichtlinie erfaßt, die vom MLR bearbeitet werden. Maßnahmen im Teil B, D und E der Landschaftspflegerichtlinie, die vom UM bearbeitet werden, sind nicht einbezogen. Mündliche Auskunft: MLR
34	Extensivierung (läuft bis '97 aus)	EU, Bund, Land	3 165 Betriebe	18,9 Mio. DM		Mündliche Auskunft: MLR
35	Stillegung (läuft aus)	EU, Land	4 267 Betriebe	24 Mio. DM		Mündliche Auskunft: MLR
36	MEKA	EU 50 %, Land 50 %	55 000 Betriebe	138 Mio. DM	176 Mio. DM	Mündliche Auskunft: MLR
39	Kulturpflanzenregelung	EU 100 %	53 691 Betriebe	329 Mio. DM	425 Mio. DM	Mündliche Auskunft: MLR

4.8.3.1 Agrarumweltprogramme

Im Rahmen der *flankierenden Maßnahmen* zur EU-Agrarreform werden auf freiwilliger Basis umweltgerechte Produktionsverfahren nach der Verordnung (EWG) 2078/92 gefördert (vgl. Kap. 4.5.3). Bedeutend sind die Förderungen im Rahmen der länderspezifischen Agrarumweltprogramme und die Förderung des ökologischen Landbaus (vgl. Kap. 4.2.5.2), die in den meisten Bundesländern in die Umweltprogramme integriert ist (vgl. Tabelle 31, Kap. 4.8.3.2). Agrarumweltprogramme werden zwischenzeitlich in den meisten Bundesländern angeboten oder sind zur Genehmigung der EU vorgelegt. Die Ausarbeitung und Gestaltung der Programme obliegt den einzelnen Bundesländern, wodurch eine den spezifischen regionalen Bedürfnissen angepaßte Förderung ermöglicht wird.

Ziele und Hintergrund von Agrarumweltprogrammen

Das ursprüngliche Ziel der von Brüssel im Rahmen der *flankierenden Maßnahmen* kofinanzierten Programme zur Förderung umweltschonender Produktionsverfahren ist, primär die Ressourcenbelastungen durch die Landwirtschaft zu verringern und sekundär auch die Überschußproblematik zu entschärfen. So müssen nach der Verordnung (EWG) 2078/92 Agrarumweltprogramme in erster Linie „eine wesentliche Reduzierung des Einsatzes ertragssteigernder Produktionsmittel" gewährleisten. Aber unter dem Eindruck der finanziellen Belastung für die Bauern aus der EU-Agrarreform hatten die Landwirtschaftsminister damals in der Durchführungsvorschrift die Einkommenssicherung ausdrücklich als gleichwertiges Anliegen aufgeführt, obwohl es juristische Bedenken gegen diesen Teil der Verordnung gab. Dies veranlaßte jedoch viele Bundesländer, die Einkommenssicherung bei den Landesprogrammen in den Vordergrund zu stellen. Nun werden die Stimmen in einigen EU-Mitgliedsländern immer lauter, die fordern, daß das Umweltschutzziel stärker ins Blickfeld gerückt werden muß (Agra-Europe 17/96). Auch die Mehrzahl der am Projekt „Nachhaltige Land- und Forstwirtschaft" beteiligten Experten war der Ansicht, daß Finanztransfers von öffentlichen Mitteln im Rahmen von Agrarumweltprogrammen sich längerfristig nur rechtfertigen lassen, wenn der Umweltschutz auch wirklich in den Mittelpunkt derartiger Programme rückt. Vor diesem Hintergrund sind Modifikationen an den meisten bestehenden Programmen unumgänglich. Darüber hinaus sehen einige Länder außerhalb der EU in der derzeitigen Form der Umweltprogramme ein Unterlaufen der restriktiven Subventionsvorgaben durch GATT. Auch innerhalb der EU-Länder ist teilweise ein Subventionswettlauf in Form solcher Umweltprogramme ausgebrochen, der zu Wettbewerbsverzerrungen führen kann.

Nun laufen einige Agrarumweltprogramme schon mehrere Jahre, so daß eine Evaluierung Aufschluß über das Verhältnis von Fördervolumen zu umweltentlastender Wirkung offenbaren und Anregungen für Programmodifikationen hervorbringen kann (vgl. WILHELM und NIEBERG 1996). Von besonderem Interesse sind die Evalu-

Umweltpolitische Maßnahmen 255

ierungsergebnisse des baden-württembergischen MEKA-Programms, das als 1992 gestartetes Pilotprojekt zweifellos eine Vorreiterrolle für viele ähnlich konzipierte Landesprogramme gespielt hat. Insofern sind die nachfolgenden Ergebnisse und Modifikationsvorschläge, die sich aus der wissenschaftlichen Begleituntersuchung zum MEKA ableiten lassen, von überregionaler Bedeutung.

4.8.3.2 Marktentlastungs- und Kulturlandschaftsausgleichs-Programm (MEKA)

Das MEKA-Programm wurde 1992 als Pilotprojekt für Agrarumweltprogramme eingeführt und zunächst für ein Jahr genehmigt. Im ersten Jahr wurden die Mittel von insgesamt 130 Mio. je zur Hälfte von Bund und Land aufgebracht, bevor das Programm im Jahr 1993 im Rahmen der *flankierenden Maßnahmen* (Verordnung (EWG) 2078/92) von der EU für 5 Jahre fest etabliert wurde und seitdem je zur Hälfte von der EU und dem Land Baden-Württemberg finanziell getragen wird.

Zielsetzung und Ausgestaltung

Ziel des MEKA-Programms ist es, die Leistungen der Landwirtschaft zur Erhaltung und Pflege der Kulturlandschaft und spezielle, dem Umweltschutz und der Marktentlastung besonders dienliche Erzeugerpraktiken zu honorieren. Zugleich sollen die Voraussetzungen für die Existenz einer ausreichenden Anzahl bäuerlicher Betriebe zur Erhaltung und Pflege der Kulturlandschaft verbessert werden.

Inwiefern MEKA die Zielsetzungen erfüllt, läßt sich nun auf der Grundlage einer von der Universität Hohenheim durchgeführten wissenschaftlichen Begleituntersuchung beurteilen (ZEDDIES und DOLUSCHITZ 1994). Die ökonomische und ökologische Bewertung ist aufschlußreich für viele ähnlich konzipierte Landesprogramme. Die Evaluierungsergebnisse bieten darüber hinaus eine Basis, um Modifikationen und Ergänzungen vorzuschlagen, die für eine zielorientierte Honorierung von ökologischen Leistungen in der Landwirtschaft in Form eines EU-weiten, aber regional angepaßten Ökopunkteprogramms erforderlich wären (siehe Kap. 4.8.3.3).

Ausgestaltung: Der Landwirt kann aus einer größeren Palette von Maßnahmen im MEKA-Programm die für seinen Betrieb passenden auswählen, wobei die angebotenen Maßnahmen größtenteils miteinander kombinierbar sind. Die einzelnen Maßnahmen werden mit einer leistungsbezogenen Punktzahl bewertet. Ein Punkt entspricht einer Förderung von 20 DM pro Hektar oder Tier und Wirtschaftsjahr. Förderleistungen werden gewährt für Maßnahmen (Tabelle 30 und 31):

- zum Schutz des Bodens und des Grundwassers und zur Erhaltung und Pflege der Kulturlandschaft,
- zur Senkung der Intensität der Landschaftsnutzung und Beibehaltung traditioneller landschaftsprägender Elemente, Biotope und Nutztierrassen,

- zur Extensivierung der Pflanzenproduktion und Einführung umweltschonender Produktionstechniken.

Tabelle 30: Honorierung von grünlandbezogenen Maßnahmen zur Erhaltung der Kulturlandschaft (MLR 1995c). RGV: Rauhfutterfressende Großvieheinheit.

GRÜNLANDBEZOGENE MASSNAHMEN	Punkte/ha	DM/ha·a
Extensive Grünlandnutzung[1]		
Grundprämie:		
Viehbesatz bis 1,2 RGV/ha	5	100
Viehbesatz über 1,2 bis 1,8 RGV/ha	3	60
Viehbesatz über 1,8 RGV/ha	2	40
Zuschläge:		
Hangneigung 25 - 50 %	5	100
Hangneigung über 50 %	9	180
zweimal genutztes Grünland	1	20
einmal genutztes Grünland	2	40
feucht-nasses Grünland	5	100
Streuobstbestände	10	200
Steillagenweinbau	10	200
Nutzung von Grünland mit regionaltypischen gefährdeten Nutztierrassen	Punkte/Muttertier	DM/Muttertier·a
Vorderwälder Rind	5	100
Hinterwälder Rind	10	200
Limpurger Rind	7	140
Schwarzwälder Füchse	10	200
Süddeutsches Kaltblut	10	200
Altwürttemberger Pferd	10	200

[1] Verpflichtend für den Erhalt der Grundprämie für eine extensive Grünlandnutzung (Grünlandgrundförderung) sind im wesentlichen der Verzicht auf Grünlandumbruch und Meliorationsmaßnahmen für mindestens 5 Jahre, die Einschränkung des Viehbesatzes auf max. 1,8 GV/ha im gesamten Betrieb bzw. Nachweis einer ausgeglichenen Nährstoffbilanz und das Verbot von Pflanzenschutzmittelanwendungen, die nur in begründeten Ausnahmefällen erlaubt sind. Außerdem gibt es noch einige weitere Verpflichtungen, die allerdings von untergeordneter Bedeutung sind. Sie unterscheiden sich geringfügig zwischen den drei festgelegten „sensiblen" Gebieten bei der Grünlandförderung:
- Schutz vor Erosion (Keuper und Lößgebiete, z. B. Kraichgau).
- Schutz des Grundwassers (z. B. Rhein- und Donautal, Allgäu).
- Pflege und Erhalt der Kulturlandschaft (z. B. Schwarzwald, Schwäbische Alb).

Von Bedeutung ist noch, daß es im sensiblen Bereich zum Schutz des Grundwassers für eine Viehbesatzdichte von 0,3 bis 1,4 RGV/ha 8 Punkte/ha gibt.

Tabelle 31: Honorierung ackerbaulicher Maßnahmen und der Bewirtschaftung geschützter Biotope (MLR 1995c).

ACKERBAULICHE MAßNAHMEN	Punkte/ha	DM/ha·a
Extensivierungsmaßnahmen		
Verzicht auf Wachstumsregulatoren im Weizenanbau	10	200
Verzicht auf Wachstumsregulatoren im Roggenanbau	6	120
Erweiterte Drillreihenabstände (min. 17 cm)	6	120
Umstellung von Futtermais auf andere Ackerfutterpflanzen	10	200
völliger Verzicht auf chem.-synth. Pflanzenschutzmittel und mineralische Düngemittel	8	160
Ökologischer Landbau		
Einführung ökologischer Anbauverfahren	13	260
Beibehaltung ökologischer Anbauverfahren	10	200
Umweltschonende Produktionstechniken		
Begrünung im Ackerbau und bei Dauerkulturen	7	140
Mulchsaaten	6	120
Herbizidverzicht	5	100
BIOTOPSCHUTZ		
Feucht- und Naßbiotop	15	300
Mager- und Trockenbiotop	10	200
Sonderbiotope (z. B. Hecken, Trockenmauern)	Einzelfallentscheidungen	

Darüber hinaus sollen zukünftig analog zum MEKA-Programm spezielle Maßnahmen für umweltfreundliche Produktionsverfahren im Gemüse,- Obst-, und Weinbau angeboten werden. Die Förderbeträge liegen zwischen 100 DM/ha für den Einsatz von Kontroll- und Überwachungsmethoden zur Feststellung des Infektionsdrucks von Pilzkrankheiten und bis zu 800 DM/ha für die Erhaltung des Weinbaus in abgegrenzten Steillagen (LWBW 11/96). Die Bewilligung ist allerdings nun aufgrund von Sparmaßnahmen auf unbegrenzte Zeit verschoben worden (LWBW 40/96).

Akzeptanz

Das MEKA-Programm stieß auf großes Interesse bei den Landwirten. Wie Tabelle 32 zeigt, ist die Akzeptanz des Programms insgesamt mit etwa 50 000 Betrieben im Einführungsjahr 1992 und etwa 55 000 Betrieben 1993, die sich für weitere 5 Jahre zur Teilnahme verpflichtet haben, vergleichsweise hoch. Hohe Akzeptanz finden die Maßnahmen zur Grünlandförderung, zur Erhaltung von Streuobstbeständen und zur

Tabelle 32: Antragsberechtigte Flächen sowie tatsächliche Teilnahme am MEKA in Baden-Württemberg 1992 und 1993 (ZEDDIES 1996a). RGV: Rauhfutterfressende Großvieheinheit.

Maßnahmen	Potential (1991) ha	Teilnahme 1992 Fläche ha	in % v. Pot.	Teilnahme 1993 Fläche ha	in % v. Pot.
Grünlandnutzung	593 214				
<= 1,2 RGV	(190 000)[2]	168 749	(89)[2]	175 376	(93)[2]
> 1,2 - <= 1,8 RGV	(190 000)[2]	161 840	(85)[2]	166 537	(88)[2]
> 1,8 RGV	(210 000)[2]	106 790	(51)[2]	137 617	(66)[2]
25-50% Hangneigung	(80 000)	61 663	(78)[2]	64 004	(82)[2]
> 50% Hangneigung	(7 500)[2]	6 902	(92)[2]	7 007	(100)[2]
2 Nutzungen	(180 000)[2]	136 868	(76)[2]	140 290	(79)[2]
1-schürig	(18 000)[2]	14 244	(79)[2]	14 788	(84)[2]
feucht u. naß	(25 000)[2]	16 160	(65)[2]	17 683	(70)[2]
Streuobst	110 000	56 154	51,0	61 495	56,0
Steillagenweinbau	1 177	303	26,0	322	27,0
Nutztierrassen	27 200	22 974	85,0	25 395	93,0
Ackerlandnutzung					
Völliger Verzicht auf chem.-synth. PSM u. min. Düngemittel	1 483 027	36 714	2,5	43 373	2,9
Weizen ohne CCC[1]	205 233	50 365	25,0	74 081	36,0
Roggen ohne CCC[1]	17 846	6 622	37,0	9 076	51,0
Drillreihenabstand	494 406	13 247	2,7	64 029	13,0
Umstellung auf Ackerfutter	78 938	1 541	2,0	1 428	1,8
Begrünung	431 074[3]	146 916	34,0	207 329	48,0
Mulchsaat	707 559[4]	34 749	4,9	52 829	7,5
Herbizidverzicht	798 097	22 850	2,9	24 120	3,0
Biotope		4 751		13 853	
Zahl der Antragsteller		50 818		55 482	

[1] Wachstumsregulatoren
[2] Potential nach der Akzeptanzbefragung geschätzt
[3] Sommergetreide, Obstanlagen, Rebland und Hopfen
[4] Getreide, Mais, Zuckerrüben, Raps und Sonnenblumen

Haltung von regionaltypischen Nutztierrassen. Im Ackerbau werden Begrünung und Verzicht auf Wachstumsregulatoren bei Roggen und Weizen in erheblichem Um-

Umweltpolitische Maßnahmen   259

fang in Anspruch genommen. Demgegenüber stoßen ein Herbizidverzicht und ein vollständiger Verzicht auf chemisch-synthetische Betriebsmittel nur bei sehr wenigen Betrieben auf Akzeptanz. Das Fördervolumen, das je zur Hälfte von der EU und dem Land aufgebracht wird, betrug 1992 103 Mio. DM, 1993 130 Mio. DM, 1994 140 Mio. DM, 1995 156 Mio. DM und 1996 170 Mio. DM. In Zukunft wird das Fördervolumen durch die Einschränkung der Zahl der Antragsberechtigten auf den Stand von 1996 auf 170 Mio. DM begrenzt (MLR 1996b, LWBW 50/96).

Eine besonders hohe Beteiligung ergab sich bei Einzelmaßnahmen dort, wo bestehende Zustände gefördert werden. Dies sind beispielsweise die Förderung extensiver Grünlandnutzung, Grünland mit stärkerer Hangneigung und Haltung regionaltypischer gefährdeter Nutztierrassen mit Teilnahmequoten von über 85 % der Antragsberechtigten (Tabelle 32). Demgegenüber finden Maßnahmen eine verschwindend geringe Akzeptanz, die erhebliche Betriebsanpassungen und/oder eine vergleichsweise hohe Einkommensminderung verursachen, die die Produktqualität negativ beeinflussen und teilweise Investitionen voraussetzen. Dies sind insbesondere die Maßnahmen, die einen völligen Verzicht auf chemisch-synthetische Hilfsmittel zum Ziel haben.

Mittlere Akzeptanz (ca. 20 - 40 %) finden Maßnahmen, die bei moderner Produktionstechnik und ausreichender Betriebsgröße keine nennenswerten Einkommenseinbußen nach sich ziehen, wie z. B. Begrünung im Ackerbau und Verzicht auf Wachstumsregulatoren (Tabelle 32), wobei auf rund der Hälfte der geförderten Fläche diese Maßnahmen schon vor der Einführung des MEKA-Programms durchgeführt wurden (ZEDDIES 1996a).

Einkommenswirkungen

Bei den Förderungen und den damit verbundenen Einkommenswirkungen durch das MEKA muß zwischen zustands- und maßnahmenbezogenen Förderungen unterschieden werden:

Zustandsbezogene Förderungen sind z. B. Prämien für die Bewirtschaftung von hängigen und ertragsschwachen Grünlandstandorten oder Streuobstbeständen. Ziel dieser Förderung ist es, durch finanzielle Anreize für den Landwirt auch zukünftig die Bewirtschaftung auf solchen Grenzstandorten - vom Brachfallen bedrohten Standorten - aufrechtzuerhalten. Die Prämien sind bei diesen zustandsbezogenen Förderungen zu 100 % einkommenswirksam. Das heißt, den Prämien stehen keine direkten Kosten (z. B. Investitionskosten, Ertragseinbußen) gegenüber. Die Bewirtschaftung ertragsschwacher Grünlandstandorte ist betriebswirtschaftlich in den meisten Fällen allerdings unrentabel und wird größtenteils nur noch aus traditionellen Gründen durchgeführt. Daher sind Prämien für die Bewirtschaftung von Grenzstandorten kein „Mitnahmeeffekt", sondern ein Anreiz zur Erhaltung der Kulturlandschaft.

Maßnahmenbezogene Förderungen sind die ackerbaulichen Prämien und zum Teil die Grünlandgrundprämien, die zum Ziel haben, umweltschonende Produktionsverfahren zu unterstützen. Die Einkommenswirkungen der Prämien reduzieren sich bei diesen Förderungen um die produktionstechnisch bedingten Umstellungskosten oder entgangene Gewinne, z. B. durch Ertragseinbußen. Die Einkommensminderungen variieren dabei zwischen 0 - 100 % der Prämie. Einkommenseinbußen in voller Höhe der Prämie oder noch darüber sind beispielsweise bei dem Programmpunkt „völliger Verzicht auf chemisch-synthetische Pflanzenschutz- und Düngemittel" zu verzeichnen. Diese Maßnahmen stoßen daher nur auf sehr geringe Akzeptanz (s. o.). Es nehmen in der Regel nur solche Betriebe teil, die diese ertragssteigernden Hilfsmittel ohnehin kaum eingesetzt haben und somit nur geringe Einkommensminderungen erwarten, wie z. B. reine Grünlandbetriebe.

Ackerbauliche Förderungen, bei denen keine Einkommenseinbußen für den Landwirt entstehen, sind z. B. der Verzicht auf Wachstumsregulatoren (CCC) auf ertragsschwachen Standorten, auf denen ohnehin kaum Wachstumsregulatoren zum Einsatz kommen. Die wissenschaftlichen Begleituntersuchungen zum MEKA verdeutlichen (vgl. Zeddies 1996a), daß die Hälfte der Landwirte, die diese Förderung in Anspruch nahmen, schon zuvor keine Wachstumsregulatoren eingesetzt hat. Die Prämien von 120 DM/ha beim Roggenanbau und 200 DM/ha beim Weizenanbau sind für viele Landwirte somit ein Zugewinn in voller Prämienhöhe - ein sogenannter „Mitnahmeeffekt". Auf den fruchtbaren Standorten hingegen deckt die Prämienhöhe in der Regel die Verluste durch Ertragseinbußen nicht ab, so daß hier nur eine sehr geringe Teilnahme zu verzeichnen ist. Das Ziel, durch die Prämierung des Verzichts auf Wachstumsregulatoren eine extensivere Bewirtschaftung zu bewirken, wird somit nur bedingt erreicht. Daher sollte eine Differenzierung der Prämie nach Bodenfruchtbarkeit vorgenommen werden, um „Mitnahmeeffekte" einzuschränken und zugleich die ökologische Wirksamkeit zu erhöhen (siehe Kap. 4.8.3.3).

Eine zusammenfassende Darstellung aus der umfassenden Analyse der Einkommenswirkungen im Rahmen der wissenschaftlichen Begleitforschung der Universität Hohenheim zum MEKA (vgl. ZEDDIES 1996a) ergab im wesentlichen:

- Für Maßnahmen zur Förderung eines umweltgerechten Ackerbaus wurden 1993 in Baden-Württemberg 68,3 Mio. DM Prämien bereitgestellt, wovon 17,7 Mio. DM Einkommenseinbußen kompensieren und 50,6 Mio. DM auf Einkommenszuwachs entfallen.

- Für Grünlandmaßnahmen wurden 1993 46 Mio. DM Prämie ausbezahlt. Die aus den Auflagen resultierenden Einkommensminderungen, z. B. durch Umbruchverzicht bei Grünland, Anpassung des Viehbesatzes, Reduzierung der Nutzungen u. a. wurden auf rund 3,5 Mio. DM geschätzt, so daß ein Einkommenszugewinn von 42,5 Mio. DM verbleibt.

- Für Maßnahmen zur Erhaltung der Kulturlandschaft (Streuobst, Steillagenweinbau, regionaltypische Rinderrassen) wurden 1993 rund 15 Mio. DM Prämie gezahlt. Dem stehen zwar keine direkten Umstellungskosten gegenüber, jedoch reichen die Prämien kaum aus, um solche unrentablen Wirtschaftsformen aufrechtzuerhalten.

Im Gegensatz zu der vergleichsweise hohen Grünlandgrundförderung müssen die Prämien für die Reduzierung der Nutzungsfrequenz des Grünlandes und die Reduzierung des Rindviehbesatzes als zu niedrig angesehen werden. Die Zusatzprämien für zweimal genutztes Grünland in Höhe von 20 DM/ha und für einmal genutztes Grünland in Höhe von 40 DM/ha sind für 80 % der Betriebe nicht ausreichend, um die damit verbundenen Einkommensminderungen zu kompensieren. Dadurch bleibt der direkte Umstellungseffekt der Förderung vergleichsweise gering.

Umweltwirkungen

Die Umweltwirkungen der Fördermaßnahmen des MEKA beziehen sich im Ackerbau auf eine Reduzierung der Bewirtschaftungsintensität, der Nitratauswaschung und Erosion sowie beim Grünland auf den Umbruchverzicht und die Extensivierung der Bewirtschaftung. Die von den Fördermaßnahmen betroffenen Flächenanteile liegen zwischen 1 und 14 % der Acker- bzw. Grünlandfläche (Tabelle 33). Eine Aggregation aller Maßnahmen führt zu der Feststellung, daß durch MEKA etwa 14 % der Ackerflächen mit geringerer Intensität bewirtschaftet werden. Die Nitratauswaschung wird auf 10 % der Ackerflächen reduziert, und Wind- und Wassererosionen werden durch Mulchsaat auf 3 % der Ackerflächen wirkungsvoller verhindert. Beim Grünland wird durch Umbruchverbot 1 % des Grünlandes erhalten und dadurch unter anderem eine höhere Nitratauswaschung vermieden; etwa 4 % des Grünlandes wurden durch einen reduzierten Viehbesatz und etwa 2 % durch eine geringere Nutzungshäufigkeit auf extensivere Bewirtschaftungsverfahren umgestellt (vgl. ZEDDIES 1996a). Im einzelnen ergaben sich folgende weitere Umweltentlastungen:

- Im Jahr 1993 erreichte der Umfang der nicht mit Wachstumsregulatoren behandelten Weizenflächen 36 % (Roggen 51 %), wovon jeweils mehr als 50 % durch die Fördermaßnahmen unmittelbar umgestellt wurden. Auf diesen Flächen ist die Stickstoffdüngung und der Fungizideinsatz deutlich eingeschränkt worden, was zu einer Verbesserung der Stickstoffbilanz und zu einer Reduzierung der Nitratauswaschung führt.

- Die MEKA-geförderten Begrünungsmaßnahmen im Ackerbau werden inzwischen auf mehr als 50 % der potentiellen Fläche durchgeführt, wobei durch das Förderprogramm mehr als 80 000 ha zusätzlich begrünt werden. Dies führt auf den Umstellungsflächen zu einer Verminderung der Nitratauswaschung und zu einer Reduzierung der Erosion.

- Erweiterte Drillreihenabstände auf fast 70 000 ha Umstellungsfläche (1993) führen insgesamt nur zu einer geringen Intensitätsanpassung. Einer stärkeren Entwicklung bestimmter Unkräuter wird Vorschub geleistet, während die Einsatznotwendigkeit von Fungiziden nur in Ausnahmefällen geringer wird. Insofern geht von dieser Maßnahme keine eindeutige ökologische Entlastung aus.

- Auch die auf gut 50 000 ha (1993) geförderte Anwendung des Mulchsaatverfahrens kann zu einer Erhöhung des Herbizideinsatzes führen. Sie hat aber als Einzelmaßnahme einen positiven Einfluß auf die Erosion und erweist sich, da sie fast immer in Kombination mit einer Begrünung durchgeführt wird, angesichts der entstehenden Synergieeffekte generell als ökologisch positiv.

- Die ökologische Wirkung der auf 24 000 ha (1993) durchgeführten Maßnahme „Herbizidverzicht" ist gering, da wegen der niedrigen Prämie nur wenige Betriebe partizipiert haben. Dies gilt auch für die Maßnahme „vollständiger Verzicht auf chemisch-synthetische Pflanzenschutz- und mineralische Düngemittel".

- Bisher nicht erfaßt sind die positiven Auswirkungen durch die zustandsbezogenen Förderungen zum Kulturlandschaftserhalt.

Tabelle 33: Umfang der Umweltwirkung durch Umstellungsmaßnahmen im Rahmen des MEKA (ZEDDIES 1996a).

Maßnahmen	Umstellungsfläche (ha)	in % der Fläche
Extensivierung Acker	115 688	14,0
Reduzierung der Nitratauswaschung	82 978	10,0
Erosionsschutz durch Mulchsaat	25 283	3,0
Grünlanderhaltung	5 733	1,0
Grünlandextensivierung durch Reduzierung		
- Viehbesatz	23 977	4,0
- Nutzungshäufigkeit	14 770	2,5
Intensitätsreduzierung durch „Völligen Verzicht auf chemisch-synthetische Hilfsmittel"	26 024	1,8

Marktentlastung

Das ursprüngliche Nebenziel von Agrarumweltprogrammen, die angespannten Agrarmärkte zu entlasten, wird nur geringfügig erreicht. Insgesamt errechnet sich in Baden-Württemberg für alle Ackerbaumaßnahmen ein aggregierter Marktentlastungseffekt durch das MEKA in der Größenordnung von 1,2 %. Werden die geringen marktentlastenden Wirkungen der Grünlandmaßnahmen hinzugerechnet, so werden insgesamt 2 % erreicht. Diese Marktentlastungswirkung des gesamten MEKA-Programms liegt damit in der Größenordnung des bis in die 90er Jahre hinein beobachteten Ertragsanstiegs eines Jahres durch technische Fortschritte (ZEDDIES 1996a).

Kontrolle und administrativer Aufwand

Die Kontrolle von Fördermaßnahmen zur umweltgerechten Produktion ist schwierig, und die administrative Bewältigung erfordert effektiv arbeitende Verwaltungseinrichtungen. Im MEKA ergaben sich bei den Kontrollen in knapp 20 % der Fälle

Beanstandungen. Sie entstehen bei schwierig abzugrenzenden Tatbeständen wie etwa der Einschätzung der Hangneigung, der Quantifizierung des RGV-Besatzes u. a. (ZEDDIES 1996a). Vorsätzliche Verstöße gegen die Vorschriften sind allerdings nicht vorgekommen.

Der administrative Aufwand seitens der staatlichen Verwaltung wird in Baden-Württemberg durch ein gut funktionierendes System mit einer durchschnittlichen Bearbeitungszeit von 30 Minuten je Antragsteller sehr niedrig gehalten. Im übrigen wurden die Personalkapazitäten der staatlichen Einrichtungen für die Bewältigung des Verwaltungsaufwandes nur teilweise durch zusätzliche Personaleinstellung, im wesentlichen aber durch Umwidmung von Aufgaben erbracht. Insgesamt ergab sich 1994 ein Verwaltungsaufwand von unter 1,5 Mio. DM, das entspricht etwas mehr als 1 % des Fördervolumens im Jahr 1994 oder 26 DM je Antragsteller (ZEDDIES 1996a). Hinzuzurechnen wären Kosten für die hier nicht einbezogenen Aufwendungen für die Durchführungen der Kontrollen sowie Aufwendungen, die den Antragstellern entstehen.

Bewertung
Insgesamt verdeutlichen die detaillierten Ergebnisse der Evaluierung, daß das MEKA als ein Förderprogramm mit differenzierten Prämien und Bewirtschaftungsauflagen auf freiwilliger Basis ein grundsätzlich geeignetes Instrument ist, umweltschonende Produktionsverfahren zu fördern und extensive Bewirtschaftungsformen (z. B. Streuobstwiesen) aufrechtzuerhalten. Die im MEKA geförderten Maßnahmen zur Rückführung des Einsatzes ertragsteigernder Hilfsmittel sowie zur Reduzierung von Erosion und Nitratauswaschung erzielen aber insgesamt noch eine geringe Breitenwirkung (siehe Tabelle 33), die durch Programmodifikationen sicherlich noch gesteigert werden könnte. Um eine spürbare Entlastung der Agrarmärkte zu erreichen, sind derartige Programme ungeeignet.

Vermutlich könnten die ökologischen Wirkungen derartiger auf freiwilliger Teilnahme beruhender Förderprogramme zielgenauer und kostengünstiger durch ordnungspolitische Maßnahmen realisiert werden. Verbote und Auflagen ohne Ausgleich der entstehenden Kosten würden jedoch die Einkommen und die Wettbewerbsfähigkeit der Betriebe in Baden-Württemberg weiter vermindern und auch größere Betriebe längerfristig zur Aufgabe zwingen. Markt- und Produktionsanteile würden zu Landwirten in anderen Regionen wandern, die oftmals mit höherer Produktionsintensität und teilweise höherer ökologischer Belastung wirtschaften.

Gewisse Reglementierungen sind auch in der Landwirtschaft unumgänglich, und die Düngeverordnung (vgl. Kap. 4.8.2.1) ist nur ein erster Schritt. Allerdings sind Verordnungen dieser Art Grenzen gesetzt, da sie in der EU und auch im internationalen Vergleich nicht zu gravierenden Wettbewerbsverzerrungen führen dürfen (vgl. Kap. 4.7.1). Förderprogramme zur Honorierung umweltgerechter Produktionsverfahren stellen daher eine gute Alternative bzw. Ergänzung dar, umweltschonende und standortangepaßte Produktionsverfahren zu etablieren sowie regionale Belange zu berücksichtigen.

Aus ökonomischer Sicht sind Umweltprogramme grundsätzlich nur eine „Second-Best-Lösung", da freiwillige Programme hohe finanzielle Anreize erfordern, um eine breite Akzeptanz zu erreichen. Nach den Erfahrungen des MEKA-Programms ist mindestens ein finanzieller Anreiz von ca. 50 % der Prämie erforderlich, um eine Breitenwirkung zu erreichen. Dies bedeutet, daß sogenannte „Mitnahmeeffekte" programmimmanent sind und bis zu einer bestimmten Höhe toleriert werden müssen.

Eine differenzierte Bewertung der Einzelmaßnahmen zeigt beispielsweise, daß bei der Maßnahme „Verzicht auf Wachstumsregulatoren im Weizenanbau" von der ausgezahlten MEKA-Prämie durchschnittlich gut 40 % auf die Kompensation der Einkommenseinbußen entfallen, während knapp 60 % als finanzieller Anreiz für die Teilnahme verbleiben. Beim Verzicht auf Wachstumsregulatoren im Roggenanbau entfällt von der ausgezahlten Prämie auf den finanziellen Anreiz sogar 75 %; beim erweiterten Drillreihenabstand sind es 90 % und bei der Begrünung etwa 75 %. Demgegenüber beträgt der finanzielle Anreiz bei der MEKA-Maßnahme „Herbizidverzicht" nur rund 55 %. Während bei den zuerst genannten Maßnahmen die tatsächliche Teilnahme im MEKA an der Gesamtfläche teilweise über 50 % beträgt, was zweifellos auch auf die jeweils hohen finanziellen Anreize zurückzuführen ist, liegt sie beim Herbizidverzicht wegen zu geringer finanzieller Anreize und vor allem hoher Folgerisiken unter 5 % (vgl. Tabelle 32).

Daraus ergibt sich eine sehr wichtige Konsequenz für die Verordnung (EWG) 2078/92 der Europäischen Union. Diese schreibt vor, daß bei Länderprogrammen mit freiwilliger Teilnahme nicht mehr als 20 % der gewährten Prämie auf den finanziellen Anreiz entfallen sollen. Diese Restriktion ist völlig unrealistisch. Sie verkennt, daß die teilnehmenden Landwirte häufig betriebliche Veränderungen vornehmen oder Investitionen in geeignete Maschinen tätigen sowie längerfristige Verpflichtungen (5 Jahre beim MEKA) eingehen müssen. Wie die Erfahrungen des MEKA zeigen, sind daher mindestens finanzielle Anreize in Höhe von 50 % der Prämie bei den maßnahmenbezogenen Förderungen erforderlich, wenn eine Breitenwirkung erreicht werden soll (ZEDDIES 1996a).

Beim MEKA und ähnlich konzipierten Programmen ist die Relation sogar umgekehrt (vgl. HOFMANN et al. 1995): Insgesamt entfallen ca. 80 % der Fördermittel auf finanzielle Anreize. Die Kompensation der Einkommensminderungen nimmt nur einen Anteil von rund 20 % ein. Dies verdeutlicht, wie utopisch das gesetzte Ziel von maximal 20 % als finanzieller Anreiz in der Verordnung (EWG) 2078/92 ist, so daß unter Anwendung der restriktiven Richtlinien der Verordnung die von den Ländern aufgelegten Programme zur Förderung umweltgerechter Produktionsverfahren als rechtswidrig oder bei Einhaltung der Richtlinien als wirkungslos zu betrachten sind.

Der Vorwurf, daß Programme wie das MEKA im Verhältnis zu der Wirkung hohe finanzielle Anreize benötigen, ist zwar nicht von der Hand zu weisen. Allerdings geht aus den Evaluierungsergebnissen auch hervor, daß eine breite Akzeptanz bereits bei einem finanziellen Anreiz von rund 50 % erreicht wird. Die Ergebnisse der wissenschaftlichen Begleituntersuchung bieten eine gute Basis, um Modifikationen für einen effektiveren und zielgerichteteren Mitteleinsatz vorzunehmen, wodurch die finanziellen Anreize auf das nötige Maß eingeschränkt und die ökologischen Wirkungen verbessert werden können.

In Anbetracht der derzeit hohen leistungslosen Flächenprämien relativiert sich freilich der Vorwurf hoher „Mitnahmeeffekte" bei Agrarumweltprogrammen. So beträgt der durchschnittliche Mitteleinsatz im MEKA beispielsweise 100 DM/ha landwirtschaftlich genutzter Fläche, wobei etwa gleiche Förderbeträge auf Ackerland und Grünland einschließlich Viehhaltung entfallen (ZEDDIES 1996a). Dieser Betrag ist, gemessen an den Preisausgleichszahlungen im Rahmen der EU-Agrarreform in Höhe von 500 - 750 DM/ha Getreide, vergleichsweise gering.

Vor dem Hintergrund, daß derzeit ohne die Transferzahlungen an die Landwirtschaft für die meisten Betriebe der Anbau der wichtigsten Kulturarten unrentabel ist, sind Ökopunkteprogramme ein hervorragendes Instrument, um den erforderlichen Einkommenstransfer mit ökologischen Zielen zu verknüpfen. Durch die Bindung der Transferzahlungen an ökologische Leistungen würde eine indirekte Internalisierung positiver externer Effekte erreicht (siehe Kap. 2.3).

Auch der Kritikpunkt hoher Kosten für Kontroll- und Verwaltungsaufwand bei Umweltprogrammen kann bei einem Aufwand von weniger als 2 % des Gesamtfördervolumens bzw. rund 30 DM je Antragsteller beim MEKA nicht als Argument gegen freiwillige Förderprogramme für umweltgerechte Produktion angeführt werden. Gleichwohl wäre beim MEKA-Programm eine Erhöhung der Mindestantragssumme je Antragsteller zur Reduzierung des Verwaltungsaufwandes in Erwägung zu ziehen (ZEDDIES 1996a).

Basierend auf den Evaluierungsergebnissen der wissenschaftlichen Begleituntersuchung werden nachfolgend zunächst wesentliche Stärken und Schwächen des MEKA-Programms dargestellt (vgl. ZEDDIES 1996a), und im folgenden Kapitel wird auf Modifikations- und Ergänzungsvorschläge eingegangen.

− Die Landwirte schätzen die Freiwilligkeit der Teilnahme und die Differenzierung der Maßnahmen nach einem Punktesystem prinzipiell als sehr gut ein. Die Punktezuteilung wird von den Landwirten als nicht ausgewogen angesehen, was sich durch die oben dargestellten Ausführungen bestätigt. Die Landwirte schätzen die Prämienhöhe als nicht ausreichend ein, weil sie davon für die unter Wettbewerbsdruck stehende Landwirtschaft in Baden-Württemberg keine nachhaltige Existenzsicherung erwarten. Im einzelnen werden die Förderleistungen für eine Reduzierung bzw. einen Verzicht auf Pflanzenbehandlungsmittel und mineralische Düngemittel als zu gering erachtet. Auch die gezielt auf eine Extensivierung der Grünlandnutzung ausgerichteten Maßnahmen sind in der Förderungshöhe nicht ausreichend.

- Bei den wenig akzeptierten Fördermaßnahmen, wie z. B. „Völliger Verzicht auf chemisch-synthetische Hilfsmittel" oder das „Mulchsaatverfahren" müßte für eine höhere Akzeptanz eine wesentlich höhere Förderleistung angeboten werden.
- Ein nicht zu unterschätzender Effekt der Programme scheint in der Förderung des Bewußtseins bei den Landwirten zu liegen: der umweltgerechten Produktion, der Erhaltung der Kulturlandschaft und der Beibehaltung bzw. Etablierung extensiver Bewirtschaftung größere Aufmerksamkeit zu schenken.
- Eine Schwäche beim MEKA-Programm ist, daß vielfach auch Tatbestände gefördert werden, die weder zum Erhalt der Kulturlandschaft noch zur Reduzierung der Umweltbeeinträchtigungen beitragen. Ein Beispiel ist die Prämierung des Verzichts auf Wachstumsregulatoren auf ertragsschwachen Standorten, auf denen ohnehin keine Wachstumsregulatoren eingesetzt werden. Für diese Maßnahme wurden insgesamt über 15 Mio. DM Prämie ausgezahlt.

4.8.3.3 Ökopunkteprogramm

Die Evaluierung und Bewertung des MEKA-Programms verdeutlichen, daß dieses Programm ein geeignetes Grundkonzept für die Honorierung von ökologischen Leistungen in der Landwirtschaft ist. Um das MEKA für die Konzeption eines EU-weiten, regional angepaßten Ökopunkteprogramms zu übernehmen, müssen allerdings noch einige Modifikationen und Ergänzungen vorgenommen werden. Im folgenden wird auf denkbare Ansatzpunkte und Weiterentwicklungen hingewiesen.

Bei den Modifikationen und Ergänzungen ist besonders darauf zu achten, daß die Förderung von bestehenden Tatbeständen, die nicht oder nur unwesentlich zum Erhalt der Kulturlandschaft oder zur Umweltentlastung beitragen (z. B. Verzicht auf Wachstumsregulatoren auf ertragsschwachen Standorten, teilweise die Grünlandgrundförderung[11] etc.), eingeschränkt wird und die Förderungen sich zielgenauer an tatsächlich erbrachten ökologischen Leistungen orientieren. Ökologische Leistungen sind dabei sowohl Maßnahmen zur Reduzierung der Umweltbeeinträchtigungen als auch die Aufrechterhaltung der Bewirtschaftung z. B. auf ertragsschwachen Grünlandstandorten (Kulturlandschaftserhalt). Bislang fördern MEKA und ähnlich konzipierte Programme in erster Linie bereits praktizierte Produktionsverfahren anstatt neue Ausrichtungen, wovon ertragsschwache Regionen am meisten profitieren. Intensiver wirtschaftende Betriebe auf Gunststandorten werden hingegen mit den bislang angebotenen Fördermaßnahmen nur unzureichend einbezogen, so daß ausgerechnet in Regionen mit den gravierendsten Umweltbeeinträchtigungen bislang nur eine ungenügende Wirkung erreicht wird. Erste Bewertungen anderer Landesprogramme kommen zu ähnlichen Ergebnissen.

---

[11] Die Grünlandgrundförderung im MEKA nimmt beispielsweise ca. ein Viertel (33 Mio. DM) am Gesamtfördervolumen ein. Beim bayerischen Kulturlandschaftsprogramm (KULAP) entfallen sogar fast 50 % (101 Mio. DM) auf die Grundförderung (BStMELF 1994).

Betriebe in Gunstlagen - insbesondere die viehstarken - zeigen nur wenig Interesse an den angebotenen Fördermaßnahmen der jeweiligen Landesprogramme, da bei diesem Betriebstyp im allgemeinen die ökonomischen Nachteile nicht ausgeglichen werden (HOFMANN et al. 1995). Beim überwiegenden Teil der angebotenen Fördermaßnahmen müßten insbesondere die viehhaltenden Haupterwerbsbetriebe umfangreichere Anpassungen vornehmen, indem sie beispielsweise den Viehbesatz abstocken oder ihre Fläche erheblich ausdehnen. Letzteres ist allerdings auf Gunststandorten infolge der vorherrschenden Flächenknappheit kaum möglich, und auch die Reduzierung des Viehbesatzes ist z. B. aufgrund umfangreicher Investitionen in moderne Tierhaltungsverfahren aus betriebswirtschaftlicher Sicht nicht realisierbar.

Teilweise sind die Förderungen der Landesprogramme sogar so gestaltet, daß eine hohe betriebswirtschaftliche Anpassungsfähigkeit Voraussetzung ist, um überhaupt an den Fördermaßnahmen partizipieren zu können. Beim rheinlandpfälzischen FUL-Programm (Förderprogramm für umweltschonende Landbewirtschaftung) beispielsweise führt eine Teilnahme an den angebotenen Grünlandmaßnahmen für die meisten Haupterwerbsbetriebe zu erheblichen wirtschaftlichen Defiziten (MÜLLER und SCHMITZ 1996). Für kleinere auslaufende Betriebe hingegen sind solche Fördermaßnahmen betriebswirtschaftlich sinnvoll. Sie tätigten in den letzten Jahren meistens keine umfangreichen Investitionen und sind somit äußerst flexibel. Die Reduzierung des Viehbesatzes oder die Umstellung auf arbeitswirtschaftlich extensive Tierhaltungsverfahren (z. B. Mutterkuhhaltung) passen häufig sogar ideal in das betriebswirtschaftliche Konzept des längerfristig geplanten Ausstiegs. Dies hat zur Folge, daß auslaufende Betriebe im allgemeinen die endgültige Betriebsaufgabe lange hinauszögern und somit das Problem der Flächenknappheit bzw. hoher Pacht- und Bodenpreise verschärfen.

Landesprogramme wie das FUL wirken auf leistungsfähige und wachstumswillige Betriebe sogar entmutigend und wettbewerbsschwächend (MÜLLER und SCHMITZ 1996). Das Nebenziel von Agrarumweltprogrammen, die Landwirtschaft insgesamt zu stärken, wird somit verfehlt. Ebenso wird eines der Hauptziele - die Aufrechterhaltung einer weitgehend flächendeckenden Landbewirtschaftung insbesondere in benachteiligten Agrarregionen - nur vorübergehend erfüllt, da längerfristig betrachtet hierfür der Erhalt einer ausreichenden Zahl wachstumswilliger, zukunftsfähiger Betriebe der entscheidende Faktor ist und nicht das Verzögern der Betriebsaufgabe (siehe Kap. 4.7.2.1).

Eine ausgeglichenere Förderung sowie eine Verbesserung der ökologischen Wirksamkeit eines Ökopunkteprogramms läßt sich durch drei Strategien erreichen (vgl. ZEDDIES 1996a):

a) Zielgenauere Orientierung der Fördermaßnahmen an ökologischen Leistungen

1. Auf Maßnahmen, die nicht eindeutig zur Umweltentlastung oder zum Kulturlandschaftserhalt beitragen, sollte verzichtet werden, wie z. B. auf den erweiterten Drillreihenabstand beim MEKA-Programm.

2. Bei maßnahmenbezogenen Förderungen mit einem finanziellen Anreiz von über 60 % sollte eine Prämienanpassung bzw. Abstufung der Prämien entsprechend der ökologischen Wirksamkeit vorgenommen werden. Beispiele sind die undifferenzierte Grünlandgrundförderung und die Förderung der Mulchsaat. Es empfiehlt sich, z. B. eine Prämienreduzierung bei der Mulchsaat im Herbst zugunsten der Frühjahrsmulchsaat vorzunehmen. Insbesondere sollten die Prämien für Mulchsaaten im Rüben- und Maisanbau höher sein als bei Getreide. Eine Prämiendifferenzierung nach Hangneigung würde die Wirksamkeit dieser Fördermaßnahme auf den Erosionsschutz zusätzlich erhöhen.
3. Wirtschaftlich unattraktive Fördermaßnahmen sind durch Erhöhung der Förderleistung attraktiver zu gestalten. Beispiele im MEKA-Programm sind:
   - Prämien für die Bewirtschaftung von Streuobstbeständen und Steillagen decken die damit verbundenen zusätzlichen Aufwendungen nur zu einem geringen Teil.
   - Ebenso empfiehlt sich eine Prämienerhöhung für hängiges und feucht-nasses Grünland, um die Bewirtschaftung dauerhaft aufrechtzuerhalten.
   - Die Prämie für extensiv genutztes Grünland (ein- und zweischüriges Grünland) sollte für ertragsschwache Standorte auch erhöht werden. Eine extensive, nur zweimalige Nutzung von Fettwiesen hingegen ist auch aus ökologischer Sicht nicht sinnvoll (siehe Kap. 4.2.3). Tiefgründige, fruchtbare Wiesenstandorte wurden schon früher mindestens dreimal genutzt, und sollten daher von der Prämierung des ein- und zweischürigen Grünlandes ausgeklammert werden. Das primäre Ziel der Grünlandförderungen muß die Aufrechterhaltung einer extensiveren, aber dem Standort angepaßten Bewirtschaftung sein.
4. Prinzipiell sollte die Prämierung bei den Einzelmaßnahmen trotz des etwas höheren Verwaltungsaufwandes durch Einschränkungen der Anspruchsberechtigten zielgenauer ausgerichtet werden. Damit würde beispielsweise verhindert, daß ein völliger Verzicht auf chemisch-synthetische Dünge- und Pflanzenschutzmittel fast ausschließlich in Grünlandbetrieben in Anspruch genommen wird, die diese Mittel ohnehin kaum einsetzen.
5. Im allgemeinen erweist es sich als zweckmäßig, die Teilnahme an solchen Förderprogrammen und die damit verbundenen Produktions- und Verhaltensauflagen mit der ersten Antragstellung längerfristig zu binden. Dies sichert die Zielbeiträge, ermöglicht Verwaltungsvereinfachung und verbessert die Effizienz.
   Bei Maßnahmen wie „Herbizidverzicht" sollte jedoch auf eine längerfristige Bindung verzichtet werden, da die Verpflichtung auf 5 Jahre eine große Unsicherheit für den Landwirt bedeutet. Bei einer jährlichen Verpflichtung würde z. B. bei Sommergetreide in Jahren mit geringem Unkrautdruck mit der derzeitigen Prämienhöhe sicherlich eine große Akzeptanz erreicht. Auch bei Wintergetreide - insbesondere nach Hackfrüchten - ist der Unkrautdruck im allgemeinen gering. Eine 5-jährige Verpflichtung ist dem Landwirt allerdings zu unsicher, da es bei ungünstigen Saatbedingungen oder Witterungen (z. B. sehr milde Winter)

Umweltpolitische Maßnahmen

zu einem erheblichen Unkrautdruck kommen kann, der bei einem Herbizidverzicht neben Ertragseinbußen auch zu einer Erhöhung des Unkrautpotentials in den Folgejahren führt.

5. Der Grünlandumbruch sollte durch die MEKA-Teilnahme nicht prinzipiell verboten werden, sondern in Absprache mit dem örtlichen Landwirtschaftsamt bei Einhaltung bestimmter Kriterien erlaubt sein, da Grünlandumbruch nicht *per se* zu negativen ökologischen Wirkungen führen muß.

b) Abstufung der Prämien nach der Bodenfruchtbarkeit

Bei der Honorierung von Extensivierungsmaßnahmen im Ackerbau ist es sinnvoll, eine Abstufung nach der Bodenfruchtbarkeit anhand der verfügbaren regionalen Ertragsmeßzahlen (EMZ) vorzunehmen, um einerseits die Förderung von Tatbeständen auf ertragsschwachen Standorten einzudämmen und anderseits eine bessere Durchdringung extensiver Wirtschaftsweisen auch auf Gunststandorten zu bewirken. Beispielsweise sind auf flachgründigen Ackerbaustandorten im allgemeinen keine Wachstumsregulatoren im Getreideanbau erforderlich und werden in der Regel auch nicht eingesetzt. Aus diesem Grunde sollte der Verzicht auf Wachstumsregulatoren erst ab einer bestimmten Bodengüte honoriert werden.

c) Prämierung eines umweltbewußt geführten Betriebsmanagements

1. Das Hauptziel eines wirksamen Ökopunkteprogramms müßte auf die Gewährleistung weitgehend geschlossener Stoffkreisläufe ausgerichtet werden. So könnten auf der Basis betriebsindividueller Aufzeichnungen ausgeglichenere Stickstoff-Hoftor-Bilanzen mit Stickstoffbilanzüberschüssen von 30 - 50 kgN/ha·a und weniger mit vergleichsweise hohen Prämien belohnt werden (ZEDDIES 1996a). Bei dieser ergänzenden Maßnahme wäre allerdings eine Abstufung der Prämien bzw. der tolerierbaren N-Überschüsse nach Betriebstyp und Ertragsmeßzahl ratsam, damit betriebsspezifischen und regionalen Unterschieden bei den Stickstoffüberschüssen Rechnung getragen wird.

2. Die Honorierung der Führung von Schlagkarteien verbunden mit der Einhaltung der Regeln des integrierten Anbaus (Nährstoffanalysen, Anlegen von Düngefenstern, Düngung nach Entzug, Berücksichtigung des Schadschwellenprinzips etc.) wären weitere zielorientierte, umweltwirksame Maßnahmen, die vor allem auch die Selbstkontrolle und Beratung erleichtern (vgl. DOLUSCHITZ et al. 1992, SRU 1996). Die Führung von Schlagkarteien schärft zugleich das Bewußtsein für einen umweltschonenden, standortangepaßten Pflanzenbau und führt im allgemeinen zu einem verbesserten Produktionsmitteleinsatz und somit zur Steigerung des betriebswirtschaftlichen Gewinns. Aufgrund der ökonomischen Vorteile, die sich durch Schlagkarteien ergeben, sind sie in vielen größeren Betrieben schon etabliert. In Baden-Württemberg werden jedoch Schlagkarteien aufgrund der kleinstrukturierteren Landwirtschaft und der überwiegend kleinparzellierten Flur nur selten geführt, so daß ein zusätzlicher finanzieller Anreiz für die Etablierung sinnvoll erscheint.

Für die Honorierung der Führung von Schlagkarteien und geringer Stickstoffbilanzüberschüsse wären bei den derzeitigen Agrarumweltprogrammen nicht zwingend zusätzliche Finanzmittel erforderlich, da indirekte Prämierungen von ackerbaulichen Extensivierungsmaßnahmen entfallen könnten. Beim MEKA-Programm könnte beispielsweise der „Verzicht auf Wachstumsregulatoren" entfallen, da das Hauptziel der Prämierung, einen umweltschonenderen Getreideanbau durchzusetzen, effektiver durch die vorgeschlagenen Prämierungen eines umweltbewußt geführten Betriebsmanagements erreicht werden könnte.
3. Eine weitere effiziente Maßnahme wäre eine Verpflichtung aller am Ökopunkteprogramm teilnehmenden Betriebe an Gruppenberatungen. Dies würde auch kleinere Betriebe (Nebenerwerbsbetriebe) in die Beratung einbeziehen und neben der Vermittlung aktueller Informationen zugleich eine Plattform für Erfahrungsaustausch und überbetriebliche Zusammenarbeit bieten (vgl. Kap. 4.8.1).

Eine solche differenzierte und zielgerichtete Ausgestaltung eines Ökopunkteprogramms würde zum Erhalt der Kulturlandschaft beitragen, umweltgerecht wirtschaftende Betriebe belohnen, einen effizienteren Produktionsmitteleinsatz fördern und die Umweltbelastung erheblich reduzieren. Gleichzeitig würde das Umweltbewußtsein der Betriebsleiter deutlich geschärft. Das bei Forderungen zur stärkeren Differenzierung bei den Einzelmaßnahmen häufig hervorgebrachte Argument zu hoher Kosten für Administration und Kontrolle relativiert sich in Anbetracht des geringen Aufwands von unter 2 % der Aufwendungen (bzw. etwa 30 DM je Antragsteller) für Verwaltung und Kontrolle beim Ökopunkteprogramm MEKA. Auch für die Landwirte bedeutet eine stärkere Differenzierung nur einen geringfügig höheren Arbeitsaufwand, da durch den sogenannten „Gemeinsamen Antrag"[12] im Zuge der EU-Agrarreform eine Vielzahl von Betriebsdaten bereits zur Verfügung steht, die vom Landwirt jährlich zu aktualisieren sind.

Neben den Modifikationen und Ergänzungen bedarf es auch einer sorgfältigen Abstimmung solcher Ökopunkteprogramme mit anderen landwirtschaftlichen Fördermaßnahmen. Beispielsweise werden die im Rahmen der baden-württembergischen Schutzgebiets- und Ausgleichsverordnung (SchALVO) in Wasserschutzgebieten vorgeschriebenen und vergüteten Begrünungsmaßnahmen zusätzlich durch das MEKA-Programm gefördert. In der Vermeidung von Doppelförderungen und der Einführung von maximalen Förderobergrenzen pro Hektar, in der alle hektarbezogenen Fördermaßnahmen einzubeziehen sind, liegen noch erhebliche Einsparpotentiale. Zur Verhinderung von Doppelförderungen bzw. zur Einsparung von öffentlichen Finanzmitteln schlagen wir vor, Programme wie die Förderung von benachteiligten Gebieten oder den Ausgleich in Wasserschutzgebieten besser mit Ökopunkteprogrammen abzustimmen oder am besten in diese zu integrieren. Dies würde auch die „Prämienjagd" (EU-Ausgleichszahlungen, Ausgleichszulage für benachteiligte

---

[12] Antrag mit aktuellem Flächenverzeichnis und Viehbestand zur Beantragung von EU-Ausgleichszahlungen, MEKA, SchALVO, Ausgleichszulage für benachteiligte Gebiete etc.

Umweltpolitische Maßnahmen 271

Gebiete, Umweltprogramme wie MEKA, SchALVO, Förderung des ökologischen Landbaus und kommunale Programme) deutlich einschränken.

Darüber hinaus sollte bei den Fördermaßnahmen der Agrarumweltprogramme längerfristig eine stärkere Berücksichtigung von Naturschutzbelangen angestrebt werden. Bislang ist die Schaffung bzw. Erhaltung naturnaher Biotope in landwirtschaftlich genutzten Landschaften häufig nicht Gegenstand der Förderungsprogramme, obwohl sie nach der Verordnung (EWG) 2078/92 förderungsfähig wäre und in vielen Regionen einen besonders wirksamen Beitrag zur Verbesserung der Leistungsfähigkeit des Naturhaushalts und zur Pflege der Landschaft leisten könnte (KNAUER 1995).

Allen lokalen und standörtlichen Anforderungen können überregionale Umweltprogramme allerdings nicht gerecht werden, dazu bedarf es auch der Forcierung des Vertragsnaturschutzes und der Nutzung von regionalen/kommunalen Initiativen. Der lokale Ansatz erweist sich gegenüber der EU-, Bundes- und Landesebene zunehmend als flexibel und effektiv (ZEDDIES 1996a). Lokale Initiativen sollten dabei die Gemeinden und die in ihr lebende Bevölkerung als Nachfrager von Umweltleistungen mit einbeziehen (siehe Kap. 4.8.3.4).

Zur Unterstützung lokaler Initiativen für eine nachhaltige Landwirtschaft empfiehlt es sich, z. B. im Rahmen von Ökopunkteprogrammen einen ergänzenden Finanzpool für die regionalen/kommunalen Finanzierungsmodelle bereitzustellen. Dadurch könnte dem räumlichen Bezug besser Rechnung getragen werden. Gleichzeitig würde durch die Bildung gemeinsamer Finanzpools eine enge Verzahnung kommunaler und landwirtschaftlicher Behörden erreicht. Dies würde vermutlich sowohl zu einer zielorientierteren Förderung als auch zu einer Einschränkung von Doppelförderungen führen.

4.8.3.4 Kommunale Umweltprogramme und lokale Initiativen

Im Sinne der Förderung einer umweltgerechten Landbewirtschaftung können lokale Förderprogramme eine wichtige Funktion übernehmen, dabei liegt der Vorteil dieser Programme gegenüber Bundes- oder Länderprogrammen in der Möglichkeit einer zielgenaueren Ausrichtung auf die lokalen Gegebenheiten. Beispiele lokaler/kommunaler Finanzierungsmodelle sind:
- Kommunale öffentliche Mittel.
- Ökologie- und Kulturlandschaftstaxen (lokale Zahlungsbereitschaft der Verbraucher).
- Ökosponsoring durch die regionale Wirtschaft.
- Schaffung einer ökologisch orientierten Regionalmarke für Agrarprodukte aus der Region in Zusammenarbeit mit der Ernährungswirtschaft.

In Baden-Württemberg gibt es derzeit eine Vielzahl von lokalen Bewirtschaftungsprogrammen unterschiedlichster Ausrichtung und Zielsetzung, die von Kommunen oder Landkreisen getragen werden (vgl. GANZERT und DEPNER 1996). Die Maßnahmen und auferlegten Nutzungseinschränkungen werden dabei sehr unterschiedlich gehandhabt. Ebenso variieren die gewährten Prämien zwischen den Kommunen beträchtlich (ZEDDIES 1996a). Die durchschnittlich gewährten Prämien liegen allerdings deutlich höher als bei vergleichbar geförderten Maßnahmen wie beispielsweise im MEKA-Programm. Bei den kommunalen Förderungsprogrammen stehen der Erhalt und die Neuanpflanzung von Streuobstbäumen, Ackerrandstreifen, Feuchtbiotope und die Extensivierung von Grünland und Ackerland sowie die Umwandlung von Ackerland in Grünland im Vordergrund. Nur etwa bei einem Viertel der Kommunen mit eigenem Förderprogramm ist eine Doppelförderung mit anderen Programmen ähnlicher Zielsetzung ausgeschlossen. Eine zuverlässige Kontrolle möglicher Doppelförderungen ist für die Kommunen aufwendig; sie gelingt nur im Fall der Landschaftspflegerichtlinie, da hier die abgeschlossenen Extensivierungs- und Pflegeverträge zur Einsicht vorliegen (ZEDDIES 1996a).

Grundsätzlich möchten zwar alle Gemeinden und Städte Mehrfachförderung vermeiden, was nach bisher vorliegenden Informationen (WELTE 1992) allerdings nur in einem Drittel der kommunalen Förderungsprogramme sicher ausgeschlossen werden kann. Dadurch kommt es zu Doppelförderungen, die sich dann in der Summe vereinzelt bis zu einem Förderumfang von 1 300 DM/ha addieren können (ZEDDIES 1996a). In der Abstimmung bzw. Anpassung von Kommunalprogrammen und überregionalen Förderprogrammen besteht somit noch ein erheblicher Handlungsbedarf, um einerseits öffentliche Mittel einzusparen und andererseits einheitliche Rahmenbedingungen zu schaffen.

Um Doppelförderungen zu vermeiden sowie eine bessere Verzahnung von kommunalen und staatlichen Programmen zu gewährleisten, empfiehlt sich eine enge Zusammenarbeit zwischen den Regional-/Kommunalverbänden mit den zuständigen Landwirtschaftsbehörden. Gelungene lokale Initiativen mit einer engen Kooperation zu den landwirtschaftlichen Behörden sollten dabei durch die Bereitstellung von Finanzpools im Rahmen von Landesumweltprogrammen (z. B. MEKA-Programm) unterstützt werden (vgl. Kap. 4.8.3.3).

Lokale Programme und Initiativen haben prinzipiell den Vorteil, daß sie den örtlichen Belangen besser angepaßt sind und zum Teil auch alle Betroffenen (Bürger, Wasserwirtschaftsämter, Bauern etc.) mit einbeziehen. Ein Vorteil lokaler Programme liegt beispielsweise in einer flexibleren Gestaltung der Kriterien für die Honorierung der Leistungen (z. B. Mahdzeitpunkte), bei der auch die Landwirte aktiv einbezogen werden können, als dies bei landes- oder bundesweiten Programmen möglich ist.

Im folgenden werden einige Beispiele für gelungene lokale Förderprogramme in Baden-Württemberg aufgeführt, wobei von den Trägern unterschiedliche Ansatzpunkte gewählt wurden (vgl. GANZERT und DEPNER 1996):

Umweltpolitische Maßnahmen 273

- Die Stadt Todtnau stellt ihren Landwirten gemeindeeigene Grünlandflächen kostenlos als Weide zur Verfügung, wenn diese sich bereit erklären, auf diesen Flächen eine gewisse Stundenzahl für Pflegearbeiten wie Entbuschungs- und andere Instandhaltungsmaßnahmen zu übernehmen.
- Die Landkreise Lörrach und Breisgau-Hochschwarzwald zahlen tierhaltenden landwirtschaftlichen Betrieben ein Landschaftspflegegeld für das Offenhalten der Landschaft.
- In der Region südlicher Hochschwarzwald fördert die staatliche Weideinspektion Schönau die extensive Grünlandbewirtschaftung und damit das Offenhalten der Landschaft in dieser für den Fremdenverkehr wichtigen Region Baden-Württembergs. Neben einer umfangreichen Beratungstätigkeit wird die Anschaffung von Gemeinschaftsherden (Mutterkühe, Schafe, Ziegen), und Weideeinrichtungen (Zäune, Wassertränken etc.) finanziell unterstützt. Das Programm hat dazu geführt, daß trotz des rasanten Strukturwandels und einer stark durch den Nebenerwerb geprägten Landwirtschaft (rund 95 % der Betriebe) der Viehanteil in dieser Region bisher konstant gehalten werden konnte.
- Die Stadt Sachsenheim unterstützt mit einem Landschaftspflegeprogramm den Einsatz ortsansässiger Landwirte in der Landschaftspflege. Das Programm wurde sechs Jahre lang als Modellprojekt vom Land Baden-Württemberg gefördert und wird heute von der Stadt in Eigenregie weitergeführt.

Ein weiteres Spektrum lokaler Initiativen liegt im Bereich der Verarbeitung und Vermarktung von umweltschonend erzeugten Nahrungsmitteln, das von der Initiierung von Erzeugergemeinschaften über Initiativen der Gastronomie und des Einzelhandels bis zur Gründung von Bauernmärkten reicht. Die Kommunen und Landkreise übernehmen dabei oft in Zusammenarbeit mit Naturschutz- und/oder Bauernverbänden wichtige Vermittlungs- und Katalysatorfunktionen (siehe Kap. 4.4). Das Hauptziel solcher Maßnahmen zur Steigerung des regionalen Absatzes von Agrarprodukten liegt in der Ausnutzung der Selbstorganisationsmöglichkeiten des Marktes. Den Landwirten bleibt dadurch mehr Flexibilität als bei definierten Bewirtschaftungsprogrammen; außerdem ist die Kontrolle einfacher, da die Landwirte an der Einhaltung der festgelegten Qualitätskriterien selbst das größte Interesse haben und das Vertrauen der Verbraucher bei Mißbrauch schnell verspielt ist. Daneben dürfte die Honorierung umweltschonender Bewirtschaftungsweisen über den Verbraucher langfristig für die landwirtschaftlichen Betriebe verläßlicher sein als über öffentlich finanzierte Bewirtschaftungsprogramme.

Bei der Umsetzung solcher lokaler Initiativen und Bewirtschaftungsprogramme ist der Erfolg in hohem Maße von der Kooperationsfähigkeit von Landwirtschaft, Naturschutz und Gemeinde abhängig. So berichten, nach Untersuchungen von GANZERT und DEPNER (1996), zahlreiche Gemeinden von einer großen Skepsis vieler Landwirte gegenüber dem Naturschutz. Um solche Berührungsängste zu beseitigen, sollten bereits in der Planungsphase Arbeitskreise mit Vertretern des Berufsstandes,

des Naturschutzes und der öffentlichen Hand eingerichtet werden, die die Ausgestaltung der Programme gemeinsam durchführen (vgl. OPPERMANN et al. 1997). Ohne frühzeitige Einbindung der Betroffenen, ohne ein positives Vertrauensverhältnis zwischen betroffenen Landwirten, Landwirtschafts- und Flurbereinigungsverwaltung, Ortsverwaltung und Ökologen können Vorhaben nicht erfolgreich realisiert werden. Insbesondere muß sich die Landwirtschaftsverwaltung mit dem Vorhaben identifizieren, denn dies ist für die Überzeugungsarbeit sehr förderlich (KAULE 1996).

Die langfristige Verläßlichkeit lokaler Programme wird allerdings generell geringer eingeschätzt als dies bei bundes- oder landesweiten Programmen der Fall ist. Vielen Landwirten erscheinen die Zahlungen der Kommunen bzw. Kreise daher zu wenig abgesichert, um dauerhafte betriebswirtschaftliche Entscheidungen darauf aufzubauen. Derartige Befürchtungen werden durch die aktuelle Haushaltslage vieler Kommunen bestätigt, die bereits zu Kürzungen kommunaler Programme führten (GANZERT und DEPNER 1996). Projekte umsetzungsorientierter Landschaftsplanung verdeutlichen jedoch, daß die Gewährleistung einer längerfristigen Sicherheit eine der zentralen Grundforderungen ist (LUZ 1994, KAULE et al. 1994, OPPERMANN et al. 1997). Gerade die zukunftsorientierten Betriebsinhaber können nicht bereit sein, zu investieren oder den Betrieb umzustellen, wenn die Perspektive nur 1-5 Jahre umfaßt. Auch betriebswirtschaftliche Gesichtspunkte müssen mit einbezogen werden. Ziele zu entwickeln, die landwirtschaftliche Betriebe schwächen oder den natürlichen Produktionsbedingungen für Landwirtschaft widersprechen, machen keinen Sinn (KAULE 1996).

Die geplanten Projekte auf Bundesebene zur „Ökologischen Konzeption für Agrarlandschaften" (BMBF 1996) können wichtige Impulse für die Weiterentwicklung lokaler Programme geben und Möglichkeiten einer engen Verzahnung und Abstimmung mit Agrarumweltprogrammen aufzeigen.

Einen Leitfaden für die angemessene Vergütung von landespflegerischen Leistungen bietet auch das Konzept „Effiziente und umweltverträgliche Landnutzung (EULANU)" (BREITSCHUH und ECKERT 1994).

Kurzfassung

Gliederung
Seite

Die Bedeutung von Land- und Forstwirtschaft für eine
nachhaltige Entwicklung 276

Forstwirtschaft 278
Die Wiege des Nachhaltigkeitsgedankens 278
Die Nutzung von Holz 279
Schutz- und Erholungsfunktionen des Waldes 281
Naturnahe Waldbewirtschaftung 283
Waldökopunkte - ein Lösungsansatz? 285
Forstpolitische Maßnahmen 286

Landwirtschaft 287
Nachhaltigkeitsprobleme früher und heute 287
Beeinträchtigungen natürlicher Ressourcen durch die Landwirtschaft 288
Umweltgerechte Produktionsverfahren 290
    Umweltgerechte Tierproduktion 291
    Nachhaltige Grünlandbewirtschaftung 293
    Ökologischer Landbau 294
    Integrierter Landbau 296
Neue Technologien 297
    Mechanisch-technische Neuerungen 298
    Biologisch-technische Neuerungen 299
Neue Vermarktungsstrategien und Märkte 302
    Neue Vermarktungsstrategien 302
    Neue Märkte 303
Monetäre Bewertung externer Effekte der Land- und Forstwirtschaft 306
Agrarpolitische Maßnahmen 308
    Agrarpolitik der Europäischen Union 308
    Strukturpolitik 312
    Umweltpolitik 314

Die vorliegende Kurzfassung gibt dem eiligen Leser einen Überblick über Voraussetzungen und Möglichkeiten nachhaltiger Landbewirtschaftung. Der Schwerpunkt liegt auf den aus unserer Sicht notwendigen agrarpolitischen und forstpolitischen Maßnahmen. Um der besseren Lesbarkeit willen haben wir auf Literaturangaben und Kapitelverweise verzichtet. Literaturhinweise und detaillierte Angaben zu den einzelnen Themen finden sich im Haupttext, der eine der Kurzfassung weitgehend analoge Gliederung aufweist.

Die Bedeutung von Land- und Forstwirtschaft für eine nachhaltige Entwicklung

Bei allen Überlegungen zur Nachhaltigkeit fällt der Land- und Forstwirtschaft eine zentrale Rolle zu. Der Grund liegt in der enormen Bedeutung dieser beiden Wirtschaftszweige für die natürlichen Ressourcen, insbesondere für Wasser und Boden. Derzeit werden 48 % der Bodenfläche Baden-Württembergs landwirtschaftlich genutzt, 38 % sind mit Wald bestanden. Das heißt, 86 % der Landesfläche dienen als Grundlage und als Ressource für die Urproduktion von Nahrungsmitteln, Futtermitteln und Holz, dem wichtigsten nachwachsenden Rohstoff.

Dem Verständnis der Akademie gemäß bedeutet nachhaltige Entwicklung, daß der Kapitalstock an natürlichen Ressourcen soweit erhalten bleibt, daß das Wohlfahrtsniveau zukünftiger Generationen mindestens dem Wohlfahrtsniveau der gegenwärtigen Generation entsprechen kann.
Ziel des Projekts „Nachhaltige Land- und Forstwirtschaft" war es, ein operationales Konzept für eine nachhaltige Land- und Forstbewirtschaftung in Baden-Württemberg zu erarbeiten, das von den gegebenen Sachverhalten ausgehend praktikable Lösungen vorschlägt. Der Anspruch ist nicht gering: Eine langfristig zukunftsfähige Land- und Forstwirtschaft soll umweltgerecht und ressourcenschonend qualitativ hochwertige Nahrungsmittel erzeugen, nachwachsende Rohstoffe produzieren, unsere Kulturlandschaft und deren Biotop- und Artenvielfalt weitgehend erhalten und zugleich dem internationalen Wettbewerb gewachsen sein. Um diesen vielfältigen Anforderungen gerecht werden zu können, sind jedoch deutliche Veränderungen der Agrar- und Forstpolitik notwendig, die es den Betrieben ermöglichen, ihre Bewirtschaftung nachhaltig zu gestalten. Dabei sind Dogmen und radikale Lösungen nicht gefragt - weder sollen Land- und Forstwirtschaft dem Diktat eines absoluten Ressourcenschutzes unterworfen noch der Ressourcenschutz einer ungezügelten Produktionsintensität geopfert werden.
Die Zielvorgaben für eine nachhaltige Entwicklung in Land- und Forstwirtschaft müssen sich zunächst an den natürlichen Ressourcen (Wasser, Luft, Klima, Boden, Artenvielfalt, Biomasse) ausrichten. Der Schwerpunkt liegt daher auf ökologischen Aspekten. Ökonomische und soziale Aspekte spielen aber eine gewichtige Rolle, insbesondere wenn es darum geht, geeignete Maßnahmen vorzu-

schlagen. Vor diesem Hintergrund wurden folgende allgemeine Zielvorgaben für eine nachhaltige Land- und Forstwirtschaft abgeleitet, die gleichzeitig als gedankliche Leitlinien die Lektüre der Kurzfassung begleiten können:

A) Ökologisch ausgerichtete Zielvorgaben für eine schonende und effiziente Nutzung der natürlichen Ressourcen:

a   Durchsetzung umweltschonender Bewirtschaftungsweisen in der Landwirtschaft.

b   Förderung einer naturnahen Waldbewirtschaftung.

c   Erzeugung gesunder und hochwertiger Nahrungs- und Futtermittel.

d   Förderung der Nutz-, Schutz- und Erholungsfunktionen der Kulturlandschaft.

e   Effiziente Nutzung der erneuerbaren Ressourcen (Wasser, Luft, Boden, Biomasse), die deren Regenerationsfähigkeit nicht überschreitet und die Stabilität der ökologischen Stoffkreisläufe nicht gefährdet.

f   Beachtung kritischer Belastungsgrenzen (*Critical Loads*).

g   Schonung der nicht erneuerbaren Ressourcen.

h   Sicherung der regionalen Wasserversorgung.

i   Weitgehender Erhalt und Förderung der Biotop- und Artenvielfalt.

B) Ökonomische und soziale Zielvorgaben, die für die Erreichung der ökologischen Zielvorgaben dienlich sein können:

j   Aufrechterhaltung einer weitgehend flächendeckenden Landbewirtschaftung.

k   Ausreichendes Einkommen für kosteneffizient und umweltschonend wirtschaftende Betriebe.

l   Erhalt und Förderung des unternehmerisch geprägten Familienbetriebs.

m   Schaffung von langfristig stabilen Rahmenbedingungen.

n   Sicherung der Nahrungsmittelversorgung durch eine umweltschonende Landbewirtschaftung innerhalb eines abgegrenzten Wirtschaftsraums (EU).

o   Sicherung der Holzversorgung innerhalb eines abgegrenzten Wirtschaftsraums (EU).

Diese Ziele können einzeln nicht angestrebt werden, ohne andere Ziele zu verletzen. Zur Aufgabe des Projekts gehörte es, Zielkonflikte herauszuarbeiten und dafür eine Lösung zu finden, die sowohl ökologisch sinnvoll als auch unter den gegebenen Voraussetzungen politisch und ökonomisch durchsetzungsfähig erscheint. In einem so vielfältigen Wirtschaftszweig wie der Land- und Forstwirtschaft bedarf es zur Erreichung von Nachhaltigkeit einer räumlichen Differenzierung und einer regionalen Vorgehensweise. Es müssen teilweise auch Prioritäten für die einzelnen Ressourcen gesetzt werden. So ist Nachhaltigkeit in Bezug auf Wasser nicht unbedingt mit Nachhaltigkeit für den Arten- und Biotopschutz gleichzusetzen. Auch die landwirtschaftlichen Produktionsintensitäten sollten den jeweiligen standörtlichen Gegebenheiten angepaßt sein.

Die Bedeutung von Land- und Forstwirtschaft reicht über den eigenen Wirtschaftssektor hinaus. Zwar betrug der Anteil von Land- und Forstwirtschaft an der Bruttowertschöpfung aller Sektoren 1995 in Baden-Württemberg zusammen nur etwa 1 %. Produktion und Wertschöpfung von Land- und Forstwirtschaft im Lande strahlt aber auch auf vor- und nachgelagerte Wirtschaftszweige aus. Einerseits werden Vorleistungen in Form von Gütern und Dienstleistungen bezogen, andererseits werden Produkte und Dienste an andere Sektoren geliefert, allen voran an die Ernährungswirtschaft und die Holzwirtschaft, aber auch an die chemische Industrie oder den Fremdenverkehr. Die Ernährungswirtschaft des Landes mit deutlich höherer Wertschöpfung als die Landwirtschaft bezog 1988 die Vorleistungen in Form landwirtschaftlicher Erzeugnisse zu 61 % (monetär) aus Baden-Württemberg. Die baden-württembergische Holzwirtschaft bezog etwa die Hälfte aller forstlichen Vorleistungen aus dem Lande. Die aus baden-württembergischem Rundholz auf der ersten Stufe entstehenden Holzerzeugnisse (z. B. Bretter oder Spanplatten) haben immerhin einen Wert, der etwa dem 5-fachen des Rundholzwertes entspricht.

Forstwirtschaft

Die Wiege des Nachhaltigkeitsgedankens

Die Berücksichtigung künftiger Generationen ist für die moderne Forstwirtschaft zumindest in Deutschland geradezu eine Selbstverständlichkeit, wird doch die Saat, die heute gesät und gepflegt wird, erst in 40 bis 300 Jahren geerntet werden. Es war freilich nicht immer üblich, dafür zu sorgen, daß auch nachfolgende Generationen Holz in derselben Menge und Qualität zur Verfügung haben wie die gerade über die Nutzung bestimmende Generation. An der Wende vom 18. zum 19. Jahrhundert wurde „forstliche Nachhaltigkeit" in Deutschland zur ethischen und rechtlichen Norm gestaltet. Die exzessive Holznutzung für Gewerbe, Bau und Energie hatte eine Rohstoff- und Energiekrise ausgelöst. Die Nutzung des Waldes als Weide für das Vieh und als Streulieferant hatte durch den übermäßigen Entzug von Nährstoffen maßgeblich zur Erschöpfung des Waldes und seiner Leistungen beigetragen. Aus der Holznot geboren und zur ethischen Grundverpflichtung weiterentwickelt, ist die Nachhaltigkeit die bedeutendste „Erfindung" der deutschen Forstwirtschaft. Ursprünglich war der Begriff auf die Nachhaltigkeit der

Holznutzung bezogen. Mit dem Bundeswaldgesetz (1975) und den Landeswaldgesetzen wurde der Begriff auf die Nachhaltigkeit aller materiellen und immateriellen Leistungen des Waldes ausgedehnt.

Mit den Grundpflichten einer nachhaltigen und pfleglichen Waldbewirtschaftung, wie sie in Deutschland gelten, wird angestrebt, die Ressource Wald auf Dauer als Grundlage für die Erzeugung von Holz, die Sicherung existentieller Lebensgrundlagen, die dynamische Sicherung von Lebensräumen von Tieren und Pflanzen und die naturnahe Erholung zu gestalten.

Die Forstwirtschaft hat demnach mehrere Zwecke zu erfüllen. Sie hat eine Nutzfunktion - sie gewinnt den Rohstoff Holz, der zu einer Vielzahl von Produkten weiterverarbeitet werden kann. Darüber hinaus soll die Forstwirtschaft aber auch eine Schutz- und Erholungsfunktion erbringen bzw. gewährleisten.

Die Nutzung von Holz

Die Verwendung der erneuerbaren Ressource Holz trägt zur Nachhaltigkeit bei, wenn Holz nicht erneuerbare Ressourcen ersetzt (z. B. Brennholz statt Erdöl) oder anstelle von Materialien eingesetzt wird, die unter Einsatz von nicht erneuerbaren Ressourcen hergestellt werden (z. B. Holz statt Stahl oder Kunststoff im Baugewerbe und in der Möbelindustrie). Voraussetzung für eine Holzverwendung im Sinne der Nachhaltigkeit ist, daß nicht mehr aus dem Wald entnommen wird als nachwächst, das heißt, wenn die Inanspruchnahme dieser erneuerbaren Ressource ihre Regenerationsfähigkeit nicht überschreitet. Davon kann man für die heutigen Wälder Baden-Württembergs mit Sicherheit ausgehen.

Darüber hinaus werden durch die Verwendung von Holz auch CO_2-Emissionen vermieden bzw. eingespart. Diese CO_2-Einsparleistung beruht auf vier Effekten: der Produktspeicherung, der Materialsubstitution, der Energiesubstitution und der CO_2-Bindung im wachsenden Wald.

1. Produktspeicherung: Holz, das zu langlebigen Produkten verarbeitet wird, wirkt für die Dauer seiner Nutzung als Kohlenstoff(C)-Speicher.
2. Materialsubstitution: CO_2-Emissionen werden vermieden, wenn Holz gleichwertig Materialien ersetzt, deren Herstellung und Verwendung einen höheren Energieaufwand erfordern.
3. Energiesubstitution: Die Verbrennung fossiler Energieträger setzt CO_2 frei, das vorher für Jahrmillionen in der Erdkruste festgelegt war. Holz aus nachhaltiger Nutzung zu verbrennen ist hingegen beinahe CO_2-neutral. Bei der Verbrennung wird zwar auch CO_2 frei. Dieses CO_2 wurde aber der Atmosphäre durch die Photosynthese der Bäume vor der Ernte zunächst entzogen und wird durch die nachwachsenden Bäume wieder gebunden. Lediglich um das Holz verbrennungsbereit zur Verfügung zu stellen, muß (fossile) Energie aufgewendet

werden. Bezogen auf den Energieinhalt sind es aber nur 2 - 3 %. In der Substitution der fossilen CO_2-Quellen liegt der Einspareffekt.
4. Die CO_2-Bindung: Durch die Photosynthese der Bäume wird CO_2 in organischen Kohlenstoff überführt (Assimilation) und längerfristig im Holz festgelegt. Im ungestörten Naturwald halten sich CO_2-Bindung der Pflanzen und CO_2-Freisetzung aus der Atmung von Pflanzen, Tieren und Mikroorganismen die Waage. In unseren über Jahrhunderte genutzten Wäldern ist dieses Gleichgewicht noch nicht wieder erreicht, und es wird mehr CO_2 gebunden als freigesetzt. Zur Zeit wächst in Baden-Württemberg mehr Holz nach als pro Jahr genutzt wird, die Holzvorräte im Bestand wachsen und damit wächst auch die Menge gespeicherten Kohlenstoffs (bzw. in Biomasse festgelegten Kohlendioxids).

Die Aufforstung von derzeit nicht mit Wald bestandenen Flächen würde natürlich ebenfalls zur längerfristigen Einbindung von CO_2 in Biomasse führen. Wir gehen aber davon aus, daß in absehbarer Zeit der Flächenanteil von Wald in Baden-Württemberg sich nicht nennenswert verändern wird. Derzeit sind 1,35 Mio. Hektar in Baden-Württemberg von Wald bedeckt, das sind 38 % der Landesfläche.

Durch die Effekte der Holznutzung werden der Atmosphäre in Baden-Württemberg derzeit jährlich etwa 1 Mio. t Kohlenstoff vorenthalten und durch die laufende Vorratsanreicherung im Wald weitere 0,9 Mio. t C entzogen. Insgesamt wirkt der Wald in Baden-Württemberg somit für knapp 2 Mio. t Kohlenstoff jährlich als Senke, das sind fast 10 % der jährlichen C-Emissionen (als CO_2) des Landes. Diese CO_2-Einspareffekte sind von besonderer Bedeutung, da sich die Bundesregierung zum Ziel gesetzt hat, bis zum Jahre 2005 eine Reduktion der CO_2-Emissionen um 25 - 30 %, bezogen auf 1987, zu erreichen.

Unter dem Gesichtspunkt der Nachhaltigkeit könnte die Nutzung von Holz aus deutschen Wäldern noch ausgeweitet werden. Die Problematik ist derzeit aber keine der Produktionsmenge. Die deutsche Forstwirtschaft kann ihr bestehendes Angebotspotential nicht einmal ausschöpfen, weil Holz aus dem Ausland billiger zu haben ist, und das, obwohl der Preis für Rohholz kaufkraftbereinigt heute nurmehr einem Drittel bis einem Viertel des Wertes von 1955 entspricht. Der Preis für Holz und Holzprodukte bildet sich in einem liberalisierten Weltmarkt. Der Import ist nicht beschränkt, und importiert wird auch aus Ländern, die ihre Wälder nicht-nachhaltig bewirtschaften und zu Dumpingpreisen liefern, sowie zunehmend aus osteuropäischen Ländern mit ihren völlig anderen Rahmenbedingungen.
Demzufolge ist die finanzielle Ertragslage der deutschen Forstwirtschaft kritisch. Im Jahr 1993 wiesen fast alle Forstbetriebe, unabhängig von der Waldbesitzart, Verluste bis zu mehreren hundert DM pro Jahr und Hektar aus. Weitere Anstrengungen zur Kostensenkung im Betrieb durch Ausnutzung natürlicher Abläufe (z. B. Naturverjüngung statt Pflanzung teurer Kulturen) sowie technischer

und organisatorischer Rationalisierungsmöglichkeiten (z. B. Betriebsgemeinschaften) sind unabdingbar und werden in erheblichem Umfang bereits realisiert.

Für einige Holzsortimente, so z. B. Schwachholz, fehlen auch Absatzmöglichkeiten. So gibt es zuwenige wettbewerbsfähige, heimische Kapazitäten im Bereich der Produktion von Holzhalbwaren (Zellstoff u. a.), die in der Lage wären, das heimische Potential dieser Rohholzsortimente aufzunehmen. Der Energieholzmarkt böte theoretisch ein unbegrenztes Absatzpotential vor allem für Rest- und Durchforstungsholz, ist aber noch zuwenig entwickelt und kämpft in der Praxis mit Wirtschaftlichkeitsproblemen in Konkurrenz mit fossilen Energieträgern.

Die Ausweitung der Nutzung heimischen Holzes hätte den Vorteil, daß weniger Holz aus Regionen importiert wird, die unter Umständen weniger nachhaltig wirtschaften. Eine funktionierende heimische Forstwirtschaft ist auch aus sozialen und volkswirtschaftlichen Gründen durchaus wünschenswert (Arbeitsplätze, Wertschöpfung im ländlichen Raum, Versorgungssicherheit u. ä.). Da die Etablierung neuer Märkte wie z. B. die Produktion von hochwertigem Zellstoff und die Energiegewinnung aus Holz in nennenswertem Umfang noch auf sich warten lassen wird, könnten in absehbarer Zeit nur Marktanteile durch neue Vermarktungsstrategien zurückerobert werden. Zwei Linien werden derzeit verfolgt: Zum einen die Bündelung der Marktaktivitäten in Forstbetriebsgemeinschaften und zum andern die Vermarktung der nachhaltigen, umweltverträglichen Produktionsweise. Das 1996 neu geschaffene Herkunftszeichen für „Holz aus nachhaltiger Forstwirtschaft" mit dem Motto „Gewachsen in Deutschlands Wäldern" kann hier nur ein erster Schritt sein. Über kurz oder lang wird sich die deutsche Forstwirtschaft trotz Struktur- und Kostenproblemen für ein anerkanntes Zertifizierungssystem mit definierten Prüfverfahren entscheiden müssen. In der Folge sollte die nachgewiesenermaßen nachhaltige Produktionsweise sich allerdings auch in wirtschaftlichen Vorteilen niederschlagen, beispielsweise durch freiwillige Verpflichtungen der Abnehmer zur Verwendung zertifizierten Holzes.

Aus ökologischer Sicht muß bei einer verstärkten Holznutzung darauf geachtet werden, daß die Nährstoffversorgung aus dem Boden durch den erhöhten Entzug von Biomasse und damit von Nährstoffen nicht in Engpässe gerät. Bereits heute haben die Vorräte an bestimmten Nährstoffen (Kalium, Magnesium) im durchwurzelten Boden in manchen Regionen ein bedenklich niedriges Niveau erreicht, nicht zuletzt ein Resultat von Schadstoffeinträgen und Versauerung. Schonende Ernteverfahren haben ebenfalls Einfluß darauf, daß nicht zuviel Biomasse und damit Nährstoffe der genutzten Waldfläche entzogen werden (Borke, Wipfel, Äste, Feinreisig).

Schutz- und Erholungsfunktionen des Waldes

Benötigt man zur Sicherung der Schutz- und Erholungsfunktionen des Waldes überhaupt die Forstwirtschaft? Wald wächst in Deutschland „wie von selbst". Ohne den Eingriff des Menschen wären über 90 % des Landes von Wald bedeckt.

Der Wald würde viele Schutzfunktionen ohne das Wirken der Forstwirtschaft genauso gut erbringen, so den Schutz von Wasser und Boden, den regionalen Klimaausgleich oder den Schutz vor Lärm und Immissionen. Der Schutz vor Steinschlag und Lawinen im Gebirge kann durch die Forstwirtschaft positiv beeinflußt werden, indem sie durch gezielte Pflanzungen und zeitweilige Lawinenverbauungen die Entwicklung eines Schutzwaldes nach ausgedehnten natürlichen Schäden beschleunigen, aber auch gezielt in gefährdeten Gebieten über einen optimalen Waldaufbau steuernd eingreifen kann. Die Erholung im Wald ist freilich in vielen Fällen auf die Vorleistung der Forstwirtschaft angewiesen, ist doch der durch die Forstwege geschaffene Zugang zum Wald für die meisten Besucher Voraussetzung, um sich dort erholen zu können. Die Rolle der Forstwirtschaft liegt hier also darin, daß sie die Schutz- und Erholungsfunktionen des Waldes bei gleichzeitiger Gewinnung von Holz *gewährleistet*.

Umgekehrt kann eine nur auf relativ kurzfristige betriebswirtschaftliche Vorteile abzielende Waldbewirtschaftung die Schutz-, aber auch die Erholungsfunktionen des Waldes verschlechtern. Großflächige Kahlschläge sind ein Beispiel dafür. Sie kommen in Deutschland glücklicherweise schon lange nicht mehr vor. Seit der Novellierung des Landeswaldgesetzes sind in Baden-Württemberg bereits Kahlschläge von mehr als 1 Hektar genehmigungspflichtig. Ein anderes, durchaus noch aktuelles Beispiel ist der Anbau von Fichten-Reinbeständen. Die Fichte ist der „Brotbaum" der deutschen Forstwirtschaft. Sie zeigt gute Zuwächse, ist im Vergleich zu Buche und Eiche relativ schnell hiebreif, und sie liefert wertvolles und vielseitig verwertbares Holz. Ohne den Einfluß des Menschen wären jedoch weite Gebiete in Deutschland mit Laubbäumen, vorrangig mit Buche als Hauptbaumart, bestanden.

Der Anbau von Fichte auf ungeeigneten Standorten hat langfristig die Versauerung und Nährstoffverarmung des Waldbodens und die Versauerung von Grund- und Quellwasser zur Folge. Fichten-Reinbestände bieten nur wenigen Arten von Pflanzen und Tieren Lebensraum. Darüber hinaus sind solche Bestände auch anfällig gegen Stürme oder Insektenkalamitäten und damit nur selten dauerhaft stabil. Die Orkane des Sturmtiefs „Wiebke" warfen im Frühjahr 1990 instabile Bestände in ganz Deutschland. Der ungeplante Anfall riesiger Holzmassen - bundesweit über 75 Mio. Festmeter, davon 59 Mio. Festmeter Fichte - brachte den Holzmarkt völlig durcheinander und hatte maßgeblichen Anteil am Verfall der Holzpreise. Die Nachwirkungen waren bis 1994 zu spüren. Das heißt aber, daß eine nicht standortgerechte Bestockung durch das hohe Betriebsrisiko auch ökonomisch fragwürdig ist, zumal einige Jahrzehnte zwischen Bestandesbegründung und Holzernte liegen. Heute stark von Fichte dominierte Bestände oder gar Reinbestände müssen allmählich zu stabileren Mischbeständen umgebaut werden.

Großflächige Kahlschläge, vor allem wenn sie in Gebirgsregionen vorgenommen werden, und einseitige Baumartenwahl sind Beispiele für nicht-nachhaltige Forstwirtschaft. Bedrohungen der Nachhaltigkeit erwachsen der Forstwirtschaft aber auch von außen: durch die neuartigen Waldschäden in vielen Regionen Deutschlands (und Europas). Eine wesentliche Ursache für die Entwicklung der neuartigen Waldschäden ist in den hohen Stickstoffeinträgen aus der Luft in die Waldbestände zu suchen. Ein hohes Stickstoffangebot läßt zwar die Bäume zunächst besser wachsen, bei langfristig überhöhtem Eintrag verarmt der Waldboden aber an bestimmten Nährstoffen, vor allem an Kalium und Magnesium. Die Ernährung der Bäume gerät aus dem Gleichgewicht, und sie werden anfälliger gegen Witterungsextreme wie Frost und Trockenperioden sowie Schädlinge. Die Forstwirtschaft kann hier nur begrenzt gegensteuern (Kompensationsdüngung, Baumartenwahl u. ä.). Wichtig ist es, gegen die Ursachen für die neuartigen Waldschäden anzugehen, darunter die Stickstoff-Emissionen. Die Landwirtschaft trägt durch die Emissionen von NH_3 gut zur Hälfte zu den Stickstoff-Einträgen bei, so daß die Reduktion von NH_3-Emissionen in der Landwirtschaft sich im besten Sinne nachhaltig auf den Wald und dessen Bewirtschaftung auswirkt.

Naturnahe Waldbewirtschaftung

Die naturnahe Waldbewirtschaftung versucht einen Kompromiß zu finden zwischen ökonomischen und ökologischen Zielsetzungen wie zwischen Holzproduktion und Naturnähe und zwischen Produktivität und Stabilität.
Zentrales Element der naturnahen Waldbewirtschaftung ist der naturnahe Waldbau. Dieser wird charakterisiert durch folgende Elemente:
- Naturnähe und natürliche Vielfalt bei der Baumartenwahl.
  Die Baumartenwahl ist eine zentrale Aufgabe des Waldbaus, sie entscheidet über einen Produktionszeitraum von meist über 100 Jahren. Die von Natur aus vorkommenden Baumarten der jeweiligen Standorts- und Regionalgesellschaft sollen maßgeblich am Waldaufbau beteiligt werden. Die Fichte wird aus wirtschaftlichen Gründen jedoch immer deutlich mehr Anteile eingeräumt bekommen als sie natürlicherweise behaupten könnte, dies allerdings grundsätzlich in Mischbeständen. Das ist durchaus auch als ökonomische Vorsorge (im Sinne der Gewährung von finanziellem Spielraum) für die nächste Generation von Waldnutzern zu betrachten. Auch nicht-heimische Baumarten wie Douglasie und Roteiche, die beide aus Nordamerika stammen, können je nach Standort in Mischung mit heimischen Baumarten sinnvoll sein. Derzeit beträgt in Baden-Württemberg der Nadelbaumanteil 65 % (45 % Fichte) und der Laubbaumanteil 35 %. Langfristig zielt man in der Waldbewirtschaftung Baden-Württembergs auf etwa 50 % Nadelbäume (einschließlich 10 % Tanne) und 50 % Laubbäume.
- Stabilität durch eine am Standort ausgerichtete Baumartenwahl, die auch dem Erhalt der forstlichen Genressourcen Beachtung schenkt.

- Mischung verschiedener Baumarten und Altersklassen im Einzelbestand.
  Die Beimischung von Laubbäumen in Nadelbaumbestände dient auch dem Schutz der Bodenfruchtbarkeit und einer höheren Stabilität. Zusätzlich zur Mischung auf der Fläche sollen die Bestände stufig gegliedert sein, d. h. im Bestand sollen sich auf relativ kleinem Raum Bäume verschiedenen Alters finden. Die durch Mischung und Stufigkeit erreichte Strukturvielfalt wirkt sich günstig auf die Artenvielfalt aus.
- Walderneuerung auf der Grundlage von Naturverjüngung.
  In der Regel sollte die Verjüngung natürlichen Abläufen überlassen bleiben, sofern nicht andere Verfahren zweckmäßiger oder geboten sind, beispielsweise um labile Fichtenbestände schnell umzubauen. Damit verknüpft ist aber eine Regulierung des Schalenwildbestandes, die Naturverjüngung ohne aufwendige Schutzmaßnahmen vor Wildverbiß überhaupt zuläßt.
- Rechtzeitige Waldpflege.
  Pflegeeingriffe sollen die Bestandesstabilität sichern und die Erzeugung von Qualitätsholz ermöglichen. Sie müssen sich auf das Notwendige beschränken, die natürlichen Abläufe nutzen und - wie jegliche Waldarbeit - Schäden am Boden und am Bestand soweit als möglich vermeiden.
- Integrierter Waldschutz.
  Holz wird praktisch ohne Dünger und ohne Pflanzenschutzmittel erzeugt. Biologische und biotechnische Waldschutzverfahren haben Vorrang vor der Anwendung chemischer Pflanzenschutzmittel. Deren Einsatz wird auf das zwingend notwendige Maß beschränkt.
- Integrierte Naturschutzziele.
  Der naturnah bewirtschaftete Wald kann auf der gesamten Waldfläche bereits viel zum Boden-, Wasser- und Artenschutz beitragen. Darüber hinaus sind in die Konzeption der naturnahen Waldwirtschaft spezielle Naturschutzziele integriert. Von besonderer Bedeutung sind weitgehend oder ganz der natürlichen Eigendynamik überlassene Wälder, seltene Waldgesellschaften und historische Nutzungsformen, Naturschutzgebiete und Naturdenkmale im Wald und schließlich die Waldbiotope. Es zeichnet sich in der Waldbiotopkartierung ab, daß etwa 8 % der Waldfläche in Baden-Württemberg solche Waldbiotope sind, die besonderen Schutz und, sofern erforderlich, zielorientierte Pflege genießen müssen. Im Rahmen des naturnahen Waldbaus soll unter Beachtung der Waldhygiene und von Sicherheitsaspekten Totholz angereichert werden, um vor allem den darauf angewiesenen speziellen Pilz- und Insektengemeinschaften mehr Lebensraum zu gewähren.

Die Leitlinien der naturnahen Waldbewirtschaftung sind eine hervorragende Grundlage für nachhaltiges Wirtschaften in diesem Sektor. In großen Teilen der Wälder, die Bund und Ländern gehören (in Baden-Württemberg 24 %), wird in den letzten Jahren bereits nach diesen Maßgaben gewirtschaftet. Viele Kommunen und Körperschaften (39 % der Waldfläche) halten sich ebenfalls daran. In Privatwäldern (37 %) kommt es entscheidend auf das Engagement des Waldbesitzers an. Zumindest im Waldbesitz unter 20 Hektar ist die Dominanz der Nadelbäume mit ca. 80 % in den jungen Beständen bis heute ungebrochen. Fichtenbestände zu begründen ist oft billiger als naturnahen Waldbau zu etablieren, und für viele Waldbesitzer zählt jede Mark.

Waldökopunkte - ein Lösungsansatz?

Analog zur Landwirtschaft wird in Zukunft das Einkommen der Forstbetriebe nicht mehr allein aus dem Holzerlös zu decken sein, will man vermeiden, daß ein Teil der Betriebe aufgibt oder aber - das andere Extrem - nicht-nachhaltig wirtschaftet. Geht man davon aus, daß mit einer nachhaltigen naturnahen Waldbewirtschaftung die vielfältigen Bedürfnisse der Gesellschaft an Nutz-, Schutz- und Erholungsfunktionen des Waldes am besten befriedigt werden, so muß in Wäldern, die öffentliches Eigentum sind, die öffentliche Hand auch für eventuelle Mehrkosten aufkommen. Im Einzelfall bedeutet naturnaher Waldbau für den Betrieb zumindest kurzfristig erhöhte Aufwendungen oder geringere Gewinnerwartungen. Um die Schutz- und Erholungsfunktionen, insbesondere die Biotop- und Artenvielfalt, auch im Privatwald angemessen zu sichern, sind daher finanzielle Anreize ähnlich wie in der Landwirtschaft ein überlegenswertes Mittel.

Honoriert würden solche Leistungen, die der Privatwald-Besitzer dafür erbringt, daß die gesamten Wirkungen der Ressource Wald, trotz oder gleichzeitig mit der Wertholzproduktion, in einer gesellschaftlich geforderten Quantität und Qualität gewährleistet sind. Orientieren sollte sich ein solches Honorierungssystem an einer Skala, z. B. einem Waldökopunktesystem, das einen bestimmten gewünschten Waldzustand und die Schritte dorthin belohnt. Honoriert werden sollte der Eigentümer, der naturnahen Wald erhält und nachhaltig bewirtschaftet und der Eigentümer, der diesen Wald erst herstellt. Ein gewisser waldbaulicher Mindeststandard wäre allerdings vorauszusetzen. Grundlage wären Leistungsziele, die auf ökologischen, waldbaulichen, aber auch ertragskundlichen Kriterien aufbauen. Gleichzeitig sind Möglichkeiten zur Erfolgskontrolle vorzusehen, um reine Mitnahmeeffekte zu vermeiden und die Erfolge - auch in „öffentlichen Wäldern" - beurteilen zu können. In Niederösterreich wurde ein Waldökopunktesystem (WÖPS genannt) konzipiert und befindet sich gerade in der Testphase. Da ein entsprechend zu bewertender Waldzustand sich oft erst nach jahrzehntelangen waldbaulichen Anstrengungen einstellt, wird für geraume Zeit eine begleitende Förderung waldbaulicher Maßnahmen unverzichtbar sein.

Für Konzeption und Etablierung des Ökohonorarsystems ist die Mitarbeit der staatlichen Forstämter und Forstreviere unabdingbar. Bereits bisher haben sie durch fachliche Beratung und Betreuung einschließlich technischer Hilfe viel für eine nachhaltige und naturnahe Waldbewirtschaftung im Privat- und Körperschaftswald getan. Die massiven Einsparungen auch an Personal bei den Forstverwaltungen wirken in dieser Hinsicht kontraproduktiv, da diese und künftige Serviceleistungen nur eingeschränkt oder gar nicht mehr erbracht werden können.

Die Honorierung ökologischer Leistungen wäre keine zusätzliche Förderung, sondern müßte durch eine Umstrukturierung des bestehenden Förderungssystems finanziert werden. Private Forstbetriebe und Betriebe von öffentlich-rechtlichen Körperschaften erhalten bereits im Rahmen von Förderprogrammen des Bundes und der Länder finanzielle Zuwendungen. Die „Ausgleichszulage Wald", die sozial- und strukturpolitischen Zielen in sogenannten von der Natur benachteiligten Gebieten dient, und die Ausgleichszahlungen und Entgelte im Rahmen der Förderrichtlinie „Naturnahe Waldwirtschaft" und der Naturpark-Förderung könnten in einem entsprechend ausgestalteten Honorierungssystem ökologischer Leistungen aufgehen. Damit würde das Einkommen von Forstbetrieben wie in der Landwirtschaft auch auf drei Standbeinen ruhen: auf dem Erlös aus der Holzproduktion, auf neuen Märkten (z. B. Energieholz-Lieferant oder Vertragsnaturschutz) und auf dem Entgelt für ökologische Leistungen.

Forstpolitische Maßnahmen

1. Die Leitlinien der naturnahen Waldbewirtschaftung müssen auf der ganzen Fläche durchgesetzt werden. Die Wiederaufforstung geschlagener Bestände muß sich daran orientieren, sofern sich nicht ohnehin Naturverjüngung empfiehlt. Ältere (voraussichtlich) instabile Bestände sollten nach Möglichkeit umgebaut werden.
2. Die Nutzung von Holz ist ein Beitrag zur Nachhaltigkeit. Sie könnte im Prinzip noch gesteigert werden, da der derzeitige Holzzuwachs die Nutzungsrate deutlich übertrifft. In langfristiger Perspektive ist darauf zu achten, daß die Nährstoffversorgung aus dem Boden durch den erhöhten Entzug von Biomasse und damit von Nährstoffen nicht in Engpässe gerät.
3. Die wirtschaftlichen Rahmenbedingungen machen eine verstärkte Holznutzung aus deutschen Wäldern derzeit unattraktiv. Die Förderung der Holzverwendung aus nachhaltiger Produktion muß verstärkt, Importe nicht-nachhaltig erzeugten Rohholzes müssen hingegen eingeschränkt werden. Dabei wird primär nicht an diskriminierende Handelsschranken gedacht, sondern an Mittel wie die Zertifizierung von Holz aus nachhaltiger Produktion und freiwillige Verpflichtungen zur Verwendung zertifizierten Holzes. Auch das Marketing und die Absatzorganisation kann verbessert werden. Die Verwendung von Holz als Energieträger sollte größere Bedeutung gewinnen und über Investitionshilfen entsprechende Förderung erfahren.
4. Die Fläche von Wäldern, die (weitgehend oder ganz) der natürlichen Entwicklung überlassen bleibt, beträgt derzeit nur etwa 3 % im Land. Sie sollte für die Zwecke des Biotop- und Artenschutzes auf geeigneten Flächen weiter ausge-

dehnt werden. Mit den ökonomischen Rahmenbedingungen scheint eine Verdoppelung dieser Fläche durchaus vereinbar. Besonderen Schutzes und der Pflege bedürfen die ausgewiesenen Waldbiotope (ca. 8 % der Waldfläche). Der Totholzanteil im Wald (besonders von Laubholz) sollte, soweit forsthygienisch vertretbar, gesteigert werden.

5. Die Aufforstung bisher landwirtschaftlich genutzter Flächen sollte sich an den regionalen landschaftsökologischen Gegebenheiten orientieren. Die von Bund und Ländern gewährte Förderung ist insgesamt ausreichend, sollte aber die Aufforstung mit standortgerechten Laubbäumen noch attraktiver als bisher gestalten.

6. Hohe Stickstoffeinträge in Waldbestände sind eine wesentliche Ursache der neuartigen Waldschäden und der Destabilisierung betroffener Waldökosysteme. Die Emissionen von Stickoxiden, vor allem aus dem Sektor Verkehr, und von Ammoniak, vor allem aus dem Sektor Landwirtschaft, müssen reduziert werden.

7. Die Einführung eines Systems der Honorierung ökologischer Leistungen im Privatwald sollte zügig konzipiert werden. Orientieren sollte sich eine solche Honorierung an einem Waldökopunktesystem, das einen bestimmten gewünschten Waldzustand und die Schritte dorthin belohnt. Grundlage wären Leistungsziele, die auf ökologischen, waldbaulichen, aber auch ertragskundlichen Kriterien aufbauen. Die Honorierung wäre durch eine Umstrukturierung des bestehenden Förderungssystems zu finanzieren.

Landwirtschaft

Nachhaltigkeitsprobleme früher und heute

„Früher stand die Landbewirtschaftung im Einklang mit der Natur". Dies ist eine weitverbreitete, romantische Vorstellung. Dabei war jede Art der Landbewirtschaftung schon immer mit einem mehr oder weniger starken Eingriff in Natur und Landschaft verbunden. Beispielsweise ist die Lüneburger Heide eine typische „alte" Kulturlandschaft, in der eine ökologisch degradierende Landbewirtschaftung neue, als wertvoll angesehene Biotope hervorgebracht und Pflanzen- und Tierarten begünstigt hat, die sonst gar nicht oder nur vereinzelt gedeihen konnten. Unsere Landschaft in Mitteleuropa ist ein Produkt der historischen, sehr vielseitigen Landnutzungen, die in Abhängigkeit von den jeweils vorherrschenden Bewirtschaftungsformen erheblichen Veränderungen unterworfen war. Dieser verschiedenartigen Landnutzung ist letztlich die Entwicklung der ökologischen Vielfalt des Landes zu verdanken.

Nach ersten Modernisierungsschritten bis zur Mitte des 20. Jahrhunderts entwickelte sich die Landwirtschaft ab den 50er Jahren verstärkt durch technischen, biologischen, chemischen und organisatorischen Fortschritt zur modernen „konventionellen" Landwirtschaft von heute.

Der Wandel in der Landbewirtschaftung, aber auch die agrarpolitischen Rahmenbedingungen in den zurückliegenden Jahrzehnten führten zu einer veränderten, einseitig ausgerichteten Flächennutzung und zu einer hohen Intensität in der landwirtschaftlichen Produktion, die häufig über dem umweltverträglichen Niveau liegt. Hauptverantwortlich für die Beeinträchtigungen der Umwelt sind:

- Zu hohe Bewirtschaftungsintensität von Agrarflächen,
- unsachgemäßer Einsatz von Dünge- und Pflanzenschutzmitteln,
- hohe einzelbetriebliche oder regionale Viehbesatzdichten,
- hinsichtlich der Emissionsvermeidung ineffiziente Viehhaltungsverfahren,
- Flurbereinigungsmaßnahmen und die damit verbundenen Meliorationsmaßnahmen, Begradigungen von Fließgewässern, Beseitigungen von Strukturelementen wie Hecken, Feldraine und Terrassen usw.
- Umwandlung von Grünland in Ackerland,
- Intensivierung von ehemals extensiv genutzten Acker- und Grünlandflächen,
- Stoffeinträge in naturnahe Landschaftsteile,
- Abnahme der ökologisch wertvollen Kulturlandschaftsflächen (z. B. Streu- und Streuobstwiesen, Steillagenweinbau, Feucht- und Magerwiesen, Auengebiete und Steillagen), weil deren landwirtschaftliche Nutzung unrentabel wurde.

Daraus resultieren Umweltbeeinträchtigungen wie die Auswaschung von Nitrat ins Grundwasser, Kontamination von Boden und Wasser mit Pflanzenschutzmitteln, Bodenerosion, Emissionen klimarelevanter Gase in die Atmosphäre und ein Rückgang der Biotop- und Artenvielfalt.

Beeinträchtigungen natürlicher Ressourcen durch die Landwirtschaft

Bei der Belastung des **Grund- und Oberflächenwassers** durch die Landwirtschaft sind Nitrat und Pflanzenschutzmittel zu nennen. Vor allem der Eintrag von Nitrat (NO_3^-) ins Grundwasser führt zu Problemen bei der Trinkwassergewinnung. In Baden-Württemberg wird der Wasserbedarf derzeit zu 75 % aus Grund- und Quellwasser gedeckt. Bei dem 1995 dafür geförderten Rohwasser lagen 5 % der Meßstellen über dem Grenzwert der Trinkwasserverordnung für Nitrat von 50 mg NO_3^- pro Liter. An den Meßstellen, die im Einflußbereich der Landwirtschaft eingerichtet wurden, waren in 27 % der Fälle Grenzwertüberschreitungen festzustellen. Schwerpunkte der Belastung liegen im Main-Tauber-Kreis, im Rhein-Neckar-Kreis, im Neckarraum zwischen Stuttgart und Heilbronn, im Ostalbkreis, in der Oberrheinebene, im Markgräfler Land, am Kaiserstuhl sowie in den Landkreisen Biberach und Sigmaringen. Die Belastungen sind einerseits vor allem in Gebieten mit hohem Anteil an Mais und Sonderkulturen (Spargel, Wein etc.), andererseits in Gebieten mit großen Tierbeständen bzw. hoher Anzahl an Veredelungsbetrieben mit entsprechend hohen Stickstoff-Überschüssen anzutreffen.

Pflanzenschutzmittel gelangen hauptsächlich durch oberirdischen Abfluß in die Fließgewässer. Mehr als 80 % der Nachweise von Pflanzenschutzmitteln in Wasser gehen auf das Konto von Atrazin und seiner Abbauprodukte, die auch ins Grundwasser gelangen. Die Schwerpunkte liegen in mehreren Gebieten der Oberrheinebene, im Donautal sowie in Ostwürttemberg. Atrazin ist ein Unkrautbekämpfungsmittel, das hauptsächlich im Maisanbau eingesetzt wurde. Seit dem Verbot von Atrazin (flächendeckend seit 1991) hat sich die Situation entspannt.

Die nachhaltige Bewirtschaftung des Produktionsfaktors **Boden** sollte im ureigensten Interesse der Landwirtschaft liegen. Zu beachten ist hier vor allem der Aspekt der Bodenfruchtbarkeit. Wichtige Bodeneigenschaften sind in diesem Zusammenhang: Humusgehalt und -qualität, Nährstoffgehalte, Schadstoffgehalte, Bodenleben, Puffer- und Filtervermögen, Bodenstruktur und Bodenstabilität. Die Beeinträchtigung der Böden durch die Landwirtschaft wird im wesentlichen durch Gefügeschäden und vor allem durch Erosion verursacht. Die Änderung der Kulturartenverhältnisse und die intensivere Bodenbearbeitung mit den damit verbundenen Gefügeschäden haben in den letzten Jahrzehnten auf erosionsgefährdeten Standorten in Deutschland zu einem besorgniserregenden Anstieg des Bodenabtrags geführt. Die Erosion läßt sich schon mit einfachen, kostengünstigen ackerbaulichen Maßnahmen deutlich reduzieren und somit auch der erosionsbedingte Nährstoff- und Pflanzenschutzmitteleintrag in Oberflächengewässer.

Bei der Emission von Schadstoffen in die **Atmosphäre** hat die Landwirtschaft vor allem bei Ammoniak (NH_3), Lachgas (N_2O) und Methan (CH_4) einen beachtlichen Anteil. Derzeit werden in Deutschland jährlich ungefähr 660 000 t Ammoniak in die Atmosphäre entlassen. Über 90 % davon stammen aus der Landwirtschaft und hier ganz überwiegend aus der Viehhaltung. Man schätzt, daß sich seit 1950 die NH_3-Emissionen in Europa verdoppelt haben. Der emittierte Stickstoff lagert sich als Deposition auf der Erdoberfläche bzw. der Vegetation wieder ab. Meßergebnisse zeigen, daß man in Deutschland mit einer Stickstoffdeposition von 5 - 30 kg N pro Hektar und Jahr rechnen muß. Da Wälder mit ihren Baumkronen die Luft regelrecht „auskämmen", liegen die Depositionen im Waldbestand sogar bei 10 - 60 kg N pro Hektar und Jahr. Von diesen Stickstoffeinträgen läßt sich ungefähr die Hälfte auf NH_3 zurückführen. Die andere Hälfte beruht auf Stickoxiden (NO_X) aus Verbrennungsprozessen aller Art, vor allem aus dem Verkehr.

Die Folgen der Einträge betreffen zunächst den Boden, dann aber auch die darauf wachsende Vegetation samt den davon lebenden Tieren und schließlich das Wasser. So spielen die hohen Stickstoffdepositionen bei der Entstehung und Ausprägung der neuartigen Waldschäden eine wesentliche Rolle. Darüber hinaus tragen sie zur Bodenversauerung bei, und sie wirken flächendeckend als Dünger. Das charakteristische Arteninventar vieler ohnehin schon selten gewordener Ökosystemtypen (z. B. Hochmoore oder Heiden) ist jedoch gerade an Nährstoffarmut angepaßt, so daß Vegetationsveränderungen durch diesen zusätzlichen Düngungseffekt absehbar sind.

Der Beitrag der Landwirtschaft zu den anthropogenen Emissionen klimawirksamer Spurengase ist vor allem bei CH_4 und N_2O mit grob geschätzt jeweils etwa einem Drittel der Gesamtemissionen in Deutschland bedeutsam. Methan aus der Landwirtschaft entweicht hierzulande im wesentlichen aus dem Verdauungstrakt von Wiederkäuern (ganz überwiegend Rinder) und bei der mikrobiellen Zersetzung tierischer Exkremente. Lachgas entsteht zwar natürlicherweise in Böden. Die Steigerung der Stickstoffumsätze im Boden durch Düngung, aber auch durch Stickstoffdepositionen, erhöht jedoch die Freisetzung von N_2O. Neben der Rolle als Treibhausgas spielt N_2O eine ebenso wichtige bei der Zerstörung von Ozon in der Stratosphäre über den polnahen Gebieten („Ozonloch").

Die Landwirtschaft ist jedoch nicht nur ein Emittent klimawirksamer Spurengase. Sie könnte durch die Produktion von Biomasse zur energetischen Nutzung auch CO_2 einsparen. Biomasse ersetzt dabei sonst zur Erzeugung von Strom und Wärme benutzte fossile Energieträger, die CO_2 freisetzen.

Umweltgerechte Produktionsverfahren

Eine umweltgerechte Produktion stellt eine Produktionsweise dar, von der nur geringfügige, möglichst nur die unvermeidbaren, Umweltbeeinträchtigungen ausgehen. Sie ist nicht generell mit einer extensiven Produktion gleichzusetzen. So kann ein intensiver, standortangepaßter Pflanzenbau auf fruchtbaren, tiefgründigen Böden unter Umständen weniger die Umwelt beeinträchtigen als ein extensiver Ackerbau auf flachgründigem, magerem Standort. Auch beim Grünland ist eine extensive, z. B. nur zweimalige Nutzung von Fettwiesen (fruchtbare Wiesenstandorte) nicht *per se* ökologisch sinnvoll, es kommt auf den Standort an. Ebenso korrelieren Umweltbeeinträchtigungen durch die Tierhaltung nicht zwangsläufig mit den Bestandesgrößen, sondern sie sind in erster Linie von dem Haltungs- und Fütterungssystem, dem jeweiligen Umgang mit Mist und Gülle sowie der betrieblichen Flächenausstattung abhängig. Moderne Tierhaltungssysteme können nicht nur umweltgerecht, sondern auch artgerecht sein. Beispielsweise sind die heutigen Haltungssysteme für Rinder wesentlich artgerechter als die traditionelle Anbindehaltung in kleinen Stallungen. Bei der modernen Geflügelhaltung hingegen ist größtenteils eine artgerechte Haltung nicht gewährleistet.

Die landwirtschaftliche Produktion kann wesentlich umweltverträglicher gestaltet werden, wenn die landwirtschaftliche Flächennutzung dem Standort angepaßt ist und in der Tierhaltung moderne Verfahrenstechniken für Fütterung, Haltung sowie die Lagerung und Ausbringung von Mist und Gülle zum Einsatz kommen. Der integrierte und der ökologische Landbau versuchen, den vielfältigen Ansprüchen an einen umweltschonenden Landbau gerecht zu werden. Im folgenden wird auf diese zwei Landbauformen einschließlich der nachhaltigen Grünlandbewirtschaftung näher eingegangen und Möglichkeiten emissionsarmer, umweltverträglicher Tierhaltungsverfahren aufgezeigt. Weitere Ansatzpunkte für eine umweltschonende Landnutzung sind:

- der Erhalt ökologisch wertvoller Kulturlandschaftsflächen durch geeignete Bewirtschaftung oder Pflegemaßnahmen (Streuwiesen, Streuobstbestände, Steillagenweinbau, Trockenrasen, Landschaftsstrukturelemente wie Hecken, Terrassen etc.),
- das Anlegen von Biotopverbundsystemen (z. B. bei Flurbereinigungsmaßnahmen),
- Extensivierungsmaßnahmen in ökologisch sensiblen Zonen,
- die Rückumwandlung von Acker- in Grünland,
- die Förderung der extensiven Grünlandnutzung,
- die Einhaltung von möglichst geringen Nährstoffbilanzüberschüssen.

Umweltgerechte Tierproduktion

Viele der Beeinträchtigungen von natürlichen Ressourcen durch die Landwirtschaft haben ihre Ursache im ineffizienten Einsatz von Stickstoff. Besonders gering ist die Stickstoffeffizienz in der Tierproduktion mit durchschnittlich 16 % (alte Bundesländer), das heißt, daß nur 16 % des in den Produktionsprozeß eingebrachten Stickstoffs sich in tierischen Verkaufsprodukten (Milch, Fleisch, Eier) wiederfinden. Die bedeutsamsten N-Verluste in der Tierproduktion liegen wie schon erwähnt in der Emission von Ammoniak (NH_3). Maßnahmen zur Senkung der NH_3-Emissionen sollten in allen Bereichen ansetzen: Fütterung, Haltung, Exkrementbehandlung, Einsatz von Mist und Gülle, Viehbesatzdichte.

Eine optimierte, bedarfsorientierte Viehfütterung verringert den Anfall von Stickstoff in den Exkrementen der Tiere und trägt damit schon während des Produktionsprozesses dazu bei, Stickstoffüberschüsse zu vermindern. Wichtig sind die Abstimmung der Proteinzufuhr und der Versorgung mit essentiellen Aminosäuren auf die physiologischen Bedürfnisse der Tiere. Experten schätzen, daß die bei den derzeitigen Fütterungsgewohnheiten ausgeschiedenen Stickstoffmengen durch relativ kostengünstige Maßnahmen bei Rindern um bis zu 15 % und bei Schweinen um bis zu 30 % reduziert werden können. Das umfaßt die Absenkung überhöhter Proteingehalte im Futter, die Verbesserung der Futterverwertung durch die richtige Futtermischung zum richtigen Entwicklungsstadium, tierartspezifisch die Zugabe von Aminosäuren ins Futter (z. B. bei Schweinen) und die Nutzung einer hohen Tierleistung bei Fleisch und Milch, wobei die Gesundheit der Tiere gewährleistet bleiben muß.

Eine deutliche Reduktion der NH_3-Emissionen kann durch sachgerechte Lagerung und Ausbringung von Gülle, Jauche und Festmist erreicht werden. So kann man beispielsweise bei der Güllelagerung durch Folienabdeckung eine Emissionsreduktion von 90 % erzielen. Bei der Ausbringung sind je nach Technik NH_3-Emissionsminderungen zwischen 30 % und 90 % erreichbar.

Wenn alle NH_3-Minderungsmaßnahmen umgesetzt werden, ist insgesamt eine Reduktion der NH_3-Emissionen um 70 % im Bereich des Möglichen. Bei den Maßnahmen zur Verminderung der NH_3-Emissionen sollte nach folgenden Prioritäten vorgegangen werden:

1. Maßnahmen zur effizienten Fütterung. Damit wird bereits der Anfall von Stickstoff vermindert, Emissionen somit im Ansatz verhindert.
2. Maßnahmen zur effizienten Ausbringung von Gülle, Jauche und Festmist. Damit können gut die Hälfte der sonst auftretenden Emissionen vermieden werden.
3. Maßnahmen zur Lagerung von Gülle, Jauche und Festmist. Mit relativ einfachen Mitteln wird eine spürbare Reduktion erreicht.
4. Saisonale Weidehaltung von Rindern, wo die Betriebsstruktur und Flächenausstattung es zulassen. Falls die Weidehaltung extensiv betrieben wird, werden die NH_3-Emissionen im Vergleich zur ganzjährigen Stallhaltung um etwa 30 % reduziert.
5. Maßnahmen im Stall.

Diese Maßnahmen sind nicht kostenneutral. Im Vergleich zur bisherigen Praxis bedeuten sie für den Betrieb nicht immer, aber in den meisten Fällen höhere Kosten. Die agrarpolitischen Strategien müssen darauf abzielen, diese Maßnahmen für den einzelnen Betrieb interessant und bezahlbar zu machen.

Über die NH_3-Vermeidung hinaus dürfen auch andere Aspekte nachhaltiger Tierproduktion nicht vergessen werden:

– der richtige Umgang mit Wirtschaftsdünger tierischer Herkunft im Hinblick auf die Düngewirkung,
– die Ausrichtung der Viehbesatzdichte auf die betrieblich oder regional verfügbare Fläche, die mit den nährstoffhaltigen Ausscheidungen umweltverträglich versorgt werden kann. Dabei ist neben Stickstoff auch Phosphor und Kalium zu beachten,
– die überbetriebliche Verwertung von Nährstoffüberschüssen (Stichwort: Güllebörse),
– die Definition der Tierleistung, die unter den Aspekten Ressourcenschonung, Tiergesundheit und Produktqualität verantwortet werden kann,
– die Qualität tierischer Produkte.

Zielkonflikte sind in der Tierproduktion häufig. Eine hohe Tierleistung zum Beispiel reduziert die Emissionen von NH_3 und CH_4, bezogen auf das Kilogramm Fleisch oder Milch. Gleichzeitig können damit aber auch Qualitätseinbußen, Gesundheitsprobleme für das Tier oder unerwünschte Konsequenzen für die Artenvielfalt auf Grünland verbunden sein. Hier muß man sorgfältig abwägen und gegebenenfalls geringere Leistungen in Kauf nehmen.

Nachhaltige Grünlandbewirtschaftung

Grünland, das sind Wiesen und Weiden, nimmt bundesweit rund 30 % der landwirtschaftlich genutzten Fläche ein, in Baden-Württemberg sind es sogar 40 %. In Regionen mit hohen Grünlandanteilen stellt die Rinderhaltung und die Milch- und Rindfleischproduktion häufig die einzige Möglichkeit der Landwirtschaft dar. Unter den derzeitigen ökonomischen Rahmenbedingungen ist jedoch insbesondere in den standörtlich benachteiligten Grünlandregionen die Wettbewerbsfähigkeit vieler Betriebe nicht mehr gegeben, so daß ohne Gegenmaßnahmen große Teile der Mittelgebirgslagen vermutlich zunächst brachfallen werden und sich dann wiederbewalden.

Der Sicherung der Grünlandwirtschaft kommt auch aus ökologischen Gründen eine wichtige Bedeutung zu, da Grünland zu den artenreichsten Biotoptypen Mitteleuropas gehört. In Deutschland kommen auf Grünland über 1 000 Pflanzenarten vor, das entspricht 28 % der insgesamt vorkommenden Pflanzenarten. Dabei fördert insbesondere eine mäßig intensive Nutzung, wie sie gerade in benachteiligten Grünlandregionen betrieben wird, die Artenvielfalt. So haben von den 870 gefährdeten Pflanzenarten Deutschlands fast 500 ihren Wuchsort auf extensivem Grünland.

Maßnahmen zur Erhaltung bzw. Wiedereinführung extensiver Bewirtschaftungsformen wie eine geringe Schnitthäufigkeit, das Bewirtschaften von Steillagen, das Halten von anspruchslosen Rauhfutterfressern (Mutterkühe, anspruchslose Rinderrassen, Ziegen, Schafe etc.), müssen daher beispielsweise über Agrarumweltprogramme entsprechend honoriert werden. Darüber hinaus müssen die agrarstrukturellen Voraussetzungen geschaffen werden, wenn über eine extensive Bewirtschaftung die langfristige Pflege und Offenhaltung von Grünlandgrenzstandorten als Ziel angestrebt wird.

In klimatisch begünstigten Grünlandregionen wie dem Allgäu war bis zur Einführung der Milchkontigentierung eine zunehmende Intensivierung der Grünlandwirtschaft zu beobachten. Diese Intensivierung kam in einer steigenden regionalen und betrieblichen Tierdichte, einer hohen Schnitthäufigkeit und hohen Pachtpreisen für Grünland zum Ausdruck. Ein im Verhältnis zur Leistungsfähigkeit des Standorts zu hoher Viehbesatz, eine zu hohe zusätzliche Mineraldüngung oder eine nicht sachgerechte Beweidung kann jedoch zu unerwünschter Nitratauswaschung und erheblichen NH_3-, CH_4- und N_2O-Emissionen führen. Dieser Entwicklung ist durch entsprechende Maßnahmen (Verordnungen, Ökopunkteprogramme) entgegenzuwirken. Intensiv genutztes Grünland kann aber auch umweltschonend bewirtschaftet werden und wichtige Aufgaben erfüllen. So hat Grünland aufgrund der ganzjährig geschlossenen Vegetationsdecke im allgemeinen deutlich geringere Nährstoffausträge und nahezu keine Bodenerosion im Vergleich zu Ackerland zu verzeichnen. Maßnahmen, die den Umbruch von Grünland zu Ackerland fördern, wie die Aufnahme der Maisflächen in die EU-Ausgleichszahlungen, sind in diesem Zusammenhang negativ zu beurteilen.

Eine nachhaltige Grünlandbewirtschaftung läßt sich - unter Berücksichtigung der standörtlichen Voraussetzungen und des Verwendungszwecks des produzierten Aufwuchses - am ehesten über eine abgestufte Bewirtschaftungsintensität realisieren. Eine gleichförmige Senkung der Intensität aller Flächen eines Betriebes oder einer Region auf ein mittleres bzw. niedriges Niveau würde weder die allgemeine Artenvielfalt der heimischen Tier- und Pflanzenwelt fördern, noch ließe sie eine ausreichende Futterqualität zu. Regional gesehen würden vielmehr ganze Nutzungsrichtungen verhindert werden. Vorteilhafter ist deshalb die Senkung der Intensität auf geeigneten Flächen, um dort dem Arten- und Biotopschutz eine Chance zu geben, und die Beibehaltung der Intensität bei umweltverträglicher Bewirtschaftung auf solchen Flächen, die den Futteransprüchen der Nutztiere genügen müssen und von ihrer Ertragskraft her auch können. Dabei muß berücksichtigt werden, daß eine hohe Grünlandfutterleistung den Einsatz von ergänzendem Kraftfutter in der Rinderhaltung reduzieren, damit den Nährstoffimport in den betrieblichen Nährstoffkreislauf vermindern und so Nährstoffüberschüsse reduzieren kann. Aus Gründen des Arten- und Biotopschutzes legen derzeit zahlreiche Agrarumweltprogramme (z. B. MEKA, Landschaftspflegerichtlinie, Extensivierungsprogramme) einen späten Termin der ersten Nutzung fest, dadurch wird das Futter insbesondere auf fruchtbaren Standorten häufig zu alt, und kann damit nicht mehr wirtschaftlich über Milchkühe verwertet werden. Derartige Programme bedürfen somit regional und standörtlich flexiblerer Regelungen.

Ökologischer Landbau

Unter ökologischem Landbau wird im allgemeinen eine Landbewirtschaftung verstanden, die auf den Einsatz synthetischer Mineraldünger und synthetischer Pflanzenschutzmittel verzichtet. Darüber hinaus gehört zu seinen Richtlinien, die Bodenfruchtbarkeit zu erhalten und zu fördern, die natürlichen Ressourcen zu schonen, nahezu geschlossene Betriebskreisläufe zu realisieren, die Tierhaltung artgerecht zu gestalten und an der verfügbaren Fläche auszurichten sowie natürliche Regelmechanismen auszunutzen. Für den ökologischen Landbau sind seit dem 1. Januar 1993 Anbau, Verarbeitung, Handel, Kennzeichnung und Kontrolle von Produkten EU-weit geregelt. Der ökologische Landbau erfuhr insbesondere durch die flächenbezo-

Landwirtschaft

genen Förderungen und die gestiegene Nachfrage nach Ökoprodukten, aber auch durch die gesunkenen Erzeugerpreise im konventionellen Landbau in den letzten Jahren, eine erhebliche Ausdehnung. Allerdings beträgt der Anteil bundesweit derzeit nur rund 2,7 % an der landwirtschaftlichen Nutzfläche.

Die Vorteile des ökologischen Landbaus liegen in der Marktentlastung, aber auch in der Umweltentlastung. Da ökologisch wirtschaftende Betriebe, gemäß ihrer Anbauvorschriften, keine synthetischen Pflanzenschutzmittel anwenden, können von ihnen auch keine Pestizideinträge in Grund- und Oberflächengewässer ausgehen. Als Stickstoffquellen zur Düngung dienen stickstoffixierende Pflanzen (Leguminosen, z. B. Klee oder Ackerbohnen) und tierische Ausscheidungen. Die ausschließliche Verwendung von Wirtschaftsdüngern (einschließlich Leguminosen) als Stickstoffquelle erfordert jedoch ein äußerst sorgfältiges Düngemanagement sowie eine ausgewogene Fruchtfolgegestaltung. Zudem ist der ökologische Anbau im Vergleich zum integrierten auf eine wesentlich intensivere Bodenbearbeitung zur Bekämpfung von Problemunkräutern angewiesen, was die Auswaschung von Nitrat begünstigen kann. Werden pflanzenbauliche Fehler begangen (z. B. Herbstumbruch von Leguminosen), können die Nitratbelastungen unter Umständen deutlich über den regionalen Durchschnittswerten liegen. Der ökologische Landbau stellt daher im Ackerbau nur bedingt eine Maßnahme zur Reduzierung der Nitratauswaschung in das Grundwasser dar. Auf Grünland kann eine ökologische Wirtschaftsweise hingegen zu einer deutlichen Reduzierung der Nitratauswaschung beitragen.

Durch die weitgehende Integration von Tier- und Pflanzenproduktion und den Verzicht auf Importfuttermittel und Mineraldünger ist die Viehbesatzdichte im allgemeinen nicht so hoch wie in konventionellen Betrieben. Die Nährstoffüberschüsse sind daher flächenbezogen geringer einzuschätzen als im Durchschnitt vergleichbarer Betriebe. In der Summe beeinträchtigt der ökologische Landbau die natürlichen Ressourcen sicher weniger als die sogenannte konventionelle Landwirtschaft der letzten Jahrzehnte. Ein großer Teil der Umweltvorteile des ökologischen Landbaus beruht jedoch nicht auf höherer Effizienz, sondern darauf, daß das Produktionsniveau aufgrund der auferlegten Beschränkungen niedriger ist. Auf die Produkteinheit bezogen können Nährstoffüberschüsse und Emissionen vergleichbar sein. Insgesamt können jedoch vom ökologischen Landbau wichtige produktionstechnische Impulse (z. B. angepaßte mechanische Unkrautbekämpfung) für den übrigen Landbau ausgehen, was den Pflanzenbau insgesamt umweltverträglicher gestalten würde.

Eine Einführung des ökologischen Landbaus auf der gesamten Agrarfläche, wie dies von manchen Umweltverbänden gefordert wird, hätte erhebliche negative Folgen. So wird häufig in der Argumentation vernachlässigt, daß man im ökologischen Landbau durch das Verbot bzw. die starke Einschränkung produktionssteigernder Mittel im Vergleich zu konventionellen Betrieben ungefähr 30 % weniger Ertrag erzielt, je nach Produkt auch mehr oder weniger. Bei einigen Produkten wäre die dadurch erreichte Entlastung des Marktes von Überschüssen derzeit vorteilhaft, bei den meisten Produkten hingegen würde die Nachfrage nicht mehr aus dem Inland bedient werden können. Hinzu kommen noch Probleme mit tierischen Schädlingen, Pilzkrankheiten und Unkräutern. Prinzipiell lassen sich zwar Verunkrautungsprobleme durch geeignete Fruchtfolgegestaltung, Bodenbearbeitung und mechanische Unkrautbekämpfung in den Griff bekommen. Aber gegenüber bestimmten Pilzkrankheiten und Schädlingen ist der ökologische Landbau ähnlich hilflos wie die Landwirtschaft vor 100 Jahren. Ertragsausfälle von bis zu 70 % durch Kraut- und Knollenfäule bei Kartoffeln, bis zu 50 % durch Schädlings- und Krankheitsbefall bei verschiedenen Gemüsearten dürfen nicht verschwiegen, sondern müssen als spezielle Probleme angesprochen werden. Dies verdeutlicht, daß bei flächendeckender Umstellung eine gesicherte, kontinuierliche Versorgung zumindest mit bestimmten Nahrungsmitteln aus dem Inland nicht gewährleistet wäre. Das hätte zur Folge, daß die Nahrungsmittelversorgung nur durch eine erhebliche Steigerung der Agrarimporte gesichert werden könnte, wobei nicht gewährleistet wäre, daß die importierten Nahrungsmittel im Ursprungsland nachhaltig erzeugt wurden. Bei einer flächendeckenden Umstellung würden auch in vielen Fällen die Ansprüche der Ernährungsindustrie hinsichtlich (garantierter) Quantität und Qualität nur unzureichend erfüllt, so daß die Lebensmittelbranche sich weiterhin überwiegend auf dem konventionellen (Auslands-)Markt bedienen würde.

Unter dem Gesichtspunkt einer nachhaltigen Entwicklung in der Landwirtschaft erscheint somit eine flächendeckende Umstellung auf ökologischen Landbau nicht sinnvoll. Die Ausweitung der nach den Prinzipien des ökologischen Landbaus bewirtschafteten Fläche muß durch entsprechende Nachfrageimpulse am Markt erfolgen. Für ein Vorankommen der Entwicklung des ökologischen Landbaus am Markt müßten die Vermarktungsstrukturen aber erheblich verbessert sowie die Vermarktungsanstrengungen gebündelt werden.

Integrierter Landbau

Der integrierte Pflanzenbau greift mit dem Wissensstand moderner Ertragsphysiologie die Vorgehensweise ursprünglicher Formen der Landbewirtschaftung wieder auf, die eingebettet waren in die Nutzung der natürlichen Möglichkeiten sowie die Akzeptanz der naturgegebenen Grenzen des gesamten Agrarökosystems. Angestrebt wird eine umweltverträglichere, „rückstandsärmere" Landbewirtschaftung unter Berücksichtigung von Standort, Ökonomie, Ökologie und Bodenfruchtbarkeit. Die Nährstoff-Kreisläufe in der Tier- und Pflanzenproduktion werden im Zusammenhang gesehen. Das Konzept des integrierten Pflanzenbaus kommt somit dem des ökologischen Landbaus nahe, ist aber flexibler. Der ökologische Landbau verbaut sich letztlich durch die rigiden Vorschriften Chancen zu einer ökologisch und ökonomisch nachhaltigen Produktion, die der verantwortungsbewußte Umgang mit Agrochemikalien, mit gentechnisch gestützter Pflanzenzüchtung, mit Klärschlamm als Dünger (Kreislaufwirtschaft) eben auch bietet. Auch der ertragsphysiologisch begründete Einsatz von Mineraldüngern ist in der Regel sinnvoll. Dabei sollte sich eine effiziente Düngung jedoch am Nährstoffbedarf des Pflanzenbestandes orientieren, das Nährstoffangebot und das Nachlieferungsvermögen des Bodens am jeweiligen Standort berücksichtigen sowie den Einsatz von Wirtschafts- und Mineraldünger aufeinander abstimmen.

Eine integrierte Wirtschaftsweise setzt voraus, daß sogenannte Schlagkarteien geführt werden. Das heißt, für jedes Feld werden detaillierte Aufzeichnungen zum Einsatz von Nährstoffen, zur Nährstoffnachlieferung aus dem Boden, zur Abfuhr von Nährstoffen, zum Unkrautbesatz (Schadschwellenprinzip) u. a. geführt. Zur Grundlage des integrierten Landbaus gehören auch Begrünungsmaßnahmen, eine ausgewogene Fruchtfolgegestaltung, Erosionsschutz durch angepaßte Bodenbearbeitung usw.

In der flächendeckenden Etablierung der integrierten Wirtschaftsweise, ergänzt durch eine an der Nachfrage orientierte Weiterentwicklung des ökologischen Landbaus und kombiniert mit Maßnahmen zu einer umweltverträglichen, artgerechten Viehhaltung, sehen die Autoren den sinnvollsten Lösungsweg zu einer nachhaltigen Landwirtschaft. Diese Kombination würde eine erhebliche Reduzierung der Umweltbelastungen durch die Landwirtschaft ermöglichen, ohne zu den befürchteten harten Brüchen wie bei einer flächendeckenden Umstellung auf ökologischen Landbau zu führen (s. o.). Allerdings bedarf es auch für die Etablierung von integrierten Anbauverfahren zusätzlicher agrarpolitischer Anreize.

Neue Technologien

Das Hungerelend der 40er Jahre des 19. Jahrhunderts war die letzte große agrarische Unterproduktionskrise in Europa. In den folgenden Jahrzehnten konnte durch den Wandel der landwirtschaftlichen Produktionsverfahren die Agrarproduktion mit dem Bevölkerungszuwachs Schritt halten. Fortschritte beim Pflanzenbau, bei der Pflanzenernährung und Pflanzenzucht spielten eine besonders wichtige Rolle. Mittlerweile hat sich durch die Technisierung der Produktionsverfahren in der deutschen Landwirtschaft eine Produktivitätssteigerung vollzogen, die den übrigen Wirtschaftszweigen in keiner Weise nachsteht. So reduzierte sich z. B. der Arbeitszeitbedarf bei der Getreideernte durch den mechanisch-technischen Fortschritt von 150 Stunden pro Hektar zu Beginn des Jahrhunderts auf heute unter eine Stunde. Auch die biologisch-technischen Fortschritte, vor allem durch die Pflanzenzüchtung, waren enorm.

Zwischenzeitlich sind die meisten landwirtschaftlichen Produktionsverfahren zum überwiegenden Teil mechanisiert bzw. bereits teil- oder vollautomatisiert, und es wurde ein Ertragspotential erreicht, das allmählich an die pflanzenphysiologischen Grenzen stößt. Daher stehen bei den derzeitigen technischen Neuerungen eher Fortschritte im Vordergrund, die arbeitswirtschaftliche Erleichterungen, einen optimalen Betriebsmitteleinsatz und eine umweltgerechte, qualitativ hochwertige Produktion ermöglichen.

Mechanisch-technische Neuerungen

Betrachtet man die mechanisch-technische Entwicklung in der Landwirtschaft, wird im letzten Jahrzehnt eine deutliche Veränderung der Ausrichtung sichtbar. Elektronische Neuerungen (z. B. EDV-gestützte Anlagen) traten immer mehr in den Vordergrund. Beispiele neuer Entwicklungen sind:
- selbstfahrende Erntemaschinen (z. B. für Rüben, Kartoffeln und Sonderkulturen).
- Verfahren zur Minderung von Umweltbeeinträchtigungen, die zum großen Teil auch zur Steigerung der Effizienz des Betriebsmitteleinsatzes und der Arbeitsproduktivität beitragen:
  - minimale Bodenbearbeitung zur Erosionsminderung und Bodenstrukturverbesserung (Mulch- und Direktsaatverfahren u. a.),
  - Gülleausbringungstechniken, die nur wenig NH_3 emittieren (z. B. Gülledrill),
  - Verbesserung der Ausbringungstechniken von Pflanzenschutz- und Düngemitteln,
  - verbesserte Geräte zur mechanischen und physikalischen Unkrautregulierung,
  - bedarfsgerechte Düngung, z. B. mittels teilschlagbezogener Bewirtschaftung (unterstützt durch satellitengestützte Systeme wie GPS oder DGPS),
  - bedarfsgerechte Tierfütterung, z. B. durch teil- oder vollautomatische, EDV-gestützte Fütterungsanlagen.
- vollautomatischer Milchentzug (Melkroboter).
- EDV-gestütztes Informationsmanagement (z. B. Integrierte Informations- und Kommunikationssysteme für den Pflanzenbau).

Der zunehmende Elektronikeinsatz bietet dabei die Vorteile, daß z. B. bei einer teilschlagbezogenen Organisation und Durchführung ackerbaulicher Maßnahmen Betriebsmittel bedarfsgerechter und kostensparender eingesetzt werden können, was zugleich eine ökologisch verträglichere Bewirtschaftung gewährleistet. Eine optimal gesteuerte Tierfütterung mindert Nährstoffverluste und Emissionen. Die Erhöhung der Melkhäufigkeit durch den vollautomatischen Milchentzug bewirkt eine Leistungssteigerung pro Tier. Das führt zu einer geringeren Emission von NH_3, N_2O und CH_4 pro erzeugtem Kilogramm Milch, was aus ökologischer Sicht positiv zu beurteilen ist.

Dennoch sind die technischen Neuerungen mit Nebenwirkungen verbunden, die einer nachhaltigen Landbewirtschaftung zuwiderlaufen können. Die genannten Verfahren setzen aus technischen und wirtschaftlichen Gründen bestimmte Mindest-Schlaggrößen, Mindest-Betriebsgrößen oder Mindest-Tierbestandsgrößen voraus, wodurch sich unerwünschte ökologische Effekte ergeben können.

Landwirtschaft

Wenn beispielsweise der vollautomatische Milchentzug (Melkroboter), dessen Einsatz Arbeitszeiteinsparungen und -erleichterungen sowie eine Leistungssteigerung zum Ziel hat, durch den Größeneffekt einer betrieblichen und regionalen Konzentration in der Milchproduktion Vorschub leistet, führt das aufgrund der Flächenknappheit vieler Betriebe häufig zu Konflikten mit einer umweltschonenden Gülleausbringung.

Ähnliche Zielkonflikte können sich für die Notwendigkeit großer Schläge für den wirtschaftlichen Einsatz von satellitengestützten Systemen ergeben, wenn man vor Augen hat, daß in der Vergangenheit die Bildung größerer Einheiten häufig zu ökologischen Fehlentwicklungen wie der Entfernung von Hecken, Bäumen und Feldrainen, der Drainage von Feuchtgebieten etc. führte.

Die Einführung technischer Neuerungen in die landwirtschaftliche Produktion muß also von entsprechend gezielter und fachkompetenter Beratung begleitet werden. Die Anforderungen der technischen Entwicklungen an die Betriebsgröße setzen auch eine weitere strukturelle Anpassung der Landwirtschaft voraus. In Baden-Württemberg sind derzeit nur bei wenigen landwirtschaftlichen Betrieben die dafür nötigen Schlag-, Betriebs- bzw. Bestandsgrößen gegeben. Maßnahmen zur Entwicklung und Förderung der überbetrieblichen Zusammenarbeit und der Gründung von Kooperationen wären ein Mittel, die entsprechenden „Mindesteinsatzgrößen" überbetrieblich zu erreichen und so die nachhaltigen Aspekte der Innovationen zur Geltung zu bringen.

Biologisch-technische Neuerungen

In den letzten Jahrzehnten haben die Möglichkeiten zur züchterischen Veränderung von Tieren, Pflanzen und Mikroorganismen eine neue Dimension erreicht. Dabei kann insbesondere durch die direkteren Eingriffsmöglichkeiten in biologische Prozesse (z. B. Anwendung der Bio- und Gentechnik) eine deutliche Verkürzung der Zeitabstände zwischen der Entwicklung und der Umsetzung einer Neuerung erreicht werden. Beispiele neuer Technologien im biologisch-technischen Bereich sind:

– Pflanzensorten, die gegen Schädlinge, Krankheiten und Unkrautbekämpfungsmittel (Herbizide) resistent sind,
– ertragreiche Sorten mit höherer Nährstoffeffizienz (*low input*-Sorten),
– neue Sorten mit einer veränderten Zusammensetzung der Inhaltsstoffe (z. B. Fettsäuremuster, Aminosäurenzusammensetzung, Ligningehalt),
– neue Sorten mit nicht-pflanzlichen Inhaltsstoffen (z. B. zur Gewinnung von Pharmaka),
– effizientere Pflanzenschutzmittel, die im Boden leicht abbaubar und wenig mobil sind,

- Tiere mit besserem Leistungsprofil und qualitativ besseren Produkten (z. B. höherer Fleischanteil, höherer Eiweißgehalt der Milch),
- Tiere mit geringer Krankheitsanfälligkeit,
- transgene Tiere zur Erzeugung von Pharmaka,
- Leistungssteigerer in der Tierproduktion (z. B. Wachstumshormone),
- Futterzusatzstoffe zur Erhöhung der Nährstoffeffizienz (z. B. Phytase),
- fortpflanzungsbiologische Techniken (z. B. künstliche Besamung, Steuerung des Sexualzyklus, Embryotransfer, Klonierung von Embryonen),
- Biogasgewinnung,
- Verfahren zur besseren Reststoffverwertung (z. B. Lactatgewinnung aus Molke).

In der **Pflanzenproduktion** werden durch die Züchtung von Sorten mit Resistenzeigenschaften gegenüber Schadorganismen sowie von nährstoffeffizienteren Sorten wichtige Impulse für eine ressourcenschonende und nachhaltige Landbewirtschaftung erwartet. Dabei kann die klassische Züchtung durch die moderne Bio- und Gentechnologie ergänzt und erheblich effektiver gestaltet werden. Im Vordergrund der öffentlichen Diskussion steht zur Zeit die gentechnisch induzierte Herbizidresistenz von Kulturpflanzen.

Derzeit stehen verschiedene gentechnisch veränderte Kultursorten von Mais, Raps und Zuckerrüben zur Verfügung, die gegen bestimmte Herbizide, wie z. B. Glufosinat-Ammonium, das relativ leicht abbaubar ist, resistent sind. Die kombinierte Anwendung von solchen Herbiziden mit entsprechend resistenten Kulturpflanzen ermöglicht eine Unkrautkontrolle, welche nur zu dem Zeitpunkt, zu dem die Unkräuter ertragsbegrenzende Konkurrenten für die angebauten Kulturpflanzen sind, durchgeführt werden muß. Dadurch ist eine Reduzierung der Behandlungshäufigkeit sowie eine Verminderung des Arbeits- und Kostenaufwands gegenüber den derzeitig praktizierten Verfahren möglich. Allerdings ist durch den Anbau herbizidresistenter Pflanzen eine weitere Verdrängung der mechanischen Unkrautkontrolle und anderer Verfahren mit geringer Selektionswirkung zu erwarten. Je umfangreicher ein Herbizid eingesetzt wird, desto größer wird die Wahrscheinlichkeit, daß Unkräuter dagegen Resistenzen entwickeln. Insgesamt kann der Einsatz herbizidresistenter Kulturpflanzen jedoch bei einem durchdachten Unkrautmanagement, das auch andere Verfahren der Unkrautkontrolle (z. B. mechanische Unkrautkontrolle, sinnvolle Fruchtfolge, häufiger Wirkstoffwechsel) einschließt - aufgrund des schnellen Abbaus der verwendeten Herbizide sowie der Möglichkeit der Saat in einen Mulchbestand - sowohl ökologisch als auch betriebswirtschaftlich zu einer nachhaltigeren Landbewirtschaftung beitragen.

Allerdings wird über gentechnisch gestützte Züchtung, insbesondere von herbizidresistenten Kulturpflanzen, von weiten Teilen der Öffentlichkeit sehr kritisch geurteilt, weil befürchtet wird, daß der Anbau dieser Pflanzen negative Auswirkungen auf Agrarökosysteme oder andere potentiell betroffene Ökosysteme haben könnte. Bisher gibt es jedoch keine Anhaltspunkte, die darauf hinweisen, daß gentechnisch erzeugte Pflanzen risikoreicher als konventionell gezüchtete sind. Die Erfahrungen in Ländern, in denen transgene herbizidresistente Kulturpflanzen bereits angebaut werden und in denen der Anbau durch sicherheitsbiologische Forschung begleitet wird, deuten in die gleiche Richtung.

Auch in der **Tierproduktion** hatte der Einsatz von bio- und gentechnischen Verfahren eine Vielzahl von revolutionären Neuerungen zur Folge. Dabei wird insbesondere den fortpflanzungsbiologischen Methoden eine große volkswirtschaftliche Bedeutung zugemessen. So lassen sich mit Hilfe der künstlichen Besamung, der Steuerung des Sexualzyklus, der In-vitro-Befruchtung, des Embryonentransfers und künftig eventuell auch durch die Klonierung von Embryonen zeitaufwendige Zuchtschritte einsparen oder produktiver gestalten. Auch können als besonders wertvoll erachtete Tiere bzw. deren Samen-, Ei- oder Embryonenzellen durch diese zell- und fortpflanzungsbiologischen Techniken häufiger in der Zucht oder bei der Vermehrung eingesetzt werden. Ein Problem ist allerdings die damit zwangsläufig einhergehende Einschränkung der genetischen Vielfalt.

Unter den biologisch-technischen Neuerungen in der Tierproduktion wird derzeit der Einsatz von Leistungssteigerern international unterschiedlich beurteilt. So ist der Einsatz von Wachstumshormonen als Leistungssteigerer in der Milch- bzw. Fleischproduktion in zahlreichen Ländern wie den USA, Argentinien, Neuseeland sowie verschiedenen osteuropäischen Ländern erlaubt, während dies in den Ländern der EU verboten ist. Unbestritten kann die Anwendung von Wachstumshormonen die Produktivität in der Tierhaltung deutlich steigern, daneben wird ihnen unter ökologischen Gesichtspunkten auch eine positive Wirkung auf die Nährstoffverwertung zugeschrieben. Dagegen sind die Wirkungen auf die Tiergesundheit noch nicht abschließend geklärt. Unter wirtschaftlichen Gesichtspunkten wäre der Einsatz von Wachstumshormonen in der europäischen Tierproduktion vermutlich mit negativen Auswirkungen auf die Tierhaltungsbetriebe verbunden, da mit steigenden Produktionskosten und einer Einschränkung der Nachfrage nach tierischen Produkten zu rechnen ist, wie Erfahrungen aus den USA zeigen. Die Zulassung der Anwendung von Wachstumshormonen in der europäischen Tierhaltung muß daher, insbesondere aus ökonomischen Gründen aber auch aufgrund der noch ungeklärten Wirkungen auf die Tiergesundheit, als äußerst bedenklich erachtet werden.

Dagegen ist die Anwendung von mit gentechnischer Hilfe hergestellter Phytase, einem Futterzusatzstoff, der zur Verbesserung der Phosphatverwertung in der Schweinehaltung dient, EU-weit zugelassen. Da Phytase Nährstoffüberschüsse vermindert und die Tierproduktion damit umweltverträglicher wird, ist dieser Schritt zu befürworten.

Neue Vermarktungsstrategien und Märkte

Sinkende Erzeugerpreise sowie weitgehend gesättigte Agrarmärkte zwingen in den letzten Jahren viele landwirtschaftliche Betriebe, neben der Senkung von Produktionskosten, über neue Vermarktungsstrategien und neue Märkte zusätzliche Einkommensquellen zu erschließen. Dabei ist insbesondere für die kleinstrukturierte Landwirtschaft in Baden-Württemberg mit ihren verhältnismäßig hohen Produktionskosten eine stärkere Orientierung auf qualitativ hochwertige Produkte und Dienstleistungen erforderlich. Neben der Produktion von Erzeugnissen mit traditionell hoher Wertschöpfung wie Obst, Gemüse oder Fleisch, sowie der Be- und Verarbeitung von Produkten z. B. zu Käse, Wurst oder Marmelade, können auch spezielle Formen des umweltschonenden Anbaus (integrierter bzw. ökologischer Anbau) Erzeugnissen eine höhere Wertschöpfung verleihen. Die Erschließung neuer Vermarktungsstrategien und Märkte bedarf jedoch entsprechender Fähigkeiten der Betriebsleiter im Marketingbereich. Die Förderung dieser Fähigkeiten durch eine adäquate Ausbildung und Beratung der Landwirte muß daher zu einer verstärkten Aufgabe der Agrarpolitik werden, damit sich die Betriebe stärker am Markt orientieren können.

Bei der Betrachtung der sehr vielfältigen und bei weitem noch nicht ausgeschöpften Möglichkeiten, die für die einzelnen Betriebe im Bereich der neuen Vermarktungsstrategien und Märkte bestehen, darf aber nicht übersehen werden, daß das Vordringen in traditionell nicht landwirtschaftliche Tätigkeitsfelder nur für eine begrenzte Anzahl landwirtschaftlicher Betriebe eine Chance bietet. Die Steigerung des Absatzes von traditionellen Agrarprodukten muß daher weiterhin die zentrale Aufgabe der Agrarwirtschaft bleiben. In diesem Bereich dürften sich für die Landwirtschaft besonders in Regionen, die eine geringe Selbstversorgungsquote bei wichtigen Agrarprodukten aufweisen wie z. B. in Baden-Württemberg, vielfältige Möglichkeiten ergeben.

Neue Vermarktungsstrategien

Einzelvermarktung: In den letzten Jahren versuchen landwirtschaftliche Betriebe verstärkt, über eine verbesserte Einzelvermarktung ihrer Produkte die Gewinnsituation zu verbessern. Dabei gewinnt insbesondere die Direktvermarktung, über die nach Schätzungen derzeit rund 3 % der Agrarprodukte in Baden-Württemberg vermarktet werden, eine zunehmende Bedeutung. Für eine weitere Stärkung dieser Vermarktungsform müßten jedoch zahlreiche gesetzliche Regelungen, die die Direktvermarktung einschränken, modifiziert werden.

Verbundmarketing: Der Zusammenschluß von Erzeugern bietet eine Möglichkeit, den Absatz über ein Verbundmarketing zu steigern. Auf diese Weise können auch große Verarbeitungs- oder Handelsunternehmen erreicht werden, die ihre Nachfrage bisher bei Anbietern größerer Chargen außerhalb Baden-Württembergs befriedigen. So ist es für Erzeugergemeinschaften einfacher, eine termingerechte Bereitstellung von Produkten in qualitativ einheitlicher und kontinuierlicher Form für Abnehmer größerer Partien zu gewährleisten, als dies für kleine Einzelbetriebe möglich ist. Erzeugergemeinschaften werden von öffentlicher Seite gefördert. Die Anerkennung und Förderung von Erzeugergemeinschaften sollte aber stärker von Kontrollen bezüglich der tatsächlich stattfindenden Marketinganstrengungen, z. B. über das periodische Vorlegen von Nachweisen für ein absatzorientiertes Handeln, begleitet werden.

Regionales Marketing: Eine weitere Chance zur Absatzsteigerung bietet ein regionales Marketing. Dabei wird dem Umstand Rechnung getragen, daß die überwiegende Mehrheit der Bevölkerung am liebsten Lebensmittel kauft, die in ihrer Region erzeugt wurden. Um diesen Vorteil für die Landwirte besser nutzen zu können, initiierte das Land Baden-Württemberg, wie die meisten Bundesländer, die Gründung einer Marketinggesellschaft für landwirtschaftliche Produkte. Die Hauptaufgabe der baden-württembergischen Marketing- und Absatzförderungsgesellschaft für Agrar- und Forstprodukte (MBW) ist es, sowohl beim Verbraucher als auch beim Handel ein positives Ansehen für landwirtschaftliche Produkte, die mit dem sogenannten Herkunfts- und Qualitätszeichen Baden-Württemberg (HQZ) herausgehoben werden, aufzubauen. Während bei Untersuchungen etwa die Hälfte der baden-württembergischen Konsumenten das HQZ wiedererkennt, wissen nur wenige, daß mit dieser Zeichenvergabe auch eine kontrollierte, relativ umweltschonende Produktionsweise und die Erfüllung bestimmter Qualitätskriterien verbunden sind. Hier liegt noch eine wichtige Aufgabe für die MBW. Außerdem sollte die MBW verstärkt Marktforschungs- und Beratungsaufgaben übernehmen und damit landwirtschaftliche Einzelbetriebe und Erzeugergemeinschaften bei der Konzeption und Umsetzung von Marketingstrategien unterstützen.

Regionale Modellvorhaben: Ein wichtiges Aufgabengebiet zur Absatzförderung, insbesondere in Grenzertragsregionen, ist in der Unterstützung regionaler Modellvorhaben durch Kommunen und Landkreise zu sehen. Dabei kann die Beispielwirkung solcher regionaler Initiativen andere Landwirte oder Erzeugergemeinschaften zur Nachahmung ermutigen.

Neue Märkte

Unter neuen Märkten werden traditionell nicht-landwirtschaftliche Märkte wie der Dienstleistungsmarkt (z. B. Ferien auf dem Bauernhof) oder der Rohstoffmarkt für die chemische Industrie (z. B. der Anbau von Stärkekartoffeln) verstanden. Dabei scheinen die Gewinnaussichten in möglichst weit von der Landwirtschaft entfernten Wirtschaftsbereichen (z. B. im Dienstleistungssektor) wesentlich günstiger als in eng benachbarten Wirtschaftsbereichen (z. B. Anbau von Kulturpflanzen zur energetischen Nutzung).

Dienstleistungen: Insbesondere im Bereich der Dienstleistungen im Freizeitsektor, im Sozialbereich oder im Bereich der Landschaftspflege wird derzeit ein prosperierender Markt für landwirtschaftliche Betriebe erwartet. Dabei bietet sich im Dienstleistungsbereich eine schier unendliche Zahl an Möglichkeiten, die von Ferien auf dem Bauernhof über das Anbieten naturkundlicher Führungen über Wiesen und Äcker bis hin zum Winterdienst für Kommunen oder Privathaushalte reichen. Trotz der als insgesamt günstig einzuschätzenden Situation im Bereich der privaten und kommunalen Dienstleistungen werden aber auch in Zukunft nur wenige Betriebe, die über das nötige Know-how und die entsprechende Zeit und das Kapital verfügen, in diesem Bereich ein Nische finden können.

Nachwachsende Rohstoffe: Aufgrund der Begrenztheit nicht erneuerbarer Ressourcen messen wir dem Anbau nachwachsender Rohstoffe eine wichtige Rolle in Richtung einer ressourcenschonenden Wirtschaftsweise bei. Unter „nachwachsenden Rohstoffen" werden pflanzliche und tierische Produkte verstanden, die im energetischen und/oder im chemisch-technischen Bereich nicht erneuerbare Ressourcen ersetzen können.
Die wichtigsten Einsatzfelder nachwachsender Rohstoffe sind:
- die energetische Nutzung,
- die Nutzung als Grundstoffe in der chemischen Industrie,
- die Nutzung von Naturfasern,
- die Nutzung als Arznei- und Gewürzpflanzen.

Die energetische Nutzung
Nachwachsende Rohstoffe („Biomasse") für die energetische Nutzung umfassen sowohl Reststoffe aus der Land- und Forstwirtschaft (Holz, Stroh, Heu aus der Landschaftspflege und aus Gülle gewonnenes Biogas) als auch speziell angebaute Energiepflanzen. Durch die energetische Nutzung von Biomasse werden nicht erneuerbare fossile Energieträger durch erneuerbare ersetzt. Damit werden auch die CO_2-Emissionen aus diesen fossilen Quellen vermieden. Bei Ausnutzung aller Potentiale könnte die Nutzung von Biomasse zur Energiegewinnung in Deutschland längerfristig etwa 60 Mio. t CO_2 pro Jahr vermeiden helfen. Das sind knapp 7 % der derzeitigen jährlichen CO_2-Emissionen Deutschlands, und das entspricht fast einem Viertel des von der Bundesregierung angestrebten CO_2-Minderungsziels. Energie wird zwar seit jeher aus Biomasse gewonnen, man denke nur an Brennholz. In diesem Kontext ist jedoch die Gewinnung von Wärme und wenn möglich auch von Strom in größeren Verbrennungsanlagen (etwa 1 - 30 MW Feuerungsleistung) gemeint. Eine interessante, noch in der Erprobung befindliche Option ist darüber hinaus die Zufeuerung von Biomasse in bestehende Kohleheizkraftwerke.
Im Gegensatz zu Holz, dessen Verbrennung mittlerweile zu einer hochentwickelten Technik ausgereift ist, gibt es im Energiesektor noch keinen Absatz-

markt für Stroh aus der Landwirtschaft. Die Verbrennung von Stroh ist bislang nur in Dänemark ein wichtiger Baustein vor allem der Fernwärmeversorgung. In Deutschland existieren erst zwei kleinere Strohheizwerke. Ähnlich steht es mit Biogas. Das vorhandene technische Potential wird bei weitem noch nicht ausgenutzt.

Weitaus größer als das energetisch verwertbare Potential an Stroh und Biogas wäre theoretisch das Potential an speziell angebauten Energiepflanzen. Unter den möglichen Energiepflanzen-Kandidaten räumen wir neben Raps lediglich Getreide-Ganzpflanzen mittelfristig eine gewisse Chance ein. Chinaschilf (*Miscanthus sinensis*) oder schnellwachsende Baumarten sind noch nicht marktreif. Aber auch das Potential an Raps zur Gewinnung von „Biodiesel" sollte nicht überschätzt werden: Unter realistischen Annahmen kann Rapsöl aus deutscher Erzeugung nicht mehr als 4 % des Dieselverbrauchs in Deutschland ersetzen. Hinzu kommt die vergleichsweise bescheidene Energiebilanz. Während man bei Getreide (Ganzpflanzen) beispielsweise etwa 10mal mehr Energie gewinnt als man hineingesteckt hat, ist es bei Rapsölmethylester nur etwa doppelt so viel. Dennoch fahren bereits einige Nutzfahrzeuge und die ersten PKW mit Biodiesel, die Anzahl der Biodiesel-Tankstellen in Deutschland hat die Zahl 300 überschritten. Die Verbrennung von Getreide-Ganzpflanzen hingegen ist erst in der Erprobungsphase.

Die eigentlich kritischen Punkte, die der energetischen Nutzung von Biomasse entgegenstehen, sind nicht Fragen der Umweltverträglichkeit, sondern die mangelnde Verläßlichkeit der agrarpolitischen Rahmenbedingungen und die derzeit mangelnde Wirtschaftlichkeit. Aus Gründen der Ressourcenschonung und des Klimaschutzes sind wir aber auf die Biomasse angewiesen. Daher sollte die energetische Nutzung von Biomasse eine entsprechende Förderung, z. B. durch Investitionskostenzuschüsse für Demonstrationsanlagen, erfahren.

Chemisch-technische und stoffliche Nutzung

Derzeit setzt die chemische Industrie in Deutschland pro Jahr knapp zwei Millionen Tonnen Grundprodukte aus nachwachsenden Rohstoffen der Landwirtschaft ein. Dies entspricht mengenmäßig 10 % und monetär etwa 22 % des Rohstoffverbrauchs der chemischen Industrie. In erster Linie handelt es sich dabei um Öle, Fette, Stärke, Zellulose und Zucker, wobei der größte Teil dieser Grundstoffe nicht bei der deutschen Landwirtschaft nachgefragt wird. Die Gründe dafür liegen einerseits in den klimatischen Bedingungen, die den Anbau bestimmter Pflanzen in Deutschland einschränken bzw. verhindern, und andererseits in den hohen Produktionskosten. In Deutschland werden zur Zeit nachwachsende Rohstoffe wie Mais, Weizen, Kartoffeln, Sonnenblumen, Raps oder Öllein, die für chemische Zwecke genutzt werden, lediglich auf rund drei Prozent der Ackerfläche angebaut. Mittelfristig läßt sich dieser Anteil auf etwa fünf bis sechs Prozent steigern. Da die chemische Industrie im allgemeinen nur Rohstoffe zu konkurrenzfähigen Bedingungen, d. h. auf Weltmarktpreisniveau nachfragt, ist eine Verbesserung der

Wettbewerbssituation durch den Anbau nachwachsender Rohstoffe für die bundesdeutsche Landwirtschaft zukünftig höchstens in Großbetrieben zu erwarten.

Auch der Einsatz von heimischen Naturfasern wie Flachs- oder Hanffasern ist in der verarbeitenden Industrie begrenzt, da diese Fasern teurer als Baumwolle und Synthesefasern sind. Potentiale für einheimische Fasern dürften zum einen in hochwertigen Textilien, hochwertigem Papier und hochwertigen technischen Fasern (Faserverbundwerkstoffe für Automobilteile, Kinderspielzeug, Möbel etc.) sowie zum anderen - aus umweltrechtlichen Gründen (Verpackungsverordnung, Kreislaufwirtschaftsgesetz etc.) - in Bindegarnen und Schnüren zu erwarten sein. Die Produktion von Naturfasern dürfte aber auch in Zukunft für die deutsche Landwirtschaft nur eine Marktnische darstellen, wobei der Anbauumfang in naher Zukunft 0,1 % der Ackerfläche nicht überschreiten wird. Ein hemmender Faktor für den Faserpflanzenanbau in der Bundesrepublik ist darüber hinaus das Fehlen von entsprechenden Verarbeitungsanlagen, wie sie in den meisten europäischen Nachbarländern anzutreffen sind.

Die Entwicklung neuer Vermarktungsstrategien und neuer Märkte (z. B. über eine entsprechende landwirtschaftliche Beratung, steuerliche Regelungen, Verbraucherinformation, Investitionshilfen u. a.) bedarf häufig zumindest einer finanziellen Starthilfe. Von einer dadurch bewirkten verstärkten Nachfrage nach regionalen Agrarprodukten sind nicht nur positive Impulse für die landwirtschaftlichen Betriebe, sondern auch für die nachgelagerten Unternehmen (Lebensmittel-, Textilindustrie etc.) vor Ort zu erwarten. Darüber hinaus bietet eine regional orientierte Nachfrage die Möglichkeit, das Transportaufkommen zu reduzieren. Eine Unterstützung regionaler Absatzstrukturen ist daher sowohl aus ökologischer als auch aus ökonomischer Sicht begrüßenswert. Die finanziellen Fördermittel hierfür müßten durch eine Umschichtung bisheriger Zahlungen an die Landwirtschaft freigemacht werden.

Monetäre Bewertung externer Effekte der Land- und Forstwirtschaft

Land- und Forstwirtschaft produzieren Waren wie Getreide, Milch und Holz und bieten Dienstleistungen wie z. B. Urlaub auf dem Bauernhof, die auf einem dafür vorhandenen Markt einen bestimmten Preis besitzen. Land- und Forstwirtschaft haben aber auch positive und negative Effekte, die nicht über den Markt erfaßt werden (sogenannte externe Effekte). Ein Beispiel für einen negativen externen Effekt ist die Nitratbelastung des Grundwassers durch die Landwirtschaft. Da die Nitratfracht derzeit keinem einzelnen Verursacher zugerechnet werden kann, müssen die höheren Kosten für die Wasseraufbereitung von dritter Seite, in diesem Fall vom Wasser-Verbraucher, getragen werden. Ein Beispiel für einen positiven externen Effekt ist die Schaffung und Erhaltung der Kulturlandschaft bzw.

Landwirtschaft

bestimmter Teile davon durch die Landbewirtschaftung. Bei der Mehrzahl der Bevölkerung genießen Landschaften eine besondere Wertschätzung, in der verschiedene Nutzungen miteinander kombiniert sind und die dadurch gegliedert wirken - in Feld, Wald und Wiesen. Nicht landwirtschaftlich genutzte Flächen entwickeln sich in unseren Breiten im Laufe der Zeit zu Wald. Die Landwirtschaft erbringt hier eine Leistung, die nicht über den Markt entlohnt wird.

Da der Marktmechanismus bei externen Effekten nicht direkt greift, werden im einen Fall zuviele negative und im andern Falle häufig zuwenig positive Wirkungen erzeugt - die Allokation von Ressourcen ist in keinem Fall optimal. Dieses Marktversagen läßt sich - im Prinzip zumindest - durch geeignete wirtschaftspolitische Maßnahmen korrigieren, die zum Ziel haben, die externen Effekte ins Marktgeschehen zu internalisieren. Um die Korrektureingriffe richtig zu dosieren, benötigt man Hilfen, und die dem Marktgeschehen am meisten angemessene wäre, die externen Effekte in Geldwert zu fassen. Für diese monetäre Bewertung hat die Ökonomie eine Reihe von Instrumenten entwickelt. Negative externe Effekte werden häufig über die Ermittlung der Schadensvermeidungskosten (z. B. mit Hilfe der Wasseraufbereitungskosten) bewertet. Zur Bewertung positiver externer Effekte bedient man sich gern des Mittels der Befragung. Abgefragt wird in der Regel die Zahlungsbereitschaft für die Schaffung bzw. Erhaltung eines bestimmten positiven Effekts vor allem bei Umweltgütern.

Die geäußerte Zahlungsbereitschaft ist allerdings eher bescheiden: Im Durchschnitt würde ein Haushalt jährlich für Pflege und Erhalt der Kulturlandschaft etwas über 60 DM zur Verfügung stellen, wie eine von der Akademie für Technikfolgenabschätzung in Auftrag gegebene Studie bei Befragungen im Landkreis Ludwigsburg und im Ostalbkreis ermittelt hat. Hochgerechnet auf die Haushalte Baden-Württembergs wären das ca. 270 Mio. DM, auf Deutschland über 2 Mrd. DM im Jahr. Die meisten solcher Befragungen kommen zu Beträgen ähnlicher Größenordnung.

Jede der Methoden zur monetären Bewertung externer Effekte hat ihre Schwächen und Probleme. Sie können methodischer Art sein oder einfach darin liegen, daß im gewählten Beispiel die angegebene Zahlungsbereitschaft nicht der realen entspricht, die sich zeigen würde, käme es tatsächlich zu Zahlungen, und sei es deswegen, weil sich die Befragten über ihre Präferenzen hinsichtlich Kulturlandschaft noch gar nicht im klaren sind. Daher gibt die monetäre Bewertung zwar Hinweise auf die Größenordnung der finanziellen Werte bisher vom Markt nicht erfaßter Güter und ist insofern eine wertvolle Entscheidungshilfe - mehr sollte aber nicht erwartet werden.

Das Instrument der monetären Bewertung kann der Politik nicht die Entscheidung darüber abnehmen, wieviel öffentliche Mittel der Land- und Forstwirtschaft zukommen sollen, damit sie ihre anderen Aufgaben neben der Produktion von Nahrungsmitteln und Holz erfüllen können. Land- und Forstwirtschaft sind wegen ihrer grundsätzlichen ökologischen Bedeutung und ihrer unaufhebbaren biologischen Bindungen keine Wirtschaftszweige wie jeder andere. Offiziell wird ihnen volkswirtschaftlich zwar keine Sonderstellung zugebilligt, doch in den hohen Stützungszahlungen indirekt dennoch zum Ausdruck gebracht. Es ist ökologisch nicht richtig, land- und forstwirtschaftliche Produkte auf eine Stufe zu stellen mit industriellen Werkstücken, die in einer Fabrik am Fließband oder mit Robotern zu jeder Zeit in gewünschter Menge hergestellt werden. Eine solche Auffassung führt zwangsläufig dazu, aus Rohstoffen und Ressourcen das Äußerste herauszuholen. Die Land- und Forstwirtschaft muß allerdings für den Bezug öffentlicher Mittel auch (ökologische) Leistungen erbringen. Die Agrarpolitik muß dafür die geeigneten Bedingungen schaffen.

Agrarpolitische Maßnahmen

Die Agrarpolitik wird auf der Ebene der Europäischen Union, des Bundes sowie der einzelnen Bundesländer gestaltet. Strategien für eine nachhaltige Landwirtschaft müssen auf allen Ebenen greifen. Die EU muß dabei ein agrarpolitisches Grundgerüst vorgeben, das Handlungsspielräume für nationale und regionale agrarpolitische Maßnahmen zuläßt.

Agrarpolitik der Europäischen Union

Bis in die 80er Jahre wurde die Agrarpolitik sowohl der damaligen Europäischen Gemeinschaft als auch von Bund und Ländern im wesentlichen von den in Artikel 39 des EWG-Vertrags von 1957 formulierten Zielsetzungen bestimmt:
- Steigerung der landwirtschaftlichen Produktivität,
- Sicherung der landwirtschaftlichen Einkommen,
- Stabilisierung der Agrarmärkte,
- Sicherung der Nahrungsmittelversorgung.

Die Hauptanliegen waren die Produktivitätssteigerung und Einkommenssicherung mittels einer „Hochpreis-Politik". Wie sich gezeigt hat, sind hohe Erzeugerpreise für den Ressourcenschutz jedoch kontraproduktiv, weil der Anreiz besteht, durch entsprechend hohen Dünger- und Pflanzenschutzmitteleinsatz möglichst hohe Erträge zu erzielen. Als Nebeneffekt hoher Produktpreise im Inland waren Importfuttermittel relativ billig, was deren Verwendung gefördert und damit die Entstehung von Nährstoffüberschüssen in der Tierproduktion vorangetrieben hat. Das hohe Agrarpreisniveau bis Mitte der 80er Jahre wirkte auch strukturhemmend und führte zu hohen Pacht- und Bodenpreisen, was sich bis heute wettbewerbsschwächend auswirkt.

Mit der 1992 beschlossenen „Reform der Gemeinsamen Agrarpolitik" (EU-Agrarreform) wurde ein grundlegender agrarpolitischer Kurswechsel vollzogen, der im wesentlichen zum Ziel hatte, die in der Vergangenheit explodierten Marktordnungskosten zur Beseitigung von Überschüssen drastisch abzubauen, die Weltmärkte zu stabilisieren, die Konflikte mit den Handelspartnern zu entschärfen, die produktionssteigernde Stützung der Landwirtschaft weitgehend einzustellen und umweltfreundliche Bewirtschaftungsformen zu fördern. Als Kompromiß einigte man sich auf folgendes Grundkonzept:

1) Die Agrarpreise der wichtigsten Produkte werden deutlich gesenkt und orientieren sich am Weltmarkt.
2) Die Einkommensverluste durch die erheblichen Agrarpreissenkungen werden durch flächenbezogene[1] Ausgleichszahlungen abgefedert. Zur Reduzierung der Überschüsse muß ein Teil der Fläche stillgelegt werden.
3) Im Rahmen der sogenannten *flankierenden Maßnahmen* werden finanzielle Anreize für eine umweltschonende Bewirtschaftung angeboten (z. B. 50 %ige Mitfinanzierung von Agrarumweltprogrammen der Bundesländer, Förderung des ökologischen Landbaus).

Dieses Konzept der EU-Agrarreform enthält im Prinzip das agrarpolitische Grundgerüst für eine Entwicklung in Richtung Nachhaltigkeit, müßte aber noch weiterentwickelt und ergänzt werden:

1) Einbeziehung weiterer Agrarprodukte in die EU-Agrarreform

Die mit der Reform begonnene schrittweise Annäherung der Agrarpreise an das Weltmarktniveau durch die Rückführung der Erzeugerpreisstützungen muß fortgesetzt und auf andere Produkte ausgedehnt werden, wie Zucker, Wein, Gemüse und Obst. An einer flexiblen Flächenstillegung sollte in den nächsten Jahren aufgrund der derzeitigen Schwankungen und Unsicherheiten auf den Weltagrarmärkten als marktregulierendes Instrument festgehalten werden. Sobald sich eine Stabilisierung der Weltagrarmärkte abzeichnet, sollte für einen längerfristigen Zeitraum eine bestimmte Stillegungsquote festgelegt werden, so daß die stillgelegten Flächen gezielt und vor allem planbar für den Anbau von nachwachsenden Rohstoffen genutzt werden können.

2) Stärkere Bindung der Ausgleichszahlungen an ökologische Leistungen

Das derzeitige System der Ausgleichszahlungen, das an den Anbau bestimmter Kulturarten (bzw. die Haltung bestimmter Tiere) gebunden ist, hat folgende negative Auswirkungen:

- Die Prämien bewirken eine Verfestigung der Anbaustrukturen (bzw. begünstigen bestimmte Tierarten).
- Die regional, aber nicht standörtlich differenzierten Flächenprämien für die wichtigsten Ackerkulturen begünstigen den ökologisch bedenklichen Ackerbau

---

[1] Analog zu den Flächenprämien wurden zum Ausgleich der Preissenkungen beim Rindfleisch Tierprämien für die Bullenmast und Mutterkuhhaltung eingeführt, wobei ein gleichzeitiger Bezug von Flächen- und Tierprämien ausgeschlossen ist.

auf ertragsschwachen, flachgründigen Standorten, die ohne diese Prämien eigentlich für die Grünlandnutzung prädestiniert wären.
- Die leistungslosen Ausgleichszahlungen wirken strukturkonservierend und preistreibend auf den Pacht- und Bodenmarkt.
- Flächenstarke Ackerbaubetriebe werden durch das derzeitige Prämiensystem begünstigt, wodurch Bundesländer mit kleinstrukturierter Landwirtschaft (z. B. Baden-Württemberg) benachteiligt werden.
- Spätestens mit dem EU-Beitritt osteuropäischer Länder ist das derzeitige System nicht mehr finanzierbar.
- Auf Dauer lassen sich leistungslose Transferzahlungen im derzeitigen Umfang vermutlich nicht vor der Öffentlichkeit rechtfertigen.

Eine Veränderung des derzeitigen Prämiensystems bis zum nächsten Jahrzehnt ist also unumgänglich. Die bevorstehenden Änderungen dürfen allerdings nicht so lange hinausgeschoben werden, bis abrupte, wettbewerbsschwächende Veränderungen der agrarpolitischen Rahmenbedingungen unausweichlich sind. Eine Neugestaltung des agrarpolitischen Systems der EU muß aber auch sicherstellen, daß zumindest bei den jetzigen niedrigen Erzeugerpreisen sowie den hohen Fixkosten (insbesondere Pacht- und Bodenpreise) weiterhin ausreichende Transferzahlungen an die Landwirtschaft erfolgen. Andernfalls ist der Anbau vieler Kulturarten betriebswirtschaftlich nicht mehr lohnend und die Landwirtschaft wird sich vermutlich aus den benachteiligten Agrarregionen zurückziehen.

Einen möglichen Lösungsweg zur Entschärfung dieser Probleme sehen die Autoren in der schrittweisen Bindung der heutigen flächengebundenen Ausgleichszahlungen an ökologische Leistungen. Ergänzend dazu wird ein zeitlich begrenzter personengebundener „Regionalausgleich" vorgeschlagen, der eventuell an ökologische Mindeststandards zu koppeln wäre (s. u.).

Die Bindung der Ausgleichszahlungen an erbrachte ökologische Leistungen sollte im Rahmen eines EU-weiten, regional differenzierten Ökopunkteprogramms erfolgen, das durch den schrittweisen Abbau der leistungslosen Flächenprämien zu finanzieren wäre. Die EU müßte dabei den Rahmen (Förderschwerpunkte, Obergrenzen der Fördermittel pro Hektar etc.) für ein EU-weites Ökopunkteprogramm vorgeben, und die detaillierte Ausgestaltung der einzelnen „Ökoprämien" sollte wie bisher bei den einzelnen Regionen liegen. Bei der Konzeption eines derartigen Umweltprogramms muß neben der ökologischen Wirksamkeit auch gewährleistet sein, daß alle Betriebstypen daran partizipieren können, um somit in den Genuß (gewisser) Transferzahlungen zu kommen. Weiterhin ist darauf zu achten, daß keine erhebliche Wettbewerbsunterschiede zwischen den Regionen entstehen. Das (modifizierte) baden-württembergische Umweltprogramm MEKA könnte Leitbild für ein EU-weites Ökopunkteprogramm sein.

Die längerfristige Bindung der Ausgleichszahlungen an ökologische Leistungen hätte folgende Vorteile:

- Der schrittweise Umbau der Flächenprämien zugunsten der Honorierung ökologischer Leistungen forciert eine umweltschonende Landwirtschaft und gewährleistet zugleich auch gewisse Transferzahlungen als eine erarbeitete Einkommensstützung.
- Die empfohlene Entkopplung der Transferzahlungen von der Fläche würde vermutlich auch den Pachtmarkt entspannen, wodurch nicht mehr ein Großteil der öffentlichen Finanzmittel an Dritte weiterfließen würde. Derzeit führt das hohe Pachtpreisniveau dazu, daß teilweise über die Hälfte der EU-Flächenprämien den Verpächtern zugute kommt.
- Darüber hinaus würde die stärkere Bindung der Transferzahlungen an erbrachte ökologische Leistungen neben den positiven Umweltaspekten auch den Agrarsektor von politischen Erwägungen unabhängiger und damit planbarer machen, da sich Finanztransfers zur Honorierung von ökologischen Leistungen vor der Gesellschaft eher rechtfertigen lassen und somit sicherer sind.

Der Übergang in leistungsgebundene Transferzahlungen muß allerdings schrittweise erfolgen, um einerseits betriebliche Anpassungsprozesse zu ermöglichen und anderseits ein ausgewogenes Ökopunkteprogramm zu konzipieren, das längerfristig auch den vorübergehend erforderlichen „Regionalausgleich" ersetzen würde.

3) Personengebundener „Regionalausgleich"

Solange Pflege und Erhalt einer strukturell reichhaltigen und kleinräumlich differenzierten Kulturlandschaft nur eingeschränkt als ökologische Leistung honoriert werden, sind Ökohonorare vermutlich nicht ausreichend, um die erheblichen Preisrückgänge für die meisten Agrarprodukte seit der EU-Agrarreform auszugleichen. Daher schlagen die Autoren als überleitenden Schritt einen zeitlich befristeten personengebundenen „Regionalausgleich" vor, um die strukturell bedingten Wettbewerbsnachteile gegenüber den internationalen Konkurrenten auf dem Weltagrarmarkt (z. B. USA und Kanada) zu kompensieren. Zumindest bis entsprechend ausgestaltete Ökoprogramme diesen Ausgleich ganz leisten können, benötigen insbesondere die Landwirte in strukturell benachteiligten Gebieten ein zusätzliches Einkommensstandbein. Ein derartiger „Regionalausgleich" ist so zu gestalten, daß bestehende Strukturen nicht zementiert werden, der Strukturwandel sozialverträglich voranschreiten kann und zugleich einer ausreichenden Anzahl von Betrieben insbesondere in den benachteiligten Grünlandregionen das Überleben ermöglicht wird.

Ein Ansatz zur kostenneutralen Etablierung eines solchen „Regionalausgleichs" wäre die Teilumwandlung der heutigen Flächenprämien in personengebundene Grundprämien. Beispielsweise könnte etwa die Hälfte der derzeitigen Flächenprämien in Form einer zeitlich begrenzte Sockelprämie als Ausgleichskomponente gegenüber den weltmarktbedingten niedrigen Erzeugerpreisen gewährt werden, die allerdings mit dem außerlandwirtschaftlichen Einkommen zu verrechnen wäre. Die

Sockelprämie wäre für den einzelnen Betrieb auf der Basis der bisher gewährten Prämien zu berechnen und bei erheblichen Flächenveränderungen entsprechend anzupassen, wobei die Obergrenze für die Sockelprämie je Vollzeitarbeitskraft bei maximal 20 000 DM jährlich liegen sollte. Dadurch würde eine gerechtere Verteilung der derzeitigen Transferzahlungen an die Landwirte erreicht und die Erzeugerpreise könnten sich weiterhin am Weltmarkt orientieren.

Strukturpolitik

Strukturentwicklung: Mit dem Beginn der Intensivierung und Technisierung landwirtschaftlicher Produktionsverfahren setzte in Europa ein allmählicher Strukturwandel ein. In Deutschland verlief der Strukturwandel bis zur Mitte dieses Jahrhunderts aus mehreren Gründen (Agrarprotektion, Kriege u. a.) moderat. Erst mit Beginn des Wirtschaftswachstums in den 50er Jahren verlief der Strukturwandel drastisch. Seit 1950 wurden in Deutschland rund $^2/_3$ der landwirtschaftlichen Betriebe aufgegeben. Die Entwicklung schreitet weiter voran. Welche Bedeutung hat dies für Nachhaltigkeit in der Landbewirtschaftung?

Teile der Öffentlichkeit versprechen sich vom Erhalt der traditionell bäuerlich geprägten Betriebsstrukturen eine umweltverträglichere Landbewirtschaftung. Untersuchungen zeigen jedoch, daß eine Beeinflussung des Betriebsgrößen- und Erwerbsformenspektrums, sei es eine Konservierung der gegenwärtigen landwirtschaftlichen Betriebsstrukturen oder aber eine Beschleunigung des Strukturwandels, nicht geeignet ist, um umweltpolitische Ziele zu erreichen. Viele kleine Betriebe wirtschaften nicht unbedingt ressourcenschonender als wenige Betriebe, die dafür größer sind. Zur Vermeidung der durch die Landwirtschaft verursachten Umweltprobleme bedarf es in erster Linie problemspezifischer Maßnahmen. Eine Verzögerung des Strukturwandels führt höchstens zu Wettbewerbsnachteilen. Ein Vergleich der Agrarstruktur mit entsprechenden europäischen Ländern vergegenwärtigt, daß in den meisten Regionen Deutschlands noch immer erhebliche wettbewerbsschwächende Strukturdefizite bestehen. Insbesondere in Baden-Württemberg ist die Struktur der landwirtschaftlichen Betriebe ökonomisch ungünstig. So sind beispielsweise 60 % aller Betriebe kleiner als 10 ha.

Wie die Vergangenheit zeigt, ist es allerdings trotz bisher getätigter umfangreicher Subventionen zum Strukturerhalt den kleineren und mittleren Vollerwerbsbetrieben weder gelungen, ein ausreichendes Haushaltseinkommen zu erzielen noch die Hofnachfolge zu sichern. Die Gewinne solcher Betriebe reichen aufgrund geringer Flächenausstattung und Tierbestände nicht aus, um die Betriebe auf dem neuesten Stand der Technik zu halten. Dadurch sind moderne umweltschonende Produktionstechniken nicht verfügbar und arbeitsintensive Verfahren - insbesondere in der Tierhaltung - bestimmen noch den täglichen Betriebsablauf. Dies führt zu erheblichen Arbeitsbelastungen und in isoliert arbeitenden Betrieben zu der Schwierigkeit, Krankheits- und Urlaubssituationen zu bewältigen. Von den Betroffenen wird das vielfach als sozialer Nachteil empfunden, den viele Hofnachfolger nicht mehr einzugehen bereit sind. Eine „nachhaltige" Tätigkeit in der Landwirtschaft kann langfristig nur erwartet werden, wenn die Einkommenssituation, die soziale Sicherung und die soziale Attraktivität den Vergleich mit nichtlandwirtschaftlichen Gesellschaftsgruppen aushalten. Diesem Vergleich können entweder Nebenerwerbsbetriebe oder größere Haupterwerbsbetriebe, die arbeitswirtschaftlich straff organisiert sind, standhalten. Das strukturelle Leitbild muß sich daher auf diese zukunftsfähigen Betriebe konzentrieren - auf Betriebe, die den heutigen Ansprüchen eines Hofnachfolgers an Betriebsgröße und Lebensstandard gerecht werden.

Eine weitere nachteilige Wirkung kleinstrukturierter Agrarregionen ist, daß die hohe Anzahl landwirtschaftlicher Betriebe bei dem herrschenden ökonomischen Druck zu einer Konkurrenz um Flächen führt. Die Folge ist ein hohes Pacht- und Bodenpreisniveau. Insbesondere die hohen Pachtpreise, die auf guten Ackerbaustandorten bis zu 1 000 DM pro Hektar betragen können, mindern die wirtschaftliche Rentabilität vieler Betriebe, da das betriebliche Wachstum heute vorwiegend über Flächenzupacht realisiert wird. Außerdem veranlaßte die Flächenknappheit viele Landwirte zu einer flächenunabhängigen Produktionsintensivierung, indem sie den Viehbestand aufstockten und billige Importfuttermittel zukauften. Die Folge ist, daß bei vielen tierhaltenden Betrieben eine hohe Viehbesatzdichte vorherrscht und die (zu geringe) Landfläche meistens bis an die Grenzen der Belastbarkeit bewirtschaftet wird.

Ein sich selbst überlassener allzu schneller Strukturwandel - ein Strukturwandel, der nur durch die ökonomischen Rahmenbedingungen der Markt- und Preispolitik bestimmt wird - verursacht allerdings auch Probleme. In den Grenzertragsregionen - wie z. B. in den benachteiligten Grünlandregionen Baden-Württembergs - führt der Anpassungsdruck zu einem Rückzug der Landwirtschaft. In diesen Regionen besteht zur Zeit keine ausreichende Nachfrage für freiwerdende Flächen, so daß viele Flächen brachfallen. Typisch für die benachteiligten Regionen ist der sehr hohe Anteil an Nebenerwerbsbetrieben von über 80 %, so daß vermutlich viele Betriebe beim nächsten Generationswechsel aufgeben werden und eine flächendeckende Landbewirtschaftung nicht mehr aufrechterhalten werden kann. Damit ist aber auch eine erhebliche Veränderung der über Jahrhunderte geschaffenen, hochempfindlichen Agrarökosysteme nicht auszuschließen. Der Bestand einer Vielzahl von Tier- und Pflanzenarten sowie von Teilen unserer gewohnten Kulturlandschaft mit ihrem Freizeit- und Erholungswert wäre gefährdet - mit Rückwirkungen beispielsweise auf den Fremdenverkehr. In diesen Regionen muß überlegt werden, inwieweit Kooperationen oder neue Märkte und Vermarktungsformen einschließlich der Landschaftspflege neue Einkommensmöglichkeiten eröffnen. Hier hat auch die angestrebte Honorierung ökologischer Leistungen einen ihrer wichtigsten Ansatzpunkte.

Gemeinschaftsaufgabe: Kernstück der Agrarstrukturpolitik in der Bundesrepublik Deutschland ist seit 1969 die Gemeinschaftsaufgabe „Verbesserung der Agrarstruktur und des Küstenschutzes", in der bestimmte Fördermaßnahmen auf der Basis

einheitlicher Grundsätze von Bund und Ländern gemeinsam geplant und finanziert werden. Die Gemeinschaftsaufgabe umfaßt im wesentlichen die Maßnahmen:
- Förderung von Flurneuordnungen und Infrastrukturverbesserungen,
- einzelbetriebliche Investitionsförderung,
- Förderung benachteiligter Agrarregionen.

Prinzipiell stellt die Gemeinschaftsaufgabe ein geeignetes Instrumentarium dar, um eine nachhaltige Entwicklung in der Landwirtschaft auf nationaler Ebene zu forcieren. Die derzeit bei den Förderungen dominierende Einkommensstützung ist allerdings nicht zielkonform mit einer ökosystemgerechten und nachhaltigen Landbewirtschaftung. So fördert die sogenannte „Ausgleichszulage" mit rund 1 Mrd. DM pro Jahr - der größte Einzelposten in der Gemeinschaftsaufgabe - relativ undifferenziert über 50 % der landwirtschaftlich genutzten Fläche. Zukünftig muß sich der Finanzmitteleinsatz stärker an umweltrelevanten Belangen orientieren. Die Instrumente der Gemeinschaftsaufgabe sollten sich auf folgende vier Strategien konzentrieren:

1. Forcierung einer umweltschonenden Landbewirtschaftung durch Investitionserleichterungen für Umweltschutztechniken.
2. Förderung von (Betriebs)-Kooperationen, um die Wettbewerbsfähigkeit sowie die arbeitswirtschaftliche Lage zu verbessern.
3. Erleichterung des Einstiegs in außerlandwirtschaftliche Tätigkeiten und Förderung von Einkommenskombinationen, um den unausweichlichen Strukturwandel sozial abzufedern.
4. Erleichterung der Integration von landwirtschaftlicher Nutzung und ökologischen Zielen durch:
   - eine Neuausrichtung der Ausgleichszulage, indem die umfangreichen Finanzmittel für eine zielgerichtete Honorierung ökologischer Leistungen, z. B. im Rahmen eines Ökopunkteprogramms, verwendet werden.
   - eine Flurneuordnung, die der ökologischen und optischen Verarmung in Agrarlandschaften durch die Integration und das Anlegen eines Netzes von naturnahen Ökosystemen (Biotopverbundsysteme) entgegenwirkt.

Umweltpolitik

Zwischenzeitlich gibt es eine Vielzahl von umweltpolitischen Maßnahmen auf EU-, Bund- und Länderebene in Form von freiwilligen umweltpolitischen Förderprogrammen und von ordnungspolitischen Vorgaben. Die wichtigsten ordnungspolitischen Maßnahmen sind die Düngeverordnung und Nutzungsbeschränkungen in Wasserschutzgebieten, wobei für die Einschränkungen in Wasserschutzgebieten Ausgleichszahlungen gewährt werden. Die SchALVO in Baden-Württemberg ist ein Beispiel dafür (s. u.). Die bedeutendsten Programme zur Förderung umweltgerechter

Produktionsverfahren durch finanzielle Anreize sind die von der EU kofinanzierten Agrarumweltprogramme der Bundesländer, in Baden-Württemberg ist es das Marktentlastungs- und Kulturlandschaftsausgleichs-Programm (MEKA) (s. u.).

Neben den ordnungspolitischen Maßnahmen und finanziellen Anreizsystemen gehört die landwirtschaftliche Beratung zu den zentralen Aufgaben der Agrarpolitik.

Beratung

Die landwirtschaftliche Aus- und Weiterbildung ist insofern entscheidend, als ein großer Beitrag zum Ressourcenschutz allein schon dadurch geleistet werden kann, daß durch Ausbildung, Beratung und Agrarinformation der Produktionsmitteleinsatz effizienter und umweltschonender wird. Seit der Agrarreform ist eine extensivere Wirtschaftsweise der intensiveren auch unter ökonomischen Gesichtspunkten oftmals überlegen. Viele Landwirte reagieren aber, nicht zuletzt aufgrund der früheren Düngeempfehlungen, nur zögerlich auf die veränderten Rahmenbedingungen. Obendrein wird von den Landwirten z. B. die Ertragswirksamkeit von Düngemitteln häufig überschätzt. So rechnen die meisten Landwirte bei einer Reduzierung der Stickstoffdüngung um 10 % mit Ertragseinbußen, die deutlich über den tatsächlichen Ertragsrückgängen liegen. Die Ursachen, daß die Mehrzahl der Betriebe über dem betriebswirtschaftlichen Optimum düngt, sind vielschichtig: Sicherheitsdenken, Überschätzung des Ertragspotentials, Entsorgung der Wirtschaftsdünger auf hofnahen Flächen sowie die häufige Flächenknappheit bei viehhaltenden Betrieben, die durch die obligatorische Flächenstillegung noch verschärft wurde.

Die Beratung kann also schon über die betriebswirtschaftliche Optimierung des Produktionsmitteleinsatzes eine Verringerung von Umweltbeeinträchtigungen bewirken. Beratung kann auch - in Verbindung mit Investitionsprogrammen - dazu beitragen, daß sich umweltschonende Produktionstechniken in den landwirtschaftlichen Betrieben schneller etablieren. Darüber hinaus wird der Ausbildung und Beratung bei der Erfüllung ökologischer Leistungen, bei der Inanspruchnahme von Fördermitteln, bei der Förderung von Betriebskooperationen, der Erschließung neuer Märkte und dem Vermitteln von kaufmännischen und von Marketing-Kenntnissen eine wichtige Bedeutung zukommen.

Ordnungspolitik

Ordungspolitische Maßnahmen zur Reduzierung der Ressourcenbelastungen sind auf EU- und Bundesebene im wesentlichen die Düngeverordnung (als Umsetzung der EU-Nitratrichtlinie), die Trinkwasserverordnung und in Baden-Württemberg das Biotopschutzgesetz und die Schutzgebiets- und Ausgleichsverordnung in Wasserschutzgebieten (SchALVO). Wesentliche Entlastungen der Umwelt können von der Düngeverordnung und den Nutzungsbeschränkungen in Wasserschutzgebieten (z. B. SchALVO) erwartet werden. Die häufig diskutierte Steuer oder Abgabe auf mineralischen Stickstoff halten die Autoren nach den Erfahrungen in anderen Ländern für zuwenig treffsicher und damit zu ineffektiv.

Die Anfang 1996 verabschiedete, bundesweit gültige **Düngeverordnung (DüVO)** ist ein erster wichtiger Schritt in Richtung nachhaltige Landbewirtschaftung. Wesentliche Zielsetzung der DüVO ist es, daß Düngemittel zeitlich und mengenmäßig so ausgebracht werden, daß die Nährstoffe von den Pflanzen weitgehend ausgenutzt werden können und damit Nährstoffverluste bei der Bewirtschaftung sowie damit verbundene Einträge in Grund- und Oberflächenwasser vermieden werden. Besonders wichtig ist, daß die Landwirte verpflichtet werden, Nährstoffbilanzen auf Betriebsebene („Hoftorbilanzen") zu erstellen, die über die Zu- und Abfuhr von Stickstoff, Phosphat und Kalium Aufschluß geben. Nicht weniger wichtig ist, daß die Ausbringungsmengen für Wirtschaftsdünger tierischer Herkunft pro Hektar begrenzt wurden. Die DüVO zielt hauptsächlich auf den Gewässerschutz. Die Emissionen in die Atmosphäre werden hingegen zuwenig berücksichtigt.

Allerdings ist die Wirksamkeit der Düngeverordnung ohne Kontrollmechanismen, die entsprechende Sanktionen bei Überschreitung verhängen, wahrscheinlich sehr begrenzt. Wirksame Kontrollen und Sanktionen müssen Bestandteil des Konzepts werden. Die bisherigen Bestimmungen müssen durch die Festlegung von Obergrenzen für Nährstoffbilanzüberschüsse unter Einbeziehung aller Nährstoffquellen ergänzt werden, dabei sind Standort und Betriebstyp zu beachten. Nährstoffbilanzen für den einzelnen Schlag sind im Moment noch zu aufwendig, wären aber längerfristig vorzusehen und sollten durch entsprechende Anreize im Rahmen eines Ökopunkteprogramms eingeführt werden. Eine definierte Begrenzung der Viehbesatzdichte ist dann nicht nötig, wenn die Nährstoffbuchführung und Obergrenzen für Nährstoffbilanzüberschüsse eine Überdüngung auch von einzelnen Bewirtschaftungseinheiten wirksam verhindern.

Auf Landesebene ist die **Schutzgebiets- und Ausgleichsverordnung (SchALVO)** Baden-Württembergs zu nennen. Ziel der SchALVO ist es, eine grundwasserschutzorientierte Landwirtschaft in allen Wasser- und Quellschutzgebieten zu gewährleisten. Die Landesverordnung schränkt mittels verbindlicher Auflagen (Ver- und Gebote zu Landnutzung, Düngermenge und -ausbringung, N-Messung, Pflanzenschutzmitteleinsatz und Bodenbearbeitung) die „ordnungsgemäße" Landbewirtschaftung auf derzeit ca. 19 % der Landesfläche ein. Die wirtschaftlichen Nachteile werden durch Ausgleichszahlungen abgedeckt, die über einen Zuschlag auf den Wasserpreis („Wasserpfennig") finanziert werden. Die Erträge im Ackerbau gingen im Vergleich zu Kontrollflächen 1989 - 1994 trotz der Bewirtschaftungseinschränkungen lediglich um 5 - 10 % zurück. Als Folge der SchALVO-gemäßen Bewirtschaftung ist seit 1988 eine rückläufige Entwicklung der durchschnittlichen Nitratgehalte nach Vegetationsende im Boden zu beobachten. Bis diese positive Entwicklung auf die Nitratgehalte im Grundwasser durchschlägt, wird allerdings noch einige Zeit vergehen. Um die Wirksamkeit der SchALVO zu erhöhen, sollten folgende Maßnahmen ergriffen werden:

- Das Bestreben der Landesregierung, die Wasserschutzgebiete besser den hydrogeologischen Gegebenheiten anzupassen, damit das gesamte Einzugsgebiet der für die Wasserversorgung genutzten Brunnen und Quellen geschützt ist, sollte baldmöglichst umgesetzt werden. Dies bedeutet in vielen Fällen eine Änderung (in der Regel Ausdehnung) bereits bestehender und die Ausweisung neuer Wasserschutzgebiete. Dadurch würde sich der Anteil der Wasserschutzgebiete an der Landesfläche von derzeit 19 % auf ca. 30 % erhöhen.

- Die vorgeschriebenen Einschränkungen und Verpflichtungen in Wasserschutzgebieten müssen längerfristig durch eine obligatorische N-Bilanzierung pro Schlag ergänzt werden. Dadurch würde eine bedarfsgerechtere N-Düngung ermöglicht sowie Beratung, Selbstkontrolle und zielgerichtete Sanktionsmaßnahmen erleichtert.
- Bei Verstößen müssen restriktivere Sanktionsmaßnahmen folgen. Bislang sind die Sanktionen nur moderat, was letztlich an der rechtlichen Ausgestaltung für Rückforderungen liegt.

Agrarumweltprogramme

Im Rahmen der flankierenden Maßnahmen zur EU-Agrarreform werden Agrarumweltprogramme zwischenzeitlich in den meisten Bundesländern angeboten oder sind zur Genehmigung der EU vorgelegt. Die Ausarbeitung und Gestaltung der Programme obliegt den einzelnen Bundesländern, wodurch eine den spezifischen regionalen Bedürfnissen angepaßte Förderung ermöglicht wird.

Als Beispiel ist hier das baden-württembergische Marktentlastungs- und Kulturlandschaftsausgleichs-Programm (MEKA) hervorzuheben, das als 1992 gestartetes Pilotprojekt zweifellos eine Vorreiterrolle für viele ähnlich konzipierte Länderprogramme gespielt hat. Ziel des MEKA-Programms ist es, die Leistungen der Landwirtschaft zur Erhaltung und Pflege der Kulturlandschaft und spezielle, dem Umweltschutz und der Marktentlastung besonders dienliche Erzeugerpraktiken zu honorieren. Anhand derartiger Programme kann eine umweltverträglichere Landbewirtschaftung durch finanzielle Anreize forciert sowie dem Rückzug der Landwirtschaft aus benachteiligten Agrarregionen entgegengewirkt werden. Das Programm wurde von den Landwirten hervorragend angenommen. Die MEKA-Konzeption, bestimmte Maßnahmen über ein abgestuftes Punktesystem zu bewerten und entsprechend dieser Skala zu honorieren, bietet unserer Meinung nach eine bewährte Grundlage für die von uns empfohlene Umwandlung der bisherigen flächenabhängigen Ausgleichszahlungen in Prämien für ökologische Leistungen.

Ökopunkteprogramm: Um das MEKA-Programm für die Konzeption eines EU-weiten, regional angepaßten Ökopunkteprogramms zu übernehmen, müssen allerdings noch einige Modifikationen und Ergänzungen vorgenommen werden. Das Programm muß sicherstellen, daß nur tatsächlich erbrachte ökologische Leistungen honoriert werden. Bislang kann der Eindruck nicht vermieden werden, daß Agrarumweltprogramme, auch das MEKA, in erster Linie das Wohl der Bauern im Auge haben und ökologische Gesichtspunkte bestenfalls an zweiter Stelle kommen.

So entfallen derzeit ca. 80 % der Fördermittel auf sogenannte „Mitnahmeeffekte". Die Einkommensverluste durch die Auflagen, die eigentlich kompensiert werden sollten, nehmen nur einen Anteil von rund 20 % ein. Dies liegt daran, daß das MEKA-Programm bislang in erster Linie bereits praktizierte Produktionsverfahren anstatt neue Ausrichtungen fördert. Ertragsschwächere Standorte und „auslaufende" Betriebe profitieren davon am meisten. Dieses Phänomen ist mehr oder weniger bei allen Agrarumweltprogrammen zu konstatieren. Eine ausgeglichenere Förderung sowie eine Verbesserung der ökologischen Wirksamkeit eines Ökopunkteprogramms ließe sich durch drei Strategien erreichen:

a) **Zielgenauere Orientierung der Fördermaßnahmen an ökologischen Leistungen durch:**
- die Streichung von Maßnahmen, die nicht eindeutig zur Umweltentlastung oder zum Kulturlandschaftserhalt beitragen, wie z. B. den erweiterten Drillreihenabstand (MEKA).
- eine Prämienanpassung bzw. Abstufung der Prämien entsprechend der ökologischen Wirksamkeit. Beispiele sind die undifferenzierte Grünlandgrundförderung und die Förderung der Mulchsaat. Es empfiehlt sich z. B., eine Prämienreduzierung bei der Mulchsaat im Herbst zugunsten der Frühjahrsmulchsaat vorzunehmen. Insbesondere sollten die Prämien für Mulchsaaten im Rüben- und Maisanbau höher sein als für Getreide. Eine Prämiendifferenzierung nach Hangneigung würde die Wirksamkeit dieser Fördermaßnahme auf den Erosionsschutz zusätzlich erhöhen.
- eine Erhöhung der Prämien für wirtschaftlich unattraktive Fördermaßnahmen, wie die Bewirtschaftung von hängigem und feucht-nassem Grünland und Streuobstbeständen.

b) **Abstufung der Prämien nach der Bodenfruchtbarkeit**
Bei der Honorierung von Extensivierungsmaßnahmen im Ackerbau ist es sinnvoll, eine Abstufung nach der Bodenfruchtbarkeit anhand der verfügbaren regionalen Ertragsmeßzahlen (EMZ) vorzunehmen, um einerseits die Förderung von Tatbeständen auf ertragsschwachen Standorten einzudämmen und anderseits eine bessere Durchdringung umweltschonender Wirtschaftsweisen auch auf Gunststandorten zu bewirken. Beispielsweise sind auf flachgründigen Ackerbaustandorten im allgemeinen keine Wachstumsregulatoren im Getreideanbau erforderlich und werden in der Regel auch nicht eingesetzt. Aus diesem Grunde sollte der Verzicht auf Wachstumsregulatoren erst ab einer bestimmten Bodengüte honoriert werden.

c) **Prämierung eines umweltbewußt geführten Betriebsmanagements**
- Ein wirksames Ökopunkteprogramm müßte in erster Linie auf die Gewährleistung weitgehend geschlossener Stoffkreisläufe ausgerichtet werden. So könnten auf der Basis betriebsindividueller Aufzeichnungen (Stickstoff-Hoftor-Bilanzen)

Landwirtschaft 319

die Einhaltung niedriger Stickstoffbilanzüberschüsse von unter 30 - 50 kg pro Hektar und Jahr mit vergleichsweise hohen Prämien belohnt werden. Bei dieser ergänzenden Maßnahme wäre allerdings eine Abstufung der Prämien bzw. tolerierbarer N-Überschüsse nach Betriebstyp und Ertragsmeßzahl ratsam, damit betriebsspezifischen und regionalen Unterschieden bei den Stickstoffüberschüssen Rechnung getragen wird.

– Die Honorierung der Führung von Schlagkarteien verbunden mit der Einhaltung der Regeln des integrierten Anbaus (Nährstoffanalysen, Anlegen von Düngefenstern, Düngung nach Entzug, Berücksichtigung des Schadschwellenprinzips etc.) wäre eine weitere umweltwirksame Maßnahme, die vor allem auch die Selbstkontrolle und Beratung erleichtern würde.

– Eine weitere effiziente Maßnahme wäre eine Verpflichtung aller am Ökopunkteprogramm teilnehmenden Betriebe an Gruppenberatungen. Dies würde auch kleinere Betriebe (Nebenerwerbsbetriebe) in die Beratung einbeziehen und neben der Vermittlung aktueller Informationen zugleich eine Plattform für Erfahrungsaustausch und überbetriebliche Zusammenarbeit bieten.

Eine solche differenzierte und zielgerichtete Ausgestaltung eines Ökopunkteprogramms würde umweltgerecht wirtschaftende Betriebe belohnen, einen effizienteren Produktionsmitteleinsatz fördern und die Umweltbelastung erheblich reduzieren. Gleichzeitig würde das Umweltbewußtsein der Betriebsleiter deutlich geschärft. Das bei Forderungen zur stärkeren Differenzierung bei den Einzelmaßnahmen häufig hervorgebrachte Argument zu hoher Kosten für Administration und Kontrolle relativiert sich in Anbetracht des geringen Aufwands von unter 2 % (bzw. etwa 30 DM je Antragsteller) für Verwaltung und Kontrolle beim Ökopunkteprogramm MEKA. Auch für die Landwirte bedeutet eine stärkere Differenzierung nur einen geringfügig höheren Arbeitsaufwand, da durch den sogenannten „Gemeinsamen Antrag" im Zuge der EU-Agrarreform eine Vielzahl von Betriebsdaten bereits zur Verfügung steht, die vom Landwirt jährlich zu aktualisieren sind.

Neben den Modifikationen und Ergänzungen bedarf es auch einer sorgfältigen Abstimmung solcher Ökopunkteprogramme mit den anderen vielfältigen landwirtschaftlichen Fördermaßnahmen. Beispielsweise werden die im Rahmen der badenwürttembergischen Schutzgebiets- und Ausgleichsverordnung (SchALVO) in Wasserschutzgebieten vorgeschriebenen und vergüteten Begrünungsmaßnahmen zusätzlich durch das MEKA-Programm gefördert. Ebenso sind die unterschiedlichen kommunalen Förderprogramme in der Regel nicht mit den Landwirtschaftsämtern abgestimmt. In der Vermeidung von Doppelförderungen und der Einführung von maximalen Förderobergrenzen pro Hektar, in die alle hektarbezogenen Fördermaßnahmen einbezogen werden, liegen noch erhebliche Einsparpotentiale. Programme wie die Förderung von benachteiligten Gebieten oder der Ausgleich in Wasserschutzgebieten müßten besser mit Ökopunkteprogrammen abgestimmt oder am besten in diese integriert werden. Dies würde auch die „Prämienjagd" (EU-Ausgleichszahlungen, Ausgleichszulage für benachteiligte Gebiete, Umweltprogramme wie MEKA, SchALVO, Förderung des ökologischen Landbaus und kommunale Programme) deutlich einschränken.

Vermutlich könnten die ökologischen Wirkungen derartiger auf freiwilliger Teilnahme beruhender Förderprogramme zielgenauer und kostengünstiger durch ordnungspolitische Maßnahmen realisiert werden. Verbote und Auflagen ohne Ausgleich der Erwerbsverluste würden jedoch die Einkommen und die Wettbewerbsfähigkeit der Betriebe in Baden-Württemberg weiter vermindern und auch größere Betriebe längerfristig zur Aufgabe zwingen. Markt- und Produktionsanteile würden zu Landwirten in anderen Regionen, auch ins Ausland, wandern, die im allgemeinen mit höherer Produktionsintensität und teilweise höherer ökologischer Belastung wirtschaften. Gewisse Reglementierungen sind auch in der Landwirtschaft unumgänglich, und die Düngeverordnung ist nur ein erster Schritt; allerdings sind Verordnungen dieser Art Grenzen gesetzt, da sie in der EU und auch im internationalen Vergleich nicht zu gravierenden Wettbewerbsverzerrungen führen dürfen.

Aus ökonomischer Sicht sind Umweltprogramme grundsätzlich nur eine „Second-Best-Lösung", da freiwillige Programme hohe finanzielle Anreize erfordern, um eine breite Akzeptanz zu erreichen. Nach den Erfahrungen des MEKA-Programms ist mindestens ein finanzieller Anreiz („Mitnahmeeffekt") von ca. 50 % der Prämie erforderlich, um eine Breitenwirkung zu erreichen. Dies bedeutet, daß Mitnahmeeffekte „programmimmanent" sind und bis zu einer bestimmten Höhe toleriert werden müssen.

Vor dem Hintergrund, daß derzeit ohne die Transferzahlungen an die Landwirtschaft für die meisten Betriebe der Anbau der wichtigsten Kulturarten unrentabel ist, sind Ökopunkteprogramme ein hervorragendes Instrument, um den erforderlichen Einkommenstransfer mit ökologischen Zielen zu verknüpfen. Durch die Bindung der Transferzahlungen an ökologische Leistungen würde eine indirekte Internalisierung positiver externer Effekte erreicht.

Die Finanzierung des Ökopunkteprogramms würde nach unseren Vorschlägen keine zusätzlichen Kosten verursachen, sondern könnte problemlos durch eine Umschichtung der bisherigen öffentlichen Finanzmittel für die Landwirtschaft bewältigt werden.

Zusammenfassende Empfehlungen

Um eine nachhaltige Land- und Forstwirtschaft in Deutschland zu realisieren, bedarf es einer Veränderung der derzeitigen agrar- und forstpolitischen Rahmenbedingungen. Die zu treffenden Maßnahmen sind dabei an einer umweltgerechten und wettbewerbsfähigen Produktion auszurichten mit dem Ziel, qualitativ hochwertige Agrar- und Forstprodukte zu erzeugen und darüber hinaus die Kulturlandschaft und deren Biotop- und Artenvielfalt weitgehend zu erhalten. Die empfohlenen Maßnahmen müssen zugleich unter den gegenwärtigen volkswirtschaftlichen Bedingungen politisch umsetzbar, d. h. zumindest kostenneutral sein.

Zur Steigerung der Nachhaltigkeit in der **Forstwirtschaft** empfehlen die Autoren folgende Maßnahmen:

1. Die naturnahe Waldbewirtschaftung ist auf der ganzen Fläche zu etablieren. Instabile Bestände sollten nach Möglichkeit mit dem Ziel der Naturnähe umgebaut werden.
2. Die Nutzung von Holz könnte im Prinzip noch gesteigert werden, da der derzeitige Holzzuwachs die Nutzungsrate deutlich übertrifft. In langfristiger Perspektive ist jedoch darauf zu achten, daß die Nährstoffversorgung aus dem Boden durch den erhöhten Entzug von Biomasse und damit von Nährstoffen nicht in Engpässe gerät.
3. Die Förderung der Holzverwendung aus nachhaltiger Produktion muß verstärkt, Importe nicht-nachhaltig erzeugten Rohholzes müssen hingegen eingeschränkt werden. Die Zertifizierung von Holz aus nachhaltiger Produktion und freiwillige Verpflichtungen zur Verwendung zertifizierten Holzes scheinen hierfür geeignete Schritte. Marketing und Absatzorganisation können verbessert werden. Die Verwendung von Holz als Energieträger sollte über Investitionshilfen gefördert werden.
4. Als spezielle Maßnahme zum dynamischen Biotop- und Artenschutz sollte die Fläche von Wäldern, die weitgehend oder ganz der natürlichen Entwicklung überlassen bleibt, auf insgesamt 5 - 6 % der Waldfläche verdoppelt werden. Besonderes Augenmerk verdienen die ausgewiesenen Waldbiotope (ca. 8 % der Waldfläche) und die Sicherung eines bestimmten Totholzanteils auch im Wirtschaftswald.
5. Die Aufforstung bisher landwirtschaftlich genutzter Flächen sollte sich an den regionalen landschaftsökologischen Gegebenheiten orientieren. Die von Bund und Ländern gewährte Förderung ist insgesamt ausreichend.
6. Im Hinblick auf die neuartigen Waldschäden müssen die Emissionen von Stickoxiden, vor allem aus dem Sektor Verkehr, und von Ammoniak, vor allem aus dem Sektor Landwirtschaft, reduziert werden.

7. Die Einführung der Honorierung ökologischer Leistungen im Privatwald sollte zügig konzipiert werden. Orientieren sollte sich eine solche Honorierung an einem Waldökopunktesystem, das einen bestimmten gewünschten Waldzustand und die Schritte dorthin belohnt. Grundlage wären Leistungsziele, die auf ökologischen, waldbaulichen, aber auch ertragskundlichen Kriterien aufbauen. Die Honorierung wäre durch eine Umstrukturierung des bestehenden Förderungssystems zu finanzieren.

Zur Etablierung einer nachhaltigen **Landwirtschaft** empfehlen die Autoren folgende Maßnahmen:

1. Forcierung integrierter Anbauverfahren, kombiniert mit einer umweltverträglichen Viehhaltung, um die Beeinträchtigungen natürlicher Ressourcen (Boden, Wasser, Luft, Artenvielfalt) durch die Landwirtschaft zu senken.
2. Förderung der Nutzung neuer Technologien, die Impulse für eine nachhaltige Landwirtschaft geben (z. B. schädlingsresistente Kulturpflanzen, EDV-gestützte Fütterungsanlagen).
3. Förderung neuer Vermarktungsstrategien (z. B. marktorientierte Erzeugergemeinschaften) und neuer Märkte (z. B. nachwachsende Rohstoffe) zur Steigerung des Einkommens am Markt.
4. Fortführung der EU-Agrarreform unter Einbeziehung weiterer Agrarprodukte (z. B. Zucker, Wein, Obst etc.).
5. Schrittweiser Abbau der flächengebundenen EU-Ausgleichszahlungen zugunsten der Honorierung von ökologischen Leistungen im Rahmen eines EU-weiten Ökopunkteprogramms. Dabei sind die Rahmenbedingungen von der EU zu definieren, die detaillierte Ausgestaltung muß den einzelnen Regionen (Bundesländern) obliegen. Das (modifizierte) Punktesystem des MEKA-Programms kann dabei als Leitlinie für ein zu entwickelndes Ökopunktesystem dienen.
6. Ein solches Ökopunkteprogramm und darauf abgestimmte ergänzende Förderprogramme bieten finanzielle Anreize für umweltgerechtes, standortangepaßtes Wirtschaften und sorgen für eine schnelle Einführung entsprechender Maßnahmen bzw. erleichtern notwendige Investitionen. Der ökologische Landbau wird in dieses System einbezogen.
7. Ordnungsrechtliche Vorgaben setzen einen klaren Rahmen (z. B. definierte, maximal erlaubte Nährstoffbilanz-Überschüsse).
8. Effiziente Beratung und Ausbildung der Betriebsleiter unterstützt die Betriebe bei der Einführung bzw. Weiterentwicklung einer nachhaltigen Wirtschaftsweise.

Durch die Umsetzung der vorgeschlagenen Maßnahmen wird einerseits für einen größeren Wirtschaftsraum (EU) ein einheitliches Rahmenkonzept gegeben, andererseits wird die Förderung einer nachhaltigen Wirtschaftsweise auf die standörtlichen

Bedingungen und regionalen Besonderheiten der Landbewirtschaftung abgestimmt. Das Einkommen der Landwirte als soziöökonomische Komponente der Nachhaltigkeit gründet sich unter diesen Rahmenbedingungen auf drei Standbeine:

1) Einkommen am Markt
Verkauf pflanzlicher und tierischer Produkte zu am Weltmarkt orientierten Erzeugerpreisen, ergänzt durch zusätzliche, oft erst noch zu erschließende Einnahmequellen wie Direktvermarktung, Anbau nachwachsender Rohstoffe oder Dienstleistungen (z. B. Fremdenverkehr, Landschaftspflege).

2) Einkommen aus ökologischen Leistungen
Honorierung ökologischer Leistungen durch ein EU-weites, regional differenziertes Ökopunkteprogramm, ergänzt durch die Forcierung des Vertragsnaturschutzes sowie lokaler/kommunaler Initiativen.

3) Personengebundener „Regionalausgleich"
Zeitlich befristeter personengebundener Einkommenssockel als Ausgleich für strukturell bedingte Wettbewerbsnachteile, solange Ökopunkteprogramme Pflege und Erhalt einer strukturell reichhaltigen und kleinräumlich differenzierten Kulturlandschaft nur eingeschränkt als ökologische Leistungen honorieren.

Literatur

Agra-Europe 18/93: Erstaufforstung wird verstärkt gefördert. Markt und Meinung 1-6

Agra-Europe 43/93: Starkes Strukturgefälle in der der EG-Landwirtschaft. Markt und Meinung 1-3

Agra-Europe 27/94: Viele Betriebe ohne Hofnachfolger. Länderberichte 30

Agra-Europe 43/94: Gentechnisch verändertes Enzym soll zugelassen werden. Länderberichte 36

Agra-Europe 8/95: Erstmals Zertifikat nach DIN ISO 9002 an deutsche Getreideerzeuger. Kurzmeldungen 20

Agra-Europe 49/95: Pachtpreise im Osten deutlich niedriger. Markt und Meinung 16-18

Agra-Europe 26/95: Arbeitsplatz in der Landwirtschaft kostet 450 000 DM. Kurzmeldungen 13

Agra-Europe 2/96: Keine Trendwende beim Düngemittelverbrauch. Länderberichte 27

Agra-Europe 7/96: Düngeverordnung. Dokumentation 1-4

Agra-Europe 11/96: Mit 250 Hektar steigt Niedersachsen beim Hanfanbau ein. Kurzmeldungen 28

Agra-Europe 17/96: Brüsseler Vorgaben für Agrarumweltprogramme. Europa-Nachrichten 1-3

Agra-Europe 26/96: Brüssel erwägt Radikalreform auf dem Milchmarkt. Europa-Nachrichten 4-6

Agra-Europe 31/96: Kommissionsentwurf für Kürzung der Flächenbeihilfen. Europa-Nachrichten 9-11

Ahlgrimm, H.J. und D. Gädeken (1990): Methan (CH_4). In: Sauerbeck, D. und H. Brunnert (Hrsg.): Klimaveränderungen und Landbewirtschaftung, Teil I, Landbauforschung Völkenrode, Sonderheft 117, S. 28-46. Bundesforschungsanstalt für Landwirtschaft (FAL), Braunschweig

AID (1994): Fachgerechte Stickstoffdüngung - schätzen, kalkulieren, messen. Auswertungs- und Informationsdienst für Ernährung, Landwirtschaft und Forsten (AID) (Hrsg.): Selbstverlag

Altmann, M. (1994): Schlußfolgerungen aus dem Technikfolgenabschätzungs-Verfahren (TA) zum Anbau von Kulturpflanzen mit gentechnisch erzeugter Herbizidresistenz. GAIA 3/6, 309-311

Ammer, U., H. Utschik und H. Anton (1988): Die Auswirkungen von biologischem und konventionellem Landbau auf Flora und Fauna. Forstw. Centralblatt 107, 274-291

Ammon, H.-U. und U. Niggli (1990): Unkrautbekämpfung im Wandel. Landwirtschaft Schweiz 3, 33-44

Arbeitskreis Forstliche Landespflege (1991): Waldlandschaftspflege. ecomed, Landsberg

Asman, W.A.H. (1994): Emission and deposition of ammonia and ammonium. In: Mohr, H. und K. Müntz (Hrsg.): The terrestrial nitrogen cycle as influenced by man. Nova Acta Leopoldina NF 70, Nr. 288, 263-297

Auernhammer, H., (1991): Elektronik in Traktoren und Maschinen: Einsatzgebiete, Funktion, Entwicklungstendenzen. BLV-Verlag, München

Auernhammer, H., (1995): Griff nach den Sternen oder nur ein Flop? DLG-Mitteilungen 1/95, 28-31

Bach, M. (1987): Regional differenzierende Abschätzung der potentiellen Nitratbelastung des Sickerwassers durch die Landwirtschaft in der Bundesrepublik Deutschland. Dissertation am Fachbereich Agrarwissenschaften der Universität Göttingen

Bach, M. und H.-G. Frede (1995): Zur Konzeption des Gewässerschutzes in der Landwirtschaft. Ber. Landw. 73, 345-353

Bartelheimer, P. (1995): Wirtschaft und Holzmarkt 1994/95. AFZ/Der Wald 50, 1329-1336

Bätzing, W. (1994): Nachhaltiges Wirtschaften im Alpenraum. Spektrum der Wissenschaft 1/94, 20-23

Bauer, S. (1995): EU-Agrarreform und Nachhaltigkeit. In: Grosskopf, W., C.-H. Hanf, F. Heidhues und J. Zeddies (Hrsg.): Die Landwirtschaft nach der EU-Agrarreform. Schriften der Gesellschaft für Wirtschafts- und Sozialwissenschaften des Landbaues e.V., Band 31, S. 59 - 76. Landwirtschaftsverlag, Münster-Hiltrup

Bechmann, A., R. Meier-Schaidnagel und I. Rühling (1993): Landwirtschaft 2000 - Die Zukunft gehört dem ökologischen Landbau. Szenarien für die Umstellungskosten der Landwirtschaft in Deutschland. Barsinghäuser Berichte, Heft 27. Zukunfts-Institut, Barsinghausen

Becker, H. (1992): Reduzierung des Düngemitteleinsatzes. Schriftenreihe des Bundesministeriums für Ernährung, Landwirtschaft und Forsten, Reihe A, Angewandte Wissenschaft, Heft 416, Landwirtschaftsverlag, Münster Hiltrup.

Becker, M. und F.-J. Lückge (1996): Die makroökonomische Bedeutung der Forstwirtschaft in Baden-Württemberg unter dem Gesichtspunkt der Nachhaltigkeit. In: Linckh, G., H. Sprich, H. Flaig und H. Mohr (Hrsg.): Nachhaltige Land- und Forstwirtschaft - Expertisen, S. 393-414. Springer-Verlag, Heidelberg

Beese, F. (1994): Gasförmige Stickstoffverbindungen. In: Enquête-Kommission „Schutz der Erdatmosphäre" des Deutschen Bundestages (Hrsg.): Studienprogramm Band 1: Landwirtschaft, Teilband I, Studie D. Economica Verlag, Bonn

Bergen, V. und W. Löwenstein (1995): Die monetäre Bewertung der Fernerholung im Südharz. In: Bergen, V., W. Löwenstein und G. Pfister (Hrsg.): Studien zur monetären Bewertung von externen Effekten der Forst- und Holzwirtschaft. Schriften zur Forstökonomie Band 2. J.D. Sauerländer's Verlag, Frankfurt/M.

Bernhard, O. (1996): Forstbaumschulen in der Krise. AFZ/Der Wald 51, 1062

Beudert, M. und G. Wegener (1994): Bewertung des Energieeinsatzes in der Forstwirtschaft Deutschlands. AFZ 49, 884-886

Beusmann, V., H. Doll, E. Farries, P. Hinrichs, P. Lebzien, K. Rohr, P. Salamon, H. Schrader und K. Walter (1989): Folgen des Einsatzes von BST in der deutschen Milcherzeugung. Schriftenreihe des BML, Reihe A, Angewandte Wissenschaft, Heft 376, Landwirtschaftsverlag, Münster-Hiltrup

Bijman, J. (1996): Recombinant bovine somatotropin in Europe and the USA. Biotechnology and Development Monitor 27/96, 2-5

Blume, H.-P. (1990): Pflanzenschutzmittel (Pestizide). In: Blume, H.-P. (Hrsg.): Handbuch des Bodenschutzes, S. 311-340. ecomed, Landsberg

BMBF (1996): Förderschwerpunkte des Rahmenkonzepts: Ökologische Konzeptionen für Agrarlandschaften. Bekanntmachung über die Förderung von Forschungs- und Entwicklungsvorhaben im Bereich der Umweltforschung des Bundesministeriums für Bildung, Wissenschaft, Forschung und Technologie, Bundesanzeiger 6/02/96

BMJ (1955): Bundesgesetzblatt. Bundesministerium der Justiz (Hrsg.), Bonn

BML (1992a): Bundesministerium für Ernährung, Landwirtschaft und Forsten (Hrsg.): Statistisches Jahrbuch über Ernährung, Landwirtschaft und Forsten 1992. Landwirtschaftsverlag, Münster-Hiltrup

BML (1992b): Politik für unsere Bauern - Die soziale Sicherung. Bundesministerium für Ernährung, Landwirtschaft und Forsten (Hrsg.), Bonn

BML (1995): Bundesministerium für Ernährung, Landwirtschaft und Forsten (Hrsg.): Statistisches Jahrbuch über Ernährung, Landwirtschaft und Forsten 1995. Landwirtschaftsverlag, Münster-Hiltrup

BML (1996a): Agrarbericht der Bundesregierung 1996. Bundesministerium für Ernährung, Landwirtschaft und Forsten (Hrsg.), Bonn

BML (1996b): Bundesministerium für Ernährung, Landwirtschaft und Forsten (Hrsg.): Statistisches Jahrbuch über Ernährung, Landwirtschaft und Forsten 1996. Landwirtschaftsverlag, Münster-Hiltrup

BML (1996c): Mitteilungen des Bundesministeriums für Ernährung, Landwirtschaft und Forsten, Bonn

BML (1996d): Soziale Sicherheit für unsere Landwirtschaft - Agrarsozialreform. Bundesministerium für Ernährung, Landwirtschaft und Forsten (Hrsg.), Bonn

BML (1996e): Die europäische Agrarreform. Bundesministerium für Ernährung, Landwirtschaft und Forsten (Hrsg.), Bonn

BML (1996f): Die neue Düngeverordnung. Bundesministerium für Ernährung, Landwirtschaft und Forsten (Hrsg.), Bonn

BMU und BML (1993): Maßnahmen der Landwirtschaft zur Verminderung der Nährstoffeinträge in die Gewässer. Bericht einer Bund/Länder-Arbeitsgruppe aus Vertretern der Wasserwirtschaft und der Landwirtschaft (Vorsitz BMU). Bundesministerium für Ernährung, Landwirtschaft und Forsten und Bundesministerium für Umwelt (Hrsg.), Bonn

Bobbink, R., D. Boxman, E. Fremstad, G. Heil, A. Houdijk, und J. Roelofs (1992): Critical loads for nitrogen eutrophication of terrestrial and wetland ecosystems based upon changes in vegetation and fauna. In: Grennfelt, P. und E. Thörnelöf (Hrsg.): Critical loads for nitrogen; Nord 1992:41, S. 111-159. Nordic Council of Ministers, Kopenhagen

Böswald, K. (1995): Wald und Forstwirtschaft im regionalen Kohlenstoffhaushalt Bayerns. AFZ 50, 291-295

Bramm, A., M. Eggersdorfer, L. Frese, F. Höppner, U. Menge-Hartmann, G. Rühl und S. Schittenhelm (1996): Nachwachsende Rohstoffe für die industrielle Verwendung. In: Linckh, G., H. Sprich, H. Flaig und H. Mohr (Hrsg.): Nachhaltige Land- und Forstwirtschaft - Expertisen, S. 821-850. Springer-Verlag, Heidelberg

Brandl, H. (1996): Die Bedeutung der Holznutzung für den CO_2-Haushalt. AFZ/Der Wald 51, 573-576

Brandl, H. und G. Oesten (1996): Die monetäre Bewertung positiver und negativer externer Effekte der Forstwirtschaft - Erfahrungen und Perspektiven. In: Linckh, G., H. Sprich, H. Flaig und H. Mohr (Hrsg.): Nachhaltige Land- und Forstwirtschaft - Expertisen, S. 441-471. Springer-Verlag, Heidelberg

Braun, J. (1995): Flächendeckende Umstellung der Landwirtschaft auf ökologischen Landbau als Alternative zur EU-Agrarreform - dargestellt am Beispiel Baden-Württemberg. Agrarwirtschaft, Sonderheft 145. AgriMedia im Verlag Alfred Strothe, Frankfurt

Breitschuh, G. und H. Eckert (1994): Effiziente und umweltverträgliche Landnutzung (EULANU). Schriftenreihe der Thüringer Landesanstalt für Landwirtschaft, Heft 10/94

Briemle, G., M. Elsäßer, T. Jilg, W. Müller und H-J. Nußbaum (1996): Nachhaltige Grünlandbewirtschaftung in Baden-Württemberg. In: Linckh, G., H. Sprich H. Flaig und H. Mohr (Hrsg.): Nachhaltige Land- und Forstwirtschaft - Expertisen, S. 215-263. Springer-Verlag, Heidelberg

BStMELF (1994): Das neue Bayerische Kulturlandschaftsprogramm. Bayerisches Staatsministerium für Ernährung, Landwirtschaft und Forsten (Hrsg.): Agrarpolitische Information 4/94, München

Bücheler, I. (1994): Zukunftschancen für die Landwirtschaft durch Urlaub auf dem Bauernnhof? Landinfo 6/94, 39-43

BUND und Misereor (Hrsg.) (1995): Zukunftsfähiges Deutschland. Eine Studie des Wuppertal Instituts im Auftrag von BUND und MISEREOR. Birkhäuser Verlag, Basel

Büringer, H. (1995): Emissionen klimarelevanter Gase in Baden-Württemberg. Baden-Württemberg in Wort und Zahl 43 (2/95), 57-64

Büringer, H. und P. Jäger (1995): Die Wassergewinnung im Rahmen der öffentlichen Wasserversorgung 1993. Baden-Württemberg in Wort und Zahl 43 (5/95), 214-218

Burschel, P. (1993): Gefordert sind Forst- und Holzpartie, denn nichts geht ohne sie! AFZ 48, 717-720

Butz, H. (1995): Baden-Württemberg novelliert Landeswaldgesetz. AFZ 50, 552-555

Calderbank, A. (1989): The occurrence and significance of bound pesticide residues in soil. Reviews of Environmental Contamination and Toxicology, Vol. 108, 71-103

Cansier, D. (1993): Umweltökonomie. Gustav Fischer Verlag, Stuttgart

Claus, R. (1996): Voraussetzungen einer nachhaltigen Tierproduktion. In: Linckh, G., H. Sprich, H. Flaig und H. Mohr (Hrsg.): Nachhaltige Land- und Forstwirtschaft - Expertisen, S. 265-295. Springer-Verlag, Heidelberg

Clemens, G. und K. Stahr (1994): Present and past soil erosion rates in catchments of the Kraichgau area (SW-Germany). Catena 22, 153-168

Clemens, G., G. Lorenz, M. Honisch F. Turyabahika, W. R. Fischer und K. Stahr (1995): Einfluß der Bodenbewirtschaftung auf umweltbelastende Prozesse - Nitratauswaschung, Bodenerosion und C-Haushalt - im Kraichgau. In: Universität Hohenheim (Hrsg.): Sonderforschungsbereich 183: Umweltgereche Nutzung von Agrarlandschaften - Abschlußbericht 1987-1994, S. 135-166. Universität Hohenheim, Selbstverlag

Cramer, N., K. Graß, F. Keydel und G. Pommer (1994): Auf verschiedenen Wegen zum Ziel. DLG-Mitteilungen 1/94, 30-32

Dabbert, S., J. Braun und B. Kilian (1996): Rechtliche und agrarumweltpolitische Maßnahmen zur Erreichung unterschiedlicher Stufen der Nachhaltigkeit der Landbewirtschaftung. In: Linckh, G., H. Sprich, H. Flaig und H. Mohr (Hrsg.): Nachhaltige Land- und Forstwirtschaft - Expertisen, S. 627-654. Springer-Verlag, Heidelberg

Dämmgen, U. und J. Rogasik (1996): Einfluß der Land- und Forstbewirtschaftung auf Luft und Klima. In: Linckh, G., H. Sprich, H. Flaig und H. Mohr (Hrsg.): Nachhaltige Land- und Forstwirtschaft - Expertisen, S. 121-154. Springer-Verlag, Heidelberg

Demmel, M., (1994): Georteter Mähdrusch. In: AgrarFinanz Sonderheft Elektronik, 8-9

Detsch, R., M. Kölbel und U. Schulz (1994): Totholz - vielseitiger Lebensraum in naturnahen Wäldern. AFZ 49, 586-591

Deutscher Bundestag (Hrsg.) (1994): Dritter Bericht der Enquête-Kommission „Schutz der Erdatmosphäre" zum Thema „Schutz der Grünen Erde - Klimaschutz durch umweltgerechte Landwirtschaft und Erhalt der Wälder". Drucksache 12/8350. Deutscher Bundestag, Bonn

Deutsches Tierärzteblatt (1996): BST bislang kein Verkaufsschlager. Deutsches Tierärzteblatt 11/96, 1079

DFWR (1996): Deutscher Forstwirtschaftsrat: Herkunftszeichen für Holz aus nachhaltiger Forstwirtschaft. AFZ/Der Wald 51, 888-889

DGE (Deutsche Gesellschaft für Ernährung) (Hrsg.) (1988): Ernährungsbericht 1988. Frankfurt/M.

DGE (Deutsche Gesellschaft für Ernährung) (Hrsg.) (1992): Ernährungsbericht 1992. Frankfurt/M.

Diercks, R. und R. Heitefuss (Hrsg.) (1994): Integrierter Landbau. Systeme umweltbewußter Pflanzenproduktion - Grundlagen, Praxiserfahrungen, Entwicklungen. BLV-Verlagsgesellschaft, München

Diercks, R. (1996): Alternativen im Landbau. Verlag Eugen Ulmer, Stuttgart

Dirr, T. (1995): Der ökologische Landbau in Europa. bio-land 4/95, 32-33

Dise, N.B. und R.F. Wright (1995): Nitrogen leaching from European forests in relation to nitrogen deposition. For. Ecol. Manage. 71, 153-161

DLG (1993): Deutsche Landwirtschafts-Gesellschaft (Hrsg.): Verminderung der Stickstoff- und Phosphorausscheidung in der Schweine- und Geflügelhaltung durch Fütterungsmaßnahmen. DLG-Verlag, Frankfurt

DLG (1996): Was Melkroboter-Landwirte meinen. DLG-Mitteilungen 6/96, 6

Dohmann, M. (1995): Vergleich der Boden- und Grundwasserbelastung undichter Kanäle mit anderen Schmutzstoffeinträgen. In: Dohmann, M. (Hrsg.): Umweltschutz fördern, Bürokratie abbauen, Eigenverantwortung stärken - 28. Essener Tagung für Wasser- und Abwasserwirtschaft vom 29. 3. - 31. 3. 1995 in Aachen; Gewässerschutz-Wasser-Abwasser (GWA) 152, S. 18/1-18/26. Gesellschaft zur Förderung der Siedlungswasserwirtschaft an der RWTH Aachen

Doluschitz, R. (1992): Technischer Wandel in der Milchproduktion. Schriftenreihe des Bundesministers für Ernährung, Landwirtschaft und Forsten. Angewandte Wissenschaft, Heft 408, Landwirtschaftsverlag, Münster-Hiltrup

Doluschitz, R., H. Welck, J. Zeddies (1992): Stickstoffbilanzen landwirtschaftlicher Betriebe - Einstieg in eine ökologische Buchführung? Ber. Landw. 70, 551-565

Doluschitz, R. (1996): Bedeutung technologischer Entwicklungen für eine nachhaltige Landwirtschaft. In: Linckh, G., H. Sprich, H. Flaig und H. Mohr (Hrsg.): Nachhaltige Land- und Forstwirtschaft - Expertisen, S. 701-740. Springer-Verlag, Heidelberg

Dunn, N. (1994): Wie unsere Nachbarn Qualität sichern. DLG-Mitteilungen 5/94, 58-59

Egberts, G. (1996): Naturfasern in der Textilindustrie. In: Ministerium für Ländlichen Raum, Ernährung, Landwirtschaft und Forsten Baden-Württemberg (Hrsg.): Pflanzenfasern - Ein moderner nachwachsender Industrierohstoff, Stuttgart

Eggers, K.J. (1996): Präferenz für heimische Lebensmittel. Gutachten im Auftrag der Marketing- und Absatzförderungsgesellschaft für Agrar- und Forstprodukte aus Baden-Württemberg (MBW), Stuttgart

Eggersdorfer, M. (1994): Fette und Öle - Chemierohstoffe mit Chancen und Tücken. In: Bayrische Akademie der Wissenschaften (Hrsg.): Rundgespräche der Kommission für Ökologie, Band 9, S. 89-99. Verlag F. Pfeil, München

Elsässer, M. (1994): Auswirkungen intensiver Grünlandbewirtschaftung hinsichtlich der Nitratbelastung von Wasserschutzgebieten. In: KTBL (Hrsg.): Strategien zur Verminderung der Nitratauswaschung in Wasserschutzgebieten. Arbeitspapier Nr. 206, S. 103-118, Landwirtschaftsverlag, Münster-Hiltrup

Elsasser, P. (1996): Der Erholungswert des Waldes. Schriften zur Forstökonomie Band 11. J.D. Sauerländer's Verlag, Frankfurt/M.

Encke, B.-G. (AFZ) (1993): Zellstoffwerk Nord als Lösungsansatz für das Schwachholzproblem? AFZ 48, 498-499

Faßbender, K., J. Heß und H. Franken (1995): Nitratdynamik nach Kleegrasumbruch auf verschiedenen Standorten. Institut für Pflanzenbau, Universität Bonn, unveröffentlichtes Manuskript

Fink, M., R. Grajewski, P. Haarbeck, K. Hagedorn, B. Klages, G. Tissen und P. Uphoff (1993): Meinungen zur Rolle der Landwirtschaft in der Gesellschaft. Landbauforschung Völkenrode 43 Jg., Heft 2/3, 173-189

FIP (Fördergemeinschaft Integrierter Pflanzenbau) (1991): Integrierter Pflanzenbau - Inhalte und Ziele. Gesellschaft zur Förderung des Integrierten Landbaus (Hrsg.), Bonn

FIP (Fördergemeinschaft Integrierter Pflanzenbau) (1994a): Naturnutzende Landwirtschaft, ökologisch zweckdienlich, ökonomisch bezahlbar, pflanzenbaulich vertretbar, von der Öffentlichkeit akzeptiert. Gesellschaft zur Förderung des Integrierten Landbaus (Hrsg.): Integrierter Pflanzenbau, Heft 9, Landwirtschaftsverlag, Münster-Hiltrup

FIP (Fördergemeinschaft Integrierter Pflanzenbau) (1994b): Schutz des Bodens im integrierten Pflanzenbau. Gesellschaft zur Förderung des Integrierten Landbaus (Hrsg.): Integrierter Pflanzenbau, Heft 10, Landwirtschaftsverlag, Münster-Hiltrup

FIP (Fördergemeinschaft Integrierter Pflanzenbau) (1996): Landwirtschaft und Wasserqualität. Gesellschaft zur Förderung des Integrierten Landbaus (Hrsg.): Integrierter Pflanzenbau, Heft 11, Landwirtschaftsverlag, Münster-Hiltrup

Flaig, H. und H. Mohr (1993): Energie aus Biomasse - eine Chance für die Landwirtschaft? Springer-Verlag, Heidelberg

Flaig, H., G. Linckh und H. Mohr (1995): Die energetische Nutzung von Biomasse aus der Land- und Forstwirtschaft. Arbeitsbericht Nr. 16 (2. Aufl.). Akademie für Technikfolgenabschätzung in Baden-Württemberg, Stuttgart

Flaig, H. und H. Mohr (1996): Der überlastete Stickstoffkreislauf - Strategien einer Korrektur. Nova Acta Leopoldina NF 70, Nr. 289. J. A. Barth Verlag, Leipzig

Frank, G. (1996): Das Niederösterreichische Waldökopunktesystem - Der methodische Ansatz. AFZ/Der Wald 51, 27-30

Franke, A. (1996): Situation am Forstpflanzenmarkt in Baden-Württemberg 1996/97. AFZ/Der Wald 51, 980-981

Frede, H.-G. und M. Bach (1993): Stoffbelastungen aus der Landwirtschaft. In: Dachverband Wissenschaftlicher Gesellschaften der Agrar-, Forst-, Ernährungs-, Veterinär- und Umweltforschung (Hrsg.): Belastungen der Oberflächengewässer aus der Landwirtschaft; Schriftenreihe agrarspectrum Band 21, S. 34-46. Verlagsunion Agrar, Frankfurt

Frenz, K. (1976): Zur Entwicklung der agrarhandelspolitischen Beziehungen zwischen der EWG und den USA. Institut für landwirtschaftliche Marktforschung der Bundesforschungsanstalt für Landwirtschaft (Hrsg.): Arbeitsbericht 76/2, Braunschweig-Völkenrode

Fricke, A. und R. von Alvensleben (1994): Einstellungen zu Bio-Produkten. Agra-Europe 46/94, Markt und Meinung 6-7

Frieben, B. (1996): Organischer Landbau - eine Perspektive für die Lebensgemeinschaften der Agrarlandschaft? In: NIA-Berichte 2/96, Flächenstillegung und Extensivierung in der Agrarlandschaft - Auswirkungen auf die Agrarbiozönose, S. 52-59. Niedersächsisches Landesamt für Ökologie, Hannover

Fuchs, C. und W. Trunk (1995): Auswirkungen der EU-Agrarreform auf die Umweltverträglichkeit der landwirtschaftlichen Produktion. In: Grosskopf, W., C.-H. Hanf, F. Heidhues und J. Zeddies (Hrsg.): Die Landwirtschaft nach der EU-Agrarreform. Schriften der Gesellschaft für Wirtschafts- und Sozialwissenschaften des Landbaues e.V., Band 31, S. 243 - 257. Landwirtschaftsverlag, Münster-Hiltrup

Fuchs, C., G. Goll und J. Zeddies (1995): Trinkwasserversorgung im Spannungsfeld zwischen Landwirtschaft und Wasserwerken - eine ökonomische Beurteilung. In: Arndt, U., R. Böcker und A. Kohler (Hrsg.): Grenzwerte und Grenzwertproblematik im Umweltbereich, S. 87-99. Verlag Günter Heimbach, Ostfildern

FVA (1993): Der Wald in Baden-Württemberg - im Spiegel der Bundeswaldinventur 1986-1990. Forstliche Versuchs- und Forschungsanstalt Baden-Württemberg, Freiburg

FVA (1996): Waldschadensbericht 1996 Baden-Württemberg. Forstliche Versuchs- und Forschungsanstalt Baden-Württemberg, Freiburg

Gabele, H. (1987): Die Marktstellung der Schlachtvieherzeugung in Süddeutschland. Schriftenreihe des Bundesministeriums für Ernährung, Landwirtschaft und Forsten, Reihe A, Angewandte Wissenschaft, Heft 346, Landwirtschaftsverlag, Münster Hiltrup

Ganzert, C. und G. Depner (1996): Regionale Initiativen für eine nachhaltige Landbewirtschaftung in Baden-Württemberg. In: Linckh, G., H. Sprich, H. Flaig und H. Mohr (Hrsg.): Nachhaltige Land- und Forstwirtschaft - Expertisen, S. 297-328. Springer-Verlag, Heidelberg

Geldermann, H. und Momm, H. (1995): Biotechnologie als Grundlage neuer Verfahren in der Tierzucht. In: v. Schell, T. und H. Mohr (Hrsg.): Biotechnologie/Gentechnik - eine Chance für neuen Industrien, S. 244-287. Springer-Verlag, Heidelberg

Gilsdorf, P. (1981): Gemeinsame Agrarpolitik. Handwörterbuch des Agrarrechts, Band 1, S. 726-759. Berlin

Göttsching, L. (1996): Die Papierherstellung aus Faserpflanzen. In: Ministerium für Ländlichen Raum, Ernährung, Landwirtschaft und Forsten Baden-Württemberg (Hrsg.): Pflanzenfasern - Ein moderner nachwachsender Industrierohstoff, Stuttgart

Graedel, T.E. und P.J. Crutzen (1994): Chemie der Atmosphäre. Spektrum Akademischer Verlag, Heidelberg

Grosskopf, W. (1994): Künftige Agrarproduktion in Baden-Württemberg. Landwirtschaftlicher Hochschultag 1994 der Universität Hohenheim, „Zukunftschancen für die Landwirtschaft in Baden-Württemberg". Landinfo 6/94, 3-8

Grosskopf, W. (1996): Agrarstrukturen und Nachhaltigkeit. In: Linckh, G., H. Sprich, H. Flaig und H. Mohr (Hrsg.): Nachhaltige Land- und Forstwirtschaft - Expertisen, S. 525-542. Springer-Verlag, Heidelberg

Grub, H. (1986): Wie vermeidet man Wildschäden? DLG-Mitteilungen 101, 1188-1191

Gündra, H., S. Jäger, M. Schroeder und R. Dikau (1995): Bodenerosionsatlas Baden-Württemberg. Agrarforschung in Baden-Württemberg, Band 24

Haakh, F. (1994): Überlegungen zur Entwicklung der Nitratkonzentration im Grundwasser des Donaurieds. In: Zweckverband Landeswasserversorgung (Hrsg.): LW-Schriftenreihe, Heft 14, S. 5-11. Stuttgart

Haas, G. und U. Köpke (1994): Vergleich der Klimarelevanz ökologischer und konventioneller Landbewirtschaftung. In: Enquête-Kommission „Schutz der Erdatmosphäre" des Deutschen Bundestages (Hrsg.): Studienprogramm Band 1: Landwirtschaft, Teilband II, Studie H. Economica Verlag, Bonn

Haas, G. (1995): Wieviel Energie verbraucht der ökologische Landbau. bio-land 2/95, 26-27

Haber, W. und J. Salzwedel (1992): Umweltprobleme der Landwirtschaft - Sachbuch Ökologie. Rat von Sachverständigen für Umweltfragen (Hrsg.): Metzler-Poeschel, Stuttgart

Haber, W. (1996): Bedeutung unterschiedlicher Land- und Forstbewirtschaftung für die Kulturlandschaft - einschließlich Biotop- und Artenvielfalt. In: Linckh, G., H. Sprich, H. Flaig und H. Mohr (Hrsg.): Nachhaltige Land- und Forstwirtschaft - Expertisen, S. 1-26. Springer-Verlag, Heidelberg

Häfner, M. (1995): Atrazin- und Desethylatrazin-Gehalte nehmen im Grund- und Trinkwasser ab. Nachrichtenblatt Deutscher Pflanzenschutzdienst 47, 144-148

Hamm, U. (1983): Projektion der Agrarmärkte in der BR Deutschland für die 80er Jahre - Konsequenzen für eine rationale Agrarpolitik. Verlag Alfred Strothe, Hannover

Hamm, U. (1994): Perspektiven des ökologischen Landbaus aus marktwirtschaftlicher Sicht. In: Mayer, J., O. Faul, M. Ries,, A. Gerber und A. Kärcher (Hrsg.): Ökologischer Landbau - Perspektiven für die Zukunft! S. 212-234. Stiftung Ökologie und Landbau (SÖL), Bad Dürkheim

Hamm, U. (1995): Ökologischer Landbau: Absatzfonds statt Flächenprämien. Agra-Europe 43/95, Sonderbeilage 2-7

Hamm, U. (1996a): Die vielen Ökoverbände blockieren den Absatz. top agrar 1/96, 38-41

Hamm, U. (1996b): Vermarktungsstrategien und neue Märkte. In: Linckh, G., H. Sprich, H. Flaig und H. Mohr (Hrsg.): Nachhaltige Land- und Forstwirtschaft - Expertisen, S. 771-796. Springer-Verlag, Heidelberg

Hanf, C.-H. und K. Drescher (1996): Ökonomische und umweltökonomische Bewertung der Produktion von Pflanzenfasern. Mitteilungen der Gesellschaft für Pflanzenbauwissenschaften 9, 15-23

Hanselka, H., A.S. Hermann und E. Prömper (1996): Automobil-Leichtbau durch den Einsatz von (biologisch abbaubaren) Naturfaser-Verbundwerkstoffen. In: Ministerium für Ländlichen Raum, Ernährung, Landwirtschaft und Forsten Baden-Württemberg (Hrsg.): Pflanzenfasern - Ein moderner nachwachsender Industrierohstoff, Stuttgart

Haris, J. und M. Leininger (1996): Im Nebenerwerb denken nur wenige an eine Zusammenarbeit - Eine Studie über Ausbildung und Pflegezustand von Maschinen. LWBW 19/96, 22

Hege, H.-U. (1992): Pflanzenernährung und Düngung im Integrierten Pflanzenbau. In: Pflanzliche Erzeugung, Die Landwirtschaft Band 1, S. 96-165. Landwirtschaftsverlag Münster-Hiltrup

Heißenhuber, A. (1994): Landwirtschaft und Umwelt. In: Buchwald, K. und W. Engelhardt (Hrsg.): Umweltschutz - Grundlagen und Praxis, S. 1-33. Economica Verlag, Bonn

Helbig, R. (1995): Qualität sichern über die ganze Kette. DLG-Mitteilungen 5/95, 56-58

Helzer, M. (1993): Strategische Allianzen als Zukunftskonzept. Agrarische Rundschau 2/93, 14-17

Henning, F.-W. (1976): Landwirtschaft und ländliche Gesellschaft in Deutschland, Band 2. Verlag Ferdinand Schöningh, Paderborn

Henrichsmeyer, W. und H.P. Witzke (1994): Agrarpolitik - Bewertung und Willensbildung, Band 2. Verlag Eugen Ulmer, Stuttgart

Henze, A. (1996): Gesamtwirtschaftliche Bedeutung der Landwirtschaft. In: Linckh, G., H. Sprich, H. Flaig und H. Mohr (Hrsg.): Nachhaltige Land- und Forstwirtschaft - Expertisen, S. 359-391. Springer-Verlag, Heidelberg

Henze, A. und R. Schechter (1996): Chancen der regionalen Vermarktung durch Herkunfts- und Qualitätszeichen (HQZ) - am Beispiel Fleisch. Landinfo 5/96, 69-74

Henze, A., S. Kämmerer und P.M. Schmitz (1996): Die monetäre Bewertung positiver und negativer externer Effekte der Landwirtschaft - Erfahrungen und Perspektiven. In: Linckh, G., H. Sprich, H. Flaig und H. Mohr (Hrsg.): Nachhaltige Land- und Forstwirtschaft - Expertisen, S. 473-501. Springer-Verlag, Heidelberg

Herlemann, H.-H. (1969): Vom Ursprung des deutschen Agrarprotektionismus. In: Gerhardt, E. und P. Kuhlmann (Hrsg.): Agrarwirtschaft und Agrarpolitik, S. 183-207. Verlag Kiepenheuer und Witsch, Köln

Heß, J., A. Piorr und K. Schmidtke (1992): Grundwasserschonende Landbewirtschaftung durch ökologischen Landbau? Dortmunder Beiträge zur Wasserforschung, Heft 45. Veröffentlichungen des Instituts für Wasserforschung Dortmund und der Dortmunder Stadtwerke

Heß, J., K. Schmidtke und A. Piorr (1994): Ökologischer Landbau in Wasserschutzgebieten. In: Mayer, J., O. Faul, M. Ries,, A. Gerber und A. Kärcher (Hrsg.): Ökologischer Landbau - Perspektiven für die Zukunft! S. 114-137. Stiftung Ökologie und Landbau (SÖL), Bad Dürkheim

Heß, J. (1995): Ökologischer Landbau in Wasserschutzgebieten. In: Ökologischer Landbau und Wasserschutz. Bioland Nordrhein-Westfalen/Niedersachsen und Ökoring Niedersachsen (Hrsg.): Ergebnisse einer Fachtagung vom 21.02.1995 in Hannover, S. 8-18

Heyer, J. (1994): Methan. In: Enquête-Kommission „Schutz der Erdatmosphäre" des Deutschen Bundestages (Hrsg.): Studienprogramm Band 1: Landwirtschaft, Teilband I, Studie C. Economica Verlag, Bonn

Hiller, G. (1996): Die Abgrenzung der Land- und Forstwirtschaft vom Gewerbe. Landinfo 2/96, 13-18

Hinterleitner, F. und G. Frank (1996): Das Niederösterreichische Waldökopunktsystem - Erprobung in der Praxis. AFZ/Der Wald 51, 31-33

Hock, B., C. Fedtke und R.R. Schmidt (1995): Herbizide - Entwicklung, Anwendung, Wirkungen, Nebenwirkungen. Thieme-Verlag, Stuttgart

Hofmann, H., R. Rauh, A. Heißenhuber und E. Berg (1995): Umweltleistungen der Landwirtschaft - Konzepte zur Honorierung. Teubner-Reihe Umwelt. Teubner Verlagsgesellschaft, Stuttgart

Hoffmann, T., O. Schieder und L. Willmitzer (1997): Biologische Verfahren zur Schaffung neuartiger genetischer Variabilitäten. In: Odenbach, W. (Hrsg.): Biologische Grundlagen der Pflanzenzüchtung. S. 251-323, Paul Parey Verlag, Berlin

Hollerith, P. und W. Neuerburg (1995): Öko-Kartoffelanbau: Kann auf Kupfer verzichtet werden? bio-land 5/95, 37-39

Hopf, A. (1995): Berichte der Bundesdelegiertenversammlung am 27./28.11.1995 - Der Südwesten macht mobil. Bioland-Rundbrief, Landesverband Baden-Württemberg, 12/95, 2-4

Hurle, K., S. Lang und J. Kirchhoff (1993): Gewässerbelastung durch Pflanzenschutzmittel. In: Vorstand des Dachverbandes Agrarforschung (Hrsg.): Belastungen der Oberflächengewässer aus der Landwirtschaft - gemeinsame Lösungsansätze zum Gewässerschutz. Agrarspectrum Band 21, S. 47-65. DLG-Verlag, Frankfurt

IMA (1993): Das Image der deutschen Landwirtschaft. Informationsgemeinschaft für Meinungspflege und Aufklärung e.V.(Hrsg.), Berlin

Infas (1993): Wünsche und Forderungen an die Landwirtschaft. Infas-Repräsentativuntersuchung bei der erwachsenen Bevölkerung in den alten und neuen Bundesländern im Auftrage der Centralen Marketing Gesellschaft der deutschen Agrarwirtschaft mbH (CMA), München

IPCC (1996a): Intergovernmental Panel on Climate Change (Hrsg.): Climate Change 1995 - The Science of Climate Change. Cambridge University Press, GB-Cambridge

IPCC (1996b): Intergovernmental Panel on Climate Change (Hrsg.): Climate Change 1995 - Impacts, Adaptations and Mitigation of Climate Change: Scientific-Technical Analyses. Cambridge University Press, GB-Cambridge

Isermeyer, F (1992): Optimaler Stickstoffeinsatz in der Landwirtschaft aus betriebswirtschaftlicher und volkswirtschaftlicher Sicht. In: FAL (Hrsg.): Stickstoffeinsatz in der Landwirtschaft; Landbauforschung Völkenrode, Sonderheft 132, S. 5-20. Bundesforschungsanstalt für Landwirtschaft (FAL), Braunschweig

Isermann, K. (1993): Cadmium-Ökobilanz der Landwirtschaft - ursachenorientierte Lösungsansätze zu ihrer weiteren Entlastung und zur Qualitätssicherung in der Pflanzen- und Tierproduktion. VDLUFA-Schriftenreihe 37, 497-500

Isermann, K. (1994a): Stickstoff- und Phosphoreinträge in Oberflächengewässer über diffuse Quellen als Bestandteil von Ökobilanzen - ursachenorientierte Lösungsansätze zu ihrer hinreichenden Verminderung. Manuskript zum 32. Tutzing-Symposium der DECHEMA e. V. „Modellierung von Stoffausbreitungen" vom 7. bis 10. März 1994 in Tutzing

Isermann, K. (1994b): Ammoniak-Emissionen der Landwirtschaft, ihre Auswirkungen auf die Umwelt und ursachenorientierte Lösungsansätze sowie Lösungsaussichten zur hinreichenden Minderung. In: Enquête-Kommission „Schutz der Erdatmosphäre" des Deutschen Bundestages (Hrsg.): Studienprogramm Band 1: Landwirtschaft, Teilband I, Studie E. Economica Verlag, Bonn

Isermann, K. und R. Isermann (1996): Böden mit Nährstoffen verarmen, anreichern / abreichern, nachhaltig optimieren. In: AgrarBündnis e. V. (Hrsg.): Landwirtschaft 96 - Der kritische Agrarbericht, S. 206-216. ABL Bauernblatt Verlag, Rheda-Wiedenbrück

Jacob, H. (1991): Stickstoffeinsatz und Stickstoffeffizienz in bäuerlichen Grünlandbetrieben aus Betriebsanalysen. Das Wirtschaftseigene Futter 37, 169-185

Junghülsing, J. und J. Lotz (1994): Grundsätze für die Förderung einer markt- und standortangepaßten Landbewirtschaftung. AID-Informationen für Agrarberatung (2), Heft 2, 2-10

Jungehülsing, J. (1997): Entwicklung und Perspektiven des ökologischen Landbaus und dessen Rahmenbedingungen in Deutschland. In: Nieberg H. (Hrsg.): Ökologischer Landbau: Entwicklung, Wirtschaftlichkeit, Marktchancen und Umweltrelevanz. FAL-Tagung am 26./27.09.1996, S. 3-11. Wissenschaftliche Mitteilungen der Bundesforschungsanstalt für Landwirtschaft, Braunschweig-Völkenrode

Justus, M. (1995): Reduzierung von Nitratverlusten beim Anbau von Ackerbohnen. Forschungsberichte, Heft Nr. 23. Landwirtschaftliche Fakultät der Rheinischen Friedrich-Wilhelms-Universität, Bonn

Kahnt, G. (1996): Alternativen im Landbau - Perspektiven integrierter und ökologischer Anbauverfahren. In: Linckh, G., H. Sprich, H. Flaig und H. Mohr (Hrsg.): Nachhaltige Land- und Forstwirtschaft - Expertisen, S. 187-213. Springer-Verlag, Heidelberg

Kahnt, G. und B. Eusterschulte (1996): Pflanzenbauliche und ökologische Aspekte des Anbaus von Faserpflanzen in Mitteleuropa. Mitteilungen der Gesellschaft für Pflanzenbauwissenschaften 9, 1-6

Kaltschmitt, M. und A. Wiese (1993): Energetische Nutzung von Reststoffen der Tierhaltung. In: Kaltschmitt, M. und A. Wiese (Hrsg.): Erneuerbare Energieträger in Deutschland - Potentiale und Kosten, S. 225-261. Springer-Verlag, Heidelberg

Kämmerer, S., P.M. Schmitz und S. Wiegand (1996): Monetäre Bewertung der Kulturlandschaft in Baden-Württemberg - Bürger bewerten ihre Umwelt. In: Linckh, G., H. Sprich, H. Flaig und H. Mohr (Hrsg.): Nachhaltige Land- und Forstwirtschaft - Expertisen, S. 503-523. Springer-Verlag, Heidelberg

Kappelmann, U. und R. Seitz (1996): Bodennutzung und Betriebsstrukturen in der Land- und Forstwirtschaft in Baden-Württemberg 1995. Baden-Württemberg in Wort und Zahl 7/96, 300-307

Karl, J. (1981): Bodenerosion durch Oberflächenabfluß. Ber. Landw., Sonderh. 197, 55-59

Kasten, P. (1995): Ergebnisse langjähriger Beratungstätigkeit im Wasserschutzgebiet Langenfeld/Leverkusen. In KTBL (Hrsg.): Gewässerschutz durch Kooperation - Konzepte und Erfahrungen. KTBL Arbeitspapier 225, S. 38-44. Kuratorium für Technik und Bauwesen in der Landwirtschaft, Darmstadt

Katz, H. (1993): Erzeugergemeinschaften für Schlachtvieh nach dem Marktstrukturgesetz. Diplomarbeit am Institut für Agrarpolitik und landwirtschaftliche Marktlehre der Universität Hohenheim, Stuttgart

Kaule, G., G. Endruweit und G. Weinschenck (1994): Landschaftsplanung, Umsetzungsorientiert! Angewandte Landschaftsökologie, Heft 2. Bundesamt für Naturschutz, Bonn-Bad Godesberg

Kaule, G. (1996): Rahmenbedingungen für den Erhalt ökologisch wertvoller Flächen unter dem Gesichtspunkt nachhaltiger Landbewirtschaftung - Perspektiven und Beispiele. In: Linckh, G., H. Sprich, H. Flaig und H. Mohr (Hrsg.): Nachhaltige Land- und Forstwirtschaft - Expertisen, S. 155-186. Springer-Verlag, Heidelberg

Keller, W. (1995): Vermehrt die Waldbewirtschaftung die Biodiversität? In: Eidgenössische Forschungsanstalt für Wald, Schnee und Landschaft (WSL) (Hrsg.): Erhaltung der Biodiversität - eine Aufgabe für Wissenschaft, Praxis und Politik; Forum für Wissen 1995, S. 33-38. WSL, Birmensdorf (Schweiz)

Klopp, J. (1993): Der ökologische Landbau im Rahmen des Extensivierungsprogramms - Inhalte des Programms und Untersuchung der Umsetzung in Betrieben natürlicher Personen in den neuen Bundesländern. Diplomarbeit, Göttingen

Knauer, N. (1993): Ökologie und Landwirtschaft - Situation, Konflikte, Lösungen. Verlag Eugen Ulmer, Stuttgart

Knauer, N. (1995): Ökologische Anforderungen in Agrarlandschaften. In: Werner, W., H.-G. Frede, F. Isermeyer, H.-J. Langholz und W. Schumacher (Hrsg.): Ökologische Leistungen der Landwirtschaft - Definition, Beurteilung und ökologische Bewertung, Schriftenreihe agrarspectrum, Band 24, S. 9-23. DLG-Verlag, Frankfurt/M.

Koch, W. und A. Kemmer (1980): Schadwirkung von Unkräutern gegenüber Mais in Abhängigkeit von Konkurrenzdauer und Unkrautdichte. Med. Fac. Landbouww. Rijksuniv. Gent, 45/4, 1099-1109

Kögl, H. (1993): Wege zur Extensivierung der Landwirtschaft - Eine empirische Untersuchung. Landbauforschung Völkenrode, Sonderheft 142. Bundesforschungsanstalt für Landwirtschaft, Braunschweig-Völkenrode

Köhne, M. (1996): Was die Beratung künftig leisten muß. DLG-Mitteilungen 3/96, 12-17

Köpke, U. und M. Justus (1995): Reduzierung von Nitratverlusten beim Anbau von Ackerbohnen. Forschungsberichte, Heft 23. Institut für Organischen Landbau, Universität Bonn

Krohn, H.-B. und G. Schmitt (1962): Agrarpolitik für Europa. Alfred Strothe Verlag, Hannover

Kronauer, H. (AFZ) (1993): Ist Schwachholz wirklich das Problem? AFZ 48, 492-497

Kronauer, H. (AFZ) (1995): Prima Klima oder wird der Wald leiden? AFZ 50, 990-994

Kronfeld, D.S. (1987): The Challenge of BST. Large Animal Veterinarian 6, 14-17

Krümmel, J. (1993): Umstellung auf ökologischen Landbau im Rahmen des EG-Extensivierungsprogramms - Eine empirische Untersuchung in den neuen Bundesländern unter besonderer Berücksichtigung in der Rechtsform juristischer Personen. Diplomarbeit, Göttingen

Kühbauch, W. (1993): Intensität der Landnutzung im Wandel der Zeit. Die Geowissenschaften 11, 121-129

Kühl, R. (1996): Ansprüche der nahrungsmittelverarbeitenden Industrie und der Verbraucher an landwirtschaftliche Erzeugnisse. In: Linckh, G., H. Sprich, H. Flaig und H. Mohr (Hrsg.): Nachhaltige Land- und Forstwirtschaft - Expertisen, S. 797-819. Springer-Verlag, Heidelberg

Lamp, H. (1996): Biozukunft für Bauern und Verbraucher? Hergeröder (Vertrieb), Schönberg

LBV (1996): Mitteilungen des Landesbauernverbandes Baden-Württemberg, Stuttgart

Lechner, M., K. Hurle, J. Petersen und A. Kemmer (1996): Untersuchungen mit Basta in Glufosinat-ammonium resistentem Mais - Vegetationsmanagement und Wirkung gegen Unkräuter. Zeitschrift für Pflanzenkrankheiten und Pflanzenschutz, Sonderheft XV, 181-191

Lehn, H., H. Flaig und H. Mohr (1995): Vom Mangel zum Überfluß: Störungen im Stickstoffkreislauf. Gaia 4, 13-25

Lehn, H., M. Steiner und H. Mohr (1996): Wasser - die elementare Ressource. Springer-Verlag, Heidelberg

Leibundgut, H. (1985): Der Wald in der Kulturlandschaft. Verlag Paul Haupt, Bern

LfU (1995): Landesanstalt für Umweltschutz Baden-Württemberg (Hrsg.): Umweltdaten 93/94. LfU, Karlsruhe

LfU (1996): Landesanstalt für Umweltschutz Baden-Württemberg (Hrsg.): Grundwasserüberwachungsprogramm - Ergebnisse der Beprobung 1995. LfU, Karlsruhe

Loftus, R. and Scherf, B. (1993): World watch list for domestic animal diversity. Food and Agriculture Organization of the United Nations (FAO), Rom

Lützow, M., J. Filser, M. Kainz, J. Pfadenhauer (Hrsg.) (1996): Erfassung, Prognose und Bewertung nutzungsbedingter Veränderungen in Agrarökosystemen und deren Umwelt. Jahresbericht 1995, FAM-Bericht 9. GSF-Forschungszentrum für Umwelt und Gesundheit, Oberschleißheim

Luz, F. (1994): Zur Akzeptanz landschaftsplanerischer Projekte. Europäische Hochschulschriften, Reihe 42, Band 11, Frankfurt (Main)

LWBW 11/96: MEKA für Gemüse, Obst und Wein. 14

LWBW 40/96: Weinbau kritisiert Sparprogramm. 10

LWBW 50/96: Beim MEKA wird gespart. 8

Maag, G. und H. von Berlepsch (1996): Wald: Ökosystem und Wirtschaftsfaktor. Baden-Württemberg in Wort und Zahl 44 (8/96), 336-347

Mantau, R. und J. Samberg (1994): Die Kooperation Landwirtschaft und Wasserwirtschaft aus der Sicht der Beratungsarbeit der Kreisstelle Coesfeld. Kooperation Landwirtschaft und Wasserwirtschaft im Einzugsgebiet der Stevertalsperre (Hrsg.): Bericht über die Ergebnisse der Beratung 1994, S. 2-6. Landwirtschaftskammer Westfalen-Lippe, Kreisstelle Coesfeld

Matena, H. (1994): Kooperationsmodelle in Nordrhein-Westfalen - Realisierung und Probleme. In: (KTBL) (Hrsg.): Strategien zur Verminderung der Nitratauswaschungen in Wasserschutzgebieten, KTBL-Arbeitspapier 206, S. 135-142. Kuratorium für Technik und Bauwesen in der Landwirtschaft, Darmstadt

Mayer, H. (1992): Waldbau auf soziologisch-ökologischer Grundlage. Gustav Fischer Verlag, Stuttgart

MBW (1996): Mitteilungen der Marketing- und Absatzförderungsgesellschaft für Agrar- und Forstprodukte aus Baden-Württemberg, Stuttgart

Meimberg, R. und H. Wurzbacher (1992): Auswirkungen von Erzeuger- und Verbraucherreaktionen in der EG beim Einsatz von gentechnologisch hergestelltem Bovinem Somatotropin (BST) in der Milchproduktion. Ifo Studien zur Agrarwirtschaft 29, München

Mezger, (1995): Beitrag auf dem Synthese-Workshop „Voraussetzungen einer nachhaltigen Land- und Forstwirtschaft", veranstaltet von der Akademie für Technikfolgenabschätzung in Baden-Württemberg vom 29.-30.06.1995

MLR (1993): Waldland Baden-Württemberg. Ministerium Ländlicher Raum, Ernährung, Landwirtschaft und Forsten Baden-Württemberg, Stuttgart

MLR (1994): Konsequenzen für die Agrar- und Forstpolitik des Landes Baden-Württemberg aus dem Bericht der Enquête-Kommission „Schutz der Erdatmosphäre" - Handlungsempfehlungen für die Agrar- und Forstpolitik. Ministerium für Ernährung, Landwirtschaft und Forsten Baden-Württemberg (Hrsg.), Az.: 14(42)-0141.5/389 F. Stuttgart

MLR (1995a): Aufgabenkritische Organisations- und Wirtschaftlichkeitsuntersuchung von Teilaufgaben der landwirtschaftlichen Bezirksverwaltung des Landes Baden-Württemberg. Unveröffentlichtes Gutachten der Roland Berger und Partner GmbH. Im Auftrag des Ministeriums für Ländlichen Raum, Ernährung, Landwirtschaft und Forsten Baden-Württemberg, Stuttgart

MLR (1995b): Nitrat-Bericht 1991-1994. Ministerium für Ländlichen Raum, Ernährung, Landwirtschaft und Forsten Baden-Württemberg und Staatliche Landwirtschaftliche Untersuchungs- und Forschungsanstalt Augustenberg (Hrsg.): Stuttgart

MLR (1995c): Marktentlastungs- und Kulturlandschaftsausgleichsprogramm (MEKA). Ministerium für Ländlichen Raum, Ernährung, Landwirtschaft und Forsten Baden-Württemberg (Hrsg.): Stuttgart

MLR (1996a): Mitteilungen des Ministeriums für Ernährung, Landwirtschaft und Forsten Baden-Württemberg, Stuttgart

MLR (1996b): Nitrat-Bericht 1995. Ministerium für Ländlichen Raum, Ernährung, Landwirtschaft und Forsten Baden-Württemberg und Staatliche Landwirtschaftliche Untersuchungs- und Forschungsanstalt Augustenberg (Hrsg.): Stuttgart

MLR (1997): Mitteilungen des Ministeriums für Ernährung, Landwirtschaft und Forsten Baden-Württemberg, Stuttgart

Mohr, H. (1995): Qualitatives Wachstum: Losung für die Zukunft. Weitbrecht Verlag, Stuttgart

Mohr, H. (1996): Wieviel Erde braucht der Mensch? Untersuchungen zur globalen und regionalen Tragekapazität. In: Kastenholz, H.G., K.-H. Erdmann und M. Wolff (Hrsg.): Nachhaltige Entwicklung - Zukunftschancen für Mensch und Umwelt, S. 45-60. Springer-Verlag, Heidelberg

Mohr, H. (1997a): Die Akademie für Technikfolgenabschätzung in Baden-Württemberg. In: Graf von Westphalen, R. (Hrsg.): Technikfolgenabschätzung als politische Aufgabe. Oldenbourg, München

Mohr, H. (1997b): Brauchen wir wirklich transgene Pflanzen? In: Brandt, P. (Hrsg.): Zukunft der Gentechnik, S. 47-58. Birkhäuser-Verlag, Basel

Mühlbauer, F. (1981): Die finanzielle Förderung nach dem Marktstrukturgesetz - Ziele, Maßnahmen, Wirkungen sowie einzel- und gesamtwirtschaftliche Effizienz. Agrarwirtschaft, Sonderheft 87, Hannover

Müller, M. und P.M. Schmitz (1996): Rechtsvorschriften und alternative umweltpolitische Maßnahmen zur Durchsetzung einer nachhaltigen Landbewirtschaftung. In: Linckh, G., H. Sprich, H. Flaig und H. Mohr (Hrsg.): Nachhaltige Land- und Forstwirtschaft - Expertisen, S. 599-625. Springer-Verlag, Heidelberg

Münch, J., F. Axenfeld, G. Gieseler, D. Johnssen und H. Meinl (1994): Minderung der Emissionen von Ammoniak, Fluorwasserstoff und Chlorwasserstoff in Baden-Württemberg. Konzeptstudie im Auftrag des Umweltministeriums Baden-Württemberg. Dornier GmbH, Friedrichshafen

MURL (1985): Umweltschutz und Landwirtschaft - 1. Programm für eine umweltverträgliche und standortgerechte Landwirtschaft. Schriftenreihe des Ministers für Umwelt, Raumordnung und Landwirtschaft in Nordrhein-Westfalen (Hrsg.): Düsseldorf

Neander, E und W. Grosskopf (1996): Agrarpolitik für eine „nachhaltige" Landwirtschaft. In: Linckh, G., H. Sprich, H. Flaig und H. Mohr (Hrsg.): Nachhaltige Land- und Forstwirtschaft - Expertisen, S. 543-564. Springer-Verlag, Heidelberg

Nieberg, H. (1994): Umweltwirkungen der Agrarproduktion unter dem Einfluß von Betriebsgröße und Erwerbsform. Landwirtschaftsverlag, Münster-Hiltrup

Nitsch, J., S. Rettich und M. Köttner (1993): Biogasnutzung in Baden-Württemberg. In: Nitsch, J. und S. Rettich (Hrsg.): Biogas - Nutzungsmöglichkeiten für Baden-Württemberg, S. 81-101. Ergebnisband der Fachtagung am 14. 6. 1993 in Stuttgart

O'Hara, S. (1984): Externe Effekte der Stickstoffdüngung. Kieler Wissenschaftsverlag Vauk, Kiel

OECD (1995): Organisation for Economic Co-operation and Development (Hrsg.): OECD environmental data, Compendium 1995. OECD, Paris

Oppermann, B., F. Luz und G. Kaule (1997): Der Runde Tisch als Mittel zur Umsetzung der Landschaftsplanung - Chancen und Grenzen der Anwendung eines kooperativen Planungsmodells mit der Landwirtschaft. Bundesverband für Naturschutz (Hrsg.): Reihe Angewandte Landschaftsökologie. Landwirtschaftsverlag, Münster-Hiltrup

Oschwald, A.und M. Elsässer (1994): Jahresbericht über Wasserschutzvergleichsflächen. Ministerium für Ernährung, Landwirtschaft und Forsten Baden-Württemberg (Hrsg.), Stuttgart

Pahmeyer, L. (1995): Nicht zu Tode pachten! DLG-Mitteilungen 11/95, 39-41

Pahmeyer L. (1996): Gefragt sind Spezialisten. DLG-Mitteilungen 3/96, 18-20

Pasterding, F. (1995): Hofnachfolge in Westdeutschland. Landbauforschung Völkenrode 45. Jg., Heft 1, 48-66

Peel, C.J. und D.E. Bauman (1987): Somatotropin and Lactation. Journal of Dairy Science 70/2, 474-486

Pestemer, W. und H. Nordmeyer (1993): Abschätzung potentieller Grundwassergefährdung durch Pflanzenschutzmittel. Wasser und Boden 2/93, 70-76

Pfeffer, E., H. Spiekers und S. Brinker (1994): Untersuchungen zur ökologischen und ökonomischen Ausrichtung der Schweinehaltung durch Wissenstransfer und planmäßige Fütterungsberatung. Forschungsberichte Heft Nr. 17. Institut für Tierernährung der Universität Bonn, Selbstverlag

Pfister, G. und O. Renn (1996): Ein Indikatorensystem zur Messung einer nachhaltigen Entwicklung in Baden-Württemberg. Arbeitsbericht Nr. 64. Akademie für Technikfolgenabschätzung in Baden-Württemberg, Stuttgart

Pfister, G., A. Knaus und O. Renn (1997): Nachhaltige Entwicklung in Baden-Württemberg - Statusbericht. Präsentation. Akademie für Technikfolgenabschätzung in Baden-Württemberg, Stuttgart

Plate, R. (1970): Agrarmarktpolitik - Die Agrarmärkte Deutschlands und der EWG. Band 2, BLV Verlagsgesellschaft, München

Priebe, H. (1990): Die subventionierte Naturzerstörung: Plädoyer für eine neue Agrarkultur. Goldmann-Verlag, Müchen

Projektstelle Umwelt und Entwicklung (Hrsg.) (1995): Gestaltung der Agrarpolitik in Deutschland - Schlußfolgerungen aus der Agenda 21. Bonn

Redelberger, H. (1995): Wieviel muß die Bio-Milch kosten? bio-land 6/95, 32-33

Rehfuess, K. E. (1995): Was kann Düngung bei den „neuartigen" Walderkrankungen leisten? AFZ 50, 1090-1093

Reimer, W. (1994): Ökologischer Landbau als Ausweg aus der agrar(politischen) Krise? In: Mayer, J., O. Faul, M. Ries,, A. Gerber und A. Kärcher (Hrsg.): Ökologischer Landbau - Perspektiven für die Zukunft! S. 202-211. Stiftung Ökologie und Landbau (SÖL), Bad Dürkheim

Reinelt, P. (1995): „Nitratwerte im Grundwasser unverändert hoch". Pressemitteilung 146/95 des Umweltministeriums Baden-Württemberg vom 31. 7. 1995

Renn, O. (1994): Ein regionales Konzept qualitativen Wachstums. Arbeitsbericht Nr. 3. Akademie für Technikfolgenabschätzung in Baden-Württemberg, Stuttgart

Reuther, K., A. Streicher, S. Weiß und K. Loeffler (1994): Klinische und klinisch-chemische Parameter der Fruchtbarkeits- und Gesundheitsüberwachung bei Milchkühen. In: Universität Hohenheim (Hrsg.): Tagungsunterlagen zum interdisziplinären Workshop „Methoden zur Erforschung von Umweltwirkungen in Agrarökosystemen", 12.-14. September 1994 in Stuttgart-Hohenheim. Universität Hohenheim, Stuttgart

Richter, G. (1965): Bodenerosion - Schäden und gefährdete Gebiete in der Bundesrepublik Deutschland. Forschungen zur deutschen Landeskunde 152

Richter, J. (1996): Neue Aspekte der Nachhaltigkeit. AFZ/Der Wald 51, 784-788

Rohmann, U. und H. Sontheimer (1985): Nitrat im Grundwasser. DVGW-Forschungsstelle am Engler-Bunte-Institut der Universität Karlsruhe (Vertrieb), Karlsruhe

Rohr, K. (1992): Verringerung der Stickstoffausscheidung bei Rind, Schwein und Geflügel. In: FAL (Hrsg.): Stickstoffeinsatz in der Landwirtschaft; Landbauforschung Völkenrode, Sonderheft 132, S. 39-53. Bundesforschungsanstalt für Landwirtschaft (FAL), Braunschweig

Rubin, B. (1996): Herbicide-resistant weeds - the inevitable phenomenon: mechanisms, distribution and significance. Zeitschrift für Pflanzenkrankheiten und Pflanzenschutz, Sonderheft XV, 17-32

Sailer-Schmid, A. (1996): Standorteigenschaften und chemische Beschaffenheit des Bodenwassers auf unterschiedlich genutzten Lößböden bei Rottenburg a. N. unter besonderer Berücksichtigung der Stickstoffkomponente. Dissertation, Tübingen

Sandermann, H. und F.K. Ohnesorge (1994): Nutzpflanzen mit künstlicher Herbizidresistenz: Verbessert sich die Rückstandssitutation? Verfahren zur TA des Anbaus von Kulturpflanzen mit gentechnisch erzeugter Herbizidresistenz. Heft 6

Sauerbeck, D. (1985): Funktionen, Güte und Belastbarkeit des Bodens aus agrikulturchemischer Sicht. Verlag Kohlhammer, Stuttgart

Sauerland, I. (1994): Das Bild der Landwirtschaft aus Sicht des Verbrauchers. Agra-Europe 7/94, Markt und Meinung 3-9

SBA (1996): Mitteilungen des Statistischen Bundesamtes, Wiesbaden

Schachtschabel, P., H.-P. Blume, G. Brümmer, K.-H. Hartge und U. Schwertmann (1992): Lehrbuch der Bodenkunde (Scheffer/Schachtschabel). Ferdinand Enke Verlag, Stuttgart

Schauer, R. (1994): Die letzte Ernte. Die Zeit 3/94, 57-58

Schilling, G., K. Hurle und A. Kemmer (1992): Auswirkungen von Bodenbearbeitung und Zwischenfrüchten auf die Verunkrautung von Zwischenfrüchten. Mitteilungen der Biologischen Bundesanstalt Braunschweig (BBA), Heft 283, 368

Schindler, R. (1995): Erfahrungen mit dem Arbeitskreis Wasserwirtschaft/Landwirtschaft Süchteln. In: KTBL (Hrsg.): Gewässerschutz durch Kooperation - Konzepte und Erfahrungen. KTBL-Arbeitspapier 225, S. 18-32. Kuratorium für Technik und Bauwesen in der Landwirtschaft, Darmstadt

Schlett, C. (1996): Tendenzen der Nitrat- und PBSM-Gehalte im Einzugsgebiet der Talsperre Haltern im Jahr 1995. Kooperation Landwirtschaft und Wasserwirtschaft im Einzugsgebiet der Stevertalsperre (Hrsg.): Bericht über die Ergebnisse der Beratung 1995. Landwirtschaftskammer Westfalen-Lippe, Kreisstelle Coesfeld

Schmidt, A. (1994): Die Agrarreform 1992. Ihre Umsetzung in Deutschland und zu erwartende Auswirkungen auf Natur und Landschaft in Nordrhein-Westfalen. Raumforschung und Raumordnung 52, Heft 3, 174-183

Schmitz, P. M. und M. Hartmann (1993): Landwirtschaft und Chemie. Wissenschaftsverlag Vauk, Kiel

Schneider, M. (1990): Umweltabgaben in der Landwirtschaft. Agrarische Rundschau 4, 51-55

Schneider, Th.W. (1995): Kriterien und Indikatoren für eine nachhaltige Bewirtschaftung der Wälder. AFZ 50, 184-187

Schnepf, R. (1993): Grundwassersanierung in Baden-Württemberg. In: Gutke, K. (Hrsg): Symposium: Wieviel Umweltschutz braucht das Trinkwasser? Materialien zur Veranstaltung in Köln, 22.-24. 9. 1993, S. 313-323. K. Gutke Verlag, Köln

Schnepf, R. (1996): Wasserversorgung auf der Grundlage wassergütewirtschaftlicher Erfoge in Baden-Württemberg - Bilanz und Zukunftsperspektive. Qualitätssicherung in der Wasserversorgung durch Gewässerschutz und moderne Wasserwerke - 10. Trinkwasserkolloquium 1996, S. 7-32. Kommissionsverlag Oldenbourg, München

Schnug, E. (1993): Ökosystemare Auswirkungen des Einsatzes von Nährstoffen in der Landwirtschaft. In: Schriftenreihe des Bundesministeriums für Ernährung, Landwirtschaft und Forsten; Reihe A: Angewandte Wissenschaft, Heft 426: Nährstoffe und Pflanzenschutzmittel in Agrarökosystemen, S. 25-47. Landwirtschaftsverlag, Münster-Hiltrup

Schöpfer, W. (1993): Eine Schätzung des Nutzungspotentials der Wälder Baden-Württembergs. Forst und Holz 48, 148-155

Schramm, E. (1995): Die Stickstoffabgabe - ein ungeeignetes Mittel zum Schutz des Grundwassers vor landwirtschaftlichen Einträgen. Wasser & Boden 47/95, 32-59

Schubert, E. (1986): Der Wald: wirtschaftliche Grundlage der spätmittelalterlichen Stadt. In: Herrmann, B. (Hrsg.): Mensch und Umwelt im Mittelalter; S. 257-274. Deutsche Verlags-Anstalt, Stuttgart (in der Lizenzausgabe des Fourier Verlags, Wiesbaden 1996)

Schultheiß, U. und H. Döhler (1996): Kooperation statt Auflagen. DLG-Mitteilungen 6/96, 103-105

Schulze Pals, L. (1994): Ökonomische Analyse der Umstellung auf ökologischen Landbau - eine empirische Untersuchung des Umstellungsverlaufes im Rahmen des EG-Extensivierungsprogrammes. Schriftenreihe des Bundesministeriums für Ernährung, Landwirtschaft und Forsten, Reihe A: Angewandte Wissenschaft, Heft 436. Landwirtschaftsverlag Münster-Hiltrup

Schumacher, W. (1996): Voraussetzungen und Gestaltungsmöglichkeiten einer nachhaltigen naturnahen Waldbewirtschaftung. In: Linckh, G., H. Sprich, H. Flaig und H. Mohr (Hrsg.): Nachhaltige Land- und Forstwirtschaft - Expertisen, S. 329-358. Springer-Verlag, Heidelberg

Schwab, U., S. Schlaf und H. Flaig (1996): Vegetationsveränderungen im Zusammenhang mit atmosphärischen Stickstoffeinträgen. Arbeitsbericht Nr. 57. Akademie für Technikfolgenabschätzung in Baden-Württemberg, Stuttgart

Schwertmann, U. und W. Vogl (1985): Landbewirtschaftung und Bodenerosion. VDLUFA-Schriftenreihe 16, Kongreßband 2, 65-68

Schwertmann, U., W. Vogl und M. Kainz (1987): Bodenerosion durch Wasser. Verlag Eugen Ulmer, Stuttgart

Seitz, R. (1993): Die Eigentums- und Pachtverhältnisse in den landwirtschaftlichen Betrieben Baden-Württembergs im Jahr der Landwirtschaftszählung 1991. Baden-Württemberg in Wort und Zahl 6/93, 227-232

Seitz, R. (1994): Zur Hofnachfolgesituation in den landwirtschaftlichen Betrieben in Baden-Württemberg 1991. Baden-Württemberg in Wort und Zahl 4/94, 182-188

Seitz, R. (1997): Ergebnisse der Agrarberichterstattung 1995. Baden-Württemberg in Wort und Zahl 1/97, 13-18

Sinemus, K. (1994): Biologische Risikoanalyse gentechnisch hergestellter herbizidresistenter Nutzpflanzen. Unveröffentliches Manuskript FB Biologie, TH Darmstadt

SLA (1994): Lange Reihen zur demographischen, wirtschaftlichen und gesellschaftlichen Entwicklung 1950-1993. Band 488, Statistisches Landesamt Baden-Württemberg (Hrsg.), Stuttgart

SLA (1996a): Statistisches Landesamt Baden-Württemberg (Hrsg.): Statistisches Taschenbuch 1996 Baden-Württemberg. Metzler-Poeschel Verlag, Stuttgart

SLA (1996b): Über ein Drittel weniger landwirtschaftliche Betriebe im Land seit 1979. Baden-Württemberg in Wort und Zahl 8/96, 325

SLA (1996c): Bedeutung der Pacht in der Landwirtschaft weiter gestiegen. Baden-Württemberg in Wort und Zahl 5/96, 189

SLA (1997): Mitteilungen des Statistischen Landesamtes Baden-Württemberg, Stuttgart

Sondcrholm, C.G., D.E. Otterby, J.G. Linn, F.R. Ehle, J.E. Wheaton, W.P. Hansen und R.J. Annexstad (1988): Effects of Recombinant Bovine Somatotropin on milk production, body composition and physiological parameters. Journal of Dairy Science 71/2, 355-365

SRU (Rat von Sachverständigen für Umweltfragen) (1985): Sondergutachten „Umweltprobleme der Landwirtschaft". Verlag Kohlhammer, Stuttgart

SRU (Rat von Sachverständigen für Umweltfragen) (1994): Umweltgutachten 1994. Verlag Metzler-Poeschel, Stuttgart

SRU (Rat von Sachverständigen für Umweltfragen) (1996): Sondergutachten „Konzepte einer dauerhaft-umweltgerechten Nutzung ländlicher Räume". Verlag Metzler-Poeschel, Stuttgart

Stadler, R. (1995): Zur Produktions-, Einkommens- und Strukturentwicklung der badenwürttembergischen Landwirtschaft. Baden-Württemberg in Wort und Zahl 9/95, 394-408

Stahr, K., M. Kleber, F. Rück, F. Hädrich und R. Jahn (1994): Böden puffern Umwelteinflüsse - Beispiele zum Stickstoffhaushalt und zur Verwitterungsintensität in Bodenlandschaften Baden-Württembergs. Hohenheimer Bodenkundliche Hefte, Nr. 20, Stuttgart

Stahr, K. und D. Stasch (1996): Einfluß der Landbewirtschaftung auf die Ressource Boden. In: Linckh, G., H. Sprich, H. Flaig und H. Mohr (Hrsg.): Nachhaltige Land- und Forstwirtschaft - Expertisen, S. 77-119. Springer-Verlag, Heidelberg

Steiner, M., H. Sprich, H. Lehn und G. Linckh, (1996): Einfluß der Land- und Forstbewirtschaftung auf die Ressource Wasser. In: Linckh, G., H. Sprich, H. Flaig und H. Mohr (Hrsg.): Nachhaltige Land- und Forstwirtschaft - Expertisen, S. 27-76. Springer-Verlag, Heidelberg

Steubing, L., K. Buchwald, und E. Braun (Hrsg.) (1995): Natur- und Umweltschutz - Ökologische Grundlagen, Methoden, Umsetzung. Gustav Fischer Verlag, Jena

Thalheimer, F. (1995): Strukturwandel in der Rinder- und Schweinehaltung Baden-Württembergs. Baden-Württemberg in Wort und Zahl 9/95, 428-434

Thalheimer, F. (1996): Viehbestände im Dezember 1995. Baden-Württemberg in Wort und Zahl 4/96, 175-178

Thiede, G. (1992): Die grüne Chance. DLG-Verlag, Frankfurt

Thomas, C., I.D. Johnsson, W.J. Fisher, G.A. Bloomfield, S.V. Morant und J.M. Wilkinson (1987): Effect of somatotropin on milk production, reproduction and health of diary cows. Journal of Dairy Science 70/1, 175

Thomasius, H. und P.A. Schmidt (1996): Wald, Forstwirtschaft und Umwelt. Umweltschutz - Grundlagen und Praxis, Band 10. Economica Verlag, Bonn

Thoroe, C. (1993): Anbau schnellwachsender Rohstoffe und Neuaufforstung. AFZ 48, 471-476

Tracy, M. (1993): Food and Agriculture in a Market Economy. Tonbridge, U.K

UBA (1993): Umweltbundesamt (Hrsg.): Emissionen der Treibhausgase Distickstoffoxid und Methan in Deutschland. Berichte 9/93. Erich Schmidt Verlag, Berlin

UBA (1994a): Umweltbundesamt (Hrsg.): Daten zur Umwelt 1992/93. Erich Schmidt Verlag, Berlin

UBA (1994b): Umweltbundesamt (Hrsg.): Ermittlung des Standes der Technik der Ammoniak-Emissionsminderung insbesondere bei der Rinderhaltung. Texte 13/94. Umweltbundesamt, Berlin

Ulrich, B. und J. Puhe (1994): Auswirkungen der zukünftigen Klimaveränderung auf mitteleuropäische Waldökosysteme und deren Rückkopplungen auf den Treibhauseffekt. In: Enquête-Kommission „Schutz der Erdatmosphäre" des Deutschen Bundestages (Hrsg.): Studienprogramm Band 2: Wälder, Studie B. Economica Verlag, Bonn

UMK (1996): Umweltministerkonferenz (Hrsg.): Stickstoffminderungsprogramm - Bericht der Arbeitsgruppe aus Vertretern der Umwelt- und der Agrarministerkonferenz. Niedersächsisches Umweltministerium, Hannover

VCI (1994): Chemie-Report 6. Verband der Chemischen Industrie (Hrsg.)

VDZ/VDP (1996): VDZ/VDP-Positionspapier zur Zellstoffherstellung. AFZ/Der Wald 51, 1070-1071

Veröffentlichungsstellen der Europäischen Gemeinschaften (1957): Vertrag zur Gründung der europäischen Wirtschaftsgemeinschaft. Veröffentlichung 8012/2/I/1964/5, Bonn

Volz, K.-R., K. Böswald und F. Dinkelaker (1996): Forstpolitik - Entwicklungen und Perspektiven. In: Linckh, G., H. Sprich, H. Flaig und H. Mohr (Hrsg.): Nachhaltige Land- und Forstwirtschaft - Expertisen, S. 565-597. Springer-Verlag, Heidelberg

von Alvensleben, R. (1993): Gütezeichen: Info oder Verwirrung? DLG-Mitteilungen 11/93, 78-80

von Alvensleben, R. und D. Gertken (1993): Regionale Gütezeichen als Marketinginstrument bei Nahrungsmitteln. Agrarwirtschaft 42, Heft 6, 247-251

von Alvensleben, R. und G. Mahlau (1995): Neue Untersuchungsergebnisse über das Image der Landwirtschaft. Agra-Europe 51/95, Markt und Meinung 3-9

von Schell, Th. und B. Kochte-Clemens (1996): Bedeutung der modernen Biotechnologie für eine nachhaltige Landwirtschaft. In: Linckh, G., H. Sprich, H. Flaig und H. Mohr (Hrsg.): Nachhaltige Land- und Forstwirtschaft - Expertisen, S. 741-770. Springer-Verlag, Heidelberg

Wagner, J. (1993): Erzeugergemeinschaften für Qualitätsgetreide nach dem Marktstrukturgesetz. Diplomarbeit am Institut für Agrarpolitik und landwirtschaftliche Marktlehre der Universität Hohenheim, Stuttgart

Waibel, S. (1995): Wirtschaftlichkeit von „Urlaub auf dem Bauernhof". Landinfo 5/95, 25-27

Walter, H., M. Gerber und M. Landes (1996): Neue Möglichkeiten zur Ungrasbekämpfung mit Focus in Cycloxydim-tolerantem Mais. Zeitschrift für Pflanzenkrankheiten und Pflanzenschutz, Sonderheft XV, 192-198

Weber, T. (1988): Wirkung von rekombinantem bovinen Somatotropin (BST) bei Milchkühen in zwei aufeinanderfolgenden Laktationen. Dissertation, Institut für Milcherzeugung der Bundesanstalt für Milchforschung, Kiel

Wehrle, F. (1997): Entwicklung und Perspektiven der Vermarktung von Öko-Produkten in Supermärkten - Erfahrungen der Coop Schweiz. In: Nieberg H. (Hrsg.): Ökologischer Landbau: Entwicklung, Wirtschaftlichkeit, Marktchancen und Umweltrelevanz. FAL-Tagung am 26./27.09.1996, S. 219-236. Wissenschaftliche Mitteilungen der Bundesforschungsanstalt für Landwirtschaft Braunschweig-Völkenrode

Weidenbach, P. (1988): Grundsätze künftigen Waldbaus am Beispiel der Landesforstverwaltung Baden-Württemberg. AFZ 43, 1405-1409

Weiler, U. und R. Claus (1996): Wie sieht das umwelt- und marktgerechte Tier aus? Landinfo 3/96, 17-25

Weimann, J. (1996): Monetarisierungsverfahren aus der Sicht der ökonomischen Theorie. In: Linckh, G., H. Sprich, H. Flaig und H. Mohr (Hrsg.): Nachhaltige Land- und Forstwirtschaft - Expertisen, S. 415-440. Springer-Verlag, Heidelberg

Weinschenck, G. (1989): Nitratsteuern zur Umwelt- und Marktentlastung.- In: Nutzinger, H. und A. Zahrnt (Hrsg.): Öko-Steuern: Umweltsteuern und -abgaben in der Diskussion, S. 147-160. Verlag C.F. Müller, Karlsruhe

Weissbach, F. (1993): Forschungskonzeption zur umweltschonenden Bewirtschaftung, Extensivierung und Erhaltung des Grünlandes. Zusammenfassung eines Arbeitspapieres von Fachleuten aus Forschung, Lehre und Beratung. Unveröffentliches Typoskript, FAL Braunschweig-Völkenrode

Welte, H. (1992): Einzelbetriebliche Wirkungen markt- und umweltentlastender Förderprogramme für die Landwirtschaft in Baden-Württemberg, Diplomarbeit am Institut für Landwirtschaftliche Betriebslehre, Universität Hohenheim

Wendland, F., H. Albert, M. Bach und R. Schmidt (Hrsg.) (1993): Atlas zum Nitratstrom in der Bundesrepublik Deutschland. Springer-Verlag, Heidelberg

Wetzel, K. (1990): Verbrauchereinstellung zu Milch und Milchprodukten unter dem Aspekt des Somatotropineinsatzes in der Milcherzeugung. Agrarwirtschaft, Sonderheft 127, Frankfurt/M.

Wicke, L. (1991): Umweltökonomie. Verlag Franz Vahlen, München

Wilcke, W. und H. Döhler (1995): Schwermetalle in der Landwirtschaft. KTBL-Arbeitspapier 217. Landwirtschaftsverlag, Münster-Hiltrup

Wilhelm, J. und H. Nieberg (1996): Bestandsaufnahme von Forschungsvorhaben zu Extensivierungs-, Landschaftspflege- und Umweltschutzprogrammen in der Landwirtschaft. Unveröffentlichtes Manuskript des Instituts für Betriebswirtschaft an der Bundesforschungsanstalt für Landwirtschaft, Braunschweig-Völkenrode

Wissenschaftlicher Beirat beim BML (1993): Reduzierung der Stickstoffemissionen der Landwirtschaft. Schriftenreihe des Bundesministeriums für Ernährung, Landwirtschaft und Forsten, Reihe A: Angewandte Wissenschaft, Heft 423. Landwirtschaftsverlag, Münster-Hiltrup

Wissenschaftlicher Beirat beim BML (1994a): Forstpolitische Rahmenbedingungen und konzeptionelle Überlegungen zur Forstpolitik. Schriftenreihe des Bundesministeriums für Ernährung, Landwirtschaft und Forsten, Reihe A: Angewandte Wissenschaft, Heft 438. Landwirtschaftsverlag, Münster-Hiltrup

Wissenschaftlicher Beirat beim BML (1994b): Vorschläge für eine grundlegende Reform der EG-Zuckermarktpolitik. Schriftenreihe des Bundesministeriums für Ernährung, Landwirtschaft und Forsten, Reihe A: Angewandte Wissenschaft, Heft 430. Landwirtschaftsverlag, Münster-Hiltrup

Wissenschaftlicher Beirat beim BML (1994c): Agrarpolitik und Agrarstruktur. Auswirkungen der Agrarpolitik auf die landwirtschaftliche Betriebsgrößenstruktur und die räumliche Verteilung der Agrarproduktion in der Bundesrepublik Deutschland: Bestandsaufnahme und Empfehlungen. Schriftenreihe des Bundesministeriums für Ernährung, Landwirtschaft und Forsten, Reihe A: Angewandte Wissenschaft, Heft 433. Landwirtschaftsverlag, Münster-Hiltrup

Zeddies, J. (1994): Entwicklungslinien in der pflanzlichen und tierischen Produktion. Landinfo 6/94, 9-10

Zeddies, J. und R. Doluschitz (1994): Wissenschaftliche Begleituntersuchung zu Durchführung und Auswirkungen eines Marktentlastungs- und Kulturlandschaftsausgleichs (MEKA) in Baden-Württemberg. Institut für Landwirtschaftliche Betriebslehre, Universität Hohenheim, unveröffentlichtes Manuskript

Zeddies, J., R. Doluschitz, C. Fuchs, W. Gamer und B. Zimmermann (1994): Auswirkungen der direkten Einkommensübertragungen und Fördermaßnahmen auf den Strukturwandel und die Leistungsbereitschaft in der Landwirtschaft - am Beispiel Westfalen-Lippe. Landwirtschaftsverlag, Münster-Hiltrup

Zeddies, J. (1995): Die Situation der Landwirtschaft in der Bundesrepublik Deutschland. In: Bundeszentrale für politische Bildung (Hrsg.): Aus Politik und Zeitgeschichte. Beilage zur Wochenzeitschrift „Das Parlament", B 33-34/95, 3-13

Zeddies, J. (1996a): Analyse der laufenden und geplanten Programme (EU-, Bund-, Länderebene) zur Förderung umweltgerechter Produktionsverfahren - Modifikationen und Perspektiven. In: Linckh, G., H. Sprich, H. Flaig und H. Mohr (Hrsg.): Nachhaltige Land- und Forstwirtschaft - Expertisen, S. 655-699. Springer-Verlag, Heidelberg

Zeddies, J. (1996b): Ökonomik des Anbaus von Faserpflanzen. In: Ministerium für Ländlichen Raum, Ernährung, Landwirtschaft und Forsten Baden-Württemberg (Hrsg.): Pflanzenfasern - Ein moderner nachwachsender Industrierohstoff, Stuttgart

Zelter, J (1996): Umwelt- und leistungsgerechte Fütterung: Stickstoff nach Bedarf. LWBW 22/96, 14-16

Verzeichnis der Projektbeteiligten

Prof. Dr. M. Becker
Universität Freiburg, Institut für Forstpolitik, Bertoldstr. 17, 79085 Freiburg

Dipl. Fw. K. Böswald
Universität Freiburg, Institut für Forstpolitik, Bertoldstr. 17, 79085 Freiburg

Dr. A. Bramm
Bundesforschungsanstalt für Landwirtschaft (FAL), Institut für Pflanzenbau,
Bundesallee 50, 38116 Braunschweig

Prof. Dr. H. Brandl
Forstliche Versuchs- und Forschungsanstalt Baden-Württemberg,
Wonnhaldestr. 4, 79100 Freiburg

Dr. J. Braun
Universität Hohenheim, Institut für landwirtschaftliche Betriebslehre,
70593 Stuttgart

Dr. G. Briemle
Staatliche Lehr- und Versuchsanstalt für Viehhaltung und
Grünlandbewirtschaftung, Postfach 1252, 88322 Aulendorf

Prof. Dr. R. Claus
Universität Hohenheim, Institut für Tierhaltung und Tierzüchtung, 70593 Stuttgart

Prof. Dr. S. Dabbert
Universität Hohenheim, Institut für landwirtschaftliche Betriebslehre,
70593 Stuttgart

Prof. Dr. U. Dämmgen
Bundesforschungsanstalt für Landwirtschaft (FAL), Institut für agrarrelevante
Klimaforschung, Eberswalder Str. 84 F, 15374 Müncheberg

Gabriele Depner
Teutoburgerstr. 8, 50678 Köln

Dipl. Fw. F. Dinkelaker
Universität Freiburg, Institut für Forstpolitik, Bertoldstr. 17, 79085 Freiburg

Herr H.-H. Dölle
Kommunikationsberatung, Stadelhofer Str. 22, CH-8001 Zürich

Prof. Dr. R. Doluschitz
Universität Hohenheim, Institut für landwirtschaftliche Betriebslehre,
70593 Stuttgart

Dr. M. Eggersdorfer
BASF-Aktiengesellschaft, Abteilung Produktentwicklung, 67056 Ludwigshafen

Dr. M. Elsäßer
Staatliche Lehr- und Versuchsanstalt für Viehhaltung und
Grünlandbewirtschaftung, Postfach 1252, 88322 Aulendorf

Herr W. Erb
Ministerium Ländlicher Raum, Ernährung, Landwirtschaft und Forsten Baden-
Württemberg, Referat Forstpolitik, Kernerplatz 10, 70182 Stuttgart

Dr. L. Frese
Bundesforschungsanstalt für Landwirtschaft (FAL), Institut für Pflanzenbau,
Bundesallee 50, 38116 Braunschweig

Dr. Ch. Ganzert
Teutoburgerstr. 8, 50678 Köln

Prof. Dr. F. Golter
Landesbauernverband Baden-Württemberg, Bopserstr. 17, 70180 Stuttgart

Prof. Dr. W. Grosskopf
Universität Hohenheim, Institut für Agrarpolitik und landwirtschaftliche
Marktlehre, 70593 Stuttgart

Prof. Dr. Dr. h.c. W. Haber
Technische Universität München, Lehrstuhl für Landschaftsökologie,
85350 Freising-Weihenstephan

Prof. Dr. U. Hamm
Fachhochschule Neubrandenburg, Fachbereich Agrarwirtschaft und Landespflege,
Postfach 1902, 17009 Neubrandenburg

Prof. Dr. A. Henze
Universität Hohenheim, Institut für Agrarpolitik und landwirtschaftliche
Marktlehre, 70593 Stuttgart

Dr. F. Höppner
Bundesforschungsanstalt für Landwirtschaft (FAL), Institut für Pflanzenbau,
Bundesallee 50, 38116 Braunschweig

Dr. K. Isermann
Heinrich von Kleist Str. 4, 67374 Hanhofen

Dr. Th. Jilg
Staatliche Lehr- und Versuchsanstalt für Viehhaltung und
Grünlandbewirtschaftung, Postfach 1252, 88322 Aulendorf

Prof. Dr. G. Kahnt
Universität Hohenheim, Institut für Pflanzenbau und Grünland, 70593 Stuttgart

Dipl. Vw. Susanne Kämmerer
Universität Frankfurt, Institut für Agrarpolitik, Postfach 111932, 60054 Frankfurt

Prof. Dr. G. Kaule
Universität Stuttgart, Institut für Landschaftsplanung und Ökologie, Keplerstr. 11,
70174 Stuttgart

Dipl.-Ing. B. Kilian
Universität Hohenheim, Institut für landwirtschaftliche Betriebslehre,
70593 Stuttgart

Dr. Barbara Kochte-Clemens
Akademie für Technikfolgenabschätzung in Baden-Württemberg, Industriestr. 5,
70565 Stuttgart

Prof. Dr. R. Kühl
Universität Bonn, Institut für landwirtschaftliche Betriebslehre, Meckenheimer
Allee 176, 53115 Bonn

Dr. H. Lehn
Akademie für Technikfolgenabschätzung in Baden-Württemberg, Industriestr. 5,
70565 Stuttgart

Dr. F.-J. Lückge
Institut für Forstpolitik, Bertoldstr. 17, 79085 Freiburg

Dr. Ute Menge-Hartmann
Bundesforschungsanstalt für Landwirtschaft (FAL), Institut für Pflanzenbau,
Bundesallee 50, 38116 Braunschweig

Dr. K. Mezger
Ministerium Ländlicher Raum, Ernährung, Landwirtschaft und Forsten Baden-
Württemberg, Referat Agrarpolitik, Kernerplatz 10, 70182 Stuttgart

Dipl.-Ing. Monika Müller
Universität Frankfurt, Institut für Agrarpolitik, Postfach 111932, 60054 Frankfurt

Dr. W. Müller
Staatliche Lehr- und Versuchsanstalt für Viehhaltung und
Grünlandbewirtschaftung, Postfach 1252, 88322 Aulendorf

Prof. Dr. E. Neander
Bundesforschungsanstalt für Landwirtschaft (FAL), Institut für Strukturforschung,
Bundesallee 50, 38116 Braunschweig

Dr. H-J. Nußbaum
Staatliche Lehr- und Versuchsanstalt für Viehhaltung und
Grünlandbewirtschaftung, Postfach 1252, 88322 Aulendorf

Prof. Dr. G. Oesten
Universität Freiburg, Institut für Forstökonomie, Bertoldstr. 17, 79085 Freiburg

Dr. Jutta Rogasik
Bundesforschungsanstalt für Landwirtschaft (FAL), Institut für agrarrelevante
Klimaforschung, Eberswalder Str. 84 F, 15374 Müncheberg

Dr. G. Rühl
Bundesforschungsanstalt für Landwirtschaft (FAL), Institut für Pflanzenbau,
Bundesallee 50, 38116 Braunschweig

Dr. S. Schittenhelm
Bundesforschungsanstalt für Landwirtschaft (FAL), Institut für Pflanzenbau,
Bundesallee 50, 38116 Braunschweig

Prof. Dr. P. M. Schmitz
Universität Gießen, Institut für Agrar- und Entwicklungspolitik, Diezstr. 15,
35390 Gießen

Dr. R. Schultz
Ministerium Ländlicher Raum, Ernährung, Landwirtschaft und Forsten Baden-Württemberg, Referat Umwelt- und Bodenschutz, Kernerplatz 10, 70182 Stuttgart

Prof. W. Schumacher
Forstliche Versuchs- und Forschungsanstalt Baden-Württemberg,
Wonnhaldestr. 4, 79100 Freiburg

Prof. Dr. K. Stahr
Universität Hohenheim, Institut für Bodenkunde und Standortslehre,
70593 Stuttgart

Dipl.-Ing. Dorothea Stasch
Universität Hohenheim, Institut für Bodenkunde und Standortslehre,
70593 Stuttgart

Dipl-geogr. Magdalena Steiner
Akademie für Technikfolgenabschätzung in Baden-Württemberg, Industriestr. 5,
70565 Stuttgart

Prof. Dr. K.-R. Volz
Universität Freiburg, Institut für Forstpolitik, Bertoldstr. 17, 79085 Freiburg

Dr. Th. von Schell
Akademie für Technikfolgenabschätzung in Baden-Württemberg, Industriestr. 5,
70565 Stuttgart

Forstdirektor N. Wagemann
Forstkammer Baden-Württemberg, Danneckerstr. 37, 70182 Stuttgart

Prof. Dr. J. Weimann
Universität Magdeburg, Lehrstuhl für Volkswirtschaftslehre III, Postfach 4120,
39016 Magdeburg

Dr. S. Wiegand
Institut für Agribusiness, Emilienstr. 17, 04107 Leipzig

Prof. Dr. J. Zeddies
Universität Hohenheim, Institut für landwirtschaftliche Betriebslehre,
70593 Stuttgart

SPRINGER NATURE

GPSR Compliance

The European Union's (EU) General Product Safety Regulation (GPSR) is a set of rules that requires consumer products to be safe and our obligations to ensure this.

If you have any concerns about our products, you can contact us on ProductSafety@springernature.com

In case Publisher is established outside the EU, the EU authorized representative is:

Springer Nature Customer Service Center GmbH
Europaplatz 3
69115 Heidelberg, Germany

The manufacturer's authorised representative in the EU is Springer Nature Customer Service Centre GmbH, Europaplatz 3, 69115 Heidelberg, Germany. If you have any concerns regarding our products, please contact ProductSafety@springernature.com

Printed and bound by CPI Group (UK) Ltd, Croydon, CR0 4YY

23/03/2026

02076675-0017